航空雷达原理

Aerial Radar Theory

张欣 叶灵伟 李淑华 王勇 编著

国防工业出版社

·北京·

内 容 简 介

本书采用大系统的概念，按照构建现代体制机载雷达的基本要求来构架内容体系，内容分为雷达基本组成和现代雷达技术两个层次。第一层次以实现航空雷达探测的基本功能为主线，阐述了雷达主要组成分机的工作原理和质量指标，主要包括航空雷达发射机、接收机、天线与伺服系统，以及终端显示器。第二层次以现代体制机载脉冲雷达的信号与信息处理为主线，讨论了脉冲压缩、脉冲多普勒处理、动目标检测、阵列信号处理、合成孔径雷达信号处理及雷达抗干扰信号处理等各种现代雷达技术和体制的原理及实现方法；以实现目标参数测量和跟踪功能为主线，阐述了雷达测距、测角、测速的基本原理和实现方法，以及单目标跟踪、多目标跟踪的原理与实现。

本书在注重基本理论的同时，充分关注了当前航空雷达技术的状态和发展趋势，突出军事应用特色和航空特色。

本书为航空雷达工程等专业的任职教育生长干部所编写，也可作为院校航空电子工程有关专业本科生和研究生的教材，以及雷达工程技术人员的参考书。

图书在版编目(CIP)数据

航空雷达原理/张欣等编著. —北京：国防工业出版社,2012.7
ISBN 978-7-118-08051-3

Ⅰ.①航... Ⅱ.①张... Ⅲ.①空用雷达—理论
Ⅳ.①TN959.73

中国版本图书馆 CIP 数据核字(2012)第 102015 号

※

*国防工业出版社*出版发行
（北京市海淀区紫竹院南路 23 号　邮政编码 100048）
北京奥鑫印刷厂印刷
新华书店经售

*

开本 787×1092　1/16　印张 27　字数 621 千字
2012 年 7 月第 1 版第 1 次印刷　印数 1—5000 册　定价 55.00 元

(本书如有印装错误,我社负责调换)

国防书店：(010)88540777　　　发行邮购：(010)88540776
发行传真：(010)88540755　　　发行业务：(010)88540717

序

雷达是一种无线电探测设备,它诞生于第二次世界大战中的1935年,两年后机载雷达问世。军事需求促使了雷达的出现,也是军事需求促进了雷达的发展,在战争中雷达战功卓著。

机载雷达是雷达家族中的一员,顾名思义,它是以飞机为平台,即安装在飞机上的雷达。它与地面上的雷达有很大差别,除了容易理解的体积和重量限制及工作环境苛刻外,机载雷达与地面雷达的本质差别在于,雷达从上往下看会产生十分强的地杂波干扰,以及由于飞机运动使地杂波频谱展宽,如何在地杂波背景中能检测有用的目标信号,是机载雷达发展过程中所遇到的棘手的技术难题。

直到20世纪60年代末,脉冲多普勒机载雷达问世,才在原理上和雷达体制上解决了地杂波干扰问题,使机载雷达发展进入了一个新阶段。因此,在机载雷达发展历程上,机载脉冲多普勒雷达的出现具有里程碑意义。

相控阵体制雷达,尤其是有源相控阵雷达,具有传统的机械扫描雷达无可比拟的优点与独到之处,其一问世就在地基雷达和舰载雷达中得到广泛应用。这种先进的雷达体制能否用在机载雷达中,是雷达设计者所追求的目标,但受器件水平和微电子技术的限制,机载有源相控阵雷达的研制经历了一个漫长的过程,直到20世纪90年代中期才研制成功,它代表了机载雷达的当代水平和发展方向,使机载雷达进入了一个新的发展阶段。

机载雷达从当初简单的测距机,发展到今天的功能完善、信号形式多样的各种雷达,正如本专著所论述的内容一样,从脉冲信号处理、脉冲压缩信号处理、机载动目标显示信号处理、脉冲多普勒信号处理、阵列雷达信号处理及合成孔径雷达信号处理等,描述了机载雷达由简单到复杂的过程。

论述雷达的著作并不少见,但专门讲述机载雷达的著作很少,本书的出版在一定程度上将起到弥补这方面缺憾的作用。

本书在内容结构上,突破了一般著作按雷达体制分章节的叙述方式,而是在详细阐述机载雷达各组成分机的工作原理、技术指标要求之后,在信号处理的章节中详尽阐释各种现代雷达体制的工作原理及实现方法。通篇看来,层次清晰,循序渐进,系统性明显,给人以耳目一新之感。

本书的主要作者都是长期在高校中从事教学与科研工作,具有较深厚的专业知识积累和较高的学术水平,本书是他们长期孜孜不倦地做学问和在科研工作中不断探索的结晶。

本书作为机载雷达专著,内容丰富详实,是一本学术价值较高的著作,从材料组织到文字撰写上,都颇具匠心和学术功力,相信本书会对从事雷达,特别是机载雷达领域研究的专业人士、高校教师和学生了解专业进展、开阔研究视野有所裨益。

中国工程院院士　　

2011.12.26

前　言

　　机载雷达是人类在航空活动中视觉感官的延伸设备,是获取信息的传感器,它已经成为各种军用航空器必不可少的重要电子装备,其性能的优劣也成为航空器性能的重要标志。甚至在现代空战中,机载火控雷达的性能往往比飞机本身的飞行性能更能决定空战的胜负。

　　机载雷达自诞生以来,已有70多年的发展历史。由于雷达理论和技术的不断进步,以及电子技术的迅猛发展,使得当今机载雷达无论是性能还是相关技术都发生了巨大的进步。早期的机载雷达采用一般的脉冲体制,功能简单,仅能完成空对面和空对空的探测和测距。脉冲多普勒技术的出现,使机载雷达具备了优越的下视性能,开创了机载雷达的新时代,使机载火控雷达和预警雷达的性能有了质的提升。因此,脉冲多普勒雷达技术成为了最重要的机载雷达技术。当代最新的机载雷达采用有源相控阵体制,利用相控阵波束扫描灵活的优势,使机载雷达功能更加完善,对付多目标的能力更强,代表了机载雷达的新水平和发展方向。

　　本书以满足专业人员对航空雷达理论知识的需求为目标,以大系统的概念,按照构建现代体制机载脉冲雷达的基本要求来构架内容体系。不仅介绍雷达的基本原理和基础理论知识,而且将各种现代雷达技术及其在航空雷达中的应用也纳入到内容体系中,在注重基本理论的同时,充分关注了当前航空雷达技术的状态和发展趋势,突出了军事应用特色和航空特色。

　　本书共分七章。第一章航空雷达概论,介绍航空雷达的任务、组成、基本工作原理、生存环境及其应用与发展;第二章至第五章以组成航空雷达的主要分机为对象,分别讨论航空雷达发射机、接收机、天线与伺服系统,以及终端显示器的功能、组成、技术性能、工作原理及关键技术;第六章航空雷达信号处理,在介绍雷达信号处理基本理论的基础上,阐述脉冲压缩、脉冲多普勒处理、动目标检测、阵列信号处理、合成孔径雷达信号处理及雷达抗干扰信号处理等现代雷达技术和体制的原理、实现方法;第七章航空雷达数据处理,介绍雷达测距、测角、测速的原理和实现方法,以及单目标跟踪和边扫描边跟踪的原理与实现方法。

　　本书以航空雷达为研究对象,力求涵盖现代体制机载脉冲雷达系统的全方位信息,内容涉及较广,作为教材使用时,可根据需要选用不同章节的内容讲授。

　　本书由张欣编写第一章、第二章、第四章、第六章(部分)、第七章(部分),叶灵伟编写

第三章、第七章(部分),李淑华编写第五章,王勇编写第六章(部分),由张欣统编全稿。杨春英教授对全书进行了审阅,并提出了许多宝贵的意见和建议,夏乐毅、冯威、高伟亮绘制了部分插图,在此一并对他们表示诚挚的感谢。

由于编者水平所限,书中难免存在一些缺点和不足,殷切期望广大读者及时给与批评、指正。

编 者
2012 年 3 月

目　录

第一章 航空雷达概论

本章主要从雷达的基本原理、基本组成、性能要求、分类、发展与应用等方面,介绍航空雷达的基本概念,并讨论了现代电子战中航空雷达的生存与对抗。

雷达最早出现于 20 世纪 30 年代后期,"雷达"这个名称最早来源于第二次世界大战中美国海军使用的一个保密代号,是英文 Radar 的音译,源于 Radio Detection and Ranging 的缩写,原意是"无线电探测和测距",即用无线电方法发现目标并测定它们在空间的位置,因此,雷达也称为"无线电定位"。通常,雷达的基本任务有两个:一是发现目标的存在;另一个是测量目标的参数。前者称为雷达目标检测,后者称为雷达目标参数测量或雷达目标参数估值,上述两项任务可以概括为实现目标的尺度测量(Metric Measurement)。

著名雷达专家 Merrill I. Skolnik 博士在其主编的《雷达手册》中第一句话就指出,"雷达的基本概念相对简单,但在许多应用场合它的实现并不容易"(英文原文为:The basic concept of radar is relative simple even though in many instances its practical implementation is not.)。这句话相当深刻。事实上,雷达是一种集中了现代电子科学技术各种成就的相当复杂的高科技系统。近年来,雷达采用了大量的新理论、新技术、新器件,雷达技术进入了一个新的发展阶段,计算机技术的应用也给现代雷达带来了根本性的变革。因此,现代雷达不仅能够实现基本的尺度测量,而且还可能具备特征测量(Signature Measurement)能力。

第一节 雷达的概念

按照 IEEE 的标准定义,雷达是通过发射电磁波信号,接收来自其威力范围内目标的回波,并从回波信号中提取位置和其他信息,以用于探测、定位,以及有时进行目标识别的电磁系统。该定义是原术语"无线电探测和测距"的扩展,进一步将雷达功能具体化。

一、雷达的基本原理

雷达是用于检测和定位反射物体,如飞机、舰船、航天飞机、车辆、行人和自然环境的一种有源电磁系统。它通过将能量辐射到空间并且探测由物体或目标反射的回波信号来工作。返回到雷达的反射能量不仅表明目标的存在,而且,通过比较接收到的回波信号与发射信号,就可确定其位置和获得其他与目标有关的信息。雷达可以在远距离或近距离,以及在光学和红外传感器不能穿透的条件下完成任务。它可以在黑暗、薄雾、浓雾及雨、雪天气下工作,其高精度测距和全天候工作能力是其最重要的属性之一。

以典型的单基地脉冲雷达为例来说明雷达的基本原理,如图 1 - 1 - 1 所示 。发射机产生电磁信号,由天线定向辐射到空中。电磁能在大气中以光速(约 $3 \times 10^8 \mathrm{m/s}$)传播,发射信号一部分被目标拦截并向许多方向再辐射。其中,向后散射回到雷达的信号被雷达天线采集,经传输线和收发开关馈送到接收机。在接收机中,该信号被处理以检测目标的存在并获取所需的信息,并将结果送至终端显示。当雷达波形为脉冲序列时,通常采用一部天线以时间分割的方式进行发射和接收。

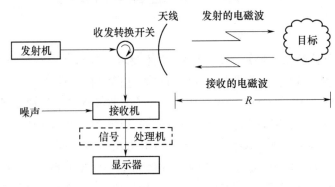

图 1-1-1　雷达的基本原理

可见,雷达利用电磁波工作获得了一些基本的工作条件:
(1)确知电磁波的传播速度约等于光速。
(2)电磁波的直线传播特性。
(3)目标对电磁波的二次散射特性。
(4)电磁波的定向传播特性。
(5)运动目标对电磁波会产生多普勒频移。

利用这些条件,通过测量雷达信号到目标并从目标返回雷达的时间,得到目标的距离。目标的角位置可以根据收到的回波信号幅度为最大值时,雷达方向性天线(窄波束)所指的方向来确定。如果目标是运动的,由于多普勒效应使回波信号的频率漂移,回波的频率漂移与目标相对于雷达的速度成正比。多普勒频移被广泛用于雷达中,作为将运动目标从背景环境中分离出来的基础。雷达也可提供被观察目标的特征信息。

雷达通过观测物体对电磁波信号的反射回波来发现目标。目标对雷达信号的反射强弱程度可以用目标的雷达截面积(Radar Cross Section,RCS)来描述,通常,目标的雷达截面积越大则反射的雷达信号功率越强。雷达截面积与目标自身的材料、形状、大小等因素有关,也与照射它的电磁波的特性有关。目标的雷达截面积的大小影响着雷达对目标的发现能力,通常,雷达截面积越大的目标可能在越远的距离被雷达发现。

除了目标的回波外,雷达接收机中总是存在着一些杂乱无章的信号,称其为噪声(Noise),它是由外部噪声源经天线进入接收机,以及接收机本身的内部电路共同产生的。采用先进的电子元器件和精心的电路设计可以减少这些噪声,但不可能完全消除它们。由于噪声时时刻刻伴随目标回波存在,所以,当目标距离很远、目标回波很弱的时候,回波就难以从噪声中被区分出来。只有当目标与雷达的距离近到目标回波比噪声足够强的时候,雷达才能从接收机的噪声背景中发现目标。雷达从噪声中发现回波信号的过程称为雷达目标检测或目标的发现。

雷达发射的电磁波信号照射目标的同时,也会照射到目标所在的背景物体上,这些背景物体的反射回波进入雷达接收机,称为无用回波或雷达杂波(Clutter)。例如,雨雪等自

2

然现象形成的反射回波称为气象杂波;向地面、海面观测目标时地物和海面反射形成的杂波分别称为地杂波和海杂波。此外,在实际战场环境中还存在大量的有意针对雷达发射的人为的电磁信号,这些信号进入雷达接收机后,可能起到阻止、破坏雷达对目标发现能力的作用,称它们为干扰(Jamming)。噪声、杂波、干扰都会在雷达显示器上出现,严重影响雷达对目标的观察。因此,现代雷达根据杂波、干扰与目标的不同特征,利用各种信号处理技术,消除杂波、干扰的影响,才能使雷达的应用扩展到复杂的战场环境下,保证雷达正常发现目标和测量目标参数。

二、雷达回波中的信息

当雷达探测到目标后,提取目标的有用信息是雷达工作的重要组成部分。探测与信息提取相互独立,但并不意味着二者之间没有联系。为实现最佳处理,信息的提取通常要求采用匹配滤波或其等效措施。目标信息事先了解越多,则检测效率就越高。例如,如果目标的位置已知,则天线可先指向合适的方向,而不必在空间搜索中浪费能量和时间;如果目标的相对速度已知,则接收机可先调谐到正确的接收频率,而不必在多普勒频移可能出现的整个频率范围内搜索。

当目标尺寸小于雷达分辨单元时,则可将目标视为“点”目标,这时可对目标的距离和空间角度定位,目标位置的变化率可由其距离和角度随时间变化的规律中得到,并由此建立对目标的跟踪;雷达的测量如果能在一维或多维上有足够的分辨力,这时的目标不是一个“点”,而可视为由多个散射点组成的复杂目标,从而可得到目标尺寸和形状的信息;采用不同的极化,可测量目标形状的对称性。从原理上讲,雷达还可测定目标的表面粗糙度及介电特性等。归纳起来,雷达发现目标之后,其基本测量功能可以分为尺度测量和特征测量两类。尺度测量包括对目标三维坐标(距离、角度)的测量,还包括速度或加速度的测量;特征测量包括对目标雷达截面积、散射矩阵、散射中心分布(一维像)等的测量。

目标在空间、陆地或海面上的位置可以用多种坐标系来表示。最常见的是直角坐标系,即空间任一点目标 P 的位置可用 x、y、z 三个坐标值来决定。在雷达应用中,测定目标坐标常采用极(球)坐标系统,如图 $1-1-2$ 所示。图中,空间任一点目标 P 所在位置可用下列三个坐标值确定:

(1) 目标斜距 R。雷达到目标的直线距离 OP。

(2) 方位角 α。目标斜距 R 在水平面上的投影 OB 与某一起始方向(正北、正南或其他参考方向)在水平面上的夹角。

(3) 俯仰角 β。目标斜距 R 与它在水平面上的投影 OB 在铅垂面上的夹角,有时也称为倾角或高低角。

如果需要知道目标的高度和水平距离,那么利用圆柱坐标系比较方便。在这种系统中,目标的位置由以下三个坐标值来确定:水平距离 D,方位角 α,高度 H。

这两种坐标系统之间的关系如下:

$$D = R\cos\beta, H = R\sin\beta, \alpha = \alpha$$

上述这些关系仅在目标的距离不太远时是正确的。当距离较远时,由于地面的弯曲,必须进行适当的修改。

（一）目标斜距的测量

雷达通常是以脉冲方式工作的,以一定的重复周期发射高频脉冲。在天线扫描的过程中,如果在电磁波传播的途径上有目标存在,那么雷达就可以接收到由目标反射回来的回波。由于回波信号往返于雷达与目标之间,它将滞后于发射脉冲一个时间 t_r,如图 1-1-3 所示。我们知道电磁波的能量是以光速传播的,设目标的斜距离为 R,那么在时间 t_r 内电磁波的传播距离为 $2R$,则它等于光速乘以时间间隔,即

$$2R = ct_r,\ 或\ R = \frac{ct_r}{2}$$

式中:R 为目标到雷达站的单程距离,单位为 m;t_r 为电磁波往返于目标与雷达之间的时间间隔,单位为 s;c 为光速,$c = 3 \times 10^8 \text{m/s}$。

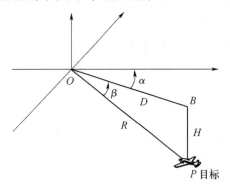

图 1-1-2 目标的位置坐标

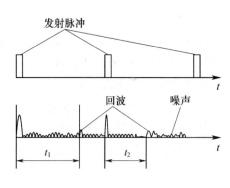

图 1-1-3 雷达测距

可见,测量雷达信号往返于目标的时间,就可以测出雷达距目标的斜距离。由于电磁波传播的速度很快,雷达技术常用的时间单位为微秒(μs),$1\mu s = 10^{-6}s$,对应的距离为 150m。

能在远距和近距离测量目标距离是雷达的一个突出优点,而且受气候条件的影响较小,这是优于其他传感器的。窄脉冲是测距的常用雷达波形。测距的精度和分辨力与发射信号带宽(或处理后的脉冲宽度)有关,脉冲越窄,性能越好。目前,远程空中监视雷达距离测量精度可达几十米量级,而精密系统的测距精度则可达亚米级。

窄脉冲具有宽的频谱,而宽脉冲也能达到窄脉冲的效果,只是需要用相位调制和频率调制使宽脉冲的频谱扩展。已调制宽脉冲通过匹配滤波器后,输出压缩后的脉冲,压缩脉冲的宽度等于已调宽脉冲频谱宽度的倒数。这就是脉冲压缩,它具有窄脉冲的分辨力和宽脉冲的能量。相位调制或频率调制的连续波也能进行目标距离的精确测量,通过比较两个或多个连续波频率的相位,可以测量单个目标的距离。连续波测距已广泛用于机载高度表和勘测仪器。

（二）目标角位置的测量

目标角位置指方位角和俯仰角,在雷达技术中,测量这两个角位置基本上都是利用天线的方向性来实现的。雷达天线将电磁能量汇集在窄波束内,当天线波束在方位角或俯仰角平面扫描时,波束扫过目标所得到的雷达回波,在时间顺序上从无到有,由小变大,再

4

由大变小,然后消失,即天线波束形状对雷达回波幅度进行了调制。如图 1-1-4 所示,当天线波束轴对准目标时,回波信号最强,当目标偏离天线波束轴时回波信号减弱,如图中虚线所示。根据接收回波最强时的天线波束指向,就可确定目标的方向,这就是角坐标测量的基本原理。天线波束指向实际上也是辐射波的波前方向。

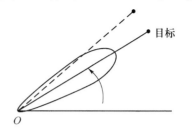

图 1-1-4 角坐标测量

为了提高角度测量的精度,还会有一些改进的测量方法。天线尺寸增加,波束变窄,测角精度和角分辨力会提高。测角精度远比天线波束宽度窄。典型情况下,测角精度可达约波束宽度的 1/10,而用于靶场测量的单脉冲雷达测角均方根精度可达 0.1mrad(0.006°)。

回波的波前方向(角位置)还可以用测量两个分离接收天线收到信号的相位差来决定,如干涉仪。测量两个天线中信号的相位是比相单脉冲雷达测角的基础。比幅单脉冲雷达则是比较同一天线产生的两个倾斜波束所接收到的信号幅度来测角。

(三)目标相对速度的测量

有些雷达除确定目标的位置外,还需测定运动目标的相对速度,如测量飞机或导弹飞行时的速度。当目标与雷达之间存在相对运动时,接收到回波信号的载频相对于发射信号的载频产生一个频移,这个频移在物理学上称为多普勒频移,它的数值为

$$f_d = \frac{2v_r}{\lambda}$$

式中:f_d 为多普勒频移,单位为 Hz;v_r 为雷达与目标之间的径向速度,单位为 m/s;λ 为载波波长,单位为 m。

当目标向着雷达运动时,$f_d > 0$,回波载频提高;反之,$f_d < 0$,回波载频降低。这样,雷达只要能够测量出回波信号的多普勒频移,就可以确定目标与雷达之间的相对径向速度。

在许多脉冲雷达中,多普勒频移测量是高度模糊的,因此降低了直接用它测量径向速度的有用性。径向速度也可以用距离的变化率求得,此时精度不高但不会产生模糊。无论是用距离变化率还是用多普勒频移来测量速度,都需要时间。观测目标的时间越长,则速度测量精度越高。

多普勒频移除用做测速外,更广泛的是应用于动目标显示(MTI)、脉冲多普勒(PD)等雷达中,以区分运动目标回波和杂波。

(四)目标尺寸和形状的测量

如果雷达具有足够高的分辨力,目标可视为具有多个散射点的复杂目标时就可以提供目标尺寸的测量。由于许多目标的尺寸在数十米量级,因而分辨能力应为数米或更小。用足够宽的信号频谱宽度,目前雷达的分辨力在距离维已能达到要求,但在通常作用距离下切向距离维的分辨力还远远达不到要求。增加天线的实际孔径来解决此问题是不现实的,然而,当雷达和目标的各个部分有相对运动时,就可以利用多普勒频移域的分辨力来获得切向距离维的分辨力。例如,装于飞机和宇宙飞船上的合成孔径(SAR)雷达,与目标的相对运动是由雷达的运动产生的。高分辨力雷达可以获得目标在距离和切向距离方向的轮廓(雷达成像)。

此外,比较目标对不同极化波(如正交极化等)的散射场,就可以提供目标形状不对称性的量度。复杂目标的回波振幅会随着时间变化,例如,螺旋桨的转动和喷气发动机的转动将使回波振幅的调制各具特点,可经过谱分析检测到。这些信息为目标识别提供了相应的基础。

第二节 雷达的基本组成

典型单基地脉冲雷达系统主要由天线、发射机、接收机、信号处理机、数据处理机和终端设备等组成,如图1-2-1所示。

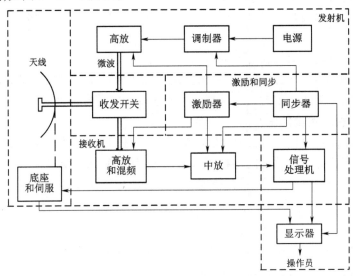

图1-2-1 典型单基地脉冲雷达组成框图

发射机产生的雷达信号(通常是重复的窄脉冲串)由天线辐射到空间。收发开关使天线时分复用于发射和接收。反射物或目标截获并反辐射一部分雷达信号,其中少量信号沿着雷达的方向返回。雷达天线收集回波信号,经接收机加以放大和滤波,再经信号处理机进行处理。如果经接收机和信号处理机处理后输出信号幅度足够大,则目标可以被检测(发现)。雷达通常测定目标的方位和距离,但回波信号中也包含目标特征信息。

显示器显示经接收机和信号处理机处理后的输出信号,雷达操作员根据显示器的显示判断目标存在与否,或者采用电子设备处理输出的结果。电子设备可以自动判断目标存在与否,并根据发现目标后一段时间内的检测结果建立目标航迹,后一项功能通常由数据处理机完成。图1-2-1中,同步设备(频率综合器)是雷达的频率和时间基准,它产生的各种频率振荡之间保持严格的相位关系,从而保证雷达全相参工作,时间标准提供统一的时钟,使雷达各分机保持同步工作。

一、发射机

雷达发射机产生辐射所需强度的脉冲功率,脉冲的波形由调制器产生,其波形是具有一定脉冲宽度和重复周期的高频脉冲串,现代雷达也常采用更加复杂调制的波形。发射

6

机现有两种类型：一种是直接振荡式（如磁控管振荡器），它在脉冲调制器控制下产生的高频脉冲功率被直接馈送到天线；另一种是功率放大式（主振放大式），它是由高稳定度的频率源（频率综合器）作为频率基准，在低功率电平上形成所需波形的高频脉冲串作为激励信号，在发射机中予以放大并驱动末级功放而获得大的脉冲功率馈送给天线。功率放大式发射机的优点是频率稳定度高且每次辐射是相参的，这便于对回波信号进行相参处理，同时也可以产生各种所需的复杂脉压波形。

二、天线

脉冲雷达的天线一般都具有很强的方向性，发射能量由天线聚成一束窄波束，以集中辐射能量来获得较大的观测距离。同时，天线的方向性越强，天线波束宽度越窄，雷达测角的精度和分辨力就越高。在雷达中，机械控制的反射面天线、波导裂缝阵列天线，以及电扫描的平面相控阵天线都得到了广泛的应用。

常用的微波雷达天线是抛物面反射体，馈源放置在焦点上，天线反射体将高频能量聚成窄波束。天线波束在空间的扫描常采用机械转动天线来得到，由天线伺服控制系统控制天线在空间的扫描，控制系统同时将天线的转动数据送到终端设备，以便取得天线指向的角度数据。根据雷达用途的不同，波束形状可以是扇形波束，也可以是针状波束。天线波束的空间扫描也可以采用电子控制的办法，它比机械扫描的速度快，灵活性好，这就是20世纪末开始日益广泛使用的平面相控阵天线和电子扫描的阵列天线。前者在方位和仰角两个角度上均实行电扫描，后者是一维电扫描，另一维为机械扫描。

脉冲雷达的天线是收发共用的，这需要高速开关装置，在发射时，天线与发射机接通，并与接收机断开，以免强大的发射功率进入接收机把接收机高放混频部分烧毁；接收时，天线与接收机接通，并与发射机断开，以免微弱的接收功率因发射机旁路而减弱。这种装置称为天线收发开关。天线收发开关属于高频馈线中的一部分，通常由高频传输线和放电管组成，或用环行器及隔离器等来实现。

三、接收机

天线收集到的回波信号送到接收机。现代雷达接收机几乎都是超外差式的（Super - Hetero dyne），超外差接收机混频器利用本振（Local Oscillator，LO）将射频（Radio Frequency，RF）信号转变为中频（Intermediate Frequency，IF）信号，在中频对信号进行放大、滤波等。雷达接收机通常由高频放大、混频、中频放大、检波、视频放大等电路组成。

接收机的首要任务是把微弱的回波信号放大到足以进行信号处理的电平，同时，接收机内部的噪声应尽量小，以保证接收机的高灵敏度。因此，接收机的第一级常采用低噪声高频放大器。一般在接收机中也进行一部分信号处理。例如，中频放大器的频率特性应设计为发射信号的匹配滤波器，这样就能在中频放大器输出端获得最大的峰值信号噪声功率比（Signal - to - Noise Ratio，SNR）。对于需要进行较复杂信号处理的雷达，如需分辨固定杂波和运动目标回波的动目标显示（MTI）雷达，则还需要在典型接收机后接信号处理机。

接收机中的检波器通常是包络检波器，它取出调制包络并送到视频放大器，如果后面要进行多普勒处理,则要用相位检波器替代包络检波器。

对于普通脉冲雷达而言,中频处理之后可以通过包络检波器获取视频信号,视频放大器将信号电平提高到便于显示它所含有信息的程度。在视频放大器的输出端建立一个用于检测判决的门限,若接收机的输出超过该门限则判定有目标。判决可由操作员做出,也可由自动检测设备得出。

四、信号处理机

早期雷达基本不需要单独的信号处理机,全部雷达回波的处理都由雷达接收机完成。

信号处理的目的是消除不需要的信号(如杂波及干扰)而通过或加强由目标产生的回波信号。信号处理是在做出检测判决之前完成的,它通常包括动目标显示(MTI)和脉冲多普勒雷达中的多普勒滤波器,有时也包括复杂信号的脉冲压缩处理。

五、数据处理机

许多现代雷达在检测判决之后要进行数据处理。主要的数据处理例子是自动跟踪,而目标识别是另一个例子。性能好的雷达在信号处理中消去了不需要的杂波和干扰,而自动跟踪只需处理检测到的目标回波,输入端如有杂波剩余,可采用恒虚警(CFAR)等技术加以补救,通常情况下,接收机中放输出后经检波器取出脉冲调制波形,由视频放大器放大后送到终端设备。

六、终端显示器

早期的雷达终端显示器可以直接显示雷达接收机输出的原始视频回波。在通常情况下,接收机中频输出后经检波器取出脉冲调制波形,由视频放大器放大后送显示器。例如,在平面位置显示器(Plan Position Indicator,PPI)上可根据目标亮弧的位置测读目标的距离和方位角两个坐标。

现代雷达显示器除了可以直接显示由雷达接收机输出的原始视频外,还可以显示经过处理的信息。例如,由自动检测和跟踪设备(Automatic Detection and Track,ADT)先将原始视频信号(接收机或信号处理机输出)按距离、方位分辨单元分别积累,而后经门限检测,取出较强的回波信号而消去大部分噪声,对门限检测后的每个目标建立航迹跟踪,最后,按照需要将经过上述处理的回波信息加到终端显示器去。自动检测和跟踪设备的各种功能常要依靠数字计算机来完成。

上述雷达的组成框图是基本框图,不同类型的雷达还有一些补充和差别,这些问题将在以后章节中讨论。

第三节　雷达的战术、技术参数

雷达的战术参数主要由功能决定,它是指雷达完成作战战术任务所具备的功能和性能,在很大程度上决定了雷达的性能、研制周期和生产成本。雷达技术参数是指描述雷达技术性能的量化指标。

雷达的战术参数是设计雷达的依据。反过来,雷达的技术参数又决定了雷达的战术性能。

一、雷达的主要战术参数

(一)探测空域

探测空域是指雷达能够以一定的检测概率和虚警概率、一定的目标起伏模型和一定的目标雷达截面积探测到目标的空间范围,又称为威力范围。它是由雷达的最大探测距离、最小探测距离、方位扫描角、俯仰扫描角所构成的空间。

(二)目标参数测量精度

目标参数包括目标距离、方位角、俯仰角(或高度)、速度、批次、机型和敌我属性等。精确地测量目标的空间位置是雷达的主要任务,精确度高低是以测量误差的大小来衡量的。测量方法不同精度也不同。误差越小,精度越高。雷达测量精度的误差通常可分为系统误差、随机误差和疏失误差。系统误差是固定误差,可以通过校准来消除;但是由于雷达系统非常复杂,所以系统误差不可能完全消除,一般给出一个允许的范围。随机误差与测量方法、测量设备的选择以及信号噪声比(或信号干扰比)有关。通常,对测量结果规定一个误差范围。例如,规定距离精度 $R' = (\Delta R)_{min}/2$;最大值法测角精度 $\theta' = (1/5 \sim 1/10)\theta_{0.5}$(其中,$(\Delta R)_{min}$ 为距离分辨力,$\theta_{0.5}$ 为半功率波束宽度)。

(三)分辨力

分辨力是指雷达对空间位置接近的两个点目标的区分能力。两个目标在同一方位但距离不同,其最小可分辨的距离 $(\Delta R)_{min}$ 称为距离分辨力,如图 1 - 3 - 1(a)所示。其定义为:在采用匹配滤波的雷达中,当第一个目标回波脉冲的后沿与第二个目标回波脉冲的前沿相接近以至于不能区分出两个目标时,作为分辨的极限,这个极限间距就是距离分辨力,一般认为是

$$(\Delta R)_{min} = \frac{c\tau}{2} \qquad (1 - 3 - 1)$$

式(1 - 3 - 1)表明,由于光速 c 是常数,所以 τ(脉冲宽度)越小,距离分辨力越好,即发射信号的带宽越大越好。可见,为提高距离分辨力,雷达需采用窄脉冲工作。例如,$\tau = 1\mu s$ 时,$(\Delta R)_{min} = 150m$;若要求 $(\Delta R)_{min} = 15m$,则需采用 $\tau = 0.1\mu s$ 的窄脉冲。

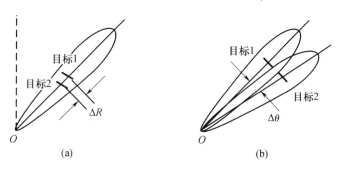

图 1 - 3 - 1　雷达分辨力示意图

(a)雷达距离分辨力;(b)雷达角度分辨力。

角分辨力是指在相同的距离上,能够区分在方向比较接近的两个目标的最小角度,如图 1 – 3 –1(b)所示。在水平面内的角分辨力称为方位分辨力,在铅垂面内的角分辨力称为俯仰角分辨力。角分辨力与波束宽度有关,波束越窄,角分辨力越高。

除了位置分辨力外,对于测速雷达还有速度分辨力要求。速度分辨力是指能够区分两个不同运动速度目标的最小速度间隔。

一般来说,雷达分辨力越好,测量精度也就越高。

(四) 数据率

数据率是雷达对整个威力范围完成一次探测(即对这个威力范围内所有目标提供一次信息)所需时间的倒数。也就是,单位时间内雷达对每个目标提供数据的次数,它表征着搜索雷达和三坐标雷达的工作速度。例如,一部 10s 完成对威力范围搜索的雷达,其数据率为每分钟 6 次。

(五) 抗干扰能力

抗干扰能力是指雷达在干扰环境中能够有效地检测目标和获取目标参数的能力。通常,雷达都是在各种自然干扰和人为干扰条件下工作的。这些干扰包括人为施放的有源干扰和无源干扰、近处电子设备的电磁干扰,以及自然界存在的地物、海浪和气象等干扰。干扰最终作用于雷达终端设备,严重时可能使雷达失去工作能力,所以,现代雷达必须具有一定程度的抗干扰能力。

雷达的抗干扰能力一般从两个方面描述。一是采取了哪些抗干扰措施,使用了何种抗干扰电路;二是以具体数值表达,如动目标改善因子的大小、天线副瓣电平的高低、频率捷变的响应时间和跳频点数、抗干扰自卫距离等。

(六) 可靠性/可维修性

雷达硬件的可靠性,通常用两次故障之间的平均时间间隔来表示,称为平均无故障时间(MTBF)。这一时间越长,可靠性越高。雷达发生故障以后的平均修复时间,记为 MT-TR,它越短越好。在现代雷达中还必须考虑软件的可靠性。军用雷达还要考虑战争条件下的生存能力。

(七) 体积和重量

机载和空间基雷达对体积和重量的要求严格,希望雷达的体积小、重量轻。体积和重量取决于雷达的任务要求、所用的器件和材料。

此外,雷达的战术参数还有观察与跟踪的目标数、数据的录取与传输能力、工作环境条件、抗核爆炸和抗轰炸能力以及机动性能。

二、雷达的主要技术参数

(一) 工作频率

按照雷达的工作原理,不论发射波的频率如何,只要是通过辐射电磁能量和利用从目标反射回来的回波对目标探测和定位,都属于雷达系统工作的范畴。常用的雷达工作频率范围为 220MHz ~ 35GHz,实际上各类雷达工作的频率在两头都超出了上述范围。例如,天波超视距(OTH)雷达的工作频率为 4MHz 或 5MHz,而地波超视距的工作频率则低到 2MHz。在频谱的另一端,毫米波雷达可以工作到 94GHz 以上,实验毫米波雷达的工作频率超过 240GHz,激光(Laser)雷达工作于更高的频率。工作频率不同的雷达在工程实现时差别很大。

　　雷达的工作频率和整个电磁波频谱如图1-3-2所示,实际上绝大部分雷达工作于200MHz~10GHz频段。由于20世纪70年代已制成能产生毫米波的大功率管,毫米波雷达已获得试制和应用。

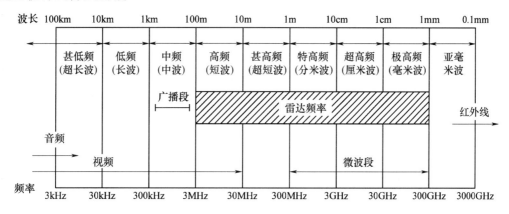

图1-3-2　雷达工作频率和电磁波频谱

　　目前,在雷达技术领域里的常用频段,用L、S、C、X等英文字母来命名。这是在第二次世界大战中一些国家为了保密而采用的,以后就一直沿用下来,我国也经常采用。表1-3-1列出了雷达工作频段和频率的对应关系。电磁波波长与频率之间的关系为

$$f = \frac{c}{\lambda} \qquad (1-3-2)$$

式中:f为频率,单位Hz;λ为波长,单位m;c为光速,且$c = 3 \times 10^8 \text{m/s}$。

表1-3-1　IEEE标准雷达频率字母频段名称[①]

频段名称	标准频率范围	波　长	国际电信联盟(ITU)分配的专用的雷达频段
HF	3MHz~30MHz	100m~10m	
VHF	30MHz~300MHz	10m~1m	138MHz~144MHz 216MHz~225MHz
UHF	300MHz~1000MHz	100cm~30cm	420MHz~450MHz 850MHz~942MHz
L	1GHz~2GHz	30cm~15cm	1215MHz~1400MHz
S	2GHz~4GHz	15cm~7.5cm	2300MHz~2500MHz 2700MHz~3700MHz
C	4GHz~8GHz	7.5cm~3.75cm	5250MHz~5925MHz
X	8GHz~12GHz	3.75cm~2.5cm	8500MHz~10 680MHz
K_u	12GHz~18GHz	2.5cm~1.7cm	13.4GHz~14.0GHz 15.7GHz~17.7GHz
K	18GHz~27GHz	1.7cm~1.1cm	24.05GHz~24.25GHz

频段名称	标准频率范围	波　长	国际电信联盟(ITU)分配的专用的雷达频段
K_a	27GHz~40GHz	1.1cm~0.75cm	33.4GHz~36GHz
V	40GHz~75GHz	0.75cm~0.4cm	59GHz~64GHz
W	75GHz~110GHz	0.4cm~0.27cm	76GHz~81GHz 92GHz~100GHz
mm	110GHz~300GHz	2.7mm~1mm	126GHz~142GHz 144GHz~149GHz 231GHz~235GHz 238GHz~248GHz
① 来自"IEEE Standard Letter Designations for Radar – Frequency Band",IEEE Std 521 – 1984				

雷达工程师有时习惯用典型波长来称呼雷达的频段。例如,L 频段通常为 22cm,S 频段为 10cm,C 频段为 5cm,X 频段为 3cm,Ku 频段为 2cm、Ka 频段为 8mm 等。表 1 – 3 – 1 中还列出了国际电信联盟(ITU)分配给雷达的具体频段。例如,L 频段包括的频率范围应是 1000MHz~2000MHz,而 L 频段雷达的工作频率却被约束在 1215MHz~1400MHz 的范围。

雷达的频率是一个极其重要的技术参数,雷达工程师在设计之初首先需要选定的参数就是频率。频率的选择需要综合考虑多种因素,主要根据目标的特性、电波传播条件、天线尺寸、高频器件的性能、雷达的测量精度和功能等要求来决定,其中用途是最重要的依据。大多数机载雷达受体积、重量等限制,大都选用 X 频段(亦有 Ku 频段),机载预警雷达通常选用 L 频段、S 频段。

（二）工作带宽

雷达的工作带宽主要根据抗干扰的要求来决定。一般要求工作带宽为工作频率的 5%~10%,超宽带雷达为 25% 以上。

（三）信号形式

根据发射的波形来区分,雷达主要分为脉冲雷达和连续波雷达两大类。常用的雷达大多数是脉冲雷达。早期雷达发射信号采用单一的脉冲波形幅度调制,现代雷达则采用多种调制波形以供选择。常规脉冲雷达的波形如图 1 – 3 – 3 所示 。

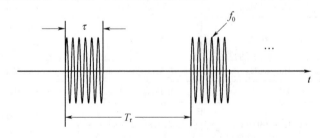

图 1 – 3 – 3　雷达发射信号波形

图中标出了相关的参数,它们是工作频率f_0、脉冲宽度τ和脉冲重复周期T_r。

脉冲宽度是指发射脉冲信号的持续时间,一般在$0.05\mu s \sim 20\mu s$之间,它不仅影响雷达的探测能力,还影响距离分辨力。早期雷达的脉冲宽度是不变的,现代雷达常采用多种脉冲宽度的信号。当采用脉冲压缩技术时,发射脉冲宽度可达数百微秒。

脉冲重复频率是指雷达每秒钟发射射频脉冲的个数。脉冲重复频率的倒数叫做脉冲重复周期,它等于相邻两个发射脉冲前沿的时间间隔,用T_r表示。雷达的脉冲重复频率f_r一般为$50Hz \sim 2000Hz$(相应的T_r为$20000\mu s \sim 500\mu s$)。它们既决定了雷达单值测距范围,又影响不模糊测速区域大小。为了满足测速测距的性能要求,现代雷达常采用多种重复频率或参差重复频率工作。

(四)发射功率

发射功率是指雷达发射机末级放大器(或振荡器)送至馈线系统的射频功率。发射功率的大小决定了雷达的威力和抗干扰能力,功率大则作用距离远。发射功率以脉冲功率和平均功率来表示。雷达在发射脉冲信号期间所输出的功率称为脉冲功率,用P_t表示;平均功率是指一个重复周期T_r内发射机输出功率的平均值,用P_{av}表示。它们的关系为

$$P_t \cdot \tau = P_{av} \cdot T_r \qquad (1-3-3)$$

高频大功率的产生受到器件、电源容量和效率等因素限制,一般机载火控雷达的脉冲功率由几千瓦至几十千瓦,平均功率为几百瓦至千瓦。

(五)接收机灵敏度

接收机灵敏度是指雷达接收微弱信号的能力。它用接收机在噪声电平一定时所能感知的输入功率的大小来表示,通常规定在保证$50\% \sim 90\%$发现概率条件下,接收机输入端回波信号的最小功率作为接收机的最小可检测信号功率$P_{r,min}$。这个功率越小,接收机灵敏度越高,雷达的作用距离越远。目前的雷达接收机灵敏度一般在$0.01pW \sim 1pW$之间。

接收机灵敏度与带宽、噪声系数和所需信噪比有关。在雷达分析中,通常将所需信噪比设定为13dB,接收机有效带宽为BW(MHz),则热噪声kTB(dBm)可以由下式计算

$$kTB = -114dBm + 10lg(BW) \qquad (1-3-4)$$

则接收机灵敏度(dBm)就是热噪声kTB(dBm)、噪声系数(dB)和所需信噪比(dB)之和。

(六)天馈线性能

天馈线性能主要包括天线孔径、天线增益、天线波瓣宽度、天线波束的副瓣电平、极化形式、馈线损耗和天馈线系统的带宽等。

(七)雷达信号处理性能

雷达信号处理性能主要包括诸如动目标显示(MTI)或动目标检测(MTD)的系统改善因子、脉冲多普勒滤波器的实现方式与运算速度要求、恒虚警率(CFAR)处理和视频积累方式等。

(八)雷达数据处理能力

雷达数据处理能力主要包括对目标的跟踪能力、二次解算能力、数据的变换及输入/输出能力。

（九）电源供应

雷达电源的供应除了考虑功率容量外,还需要考虑频率。地面雷达可以用50Hz交流电,机载雷达为了减轻重量,采用高频交流电,最常用的是400Hz。

第四节 航空雷达的发展与应用

雷达已广泛应用于探测地面、空中、海上、太空甚至地下目标。地面雷达主要用来对空中(飞机、导弹等)和太空目标进行探测、定位和精密跟踪;舰船雷达除探测空中和海上目标外,还可用做导航工具;机载雷达完成探测目标、火力控制等任务并保证飞行安全(导航、地形回避等),有的机载成像雷达还可用于大地测绘;在宇宙飞行中,雷达可用来控制宇宙飞行体的飞行和降落。在航天技术迅猛发展的今天,卫星上装置的预警和监视雷达(星载或天基雷达),更可全天候地监视和跟踪目标而成为各国密切重视和发展的类型,如它们是美国"星球大战"计划的重要组成部分。下面首先介绍雷达的分类情况。

一、雷达的分类

雷达的分类标准很多,雷达工程师和武器装备使用人员可以依据不同的标准对雷达进行分类。

（一）按功能分类

雷达在军事和民事方面发挥着日益重要的作用,按照雷达的功能,可以把军用雷达分为预警雷达、搜索警戒雷达、引导指挥雷达(监视雷达)、火控雷达、轰炸雷达、制导雷达、测高雷达(无线电测高仪)、炮瞄雷达、盲目着陆雷达、护尾雷达、气象雷达、导航雷达等。

（二）按工作波长分类

按照雷达的工作波长,可以分为米波雷达、分米波雷达、厘米波雷达、毫米波雷达、激光/红外雷达。

（三）按技术体制分类

第二次世界大战后,随着雷达技术的迅速发展,新体制雷达不断出现。按照雷达采用的技术体制,可以分为圆锥扫描雷达、单脉冲雷达、相控阵雷达、脉冲压缩雷达、频率捷变雷达、频率分集雷达、动目标显示(MTI)雷达、动目标检测(MTD)雷达、脉冲多普勒(PD)雷达、合成孔径雷达(SAR)、逆合成孔径雷达(ISAR)、噪声雷达、谐波雷达、冲击雷达、双/多基地雷达、天波/地波超视距雷达等。

（四）按测量目标的参量分类

按照测量目标的参量,可以把雷达分为两坐标雷达、三坐标雷达、测高雷达、测速雷达等。

（五）按信号形式分类

按照采用信号形式的不同,可以把雷达分为脉冲雷达和连续波雷达。

（六）按承载平台分类

按照载体平台的不同,可以把雷达分为地面雷达、机载雷达、舰载雷达、星载雷达等。以各种固定翼飞机和直升机为承载平台的雷达称为机载雷达,通常也叫做航空雷达。

雷达的种类划分并不是绝对的,在给雷达命名时,一般要突出其某个特征,使人们容易了解该雷达的主要特点。下面主要介绍机载雷达的发展和应用。

二、机载雷达的发展

从 1886 年至今,雷达已经走过了 100 多年的发展历程,下面首先回顾一下雷达发展史上的一些重大事件。

(一)雷达的发展历程

最先,是麦克斯韦、法拉第和安培等人将电磁场概念用数学公式来描述,并预言位移电流电磁波的存在。

1886 年—1888 年,德国物理学家海因里奇·赫兹(Heinrich Hertz)验证了电磁波的产生、接收和目标散射,这是雷达工作的基本原理。

1903 年—1904 年,德国科学家克里斯琴·赫尔斯迈耶(Christian Hulsmeyer)研制出原始的船用防撞雷达,并获得专利权。

1922 年,英国科学家 M. G. 马可尼(M. G. Marconi),在接受无线电工程师学会(IRE)荣誉奖章时的讲话中,提出了一种船用防撞测角雷达的建议。

1925 年,美国约翰斯·霍普金斯大学的科学家 G. 布莱特(G. Breit)和 M. 图夫(M. Tuve),通过阴极射线管观测到来自电离层的第一个短脉冲回波,测量了电离层的高度。

1934 年,美国海军研究实验室(Naval Research Lab.)的科学家 R. M. 佩奇(R. M. Page)拍摄到了第一张来自飞机的短脉冲回波照片。

1935 年,由英国人和德国人第一次验证了对飞机目标的短脉冲测距。

1937 年,由英国科学家罗伯特·沃森·瓦特(Robert Watson – Watt)设计的第一部可使用的雷达"Chain Home"在英国建成。

1938 年,美国陆军通信兵的 SCR – 268 成为首次实用的防空火控雷达,后来生产了3100 部。该雷达探测距离大于 100n mile,工作频率为 200Hz。

研制成第一部实用舰载雷达 XAF,安装在美国海军纽约号(New York)战舰上,对飞机的探测距离为 85n mile。

1941 年 12 月,已经生产了 100 部 SCR – 270/271 陆军通信兵预警雷达。其中一部雷达架设在美国檀香山上,它探测到了日本飞机对珍珠港的入侵。但是,将该反射回波信号误认为是友军飞机而铸成了大悲剧。

20 世纪 30 年代,除英国、美国外,法国、苏联、德国和日本同时致力于雷达的研制。第二次世界大战期间,在英国的帮助下,美国在雷达方面的研制大大超过了德国和日本,并在保证同盟国的胜利方面发挥了重要作用。在第二次世界大战末期,由于微波磁控管的研制成功和微波技术在雷达中的应用,使雷达技术得到了飞速发展。与此同时,由于在第二次世界大战中雷达所起的作用很大,因此出现了对雷达的电子对抗,研制了大量的各种频段的对雷达进行电子侦察与干扰的装备,并成立了反雷达特种部队。

从 20 世纪 50 年代末以来,由于航天技术的发展,飞机、导弹、人造卫星及宇宙飞船等均采用雷达作为探测和控制手段,因此各种类型飞行器载雷达得到了飞速发展。在 20 世纪 60 年代中期,由于反洲际弹道导弹系统提出了高精度、远距离、高分辨力和多目标测量的要求,使雷达技术进入了蓬勃发展的时期。特别是 20 世纪 80 年代以后,由于弹道导弹具有突防能力、破坏力大,并能携带子母弹头、核弹头等优越性,而成为现代战争中最具有威胁性的攻击性武器之一。为了对付这一威胁,美国等均加强了对弹道导弹防御系统的研究与部署。

美国的弹道导弹防御系统可分为战区导弹防御(TMD)系统和国家导弹防御(NMD)系统。这类系统是一种将各种反导武器综合在一起的"多层"防御系统,它以陆地、海面和空中为基点,全方位地实施拦截任务,在来袭导弹初始段、飞行段或再入段将入侵导弹等武器予以摧毁。

战略弹道导弹防御系统中,一般由光、电、红外探测分系统、信息传输分系统和指挥控制中心等部分组成。其中,导弹预警中心主要由陆基相控阵雷达网、超视距雷达网、红外预警卫星网和天基预警雷达网组成四合一的探测系统。这种四合一的战略导弹探测系统,除了能可靠地探测敌方从任意地点发射的战略和战术导弹,提供比较充裕的预警时间及敌方的战略、战术导弹攻防态势信息外,还能提供空间卫星和载人航天器的信息。

(二) 雷达技术的发展

第二次世界大战后的雷达发展初期,主要是出现了两个关键器件,即收发开关和磁控管。这一发明不仅可以使雷达接收和发射共用一副天线,简化了系统结构,而且大功率磁控管发射机大大提高了雷达的探测性能。

20世纪60年代以来,随着大规模集成电路和微型计算机的问世和广泛应用,使得雷达技术的发展日臻完善。新技术的应用,使雷达实现了多种功能,并且性能更加优异。例如,脉冲压缩技术的采用;单脉冲雷达和相控阵雷达研制的成功;在微波高功率放大管试制成功后,研制成了主控振荡器—功率放大器型的高功率、高稳定度的雷达发射机,并用于可控脉冲形状的相参雷达体系;脉冲多普勒雷达体制的研制成功,使雷达能测量目标的位置和相对运动速度,并具有良好的抑制地物干扰等能力;另外,微波接收机高频系统中许多低噪声器件,如低噪声行波管、量子放大器、参量放大器、隧道二极管放大器等应用,使雷达接收机灵敏度大为提高,增大了雷达作用距离;由于雷达中数字电路的广泛应用及计算机与雷达的配合使用和逐步合成一体,使雷达的结构组成和设计发生了根本性变化。雷达采用这些技术后,工作性能大为提高,测角精度从1密位(1密位 = 0.06°)以上提高到0.05密位以下,提高幅度超过一个数量级。雷达的作用距离提高到数千千米,测距误差在5m左右;单脉冲雷达跟踪带有信标机的飞行器,作用距离可达数十万千米以上。雷达的工作波长从短波扩展至毫米波、红外线和紫外线领域。在这个时期,微波全息雷达、毫米波雷达、激光雷达和超视距雷达相继出现。

20世纪70年代以来,雷达的性能日益提高,应用范围也持续拓宽。由于VHLSI和VLSI的迅猛发展,数字技术和计算机的应用更为广泛和深入,使动目标检测和脉冲多普勒等雷达信号处理机更为精致、灵活,性能明显提高;自动检测和跟踪系统得到完善,提高了工作的自动化程度。合成孔径雷达由于具有很高的距离和角度(切向距)分辨能力而可以对实况成像;逆合成孔径雷达则可用于目标成像;成像处理中已用数字处理代替光学处理。更多地采用复杂的大时宽带宽脉压信号,以满足距离分辨力和电子反对抗的需要。高可靠性的固态功率源更为成熟,可以组成普通固态发射机或分布于相控阵雷达的阵元上组成有源阵。许多场合可用平面阵列天线代替抛物面天线,阵列天线的基本优点是可以快速和灵活地实现波束扫描和波束形状变化,因而有很好的应用前景。

16

当前雷达正面临着所谓"四大"威胁,即快速应变的电子侦察及强烈的电子干扰,具有掠地、掠海能力的低空、超低空飞机和巡航导弹,使雷达散射面积成百上千倍减小的隐身飞行器,快速反应的自主式高速反辐射导弹。因此,对雷达的要求越来越高。为了对付这些挑战,雷达界已经并正在继续开发一些行之有效的新技术,如频率、波束、波形、功率、重复频率等雷达基本参数的捷变或自适应捷变技术,功率合成、匹配滤波、相参积累、恒虚警处理、大动态线性检测器、多普勒滤波技术,低截获概率(LPI)技术,极化信息处理技术,扩谱技术,超低副瓣天线技术,多种发射波形设计技术,数字波束形成技术等。对抗"四大"威胁必然是上述一系列先进技术的综合运用,并非某一单项技术所能奏效的。

（三）机载雷达的发展

世界上第一部机载雷达诞生在英国。1935 年,为了对付困扰海上运输线的德国潜艇,英国开始研制机载雷达——空对海监视雷达。1937 年 7 月,该机载雷达进行首次试验;1939 年,机载雷达批量装备部队。

早期的机载火控雷达还不是一部功能完善的雷达,它只能测距,所以称为测距机。因为当时战斗机的速度低,武器是机枪或者航炮,射程短,所以测距机能够基本满足当时机枪或者航炮瞄准的需要。

随着战斗机性能的提高和武器装备的发展,特别是空空导弹的发展,机载测距机作为火控雷达逐渐退出历史舞台;同时,各种机载全雷达(能进行天线扫描和角度跟踪的雷达)迅速发展起来,但它们在雷达体制上和测距机一样,仍然是普通脉冲体制。这种情况一直延续到 20 世纪 60 年代后期,即机载脉冲多普勒雷达出现以前,可以认为是机载雷达发展的第一阶段。机载雷达发展的第二个阶段的标志是机载脉冲多普勒雷达研制成功,第三阶段的标志是机载相控阵雷达的出现。

机载雷达的最新发展特点是,机载航空电子系统综合化、一体化和模块化,其典型代表是美国空军隐身战斗机 F-22 上的 AN/APG-77 雷达。新的机载雷达将发展成一个以雷达为主体,集多频段探测和干扰为一体,可进行多传感器数据融合的集成系统。

三、机载雷达的应用

雷达是武器系统和作战系统的重要组成部分。由于受飞机载体平台的限制,机载雷达共同的要求是体积小、重量轻、工作可靠性高。根据飞机任务的不同,现代机载雷达的应用可分为以下三大类。

（一）机载火控雷达

机载火控雷达是机载火控系统的传感器和目标信息的主要来源之一,是现代战斗机和轰炸机必不可少的装备。对现代战斗机而言,除了飞机本身和发动机外,机载雷达的性能直接影响战斗机的作战效能。

战斗机上火控系统的雷达往往是多功能的。它能够空对空搜索和截获目标,空对空制导导弹,空对空精密测距和控制机炮射击,空对地观察地形和引导轰炸,进行敌我识别和导航信标识别,有的还兼有地形跟随、地形回避和气象探测的作用,一部雷达通常具有多部雷达的功能。

由于战斗机是军用飞机中数量最多的一个机种,所以机载火控雷达也就成为各种机载雷达中装备数量最多的一种。典型的机载火控雷达如美国 F-16C/D 战斗机上的 AN/

APG-65雷达及我国的歼轰七、歼十等战斗机上装备的雷达。

（二）机载预警雷达

从最近几次现代化局部战争中看，人们越来越明显地认识到预警机的重要性和它起到的重大作用，而预警机的最关键设备就是机载预警雷达。

近年来，低空和超低空突击的威胁日益严重，而由于地球曲率和电磁波传播的直线性，地面雷达不可避免地存在低空盲区和视距的限制，对低空飞行目标的探测距离很近。尽管人们研制了地面低空补盲雷达，但是低空盲区问题仍难以完全解决，这是地面防空系统存在的漏洞。

装载在预警飞机上的预警雷达可以"登高而望远"，完成对地面搜索和指挥引导雷达的功能。20世纪70年代，把脉冲多普勒体制的预警雷达装于预警飞机上，可以保证雷达在很强杂波的背景下将运动目标的回波信号检测出来。装在预警机上的预警雷达同时兼有引导指挥雷达的功能，此时预警机的作用等于把地面区域防空指挥所搬到了飞机上，使它成为一个完整的空中预警和控制系统。这是当前一种重要的雷达类型，典型雷达如美国E-2C预警机上的AN/APS-145和E-3A预警机上的AN/APY-1/2机载预警雷达。

（三）其他雷达

机载雷达除了应用于机载火控系统和机载预警系统以外，还应用于机载侦察系统，以及飞机导航或辅助导航等其他用途。

机载气象雷达可测出降雨区和危险的风切变区轮廓线，使飞行员避免危险。低空飞行的军用飞机依赖地形回避和地形跟随雷达的指示而避免碰撞。无线电高度表利用调频连续波，测量飞机离开地面或海面的高度。

第五节　航空雷达与电子战

从雷达出现的第一天起，它与目标之间就存在着抗争。随着高新技术的不断发展，在现代战争中，雷达与目标之间的对抗变得越来越激烈。从目标方面来讲，千方百计削弱雷达的作战效能乃至使其完全丧失作用，这是电子干扰的根本目的。在雷达方面，为了有效地对付各种电子干扰就必须考虑相应的电子反干扰。对雷达的干扰与反干扰是现代电子战的主要组成部分。

一、电子战的基本概念

历次的中东战争，特别是1991年发生的海湾战争，集中体现了现代高技术战争的主要特征，勾画出了未来战争的基本模式。高技术兵器时代，所有高精武器系统及其指挥控制系统均离不开相应的电子和信息技术。只要破坏了电子系统的功能，这些武器将丧失威力。电子战已成为继陆、海、空、天战之后的第五维战场，并将成为未来战争的主战场之一，它将先于战争开始并贯穿于整个战争的始终，电子战的成败对整个战争的胜负起着关键性作用。

（一）电子战的早期定义

美国和北约国家军队使用的标准术语是"电子战"，我军的标准术语是"电子对抗"，它指的是电子领域内的信息斗争。

随着电子技术的发展和在军事上的应用不断深化和完善,电子战定义也在不断发展和演变。在早期,电子战(Electronic Warfare,EW)是指利用电磁能量确定、利用、削弱或阻止敌方使用电磁频谱和保护己方使用电磁频谱的军事行动。电子战包括电子支援措施、电子对抗措施和电子反对抗措施三个组成部分。

电子支援措施(Electronic Support Measure,ESM)指对电磁辐射源进行搜索、截获、识别和定位,以达到立即识别威胁的目的而采取的各种行动。

电子对抗(Electronic Counter Measure,ECM),也称为电子干扰措施。它是指阻止或削弱敌方有效使用电磁频谱而采取的一切战术、技术措施,其中还包括了为了阻止敌方获取电子情报而制造假目标、假信号数据等措施。

电子反对抗(Electronic Counter - Counter Measure,ECCM),也称为电子抗干扰措施。它是指在电子战环境中为保证己方使用电磁频谱所采取的措施,主要包括反电子侦察、抗电子干扰和抗反辐射导弹等措施。

(二)电子战的新定义

美军于1993年3月对电子战进行了重新定义。新定义的电子战是指使用电磁能和定向能控制电磁频谱或攻击敌军的任何军事行动,如图1-5-1所示,它包括电子支援(ES)、电子攻击(EA)和电子防护(EP)三个组成部分。

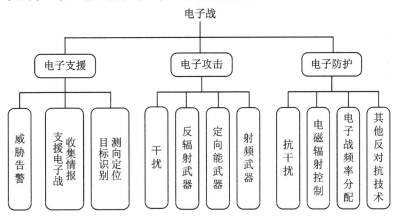

图 1-5-1　电子战内容

其中,电子支援指对有意和无意的电磁能辐射源进行搜索、截获、识别和定位的行动。电子攻击指利用电磁能或定向能,以压制、削弱或摧毁敌方的战斗力为目的,对敌方人员、设施或设备的攻击。电子防护指为保护己方人员、设施或设备免受敌(己)方运用电子战压制、削弱或摧毁己方战斗力而采取的行动。

新的电子战定义大大扩展了电子战概念的内涵。它增强了电子攻击能力,包含了使用激光、微波辐射、粒子束等定向能武器、反辐射导弹和电磁脉冲来摧毁敌方的电子设备;攻击的目标不再仅仅是敌方使用电磁频谱的设备或系统,还包括敌方的人员和设施。电子防护不仅包括保护单个电子设备,而且还包含采用如电磁控制、电磁加固、电子战频谱管理和通信保密等措施。由于电子进攻与军事电子设备和系统的电子防护构成了矛与盾的对抗关系,每项电子技术的进展都会引出相应的对抗措施,而这种对抗措施必然会引起一种新的反对抗措施。因此,电子战对抗双方的斗争永远不会结束。

二、雷达电子战

所有使用电磁波的设备都是电子战的作战对象,如雷达、通信、C^3I 系统、导航、敌我识别、精确制导、无线电引信、计算机和光电武器等。其中,雷达自其研制成功以来就成为了电子战的主要作战对象。

雷达电子战是通过采用专门的电子设备和器材对敌方雷达进行侦查、干扰、摧毁以及防护敌对我雷达进行侦查、干扰、摧毁的电子对抗措施。其基本内容包括雷达电子支援、对雷达的电子攻击和雷达电子防护。

(一)雷达电子支援

雷达电子支援是在雷达领域内为电子攻击、电子防护、武器规避、目标瞄准或其他兵力部署提供实时威胁识别而采取的行动,主要包括对敌方雷达辐射信号的截获、测量、分析、识别及定位,获取技术参数及位置、类型、部署等情报。其任务有两个,一是对即将到来的雷达威胁发出报警,二是为实施有效的对抗措施提供必要的雷达信息。

对电磁辐射的截获通常由覆盖重要威胁频段的高灵敏度接收机完成;识别就是将截获的数据同威胁库中存储的特征数据进行比较,进一步判断、确定敌辐射源信号;定位是通过把得到的敌辐射源空间上的各种分散数据进行综合分析和计算,从而确定敌辐射源的准确位置。

(二)对雷达的电子攻击

对雷达的电子攻击包括非摧毁性的行动(软杀伤)和摧毁性的行动(硬杀伤)。主动的电子攻击在整个战斗中起着最为关键的作用,同时,它还可以保护自己免受敌方的攻击。

1. 非摧毁性行动

非摧毁性行动是指使用压制干扰和欺骗干扰手段来降低或抵消敌方雷达的作战效能。

压制干扰是电子进攻的主要手段。通过使用电磁干扰设备或器材,发射强烈的干扰信号,达到扰乱或破坏对方雷达设备正常工作的目的,从而削弱、降低其作战效能。雷达在接收有用信号时,不可能完全抑制外部干扰和设备内部的噪声,这就使接收系统检测有用信号时存在不确定性。如果外来的干扰信号足够强,就会将有用信号淹没在噪声干扰之中,而无法检测出有用信号。

欺骗干扰是改变、吸收、抑制、反射敌电磁信号,传递错误信息。使敌方所依赖的雷达得不到正确有效的信息。欺骗干扰的特点是使敌接收设备因收到虚假信号而真伪难辨,同时,大量的虚假信号还增大了接收设备的信息量,从而影响信号处理的速度甚至使信号处理系统饱和。

2. 摧毁性行动

摧毁性行动就是使用反辐射摧毁武器和定向能武器直接摧毁敌雷达设备。反辐射摧毁武器目前主要有反辐射导弹、炸弹和攻击型无人驾驶飞机等。它们的工作原理是利用敌方辐射源的电磁信号进行引导,并用火力摧毁敌方雷达系统。

反辐射导弹均采用无源被动制导方式,除了具有攻击精度高的特点之外,还具有记忆功能,即一旦接收到敌方的雷达信号,即使雷达关闭,它也能记住雷达的位置。攻击型无人机是自主式空地反辐射武器,它具有发射后巡航时间长的重要特点,在检测到雷达之前,按预定航线飞行,只要对方雷达一开机,它就能立即对其实施攻击,使敌雷达在较长时间内不敢开机探测目标。

定向能武器(DEW)包括高能激光(HEL)、带电粒子束(CPB)、中子粒束(NPB)和高能微波(HPB)。这些武器能以光速进行攻击,攻击方式有两种,一是直接攻击雷达的接收装置,二是通过雷达的电源线、设备附件、连接电缆或其他通道来进行攻击。

(三) 对雷达的电子防护

雷达电子防护是指保护己方雷达免受他方使用的电磁频谱造成的危害,同时消除己方无意的电磁辐射所采取的防御性电子战行动。电子屏蔽、辐射源控制、战时备用模式、电子加固和电子战系统统一的电磁频谱管理等都属于电子防护范畴。其目的就是采取各种措施隐蔽各种雷达装备,保证己方雷达不受敌方的电子攻击。

雷达电子防护的主要任务有雷达反侦察、雷达反干扰和反火力摧毁。

1. 雷达反侦察

雷达反侦察是指在不影响完成己方雷达系统所承担任务的前提下,严格控制辐射源的电磁辐射,尽量减少开机的数量、次数和时间,必要时实施无线电静默;设置隐蔽频率,控制辐射方向,使雷达设备在低功率状态下工作;采用低截获概率的电子设备;采用信号保密措施;辐射欺骗,无规律地改变波形;适时转移雷达阵地;及时掌握敌方电子侦察活动的情况,并采取相应的反侦查措施等。

2. 雷达反干扰

雷达反干扰可分为技术反干扰和战术反干扰两种基本方法。技术反干扰的方法通常有:在电子设备上加装各种反干扰电路及采用新的雷达体制,以提高雷达本身的抗干扰能力;采用新的工作频段,快速随机频率捷变;增大雷达的辐射功率;使用抗干扰能力强的天线;采用复杂信号波形和最佳接收技术等。战术反干扰的方法通常有:将不同频段、各种类型的雷达配置成网,以发挥网络整体抗干扰能力;综合应用多种技术体制的雷达;设置隐蔽台站和备用设备,并适时启用。

3. 雷达反火力摧毁

随着反辐射摧毁武器和其他常规火力摧毁武器的威力越来越强、应用越来越广,雷达电子防护的难度也越来越大。目前主要的防摧毁手段有:发射诱饵信号进行欺骗;远置发射天线,将雷达设备天线异地配置;控制电磁波的辐射;多站交替工作和采用双(多)基地技术;采用光电探测和跟踪技术;快速转移雷达阵地;对雷达阵地进行伪装等。

三、航空雷达抗干扰技术

军用航空雷达工作的环境中可能出现各种有源干扰和无源干扰,一方面是在低空和超低空发现来袭目标时,存在固有的苛刻的自然环境;另一方面是由于敌方施放的有源干扰和无源干扰。因此,需采取相应的反干扰措施来消除或减弱这些干扰的影响,以发挥雷达的功能。千方百计地提高雷达的抗干扰性能已成为雷达设计者所面临的严峻任务,没有抗干扰能力的雷达是很难在现代战争中发挥作用的,而且还会成为敌方利用和摧毁的目标。

下面将按天线、发射机、接收机和信号处理等主要组成分机分别讨论航空雷达抗干扰技术措施。

（一）天线的抗干扰技术

天线是雷达与工作环境间的转换器,是抵御外界干扰的第一道防线。收/发天线的方向性可以作为电子抗干扰的一种方式进行空间鉴别。它能产生雷达空间鉴别的技术包括低旁瓣、旁瓣消隐、旁瓣对消、波束宽度控制、天线覆盖范围与扫描控制。

（1）当有一部分较远距离的干扰机干扰雷达时,如果设法保持极低的天线旁瓣,则可以防止干扰能量通过旁瓣进入雷达接收机;当天线主波瓣扫描到包含干扰机的方位扇区时,闭塞或关断接收机,或减小扫描覆盖的扇区,使雷达不会"观察"到干扰机而受其干扰,这样便可在整个扇区内基本上保持雷达探测目标的性能,仅在干扰机所处方位附近除外。这种天线扫描覆盖区控制可以用自动或自适应的方法来实现,以消除空间分散的单个干扰源,并防止在规定区域内雷达的辐射被电子侦察接收机和测向机发现。

（2）可以采用窄的天线波束宽度,此时相应为高增益天线集中照射目标,并"穿透"干扰。具有多个波束的天线可用来去除包含干扰的波束而保留其他波束的检测能力。

（3）某些欺骗干扰机依靠已知或测出的天线扫描速率来实施欺骗干扰,这时,采用随机性的电扫描能有效地防止这些欺骗干扰机与天线扫描同步。

从以上讨论可看出,控制天线波束、覆盖区和扫描方法等对所有雷达来说是有价值的和值得采用的电子抗干扰措施,其代价可能是增加天线的复杂性、成本甚至重量。

除了对天线主瓣的干扰外,更重要的是天线旁瓣干扰。为了抑制从旁瓣进入的干扰,要求天线的旁瓣电平极低(根据估算,对付机载干扰,地面远程防空搜索雷达的天线旁瓣增益应为 −60dB 或更低),这对实际的天线设计来讲是很难达到的。

防止干扰经雷达旁瓣进入的反干扰技术包括旁瓣消隐和旁瓣对消。这时,雷达需要增加一个全向的辅助天线和一个并行的接收通道,通过主、辅通道回波信号的比较或对消来消除干扰。

（二）发射机的抗干扰技术

发射机的抗干扰技术就是适当地利用和控制发射信号的功率、频率和波形。

1. 增加有效辐射功率

这是一种对抗有源干扰的强有力的手段,此方法可增加信号/干扰功率比。如果再配合天线,对目标"聚光"照射,便能明显增大此时雷达的探测距离。雷达的发射要采用功率管理,以减小平时雷达被侦察的概率。

2. 发射频率

在发射频率上可采用频率捷变或频率分集的办法,前者是指雷达在脉冲与脉冲之间或脉冲串与脉冲串之间改变发射频率,后者是指几部雷达发射机工作于不同的频率而将其接收信号综合利用。这些技术代表一种扩展频谱的电子抗干扰方法,发射信号将在频域内尽可能展宽,以降低被敌方侦察时的可检测度,并且加重敌方电子干扰的负荷而使干扰更困难。

3. 发射波形编码

波形编码包括脉冲重复频率跳变、参差及编码和脉间编码等。所有这些技术使得欺骗干扰更加困难,因为敌方将无法获悉或无法预测发射波形的精确结构。

脉内编码的可压缩复杂信号可有效地改善目标检测能力。它具有大的平均功率而峰值功率较小;其较宽的带宽可改善距离分辨力并能减小箔条类无源干扰的反射;由于它的峰值功率低,使辐射信号不易被敌方电子支援措施侦察到。因此,采用此类复杂信号的脉冲压缩雷达具有较好的抗干扰性能。

(三) 接收机、信号处理机的抗干扰技术

1. 接收机抗饱和

经天线反干扰后残存的干扰如果足够大,则将引起接收处理系统的饱和。接收机饱和将导致目标信息的丢失。因此,要根据雷达的用途研制主要用于抗干扰的增益控制和抗饱和电路。而已采用的宽—限—窄电路是一种主要用来抗扫频干扰,以防接收机饱和的专门电路。

2. 信号鉴别

对抗脉冲干扰的有效措施是采用脉宽和脉冲重复频率鉴别电路。这类电路测量接收到脉冲的宽度和(或)重复频率后,如果发现和发射信号的参数不同,则不让它们到达信号处理设备或终端显示器。

3. 信号处理技术

现代雷达信号处理技术已经比较完善。例如,用来消除地面和云雨杂波的动目标显示和动目标检测,对于消除箔条等干扰是同样有效的。除了上述相参处理外,非相参处理的恒虚警率电路可以用提高检测门限的办法来减小干扰的作用。在信号处理机中获得的信号积累增益是一种有效的电子抗干扰手段。

复习题与思考题

1. 简述现代体制雷达的组成和基本工作原理。

2. 简述雷达目标参数测量的基本原理。

3. 描述雷达的战术指标有哪些?

4. 机载雷达的工作频率选择在哪些频段?雷达工作频率的选择与哪些因素有关?

5. 机载雷达常用的脉冲波形有哪些?脉冲参数的选择与雷达的测量性能有什么关系?

6. 简述机载雷达的发展过程和技术特点。

7. 简述雷达电子战的主要内容。

8. 雷达在现代战争中面临的"四大"生存威胁是什么?在复杂的战场电磁环境中,如何提高雷达的生存能力并正常发挥其功能?

9. 雷达采用的抗干扰技术有哪些?

第二章 航空雷达发射机

发射机在雷达系统中的成本、体积、重量、设计投入等方面都占有非常大的比重,也是对系统电源能量和维护要求最多的部分。本章概括介绍雷达发射机的功能、分类、特点和性能指标,着重讨论真空管主振放大式发射机及脉冲调制器的组成和工作原理,并介绍固态雷达发射机技术。

雷达是主动发射电磁波工作的有源电子设备,利用物体反射电磁波的特性来发现目标并确定目标的距离、方位、高度、速度等。发射机在雷达中就是用来产生满足雷达工作要求的特定的大功率无线电信号的,是雷达的一个重要组成部分。随着雷达技术的迅猛发展,对发射机性能指标提出了越来越高的要求,其工作频率也向着微波频段不断扩展,要求输出功率为几百千瓦至几兆瓦,各种雷达发射机伴随着种类繁多的雷达应运而生。

第一节 雷达发射机概述

一、雷达发射机的任务和功能

雷达发射机的任务是为雷达系统提供一种满足特定要求的大功率射频发射信号,经过馈线和收发开关并由天线辐射到空间。雷达发射机通常分为脉冲调制发射机和连续波发射机。应用最多的是脉冲调制发射机。

现代雷达发射技术是对雷达频率源产生的小功率射频信号进行放大或直接自激振荡产生高功率雷达发射信号的一种综合技术,它主要包括功率放大技术、电源和调制技术、控制保护和冷却技术。雷达发射机是雷达系统的重要组成部分,也是整个雷达系统最昂贵的部分之一。发射机性能的好坏直接影响到雷达整机的性能和质量。

二、雷达发射机的分类

脉冲雷达发射机分为单级振荡式和主振放大式两大类。其中,主振放大式脉冲雷达发射机又分为主振放大链式和固态功率合成两种,这也是本章研究的重点。

单级振荡式发射机主要有两种:一种是早期雷达使用的微波三极管和微波四极管振荡式发射机,其工作频率在 VHF 至 UHF 频段;另一种为磁控管振荡式发射机,可覆盖 L 频段至 Ka 频段(1GHz ~ 40GHz)。单级振荡式发射机的组成相对比较简单,成本也比较低,但性能较差,特别是频率稳定度低,不具有全相参特性。需要指出,磁控管发射机可以工作在多个雷达频率频段,加上结构简单、成本较低以及效率高等优点,至今仍有不少雷达系统采用磁控管发射机。

主振放大式发射机的组成相对复杂,但性能指标好,具有很高的频率稳定度;发射全相参信号;能产生复杂的信号波形,可实现脉冲压缩工作方式;适用于宽带频率捷变工作等。但是,主振放大式发射机成本高、组成复杂、效率也较低。迄今为止,大多数雷达,尤其是高稳定、高性能的测控雷达和相控阵雷达等都采用主振放大式发射机。较早的应用实例是20世纪70年代末期问世的采用大功率速调管放大器的测控雷达发射机,20世纪80年代中期已开始装备使用。紧接着,采用全固态相控阵的三坐标远程警戒雷达发射机也投入使用。

从20世纪60年代开始,经过10多年的努力,到20世纪70年代中后期,已经有多种全固态雷达发射机开始装备使用。目前,工作频率在4GHz以下的各种全固态雷达发射机,一般采用硅微波双极功率晶体管,已大量地更换掉原有的微波真空管雷达发射机。近年来,随着砷化镓场效应晶体管(GaAsFET)的快速发展,使得在C频段、X频段的全固态雷达发射机研究已接近实用阶段。

全固态雷达发射机通常分为两种:一种是集中合成输出结构的高功率固态发射机,另一种是分布式合成的相控阵雷达发射机。详细内容将在本章后面讲述。

三、雷达发射机的基本组成

下面分别介绍单级振荡式发射机和主振放大式发射机的工作原理、基本组成和特点。

(一) 单级振荡式发射机

单级振荡式发射机的基本组成如图2-1-1所示,它主要由大功率射频振荡器、脉冲调制器和电源等部分组成。发射机中的大功率振荡器在米波一般采用超短波真空三极管;在分米波可采用真空微波三极管、四极管及多腔磁控管;在厘米波至毫米波则常用多腔磁控管和同轴磁控管。常用的脉冲调制器主要有线型(软性开关)调制器、刚性开关调制器和浮动板调制器三类。图2-1-1中还示出了单级振荡式发射机的各级波形,振荡器产生大功率的射频脉冲输出,它的振荡受调制脉冲控制。图2-1-1中,τ为脉冲宽度,T为脉冲重复周期。

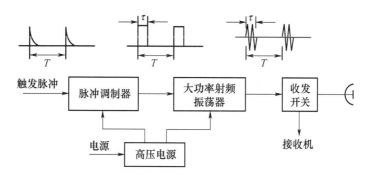

图2-1-1 单级振荡式发射机的基本组成

单级振荡式发射机的主要优点是结构简单、比较轻便、效率较高、成本低,所以时至今日仍有一些雷达系统使用磁控管单级振荡式发射机。它的缺点是频率稳定性差(磁控管振荡器频率稳定度一般为10^{-4},采用稳频装置以及自动频率调整系统后也只有10^{-5}),难以产生复杂信号波形,相继的射频脉冲信号之间的相位不相等,因而往往难以满足脉冲压缩、脉冲多普勒等现代雷达系统的要求。

(二)主振放大式发射机

主振放大式发射机的组成如图2-1-2所示,主要由射频放大链、脉冲调制器、固态频率源及高压电源等组成。射频放大链是主振放大式发射机的核心部分,它主要由前级放大器、中间射频功率放大器和输出射频功率放大器组成。前级放大器一般采用微波硅双极功率晶体管;中间射频功率放大器和输出射频功率放大器可采用高功率增益速调管放大器、高增益行波管放大器或高增益前向波管放大器等,或者根据功率、带宽和应用条件将它们适当组合构成。固态频率源是雷达系统的重要组成部分,它主要由高稳定的基准频率源、频率合成器、波形产生器和发射激励(上变频)等部分组成。固态频率源为雷达系统提供射频发射信号频率f_{RF}、本振信号频率(f_{L1},f_{L2})、中频相干振荡频率f_{COHO}、定时触发脉冲频率f_r以及时钟频率f_{CLK},这些信号频率受高稳定的基准源控制,它们之间有确定的相位关系,通常称为全相参(或全相干)信号。

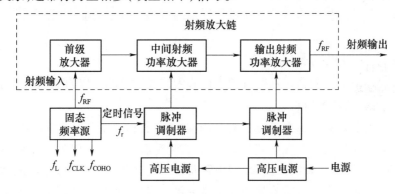

图2-1-2 主振放大式发射机的基本组成

脉冲调制器也是主振放大式发射机的重要组成部分,通常有线型(软性开关)调制器、刚性开关调制器和浮动板调制器三类。对于脉冲雷达而言,在定时脉冲(即触发脉冲,重复频率为f_r)的作用下,各级功率放大器受对应的脉冲调制器控制,将频率源送来的发射激励信号进行放大,最后输出大功率的射频脉冲信号。

四、现代雷达发射机的主要要求

图2-1-3所示为现代全相参雷达的主振放大式发射机框图,为了讲述方便,图中主要给出了主振放大式发射机和频率源(见图中虚线框)两部分。频率源主要由基准源、频率合成器、波形产生器以及发射激励(上变频)组成。

现代雷达对发射机的主要要求如下。

1. 发射相位全相参信号

现代雷达需要解决的首要问题是在各种强杂波背景中发现目标并准确地检测出目标的各种参数。这里指的杂波,主要是地物、海浪、云雨和雪等形成的强反射回波。雷达系统抑制这些杂波主要采用动目标显示(MTI)技术、动目标检测(MTD)技术和脉冲多普勒(PD)技术。无论是MTI、MTD或是PD技术,都要求输出高稳定的全相参信号,必须采用全相参的主振放大式发射机。

这里所说的相参性,是指发射的射频信号与雷达频率源输出的各种信号存在着确定

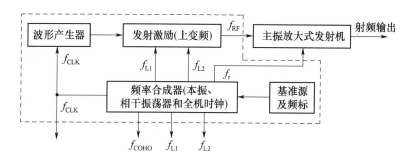

图 2 - 1 - 3　全相参雷达主振放大式发射机框图

的相位关系。对于单级振荡式发射机,由于脉冲调制器直接控制振荡器工作,每个射频脉冲的起始相位是由振荡器的噪声决定的,因而相继脉冲的射频相位是随机的,或者说单级振荡器输出的射频信号是不相参的。因此,通常把单级振荡式发射机称为非相参发射机。

2. 具有很高的频率稳定度

对于 MTI、MTD 和 PD 雷达,为了提供抑制杂波、检测目标回波的性能,要求雷达系统具有很高的频率稳定度($10^{-8} \sim 10^{-9}$ 甚至更高),必须采用高性能的主振放大式发射机。

在单级振荡式发射机中,信号的载频直接由大功率振荡器决定。由于振荡器的预热漂移、温度漂移、负载变化引起的频率拖引效应、电子频移、调频游移以及校准误差等因素,使其难以具有高频率精度和稳定度。

在主振放大式发射机中,输出射频的精度和稳定度由低功率频率源决定。采用高性能的基准源、直接频率合成技术、锁相环(PLL)频率合成技术以及直接数字频率合成(DDS)技术,可以得到很高的频率稳定度。

3. 能产生复杂信号波形

现代雷达发射机的另一个重要要求是能输出多种复杂信号波形。全相参雷达发射机中,频率源中的波形产生器能产生多种信号波形,如线性调频信号、非线性调频信号及相位编码信号等。

早期的脉冲雷达发射机几乎都是载频固定的矩形脉冲调制波形。固定载频矩形脉冲调制波形的脉冲宽度 τ 与信号带宽 B 的乘积约等于 $1(B\tau \approx 1)$,它不能满足现代雷达系统的要求。

在一定虚警概率下,提高雷达的探测能力必须增加发射信号的能量。信号能量与峰值功率和脉冲宽度 τ 成正比。单方面增加峰值功率,除了增大成本、体积重量等问题之外,还存在许多技术上的困难。因此,加大脉冲宽度 τ 而不增加峰值功率,是保证满足需要的发射信号能量的有效方法。

测距精度和测速精度是现代雷达的重要性能指标。增加信号带宽可以提高测距精度;增加脉冲宽度可以提高测速精度。对于发射 $B\tau \approx 1$ 的矩形固定载频脉冲信号的雷达而言,同时提高测距精度和测速精度是相互矛盾的。

现代高分辨成像雷达和目标特性测试雷达通常要求发射信号带宽大于 10% ,脉冲宽度为 $50\mu s \sim 1ms$ 量级。要解决这个问题,必须采用大时宽带宽积($B\tau \gg 1$)的信号波形,最常用的是线性调频信号、非线性调频信号和相位编码信号。

4. 适用宽带频率捷变雷达

现代高性能雷达必须具备的另一种能力是抗干扰性能。对雷达进行干扰的方法很多,其中最难对付的是发射频谱接近于白噪声的有源干扰,采用宽频带发射机和捷变频工作方式是对付这种干扰的一种有效方法。

5. 全固态有源相控阵发射机

人们从20世纪60年代末开始固态雷达发射机的设计和研究,到20世纪70年代中期就已经有多种全固态发射机开始投入使用,如美国的AN/TPS-59和PavePaws雷达发射机。

全固态有源相控阵雷达发射机是一种分布式放大合成发射机,其多辐射单元的有源天线阵由射频固态放大器与馈线、功率分配器、移相器、T/R组件等构成。固态发射机能实现雷达的多功能化,发射脉冲宽度由射频激励信号决定,它不需要调制器,而且很容易发射各种复杂的信号波形。固态放大器很适合宽脉冲、大工作比应用,适用于 $B\tau \gg 1$ 的脉冲压缩雷达系统。

五、雷达发射机的主要技术指标

根据雷达系统的要求,结合现代雷达发射机的技术发展水平,需要对雷达发射机提出一些具体的技术要求,也就是说必须对发射机规定一些主要的质量指标。这些质量指标基本上可以确定发射机的类型以及相关组成。下面说明发射机的主要质量指标,而其他有关性能指标及结构、冷却和保护监控等可参阅有关专著。

(一) 工作频率和瞬时带宽

雷达发射机的频率是按照雷达的用途确定的。为了提高雷达系统的工作性能和抗干扰能力,有时还要求发射机能在多个频率或多个频段上跳变工作或同时工作。选择工作频率还需要考虑其他有关问题,如电波传播受气候条件的影响(吸收、散射和衰减等因素);雷达的测量精度、分辨力;雷达的应用环境(地面、机载、舰载或太空应用等)因素;以及目前和近期微波功率管的技术水平。

对于地面测控雷达、远程警戒雷达,一般不受体积和重量限制,可选用较低的工作频率。精密跟踪雷达需要选用较高的工作频率。大多数机载雷达因受体积、重量等因素限制,多数都选用X频段。

早期的远程警戒雷达工作频率为VHF、UHF频段,发射机大多采用真空三极管、四极管。而在1000MHz以上(如UHF、L、S、C和X等频段)的发射机,根据工作需要可以采用磁控管、大功率速调管、行波管及前向波管等。

随着微波硅双极晶体管的迅速发展,固态放大器的应用技术也趋于成熟,目前工作在S频段的雷达已大量采用全固态发射机。C频段、X频段的发射机则仍以真空管为主。近年来,随着砷化镓场效应晶体管放大器技术的进步,与成熟的有源相控阵技术相结合,使C频段和X频段的全固态有源相控阵发射机已从研究阶段逐步走向实用。

雷达发射机的瞬时带宽定义为:输出功率变化小于1dB的工作频率范围。此指标是针对主振放大式发射机而言的,发射机的瞬时带宽应大于所放大的信号本身频率变化的范围(即信号带宽)。

通常窄带发射机采用三极真空管、四极真空管、速调管和硅双极晶体管。宽带发射机则选用行波管、前向波管、行波速调管、多注速调管和砷化镓场效应管。对于一些特殊应用的雷达,如成像雷达、目标识别雷达等,其信号带宽很宽,需要采用宽带、超宽带雷达发射机。

(二)输出功率

雷达发射机的输出功率直接影响雷达的威力范围和抗干扰能力。通常规定发射机送至馈线系统的功率为发射机输出功率。有时为了测量方便,也可以规定在保证馈线上一定电压驻波比的条件下送到测试负载上的功率为发射机输出功率。

脉冲雷达发射机输出功率可分为峰值功率 P_t 和平均功率 P_{av}。P_t 是指脉冲期间射频振荡的平均功率,它不是射频正弦振荡的最大瞬时功率。P_{av} 是指脉冲重复周期内的输出功率的平均值。如果发射波形是简单的矩形射频脉冲串,脉冲宽度为 τ,脉冲重复周期为 T,则有

$$P_{av} = P_t \frac{\tau}{T} = P_t \tau f_r \qquad (2-1-1)$$

式中:$f_r = 1/T$ 为脉冲重复频率;$\tau/T = \tau f_r = D$ 称为雷达的工作比或称占空比。

(三)信号形式和脉冲波形

1. 信号形式

雷达发射的信号与通信机发射的信号有本质的区别,通信机发射的信号包含着全部通信信息,而雷达发射的信号是在碰到目标时,产生散射并形成回波信号再被雷达接收,目标的全部信息(包括距离、方位、高度、速度、加速度、机型特征等)都调制在这个回波信号内。

在实现匹配滤波的条件下,输出信噪比只与雷达发射信号的能量有关,而与发射信号形式无关,即雷达探测距离只与信号能量有关。雷达发射信号的形式主要决定了雷达的测量精度和分辨力。测距精度和距离分辨力主要取决于信号的频宽,为了提高测距精度和距离分辨力,要求信号具有大的频宽。而测速精度和速度分辨力则取决于信号的时间结构,为了提高测速精度和速度分辨力,要求信号具有大的时宽。综上所述.为了提高雷达的探测能力、测量精度和分辨力,要求雷达信号具有大的时宽频宽乘积。

目前,雷达发射信号的选择(又称为雷达波形设计)已成为一个专门的研究方向,一些先进的雷达还自备有发射波形库,以供雷达自适应抗干扰的需要。

常用的几种发射信号的形式如图 2-1-4 所示。雷达发射信号形式不同,对发射机射频部分和调制器的要求也各不相同。常规雷达发射单一频率的脉冲序列。用于精密距离跟踪的脉冲压缩雷达,发射脉冲内部为线性调频或相位编码的脉冲序列。为了提高雷达的抗积极干扰能力,频率捷变雷达发射脉间频率捷变脉冲序列。高质量的动目标显示雷达发射全相参的、具有不同重复周期的脉冲序列。在固态发射机中,常采用长脉冲加短脉冲的信号形式,一方面长脉冲信号平均能量大,雷达作用距离远,而短脉冲又可保证对近距离目标的正常探测。

根据雷达体制的不同,可选用相应的信号形式。表 2-1-1 列出了常用的几种信号波形的调制方式和工作比 τ/T。

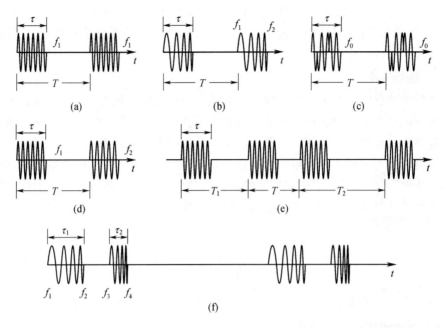

图 2-1-4　常用的几种发射信号的波形示意图

表 2-1-1　雷达的常用信号形式

波　形	调制类型	工作比/%
简单脉冲	矩形幅度调制	0.01～1
脉冲压缩	线性调频 脉内相位编码	0.1～10
高工作比多普勒	矩形调幅	30～50
调频连续波	线性调频 正弦调频 相位编码	100
连续波		100

雷达信号形式的不同对发射机的射频部分和调制器的要求也不一样。对于常规雷达的简单脉冲波形而言,调制器主要应满足脉冲宽度、脉冲重复频率和脉冲波形(脉冲的上升沿、下降沿和顶部的不稳定)的要求,一般困难不大。但是,对于复杂调制,射频放大器和调制器往往要采用一些特殊的措施才能满足要求。

一般来说,雷达发射信号越复杂,雷达发射机的电路和结构也越复杂而难于制作。现代雷达对发射信号的稳定度(频率、相位、幅度等)有很高的要求,因为,它将直接影响着后面信号处理的性能。

2. 脉冲波形

在脉冲雷达中,脉冲波形既有简单等周期矩形脉冲串,也有复杂编码脉冲串。理想矩形脉冲的参数主要为脉冲幅度和脉冲宽度。然而,实际的发射信号一般都不是矩形脉冲,而是具有上升沿和下降沿的脉冲,而且还有顶部波动和顶部倾斜。

图 2 - 1 - 5 为发射信号的检波波形示意图,
图中脉冲宽度 τ 为脉冲上升边幅度的 $0.9A$ 处至
下降边幅度 $0.9A$ 处之间的脉冲持续时间;脉冲
上升沿宽度 τ_r 为脉冲上升边幅度 $0.1A \sim 0.9A$
处之间的持续时间;脉冲下降沿宽度 τ_f 为脉冲
下降边 $0.9A \sim 0.1A$ 处之间的持续时间;顶部波
动为顶部振铃波形的幅度 Δu 与脉冲幅度 A 之
比;脉冲顶部倾斜为顶部倾斜幅度与脉冲幅度 A
之比。上述发射信号检波波形的参数是表示雷
达发射信号的基本参数。

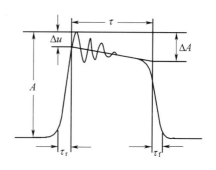

图 2 - 1 - 5 发射信号的检波波形示意图

(四) 信号的稳定度和频谱纯度

信号的稳定度是指信号的各项参数,即振
幅、频率(或相位)、脉冲宽度及脉冲重复频率等随时间变化的程度。由于信号参数的任
何不稳定都会影响高性能雷达主要性能指标的实现,因而需要对信号稳定度提出严格
要求。

雷达发射信号 $s(t)$ 可用下式表示:

$$s(t) = \begin{cases} [E_0 + \varepsilon(t)]\cos[2\pi f_0 t + \varphi(t) + \varphi_0], t_0 + nT \\ + \Delta t_0 \leqslant t \leqslant t_0 + nT + \Delta t_0 + \tau + \Delta\tau \\ 0, 其余时间 \quad (n = 0,1,2,\cdots) \end{cases} \quad (2-1-2)$$

式中: E_0 为等幅射频信号的振幅; $\varepsilon(t)$ 为叠加在 E_0 上的不稳定量; f_0 为射频载波频率; φ_0
为信号的初相; Δt_0 为脉冲信号起始时间的不稳定量; $\Delta\tau$ 为脉冲信号宽度的不稳定量。

信号的瞬时频率 f 可表示为

$$f = \frac{1}{2\pi}\frac{\mathrm{d}}{\mathrm{d}t}[2\pi f_0 t + \varphi(t) + \varphi_0] = f_0 + \frac{1}{2\pi}\dot{\varphi}(t) \quad (2-1-3)$$

式中: $\varphi(t)$ 为相位的不稳定量; $\dot{\varphi}(t)$ 为频率的不稳定量。

这些不稳定量通常都很小,即 $\left|\dfrac{\varepsilon(t)}{E_0}\right|$、$|\varphi(t)|$、$\left|\dfrac{\dot{\varphi}(t)}{2\pi f_0}\right|$、$\dfrac{\Delta t_0}{T}$ 和 $\left|\dfrac{\Delta\tau}{\tau}\right|$ 都远小于 1。

信号的上述不稳定量可以分为确定的不稳定量和随机的不稳定量。确定的不稳定量
是由电源的波纹、脉冲调制波形的顶部波形和外界有规律的机械振动等因素产生的,通常
随时间周期性变化;随机性的不稳定量则是由发射管的噪声、调制脉冲的随机起伏等原因
造成的。对于这些随机变化必须用统计的方法进行分析。信号的稳定度可以从时间上度
量,也可在频域用傅里叶分析法来度量,两者是等价的。

1. 信号稳定度的时域分析

对于信号确定性的不稳定量,比较容易分析。由于信号的不稳定量是周期性变化
的,因此可以用傅里叶级数展开,取影响较大的基频分量的幅值作为信号稳定度的时域
度量。为了方便起见,有时可以直接取信号不稳定的幅值和频率作为信号不稳定度的时
域度量。

对于雷达信号的随机性不稳定性,可以分别用振幅、频率或相位、脉冲宽度和定时的

采样方差进行度量。

2. 信号稳定度的频域分析

信号的稳定度又可用信号频谱纯度来表示,所谓信号的频谱纯度,就是指雷达信号在它应有的频谱之外寄生输出的大小。图2-1-6(a)是矩形高频脉冲信号的理想频谱,它是以载频 f_0 为中心,其包络为辛克函数状的梳齿形频谱。实际上,由于发射机各部分的不完善,发射信号会在理想频谱谱线之外产生寄生输出,如图2-1-6(b)所示。图中只放大描绘了一根主谱线周围的寄生输出,有时在远离主谱线的地方也会有寄生谱线。从图中还可以看出,有两种类型的寄生输出:一类是离散的,相应于信号的有规律性的不稳定;一类是分布的,相应于信号的随机性不稳定(即发射噪声)。

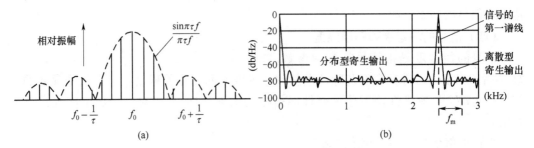

图2-1-6 理想和实际矩形脉冲的频谱
(a)理想频谱;(b)实际频谱。

对离散寄生输出来说,若信号功率为 P_c,则在偏离主谱线载频 f_m 处,单边带寄生输出功率为 P_{SSB},则频谱纯度为

$$L(f_m) = 10\lg\frac{P_{SSB}}{P_c}(\text{dB}) \qquad (2-1-4)$$

对于分布型寄生输出来说,信号的随机性不稳定,主要是噪声的影响。这时,若在距主谱线 f_m 处,用频带为 ΔB 的频谱分析仪测得噪声的单边带功率为 P_{SSB},则频谱纯度为

$$L(f_m) = 10\lg\frac{P_{SSB}}{\Delta B \cdot P_c} = 10\lg\frac{P_{SSB}}{P_c} - 10\lg\frac{P_{SSB}}{\Delta B}(\text{dB/Hz}) \qquad (2-1-5)$$

信号不稳定的方法也可以用时域的某项参数来换算。当已知信号的振幅方差为 σ_A^2、相位方差为 σ_φ^2、频率方差为 σ_f^2 时,则 f_m 处单边带功率 P_{SSB} 与信号功率 P_c 之比可以分别与之换算,即

$$\frac{P_{SSB}}{P_c} = (\frac{V_{SSB}}{V_c})^2 = \sigma_A^2 = \frac{1}{2}\cdot\frac{\sigma_f^2}{f_m^2} = \frac{1}{2}\sigma_\varphi^2 \qquad (2-1-6)$$

现代雷达对发射信号的频谱纯度提出了很高的要求。例如,脉冲多普勒雷达的一个典型要求是 -80dB。为了满足信号频谱纯度的要求,必须采用微波频率合成器(或以石英晶体为主振的倍频放大链),这是因为在频率合成器中,通常要求输出信号的频谱纯度在 -80dB 以下。

(五)发射机的效率

发射机的效率是指发射机的输出平均功率与输入总功率之比,用 η 表示。发射机是雷达中最耗电和最需要冷却的分机,所以,若提高发射机的总效率,不仅可以节电,而且,还可以减轻雷达的体积和重量。对于主振放大式发射机,要提高总效率,特别要提高高频功放输出级的效率;对于单级振荡式发射机,总效率有时可简化表示(略去冷却设备的耗电等)为高压电源效率 η_E、调制器效率 η_M 和高频振荡器效率 η_0 的乘积,即

$$\eta = \eta_E \cdot \eta_M \cdot \eta_0 \qquad (2-1-7)$$

通常,高压电源的效率可达 0.9,闸流管等离子开关调制器的效率约为 0.7 ~ 0.8,而高频振荡器的效率约为 0.3 ~ 0.6,因此,单级振荡式发射机的总效率仅约为 0.2 ~ 0.5。由此可见,提高这类发射机效率的主要途径是提高振荡器的效率。

连续波雷达的发射机效率较高,一般为 20% ~ 30%。高峰值功率、低工作比的脉冲雷达发射机效率较低。速调管、行波管的发射机效率较低,磁控管单级振荡式发射机、前向波管发射机效率相对较高,分布式全固态发射机效率也比较高。

需要指出,由于雷达发射机在雷达系统中成本最昂贵、耗电最多,因此提高发射机,尤其是单级振荡器或末级功率放大器的效率,对于节省能耗和降低运行费用都有重要意义。

(六) 可靠性

可靠性又叫可靠度,它是指设备执行规定任务的可靠程度,用 $R(t)$ 表示,也可以用平均无故障间隔时间(MTBF)来衡量。在已知设备工作时间 t 的条件下,若设备的可靠度服从指数分布,则发射机的可靠度可以表示为

$$R(t) = e^{-\mu t} \qquad (2-1-8)$$

式中:μ 为发射机的失效率,它等于机内各串联元件失效率之和,即 $\mu = \mu_1 + \mu_2 + \cdots + \mu_n$,且 $\mu = 1/MTBF$。

由于发射系统内部失效率最高的是管子,按其寿命可以大致估算发射机的 MTBF 与可靠度。若机内共有 4 个高压整流管、2 个闸流管、2 个发射管、2 个放电管。在产品说明书上分别查得其寿命为 1000h、700h、1100h、500h,则发射机的平均无故障间隔时间为 $MTBF = 1/\mu = 1/(4/1000 + 2/700 + 2/1100 + 2/500) = 78.9h$,则该发射机担任 24 小时工作时的可靠度为

$$R(24) = e^{-24/78.9} = 0.738$$

可见,发射机内使用的大型管子的寿命越长,其平均无故障间隔时间越长,可靠性越高。在管子寿命一定的条件下,采用冗余设计,可以大大提高发射系统的可靠性。尤其应当指出的是,如果采用固态功率模块功率合成的发射机,由于采用的是积木式固态模块结构,其可靠性更高。

在现代雷达发射系统内,不仅系统复杂性和密集度大,而且许多元件要在高压大电流条件下工作,必须使用寿命长的元器件和管子,否则,雷达发射系统的可靠性将会降低整个雷达系统的可靠性。设计良好的雷达发射机,其 MTBF 可以达数千小时至上万小时,其执行 24h 工作任务的可靠性,可以达到 99.9% 以上。

除了上述对发射机的主要电性能要求之外,还有结构上、使用上及其他方面的要求。在结构上,应考虑发射机的体积重量、通风散热、防震防潮及调整调谐等问题;在使用上,应考虑控制、测试、便于检查维修、安全保护和稳定可靠等因素。

六、机载雷达发射机

机载火控雷达发射机一般采用行波管放大器。该发射机目前大都工作在 X 频段(亦

有 Ku 频段的全相参 PD 雷达),峰值功率由几千瓦至几十千瓦,平均功率为几百瓦至千瓦。机载火控雷达发射机有时也采用双模行波管。机载行波管放大器的优点是体积小、重量轻,具有比较宽的瞬时带宽。

除了机载火控雷达外,机载预警雷达是另一个重要领域。机载预警雷达一般工作在 P 频段、L 频段或 S 频段,其发射机可采用全固态有源相控阵,也可用行波管、单注速调管或多注速调管。

近年来随着微波半导体技术的发展,砷化镓场效应晶体管的功率电平也不断提高,它使新一代机载火控雷达采用全固态有源相控阵体制成为可能,20 世纪 90 年代中期,国际上,X 频段砷化镓场效应管的单管(多芯片)最大功率已达到 20W。X 频段有源相控阵雷达 T/R 组件的功率可以实现 10W 输出。

第二节　真空管航空雷达发射机

在脉冲雷达中,用于发射机的真空管按工作原理可以分为三种:真空微波三极管、四极管;线性电子注微波管(又称线性注管或 O 型管);正交场微波管(又称 M 型管)。

真空微波三极管、四极管的工作原理是基于栅极的静电控制,但在结构上做了较大改进,减小了电子渡越效应、引线电感和极间电容的影响。目前,微波三极管、四极管的最高工作频率可达 2GHz,但在发射机中作为功放级,大都在 1GHz 以下。

O 型管和 M 型管都属于动态控制的微波管,它们包括电子枪(或阴极)、相互作用区(谐振腔或慢波系统)和收集极三部分。O 型管主要有行波管(螺旋线行波管、耦合腔行波管等)、速调管及行波速调管三种。M 型管主要分为谐振型和非谐振型两类。谐振型中最具有代表性的管种就是常规雷达中用得最多的磁控管;非谐振型主要有前向波管、返波管等。

20 世纪末期,用于雷达发射机的固态功率晶体管发展很快,并相继出现了多种全固态发射机,目前它们的应用频率范围主要还在 P 频段、L 频段和 S 频段。但是,在高功率、高频率和窄脉冲的应用领域里,真空微波功率管仍占优势地位,两者处在不断发展之中,并将相互竞争、取长补短、长期共存地发展。

一、航空雷达发射机真空管的选择

根据发射机的不同用途和真空微波管的性能特点,择优选用所需的真空微波管,以满足雷达系统对发射机各项技术指标的要求。

(一)机载侦察与火控雷达发射机

机载侦察及火控雷达是一种多功能雷达,具有多种工作模式,因而要求发射机的脉冲宽度和重复频率变化范围大、瞬时频带宽、工作效率高、可靠性好,而且体积小、重量轻。因而,应首选具有降压收集极的栅极调制(或聚焦电极调制、或双模环杆、或环圈)、高增益行波管。

(二)机载预警雷达发射机

机载预警雷达要求发射机的输出功率大、瞬时频带宽、脉冲宽度和重复频率变化范围大、效率高、可靠性好、体积小而且重量轻,可采用栅极调制的耦合腔行波管,也可以选用控制极调制或阴极调制的多注速调管和直流运用的前向波管。近期,主要推广选用的是阴极调制的多注速调管。

二、常用的真空微波管

在机载雷达发射机中,使用较多的线性注管主要有行波管(螺旋线行波管和耦合腔行波管等)、速调管(单注速调管和多注速调管等)和行波速调管三种。

(一)线性注管的功能和结构

电子注管的特点是电子枪所产生的电子呈直线形,因此又称为直线电子注微波管。直线形的电子注在相互作用区与输入射频信号所形成的射频场相互作用,电子注受到射频场的调制而形成群聚。群聚的电子注又把从直流场取得的能量交给射频场,使射频信号得以放大。射频能量的电子注仍以一定的速度打到收集极,被收集极吸收。为了使电子注在渡越过程中保持细长的圆柱形,通常需要加上与电子注平行的直流磁场,防止电子注的散焦。

行波管和速调管都是线性电子注器件(简称线性注管),它们是由电子枪(包括灯丝、阴极、聚焦电极或阳极或控制栅极)、互作用结构(慢波结构或谐振腔)、收集极、电子注聚焦系统、射频(RF)输入和输出装置、外壳和封装等几部分组成的,它们的功能如下:

(1)电子枪是产生电子、形成并控制电子注流的装置,它由灯丝、阴极和控制电极组成。其中灯丝是给阴极加热的;阴极是发射电子的;控制电极(含调制阳极、绝缘聚焦电极和控制栅极)是控制电子注通/断或改变电子注电流大小的。

(2)互作用结构是射频波和电子注相互作用并进行能量交换的场所。

(3)收集极用于收集互作用后的电子。

(4)电子注聚焦系统用于聚焦互作用的空间电子注,以获得尽可能高的电子通过率和尽可能小的管体电流。它可以是周期永磁聚焦(PPM)型,也可以是电磁聚焦型。

(5)射频输入和输出装置分别为线性注管的射频输入和输出提供接口,它可以根据其功率的大小和频率的高低采用同轴接头或波导。

(6)外壳和封装即把处于真空的电子枪、互作用结构和收集极封装起来,使其保持足够高的真空度,以避免管内高压打火,从而维持阴极长寿命地工作。密封绝缘陶瓷是一种封装材料,它可以将电子枪、收集极和射频输入/输出装置支撑起来,以保护微波管和安装接口。

线性电子注管主要包括单注多腔速调管、行波管和多注速调管三大类,它们的工作特点和结构形式各不相同,下面分别进行介绍。

1. 单注多腔速调管

单注多腔速调管的互作用电路是由射频输入腔、漂移腔和射频输出腔组成的,它的结构示意图如图 2-2-1 所示。单注多腔速调管的电子枪比行波管的电子枪简单,一般为二极管枪。高功率单注速调管的聚焦系统采用电磁聚焦的居多,低功率、高频、窄带速调管也可采用周期永磁聚焦系统。

2. 行波管(TWT)

行波管的互作用电路是由慢波电路(可分为螺旋线、环圈、环杆和耦合腔四种)构成的。为了提高使用效率,其收集极可由多级降压收集极组成。图 2-2-2(a)和

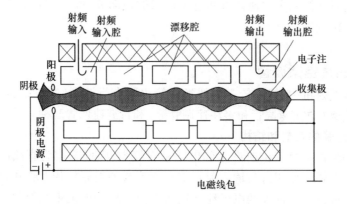

图 2-2-1　单注多腔速调管的结构示意图

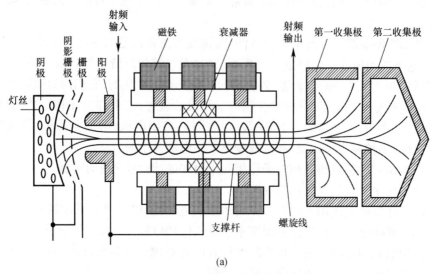

(a)

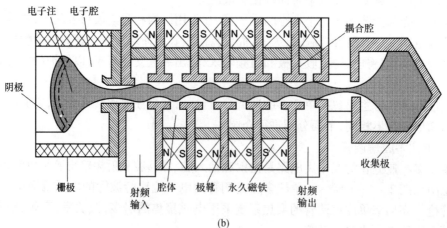

(b)

图 2-2-2　两种类型行波管的结构示意图

（a）螺旋线行波管内部结构剖视图；（b）耦合腔行波管内部结构剖视图。

图2-2-2(b)分别示出了螺旋线和耦合腔两类行波管的内部结构剖视图。

双模行波管的结构与栅控行波管相似,只不过它的栅极是由内外两层栅极构成的,它们分别控制着两种不同的输出功率模式。图2-2-3为双模行波管电子枪结构示意图。

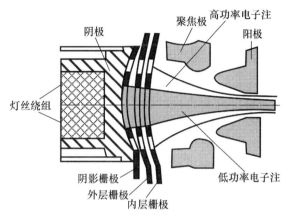

图2-2-3 双模行波管的电子枪结构示意图

3. 多注速调管

多注速调管和行波管的聚焦系统采用周期永磁聚焦结构的居多,但对于体积大、功率高的管子则采用电磁聚焦结构。

多注速调管的电子枪多为带控制电极的电子枪,其电子注可多达6个~36个,它的互作用电路与单注速调管一样仍由输入腔、谐振腔、漂移腔和输出腔组成,但它们为多个电子注所共用,其结构较复杂。图2-2-4为多注速调管内部结构示意图。

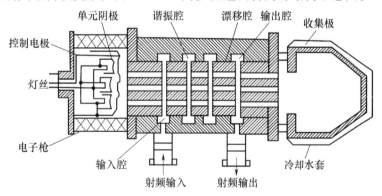

图2-2-4 多注速调管内部结构示意图

在多注速调管中,每个电子注有一个对应的阴极和电子注通道,公共的控制电极、输入腔、漂移腔和输出腔在每个对应的电子注处都有通孔,以便让电子注通过并形成与射频场互作用的过程。每个腔与通孔相交处都有与单注速调管一样的腔体间隙,以便在间隙处形成高频电场。

(二)线性注管的工作原理和性能

真空微波管工作区内的伏安特性基本相似,其电压与电流的关系都遵循式(2-2-1)的3/2次方规律,只不过不同的管种其导流系数和可稳定工作的动态范围不

同而已,即

$$I = \rho_e \times U^{3/2} \qquad\qquad (2-2-1)$$

式中:I 为通过微波管的阴极电流,单位为 A;ρ_e 为导流系数,单位为 μp;U 为加在微波管阴极上的电压,单位为 V。

微波管导流系数的取值,受阴极电流发射密度、阴极面积、阴极寿命和阴极电压等因素的制约。对不同的管种和不同的使用目的,微波管导流系数的取值是不同的。为了获得一定的功率,在设计时常在高导流系数/低电压与低导流系数/高电压间进行反复权衡后折中取值。

由于行波管的阴极较小,工作电压较低,为了获得较高的使用寿命,其导流系数一般在 0.5μp ~ 2μp 之间取值,如长寿命的卫星行波管,其导流系数仅在 0.6μp 左右;速调管的导流系数通常也在 0.5μp ~ 2μp 之间取值。为了扩展工作带宽、降低工作电压,通常采用较高的导流系数,其值可高达 2μp ~ 3μp;多注速调管靠多个电子注并联工作. 虽然每个电子注的导流系数并不高(一般为 0.5μp ~ 1μp),但总的导流系数却很高,其值可达 20μp ~ 30μp,所以多注管的注电压可以很低。

在线性电子注器件中,按照式(2-2-1)所产生的电子注电流,在无射频信号激励时,99% 的电子以略低于光速的速度直达收集极,在收集极上转变为热能。当把适合于微波管工作频率和功率要求的射频信号加入到微波管的输入端时,管内的电子注受激与射频场产生互作用过程,并使射频波得以放大。不同的微波管,其互作用过程是不相同的,下面就不同行波管和速调管的工作原理分别给予说明。

1. 行波管的工作原理及性能

行波管是一种使用范围最广和工作频率范围最宽的中、大功率放大器件。根据行波管慢波结构的不同,可将它分为螺旋线行波管、环杆行波管或环圈行波管、耦合腔行波管等数种。在雷达发射机中,主要使用中、大功率的耦合腔行波管、双模行波管和环杆(或环圈)行波管,以及为研制微波功率模块而使用的微型行波管。下面较详细地介绍行波管的工作原理和性能。

1)慢波电路

根据行波管的工作频带、输出功率的不同要求,行波管的慢波结构可分为螺旋线、衍生螺旋线(环圈、环杆)和耦合腔等几种形式。

螺旋线即是指慢波电路由很细的钨丝或铝丝绕制而成的结构,它非常脆弱且热容量很小,其绝缘支撑体的传热性也很差,故允许的截获电流很小(一般限制在 10mA 量级),但带宽最宽。衍生螺旋线是指慢波电路为环圈、环杆和双带绕或双螺旋线的结构,它的尺寸和热容量较螺旋线要大,故具有较高的功率容量,但频带要窄些(比耦合腔的宽)。耦合腔的慢波结构一般是由多达 50 个或 60 个全金属结构的相邻腔体组成的。射频波通过相邻腔体壁的耦合槽或孔传播时就像在一个折叠波导中传播一样。它是全金属结构,具有尺寸大、功率容量大和易冷却等优点,适合于高功率工作(峰值功率可达 200kW,平均功率可达到数十千瓦),是行波管中的高功率器件,但其瞬时带宽较窄(约 10% 左右)。

上述的螺旋线结构对射频波有双向传输的特性,使得它既可以从输入端向输出端传送射频能量,也可以从输出端向输入端反向传输射频能量。当负载不匹配时,反射波将传至输入端,形成反波振荡而输出不希望的噪声。为了防止反射信号传至输入端形成反波振荡,通常把螺旋线的中部断开,分别在断开的每端处加一个涂有射频吸收材料的绝缘支撑杆,构成衰减器,以衰减其反射能量和消除反波振荡。

由于螺旋线是均匀线,因此在螺旋线中传播的射频波,其相速可在一个很宽的频率范围内保持近似不变,再加上负色散技术可将低频段的射频波相速拉平,所以可获得3:1或更大的带宽。

2)电子注与射频波间的互作用

行波管的电子注处在慢波结构内的中心线上受到慢波结构上电磁场的调制作用。当慢波结构上输入射频波后,由于射频能量以行波形式沿着慢波结构传播,并与慢波结构中的电子注进行互作用,使电子发生群聚,其电子的群聚过程如图2-2-5所示。射频波所产生的轴向电场是一个交变场,对电子注中的电子进行速度调制。处于加速场中的电子速度加快,而密度减小;处于减速场中的电子速度减慢,则密度加大,形成电子群聚。电子在与射频场进行互作用的过程中,减速场中的电子将自身的能量交给射频场,使射频信号得以放大。

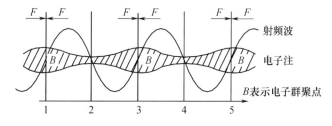

图2-2-5 电子的群聚过程

如果正确设置阴极电压,使电子的速度正好与射频波同步,则射频波与群聚电子能有效地交换能量,获得最高的电子效率。

3)注流特性与射频输出功率

对于给定的饱和射频输出功率 P_{out},行波管的电子注效率 η_e 可由下式确定:

$$\eta_e = \frac{P_{out}}{I \times U} \qquad (2-2-2)$$

式中:I、U 分别为阴极电流和电压。

当电子注效率恒定时,射频输出功率 P_{out} 将与电子注功率成正比,表示为

$$P_{out} = \eta_e \cdot \rho_e \cdot U^{5/2} \qquad (2-2-3)$$

式中:ρ_e 为导流系数。

4)射频增益与功率特性

在小信号驱动的情况下,行波管具有线性增益。但是随着射频驱动信号的增大,行波管将进入饱和放大状态,若再增加驱动电平将导致输出功率和增益下降。

一般情况下,中频段的增益和功率最高,低频段和高频段的增益和功率都将下降(参差调谐管的情况则略有不同)。当阴极电压调到使电子注团的速度与射频波同步时,其小信号线性增益最大。

在超宽带的行波管中,为了补偿频带高频段的射频损失,允许阴极同步电压适当调高0.5% ~1%,而且效率略有提高;但不能过高,过高会引起反波振荡。

实际上,为了防止过激励使射频输出功率减小和引起电子注散焦,通常将额定输出功率定在低于饱和点以下 0.5dB 的地方。

由于螺旋线的非均匀性,衰减器和分隔区的不连续性以及输入/输出的不匹配性等原因,在频带内输出功率并非很平坦,频带越宽波动越大。

5) 效率

行波管的效率包括电子效率和收集极效率两部分。电子效率是电子注与射频波之间的互作用效率;提高收集极效率是靠收集极降压,降低电子速度,以便电子把能量交给射频波,从而提高输出功率和效率。

(1) 电子效率。影响电子效率的因素很多,在宽带行波管中,影响最大的是慢波结构中输入/输出失配所引起的损耗、趋肤效应所引起的损耗以及支撑杆引起的损耗三种。提高行波管电子效率的方法是采用铜、金组成的慢波结构来降低趋肤损耗(镀铜的钨丝趋肤损耗比不镀铜的钨丝趋肤损耗减少 5%)。采用金刚石支撑杆也可减小趋肤损耗和支撑杆损耗;窄带管比宽带管的输入/输出匹配好,其电子效率高;靠近收集极的则可采用螺旋线的螺距逐步增大方式,以实现动态速度渐变(耦合腔行波管是采用腔体周期渐变、改变耦合槽形状和改变腔体直径等方法来实现速度渐变的)。这些方式由于改善了带内匹配,所以也可提高电子效率。

(2) 收集极效率。采用降压收集极能较大幅度地提高行波管的使用效率,收集极级数越多、减速越平缓,其效果越好,但结构同时越复杂,实用中收集极一般为 2 级 ~ 4 级。

收集极降压效果比例越大,似乎回收的能量就越多。但是如果降压比例太大,将使得群聚中的慢速电子无力穿越降压区到达收集极,返回电子枪或打在慢波结构上形成"回流",干扰放大过程。

"回流"电子打在慢波结构上还会加重电子注散焦,使慢波结构发热或使慢波线损坏。根据慢波线电流随收集极降压比的变化曲线,当第一级收集极的降压比超过 50% 时,产生的"回流"将超过慢波线的电流极限。

为了减小"回流",应根据电子到达收集极的不同速度,采用多个收集极来逐步降低其电压,使每个收集极置于不同的电位,以使减速场的分布与电子速度的范围相匹配,这将获得很好的效果。

为了使行波管结构和使用电路尽量简单,常规雷达中的行波管大都采用 1 级 ~ 2 级降压收集极。但是对于太空运用或要求效率高、冷却简单、体积小的运用场合,收集极数目增加到 3 级 ~ 5 级也是值得的。为了研制通用的微波功率模块,所研制的微型宽带(6GHz ~ 18GHz)行波管的收集极级数可多达 4 级,其总效率可高达 60% 。

2. 双模行波管工作的特点

双模行波管是作为功率控制器件设计的,图 2 - 2 - 3 所示的双模行波管电子枪结构大致与栅控行波管的相似,只不过它有两层控制栅极。在恒定的阴极电压和收集极电压下,当两个栅极加不同的电压时,可方便地控制注电流的导通率,以达到改变注电流大小从而改变输出功率的目的。大注电流对应高输出功率,小注电流对应低输出功率,高输出功率与低输出功率之比为提升比,其值大致为 10dB。

两个栅极都加正电压工作时,允许阴极发射电流的区域比较大,所得的电子注电流也较大,由此获得高峰值功率,故为高功率模式。如果仅内层栅极加正电压,外层栅极不加正电压而加负偏压工作时,只有外层栅极中心孔所对应的阴极表面的电子才可以通过,因而所获得的注电流较小,相对输出峰值功率也较小,故称为低功率模式。

双模行波管的优点是电路简单,工作状态切换方便快速,只用一个行波管在不改变高压和输入激励功率的情况下,只改变栅极工作状态,就可以很方便地改变其输出峰值功率;它的缺点是在低峰值功率模式下,效率较低,在宽带、高峰值功率、高增益时,易产生不希望的振荡。

3. 速调管的工作原理和性能

速调管的工作原理和性能与行波管类似,只不过速调管的互作用过程是靠腔体间隙处的外加射频场对电子注中的电子进行速度调制而实现能量交换的。

1）电子注和谐振腔中射频电场的相互作用

在注电压、注电流工作正常的情况下,当射频信号从输入腔输入后,在输入腔的间隙处形成射频电场,该射频电场便对电子注中的电子进行速度调制。

在不考虑空间电荷效应的情况下,假设电子穿越输入腔的间隙时,调制电压无大的变化则单个电子离开腔体间隙的速度 $V(t)$ 可由下式算出:

$$V(t) = V_0\left(1 + \frac{U}{2U_0}\sin\omega t\right) \qquad (2-2-4)$$

式中:V_0 为速度调制前由电子枪射出的电子速度;U 为调制电压;U_0 为速调管阴极电压 $(U_0 \gg U)$;ω 为调制频率(rad/s)。

在调制电压的正半周内,电子越过输入腔体间隙时被加速;在调制电压的负半周内,电子越过输入腔体间隙时被减速。在输入腔与输出腔之间的漂移空间里,速度快的电子赶上较慢的电子,结果在沿着速调管长度的方向上,出现了电子群聚的现象,如图2-2-6所示。

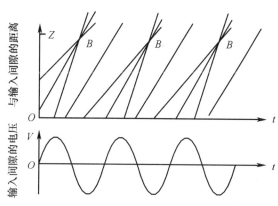

图2-2-6 速调管中电子群聚的阿普尔盖特图

处于减速场中的电子将自身的能量交给射频场,使射频信号得以放大,并经输出腔耦合输出,剩余的电子到达收集极后变为热。双腔速调管的增益大约为10dB,但此增益可以通过在输入腔和输出腔间增加附加腔而得到提高。

2）射频性能

射频腔体的尺寸决定着速调管的工作频率和带宽。速调管电子注与射频场的相互作用、输入功率与输出功率间的关系、增益与输入功率的关系等特性都与行波管的类似，且在达到饱和状态以前就出现了非线性现象，饱和后功率开始下降的情况也与行波管的类似。

速调管的增益、带宽和功率都与电子注半径、电子速度、电子注与腔体的耦合、电子注阻抗和腔体 Q 值等因素有关，这些因素互相制约，设计时应在增益、带宽和功率间进行折中考虑。

4. 多注速调管的工作原理与性能

多注速调管具有工作电压低、瞬时带宽宽、效率高，可以采用控制电极调制和永磁聚焦，体积小，重量轻等优点，是高机动雷达的优选微波管之一。但因内部结构复杂，阴极发射电流密度大而影响使用寿命，因此需不断改进和完善。

多注速调管中的每个电子注与公共腔（输入腔、漂移管和输出腔）的射频场进行互作用和能量交换的过程与单注速调管的情况相同，不同的是它有多个电子注，每个电子注的导流系数较小，因而通道间的相互影响较小。但是为了在较低功率下获得宽频带，要求谐振腔中心部分（漂移管头）区域的面积尽前能地减小，以便不使它的 R/Q 值减小。处于不同径向位置的电子注，因其通道间隙处的电场相位差增大，影响了电子与高频场的互作用效果，所以其电子注数目不能太多（一般在 36 内）。而由于漂移管头的面积决定了电子注的数目和单元阴极发射面积的大小，因此多注管的阴极发射面积比单注管的小，其电流发射密度要比单注管的大，一般在 $10A/cm^2 \sim 15A/cm^2$，脉冲状态下可达到 $30A/cm^2 \sim 40A/cm^2$，这给制造和提高使用寿命增加了困难。为了提高多注管的性能和使用寿命，必须选用电流发射密度高的阴极材料和新的制造工艺。同时要采用先进的设计和加工技术来确保管内 N 个电子注的阴极、控制极、谐振腔、漂移管和收集极的中心线精确对准，才能获得好的效果。

多注速调管的工作电压较低，可以方便地采用控制电极调制。由于控制电极不可能做到与阴极的形状一样，像阴影栅那样贴在阴极表面，而是距阴极较远，因此所需的注流截止副偏压较高，约为注电压的 30%。控制电极处在整管中的最高电位点上，因它与阴极间的电场是非均匀场且距离较近（一般为 0.5mm），所以容易引起打火和离子击穿。为了减少因控制电极而引起的打火现象，在脉冲宽度和重复频率变化不大的运用场合，采用固态刚管调制器作阴极脉冲调制器是一种较好的解决方案。

三、典型的真空管发射机

（一）带控制电极的微波管发射机

对于带控制电极的微波管发射机，根据控制电极的不同，微波管电子注的控制方式可分为阳极调制、聚焦电极调制和栅极调制等几种。

带控制电极的微波管发射机的优点是：具有多种工作模式，而且工作模式变换灵活；射频脉冲波形好；输出噪声电平低等。当高压电源的稳定性较好、纹波系数较小时，能获得较高的系统相位稳定性，因此广泛应用于多种高性能的机动性雷达。图 2 - 2 - 7 示出了带控制电极的微波管发射机的简化框图。

在带控制电极的微波管发射机中，微波管的阴极电压一般不超过 50kV。图 2 - 2 - 7 所示的简化框图适用于大多数行波管、多注速调管和直流运行的前向波管等。

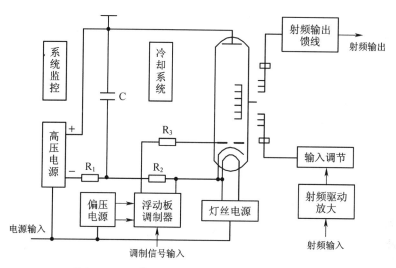

图 2 - 2 - 7　带控制电极微波管发射机的简化框图

　　带控制极的微波管发射机有两项关键技术：一是采用性能优良的浮动板调制器；二是采用稳定性好、纹波系数小的高压电源。关于浮动板调制器的基本结构和工作原理，将在本章稍后部分讨论。

（二）多注速调管发射机

　　采用多注速调管的发射机比较适用于高机动性雷达。多注速调管是一种性能优良的微波管，它的优点是工作电压比较低、增益高、瞬时频带宽、输出功率较大，效率高、冷却方便、体积小、重量轻等。由于多注速调管的增益较高（40dB～50dB），只用一级固态放大器驱动一级多注速调管就可以构成一个放大链，因此电路简单实用，具有较高的性价比。但是由于内部结构复杂，阴极发射电流密度大而影响使用寿命。图 2 - 2 - 8 示出了多注速调管发射机的原理框图。

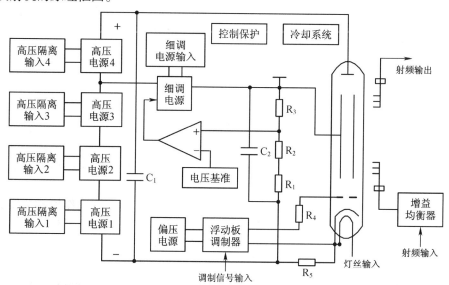

图 2 - 2 - 8　多注速调管发射机的简化框图

为了保证输出射频信号具有很高的频率和相位稳定度,要求高压电源纹波系数小,稳定性好。直流高压电源由高压隔离输入1~4、高压单元1~4和储能电容C_1组成。电源稳流器比较复杂,主要包括电压基准、误差放大驱动、细调电源输入、细调电源以及高压电阻分压器R_1、R_2和R_3等部分。

由于宽带多注速调管的带内增益起伏比较大,需要进行适当的增益补偿,因此在射频输入端必须增加一个增益均衡器。为了消除振荡和防止多注速调管打火而损坏调制器或电源,在此采用的大功率高压电阻R_4、R_5起隔离和阻尼作用。调制器采用浮动板调制器。

四、微波功率模块（MPM）及空间功率合成方法

在C频段、X频段以及频率更高的频段,当需要发射机输出更高的功率时,必须将多个真空微波管的输出功率进行空间合成,而实现这种空间合成的核心部件是微波功率模块。

微波功率模块(Microwave Power Module,MPM)的频率范围可以从微波一直到毫米波。MPM是一种高集成超小型模块化的微波功率放大器,图2-2-9所示为MPM的原理框图。

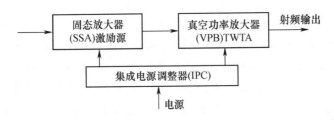

图2-2-9 MPM的原理框图

MPM由真空功率放大器(Vacuum Power Booster,VPB,这是一种专用的行波管放大器TWTA)、单片微波集成电路(MMIC)或固态放大器(Solid-State Amplifier,SSA)以及集成电源调整器(Integrated Power Conditiner,IPC)组成。

MPM是一种高性能、高可靠性的新概念微波功率模块。在MPM中的VPB是一种超小型、宽频带、高效率的新型行波管放大器TWTA。MPM充分利用了MMIC的低噪声、高增益和TWTA的大功率、宽频带以及高效率的特点,采用了先进的微波集成电路设计技术、集成电源设计技术、热设计技术和低耗组件设计技术,还采用了新型材料和高精度封装技术。与传统的SSA和TWTA相比,MPM比SSA有更高的功率和效率;比TWTA有更宽的频带和更低的噪声;而功率密度提高了一个数量级。

MPM是一种很有潜力的军民两用微波功率模块。MPM的高功率、高效率、大带宽(可在2个~3个倍频程工作)、小体积、轻重量和高可靠性等突出优点,使它很适合用于电子对抗、航天器、移动车辆以及卫星通信发射机等。MPM增加了一个接收通道,可以很灵活地应用于从C频段至Ka频段的相控阵雷达发射机,图2-2-10和图2-2-11分别示出了以MPM为核心部件的空间功率合成阵列结构和高功率的相控阵结构。

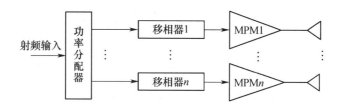

图 2-2-10　线性或二维阵列的空间功率合成阵列结构

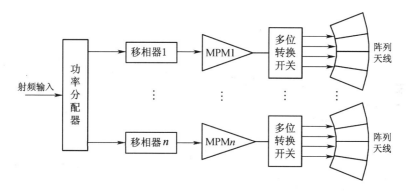

图 2-2-11　用 MPM 驱动的开关阵列高功率相控阵结构

第三节　固态雷达发射机

采用晶体管功率放大器件的发射机通常称为固态发射机。固态发射机由多个功率放大器组件直接合成,或者在空间合成得到需要的输出功率。所使用的功率放大组件从几十个、几百个到成千上万个。即使有个别功率放大组件失效,对整机的输出功率也没有太大影响,因此使发射机具有故障弱化特性。固态发射机特别适用于高工作比和宽脉冲的工作方式,它具有工作电压低、可靠性高、维护性好、故障率很低和机动性好等优点。随着微波功率器件制造水平的不断提高和固态雷达发射技术的不断进步和完善,必将会有越来越多的固态雷达发射机替换原有的真空管雷达发射机。

一、固态发射机的分类和特点

(一) 分类与组成

固态发射机通常分为两种类型:一种是集中合成式全固态发射机;另一种是分布式空间合成有源相控阵雷达发射机。全固态雷达发射机的典型组成框图如图 2-3-1 所示。

图 2-3-1(a)为集中合成式高功率全固态发射机组成框图。射频输入信号经前级固态放大器放大后送至 1:n 功率分配器,该功率分配器分别驱动 No. 1 ~ No. n 功率放大器组件。n:1 功率合成器将 n 路功率放大组件的输出合成并输出大功率的射频信号。功率放大器组件是集中式高功率全固态发射机的关键部件,应根据要求输出的总的峰值功率和平均功率来确定放大器的组件数量 n。从设计和技术实现考虑,n 值一般取为 8 的整数倍,如 8、16、24、…、64 等。

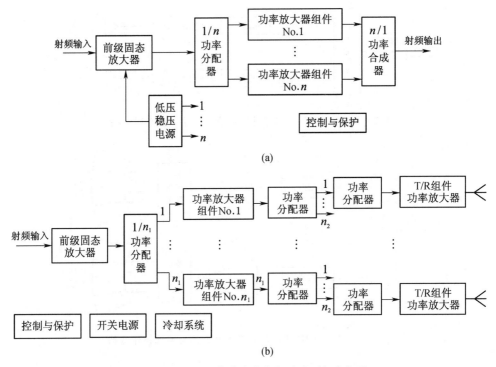

图 2 - 3 - 1 全固态雷达发射机的典型组成框图

(a) 集中式高功率全固态发射机; (b) 分布式有源相控阵雷达发射机。

分布式有源相控阵雷达发射机的原理框图如图 2 - 3 - 1(b) 所示,其主要组成部分为:前级固态放大器;$1:n_1$ 功率分配器和 n_1 个功率放大器组件;n_1 个 $1:n_2$ 功率分配器和 $n_1 \times n_2$ 个 T/R 组件功率放大器;开关电源、控制保护和冷却系统等。从图 2 - 3 - 1(b) 看出,在分布式有源相控阵雷达发射机中,射频输入信号经过前级固态放大器和 n_1 个功率放大组件放大,最后由 $n_1 \times n_2$ 个 T/R 功率组件输出的射频功率信号,通过相对应的辐射阵元天线在空间合成为大功率的射频信号,因此有时又称为空间合成式有源相控阵雷达发射机。

T/R 组件功率放大器是有源相控阵雷达发射机最关键和最重要的部件,也是有源相控阵雷达的基本单元,其数量 $n_1 \times n_2$ 少则几十、几百,多则成千上万。设计完善、制作精准的 T/R 组件直接决定了发射机的性能、可靠性和造价,对整个雷达起着决定性的作用。

图 2 - 3 - 2 示出了固态雷达发射机输出功率合成方式。图 2 - 3 - 2(a) 示出了固态雷达发射机集中合成输出结构,它可以单独用做中、小功率的雷达发射机,将多个这种集中合成输出结构作为基本单元再次进行集中合成或空间合成,可以构成超大功率的全固态雷达发射机。图 2 - 3 - 2(b) 为空间合成输出结构,主要用于全固态有源相控阵雷达。这种空间合成输出结构也可以作为全固态相控雷达的子阵,将多个子阵按设计要求组合,即可构成超大功率的全固态有源相控阵雷达发射机。固态雷达发射机中的微波功率放大模块是最重要的核心部件,设计和制造高性价比的功率模块,对全固态雷达发射机的性能和成本起着十分关键的作用。需要说明一下,在图 2 - 3 - 2(a)、(b) 中用做驱动放大的 $1 \sim n_1$ 个微波功率模块和末级输出的 $1 \sim n_2$ 个微波功率模块都是相同规格的标准化组件,

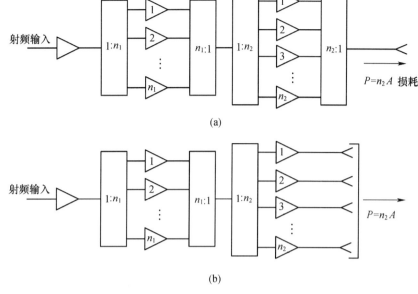

图 2 - 3 - 2　固态雷达发射机输出功率合成方式

(a) 集中合成输出结构；(b) 空间合成输出结构。

而在图 2 - 3 - 2(b)所示的空间合成结构中，$1 \sim n_2$ 个末级功率输出模块每一个与相应的辐射单元相接，从而减小了射频功率的馈线传输损失，提高了发射效率。

（二）全固态发射机的特点

全固态雷达发射机与真空微波管发射机相比，具有以下优点：

（1）不需要阴极加热，寿命长。发射机不消耗阴极加热功率，也没有预热延时，使用寿命几乎是无限的。

（2）固态微波功率模块工作电压低，一般不超过 50V。不需要体积庞大的高压电源（一般真空微波管发射机要求几千伏，甚至几万伏、几百万伏的高压）和防护 X 射线等附加设备，因此体积较小、重量较轻。

（3）固态发射机模块均工作在 C 类放大器工作状态，不需要大功率、高电压脉冲调制器，从而进一步减小了体积和重量。

（4）固态发射机可以达到比真空微波管发射机宽得多的瞬时带宽。对于高功率真空管发射机，瞬时带宽很难超过 10% ~ 20%，而固态发射机的瞬时带宽可高达 30% ~ 50%。

（5）固态发射机很适合高工作比、宽脉冲工作方式，效率较高，一般可达 20%。而高功率、窄脉冲调制、低工作比的真空管发射机的效率仅为 10% 左右。

（6）固态发射机具有很高的可靠性。一方面是固态微波功率模块具有很高的可靠性，目前平均无故障间隔时间 MTBF 可达 100 000h ~ 200 000h；另一方面，固态发射模块已做成统一的标准件，当组合应用时便于设置备份件，可做到现场在线维修。

（7）系统设计和应用灵活。一种设计良好的固态收发（T/R）模块可以满足多种雷达使用。固态发射机应用在相控阵雷达中具有更大的灵活性，相控阵雷达可根据相控阵天线阵面尺寸和输出功率来确定模块的数目，可以通过关断或降低某些 T/R 模块的输出功率来实现有源相控阵发射波瓣的加权，以降低天线波束副瓣。

虽然固态发射机有上述一系列优点，但是目前要想全面替代真空管发射机还不现实，特别是在 C 频段以上，要求高峰值功率、窄脉冲和低工作比的应用场合，用固态发射会显得机体庞大，而且价格昂贵。

二、固态微波功率的产生

相对于雷达发射机的总峰值功率和平均功率而言，单个固态器件所产生的功率很小，但是，固态器件效率高，将成百上千个固态放大器输出的功率合成起来，便可以获得很大的峰值功率和平均功率。

在固态放大器组件中，常用的微波功率晶体管分为两大类：一类为硅微波双极晶体管；另一类为场效应晶体管（FET）。按其工艺、材料和频率，FET 又分为金属氧化物半导体场效应管（MOSFET）和砷化镓场效应晶体管（GaAs FET）。在毫米频段，用得较多的是雪崩二极管（IMPATT）。

（一）硅双极型微波功率晶体管

硅双极型微波功率晶体管普遍采用硅芯片材料，具有外延层双扩散 n - p - n 平面结构。它是目前固态雷达发射机中用得最多的微波功率晶体管。从短波、VHF 和 P、L、S 频段，直到 3.5GHz，固态雷达发射机都可以采用硅双极型微波功率晶体管。

硅双极型微波功率晶体管的单管功率，在 L 频段以下的频段为几百瓦，窄脉冲功率可达千瓦以上的量级；在 S 频段功率为 200W 量级。单个双极型功率晶体管适用的脉冲宽度一般为 $100\mu s$ 至几毫秒量级（也有适用于连续波的）；最大工作比 D_{max} 约为 10% ~ 25%；功率增益为 7dB ~ 10dB；集电极效率 η 可达 50% 左右。

（二）金属氧化物半导体场效应晶体管

早期的 MOSFET 工作频率在 500MHz 以下，已广泛用于数字集成电路，如计算机存储器和微处理器等。微波功率 MOSFET 是一种电压控制器件，由栅极上的电压来控制导电。随着微波功率晶体管制造技术的不断发展，以及 MOSFET 制造加工工艺的不断改进，MOSFET 已可用于微波频段，而且工作频率还在继续提高，与同一频段相比，它和硅双极晶体管的输出功率相当。目前，MOSFET 的输出功率可达 300W。它的功率增益和集电极效率也比硅双极型微波功率晶体管高，功率增益的典型值为 10dB ~ 20dB；集电极效率为 40% ~ 75%。

（三）砷化镓场效应微波功率晶体管

目前，砷化镓场效应微波功率晶体管是金属半导体场效应晶体管（MESFET）中应用最广的固态微波器件，其工作频率可高达 30GHz。在过去 20 多年中，GaAs MESFET（通常简称 GaAs FET）在微波低噪声放大器、中小功率放大器和单片集成电路中占据了支配地位，它的主要优点如下：

（1）是一种电压控制器件，由栅极上的电压来控制多数载流子的流动。

（2）具有电流增益，同时还具有电压增益。

（3）具有低噪声和高效率性能。

（4）器件可工作在很高的频率，可高达 30GHz。

（5）与双极型晶体管相比，抗辐射性能强。

GaAs FET 的最高频率甚至可达 100GHz，输出功率也在不断提高。在 C 频段，单管

（多芯的）输出功率已达 50W；在 X 频段为 20W。这是一种非常有应用潜力的固态微波功率器件。目前，在 C 频段、X 频段采用 GaAs FET 制成的功率放大组件已开始应用于全固态相控阵雷达。

（四）雪崩二极管

最近 10 多年，固态毫米波器件发展很快，其主要器件是雪崩二极管（Impact Avalanche Transit Time，IMPATT）和耿氏二极管（GUNN）。IMPATT 是碰撞雪崩渡越时间二极管的简称，又叫雪崩管。IMPATT 比 GUNN 输出功率更大。毫米波雷达和导弹寻的器常用 IMPATT 作为功率放大器或振荡器，而 GUNN 的噪声电平低，则常用做接收机的本振。

目前，毫米波雷达和导弹寻的器的工作频率大多集中在 35GHz 和 94GHz，在这两个频段上大气损耗较小。IMPATT 作为固态毫米波振荡器，在 35GHz 上可输出的连续波功率为 1.5W；在 94GHz 输出连续波功率为 700mW。当作为脉冲振荡器时，可输出更高的功率：在 35GHz 频率输出峰值功率为 10W；在 94GHz 频率输出峰值功率为 5W。

（五）微波功率晶体管的发展动向

自 20 世纪 80 年代后，出现了采用新工艺制造的一批新器件，如异质结双极晶体管（HBT）、高电子迁移率晶体管（HEMT）、拟晶态高电子迁移率晶体管（FHEMT）及双异质结拟晶态高电子迁移率晶体管（DH - PHEMT）等。同时，传统工艺的微波固态器件也采用了新材料，如锗化硅、磷化铟、氮化硅等，使器件的输出功率和工作频率得到进一步提高。这些新颖的晶体管的共同优点是：具有高功率和高效率，典型的电流密度为 $300mA/mm^2 \sim 500mA/mm^2$，效率为 40% 左右；工作频率较高，可高达毫米波频段，典型值为 75GHz；输出功率大，S 频段最大输出功率为 230W，其效率可达 40%。

三、有源相控阵雷达全固态发射机

早在 20 世纪 60 年代后期，第一部超大型有源相控阵雷达 AN/FPS - 85 已经建成，安装在美国佛罗里达州空军基地。这部有源相控阵雷达工作在 P 频段，具有 5184 个发射单元，其中有源单元为 4660 个，有源单元的功率放大器为真空四极管（4C × 250）。20 世纪 70 年代末 80 年代初，又出现了 AN/FPS - 115（Pave Paws）双面阵大型相控阵雷达，这是第一部工作在 420MHz ~ 450MHz 的全固态有源相控阵雷达。每个阵面有 5354 个收发单元，其中有源单元为 1792 个。每个阵面的峰值输出功率为 600kW，平均功率达 150kW，脉冲宽度可达 160μs，工作比为 25%。功率放大器组件由 7 个 C 类工作的硅双极型晶体管按 1 - 2 - 4 结构组成，单个硅双极型晶体管输出功率为 110W，功率放大组件输出功率为 340W。

由于机载环境的特殊性，机载相控阵雷达经过漫长的研制过程才得以诞生。目前报道最多的机载预警有源相控阵雷达有瑞典的"埃里眼"（Erieye）和以色列的"费尔康"（PHALCOM），它们分别工作在 S 频段和 L 频段。20 世纪 90 年代末，世界上第一部有源相控阵机载火控雷达 AN/APG - 77 研制成功，装备于美国 F - 22 战斗机上。它是一部 X 频段雷达，天线口径 1m，具有 2000 个 T/R 组件，每个 T/R 组件输出功率为 10W，噪声系数小于 3dB，质量小于 15g，体积为 $6cm^2$。

随着微波功率晶体管制造水平的不断提高和固态发射机技术的不断进步，特别是相控阵技术与全固态发射机技术的紧密结合，有力地推进了相控阵雷达的发展和应用，同时也给有源相控阵雷达全固态发射机带来了更大的发展空间。

（一）有源相控阵雷达的 T/R 组件

T/R 组件是有源相控阵雷达的基本构造单元，而 T/R 组件中的功率放大器又是组件的关键部件，一般的中、小型有源相控阵雷达的固态发射机需要几十个、几百个 T/R 组件，而超大型全固态发射机则需要几千个甚至几万个 T/R 组件。因此，一个成功设计和制造的 T/R 组件将直接决定相控阵雷达的性能、可靠性和造价。

1. 微波单片集成电路（MMIC）T/R 组件

微波单片集成电路（MMIC）的最新发展，使固态 T/R 组件在相控阵雷达中的应用达到实用阶段。MMIC 采用了新的模块化设计方法，将固态 T/R 组件中的有源器件（线性放大器、低噪声放大器、饱和放大器及有源开关等）和无源器件（电阻、电容、电感、二极管和传输线等）制作在同一块砷化镓（GaAs）基片上，从而大大提高了固态 T/R 组件的技术性能，使成品的一致性好、尺寸小、重量轻。

图 2-3-3 和图 2-3-4 分别示出了用于相控阵雷达的单片集成收发组件的原理框图和组成框图。收发组件主要由功率放大器、低噪声放大器、移相器、限幅器、环行器等部件组成，具有高集成度、高可靠性和多功能等特点。

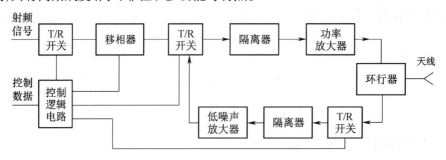

图 2-3-3　用于相控阵雷达的单片集成收发组件的原理框图

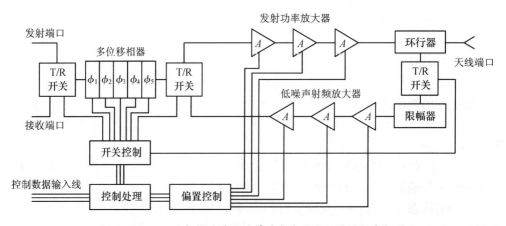

图 2-3-4　用于相控阵雷达的单片集成收发组件的组成框图

近年来微波单片集成收发组件发展很快，并已经成为相控阵雷达的关键部件。从超高频频段至厘米波频段，都有可供实用的微波单片集成收发组件。表 2-3-1 列出了从 L 频段至 X 频段的几种单片集成收发组件的主要性能参数及其体积、重量。

50

表 2 - 3 - 1　用于相控阵雷达的几种单片集成收
发组件的主要性能参数及其体积、质量

| 频段 | 发 射 模 块 | | | 接 收 模 块 | | | | 体积/英寸³ | 质量/盎司 |
| | 输出功率/W | 增益/dB | 效率/% | 增益/dB | 噪声系数/dB | 均方根误差 | | | |
						增益/dB	相位/°		
L	11	35	30	30	3.0	0.8	5.0	4.0	4.0
C	10	31	16	25	4.1	0.5	4.0	2.4	2.4
S	2	23	22	27	3.8	—	4.6	2.9	3.6
S/X	2	30	25	—	—	—	—	0.25	—
X	2.5	30	15	22	4.0	0.6	6.0	0.7	0.7

注 :1 英寸³ = 16.3871cm³ ;1 盎司 = 0.0283kg

微波单片集成收发组件的主要优点如下:

(1) 成本低。因为由有源器件和无源器件构成的高集成度和多功能电路是用批量生产工艺制作在同一基片上的,它不需要常规的电路焊接装配过程,所以成本低廉。

(2) 高可靠性。采用先进的集成电路工艺和优化的微波网络技术,没有常规分离元件电路硬线连接和元件组装过程,因此单片集成收发组件的可靠性大大提高。

(3) 电路的一致性好、成品率高。单片集成收发组件是在相同材料的基片上批量生产制作的,因此电路性能的一致性好,成品率高,在使用中替换性也很好。

(4) 尺寸小、重量轻。有源器件和无源器件制作在同一片砷化镓基片上,电路的集成度很高,它的尺寸和重量与常规的分离元件制作的收发模块相比占有明显优势。例如,表 2 - 3 - 1 中所给出的 L 频段单片集成收发组件的尺寸为 67.2cm²,质量仅为 4 盎司(即 0.11kg)。

2. 固态微波 T/R 模块

固态微波 T/R 模块在相控阵雷达中的应用也发展很快。相控阵天线中每个辐射单元由单个辐射阵元(天线阵元)和固态 T/R 模块组成。相控阵天线利用相位扫描方式,将每个固态模块辐射的能量在空间合成所需的高功率输出,从而避免了采用微波网络合成功率所引起的损耗。

图 2 - 3 - 5 示出了典型的 L 频段相控阵 T/R 模块组成框图,它由功率放大器、环行器、限幅器、T/R 开关、低噪声接收机、移相器等组成。主要技术参数是:最大峰值功率为 1kW;带宽为 10% ~ 20%;脉冲宽度大于 10μs;接收机噪声系数为 3dB;四位数字式移相器的移相量分别为 22.5°、45°、90° 和 180°。

在发射状态,逻辑控制电路发出控制信号,使移相器 T/R 开关处于发射状态,保证移相器与预放大器接通。射频信号经过移相器加到由硅双极型晶体管组成的预放大器和功率放大器,经过功率合成后再通过环行器直接激励相控阵天线上的某个阵元。在接收状态,逻辑控制电路使移相器收发开关处于接收方式,使低噪声放大器与移相器接通。由天线阵元接收到的射频回波经环行器和限幅器收发开关加至低噪声放大器,然后经过移相器送至射频综合网络。射频综合网络合成从各个阵元的 T/R 模块返回的射频信号,最后

51

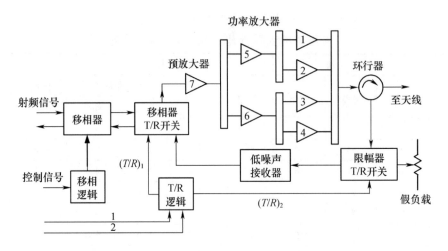

图 2-3-5　典型的 L 频段相控阵 T/R 模块组成框图

送至由计算器控制的相控阵雷达信号处理器。

（二）S 频段有源相控阵雷达全固态发射机

这里以我国自行研究生产的 S 频段有源相控阵全固态发射机,举例说明有源相控阵雷达全固态发射机的原理、组成和特点。

自 20 世纪 90 年代,我国第一部 S 频段有源相控阵雷达开始研制并相继投入使用。该雷达的相控阵面具有 2268 个辐射元,分别由 567 个 T/R 组件馈送功率,其中射频功率放大器由 4 个 C 类工作的硅双极型功率晶体管组成。图 2-3-6 示出了 S 频段有源相控阵雷达全固态发射机的原理框图,主要由输入保护电路、前级放大器、阵面放大器、列驱动放大器、T/R 组件功率放大器、控制保护分机以及开关电源等部分组成。

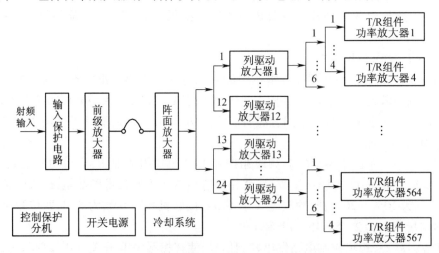

图 2-3-6　S 频段有源相控阵雷达全固态发射机的原理框图

该发射机的工作过程如下:将来自频率源的射频输入信号通过保护电路输入到 MMIC 放大电路,输入信号被放大到 1W,再经过前级放大器放大后,通过低损耗的长电缆传送到天线阵面上的阵面放大器进行放大,然后通过 1 分为 2 的功率分配器分成两路。

这两路信号分别再送至 1 分为 12 的功率分配器,得到 24 路射频信号,再将这 24 路射频信号分别送至 24 个列驱动放大器进行放大。每个列驱动放大器的输出又被送到 1 分为 6 的功率分配器,此时在天线阵面上的射频信号已被分成 144 路。这 144 路射频信号被分别传送至天线阵面上的 144 个小舱。在每个小舱内,射频信号又被 1 分为 4,分别加到 4 个 T/R 组件的输入端,经过移相器和收/发开关分别进入 567 个功率放大器进行功率放大,最后经 2268 个辐射单元向空中辐射出射频信号并在空间进行功率合成。

这部 S 频段发射机具有全固态发射机的突出优点:模块化、小型化、高效率(发射机总效率大于 20%)、高可靠性和长寿命,当 5% 的 T/R 组件放大器出现故障时,雷达仍然保性能地工作。

该发射机内部的故障检测和控制保护分机可使发射机的故障被隔离到每个可更换单元,即 T/R 组件功率放大器、列驱动放大器、阵面放大器和每个开关电源。阵面放大器、列驱动放大器和 567 个 T/R 组件功率放大器都采用同一种电路结构的组件,输出功率相同,输入功率也相同,因而最大限度地实现了模块化和通用化,提高了生产和调试的效率,同时也大大降低了发射机的成本。

第四节　脉冲调制器

脉冲调制器主要用于脉冲方式工作的雷达发射机,它和真空微波功率管同样是脉冲雷达发射机的重要组成部分。脉冲调制器的任务是为雷达发射机的射频各级提供一定技术要求的大功率视频调制脉冲。调制脉冲有简单的矩形调制脉冲和比较复杂的编码调制脉冲或变脉冲宽度、变重复频率的脉冲串调制脉冲。

脉冲调制器主要分为线型脉冲(软性开关)调制器、刚性开关脉冲调制器和浮动板调制器。浮动板调制器又分为调制阳极调制器、栅极调制器、聚焦电极调制器和控制电极调制器等几种。

一、线型脉冲调制器

(一)线型脉冲调制器的组成及基本工作原理

线型脉冲调制器主要由高压电源、充电电路(一般包括充电电感、充电隔离元件)、脉冲形成网络(PFN,有时也叫人工线或仿真线)、放电开关等部分组成,其基本电路如图 2-4-1 所示。但实用中通常还包括脉冲变压器、触发器和匹配电路等。

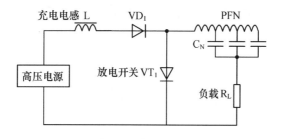

图 2-4-1　基本线型脉冲调制器电路结构图

在这类调制器中,高压电源通过充电电感、充电隔离元件向人工线充电,在充电结束时,人工线被充上大约两倍于电源的电压值;放电时,在触发脉冲的激励下,放电开关管导通,人工线通过放电回路将能量传给负载。在匹配的情况下,放电结束时,人工线上的能量将全部传给负载。在负载上得到的脉冲电压幅值近似于电源电压,其脉冲波形由人工线决定。在使用脉冲变压器来传输能量时,脉冲变压器及其放电回路参数也会对输出波形产生影响。

(二)线型脉冲调制器的特点

线型脉冲调制器的特点如下:

(1)线型脉冲调制器的放电开关是软关断式开关,只有当放电电流小于放电开关的维持电流之后,放电开关才逐步恢复其阻断状态。能够作为这类开关的器件主要有电真空类的充气闸流管、引燃管和真空火花隙;固态器件类的有可控硅(SCR)和方向开关整流管(RBDT)。

(2)软性开关的特点决定了人工线几乎每次都完全放电,尤其是在阻抗匹配的情况下,人工线的储能将全部交给负载。

(3)人工线与负载的失配情况将影响线型脉冲调制器的可靠工作,正失配时(负载阻抗大于人工线特性阻抗),将会延长放电开关的导通时间,严重时容易使放电开关不能恢复阻断状态而连通,使调制器不能正常工作;负失配时(负载阻抗小于人工线特性阻抗),容易使人工线在放电结束时被反向充电,该反向电压在下一次充电时,将与高压电源叠加在一起向人工线充电,使人工线的充电电压高于电源电压的两倍,如此反复,严重时容易使人工线被充上数倍于电源的电压值,造成人工线电容过压而击穿。实际工作状态常定在轻微负失配的情况下,这有利于放电开关的关断和调制器可靠地工作。为了避免在负载上打火短路时,人工线上产生过大反向电压从而使开关管反向击穿,必须用反峰电路来限制开关管上的反向电压值。

(4)由于放电开关是软性关断,触发脉冲只起激励放电开管导通的作用,因此,触发脉冲信号应具有如下特点。

① 具有足够的前沿幅度和能量,确保放电开关能够在较短的时间内开通。

② 具有一定的脉冲宽度和幅度,以保证放电开关一直维持导通,直到达到擎柱电流。

③ 尽量减小触发脉冲的前沿,以减小调制脉冲的时间抖动。

(5)高压电源电压相对较低,电路较简单。

(6)输出脉冲宽度由人工线决定,因此随意改变脉冲宽度较困难,不适用于多种改变脉冲宽度的场合。

由此可见,线型脉冲调制器的主要优点是电路较简单、转换功率大、电路效率高、对触发脉冲要求不严;主要缺点是改变脉冲宽度困难、对负载阻抗的适应性较差。所以,线型调制器适用于精度要求不高、波形要求不严而功率输出要求较大的雷达发射机中,例如大型远程警戒雷达。

二、刚管脉冲调制器

(一)刚管脉冲调制器的组成及基本工作原理

图2-4-2示出了刚管脉冲调制器的原理电路,它主要由高压电源、充电隔离元件

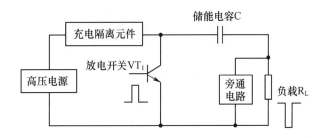

图 2－4－2　刚管脉冲调制器电路结构图

（一般为电阻或充电电感）、储能电容、刚性放电开关管和充电旁通电路等组成。

这类调制器的工作过程是：高压电源通过充电隔离元件向储能电容充电，能量储存在储能电容中。理想情况下，能量储存被充上近似于电源的电压值，在预调器脉冲的激励下，放电开关管导通，储能电容通过放电回路将部分能量传给负载，在负载上得到的脉冲幅度值是电源电压与开关管管压降之差，其脉冲宽度主要由激励脉冲决定。

（二）刚管脉冲调制器的特点

刚管脉冲调制器的特点如下：

（1）刚管脉冲调制器的放电开关受激励脉冲的控制来导通和关断，储能电容向负载部分放电是这类调制器的一个显著特点。其放电开关具有硬性开关的能力，即所谓的"刚管（刚性开关管）"。常用的刚性开关管主要有真空三极管、四极管、固态三极管、场效应管和绝缘栅双极晶体管（IGBT）等半导体器件。

（2）激励脉冲波形决定了输出调制脉冲波形。由于激励脉冲功率小，易于改变脉冲宽度和形状，因此，适用于要求输出不同宽度脉冲的场合。

（3）对激励脉冲的顶部平坦度、上升和下降边要求较高。

（4）为了消除过大的脉冲顶部降落，要有足够大的储能电容。一方面增大了体积重量，另一方面电容上储存的能量较大，在负载打火等异常情况时，过多的能量容易对薄弱环节造成损伤。

（5）对负载阻抗的匹配要求不严格，可允许在一定的失配状态下工作。

（6）调制脉冲波形易受分布参数的影响，尤其是使用了输出脉冲变压器之后，其脉冲顶降会更大，且储能电容不能像 PFN 那样产生顶升来补偿脉冲变压器的顶降，同时，它的分布参数还会使脉冲前、后沿变差。

（7）电压较高、电路较复杂、体积大、重量较重。

三、浮动板调制器

浮动板调制器是调制开关管阴极不接地的刚性开关调制器的统称，它主要分为调制阳极调制器、栅极调制器、聚焦电极调制器和控制电极调制器等几种。通常把刚性开关串联在微波功率管阴极的阴极调制器也称为浮动板调制器。

（一）浮动板调制器的组成和原理

为了减小调制器的体积、重量和调制功率，对于具有调制阳极、栅极、聚焦电极和控制电极的 O 型管，可以采用调制阳极调制、栅极调制、聚焦极调制和控制电极调制等工作方式。由于 O 型管的调制阳极、栅极、聚焦电极和控制电极所截获的电流只是电子注电流的很小一部分(通常约为 0.1% ~1%),因而它们对调制器呈现的是一个兆欧级或更高的电阻,同时并联着它们自身的分布电容、杂散电容及调制器的输出电容,也就是说,它呈现的基本上是一个电容性负载。采用浮动板调制方式,还可以避免电子注电压(阳极电压)在上升和下降过程中产生寄生振荡。图 2-4-3 示出了浮动板调制器的基本电路。

图 2-4-3 所示的浮动板调制器又称为调制阳极调制器,调制开关由两个相同的调制管串联构成。其中,V_1 是开启管,它的阳极接地,阴极接在电位可浮动的浮动板上;V_2 是后沿截尾管,其阴极接电子注电源的负端,阳极与浮动板相接。O 型管(如速调管)的调制阳极直接接到浮动板上。调制器工作时,浮动板的电位随调制脉冲而浮动,使 O 型管工作或截止,这就是所谓浮动板调制器的由来。

在脉冲间歇期,开启管 V_1 和截尾管 V_2 都不导通,此时浮动板上的电位通过泄放电阻 R 而接到电子注电压的负端,使 O 型管的电子注电流被截止。当激励脉冲(前沿脉冲 u_1)加到开启管的栅极时,开启管 V_1 导通,给分布电容 C_{01} 充电,同时也使分布电容 C_{02} 放电。在开启管导通的整个脉冲持续时间 τ 内,浮动板处于接近于零的电位,调制阳极和阴极之间的电位差接近电子注电压 E_0,O 型管正常工作。当截尾管 V_2 受到后沿脉冲 u_5 的激励导通时(与此同时,开启管 V_1 受后沿脉冲 u_2 的控制而断开),分布电容 C_{01} 很快放电,C_{02} 很快充电,浮动板又回到 E_0 负端的电位上,O 型管截止,工作结束。由此可见,在工作过程中调制器浮动板上的电位在 E_0 和零之间变化。因为浮动板与 O 型管调制阳极相连,即调制脉冲是加在调制阳极上的,因此通常又把图 2-4-3 所示的浮动板调制器称为调制阳极调制器。

图 2-4-4 示出了浮动板调制器的有关波形图。其中,图 2-4-4(a)u_1 为定时器输出的前沿脉冲;图 2-4-4(b)u_2 为定时器输出的后沿脉冲;图 2-4-4(c)u_3 为开启管 V_1 栅极所需的激励脉冲波形;图 2-4-4(d)u_4 为速调管阳极到阴极之间的脉冲波形;图 2-4-4(e)u_5 为截尾管 V_2 的栅极波形。为了得到较好的调制脉冲前、后沿波形,见图 2-4-4(d),必须给 C_{01} 和 C_{02} 很大的充电、放电电流,往往要达数十安培。而在脉冲平顶时间内调制阳极流过的电流很小,一般为几十毫安。从图 2-4-3 可见,加到开启管激励器的前沿脉冲 u_1 和后沿脉冲 u_2 只要起触发作用就行,可以是两个上升沿较陡的尖脉冲。开启管激励器受 u_1 和 u_2 的控制,产生如图 2-4-4(c)所示的 u_3 波形去激励开启管,波

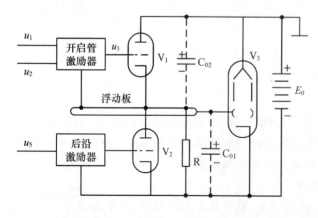

图 2-4-3 浮动板调制器的基本电路图

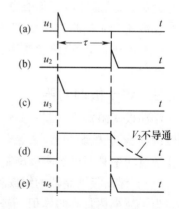

图 2-4-4 浮动板调制器的有关波形

形 u_3 起始上升沿的尖峰可使得开启管有较大的电流对 C_{01} 和 C_{02} 充放电。脉冲平顶部分通过开启管的电流很小,其管压降也很小,所以开启管的损耗几乎等于对分布电容充放电的损耗。u_5 是激励截尾管导通的触发脉冲,它应保证截尾管 V_2 有足够大的电流对 C_{01} 和 C_{02} 迅速放电和充电。

(二)浮动板调制器的特点

浮动板调制器与一般的刚性开关相比,具有以下特点:

(1)要求开启管 V_1 和截尾管 V_2 能承受全部电子注电压 E_0,但要求流过的电流较小,主要是保证在脉冲前、后沿给分布电容提供足够的充放电电流。因而调制器的功率损耗主要取决于分布电容 C_0 中的储能和脉冲重复频率 f_r,功率损耗 P_a 的表达式为

$$P_a \approx \frac{1}{2} C_0 E_0^2 f_r \qquad (2-4-1)$$

式中:C_0 为总分布电容,$C_0 = C_{01} + C_{02}$。

(2)浮动板调制器形成的调制脉冲,其前沿按 $\mathrm{d}u/\mathrm{d}t = I_a/C_0$ 规律线性变化,此速率取决于开启管和截尾管给出的脉冲电流 I_a,与脉冲宽度无关,很适合用于宽脉冲和高工作比的雷达发射机。

(3)可工作在复杂脉冲编码或较高重复频率 f_r 状态。然而,脉冲重复频率太高时开启管的损耗增大。在开关管允许的阳极功率 P_a 给定时,脉冲重复频率为

$$f_r \leqslant \frac{2P_a}{C_0 E_0^2} \qquad (2-4-2)$$

(4)浮动板调制器输出的脉冲波形可以做得很好,脉冲顶部降落很小。

(5)开启管和截尾管都处于高电位,故增加了对它们激励的困难。必须采用可靠的高压隔离方法将开启管的前、后沿触发脉冲以及截尾管的后截止脉冲分别耦合到开启管和截尾管的栅极。常用的方法有电容耦合、变压器耦合、射频耦合以及光电耦合,其中以光电耦合性能较好,用得也较多。

(三)浮动板调制器的开关器件

浮动板调制器是调制管阴极不接地的刚性开关调制器,其开关管与刚管调制器的开关管相同,只是所需的工作电压较低,脉冲电流要小得多。近年来较多采用固态开关(晶体开关三极管或场效应开关管等)及开关组件(IGBT),以降低电路的复杂性和提高电路的可靠性。

正负偏置电压超过 1000V 量级的高压浮动板调制器,其开关管采用真空三极管、四极管。正负偏置电压在 1000V 左右的中压浮动板调制器,开关管可采用多个固态管串联,也可以采用 IGBT 开关组件。正负偏置电压在 1000V 以内的低压浮动板调制器,则可选用耐压大于 1000V 的晶体开关管或场效应开关管。

(四)常用的浮动板调制器

近年来,常用的浮动板调制器有单开关型、双开关型和多开关组合型浮动板调制器。虽然多开关型适用于中、高压浮动板调制器,但是因为开关管较多、驱动控制复杂、要求时间关系很严格,因此在高压浮动板调制器中应慎用,以免影响可靠性。下面主要讲述单开关型和双开关型浮动板调制器。

图2-4-5示出了单开关栅极调制型浮动板调制器框图,它主要由正/负偏置电源、单开关管 VT$_1$、驱动放大器和下拉电阻 R 组成。在静止期间,负偏置电压通过电阻 R 加在微波管的栅极和阴极之间,使微波管电子注电流截止;在工作期间,激励脉冲通过光电隔离器传送并开启驱动放大器,开关管 VT$_1$ 导通,将正偏置电压加至微波管栅极上,微波管开始工作;当激励脉冲结束后,通过下拉电阻 R 再次将负偏置电压接至微波管栅极,恢复电子注电流截止状态。这种调制器的优点是只用一个开关管,要求开关管的功耗也较小、电路简单、可靠性较高。不足之处是微波管栅极靠电阻 R 自动下拉到负偏置电源电压,考虑到 R 与栅极分布电容 C$_g$ 的充电过程,使调制脉冲的后沿时间较长。

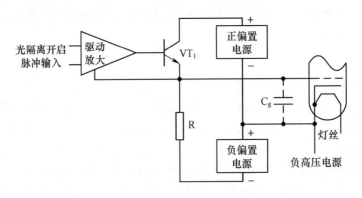

图 2-4-5 单开关栅极调制型浮动板调制器框图

另外有一种单开关型浮动板调制器,它将开关管直接串联在微波管阴极回路中,直接控制电子注电流的通断,因此又叫做单开关阴极调制型浮动板调制器,如图 2-4-6 所示。激励脉冲经过驱动放大器开启开关管 VT$_1$,使其导通微波管发射电子注电流,开始工作。开关管断开时,靠集电极间的分布电容 C$_g$ 充电形成的负偏压(该负电压还须大于微波管的截止偏压)自动关断电子注电流,因此可以缩短脉冲后沿时间,而且还可以省去一个负偏置电源。由于开关管 VT$_1$ 导通时要流过微波管总的电子注电流,因此功耗较大,调制波形的上升沿也略大于图 2-4-5 所示电路的值。还要说明一下,在微波管加高压的过程中,由于调制开关管两端的电压尚未完全形成,微波管无足够的负偏压产生电子注电流(当负偏压过低时,电子注电流有散焦效应),因此需要注意缩短和调整高压形成的时间。

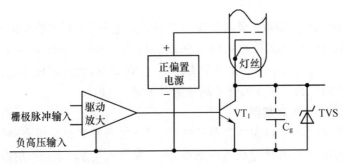

图 2-4-6 单开关阴极调制型浮动板调制器框图

双开关栅极调制型浮动板调制器电路框图如图 2-4-7 所示,主要由正偏置开关管 VT_1、负偏置开关管 VT_2、正负偏置电源、光隔离驱动电路、偏置电阻 R_1 和限流电阻 R_2 等部分组成。

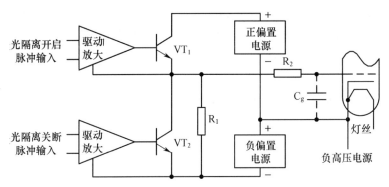

图 2-4-7　双开关栅极调制型浮动板调制器框图

图中,VT_1 为开启管,VT_2 为截尾管。平时负偏压由 R_1 加到微波管的栅极,VT_1 和 VT_2 截止。激励脉冲开始时,VT_1 导通,正偏压通过 VT_1 和限流电阻 R_2 加在微波栅极和阴极之间,微波管开始工作。在调制脉冲后沿开始时,VT_1 断开、VT_2 导通并通过 R_2 使分布电容 C_g 放电,负偏压加在微波管的栅极,微波管的电子注电流截止。图 2-4-7 所示的双开关浮动板调制器是最常用的一种浮动板调制器,调制脉冲的前、后沿分别由每个开关管控制,因而克服了单开关型浮动板调制器带来的调制脉冲前沿、后沿较差的问题。顺便讲一下,双开关型浮动板调制器除了需要两个开关管和正、负偏置电源外,还需要两组驱动放大器和两组驱动放大器电源(图中未画出),而且还需要慎重考虑它们之间的高压电位隔离和保护问题。

脉冲调制器在实际应用中,需要综合考虑各种因素,进行折中选择。一般来说,应考虑如下几点:

(1)大功率刚管脉冲调制器和线型脉冲调制器广泛应用于大功率阴极调制微波管。例如,各种大功率阴极调制的 O 型管和 M 型管。

(2)线型脉冲调制器主要用于电压高、功率大、波形要求不太严格而且脉冲宽度不变的线性电子注阴极调制微波管。

(3)浮动板调制器具有输出波形好、功率较小、电压较低、波形变化灵活(脉冲宽度和重复频率等)的优点,广泛应用于具有调制阴极、栅极、聚焦电极和控制电极的 O 型微波管和直流应用的前向波管等。

复习题与思考题

1. 描述航空雷达发射机的任务和分类。

2. 比较单级振荡式发射机与主振放大式发射机在系统组成、工作原理和技术性能等方面的不同特点。

3. 现代航空雷达对发射机有哪些主要要求？如何满足这些要求？

4. 讲述行波管的工作原理并分析其性能特点。

5. 说明全固态雷达发射机的组成和功率合成方法。

6. 对机载预警雷达而言，比较采用固态发射机、速调管发射机的优缺点。

7. 如果在有源口径的相控阵雷达中有10%的组件坏了,发射机功率将降低多少？最大辐射功率密度降低多少？雷达作用距离降低多少？

8. 比较线型脉冲调制器、刚管脉冲调制器的工作特点。

9. 分析浮动板调制器的工作原理和特点。

第三章　航空雷达接收机

接收机是雷达系统中对回波信号进行处理的基本组成部分。本章首先概述雷达接收机的基本原理,然后重点讲述现代全相参体制机载雷达接收机的组成及各部分的工作原理,并讨论雷达接收机的主要技术参数。

雷达接收机是雷达系统的重要组成部分,它的主要功能是对雷达天线接收到的微弱信号进行预选、放大、变频、滤波、解调和数字化处理,同时抑制外部的干扰、杂波以及机内噪声,使回波信号尽可能多地保持目标信息,以便进一步进行信号处理和数据处理。

现代雷达系统对雷达接收机的基本要求是低噪声、大动态、高稳定性和较强的抗干扰能力。随着雷达技术的不断进步和发展,目前雷达接收机发展的重要方向是微电子化、模块化、数字化和数字化接收机。为了满足雷达系统和电子战一体化的需要,宽带雷达接收机、超宽带雷达接收机和软件雷达接收机已成为重要的研究课题。

第一节　雷达接收机的基本原理

一、雷达接收机的作用

雷达接收机的主要作用是放大和处理雷达发射后反射回来的所需要的回波信号,并以有用的回波和无用的干扰之间获得最大鉴别率的方式对回波进行滤波。干扰不仅包含雷达接收机自身产生的噪声,而且包含从银河系、邻近的雷达或通信设备以及可能的干扰台接收到的电磁能,以及雷达本身辐射的电磁能被无用的目标(如建筑物、山、森林、云、雨、鸟群、金属箔条等)所反射的部分。对于不同用途的雷达,有用回波和杂波是相对的。一般雷达探测的飞机、船只、地面车辆和人员所反射的回波是有用信号,地面、海面、云雨、鸟群等反射的回波为杂波,干扰是指各种有源干扰和无源干扰等,然而对于气象雷达而言,云、雨则是有用信号。

雷达接收机一般是通过预选、放大、变频、滤波、解调和数字化处理等方法,使目标反射回的微弱射频回波信号变成有足够幅度的视频信号或数字信号,以满足信号处理和数据处理的需要。

二、雷达接收机的基本工作原理

迄今为止,雷达系统一般都采用超外差式接收机。图 3 - 1 - 1 给出了超外差式雷达接收机的原理框图。图中示出了超外差式雷达接收机的基本工作原理和各种功能,实际应用的雷达接收机并不一定包括图中的全部内容。然而为了保证雷达系统更高的性能要求,实际的雷达接收机可能更为复杂。例如,为了保证接收机在宽带工作,通常需要采用二次变频方案;为了保证接收机的频率稳定度和宽带频率捷变,稳定本机振荡器应采用高

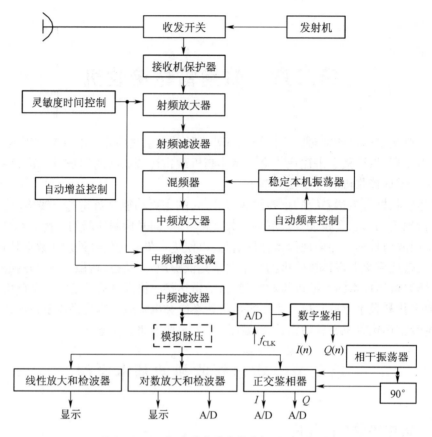

图 3 - 1 - 1　超外差式雷达接收机原理方框图

性能的频率合成器等。

从天线进入接收机的微弱信号,通过接收机保护器后由射频低噪声放大器进行放大。射频滤波器的作用是抑制进入接收机的外部干扰,有时也称为预选器。对于不同频段的雷达接收机,射频滤波器有可能放在射频放大器之前或之后。射频滤波器置于放大器之前,对雷达接收机抗干扰和抗过载能力有好处,但是滤波器的插入损耗增加了接收机的噪声。滤波器放置在低噪声放大器之后,对接收机的灵敏度和噪声系数有好处,但是抗干扰能力和抗过载能力将变差。

混频器将射频信号变换成中频信号,中频放大器的成本比射频放大器低,它的增益高、稳定性好,而且容易实现信号的匹配滤波。对于不同频率和不同频带的接收机,都可以通过变换本振频率,形成固定中频和带宽的中频信号。

本机振荡器(简称本振 LO)是雷达接收机的重要组成部分。在非相参雷达中,本振是一个自由振荡器,通过自动频率控制(AFC)电路将本振的频率 f_L 自动调谐到接收射频信号所要求的频率上($f_L = f_s - f_I$,或者 $f_L = f_s + f_I$,这里,f_s 为信号频率,f_I 为中频频率),所以有时也称为“自动频率微调”或者简称为“自频调”。自频调电路首先通过搜索和跟踪,测定发射信号频率 f_s,然后把本振频率 f_L 调谐到比发射信号频率高(或低)一个中频的频率上,以保证经过混频之后使回波信号能变换到接收机的中频带宽之内。在相参接收机(有时也称为相干接收机)中,稳定本机振荡器(STALO)频率与发射信号频率是相参的。

在现代雷达接收机中,稳定本振频率、发射信号频率、相干振荡器(COHO)频率和全机时钟频率都是通过频率合成器产生的。频率合成器是以一个高稳定晶体振荡器为基准的,所产生的上述各种频率之间有确定的相位关系,因此,采用频率合成器的雷达又称为全相参雷达。当然,全相参雷达就不需要自频调电路了。

灵敏时间控制(STC)和自动增益控制(AGC)是雷达接收机抗过载、扩展动态范围和保持接收机增益稳定的重要措施。STC 也称为近程增益控制,它是某些探测雷达使用的一种随作用距离减小而降低接收机灵敏度(增大衰减或损耗)的技术。基本原理是将接收机的增益作为时间(或对应的距离)的函数来实现控制。当发射信号后,按照大约 R^{-4} 的规律使接收机的增益随时间而增加,或者说使增益衰减器的衰减随时间增加而减小。STC 的副作用是降低了接收机在近距离的灵敏度,从而降低了在近距离检测小目标的能力。灵敏时间控制可以在射频或中频实现,通常表示为 RFSTC 或 IFSTC。根据接收机总动态范围和灵敏度的要求,RFSTC 可放置在射频放大器之前或之后。AGC 是一种增益反馈技术,它用来调整接收机的增益,以保证接收机在适当的增益范围内工作。AGC 对保持接收机在宽温度和宽频带范围中稳定工作具有重要作用。还需要指出,对于现代多波束雷达的多路接收机系统,AGC 还有保持多路接收机增益平衡的作用,因此又可称为自动增益平衡(AGB)。

混频后的中频信号通常需要经过几级中频放大器来放大。在中频放大器中,还需要插入中频滤波器和中频增益控制电路。大多数情况下,混频器和第一中频放大器电路组成一个部件,通常称为"前置中放",以使混频器的性能更好。前置中放后面的中频放大电路又称为"主中放"。对于 P、L、S、C 和 X 频段的雷达接收机,典型的中频频率范围在 30MHz ~ 1000MHz 之间,从器件成本、增益、动态范围、稳定性、失真度和选择性等因素考虑,选择低一些的中频更为有利。为了适应接收机在宽带工作,以迅速发展的成像雷达技术,需要使用更高的中频、较宽的中频带宽和二次变频工作方式,选择性和匹配滤波器性能则要靠正确选择第一中频和第二中频频率及采用的滤波方法来实现。

中频信号放大之后,可采用如图 3 - 1 - 1 所示的几种方法来处理中频信号。对于非相参检测,可采用线性放大器和检波器为显示器或检测电路提供视频信息。在要求大的瞬时动态范围时,需要采用对数放大器和检波器,对数放大器可以提供 80dB ~ 90dB 的有效动态范围。对于大时宽大带宽积的线性、非线性调频信号,可以用模拟脉冲压缩器件来实现匹配滤波,简称为模拟脉压。如果是数字脉压,则要放置在信号处理系统中完成。对于相干处理,一种方法是中频信号通过一个正交相位检波器来产生同相基带信号 $I(t)$ 和正交基带信号 $Q(t)$,而正交的相干振荡信号可以由相干振荡器产生。另一种方法是中频直接采样技术,来自频率合成器的时钟频率 f_{CLK} 送至 A/D 转换器进行中频采样,经过数字鉴相器进行 I/Q 分离后直接输出同相数字信号 $I(n)$ 和正交数字信号 $Q(n)$,通常把这种中频直接采样和数字鉴相称为数字下变频。

在常规雷达中,经过中频放大以后处理的视频信号、基带信号 $I(t)$ 和 $Q(t)$ 还需要通过 A/D 转换器进行采样后转换为数字信号,再送至信号处理和数据处理系统进行处理。在现代雷达中,对中频信号直接进行 A/D 采样后再进行 I/Q 数字鉴相的接收机称为数字接收机,目前已普遍应用于各种全相参雷达系统中。

第二节　航空雷达接收机的组成

全相参雷达接收机的基本组成可分为接收机前端、中频接收机和频率源等三部分,如图 3-2-1 所示。

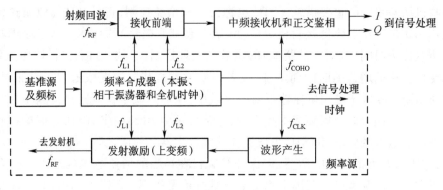

图 3-2-1　雷达接收系统方框图

一、接收前端

接收前端是雷达接收机的高频部分,主要由收发(T/R)开关、接收机保护器、高频放大器、混频器和前置中频放大器等部分组成。图 3-2-2 示出了一次变频的接收机高频部分,因为这些高频部件位于接收机的前端,所以通常简称为接收前端。

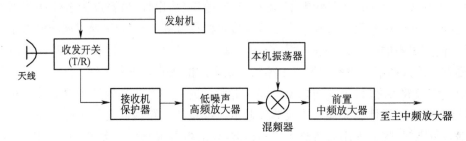

图 3-2-2　一次变频的接收机高频部分

(一)收发开关和接收机保护器

通常,机载雷达发射和接收是共用一个天线的,为了保证雷达正常工作,必须有一个器件把接收机、发射机和天线相接,并在时间上分开。在发射时,收发开关与发射机接通,并与接收机断开,以免高功率射频信号烧毁接收机高频放大器或混频器;在接收时,天线与接收机接通,并与发射机断开。

要完成上述功能,可以采用环形器作为天线的收发转换开关,即利用环形器的单向传输特性把输入(发射)和输出(接收)分开。除此之外,还可以采用电气转换开关。这种 T/R 开关有两种:一种是靠发射脉冲本身强大的功率,使开关与发射机接通,称为自主式开关,例如火花放电器;另一种是由外加电压控制其通断,称为他动式开关,例如 PIN 管开关和铁氧体开关。

由于放电管 T/R 开关是利用发射信号的功率使放电管点火形成短路的,因而存在下列缺点:

(1) 放电时间不稳定,这就影响了整个雷达系统的稳定性,对具有动目标检测功能的雷达而言是很有害的。

(2) 启动和熄灭时间长。

(3) 要维持点火,仍需要一定的高频电压,从而使得短路效果不好,泄漏功率较大。

(4) 工作可靠性差。

正因为存在上述缺点,目前在要求较高的雷达中多采用他动式开关。大功率铁氧体环行器具有结构紧凑,承受功率大,插入损耗小(典型值为 0.5dB)和使用寿命长等优点,但它的发射端和接收端之间的隔离度约为 20dB ~ 30dB。一般来说,接收机与发射机之间的隔离度要求为 60dB ~ 80dB,所以在环行器与接收机之间必须加上由 TR 管和限幅二极管组成的接收机保护器,如图 3 – 2 – 3 所示。

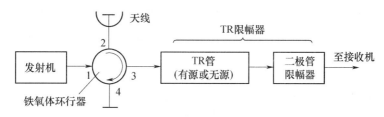

图 3 – 2 – 3　环行器和接收机保护器

由于 PIN 管的插入损耗小、体积小而且容易控制,所以它是接收机开关和限幅器等最常用的器件。PIN 管是由高掺杂的 P 层和 N 层以及夹于其间的 I 层构成。PIN 二极管处于反偏置时,形成高阻状态;处于正偏置时,接近于短路状态。PIN 二极管的"开态"和"关态"可有效地用作微波开关。限幅器(这里指无源限幅器)是一种自控衰减器,在不外加偏置的情况下,靠 PIN 自身的自偏作用可对泄漏信号大于门限值的任何射频信号(与雷达工作同步的和非同步的)进行衰减,以保护接收机正常工作。

(二) 高频低噪声放大器

为了提高接收机灵敏度,通常在接收前端采用高频放大器进行信号放大,一般不超过 2 级 ~ 3 级。之所以能够提高接收机的灵敏度,是由于高频放大器的噪声系数比后面各级的噪声系数小得多,并且具有足够大的额定功率放大倍数,额定功率增益为 20dB 左右。若增益太大,高频放大器制作困难,而且对灵敏度的改善也不大。对高频放大器的主要要求如下:

(1) 噪声系数要小。

(2) 功率增益达到一定数值,一般为 20dB(即 100 倍)左右即可。

(3) 工作稳定可靠。

(4) 有一定的通频带,以便不失真地放大高频脉冲信号。

根据不同工作频段,高频放大器有不同型式的器件和电路。在微波频段,采用的器件有微波晶体管、行波管、变容二极管、隧道二极管、体效应管及脉泽(量子放大器)等,而选用回路则采用分布参数元件。

当前,微波砷化镓场效应低噪声放大器(GaAs FETA)已被广泛应用在各种雷达接收机中。GaAs FETA 具有低噪声、大动态范围和稳定好的优点。近年来采用成熟的网络理论进行匹配网络设计以及采用先进的 CAD 技术以后,使 GaAs FETA 已实现在 20% 相对带宽稳定工作,甚至在倍频程、多倍频程带宽也能获得优良的性能。由于场效应管(FET)特别适合在 GaAs 衬底上实现单片集成电路(MMIC),GaAs FETA 也被广泛应用于相控阵雷达的标准化 T/R 模块中。

自 20 世纪 90 年代,在 GaAs FET 的基础上,出现了高电子迁移率场效应管(HEMT),也称为异质结构效应管(HFET)。与 GaAs FET 相比,HEMT 的噪声系数更低,增益和工作频率更高,它将成为微波和毫米波频段首选的低噪声放大器。现在普遍认为,现代雷达接收机的低噪声和高增益问题由于 GaAs FET 和 HEMT 的出现已基本得到解决。

(三)混频器

在超外差式雷达接收机中,应用混频器使输入回波信号与本振信号相差拍,将高频信号变频为中频信号再进行处理,这是超外差式接收机的显著优点。因为经过变频(变频分上变频和下变频,下变频一般称为混频),一是信号频率降低,二是将一个宽频率范围的回波信号经过相应的宽频带本振变成了仅具有信号带宽的中频固定信号,这样就大大降低了回波处理的难度。

1. 混频器的变频分析

混频器用于把低功率的信号同高功率的本振信号在非线性器件中混频后,将低功率信号频率变换成中频输出。同时,非线性混频的过程将产生许多寄生的高次分量,这些寄生响应将影响非相参雷达和相参雷达对目标的检测性能,而对相参雷达的检测性能影响更为严重。例如,混频器的寄生响应会使脉冲多普勒雷达的测距和测速精度下降,使动目标显示雷达对地物杂波的相消性能变坏,使高分辨脉冲压缩系统输出的压缩脉冲的副瓣电平增大。

混频器的变频过程可以用幂级数表示为

$$I = f(V) = a_0 + a_1 V + a_2 V^2 + a_3 V^3 + \cdots + a_n V^n \qquad (3-2-1)$$

式中:I、V 分别表示器件的电流和电压。

对混频器来说,所加的电压是由射频信号 $V_R \sin\omega_R t$ 和本振信号 $V_L \sin\omega_L t$ 组成,即

$$V(t) = V_R \sin\omega_R t + V_L \sin\omega_L t \qquad (3-2-2)$$

式中:ω_R、ω_L 分别表示射频信号和本振信号的角频率。

将式(3-2-2)代入式(3-2-1)可得

$$I = a_0 + a_1(V_R \sin\omega_R t + V_L \sin\omega_L t) + a_2(V_R \sin\omega_R t + V_L \sin\omega_L t)^2 + \cdots +$$
$$a_n(V_R \sin\omega_R t + V_L \sin\omega_L t)^n \qquad (3-2-3)$$

其中

$$a_2 V^2 = a_2 V_R^2 \sin^2\omega_R t + a_2 V_L^2 \sin^2\omega_L t +$$
$$a_2 V_R V_L \cos(\omega_R - \omega_L)t - a_2 V_R V_L \cos(\omega_R + \omega_L)t \qquad (3-2-4)$$

式(3-2-4)中,$\omega_R - \omega_L$ 是所需要的频率(也可以是 $\omega_L - \omega_R$,这要视本振频率和回波频率的高低而定)。

虽然混频器是非线性器件,但从输入输出信号来讲,混频过程常被认为是线性过程,输入信号所包含的信息在输出信号中未变,只是发生了载频的移动,由射频 ω_R 移到了中

频 $\omega_{IF} = \omega_R - \omega_L$。

从式（3-2-3）可以看出，混频器除了所需要的频率外，还有许多其他的频率组合分量，称它们为虚假信号或寄生信号。一般表示为 $m\omega_R \pm n\omega_L$，其中，m、n 为正整数。

2. 常用的混频器

混频器的种类较多，在混频器中必须有射频、本振和中频信号与非线性器件的耦合装置，为每个信号提供独立且相互隔离的端口；此外，所有不希望的响应都应该使用滤波、移相或抑制的方法从输出端出去。常用的混频器有平衡混频器、镜像抑制混频器和双平衡混频器。

1）平衡混频器

平衡混频器是比较常用的一种混频器。图 3-2-4 给出了平衡混频器的原理示意图。平衡混频器可以看做输出相位差 180° 的两个单端混频器的并联，其主要优点为：减小了寄生信号；抵消了中频输出的直流分量；提高了本振和信号的隔离度，即减小了信号损失；能有效抑制本振引入的调幅噪声以及抑制高频信号和本振二者的偶次谐波，从而改善了混频器的噪声系数。

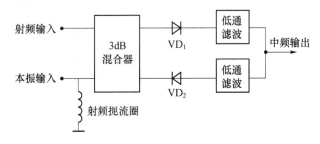

图 3-2-4　平衡混频器原理示意图

本振信号从端口输入后，由 3dB 混合器的两个共轭端口输出，这两个本振输出电压大小相等、相位相差 90°。射频信号输入后也输出大小相等、相位相差 90° 的两个信号。对二极管 VD_1 所在支路的信号与本振为

$$V_1 = V_R\cos\omega_R t + V_L\cos(\omega_L t - 90°) \tag{3-2-5}$$

VD_1 支路的中频信号为

$$I_1 = a_2 V_R V_L\cos[\omega_R t - (\omega_L t - 90°)] = a_2 V_R V_L\cos(\omega_{IF} t + 90°) \tag{3-2-6}$$

VD_2 所在支路的信号与本振为

$$V_2 = V_R\cos(\omega_R t - 90°) + V_L\cos\omega_L t \tag{3-2-7}$$

VD_2 支路的中频信号为

$$I_2 = a_2 V_R V_L\cos[(\omega_R t - 90°) - \omega_L t] = a_2 V_R V_L\cos(\omega_{IF} t - 90°) \tag{3-2-8}$$

可见，两个相差 180° 的中频信号，其中一个经反向二极管导向后，在中频输出端刚好相加。对于给定的中频 ω_I，高于或低于本振的射频信号 $\omega_L + \omega_I$ 或 $\omega_L - \omega_I$ 都能产生中频输出。如果其中之一被认为是所要求的信号频率，则另一个被称为镜像频率。如果中频足够高，而射频带宽又相对较窄，以至于信号和镜像频率的频谱带宽不相混叠（雷达接收

机中采用二次变频来提高中频频率就是为了使信号与镜像频率的频谱带宽不相混叠），此时可用适当的滤波器滤除镜像响应。

对于倍频程的带宽，就不能用滤波方法抑制中频。平衡混频器属于窄带混频器，当信号带宽为 10% ~ 20% 时，如果接收机采用一次变频（如中频为 30MHz 或 60MHz），此时镜像频率和信号频率混叠，将使混频器噪声系数增大，这时需要采用镜像抑制混频器。

2）镜像抑制混频器

图 3 - 2 - 5 示出了镜像抑制混频器的原理示意图。混频器包括两个平衡混频器、一个射频正交耦合器、一个同相功率分配器和一个 3dB 中频正交耦合器。

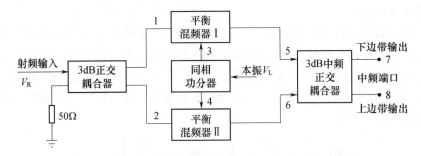

图 3 - 2 - 5　镜像抑制混频器原理示意图

输入的高频信号 V_R 经 3dB 正交耦合器后，在端口 1、2 得到等幅、相差 90° 的信号电压 V_{R1}、V_{R2} 分别加至两个混频器；该电压与本振端口来的经同相功分器平分的本振电压 V_{L1}、V_{L2} 分别作用于混频器 I 和 II。则在两个混频器的中频输出端 5、6 上产生两个大小相近、相位正交的中频电流 I_{IF1}、I_{IF2}，这两个中频信号再经 3dB 正交耦合器就形成中频输出。根据平衡混频器的结论可知

$$I_{IF1} = a_2 V_R V_L \cos(\omega_R - \omega_L) t \tag{3 - 2 - 9}$$

$$I_{IF2} = a_2 V_R V_L \cos[(\omega_R - \omega_L) t - 90°] \tag{3 - 2 - 10}$$

结果在端口 7 上的中频输出为 0，端口 8 上的中频输出为

$$I_{IF8} = \frac{1}{\sqrt{2}} I_{IF1}(-90°) + \frac{1}{\sqrt{2}} I_{IF2} = \sqrt{2} a_2 V_R V_L \cos[(\omega_R - \omega_L) t - 90°]$$

$$\tag{3 - 2 - 11}$$

当 $\omega_L > \omega_R$ 时，同理得端口 8 上的中频输出为 0，端口 7 上的中频输出为

$$I_{IF7} = \sqrt{2} a_2 V_R V_L \cos(\omega_L - \omega_R) t \tag{3 - 2 - 12}$$

由此可见，只需根据 $\omega_L > \omega_R$ 或 $\omega_L < \omega_R$，适当选择端口 7 或 8，就可得到所需的信号边带，而抑制镜像干扰边带。镜像抑制混频器具有噪声系数较低，动态范围大，抗烧毁能力强和成本低等优点，在 0.5GHz ~ 20GHz 频率范围内，噪声系数为 4dB ~ 6dB。进一步采用先进的计算机辅助设计，采用高品质因数低分布电容的肖特基二极管和超低噪声系数（$F_i \le 1dB$）的中频放大器，在 1GHz ~ 100GHz 频率范围，可以将噪声系数降至 3dB 左右。

3）双平衡混频器

平衡混频器和镜像抑制混频器均属于窄带混频器。因为这些混频器电路均采用与频率有关的功率混合电路和高、低频旁路电感，即使降低混频器的一些性能，也难以获得倍

频程以上的工作带宽。图 3 - 2 - 6 为双平衡混频器的原理示意图,它的工作带宽可达数个倍频程,而且具有较低的噪声系数,所以是目前各种雷达接收机普遍采用的一种混频器。

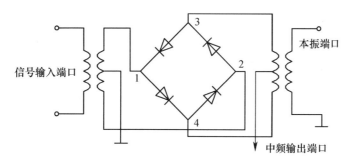

图 3 - 2 - 6　双平衡混频器原理示意图

双平衡混频器采用一个二极管电桥和两个平衡—不平衡变换器(又称为"巴伦"),这种电路结构相当于两个交替工作的单平衡混频器。如果 4 个混频二极管特性一致,且两边的平衡—不平衡变换器也对称平衡,则信号和本振端口会有很好的隔离,同时二极管桥又为二极管提供了高、低频直流通道,因此双平衡混频器的工作带宽可达多个倍频程。如果只考虑混频器的二次方项,分析可得总的中频输出电流为

$$I_{\mathrm{T}} = 4a_2 V_{\mathrm{R}} V_{\mathrm{L}} \cos(\omega_{\mathrm{R}} - \omega_{\mathrm{L}})t \qquad (3 - 2 - 13)$$

双平衡混频器是镜像匹配混频器,它没有抑制和回收镜频干扰的功能,尽管如此,它还是得到了最广泛的应用。

在现代雷达中,对某些有特殊要求的接收机,没有低噪声高频放大器而直接用混频器作为接收机的前端。为了保证接收系统有较低的噪声系数,一般应优选双平衡混频器或镜像抑制混频器。然而在大多数现代雷达接收机中,都有高增益的低噪声高频放大器,此时混频器的变频损耗(或噪声系数)对接收机系统的噪声系数影响很小。

二、中频接收机

中频接收机包括线性中频放大器、对数中频放大器、匹配滤波器、中频增益控制电路、正交相位检波器、视频放大器、A/D 转换器及抗干扰电路等。

中频接收机的组成如图 3 - 2 - 7 所示。图 3 - 2 - 7(a)是近年来雷达中频接收机最常用的组成框图,其中,"零中频"是正交相位检波的另一名称,"宽限窄"是宽带限幅放大、窄带滤波的意思,关于"零中频"和"宽限窄"的具体内容将在第六章的第一节和第八节进行详细讨论。声表面波(SAW)脉冲压缩滤波器是目前常用的模拟脉冲压缩电路,表声脉压输出的一路送至对数放大检波,通常对数放大器具有 80dB ~ 90dB 的动态范围;另一路经过可编程数控衰减器后,送至零中频鉴相器,参考信号由相干振荡器(COHO)提供。随着数字技术和数字信号处理(DSP)芯片的不断发展,现代雷达大多数都采用数字脉压技术来实现脉冲压缩,数字脉压的优点是精度高,能进行波形捷变,而波形捷变则是现代雷达抗干扰的重要措施。

图 3 - 2 - 7(b)是中频直接采样接收机组成图,它直接用 A/D 转换器对中频信号进

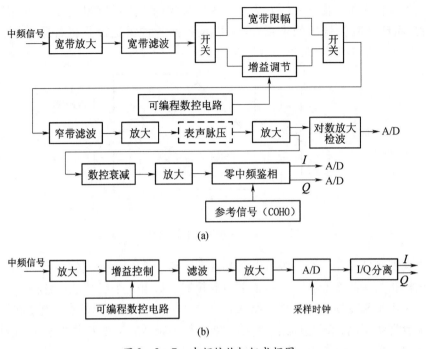

图 3 – 2 – 7　中频接收机组成框图

(a) 具有"宽限窄"和"零中频"的中频接收机;(b) 中频直接采样接收机。

行采样,然后进行 I/Q 分离,输出为同相数字信号 $I(n)$ 和正交数字信号 $Q(n)$,并将其送至数字信号处理器。随着数字技术的迅速发展,采用中频直接采样方案的接收机越来越多,这种方案的优点是 I/Q 的正交度和幅度平衡度可以做得很高。此外,随着 A/D 转换器位数的不断增加(如 14 位 ~ 16 位),可以使接收机的瞬时动态范围不断提高。

三、频率源

在早期的雷达接收机中,本机振荡器和相干振荡器分别是具有一定频率稳定度的高频和中频振荡器。在现代雷达接收机中,本振及相干振荡器通常是采用具有高稳定性和宽频率范围的频率源来完成的。此外,发射机的激励信号、雷达系统的各种定时信号以及能输出复杂调制波形的波形产生器也由频率源来完成。虽然发射激励和波形产生器是发射机的组成部分,但由于它们的电路产生方式都是由小信号模拟电路以及数字电路来实现的,所以在现代雷达中把它们归属在接收机中。因此,接收系统的频率源已成为雷达系统和接收机十分重要的关键技术之一。

如图 3 – 2 – 1 中虚线框部分所示,频率源主要由基准源、频率合成器、波形产生器和发射激励等组成。f_{L1}、f_{L2} 分别为一本振频率、二本振频率;f_{COHO} 为相干振荡频率;f_{CLK} 为时钟频率;发射激励为上变频和预放大器;接收机前端为具有低噪声放大和二次变频的下变频器。从图中看出,只要波形产生器产生的波形频率与中频频率一致,发射机频率和接收机的频率是完全同步的。

近年来,迅速发展的微波固态频率源的频率稳定度和低噪声性能有很大提高。目前,在雷达接收机频率源中最广泛应用的有直接频率合成、间接频率合成和直接数字频率合成技术。

（一）直接频率合成器

直接频率合成器是出现最早也是应用较多的一种频率合成器。这种频率合成器原理简单,性能很好。它只用一个高稳定的晶体参考频率源,所需的各种频率信号都是由它经过分频、混频和倍频后获得的,因而这种频率合成器输出各种信号频率的稳定度和精度与参考源一致,所产生的各种信号之间有确定的相位关系。

图 3-2-8 为典型的直接频率合成器原理框图,它由基准频率振荡器、谐波产生器、倍频器、分频器、上变频发射激励和控制器等部分组成。图中,基准频率振荡器输出的基准频率为 F。在这里,稳定本振频率 $f_L = N_i F$;相参振荡器频率 $f_c = MF$;触发脉冲频率 $f_r = F/n$;发射信号频率 $f_0 = (N_i F + MF)$。因为这些频率均为基准频率 F 经过倍频、分频及混频器合成而产生的,它们之间有确定的相位关系,因此是一个全相参系统。

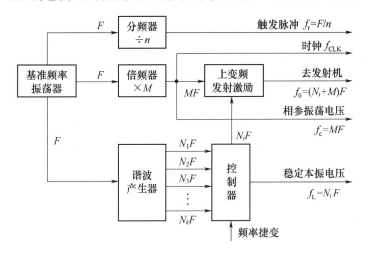

图 3-2-8 直接频率合成器原理框图

图 3-2-8 中所采用的频率合成技术适用于频率捷变雷达。基准信号频率 F 经过谐波产生器,就可以得到 $N_1 F$、$N_2 F$、$\cdots$、$N_k F$ 等不同的频率。在控制器送来的频率捷变码的作用下,射频信号的载频 f_0 可以在 $(N_1 + M)F$、$(N_2 + M)F$、$\cdots$、$(N_k + M)F$ 之间突现快速跳变,与此同时,本振频率 f_L 也相应地在 $N_1 F$、$N_2 F$、$\cdots$、$N_k F$ 之间同步跳变。二者之间严格保持固定的差频 MF(接收机的中频频率)。

（二）间接频率合成器

间接频率合成器又称为锁相频率合成器(PLL)。从总体上看,这种频率合成器的电路较直接频率合成器简单,但种类多、工作原理和设计较为复杂。图 3-2-9 给出了锁相环基本组成框图,它主要由基准源、鉴相器(PD)、环路滤波器(LPF)和压控振荡器(VCO)组成。

从图 3-2-9 看出,鉴相器把晶体参考源信号电压 $V_i(t)$ 与 VCO 输出信号电压 $V_o(t)$ 进行相位比较,输出一个正比于两个输入信号相位差的电压 $V_d(t)$ 并加到环路滤波器上,经过抑制噪声和高频分量后,其输出 $V_c(t)$ 再加到 VCO 上控制 VCO 的频率变化,使晶体参考源信号 $V_i(t)$ 与 VCO 输出信号 $V_o(t)$ 之间的相位差逐渐减小,最后达到相位锁定。因

图 3 - 2 - 9　锁相环基本组成方框图

此,VCO 输出信号的频率稳定度主要取决于高稳定的晶振参考源。

（三）直接数字频率合成器

直接数字频率合成(Direct Digital Synthesis,DDS)是 20 世纪 70 年代后期发展起来的一种新颖的频率合成技术。这种技术主要用高速数字处理方法和 D/A 变换器来实现。直接对参考时钟正弦波进行采样和数字化处理,然后用数字计数技术完成频率合成。随着数字集成电路和微电子技术的发展,DDS 技术已经在电子系统领域中得到了越来越多的应用,目前已有各种商品化的 DDS 功能模块可供选用。

DDS 具有很多突出的优点:输出相对带宽较宽;频率分辨率高;频谱纯净;具有高稳定密集跳频特性;相位和频率调整灵活;相位噪声较低;可编程和全数字化结构;体积小、价格低、有助于提高频率合成器的性能价格比。

1. DDS 的组成和工作原理

图 3 - 2 - 10 为 DDS 的原理框图,它主要由参考频率源、相位累加器、正弦函数表(ROM)、D/A 变换器和低通滤波器等组成。

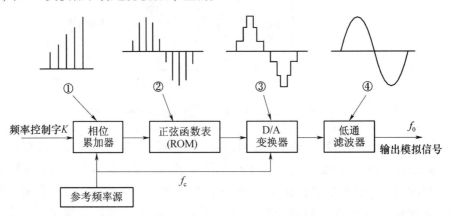

图 3 - 2 - 10　DDS 原理框图

参考频率源是一个高稳定的晶体振荡器,它产生的时钟用来同步 DDS 各组成部分。相位累加器一般由 N 位全加器和寄存器组成,它在输入的频率控制字 K 的控制下,以参考频率源的时钟频率 f_c,在 2π 周期内对相位进行采样,相位增量的大小由频率控制字 K(又称为步长)而控制,在 2π 中的采样点数为 $2^N/K$,则输出频率为

$$f_o = \frac{Kf_c}{2^N} \qquad (3 - 2 - 14)$$

显然,当步长 $K = 1$ 时,可变的最小频率间隔,即频率分辨率为

$$\Delta f = \frac{f_c}{2^N} \qquad (3 - 2 - 15)$$

在图 3-2-10 中,波形①示出了通过采样得到的离散相位数据;当用这些相位数据寻址时,正弦函数表(ROM 查找表)就把从相位累加器输出的离散的 N 位数据转变为该相位所对应的正弦幅度的数字量函数,见波形②;D/A 变换把正弦数字量转换为模拟量,输出的波形是阶梯形正弦波形,见波形③;低通滤波器滤去采样过程中的高阶频率分量和带外杂散信号,最后输出为所需频率的连续正弦波,见波形④。

图 3-2-11 示出了 DDS 中相位码和幅度码的对应关系,可用来说明 DDS 中相位/幅值变换概念。一个 N 位的相位累加器对应于相位圆上 2^N 个相位点,其中最低的相位分辨率为

$$\Phi_{\min} = \Delta\phi = \frac{2\pi}{2^N} \qquad\qquad (3-2-16)$$

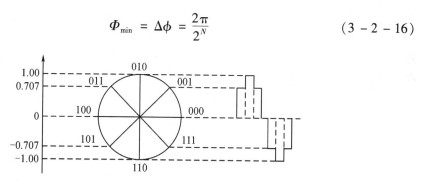

图 3-2-11　DDS 中相位码和幅度码的对应关系

图中,$N=3$,则有 8 种相位值和 8 种相对应的幅值。这些幅值数据存储于波形存储器中,在频率控制字 K 的作用下,用相位累加器给出的不同相位码作为地址来对波形存储器寻址,即可完成相位/幅值转换。

上述结果表明,当参考频率源为 f_c 时,DDS 输出信号的频率主要取决于频率控制字 K,而相位累加器的字长 N 决定了 DDS 的频率分辨率,输出频率 f_o 与频率控制字 K 成正比。但是根据采样定理,最高输出频率不得大于 $f_c/2$。为了保证输出波形相位稳定,DDS 的输出频率以小于 $f_c/3$ 为宜,N 增加时,DDS 输出频率的分辨率更好。

2. DDS 直接频率合成器

把 DDS 与模拟直接频率合成技术相结合,便可得到具有高频率分辨率的微波直接频率合成器,通常称为 DDS 直接频率合成器,它的原理框图如图 3-2-12 所示。图中的参考源频率 F 可通过倍频器 M_1 倍频到 f_c,再通过 DDS 进行合成,合成器的输出信号频率为

$$f_o = M_2 f_c + M_3 K f_c/2^N = M_1 F(M_2 + M_3 K/2^N) \qquad (3-2-17)$$

式中:$f_c = M_1 F$;K 为频率控制字字长;M_1、M_2 和 M_3 分别为倍频器 1、倍频器 2 和倍频器 3 的倍频次数。

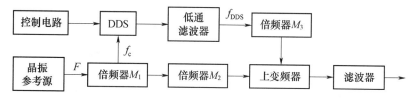

图 3-2-12　DDS 直接频率合成器的原理方框图

由此可见，合理改变 M_2、M_3 和控制字步长 K，就可以改变合成器的输出频率。通常，高稳定、低相位噪声的晶振参考源频率在 100MHz ~ 120MHz 之间，倍频器 1 的倍频次数 M_1 的选择应根据 DDS 的参考时间而定。考虑到 DDS 输出信号的杂散和相位噪声，倍频器 3 的倍频次数 M_3 一般不宜取得太高。

（四）DDS 与 PLL 相组合的频率合成器

DDS 具有较宽的频带范围、极短的捷变频时间(ns 量级)、很高的频率分辨率(mHz 量级)和优良的相位噪声性能，并可以方便地实现各种调制，是一种全数字化、高集成度、可编程的数字频率合成器。但是，DDS 作为频率合成器也有其不足之处，一是目前工作频率还比较低，二是杂散还比较严重。要使 DDS 工作在微波频段，需要和锁相频率合成器合成，对其进行频率搬移。采用 DDS 与锁相频率合成器组合的频率合成器，简称为 DDS – PLL 频率合成器，其中，PLL 的窄带跟踪特性可以克服 DDS 杂波多和输出频率低的问题，同时也解决了锁相频率合成器分辨率不高的问题。

DDS – PLL 频率合成器的原理框图如图 3 – 2 – 13 所示。它的输出频率表示为

$$f_o = MF = MKf_c/2^N \qquad (3-2-18)$$

式中：f_c 为晶体参考源输出频率；$F = Kf_c/2^N$ 为 DDS 输出频率；M 为 PLL 中分频器的分频比。

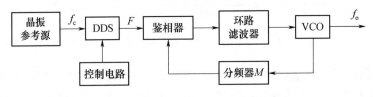

图 3 – 2 – 13　DDS – PLL 频率合成器的原理框图

从式(3 – 2 – 18)可知，合成器的分辨率取决于 DDS 的分辨率，输出带宽是 DDS 输出带宽的 M 倍。这种合成器提高了工作频率和分辨率，但是其频率变换时间较长，相位噪声也较差。

为了改善相位噪声性能，频率合成器在较低频段进行锁相，再用上变频方式把信号搬移到所需的频段。图 3 – 2 – 14 示出了改进的 DDS – PLL 原理框图。图中，在较低的 L 频段进行锁相，再用上变频方式将信号搬移到所需的频段。例如，L 频段 VCO 在偏离载频 10kHz 处相位噪声可达 – 100dBc/Hz，然后再通过倍频器和上变频器使工作频率搬移至 S ~ X 频段，其输出频率为

$$f_o = M_1F + M_2f_c = (M_1K/2^N + M_2)f_c \qquad (3-2-19)$$

式中：F 为 DDS 的输出频率，$F = f_cK/2^N$；f_c 为晶振参考源频率；K 为频率控制字；N 为相位累加器位数；M_1 为分频器的分频比；M_2 为倍频器的倍频数。

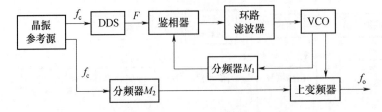

图 3 – 2 – 14　改进的 DDS – PLL 频率合成器原理方框图

这种 DDS – PLL 频率合成器已被普遍应用于多数雷达接收机频率源中。

第三节　接收机的主要技术参数

一、灵敏度和噪声系数

灵敏度表示接收机接收微弱信号的能力。接收机的灵敏度越高,能接收的信号就越微弱,因而雷达的作用距离就越远。

接收机的灵敏度通常用最小可检测信号功率 S_{imin} 表示。当接收机的输入信号功率达到 S_{imin} 时,接收机就能正常接收并在输出端检测出这一信号。当输入信号低于 S_{imin} 时,信号将被淹没在噪声干扰之中,不能可靠地检测出来。由于雷达接收机的灵敏度受噪声电平的限制,因此要提高灵敏度,就必须减小噪声电平。减小噪声电平的方法:一是抑制外部干扰;二是减小接收机噪声电平。因此,雷达接收机一般都需要采用预选器、低噪声高频放大器和匹配滤波器。

噪声系数 F 的定义:接收机输入端的信号噪声功率比(S_i/N_i)与输出端信号噪声功率比(S_o/N_o)的比值,其表达式为

$$F = \frac{S_i/N_i}{S_o/N_o} \qquad (3-3-1)$$

噪声系数是表示接收机内部噪声的一个重要质量指标。实际的 F 总是大于 1 的。如果 $F=1$,则说明接收机内部没有噪声,这时接收机就成了所谓的"理想接收机"。

接收机灵敏度 S_{imin} 与噪声系数的关系为

$$S_{imin} = kT_0 B_n FM \qquad (3-3-2)$$

式中:k 为玻耳兹曼常数,$k \approx 1.38 \times 10^{-23} \text{J/K}$;$T_0$ 为室温(17℃)下的热力学温度,$T_0 = 290\text{K}$;B_n 为系统噪声带宽;M 为识别系数,M 的取值应根据不同体制的雷达要求而定。当取 $M=1$ 时,接收机的灵敏度则称为"临界灵敏度"。

二、接收机的工作带宽和滤波特性

接收机的工作带宽表示接收机的瞬时工作频率范围。在复杂的电子对抗和干扰环境中,要求雷达发射机和接收机具有较宽的工作带宽。例如,频率捷变雷达和成像雷达要求接收机的工作频带宽度为 10% ~ 20%。接收机的工作频带宽度主要取决于高频部件(馈线系统、高频放大器和频率源等)的性能。

滤波特性是接收机的重要质量指标。接收机的滤波特性主要取决于中频频率的选择和中频部分的频率特性。中频的选择与发射信号波形的特性、接收机工作带宽及高频和中频部件的性能有关。中频的选择范围可在 30MHz ~ 4GHz 之间。对于宽频带工作的接收机应选择较高的中频。在现代雷达中大多采用二次甚至三次变频方案。当需要在第二中频增加某些信号处理功能时,如声表面波(SAW)脉冲压缩滤波器、对数放大器等,从技术实现考虑,第二中频选择在 30MHz ~ 500MHz 更为合适。

减少接收机噪声的关键是中频的滤波特性。如果中频滤波特性的带宽大于回波信号

带宽,则过多的噪声进入接收机。反之,如果所选择的带宽比信号带宽窄,则信号能量将会损失。这两种情况都会使接收机输出的信噪比减小。在白噪声(即接收机热噪声)背景下,接收机的频率特性为"匹配滤波器"时,输出的信号噪声比最大。

三、动态范围和增益

动态范围表示接收机工作时所允许的输入信号强度变化的范围。所允许的最小输入信号强度通常取最小可检测信号功率 S_{imin},而所允许的最大输入信号强度则根据正常工作的要求而定。当输入信号太强时,接收机将发生过载饱和,从而使较小的目标回波显著减小,甚至丢失。因此要求接收机具有大的动态范围,以保证信号不论强弱都能正常接收。在实际应用中,对数放大器是扩展接收机动态范围的一项重要措施。

接收机的增益表示对回波信号的放大能力,通常表示为输出信号功率与输入信号功率之比,称为功率增益。有时(如在米波或分米波)也用输出信号与输入信号的电压比表示,称为电压增益。接收机的增益应根据接收机的系统要求来确定。接收机的增益直接确定了输出信号的幅度。为了防止接收机饱和、扩展动态范围和保持接收机增益的稳定性,应增加灵敏时间控制(STC)和自动增益控制(AGC)。

四、频率源的频率稳定性和频谱纯度

频率源是接收机的一个十分重要的组成部分。这里所指的主要是频率源的本振信号。本振的频率稳定度和频谱纯度直接影响到雷达系统在强杂波中对运动目标的检测和识别能力,即雷达系统的改善因子。

雷达频率源的频率稳定度主要是短期频率稳定度,一般是 ms 量级。短期频率稳定度通常用单边带相位噪声功率密度来计量。频谱纯度主要是频率源的杂波抑制度和谐波抑制度。在机载雷达中,还需要考虑本振信号的频谱宽度,而频谱宽度是和单边带相位噪声谱密度相关的。

五、幅度和相位的稳定性

在现代雷达接收机中,接收机的幅度和相位稳定性十分重要。幅度和相位稳定性主要包括常温稳定性、宽温稳定性、宽频带稳定性及在振动平台上的稳定性等。

在单脉冲跟踪雷达中,幅度和相位的不稳定性直接影响俯仰角和方位角的测角精度;在多波束三坐标雷达及频率扫描和相位扫描三坐标雷达中,幅度和相位的不稳定性直接影响测高精度;在相控阵雷达中,收发(T/R)组件的幅度和相位误差会使相控阵天线的副瓣电平增大。

六、正交鉴相器的正交度

对于现代雷达接收机所获得的回波信号,不仅需要提取幅度信息,还需要提取相位信息。正交鉴相器分为模拟正交鉴相器(又称为"零中频"鉴相器)和数字正交鉴相器,它是同时提取回波信号的幅度信息和相位信息的有效方法。

正交鉴相器的正交度表示鉴相器保持信号幅度和相位信息的准确程度。由于鉴相器

的不正交产生的幅度误差和相位误差将导致信号失真,在频域中,幅度和相位误差将产生镜像频率,影响雷达系统的动目标改善因子;在时域中,幅度和相位失真将会使脉冲压缩信号的主副瓣比变坏。

模拟正交鉴相器的优点是可以处理较宽的基带信号,也比较简单。但是其主要缺点是难以实现 I、Q 通道良好的幅度平衡和相位正交。影响正交性的主要原因是相干振荡器输出的不正交性和视频放大器的零漂等。目前实际使用的模拟正交鉴相器模块,其 I/Q 输出幅度不平衡约为 0.5dB,相位不正交误差为 2° 左右。

数字正交鉴相器的工作原理是直接用 A/D 转换器对中频信号进行采样,然后进行 I/Q 分离。数字正交鉴相器的最大优点是全数字化处理,可以实现很高的 I/Q 幅度平衡和相位正交性,而且工作稳定性很好,它已广泛应用于现代雷达接收机中。目前,商品化的数字鉴相模块输出的字长为 12 位 ~ 14 位;I/Q 输出幅度不平衡为 0.05dB;I/Q 输出相位不平衡为 0.05°。

七、A/D 转换器的技术参数

在现代雷达中,接收机的视频或中频信号往往需要通过 A/D 转换器变换成数字信号。A/D 转换器与接收机相关的参数主要有位数(又称为比特数)、采样频率及输入信号的带宽等。与此相对应的量化噪声、信噪比以及动态范围也是 A/D 转换器的重要参数。此外,对时钟孔径的抖动及与模拟信号的接口也是选用和设计 A/D 转换器需要考虑的问题。随着数字技术的迅速发展,A/D 转换器在接收机中的作用越来越重要。

八、抗干扰能力

在现代电子战和复杂的电磁干扰环境中,抗有源干扰和无源干扰是雷达系统的重要任务之一。有源干扰为敌方施放的各种杂波干扰和邻近雷达的异步脉冲干扰,无源干扰主要指从海浪、地物、雨雪反射的杂波干扰和敌机施放的箔片干扰。这些干扰严重影响对目标的正常检测,甚至使整个雷达系统无法工作。现代雷达接收机必须具有抗各种干扰的措施。当雷达系统用频率捷变方式抗有源干扰时,接收机频率源输出的本振频率应与发射机频率同步跳变。同时接收机应有足够大的动态范围,以保证后面的信号处理有较高的处理精度。

九、频率源和发射激励性能

全相参体制雷达的波形和发射激励都是由频率源来完成的。为了提高雷达的抗干扰性能和辨别能力,要求波形产生器能够输出各种信号波形。有时一部雷达需要多种波形捷变,这时在频率源的研制中就需要认真考虑和设计波形产生器和发射激励器。

可以从频域和时域来检测波形质量和发射激励的性能。从频域角度,主要是检测波形和发射激励信号的频谱特性;从时域角度,信号的质量主要是调制信号的前沿、后沿和顶部起伏,以及调制载频的频率和相位特性。对于发射激励信号,还需要用频谱仪测量其稳定性及对应的系统改善因子。

十、微电子化、模块化和系列化

在现代有源相控阵雷达和数字波束形成(DBF)系统中,通常需要几十路、几百路、甚至成千上万路接收通道。如果采用常规的接收机工艺结构,无论在体积、重量、成本和技术实现上都有很大困难,采用高可靠、高稳定、微电子化、模块化和系列化的接收机结构,可以解决上述困难。近年来,微波集成电路的飞速发展,特别是砷化镓(GaAs)器件、微波单片集成电路(MMIC)、中频单片集成电路(IMIC)和专用集成电路(ACIC)的产品化和商品化及超宽带器件的不断出现,为雷达接收机的微电子化、模块化和系列化提供了良好的基础。

对于不同频段(如米波、P、L、S、C、X 以及 K 频段等)和各种不同用途的雷达接收机而言,除了天线结构、微波馈线结构和频率源以外,基本上都是由接收机前端、线性中放、对数中放、I/Q 正交鉴相及 A/D 转换器等基本模块组成的。一般来说,这些基本模块是各种雷达接收机通用的。将这些通用模块在结构上标准化,在性能上规范化,并根据不同用途、不同频段,推出商品化的模块系列,是现代雷达设计者面临的重要任务。

第四节 接收机的噪声系数和灵敏度

一、接收机噪声

雷达接收机噪声的来源主要分为两种,即内部噪声和外部噪声。内部噪声主要由接收机中的馈线、放电保护器、高频放大器或混频器等产生。接收机内部噪声在时间上是连续的,而振幅和相位是随机的,通常称为"起伏噪声",或简称为噪声。外部噪声是由雷达天线进入接收机的各种人为干扰、天电干扰、工业干扰、宇宙干扰和天线热噪声等,其中以天线热噪声影响最大,天线热噪声也是一种起伏噪声。

(一)电阻热噪声

电阻热噪声是由于导体中自由电子的无规则热运动形成的噪声。因为导体具有一定的温度,导体中每个自由电子的热运动方向和速度不规则地变化,因而在导体中形成了起伏噪声电流,在导体两端呈现为起伏电压。

根据奈奎斯特定律,电阻产生的起伏噪声电压均方值为

$$\overline{u_n^2} = 4kTRB_n \qquad\qquad (3-4-1)$$

式中:k 为玻耳兹曼常数;T 为电阻温度,以热力学温度(K)计量;R 为电阻的阻值;B_n 为测试设备的通带。

电阻热噪声的功率谱密度 $P(f) = 4kTR$ 是与频率无关的常数。通常把功率谱密度为常数的噪声称为"白噪声",电阻热噪声在无线电频率范围内就是白噪声的一个典型例子。

(二)天线噪声

天线噪声是外部噪声,它包括天线的热噪声和宇宙噪声,前者是由天线周围介质微粒的热运动产生的噪声,后者是由太阳及银河系产生的噪声,这种起伏噪声被天线吸收后进

入接收机就呈现为天线的热起伏噪声。天线噪声的大小用天线噪声温度 T_A 表示,其电压均方值为

$$\overline{u_{nA}^2} = 4kT_AR_AB_n \qquad (3-4-2)$$

式中:R_A 为天线等效电阻。

天线噪声温度 T_A 取决于接收天线方向图中(包括旁瓣和尾瓣)各辐射源的噪声温度,它与波瓣仰角和工作频率等因素有关,它并非真正的白噪声,但在接收机通带内可近似为白噪声。

(三) 噪声带宽

功率谱均匀的白噪声,通过具有频率选择性的接收线性系统后,输出的功率谱 $P_{no}(f)$ 就不再是均匀的了,如图 3-4-1(a) 的实曲线所示。为了分析和计算方便,通常把这个不均匀的噪声功率谱等效为在一定频带 B_n 内是均匀的功率谱。这个频带 B_n 称为"等效噪声功率谱宽度",一般简称为"噪声带宽"。因此,噪声带宽可由下式求得:

$$B_n = \frac{\int_0^\infty P_{no}(f)\mathrm{d}f}{P_{no}(f_0)} = \frac{\int_0^\infty |H(f)|^2\mathrm{d}f}{H^2(f_0)} \qquad (3-4-3)$$

式中:$H^2(f_0)$ 为线性电路在谐振频率 f_0 处的功率传输系数。

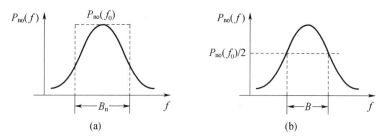

图 3-4-1　噪声带宽与信号带宽的区别
(a) 噪声带宽示意图;(b) 信号带宽示意图。

噪声带宽 B_n 一般不同于通常所说的雷达系统半功率点(3dB)频带宽度 B。噪声带宽 B_n 等效于一个具有带宽为 B_n、幅度为 $P_{no}(f_0)$ 的理想矩形滤波器,该滤波器的噪声输出功率与功率传输函数为 $P_{no}(f)$ 的滤波器的输出噪声功率相同。而3dB带宽 B 则是输出功率减小到峰值功率的1/2时,所跨越的频率范围,如图 3-4-1(b) 所示。

B_n 与信号带宽 B 一样,只由电路本身的参数决定。当电路型式和级数确定后,B_n 与 B 之间具有一定的关系。谐振电路级数越多时,B_n 就越接近于 B。在雷达接收机中,高中频谐振电路的级数较多,因此在计算和测量噪声时,通常可用信号带宽 B 直接代替噪声带宽 B_n。

二、噪声系数

噪声总是伴随着信号出现。信号与噪声的功率比值 S/N 简称为"信噪比",决定检测能力的是接收机输出端的信噪比 S_o/N_o。

内部噪声对检测信号的影响可以用接收机输入端的信噪比 S_i/N_i 通过接收机后的相对变化来衡量。如果内部噪声越大,输出信噪比减小得越多,表明接收机性能越差。通

常,用噪声系数来衡量接收机的噪声性能。

（一）噪声系数的定义

噪声系数 F 的定义为接收机输入端信号噪声比与输出端信号噪声比的比值,如式（3-3-1）表示。

噪声系数 F 有明确的物理意义:它表示由于接收机内部噪声的影响,使接收机输出端的信噪比相对其输入端的信噪比变差的倍数。

式（3-3-1）可以改写为

$$F = \frac{N_o}{N_i G_a} \tag{3-4-4}$$

式中:G_a 为接收机的额定功率增益;$N_i G_a$ 是输入端噪声通过"理想接收机"后,在输出端呈现的额定噪声功率,$N_i G_a = k T_0 B_n G_a$。

因此噪声系数的另一个定义为:实际接收机输出的额定噪声功率 N_o 与理想接收机输出的额定噪声功率 $N_i G_a$ 之比。

对于一个实际的系统,总有 $S_i/N_i \geqslant S_o/N_o$,即 $F \geqslant 1$。当用分贝数表示噪声系数时,一般它是一个大于 0dB 的数(实际上,现有技术很少能做到 $F < 0.6$dB)。

（二）噪声系数的计算

雷达接收机通常是多级放大器级联使用的,系统的噪声系数对于雷达接收机的设计中前置放大器的选取,具有极为重要的意义。下面讨论多级级联放大器的噪声系数。

一个实际的放大器,可表示为一个增益为 G、没有内部噪声的理想放大器,并在其输入端增加一个与独立噪声源 N_r,表示其内部固有的噪声影响,如图 3-4-2 所示。从外部输入到放大器的信号和噪声功率分别为 S_i 和 N_i,输出信号和噪声功率分别为 S_o 和 N_o。

当两个放大器级联时,可以有类似的模型,如图 3-4-3 所示。

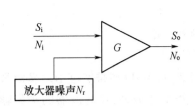

图 3-4-2　实际放大器模型图

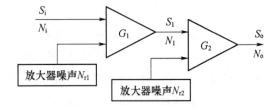

图 3-4-3　放大器级联模型图

此时,第二级放大器的输出信号功率为

$$S_o = G_2 S_1 = G_1 G_2 S_i \tag{3-4-5}$$

输出噪声功率为

$$N_o = G_2 N_1 + G_2 N_{r2} = G_1 G_2 N_i + G_1 G_2 N_{r1} + G_2 N_{r2} \tag{3-4-6}$$

根据噪声系数的定义,该级联放大器的噪声系数可表示为

$$F = \frac{S_i/N_i}{S_o/N_o} = \frac{S_i/N_i}{G_1 G_2 S_i / [\, G_1 G_2 N_i + G_1 G_2 N_{r1} + G_2 N_{r2} \,]}$$

$$= 1 + \frac{N_{r1}}{N_i} + \frac{1}{G_1} \frac{N_{r2}}{N_i} = F_1 + \frac{F_2 - 1}{G_1} \tag{3-4-7}$$

式中:F_1、F_2 分别为第一级和第二级放大器的噪声系数。

上述结论可以推广到多级级联的情况,对于 N 级系统级联,将有

$$F = F_1 + \frac{F_2 - 1}{G_1} + \frac{F_3 - 1}{G_1 G_2} + \cdots + \frac{F_N - 1}{G_1 G_2 \cdots G_{N-1}} \qquad (3-4-8)$$

式中:F_i、$G_i(i = 1, 2, \cdots, N)$ 分别为第 i 级分系统的噪声系数和增益。

这是一个非常重要的结论。为了使接收机的总噪声系数小,要求各级的噪声系数小、额定功率增益高。而各级内部噪声的影响并不相同,级数越靠前,对总噪声系数的影响越大。所以,总噪声系数主要取决于最前面几级,这就是接收机要采用高增益低噪声高频放大器的主要原因。

上述结果在有增益小于 1 的分系统(如混频器、衰减器等)时仍然成立。噪声系数只适用于检波器以前的线性电路。典型的雷达接收机高、中频电路如图 3-4-4 所示,图中列出了各级的额定功率增益和噪声系数。

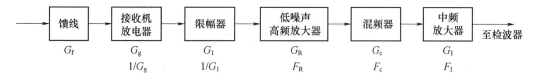

图 3-4-4 典型雷达接收机的高、中频部分

将图 3-4-4 中所列各级的额定功率增益和噪声系数代入式(3-4-8),即可求得接收机的总噪声系数为

$$F_0 = \frac{1}{G_f G_g G_1} \Big(F_R + \frac{F_c - 1}{G_R} + \frac{F_I - 1}{G_R G_c} \Big) \qquad (3-4-9)$$

一般都采用高增益($G_R \geqslant 20\text{dB}$)低噪声高频放大器(即所谓的低噪声放大器(Low Noise Amplifier,LNA),因此,式(3-4-9)可简化为

$$F_0 \approx \frac{F_R}{G_f G_g G_1} \qquad (3-4-10)$$

若不采用高频放大器,直接用混频器作为接收机的第一级,则可得

$$F_0 = \frac{t_c + F_I - 1}{G_f G_g G_1 G_c} \qquad (3-4-11)$$

式中:t_c 为混频器的噪声比,定义为混频器实际输出的中频额定噪声功率与仅由等效损耗电阻产生的噪声功率之比,则 $t_c = F_c G_c$,本振噪声的影响一般也计入在内。

三、接收机的灵敏度

接收机灵敏度表示接收机接收微弱信号的能力。要能够在噪声背景下检测信号,微弱信号的功率应大于噪声功率或可以和噪声功率相比。因此,灵敏度用接收机输入端的最小可检测信号功率 S_{imin} 来表示。在噪声背景下检测目标,接收机输出端不仅要使信号放大到足够的数值,更重要的是使其输出信号噪声比 S_o/N_o 达到所需的数值。通常,雷达终端检测信号的质量取决于信噪比。

根据接收机噪声系数 F_0 的定义,输入信号功率可表示为

$$S_i = N_i F_0 \frac{S_o}{N_o} \qquad (3-4-12)$$

式中:$N_i = kT_0 B_n$ 为接收机输入端的额定噪声功率,于是进一步得到

$$S_i = kT_0 B_n F_0 \frac{S_o}{N_o} \qquad (3-4-13)$$

为了保证雷达检测系统发现目标的质量(如在虚警概率为 10^{-6} 的条件下发现概率是 50% 或 90% 等),接收机的中频输出必须提供足够的信号噪声比,令 $S_o/N_o \geq (S_o/N_o)_{min}$ 时对应的接收机输入信号功率为最小可检测信号功率,即接收机的实际灵敏度为

$$S_{imin} = kT_0 B_n F_0 \left(\frac{S_o}{N_o} \right)_{min} \qquad (3-4-14)$$

工程中常把 $(S_o/N_o)_{min}$ 称为"识别系数",并用 M 表示,所以灵敏度又可以写成

$$S_{imin} = kT_0 B_n F_0 M \qquad (3-4-15)$$

为了提高接收机的灵敏度,即减少最小可检测信号功率 S_{imin},应做好以下几点:

(1) 尽量降低接收机的总噪声系数 F_0,所以需要采用高增益、低噪声高频放大器。

(2) 接收机中频放大器采用匹配滤波器,以便在白噪声背景下输出最大信号噪声比。

(3) 式中的识别系数 M 与所要求的检测质量、天线波瓣宽度、扫描速度、雷达脉冲重复频率及检测方法等因素均有关系。在保证整机性能的前提下,尽量减小 M 的数值。

为了比较不同接收机线性部分的噪声系数 F_0 和带宽 B_n 对灵敏度的影响,需要排除接收机以外的诸因素,通常令 $M=1$,这时接收机的灵敏度称为"临界灵敏度",其表达式为

$$S_{imin} = kT_0 B_n F_0 \qquad (3-4-16)$$

雷达接收机的灵敏度以额定功率表示,并常以相对 $1mW$ 的分贝数计算,即

$$S_{imin}(dBm) = 10\lg \frac{S_{imin}(W)}{10^{-3}} = 30 + 10\lg S_{imin} \qquad (3-4-17)$$

将 kT_0 的数值代入式(3-4-17),S_{imin} 仍取常用单位 dBm,则可得到简便计算公式为

$$S_{imin}(dBm) = -114dB + 10\lg B_n(MHz) + 10\lg F_0 \qquad (3-4-18)$$

一般超外差接收机的灵敏度为 $-90dBm \sim -110dBm$。

第五节　动态范围和增益控制

在现代雷达接收机中,大动态范围是非常重要的。通常把使接收机出现过载时的输入信号功率与最小可检测信号功率之比称为动态范围。为了防止强信号引起的过载,需要增大接收机的动态范围,这就需要对接收机进行增益控制。

一、动态范围

接收机动态范围的表示方法有多种,常用的有用增量增益定义的动态范围和 1dB 增

益压缩点的动态范围。

（一）用增量增益定义的动态范围

对一般放大器而言,当信号电平较小时,输出电压 U_{om} 随输入电压 U_{in} 线性增大,放大器工作正常。但信号过强时,放大器发生饱和现象,失去正常的放大能力,其结果是输出电压 U_{om} 不再增大,甚至反而会减小,致使输出—输入振幅特性出现弯曲下降,见图 3 – 5 – 1,这种现象称为放大器发生"过载"。图 3 – 5 – 1 为宽脉冲干扰和回波信号一起通过中频放大器的示意图,为了简便起见仅画出它们的调制包络。当干扰电压振幅 U_{nm} 较小时,输出电压中有与输入信号 U_{in} 相对应的增量;但当 U_{nm} 较大时,由于放大器饱和,致使输出电压中的信号增量消失,即回波信号被丢失。同理,视频放大器也会发生上述饱和过载现象。

因此,对于叠加了干扰的回波信号来说,其放大量应该用"增量增益"表示,它是放大器振幅特性上某点的斜率,即

$$K_d = \frac{dU_{om}}{dU_{in}} \tag{3 – 5 – 1}$$

从图 3 – 5 – 1 所示的振幅特性,可求得 $K_d \sim U_{in}$ 的关系曲线,如图 3 – 5 – 2 所示。由此可见,只要接收机中某一级的增量增益 $K_d \leqslant 0$,接收机就会发生过载,即丢失目标回波信号。

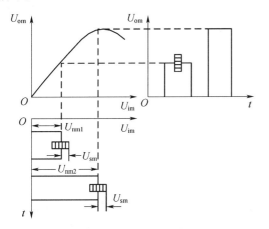
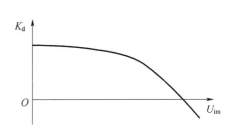

图 3 – 5 – 1　宽脉冲干扰和回波信号
一起通过中频放大器的示意图

图 3 – 5 – 2　增量增益与输入
电压振幅的关系曲线

接收机抗过载性能的好坏可用动态范围 D 来表示,它是当接收机不发生过载时允许接收机输入信号强度变化的范围,其表示式为

$$D = 10\lg\frac{P_{imax}}{P_{imin}}(\text{dB}) \tag{3 – 5 – 2}$$

或者

$$D = 20\lg\frac{U_{imax}}{U_{imin}}(\text{dB}) \tag{3 – 5 – 3}$$

式中:P_{imin} 和 U_{imin} 分别为最小可检测信号功率和电压;P_{imax} 和 U_{imax} 分别为接收机不发生过

载时所允许接收机输入的最大信号功率和电压。

（二）1dB 增益压缩点动态范围

1dB 增益压缩点动态范围定义:当接收机输出功率大到产生 1dB 增益压缩时,输入信号功率 P_{i-1} 与最小可检测信号功率 P_{imin} 之比,即

$$DR_{-1} = \frac{P_{i-1}}{P_{imin}} \tag{3-5-4}$$

或者

$$DR_{-1} = \frac{P_{i-1}G}{P_{imin}G} = \frac{P_{0-1}}{P_{imin}G} \tag{3-5-5}$$

式中: P_{i-1} 为产生 1dB 压缩时接收机输入端的信号功率; P_{0-1} 为产生 1dB 压缩时接收机输出端的信号功率; G 为接收机的增益。

根据接收机灵敏度的表达式可得

$$P_{imin} = S_{imin} = kT_0FB_nM \tag{3-5-6}$$

最后可以得到

$$DR_{-1} = P_{0-1} + 114 - NF - 10\lg\Delta f - G \tag{3-5-7}$$

或者

$$DR_{-1} = P_{i-1} + 114 - NF - 10\lg\Delta f \tag{3-5-8}$$

式中: P_{0-1}、P_{i-1} 的单位为 dBm;NF 为 F 的分贝数;Δf 为 B_n 的兆赫兹数;G 的单位为 dB。

二、接收机的增益控制

接收机的增益控制主要包括灵敏度时间控制(STC)和自动增益控制(AGC)。灵敏度时间控制主要用来扩展接收机动态范围,防止近程杂波使接收机过载。自动增益控制的种类很多,主要包括常规 AGC、瞬时自动增益控制(IAGC)、噪声 AGC、单脉冲雷达接收机 AGC 和多通道接收机 AGC 等。

（一）灵敏度时间控制

灵敏度时间控制(STC)又称为近程增益控制,它用来防止近程干扰使接收机过载饱和。在远距离时使接收机保持原来的增益和灵敏度,以保证正常发现和检测小目标回波信号。

雷达在实际工作中,不可避免地会受到近程地面或海面杂波分布物反射的干扰。这些分布物反射的干扰功率通常在方位上相对不变,随着距离的增加而相对平滑地减小。根据试验结果,从海浪反射的杂波干扰功率 P_{in} 随距离的变化规律为

$$P_{in} = KR^{-a} \tag{3-5-9}$$

式中:K 为比例常数,它与雷达的发射功率有关;a 为由试验条件所确定的系数,它与天线波瓣形状等因素有关,一般取 $a = 2.7 \sim 4.7$。

STC 电路的基本原理:当发射机每次发射信号之后,接收机产生一个与干扰功率随时间的变化规律相"匹配"的控制电压,控制接收机的增益按此规律变化。因此,STC 电路实际上是一个使接收机灵敏度随时间而变化的控制电路。

图 3-5-3 为灵敏度时间控制电路中控制电压与灵敏度的关系曲线。在有杂波干扰时,如果接收机的增益较高(同样接收机灵敏度也较高),则近程的杂波干扰会使接收机饱和而无法检测目标回波;如果把接收机增益调得太低,虽然杂波干扰中的近程目标不过载,但接收机的灵敏度太低,从而影响远区目标的检测。为了解决这个矛盾,在每次发射脉冲之后,产生一个负极性的随时间逐渐趋于零的控制电压,加至可调增益的射频放大器的控制极,使接收机的增益按此规律变化。

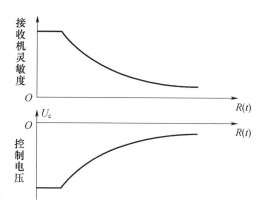

图 3-5-3 灵敏度时间控制电路中控制电压与灵敏度的关系曲线

在现代雷达接收机中,已普遍采用数字 STC 电路,它的主要优点是:控制灵活,控制信号可以根据雷达周围的环境预先编程;数控衰减器可以设置在中频、射频,甚至可以设置在接收机前端的馈线中,这将有效地提高接收机的抗过载能力。图 3-5-4 为一种数字射频 STC 电路框图,它主要由 STC 控制电压产生器和射频数控衰减器组成。射频数控衰减器采用 PIN 衰减器,它是一个射频可变电阻,其衰减量随偏置电流的大小而变化。STC 控制信号产生器用来产生随时间延迟变化的偏置电流,它主要由距离计数器、EPROM、数据寄存器、D/A 变换器和电流驱动器组成。首先由导前脉冲对距离计数器清零,然后计数器对时钟信号进行计数,每一个时钟脉冲对应一个距离单元。距离计数器的输出作为地址对 EPROM 寻址。EPROM 中的每一个存储单元的 12 位数据是预先编程的,这些数据随距离(时延)的增加而逐步减小。这些数据按时间顺序,通过数字寄存器锁存后加至 D/A 变换器,转换成模拟控制电压。然后,通过电流驱动器将模拟控制电压变成具有阶梯形状的偏置电流。将这种偏置电流加至射频数控衰减器,通过衰减器的射频信号按偏置电流成比例地衰减。

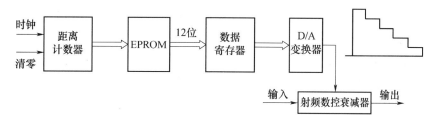

图 3-5-4 数字射频 STC 电路框图

（二）AGC 的基本组成

大多数雷达接收机中采用的 AGC 的典型组成如图 3-5-5 所示。它主要由门限电路、脉冲展宽电路、峰值检波器和低通滤波器、直流放大器和隔离放大器等组成。

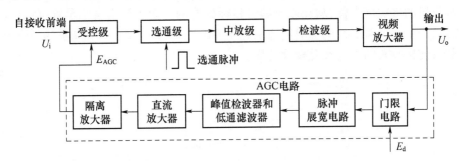

图 3-5-5 AGC 的典型组成框图

接收机视频放大器输出的脉冲信号加至门限电路。门限电路是一个比较电路,加有门限电压 E_d,只有当输入脉冲信号幅值 U_o 超过门限电压 E_d 时,视频电压才能通过。脉冲展宽电路用来展宽视频信号,提高峰值检波器的效率,以保证在脉冲重复周期较低和脉冲宽度较窄时,仍能输出足够大的检波电压。峰值检波器用来提取视频脉冲的包络信号。直流放大器的作用是提高 AGC 电路的环路增益。

（三）瞬时自动增益控制（IAGC）

瞬时自动增益控制(IAGC)是一种有效的中频放大器抗过载电路,它能够防止由于等幅波干扰、宽脉冲干扰和低频调幅波干扰等引起的中频放大器过载。

图 3-5-6 为 IAGC 电路的组成框图。它和一般的 AGC 电路原理相似,也是利用反馈原理将输出电压检波后去控制中放级,自动地调整放大器的增益。

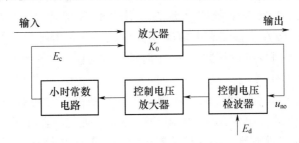

图 3-5-6 IAGC 电路的组成框图

瞬时自动增益控制要求控制电压 U_c 能瞬时地随着干扰电压变化,使干扰受到衰减,而维持目标信号的增益尽量不变。因此,电路的时常数应这样选择:为了保证在干扰电压的持续时间 τ_n 内能迅速建立控制电压 U_c,要求电路时常数 $\tau_i < \tau_n$;为了维持目标回波信号宽度 τ 内使控制电压来不及建立,即要求 $\tau_i \gg \tau$,因此电路时常数一般选为

$$\tau_i = (5 \sim 20)\tau \qquad\qquad (3-5-10)$$

干扰电压一般都很强,中频放大器不仅末级有过载的危险,前几级也有可能发生过载。为了得到较好的抗过载效果,可以在中放的末级和相邻的前几级都加上 IAGC 电路。

（四）噪声 AGC

对 AGC 而言,选通级很重要。选通脉冲所取的信号不同,则表明 AGC 的作用也不同。前面讲过的 IAGC,选通脉冲取得的是很强的等幅波干扰、宽脉冲干扰等。在有些雷达中,选通信号为接收机的噪声,因为接收机系统噪声系数随温度和时间的变化很小,所以用噪声作为基准信号能起到稳定接收机增益的作用。这种 AGC 称为噪声 AGC,图3 - 5 - 7为噪声 AGC 电路的原理框图。

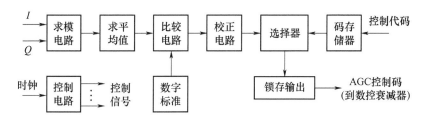

图 3 - 5 - 7 噪声 AGC 电路的原理框图

噪声 AGC 电路由求模电路、求取平均值电路、比较电路、校正电路、数字标准、选择器和控制电路等组成。在雷达探测距离的最远区没有回波信号也没有杂波干扰信号,通常称为纯噪声区。在控制电路的控制信号作用下,求模电路对 A/D 转换器送来的纯噪声区的噪声进行选通和采样,然后进行求模、求和以及取平均运算。求出噪声的均值,送至比较电路与数字参考标准进行比较,再经过校正电路和选择器转换成 AGC 控制码去控制接收机中的 AGC 数控衰减器。图 3 - 5 - 7 中的控制代码选择器根据雷达的工作状态(如搜索、跟踪、变重复频率等)选出预先写进 AGC 码存储器对应的 AGC 控制码,去控制 AGC 数控衰减器,以补偿由于工作状态变化引起的增益变化。

（五）单脉冲雷达接收机的 AGC

在振幅和差三通道单脉冲跟踪雷达中,要求用和支路信号对俯仰角和方位角误差信号进行归一化处理。所得的归一化角误差信号,是指俯仰角误差信号和方位角误差信号只与偏离的误差角有关,而与远或近目标回波的强弱无关。

图 3 - 5 - 8 为振幅和差三通道单脉冲雷达接收机 AGC 的组成框图。其中,和通道 AGC 与常规的 AGC 电路基本相同,它以和通道的中频信号作为输入信号。当目标由远至近,回波信号由弱到强变化时,控制电压 E_{AGC} 控制电控衰减器,和通道输出的中频信号振幅保持不变。为了保证角误差信号与目标距离的远近无关,必须用和通道 AGC 电路输出的控制电压 E_{AGC} 同时对两个差支路进行增益控制,这就实现了归一化角误角信号处理,从而保证了两个差支路输出的角误差信号只与误差角有关,而与目标的远近无关。显而易见,和支路的 AGC 是闭环控制系统;俯仰角和方位角差支路的增益控制不是闭环系统,而是受和支路 E_{AGC} 控制的开环控制系统。

（六）对数放大器

输出电压 U_o 与输入电压 U_i 的对数成正比的放大器称为对数放大器。对数放大可以在中频上实现,也可以在视频上实现,还能中频输入而视频输出,形成对数检波器。对数放大器是一种常用的扩展接收机动态范围的方法。对一个线性接收机而言,其动态范围达到 60dB 以上就比较困难;但对一个由线性放大器和对数放大器组成的对数接收机而

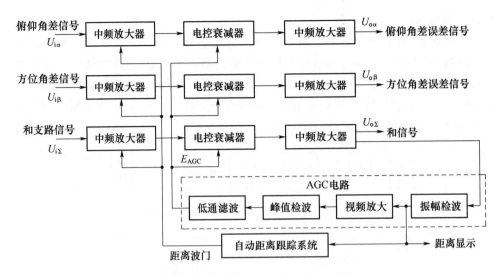

图 3-5-8　振幅和差三通道单脉冲雷达接收机 AGC 的原理框图

言,其动态范围可以达到 80dB 甚至 90dB。

1. 对数放大器的振幅特性

实际的对数放大器一般是线性—对数放大器,图 3-5-9(a)示出了它的振幅特性,其表达式如下:

(1) 线性段为

$$U_o = KU_i \qquad (U_i \leqslant U_{i1}) \qquad (3-5-11)$$

(2) 对数段为

$$U_o = U_{o1}\ln\left(\frac{U_i}{U_{i1}}\right) + U_{o1} \qquad (U_i \geqslant U_{i1}) \qquad (3-5-12)$$

式中:U_{i1}、U_{o1} 分别为线性段与对数段交点处的输入、输出电压;K 为线性段小信号增益。

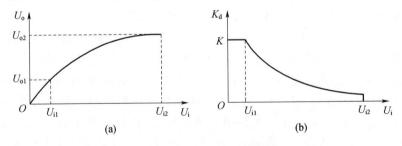

图 3-5-9　实际的对数放大器的特性

图 3-5-9(b)为实际对数放大器的增量增益,其表达式为

$$K_d = K \qquad (U_i \leqslant U_{i1}) \qquad (3-5-13)$$

$$K_d = \frac{U_{o1}}{U_i} \qquad (U_i \geqslant U_{i1}) \qquad (3-5-14)$$

由图 3-5-9(a)可知,输入电压大于 U_{i1} 时对数放大器是一个非线性放大器;由图 3-5-9(b)可知,输入电压 U_i 变化时,增量增益 K_d 始终为正值,说明它具有抗过载能

力;在对数段内,K_d自动地与输入电压 U_i 成反比例变化,由此可见对数放大器实际上也是一种自动增益控制电路。

2. 对数放大器的应用

对数放大器的用途很广泛,在雷达接收机中的主要用途如下:

(1)用做抗干扰电路。对数段的增量增益始终是正值,因而不会发生过载现象。一般动态范围可达 80dB ~ 90dB,因此具有有效的抗过载能力,能够防止由于强信号或强干扰引起的过载,确保接收机正常工作。

(2)用做反杂波干扰和恒虚警电路。海浪、雨雪等杂波干扰的强度是变化的,它们的幅度分布接近于瑞利分布,不管输入干扰强度起伏多大,经过对数放大器后输出的干扰强度始终是一个不大的常数。因此利用对数放大器能够有效地抑制它们,可以做成恒虚警电路,改善杂波背景对目标信号的影响。

(3)在单脉冲雷达接收机中,通常用对数放大器来取得归一化的角误差信号。

复习题与思考题

1. 射频低噪声系数放大器的增益越大,则总的噪声系数越低。随着射频低噪声放大器的增益的增加,会有哪些不良的影响?

2. 为什么采用两次变频超外差接收机代替一次变频接收机?采用两次变频接收机有些什么缺点?

3. 一部由噪声系数为 1.4dB、增益为 15dB 的低噪声射频放大器,变频损耗为 6.0dB,噪声温度比为 1.2 的混频器和噪声系数为 1.0dB 的中频放大器组成的超外差接收机,求其总的噪声系数。

4. 如果题 3 中的中频放大器噪声系数为 30dB,而不是 1.0dB,那么接收机总的噪声系数应为多大?你认为这样的变化意味着什么?

5. 试述全相参雷达接收机的组成、工作原理及技术特点。

6. 现代雷达接收机频率源采用了哪些频率合成方法?比较几种频率合成器的技术和应用特点。

第4章 航空雷达天线与伺服系统

天线作为空间能量转换器和空域信号处理器是雷达必不可少的分系统之一。本章主要介绍雷达天线与伺服系统的作用、特点、功能和性能指标,着重讨论了常用类型航空雷达天线的基本原理与应用,并给出了雷达天线伺服机构和天线罩的有关内容。

雷达天线是雷达的形象和标志,是雷达不可或缺的重要组成部分。第二次世界大战期间,由于战事对雷达的迫切需要,促进了微波天线技术的迅速发展。高频率源的出现,使得天线可以做得足够小而得以安装在战机上。

20世纪50年代,机载雷达主要采用的是反射面天线,随着计算机技术、半导体技术、精密加工技术的进步,出现了卡塞格伦、格里高利双反射面天线、正副反射面修正技术、偏馈技术,研究出了波纹喇叭等高效馈源,反射面天线的性能得到了提高。

机载相参脉冲多普勒雷达技术的发展和应用,要求天线具有高增益、低副瓣电平等性能。由于馈源的遮挡,普通抛物面天线的副瓣电平一般难以做到 $-20\mathrm{dB}$ 以下,偏馈抛物面天线能够得到相当低的副瓣电平,但口径利用率相对较低,不利于实现单脉冲功能。在这种情况下,机载雷达的抛物面天线普遍被波导裂缝阵列天线所取代。在20世纪60年代到80年代的二十多年里,波导裂缝阵列天线理论研究和工程设计技术得到了蓬勃发展,同时由于平板裂缝阵列天线还具有损耗小、极化纯度高、重量轻、功率容量大、刚度强度好等特点,在战斗机火控雷达中得到了广泛应用。

20世纪80年代研制成功了 X 频段的机载多功能有源相控阵雷达,相控阵雷达天线具有强大的功能,灵活的工作方式,计算机控制的无惯性波束扫描和动态波束赋形能力,可充分利用发射机的功率和时间资源,使系统的性能大大提高,使其成为了新一代机载雷达天线的发展方向。

在雷达系统中,天线的概念正在扩展,形成天线方向图的部分在向雷达的其他分系统延伸。有源相控阵将雷达发射机和接收机的低噪声射频放大部分融入了天线,天线与信号处理技术融合的数字波束形成技术(DBF)、时空处理技术等已成为研究的热点,已经有人提出将雷达所有模拟部分归入天线的数字雷达概念。

第一节 概 述

一、雷达天线的作用

在雷达中,天线的作用是将发射机产生的导波场转换成空间辐射场,并接收目标反射的空间回波,将回波能量转换成导波场,由传输馈线送给雷达接收机。天线的前一个作用称为发射,后一个作用称为接收。机载雷达通常采用一部收、发共用天线分时完成发射和接收功能。

雷达一般还要求天线实现以下功能:

（1）发射时,像探照灯一样,将射频辐射能量集中到具有一定形状的波束中,去照射所希望方向上的目标;接收时,收集指定方向返回的目标微弱回波,在天线接收端产生可检测的电压信号,同时抑制其他方向来的杂波或干扰。

（2）分辨不同目标并测试目标的距离和回波的方向。

（3）窄定向波束在需要的空域范围作快速扫描,以实现雷达对目标的搜索和跟踪,并确定雷达多次观察目标之间的时间间隔。

二、雷达天线的分类

雷达天线分为光学天线和阵列天线。光学天线是基于光学原理的,又分为反射面天线和透镜天线。机载雷达常用的是反射面天线和阵列天线。其中,反射面天线常用的有抛物面天线和卡塞格伦天线;阵列天线又分为波导裂缝阵列天线和相控阵天线两种,波导裂缝阵列天线包括行波阵和驻波阵两种形式,驻波阵波导裂缝阵列天线常称为平板裂缝阵列天线。

三、雷达天线的基本参量

天线的基本特性参量有若干个,对于雷达天线,必须考虑的三个参量是:辐射方向图（包括波束宽度、副瓣电平等）、方向性系数和增益、阻抗和电压驻波比（VSWR）。另外,还需要考虑的因素有极化、带宽、天线扫描方式和扫描周期等。

（一）辐射方向图

雷达天线的辐射场具有方向性,即在不同方向辐射场的强度不同。天线的方向性可以用函数表示,也可以用一个角度变量的曲线或两个角度变量的曲面来表示,分别称为方向性函数和方向图,方向图是方向性函数的图形表示。方向图又分为功率方向图和场强方向图,分别用来描述天线辐射功率的空间分布和辐射场强的空间分布。

天线的方向图在三维空间的立体图坐标关系如图 4-1-1 所示。

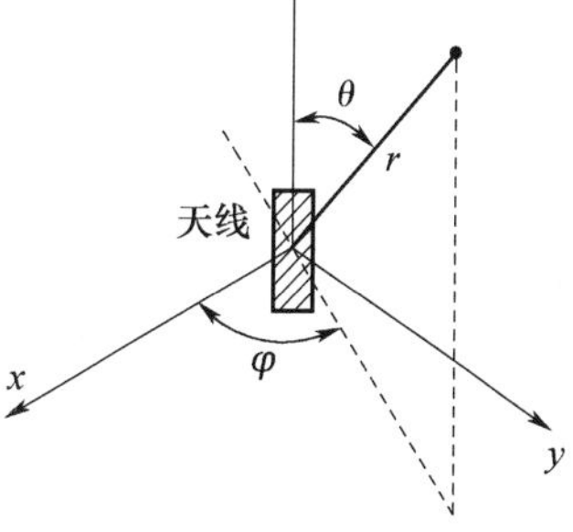

辐射强度是指某个方向单位立体角内的辐射功率流密度,可表示为一个常数与一个仅与方向角（θ,φ）有关函数的积,即

$$R_s(\theta,\varphi) = Af^2(\theta,\varphi)\sin^2\theta$$

$$(4-1-1)$$

常用归一化形式表示的功率方向图函数为

$$P(\theta,\varphi) = \frac{R_s(\theta,\varphi)}{\max[R_s(\theta,\varphi)]} = f^2(\theta,\varphi)\sin^2\theta$$

$$(4-1-2)$$

有些场合用场强方向图来描述天线的方向性,归一化场强方向图为

图 4-1-1 三维空间
方向图球坐标

$$F(\theta,\varphi) = \frac{E_\theta(\theta,\varphi)}{\max[E_\theta(\theta,\varphi)]} \qquad (4-1-3)$$

因辐射电场和磁场的关系为 $H_\varphi = E_\theta/\eta_s$,则辐射功率为 $E_\theta H_\varphi^* = |E_\theta|^2/2\eta_s$,所以功率方向图和场强方向图有如下关系

$$P(\theta,\varphi) = |F(\theta,\varphi)|^2 \qquad (4-1-4)$$

如果将方向图用 dB 表示,即 $P(\theta,\varphi)_{dB}=10\lg P(\theta,\varphi)$,$|F(\theta,\varphi)|_{dB}=20\lg|F(\theta,\varphi)|$,那么场强方向图与功率方向图完全相同,即

$$P(\theta,\varphi)_{dB} = |F(\theta,\varphi)|_{dB} \qquad (4-1-5)$$

从两维角度变量的立体方向图中可以直观地了解天线在整个空域的辐射分布情况,但不易定量地标注副瓣电平值和位置。在雷达应用中,通常特别关心两个主平面(即 E 平面和 H 平面)的方向图,E 平面是指通过天线最大辐射方向并与电场矢量平行的平面,H 平面是指通过天线最大辐射方向并与磁场矢量平行的平面。对于水平极化天线,飞行高度水平面方向图即为 E 面方向图,垂直于飞行平面的方向图即为 H 面方向图;对于垂直极化天线,则刚好相反。

天线方向图通常由一些称为波瓣包络组成,其中包含最大辐射方向的波瓣为主瓣(或主波束),其他电平较小的瓣为副瓣。图 4-1-2 为典型的笔形波束方向图。角坐标的原点取在主瓣峰值方向,通常称为天线的电基准轴(电轴)。电轴可与天线的机械轴

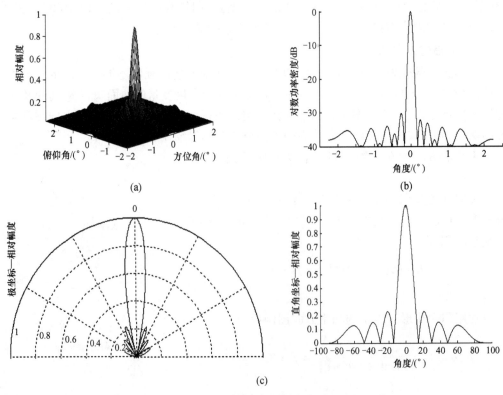

图 4-1-2　典型的笔形波束方向图

(a) 立体方向图;(b) 主平面垂直方向图;(c) 主平面方位极坐标和直角坐标绘制的方向图。

（即对称轴或视轴）重合，也可以不重合。若两者不重合，其角度差称为视轴误差，在测量目标方向时必须考虑这种误差。

1. 波束宽度

天线方向图的主要特性之一是主瓣的波束宽度（简称波束宽度），工程上常用半功率波瓣宽度 $\theta_{0.5}$ 或 θ_{3dB} 表示，它是指场强方向图中主瓣上幅度为峰值 0.707 倍的两点间的夹角，或功率方向图中主瓣上功率为最大值 1/2 的两点间的夹角。半功率波瓣宽度（Half-Power Beam Width，HPBW）也常用作天线的分辨力指标。因此，如果等距离处的两个目标能够通过半功率波瓣宽度被分开，就说明这两个目标在角度上是可以分辨的。

对于口径尺寸大于 λ 的天线，某个切面方向图的波束宽度与工作波长成正比，与天线在这个切面上的孔径尺寸成反比，即

$$\theta_{3dB} = K \frac{\lambda}{D} \qquad (4-1-6)$$

式中：系数 K 称为波束宽度因子，与孔径上的电流分布有关，单位为（°）或 rad。

2. 副瓣

在天线辐射方向图的主瓣以外区域的波瓣统称为副瓣。通常将与主瓣相邻的副瓣叫做第一副瓣，偏离主瓣 180° 左右的瓣叫做背瓣。对雷达系统来说，副瓣往往是可能引起麻烦的原因。发射工作时，副瓣表示不能将能量向着所希望的方向辐射，是一种能量浪费。接收时，探测低空飞行目标的雷达可能通过副瓣受到很强的地面回波（杂波）干扰，从而掩盖从主瓣接收到的低雷达散射截面积的微弱回波。另外，来自外界的无意电磁干扰或敌方的有意干扰也会通过副瓣进入雷达天线影响主瓣对正常目标的检测。因此，通常希望天线的副瓣尽可能低以使上述种种弊端降低到最小程度。

副瓣的高低用副瓣电平来描述。副瓣电平指副瓣峰值与主瓣峰值的比值，通常用分贝表示。所有副瓣中，电平最高的副瓣称为最大副瓣，通常第一副瓣的电平最大。由于天线方向图性能完全由天线口径形状和口径上的电流分布决定，电流均匀分布的线口径天线的最大副瓣电平为 −13.3dB，式（4-1-6）中的波束宽度系数 $K = 0.88$rad。在实际工程中，经常需要更低的副瓣电平。为此，天线口径上的电流分布要按边缘递减方式加权，但这时主瓣宽度会展宽。副瓣电平越低，口径边缘的电流分布值就越低，波束宽度也就越宽。

对于某些雷达系统，所有副瓣电平的平均值比单个副瓣电平更重要。平均副瓣电平是将主瓣除外所有副瓣的功率求积分并求平均（有时称作 RMS 电平），再以相对于各向同性天线的分贝数（dBi）表示。例如，若辐射功率的 90% 在主波束内，10% 在所有副瓣中，由于主瓣在空间所占的立体角很小，所以平均副瓣电平是 −10dBi。若辐射功率的 99% 在主波瓣中，则平均副瓣电平是 0.01dBi 或 −20dBi。平均副瓣电平低于 −20dBi 的称为超低副瓣电平。

（二）增益、方向性系数和有效孔径

天线增益描述的是一副天线将能量聚集于一个窄的角度范围内的能力。天线增益有两种不同但相关的定义：方向性增益和功率增益。前者通常称为方向性系数，而后者称为增益。

1. 方向性系数

方向性系数定义为在总辐射功率相同的情况下,天线最大辐射方向的辐射强度与理想无方向性天线辐射强度的比值。根据式(4-1-1)可知,天线总的辐射功率为

$$P_t = \iint R_s(\theta,\varphi)\, d\theta d\varphi \qquad (4-1-7)$$

无方向性天线的辐射功率在整个 4π 立体角内均匀分布,总辐射功率为 P_t 的无方向性天线的辐射强度为 $P_t/4\pi$,因此,方向性系数为

$$G_D = \frac{\max[P(\theta,\varphi)]}{P_t/4\pi} = \frac{4\pi\max[P(\theta,\varphi)]}{\iint R_s(\theta,\varphi)\, d\theta d\varphi} \qquad (4-1-8)$$

由式(4-1-8)可以看出,方向性系数是仅与方向图有关的无量纲系数。

雷达天线大都采用大口径、高方向性天线,假设天线的工作波长为 λ,口径面积为 A,天线口径上的电流为均匀分布,则方向性系数为

$$G_D = \frac{4\pi A}{\lambda^2} \qquad (4-1-9)$$

前面提到,为了降低天线的副瓣电平,口径电流分布必须采用递减加权。这时天线的方向性系数为

$$G_D = \frac{4\pi A}{\lambda^2}\eta_1 \qquad (4-1-10)$$

式中: η_1 为口径利用系数, $0 < \eta_1 \leqslant 1$。

通过口径分布加权可以得到低的副瓣,这时虽然副瓣辐射的能量减少,主瓣辐射的能量增加,但天线的方向性系数反而下降了。这是因为,集中到主瓣中的能量不能够使最大辐射方向的辐射密度增加,而是使主瓣宽度有较大增加的缘故。

方向性系数也能用在远场距离 R 处,相对于平均功率密度的最大辐射功率密度 (W/m^2) 表示,即

$$G_D = \frac{\text{最大辐射功率密度}}{\text{总辐射功率}/4\pi R^2} \qquad (4-1-11)$$

方向性系数的定义只说明了空间同一点处的最大功率密度比各向同性天线增强了多少倍。注意,这个定义中不包括天线中的任何损耗,仅表示辐射功率被集中的程度。

天线的增益通常用分贝(dB)来表示,即 $(G_D)_{dB} = 10\lg G_D$。因此,若天线的增益为 36dB,则说明最大辐射强度与平均辐射强度的比值为 $10^{(36/10)} \approx 3981$,而对于电场强度,该比值变为 $10^{(36/20)} \approx \sqrt{3981} = 63$。

2. 增益

天线的功率增益考虑了雷达系统中与天线有关的所有损耗。通常是将实际天线与一个无耗的、在所有方向都具有单位增益的理想天线比较而得,即天线增益定义为

$$G = \frac{\text{实际天线的最大辐射功率}}{\text{具有相同输入功率的无耗各向同性天线的辐射功率}}$$

$$(4-1-12)$$

由于馈线系统的失配以及天线的欧姆损耗等非理想因素的存在,天线输入端的功率

94

不可能完全辐射到空间。馈线输入到天线端口的能量一部分反射回馈线系统,一部分转化成热量,剩下的部分才能辐射到空间。天线的失配损耗和欧姆损耗可以用天线的效率 η_2 表示。增益 G 等于方向性系数乘以天线辐射效率,即

$$G = \eta_2 G_D \qquad (4-1-13)$$

采用分贝表示为

$$G_{dB} = (G_D)_{dB} + (\eta_2)_{dB} \qquad (4-1-14)$$

因此,除理想无耗天线($\eta_2=1, G=0$)外,天线增益总是小于方向性系数。

例如,若一个天线的耗散损耗为 1.0dB,则 $\eta_2 \approx 10^{-0.1} = 0.79$,即输入功率的 79% 被辐射,其余 21% 功率转化为热能。对于反射面天线,大部分的损耗都发生在连接到馈源的传输线上,并能够做到小于 1.0dB。

3. 方向性系数与波束宽度间的近似关系

天线的方向性系数与波束宽度之间,有如下近似的但非常实用的关系,即

$$G_D \approx \frac{40000}{B_{AZ} B_{EI}} \qquad (4-1-15)$$

式中:B_{AZ}、B_{EI} 分别是主平面内的方位和俯仰面半功率波瓣宽度,单位为(°)。

这一关系与方向性系数为 46dB 的 1°×1° 笔形波束等价。由这一基本组合,其他天线的近似方向性系数可以很快求出。例如,与 1°×2° 波束对应的天线的方向性系数是 43dB,因为波束宽度加倍对应的方向性系数下降 3dB。类似地,2°×2° 波束对应 40dB,1°×10° 波束对应 36dB 的方向性系数,依此类推。将每次波束宽度的变化都转换成分贝,方向性系数也要做相应的调整。但是,这一关系不适用于赋形(如余割平方)波束。

4. 有效孔径

根据互易定理,天线用于接收时,具有和发射时相同的方向性,即式(4-1-10)仍然正确。这时天线的口径面积与口径利用系数的积 $A_e = A\eta_1$ 可解释成天线的有效孔径面积。一个从接收天线最大响应方向入射的均匀平面波射到天线口径上,接收天线截获的能量正比于天线的有效孔径面积。如果天线入射电磁波的功率密度为 P_i,则天线的接收功率为

$$P_r = P_i \cdot A_e \qquad (4-1-16)$$

给出一个 X 频段天线增益估算的示例。天线直径为 d(以 cm 表示),口径利用系数(也称孔径效率)$\eta_1 = 0.7$,天线增益估算的粗略规则为 $G = d^2 \cdot \eta_1$。因此,若波长为 3cm,直径 $d = 60$cm,则 $G \approx 60 \times 60 \times 0.7 = 2520 \approx 34$(dB)。

(三)输入阻抗、驻波及损耗

由于天线通过馈线系统和发射机与接收机相连。发射时,天线相对于发射机是一负载,它把从发射机得到的功率辐射到空间;接收时,天线把从空间接收到的能量送到接收机,它对接收机而言是一个信号源。天线要高效地将发射机产生的功率向空间辐射,首先有一个天线输入端阻抗与传输线阻抗匹配的问题,其次是天线本身的损耗。只要在馈线和天线中没有采用非线性元件,根据互易定理,天线在发射状态和接收状态的匹配关系是相同的。

雷达系统中经常采用的传输线形式有平衡双线、同轴线、带状线、波导等,其中,平衡

双线、同轴线、带状线的特性阻抗为实数,即电抗分量为0,而仅有电阻分量 R_t。天线与传输线的匹配即天线的阻抗 Z_a 与传输线的阻抗 R_t 相等,不相等则为失配。天线输入端的失配将对馈入天线的能量产生反射,在传输线上形成驻波。失配造成传输线输出端口电压反射的大小用反射系数 Γ_a 表示,对应的电压驻波比为 ρ_a,它们之间的关系如下:

$$\Gamma_a = \frac{Z_a - R_t}{Z_a + R_t}, \rho_a = \frac{1 + |\Gamma_a|}{1 - |\Gamma_a|} \qquad (4-1-17)$$

理想匹配时,$\Gamma_a = 0$,$\rho_a = 1$,要求天线的电抗部分为0,即天线要谐振,其电阻部分与传输线的特征阻抗(仅有电阻分量)相等。实际中,失配不可能完全消失,只能要求天线输入端口的阻抗尽可能与传输线一致,使反射越小越好。这样,一方面可使天线真正得到的功率最大;另一方面,当发射时,由于天线反射功率经过环行器加在接收机的输入端,因此减小天线的反射,就减小对接收机限幅器的压力。

波导传输线的阻抗概念比较复杂,甚至可以说特征阻抗的概念是不确定的。所以对基于波导传输线的天线一般不用阻抗的概念,而是直接用驻波和反射系数的概念。

进入天线的功率等于传输线输出的功率减去反射的功率。能量进入天线后到辐射出去还要经过天线内部的传输和分配机构,天线的这些部分也都会产生一些损耗,这些损耗的能量一般转化成了热量。天线的失配反射以及内部损失会消耗掉发射机产生的部分能量,从而减小雷达的作用距离。

(四)极化

雷达天线的极化方向定义为所辐射和接收电场矢量的方向。极化是描述电磁波矢量性的物理量,与光的偏振本质上一样。在均匀各向同性介质中,天线的远区辐射场是横电磁波,即在传播方向上无电场、磁场分量的平面波。极化表征了空间给定点上电场强度矢量随时间变化的特性。沿着平面波传播方向(假设为直角坐标系的 z 轴)看去,电场强度矢量端点运动轨迹具有一定特点,表现在图4-1-3中直角坐标系的 xOy 平面上。

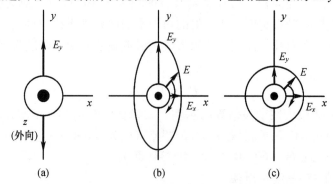

图4-1-3 电磁波极化方式示意图
(a)线极化;(b)椭圆极化;(c)圆极化。

若运动轨迹沿一条直线变化,则电磁波为线极化波,如图4-1-3(a)所示;若运动轨迹沿椭圆顺(逆)时针变化,则电磁波为左(右)旋椭圆极化波,如图4-1-3(b)所示;若运动轨迹沿圆顺(逆)时针变化,则电磁波为左(右)旋圆极化波,如图4-1-3(c)所示。

许多现有雷达都是线极化的,一般采用水平极化或垂直极化。以大地作为参考,若电场矢端运动轨迹与地平面平行,即为水平极化;若电场矢端运动轨迹垂直于地平面,称为垂直极化。由于互易性,设计成以某种极化方式辐射的天线也能接收同样的极化波。

了解雷达的极化方式非常重要,可以通过改变极化方式达到抗干扰、滤波等目的。例如,有些雷达为了检测在雨中的飞机一类的目标,要采用圆极化天线。因为,雨滴形状具有旋转对称性,其散射波的极化旋向是与入射波极化相反的圆极化波,以至于在天线和反射回波信号之间出现了完全的极化失配。在实际中,这种失配现象可以用来减小雨滴产生的散射干扰。这在雨滴干扰严重的频段中,是一种有效的抗干扰措施。

雷达天线的辐射方向图、增益、极化方式等特征描述了天线辐射电磁波能量的能力。

(五)波束形状和扫描方法

1. 波束形状与空域覆盖方法

不同用途的雷达所用的天线波束形状不同,扫描方式也不同。机载雷达最常用的两种基本波束形状是扇形波束和针状波束(又称笔状波束)。

如图 4-1-4(a)所示,波束形状在水平面内很窄,对方位角有较高的测角精度和角分辨力;在垂直面内很宽,以保证同时监视较大的地面区域。对地面搜索型雷达垂直面内的波束形状一般做成余割平方形,这样功率利用比较合理,能够使地面不同距离目标的回波强度基本相同。扇形波束可以在水平面内做 360° 圆周扫描,当需要对某一区域做观察时,波束可以在所需的方位角范围内往返运动,这就是扇形扫描。

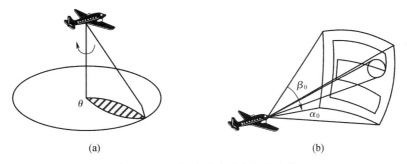

图 4-1-4　机载雷达波束扫描方式

(a) 扇形波束圆周扫描;(b) 针状波束分行扫描。

针状波束在水平面和垂直面内的波束宽度都很窄,可以同时测量目标的方位角和俯仰角,而且测角精度和角分辨力都很高。主要缺点是由于波束较窄,扫描一定的空域所需要的时间比较长,即雷达的搜索能力较差。机载雷达采用的扫描方式是景幅式分行扫描,如图 4-1-4(b)所示,方位上快速扫描,俯仰上慢速扫描。

2. 实现波束扫描的方法

实现波束扫描的基本方法有机械扫描和电扫描两种。

利用整个天线系统或其某一部分机械运动带动波束运动实现扫描的方法,称为机械扫描法。机械扫描的优点是简单,主要缺点是机械运动惯性大,扫描速度不高。随着快速目标、洲际导弹、人造卫星等的出现,要求雷达采用高增益极窄波束,因此地面远程预警雷达天线口径往往做得非常庞大,再加上扫描速度也要求很快,用机械扫描法已无法满足要求,必须采用电扫描法。

在阵列天线上,通过改变天线阵元的相位分布来实现波束扫描的方法,称为电扫描法。根据实现技术的不同,电扫描又分为相位扫描法、频率扫描法、时间延迟法,目前主要采用的是相位扫描法。相位扫描因没有机械惯性的限制,扫描速度可大大提高,波束控制迅速灵活;主要缺点是扫描过程中波束宽度将展宽,天线增益也要减小,所以扫描范围有一定限制,另外,天线系统一般比较复杂。此外,电扫描还可以和机械扫描或天线的机械旋转结合起来。

第二节　反射面天线

反射面天线结构简单、价格低,具有高增益,可以实现多种形状波束(针状、扇形、赋形、多波束),满足不同战术技术指标需要,因而在雷达装备中得到广泛的应用。本节主要讨论机载雷达常采用的旋转抛物面天线和双反射面卡塞格伦天线。

一、反射面天线的类型和特点

(一) 类型

反射面天线由馈源(初级照射器)和反射面(次级辐射器)两部分组成,根据反射面的个数可分为单反射面系统和双反射面系统。简单抛物面天线是应用最广的面天线,可分为一维抛物面(抛物柱面)天线和二维抛物面(旋转抛物面)天线。抛物柱面天线还可以分为水平抛物柱面天线和垂直抛物柱面天线;旋转抛物面天线也可以分为圆口径抛物面天线、椭圆口径抛物面天线和切割口径抛物面天线。双反射面天线主要有卡塞格伦天线、格里高利天线、双球反射面天线等形式。图 4 - 2 - 1 所示为反射面天线最常用的几种类型。

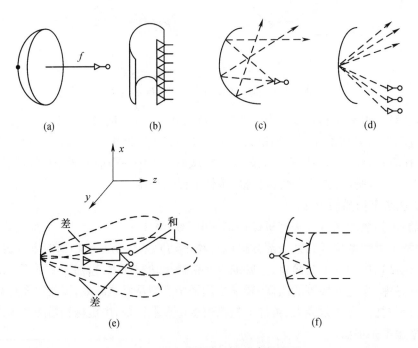

图 4 - 2 - 1　反射面天线的常见类型

图 4 – 2 – 1(a)中的抛物面天线,将焦点处的馈源的辐射聚焦成笔形波束,从而获得高的增益和窄的波束宽度。图 4 – 2 – 1(b)中的抛物柱面天线在一个平面实现平行校正,在另一个平面允许使用线性阵列,从而使该平面内的波束能够赋形和灵活控制。使波束在一个平面内赋形的另一方法示于图 4 – 2 – 1(c),图中的表面不再是抛物面,但是由于孔径上只有波的相位变化,对波束形状的控制不如既可以调整线性阵列的振幅,又可调整其相位的抛物柱面灵活。

当需要多个波束来实现空域覆盖和角度测量时,可以由多个不同位置馈源产生一组不同角度指向的波束,如图 4 – 2 – 1(d)所示。更常见的多波束设计是图 4 – 2 – 1(e)所示的单脉冲天线,上下两个波束通常是差波束,它们的零点正好在中间和波束的峰值处。

典型的多反射体系统是图 4 – 2 – 1(f)中的卡塞格伦天线,它通过对一次波束的赋形,多提供一个自由度,使波束形状控制更加灵活,并使馈源系统方便地置于主反射体后面。图中的对称配置存在明显的遮挡,不难想象,使用偏置配置可能获得更好的性能。

在现代天线中,这些基本天线形式的组合和变形被广泛应用,既是为了减小损耗和副瓣电平,又是为了提供特定的波束形状和位置。

(二) 特点

反射面天线的主要优点是在形成高增益和要求形状波束的同时,馈电简单、设计比较容易,成本较低,能满足多种常规雷达系统的要求。一般来说,口径越大,反射面天线的优点越突出。因此,反射面天线不仅在过去和现在的雷达系统中起过重要作用,在今后的雷达市场中,仍占有不可取代的一席之地。

反射面天线的主要缺点是机械扫描时惯性大,数据率有限,信息通道数少,不易满足自适应和多功能雷达的需要;由于受传输线击穿的限制,它对极高功率雷达的应用也受到限制。因此,随着相控阵雷达的发展和成本的逐步降低,反射面天线已退出了雷达的一部分应用领域。

二、旋转抛物面天线

最简单的反射面天线由两部分组成:一个大的(相对于波长)反射面和一个小得多的馈源。如图 4 – 2 – 2(a)所示的反射面为旋转抛物面,包含反射面对称轴的任意平面与反射面相交形成一条抛物线,如图 4 – 2 – 2(b)所示。

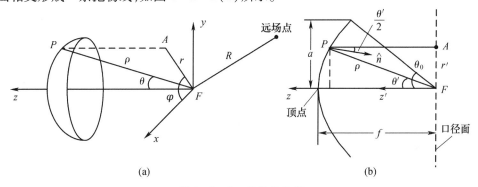

(a)   (b)

图 4 – 2 – 2　抛物面天线

(a)抛物反射面和坐标系;(b)典型截面。

(一）几何性质与工作原理

参见图 4 - 2 - 2(a)，在以焦点 F 为原点的直角坐标系 (x, y, z) 中，抛物面方程为

$$x^2 + y^2 = 4fz \qquad (4 - 2 - 1)$$

式中:f 为抛物面的焦距。

在以焦点为原点的球坐标系 (ρ, θ, φ) 中，抛物面方程为

$$\rho = \frac{2f}{1 + \cos\theta'} = f\sec^2\frac{\theta'}{2} \qquad (4 - 2 - 2)$$

或

$$r' = \rho\sin\theta' = \frac{2f\sin\theta'}{1 + \cos\theta'} = 2f\tan\frac{\theta'}{2} \qquad (4 - 2 - 3)$$

焦点对抛物面边缘的张角称为抛物面张角，半张角用 θ_0 表示。抛物面在过焦点垂直于轴的平面上的投影称为抛物面天线的口径面。

抛物形反射面具有两个重要的几何性质:

(1) 从焦点到抛物面，再到口径面的所有路径长度均相等。结合图 4 - 2 - 2(b)证明如下:

$$FP + PA = \rho + \rho\cos\theta' = \rho(1 + \cos\theta') = 2f \qquad (4 - 2 - 4)$$

(2) 抛物面上任意一点 P 的法线，平分焦点到 P 点的连线与过 P 点平行于轴的直线间的夹角为上 $\angle FPA$。

假设馈源置于焦点，这种形式称为前馈抛物面天线。对于大反射面$(a \gg \lambda)$，适用光学原理。馈源的辐射可用如图 4 - 2 - 3 所示的射线来研究，任意一条射线到抛物面上，根据反射定律和抛物面的几何性质，反射线必然平行于抛物面的轴线。又根据抛物面的几何性质，所有射线从馈源经反射面到口径面走了相同的实际距离，因而口径激励是等相位的。

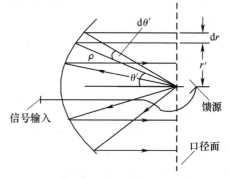

图 4 - 2 - 3 抛物面天线工作原理

（二）性能分析

如上所述，口径场的相位分布是相等的。口径场的幅度分布取决于馈源的辐射特性。首先，假设馈源是位于焦点的各向同性点源，这样可以单独分析反射面的作用。由于馈源辐射球面波，功率密度按 $1/\rho^2$ 衰减，经抛物面反射后成为平面波，平面波无扩散衰减，因而，在口径面上功率密度随 $1/\rho^2$、场强随 $1/\rho$ 变化，反射面产生一个固有的幅度衰减，称为空间衰减。

若初级天线(馈源)不是点源，它的归一化辐射方向图函数 $F_f(\theta', \varphi')$ 的作用采用图4 - 2 - 2的坐标系可计为

$$E_a(\theta', \varphi') = E_0\frac{F_f(\theta', \varphi')}{\rho}\boldsymbol{u}_r \qquad (4 - 2 - 5)$$

式中:$\boldsymbol{u}_r$ 为口径电场的单位矢量。

平面极坐标(r',φ')（图4-2-2(a)）适于描述口径电场，因此，θ'和ρ必须用r'和φ'表示，由式(4-2-3)得

$$\theta' = 2\arctan\frac{r'}{2f} \qquad (4-2-6)$$

由式(4-2-2)和式(4-2-3)可以证明

$$\rho = \frac{4f^2 + r'^2}{4f} \qquad (4-2-7)$$

至此，推导出口径场的幅度与相位分布，尚需确定方向u_r，它是馈源的辐射场经抛物面反射后，口径面内E_a的单位矢量。对于大反射面，反射近似遵循斯涅尔反射定律，因而反射角等于入射角，如图4-2-2(b)所示。这个角相对于反射面的法向矢量n为$\theta'/2$。假设E_i和E_r是反射器表面的入射和反射电场，则总场$E_i + E_r$的切向分量必须为0，以满足理想导体的边界条件。由于E_i和E_r相对于n对称，法向分量加倍，因而

$$E_i + E_r = 2(n \cdot E_i)n$$

或

$$E_r = 2(n \cdot E_i)n - E_i \qquad (4-2-8)$$

由于入射与反射波幅度相等$|E_i| = |E_r|$，式(4-2-8)两边同除以此幅度得

$$u_r = 2(n \cdot u_i) - u_i \qquad (4-2-9)$$

式中：$u_r = E_r/|E_r|$和$u_i = E_i/|E_i|$。

整个抛物面天线系统的辐射方向图称为次级或二级方向图，可以由口径场计算。口径场辐射理论较复杂，此处从略。

（三）增益的计算

由口径场理论，一旦确定了口径效率ε_{ap}，即可由下式得出前馈抛物面天线的增益为

$$G = \frac{4\pi}{\lambda^2}\varepsilon_{ap}A_p = \varepsilon_{ap}\left(\frac{\pi d}{\lambda}\right)^2 \qquad (4-2-10)$$

口径效率ε_{ap}与诸多因素有关，其中较为重要的有反射面天线的辐射效率、口径渐削效率、口径截获效率、表面随机误差因子、口径阻挡效率、偏斜效率、像散效率等。口径阻挡效率是由于馈源放置在反射面的前方造成的；偏斜效率是由于馈源在口径面内横向偏焦，口径场产生线性和立方律相位分布，引起主瓣偏移和方向图不对称畸变，导致增益下降；像散效率表示馈源轴向偏焦，口径场产生偶次相差，引起方向图对称畸变，导致增益下降。还可能存在其他效率因子。若反射面采用网状而非连续金属面，会存在表面漏失效率、去极化引起的去极化效率等。

（四）反射面对馈源的影响和消除办法

馈源位于反射面正前方，阻挡部分反射波的辐射，造成阻挡效应，导致增益下降，副瓣升高，阻挡效应由口径阻挡效率表示。另一方面，这部分被阻挡的反射波能量要进入馈源，成为馈源的反射波，必然会影响馈源的阻抗匹配。当天线尺寸较小（增益较低）时，无论是馈源的阻挡效应，还是反射面对馈源的影响都较严重。

为了消除这种影响，通常采用三种方法。

1. 补偿法

如图4-2-4所示，在抛物面顶点附近放置一金属圆盘，适当选择圆盘的直径d和圆

盘与抛物面顶点的距离 t,使抛物面和金属圆盘在馈源处的反射波等幅反相。可以求出

$$d = \sqrt{4f\lambda/\pi} \qquad (4-2-11)$$

和

$$t = (2n+1)\frac{\lambda}{4} - \frac{\lambda}{4\pi}, \qquad n = 0,1,2,\cdots \qquad (4-2-12)$$

2. 偏置馈源法

如图 4-2-5 所示,在抛物面轴线的一侧,不对称地切割出一口径。馈源相位中心仍置于焦点。为使口径得到合适照射,并考虑到空间衰减的影响,应使馈源口径偏斜一个角度,使初级波瓣的最大值指向切割抛物面中心偏上的地方。此种天线一般用来产生扇形波束。

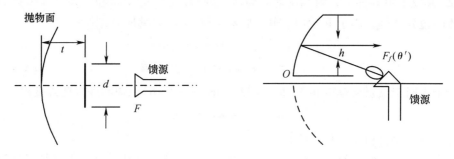

图 4-2-4　金属圆盘补偿法　　　　　图 4-2-5　偏置馈源法

由于馈源位于抛物面反射波作用区域之外,这种方法既可消除馈源的阻挡效应,又可消除反射面对馈源匹配的影响。

3. 极化旋转法

如图 4-2-6 所示,这种方法是沿抛物面表面安装一些宽 $\lambda/4$ 的平行金属薄片,其取向与入射电场的极化方向成 45°,间距为 $\lambda/8 \sim \lambda/10$。入射电场相对于金属薄片可以分解为平行分量 $E_{//}$ 与垂直分量 $E_{\perp}$。对于 $E_{//}$ 金属薄片形成截止波导。$E_{//}$ 将由金属薄片窄边前缘反射。而 $E_{\perp}$ 可进入金属薄片间隙达到抛物面,并被抛物面反射。由于 $E_{\perp}$ 相对于 $E_{//}$ 多走了两倍金属片宽度($\lambda/4$)的路程,相位滞后 180°。两反射分量叠加的总反射电场,相对于入射电场极化方向旋转 90°,从而不会被馈源所接收。

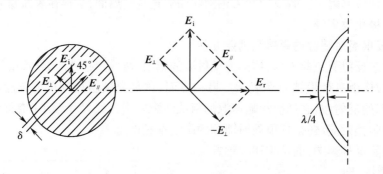

图 4-2-6　极化旋转法

102

三、扇形波瓣

　　旋转对称抛物面天线能够形成接近于圆对称的针形波束。通常,它的波瓣宽度很窄,当用于跟踪目标时,能够比较精确地确定目标的角位置。但是,这种天线的波束只占据很窄的圆锥空间,需要较长的时间才能找到目标。因而,这种天线在航空信标和大地测绘以及雷达搜索目标应用中受到限制。为了缩短搜索目标的时间,要求天线能够产生这样一种方向图,即在一个平面内(通常是俯仰平面),具有很宽的波瓣,而在另一个平面(通常是方位平面)内保持为窄波瓣。产生这种方向图的天线称为扇形波瓣天线。

　　有时还对天线波瓣形状提出一些特殊要求。例如,空对地搜索雷达天线,希望它具有如图 4-2-7 所示的俯仰平面方向图。这样,对于地面距离不等的目标,雷达接收到的回波信号强度相等。从图可知,作用距离为

$$R = H\csc\beta$$

$$(4-2-13)$$

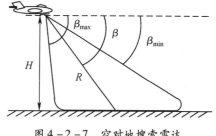

图 4-2-7　空对地搜索雷达
俯仰平面余割平方形波瓣

　　为了补偿能量随距离平方成反比地减小,天线场强方向图应该与 $\csc\beta$ 成正比,功率方向图应与 $\csc^2\beta$ 成正比。有这种方向图的天线称为余割平方形波瓣天线。根据所要求的方向图形状设计出来的天线, 称为赋形波瓣天线。

　　抛物柱面天线和切割抛物面天线往往可以形成方位面窄、垂直面宽的扇形波束。抛物线沿它所在平面的法线方向平移,其轨迹即形成抛物柱面,其抛物线焦点的轨迹为一条直线,称为焦线,如图 4-2-1(b)所示。在焦线上放置一直线馈源,即构成抛物柱面天线。它的口径为矩形,馈源长度可以与焦距相比拟,甚至比焦距还长。在抛物柱面表面各点上,从馈源发出的电磁波具有柱面波特性。抛物面口径场是从馈源发出的柱面波经抛物柱面反射后形成的平面波场。

　　如果沿两对互相平行,且对抛物面中心对称的平行线,将旋转抛物面上下左右四边切去,使其口径呈矩形,这种抛物面称为对称切割矩形抛物面。切割抛物面天线的馈源仍置于抛物面焦点,反射面口径仍为同相场。由于在两个互相垂直的平面内口径尺寸可以不同,故这两个平面内方向图波瓣宽度可以不同。

　　为了产生不对称的扇形波瓣,例如图 4-2-7 所示的余割平方方向图,可以采用两种方法:一是利用抛物面的聚焦特性和馈源横向偏焦后波瓣相应偏移的特性,在焦点附近放置一列馈源,根据需要将功率按一定比例分配给各馈源,以获得所需的波瓣形状。这种方法称为分布馈源法,所形成的天线称为堆积波束天线。另一种方法是用馈源照射单弯曲柱形反射面,或用馈源对双弯曲反射面(如卡塞格伦天线)照射,以获得所需的波瓣形状。单弯曲反射面或双弯曲反射面的形状,依据所要求的次级方向图和所选用的馈源方向图进行设计。前一种方法设计制造简单,但馈源结构庞大,难以保证所需的电性能。后一种方法设计比较复杂,但电性能易于做到接近要求。

四、卡塞格伦天线

标准的卡塞格伦天线是从卡塞格伦光学望远镜结构的启发下制成的一种微波天线。它与单反射面天线相比，具有天线口径利用系数高、结构紧凑、馈电方便等优点，因此，在卫星天线、中继通信和单脉冲精密跟踪测量雷达中得到广泛的应用。

（一）卡塞格伦天线的结构

卡塞格伦天线由主反射面、副反射面和馈源三部分组成。主反射面为旋转抛物面，副反射面为旋转双曲面，它位于主反射面的焦点和顶点之间，馈源放在双曲面的实焦点上。

如图 4-2-8 所示，主反射面是由焦点在 F、焦距为 f 的抛物线绕其焦轴旋转而成；副反射面由双曲线绕其焦轴旋转而成，它的一个焦点 F_1 称为虚焦点，与抛物面的焦点 F 重合，另一个焦点 F_2 称为实焦点，在抛物面的顶点附近；主、副反射面的焦轴重合；馈源通常采用喇叭，它的相位中心位于双曲面的实焦点 F_2 上。

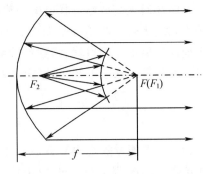

图 4-2-8　卡塞格伦天线的几何结构

存在一组双曲表面可以用做副反射面。副反射面越大，它就越靠近主反射面，并且天线整体的轴向尺寸就越短。但是，大的副反射面会导致大的孔径遮挡，这也是不希望的。小的副反射面减小了孔径遮挡，但是它要支撑在离主反射面更远的距离处。

（二）卡塞格伦天线的几何特性

由 F_2 发出的各射线经双曲面反射后，反射线的延长线都相交于 F 点。因此，由馈源 F_2 发出的球面波，经双曲面反射后，其所有的反射线就像从双曲面的另一个焦点发出来的一样，这些射线经抛物面反射后都平行于抛物面的焦轴。

双曲面上任一点到两焦点的距离之差等于常数。由馈源在 F_2 发出的任意射线经双曲面和抛物面反射后，到达抛物面口径时所经过的波程相等。因此，由馈源在 F_2 发出的任意射线经双曲面和抛物面反射后，不仅相互平行，而且同时到达天线口径面。由此可见，卡塞格伦天线与旋转抛物面天线是相似的。

（三）卡塞格伦天线的优点

卡塞格伦天线的优点可归纳如下：

（1）把馈源安装在抛物面顶点附近，信号由反射体背后馈入，不仅改善了馈源阻挡，并且大大改善了天线系统的结构和驱动特性，降低了成本。

（2）采用后馈方式，使馈源和接收机之间的传输线缩短，减小了传输线损耗所造成的噪声，提高了天线效率。

（3）采用极化旋转器、极化选择表面、频率选择表面等技术实现极化复用和频段复用。

（4）提供了更多的天线设计参数以满足使用要求。例如整形卡塞格伦天线，有可能把天线面积利用系数提高到 0.85 以上。

五、馈源

因为大多数雷达都工作在微波频段(L 频段以上),反射面天线的馈源常常采用某种形式的张开喇叭。在较低的频率(L 频段以下),有时采用对称振子馈源,特别是采用对称振子线阵,来实现抛物柱形反射面的馈电。某些情形还可以用其他类型的馈源,如波导缝隙、槽线和末端开口波导等,但用得最多的还是波导张开型喇叭。

抛物反射面(接收方式)将入射的平面波转换为中心在焦点的球面波前。因此,如果希望实现有方向性的天线方向图的话,馈源必须是点源辐射器,即它们必须辐射球面波前(发射方式)。馈源必须具有的另一特性是对反射面的适当照射,即以规定的振幅分布、最小能量泄漏和具有最小交叉极化的正确计划方式进行照射。馈源还必须能够提供要求的峰值和平均功率电平,而在任何工作环境下不被击穿。这些都是选择和设计反射面天线馈源的基本要素。其他因素还包括频带宽度和天线波束形式(单波束、多波束或单脉冲)。

传播主模 TE_{10} 模的矩形(锥形)波导喇叭被广泛应用,因为它们可满足高功率的要求,在某些情况下也可以使用传播 TE_{11} 模的圆波导(锥形张开)馈源。这些单模、简单张开的喇叭只能满足线极化笔形波束天线的需要。

当对天线性能提出更高要求时,如极化分集、多波束、高效波束或超低副瓣等,馈源相应地将更为复杂。对于这些天线,会用到分隔形、鳍形、多模和波纹喇叭。图 4-2-9 示

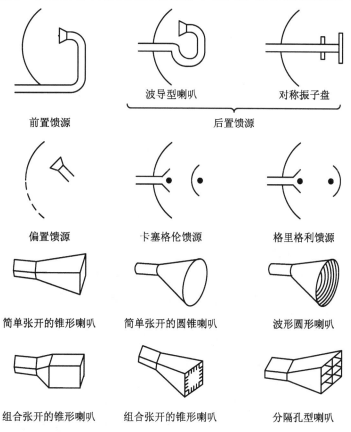

图 4-2-9 反射面天线的各种馈源

出一些典型的馈源,对它们的详细介绍,请参见天线方面的有关资料。

第三节　平板裂缝阵列天线

在矩形波导的宽壁或窄壁上开有裂缝,可以使电磁波通过缝隙向外空间辐射,从而形成一种天线,这种天线称为缝隙天线。波导裂缝可以作为其他天线的馈源,但更多的是将它们适当排列组成线阵或面阵,构成波导裂缝阵列天线,以满足各种天线应用的要求。由于波导裂缝阵列天线的效率高,特别是天线口径照射的幅度和相位易于控制,能够获得比较理想的低副瓣性能,所以逐渐替代了反射面天线,成为机载雷达广泛采用的天线。本节主要讨论平板裂缝阵列天线。

一、波导缝隙天线的激励与辐射

(一)激励与辐射原理

设矩形波导传输 TE_{10} 波,其内壁电流分布如图 4-3-1 所示。如果波导壁上所开缝隙能切割电流线,则波导内壁电流的一部分将以位移电流的形式通过横缝隙,使激励区建立电场的切向分量,并将波导内的功率通过缝隙向外辐射。这种缝隙称为辐射缝隙。当缝隙轴方向与电流线平行时,不能在缝隙区建立切向电场,因此,缝隙未激励,不能向外辐射功率,这种缝隙称为非辐射缝隙。

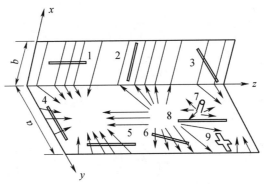

图 4-3-1　波导内壁电流分布与缝隙配置示意图

在图 4-3-1 中,在矩形波导壁上开有各种半波谐振缝隙。窄边纵向缝隙 1,切割波导窄壁横向电流,斜缝隙 3 也切割波导窄壁电流,均为辐射缝隙;窄边的横缝隙 2 平行于电流线,为非辐射缝隙。在波导宽边的各种缝隙中,横缝隙 4 主要切割纵向电流,偏离宽边中心的纵缝隙 5 切割横向电流,斜缝隙 6 同时切割纵向电流与横向电流,十字形缝隙 9 也同时切割纵向电流与横向电流,因此都是辐射缝隙;至于开在宽边中线上的缝隙 8,因为与电流线方向平行,通常是非辐射缝隙,波导测量线就是开的这种缝隙,几乎不产生辐射。但是当其旁边设置电抗振子 7 时,纵向缝隙 8 就变成辐射缝隙了。电抗振子是插入波导内部的螺钉式金属杆,金属杆与波导中的电力线平行,因此,金属杆中产生感应电流,并沿金属杆流向波导壁向四周发散,此电流中相对于缝隙的横向分量将对缝隙进行激励,使它成为辐射缝隙。用这种方法可以使波导上任意位置的缝隙受到激励,调整金属杆的插入深度,可以改变缝隙的激励强度。

十字形缝隙由中心重合、互相垂直的两个缝隙构成。其中纵向缝隙由横向电流激励,横向缝隙由纵向电流激励。由于波导中这两个电流的相位相差90°,当这两个电流幅度相同时,就可能产生圆极化的辐射波。

由于矩形波导缝隙天线是开在有限尺寸的波导壁上,因此其方向图与理想缝隙天线的方向图有一定的差别。特别是 E 面方向图差别较大。E 面是指垂直于缝隙的轴向和波导壁面的平面。图4-3-2为开在波导宽边中心处,横缝隙的 E 面方向图。图中,L 为波导长度,e_z 为波导宽边的外法线。由图可知,方向图已不是理想缝隙天线时的半圆形,而是呈现波动变化,甚至使最大辐射方向偏离缝隙平面的法线方向。L 越长,即导电面越大,波动次数越多,但波动幅度越小,逐渐接近半圆。

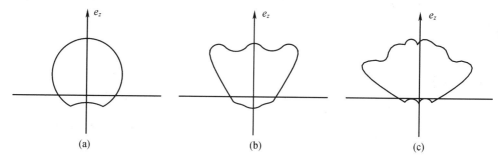

图4-3-2　波导缝隙天线的E面方向图
(a) $L=0.5\lambda$;(b) $L=2.5\lambda$;(c) $L=3.5\lambda$。

波导缝隙天线的 H 面,是通过缝隙轴向且与波导壁面垂直的平面。由于缝隙天线在轴向上不辐射,因此波导宽边中心横缝轴向尺寸(指宽边尺寸)对天线的辐射影响不大,在 H 平面的方向图与理想缝隙天线的相差也不大。

应该指出,理想缝隙天线的辐射是全空间的,而波导缝隙天线基本上只向波导壁外半空间辐射,因此,上面对方向图的比较均在半空间进行。由此可知,波导缝隙天线的辐射电导大约是理想缝隙天线的1/2。因理想半波缝隙天线的辐射电导 $G_{rs}=2\times10^{-3}S$,故矩形波导壁上的半波缝隙天线的辐射电导 $G_{rs}\approx1\times10^{-3}S$。

(二)波导缝隙天线的等效电路

在波导壁上开缝隙后,将引起波导负载的变化。根据波导缝隙处电流和电场的变化,可把缝隙等效成传输线并联导纳或串联阻抗,从而建立起各种波导缝隙的等效电路。

如图4-3-3(a)所示,波导宽边纵向缝隙不改变波导壁上的电流分布,故等效成传输线上的并联导纳。如图4-3-3(b)所示,波导横缝引起次级场强(虚线)的垂直分量在缝隙两侧反向,次级电场与基本波型电场(实线)叠加后的总电场强度,在缝隙两侧突变,故横缝等效成传输线上的串联阻抗。若某种波导缝隙同时引起纵向电流和电场的突变,可把它等效成一个四端网络。上述规则亦适用于波导窄边缝隙的等效电路。

如果波导缝隙天线是采用谐振缝隙天线,它们的输入电抗或电纳为0。因此,它们等效的传输线上的串联阻抗或并联导纳只含实部,不含虚部。

图4-3-4中有三种谐振缝隙。图4-3-4(a)是宽边纵向半波谐振缝,其等效归一化电导为

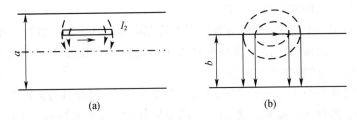

图 4-3-3 波导宽边纵缝与横缝附近的场

$$g = 2.09 \frac{a\lambda_g}{b\lambda} \sin^2\left(\frac{\pi x_1}{a}\right) \cos^2\left(\frac{\pi\lambda}{2\lambda_g}\right) \qquad (4-3-1)$$

式中：a、b 为波导口径尺寸；λ_g、λ 分别为波导波长和自由空间波长；x_1 为缝隙与波导中心距离。

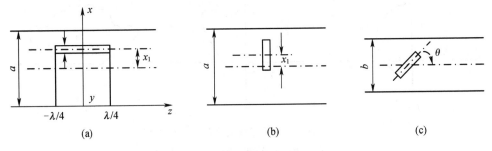

图 4-3-4 三种波导缝隙位置

图 4-3-4(b) 为宽边横向半波谐振缝隙，其等效归一化电阻为

$$r = 0.523\left(\frac{\lambda_g}{\lambda}\right)^3 \frac{\lambda^2}{ab} \cos^2\left(\frac{\lambda\pi}{4a}\right) \cos^2\left(\frac{\pi x_1}{a}\right) \qquad (4-3-2)$$

图 4-3-4(c) 为窄边斜缝隙，等效归一化电导为

$$g = 0.13 \frac{\lambda_g\lambda^3}{ab} \left[\frac{\cos\left(\frac{\pi\lambda}{2\lambda_g}\sin\theta\right)}{1 - \left(\frac{\lambda}{\lambda_g}\sin\theta\right)^2}\sin\theta\right]^2 \qquad (4-3-3)$$

式中：θ 为斜缝与波导纵向的夹角。

从式(4-3-1)~式(4-3-3)可见，用改变 x_1 或 θ 的办法，可以调整缝隙的激励强度，从而改变等效归一化电阻或电导。

二、波导裂缝阵列天线

常用的波导裂缝阵列天线单元有波导宽边偏置缝、波导宽边倾斜缝和波导窄边倾斜缝三种。波导裂缝的辐射强度和相位可由裂缝偏置（或倾角）的大小和方向来控制。一根波导上规则排列的多个裂缝可构成线阵天线，如图 4-3-5 所示。在平面上将波导裂缝线阵按一定的间距排列就形成面阵，如图 4-3-6 所示。通过对每根波导的激励和裂缝倾角或偏置的控制，就可以得到一个可控的二维口径分布，从而产生期望的波瓣。

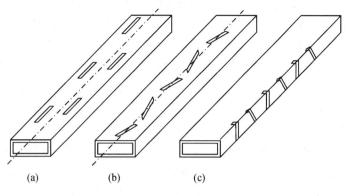

图 4 - 3 - 5　三种波导裂缝线阵示意图

(a) A 型；(b) B 型；(c) C 型。

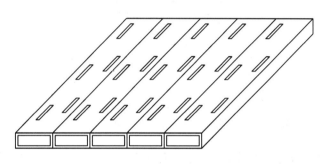

图 4 - 3 - 6　波导裂缝面阵示意图

　　根据裂缝单元间距和馈电方式的选择,波导裂缝阵列天线可分为谐振阵(驻波阵)和非谐振阵(行波阵)两种。

(一) 驻波阵

　　采用端馈或中馈且终端短路的波导裂缝线阵,当裂缝间距为 $\lambda_g/2$ 时,波导腔内的电场分布呈驻波状态,叫做驻波阵。对于并联裂缝,即偏置缝,如短路板距末端缝中心为 $\lambda_g/4$,则裂缝总是位于驻波电压的波峰点,如图 4 - 3 - 7 所示;对于串联倾斜缝,即耦合缝,如短路板距末端缝中心为 $\lambda_g/2$,则裂缝总是位于驻波电流的波峰点,如图 4 - 3 - 8 所示。由于每隔 $\lambda_g/2$,波导壁表面电流的相位反相,因此,相邻纵向偏置缝应位于波导宽边中心线的两侧,而相邻倾斜缝的倾斜角度应反号。

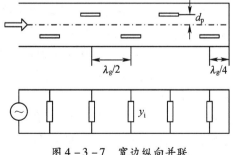

图 4 - 3 - 7　宽边纵向并联
裂缝驻波阵及等效电路

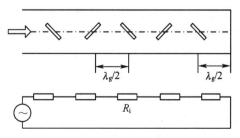

图 4 - 3 - 8　宽边倾斜串联
裂缝驻波阵及等效电路

驻波阵是一种窄带天线。为保证天线所需的带宽，每根辐射波导上的缝数受到限制。在进行面阵设计时，需根据带宽要求划分适当数目的子阵。子阵是几根并排在一起的辐射波导，它由背面的一根耦合波导激励。一根波导上的单元数越多，带宽越窄。偏离中心频率时，输入端的驻波和天线口径场分布都会恶化，即输入端驻波比和天线口径幅相误差增大，进而导致天线的副瓣电平抬高，增益下降。7 个裂缝的驻波阵增益下降 1dB 的带宽为 5%，驻波小于 2 的带宽为 6%。

（二）行波阵

行波阵是指波导的一端注入激励信号，另一端接负载以吸收剩余功率的裂缝阵列天线。这种阵列裂缝单元间距不等于 $\lambda_g/2$，各辐射裂缝的反射波不会因同相叠加而产生大的输入驻波。如图 4-3-9 所示，相邻裂缝位于距波导中心线为 d_c 的两侧，能量从一端馈入，沿途边辐射边传输，通过控制裂缝的参数可控制辐射能量，由此实现加权分布。

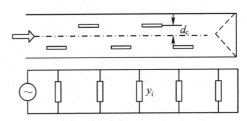

图 4-3-9　宽边纵向并联裂缝行波阵及等效电路

行波阵天线每根波导的裂缝数目较多，裂缝辐射较小，对波导内传输场的影响不大，波导内的传输场仍然接近行波传输规律。由于裂缝间距不等于 $\lambda_g/2$，相邻裂缝辐射相位存在一个固定的相位差，所以使得天线方向图最大值偏离阵面法线方向，并随频率而改变。

三、平板裂缝阵列天线

波导宽边裂缝驻波阵天线，即为平板裂缝阵列天线。这种天线采用高精度数控机床加工波导腔和辐射裂缝，然后整体焊接成型。其所有辐射缝共面，且天线的结构紧凑，重量轻，机械强度大，加工精度高，在机载火控雷达中得到普遍应用。

（一）天线的结构

如图 4-3-10 所示，天线阵面是由若干波导窄边紧靠拼装形成的。波导宽边开有 A 型裂缝，即纵向偏置裂缝，这些波导称为辐射波导。形成辐射口径的裂缝称为辐射裂缝，为补偿相邻辐射裂缝的 180° 馈电相位差，相邻辐射裂缝偏置方向相反。在辐射波导的背面还有一些垂直交叉放置的波导段，这些波导称为耦合波导。在耦合波导和辐射波导的公共宽边上开有 B 型裂缝，即中心倾斜缝，称为耦合裂缝。每根耦合波导的中间有一个 H-T 接头，与波导功率分配网络相连，这个 H-T 接头即为馈电装置。一个馈电装置、一根耦合波导和对应的几根辐射波导就构成了一个子阵。因为要求具有单脉冲功能，所以整个天线分成了四个象限，如果每个象限由三个子阵组成，则用一个一分三的功率分配网络给这些子阵馈电。四个功率分配网络的输入口与一个和差器相连，由此形成和波束、方位差波束和俯仰差波束。

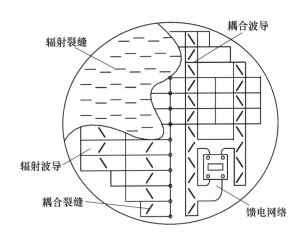

图 4 - 3 - 10 典型平板裂缝阵列天线结构示意图

根据需要,平板裂缝阵列天线的轮廓可以为矩形、圆形和椭圆等形状。辐射波导可以在波导中间采用裂缝耦合的方式馈电,也可以从辐射波导的端口直接馈电。在多根辐射波导组阵的情况,多采用垂直交叉耦合的形式,耦合裂缝位于邻近的两个辐射裂缝中间,如图 4 - 3 - 11 所示。

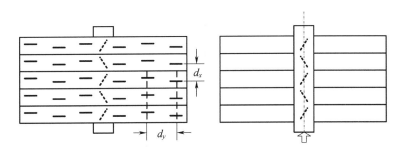

图 4 - 3 - 11 耦合裂缝馈电示意图

通过对耦合裂缝的倾角和长度的控制,将能量按照设定的幅度、相位耦合到辐射波导,从而实现对辐射波导的正确激励。为适应机载、弹载等对天线体积和重量要求严格的场合,波导窄边一般选用半高尺寸。

(二)口径分布及子阵划分

由于机载雷达天线整个下半球空间的副瓣所产生的地杂波会对目标的检测产生严重干扰,再考虑到载机的横滚,因此在几乎所有的切面上都要求低副瓣。同时,因离主瓣远的副瓣相对大地的入射角较小,入射距离近,产生地杂波的强度就会较强,所以也要求天线的远区副瓣电平呈递减趋势。表 4 - 3 - 1 列出了一个 X 频段平板裂缝阵列天线工作频带内和通道副瓣电平的指标要求。从表中可见,它除了对主瓣附近的最大副瓣电平提出了要求外,还对所有角度范围的副瓣电平都给出了严格的包络线。表中只给出了两个主平面的副瓣要求,对其他切面的要求则在两者之间。

表4-3-1　工作频带内和通道副瓣电平

H 面		E 面	
角度/(°)	副瓣电平/dB	角度/(°)	副瓣电平/dB
0~10	< -25	0~10	< -25
10~40	-35 ~ -25 的直线	10~20	-34 ~ -25 的直线
40~65	-44 ~ -35	20~30	-40 ~ -34 的直线
65~90	-50 ~ -44 的直线	30~60	-44 ~ -40 的直线
		60~90	< -44

在进行口径分布设计时,一般选用平均副瓣更低的口径照射函数,如 Gauss、倒置抛物线、Tokey 等分布。天线的子阵划分和口径分布密切相关。为了提高天线的带宽性能,一般选用接近等功率分配的功分元件组成串并馈网络对天线子阵馈电,并且在子阵划分时,子阵间功率应满足 -3dB 间隔要求。图 4-3-12 所示为一个平板裂缝阵列天线的子阵划分实例图,其每个象限有五个子阵,它们的功率分配比(dB)为: -3:-6:-9:-12:-12。

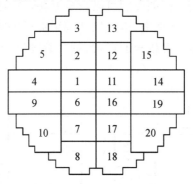

图4-3-12　一个平板裂缝阵列天线的子阵划分实例图

第四节　相控阵天线

一般雷达探测目标角坐标的方法,是利用固定波束机械扫描方式进行的,即利用天线的机械转动来带动波束扫描实现目标方位角和俯仰角的测量。由于机械扫描受到天线惯性的影响和驱动功率的限制,波束的扫描速度较慢,因而在探测和跟踪高速目标、以及多个目标时受到限制。

相控阵天线是通过控制移相器改变阵列天线阵元相位分布来实现波束在空间的快速扫描,即电子扫描。电扫描天线无运动惯性,波束扫描速度快,且控制灵活。相控阵雷达因天线为相控阵形式而得名。相控阵天线是天线领域中发展最快的一种天线技术,与其他天线相比,它具有高增益、大功率、多波束、多功能、数据率高、测量精度高、可靠性高等许多优点。

由于近年来在技术上取得的实质性进步,相控阵技术的应用已经越来越广泛。从20世纪 60 年代仅用于大型空间监视雷达已经发展为当前在战术防空雷达、战场火炮侦察定位雷达、靶场精密测量雷达、舰载监视雷达与制导雷达、警戒雷达、机载火控雷达,以及空基(卫星和飞船载)雷达等方面都有了广泛的应用,甚至已经应用到电子战系统和卫星通信系统中。

一、相位扫描直线阵

相位控制可采用相位法、延时法、频率法或电子馈电开关等方法。在一维直线上排列若干个辐射单元形成的阵列即为线性阵列,在二维平面上排列若干个辐射单元构成平面阵。辐射单元也可以排列在曲线或曲面上,这种天线称为共形阵天线。共形阵天线可以突破一般线阵和平面阵列扫描范围的限制,实现一部天线更大的空域扫描。

(一) 相位扫描原理

图4-4-1所示为由 N 个阵元组成的一维直线移相器天线阵,阵元间距为 d。为简化分析,先假定每个阵元为无方向性的点辐射源,所有阵元的馈线输入端为等幅同相馈电,各移相器的相移量分别为 $0, \varphi, 2\varphi, \cdots, (N-1)\varphi$,即相邻阵元激励电流之间的相位差为 φ。

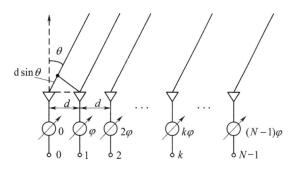

图4-4-1　N 元直线移相器天线阵

1. 线阵天线方向图

现在考虑偏离法线 θ 方向远区某点的场强,它应为各阵元在该点的辐射场的矢量和,即

$$E(\theta) = E_0 + E_1 + \cdots + E_k + \cdots + E_{N-1} = \sum_{k=0}^{N-1} E_k$$

因等幅馈电,且忽略各阵元到该点距离上的微小差别对振幅的影响,可认为各阵元在该点辐射场的振幅相等,用 E 表示。若以零号阵元辐射场 E_0 的相位为基准,则

$$E(\theta) = E \sum_{k=0}^{N-1} e^{jk(\psi-\varphi)} \tag{4-4-1}$$

式中:$\psi = \dfrac{2\pi}{\lambda} d\sin\theta$ 为由于波程差引起的相邻阵元辐射场的相位差;φ 为相邻阵元激励电流的相位差;$k\psi$ 为由波程差引起的第 k 个阵元的场强 E_k 对 E_0 的相位超前;$k\varphi$ 为由激励电流相位差所引起的 E_k 对 E_0 的相位滞后。

任一阵元辐射场与前一阵元辐射场之间的相位差为 $\psi - \varphi$。按等比级数求和并运用尤拉公式,式(4-4-1)化简为

$$E(\theta) = E\frac{\sin\left[\dfrac{N}{2}(\psi - \varphi)\right]}{\sin\left[\dfrac{1}{2}(\psi - \varphi)\right]}e^{j\left[\frac{N-1}{2}(\psi-\varphi)\right]}$$

由式(4-4-1)容易看出,当 $\psi = \varphi$ 时,各分量同相相加,场强幅值最大,显然, $|E(\theta)|_{\max} = NE$。故归一化方向性函数为

$$F(\theta) = \frac{|E(\theta)|}{|E(\theta)|_{\max}} = \left|\frac{1}{N}\frac{\sin\left[\dfrac{N}{2}(\psi - \varphi)\right]}{\sin\left[\dfrac{1}{2}(\psi - \varphi)\right]}\right| = \frac{1}{N}\left|\frac{\sin\left[\dfrac{N}{2}\left(\dfrac{2\pi}{\lambda}d\sin\theta - \varphi\right)\right]}{\sin\left[\dfrac{1}{2}\left(\dfrac{2\pi}{\lambda}d\sin\theta - \varphi\right)\right]}\right|$$

$$(4-4-2)$$

2. 线阵天线的波束扫描原理

由天线的方向图可以得出的天线基本性能之一就是波束的最大值指向。 $\varphi = 0$ 时,也就是各阵元等幅同相馈电时,由上式可知,当 $\theta = 0$, $F(\theta) = 1$,即方向图最大值在阵列法线方向。若 $\varphi \neq 0$,则方向图最大值方向(波束指向)就要偏移,偏移角 θ_0 由移相器的相移量 φ 决定,其关系式为 $\theta = \theta_0$ 时,应有 $F(\theta_0) = 1$,由式(4-4-2)可知应满足

$$\varphi = \psi = \frac{2\pi}{\lambda}d\sin\theta_0 \qquad (4-4-3)$$

式(4-4-3)表明,在 θ_0 方向,各阵元的辐射场之间,由于波程差引起的相位差正好与移相器引入的相位差相抵消,导致各分量同相相加获最大值。显然,改变 φ 值,为满足式(4-4-3),就可改变波束指向角 θ_0,从而形成波束扫描。

也可以用图4-4-2来解释,可以看出,图中 MM' 线上各点电磁波的相位是相同的,称同相波前。方向图最大值方向与同相波前垂直(该方向上各辐射分量同相相加),故控制移相器的相移量,改变 φ 值,同相波前倾斜,从而改变波束指向,达到波束扫描的目的。

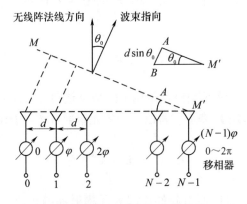

图4-4-2 一维相扫天线简图

根据天线收发互易原理,上述天线用作接收时,以上结论仍然成立。

(二)栅瓣问题

现在将 ψ 与波束指向 θ_0 之间的关系式(4-4-3)代入式(4-4-2),得

$$F(\theta) = \left| \frac{1}{N} \frac{\sin\left[\dfrac{\pi Nd}{\lambda}(\sin\theta - \sin\theta_0)\right]}{\sin\left[\dfrac{\pi d}{\lambda}(\sin\theta - \sin\theta_0)\right]} \right| \qquad (4-4-4)$$

可以看出,当$(\pi Nd/\lambda)(\sin\theta - \sin\theta_0) = 0$, $\pm\pi$, $\pm 2\pi$, $\cdots$, $\pm n\pi$(n 为整数)时,分子为0,若分母不为0,则有 $F(\theta) = 0$。而当$(\pi d/\lambda)(\sin\theta - \sin\theta_0) = 0$, $\pm\pi$, $\pm 2\pi$, $\cdots$, $\pm n\pi$(n 为整数)时,式(4-4-4)分子、分母同为0,由洛比达法则得 $F(\theta) = 1$,由此可知 $F(\theta)$ 为多瓣状,如图4-4-3所示。其中,$(\pi d/\lambda)(\sin\theta - \sin\theta_0) = 0$,即 $\theta = \theta_0$ 时称为主瓣,其余称为栅瓣。出现栅瓣将会产生测角多值性。由图4-4-3看出,为避免出现栅瓣,只要保证下式即可:

$$\left| \frac{\pi d}{\lambda}(\sin\theta - \sin\theta_0) \right| < \pi \qquad (4-4-5)$$

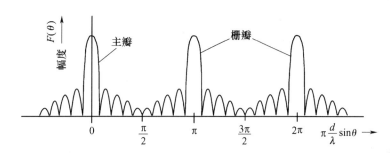

图 4-4-3　方向图出现栅瓣

即

$$\frac{d}{\lambda} < \frac{1}{|\sin\theta - \sin\theta_0|}$$

因 $|\sin\theta - \sin\theta_0| \leqslant 1 + |\sin\theta_0|$,故不出现栅瓣的条件可取为

$$\frac{d}{\lambda} < \frac{1}{1 + |\sin\theta_0|} \qquad (4-4-6)$$

当波长 λ 取定以后,只要调整阵元间距 d 以满足上式,便不会出现栅瓣。如要在 $-90° < \theta_0 < +90°$ 范围内扫描时,则 $d/\lambda < 1/2$。但通过下面的讨论可看出,当 θ_0 增大时,波束宽度也要增大,故波束扫描范围不宜取得过大,一般取 $|\theta_0| \leqslant 60°$ 或 $|\theta_0| \leqslant 45°$,此时分别是 $d/\lambda < 0.53$ 或 $d/\lambda < 0.59$。为避免出现栅瓣,通常选 $d/\lambda \leqslant 1/2$。

(三) 波束宽度

由线阵天线的方向图公式可得出线阵天线的波束宽度。通常波束很窄,$|\theta - \theta_0|$ 较小,$\sin[(\pi d/\lambda)(\sin\theta - \sin\theta_0)] \approx (\pi d/\lambda)(\sin\theta - \sin\theta_0)$,式(4-4-4)可近似为

$$F(\theta) \approx \left| \frac{\sin\left[\dfrac{N\pi d}{\lambda}(\sin\theta - \sin\theta_0)\right]}{\dfrac{N\pi d}{\lambda}(\sin\theta - \sin\theta_0)} \right| \qquad (4-4-7)$$

式(4-4-7)是辛克(Sinc)函数。设在波束半功率点上的 θ 值为 θ_+ 和 θ_-(图4-4-4),由辛克函数曲线,当 $x = \pm 0.443\pi$ 时,$\sin x/x = 0.707$,故知,当 $\theta = \theta_+$ 时应有

$$\frac{N\pi d}{\lambda}(\sin\theta_+ - \sin\theta_0) = 0.443\pi$$

$$(4-4-8)$$

容易证明

$$\sin\theta_+ - \sin\theta_0 = \sin(\theta_+ - \theta_0)\cos\theta_0 - [1 - \cos(\theta_+ - \theta_0)]\sin\theta_0$$

波束很窄时，$\theta_+ - \theta_0$ 很小，式(4-4-8)第二项忽略，可简化为 $\sin\theta_+ - \sin\theta_0 \approx (\theta_+ - \theta_0)\cos\theta_0$

代入式(4-4-8)，整理得出波束半功率宽度为

$$\theta_{0.5} = 2(\theta_+ - \theta_0) \approx \frac{0.886\lambda}{Nd\cos\theta_0}(\text{rad}) = \frac{50.8\lambda}{Nd\cos\theta_0}(°)$$

$$(4-4-9)$$

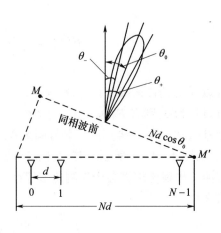

图 4-4-4 扫描时的波束宽度

式中：Nd 为线阵长度。

从式(4-4-9)可看出，波束指向天线阵面法线方向时，即 $\theta_0 = 0°$，波束宽度最小为

$$\theta_{0.5} \approx \frac{0.886}{Nd}\lambda(\text{rad}) \approx \frac{50.8}{Nd}\lambda(°)$$

当 $d = \lambda/2$ 时，$\theta_{0.5} \approx \frac{100}{N}(°)$。在这一条件下，如果要求 $\theta_{0.5} = 1°$，则所需阵元数 $N = 100$。如果要求水平和垂直面内的波束宽度都为 $1°$，则需 100×100 个阵元。

波束扫描时，随着波束指向 θ_0 的增大，$\theta_{0.5}$ 要展宽，θ_0 越大，波束变得越宽。例如，当 $\theta_0 = 60°$ 时，$\theta_{0.5}$ 将展宽为法线方向波束宽度的 2 倍。

随着 θ_0 增大，波束展宽，会使天线增益下降。可以用阵元总数为 N_0 的方天线阵来说明。假定天线口径面积为 A，无损耗，口径场均匀分布（即口面利用系数等于 1），阵元间距为 d，则有效口径面积 $A = N_0d^2$，法线方向天线增益为

$$G(0) = \frac{4\pi A}{\lambda^2} = \frac{4\pi N_0 d^2}{\lambda^2}$$

$$(4-4-10)$$

如果波束扫到 θ_0 方向，则天线发射或接收能量的有效口径面积 A_s 为面积 A 在扫描等相位面上的投影，即 $A_s = A\cos\theta_0 = N_0 d^2\cos\theta_0$。如果将天线考虑为匹配接收天线，则扫描波束所收集的能量总和正比于天线口径的投影面积 A_s，所以波束指向处的天线增益为

$$G(\theta_0) = \frac{4\pi A_s}{\lambda^2} = \frac{4\pi N_0 d^2}{\lambda^2}\cos\theta_0$$

当 $d = \lambda/2$ 时，$G(\theta_0) = N_0\pi\cos\theta_0$。可见增益随 θ_0 增大而减小。

如果在方位和仰角两个方向同时扫描，以 $\theta_{0\alpha}$ 和 $\theta_{0\beta}$ 表示波束在方位和仰角方向对法线的偏离，则

$$G(\theta_{0\alpha}, \theta_{0\beta}) = N_0\pi\cos\theta_{0\alpha}\cos\theta_{0\beta}$$

当 $\theta_{0\alpha} = \theta_{0\beta} = 60°$ 时，$G(\theta_{0\alpha}, \theta_{0\beta}) = N_0\pi/4$，只有法线方向增益的 1/4。

总之，在波束扫描时，由于在 θ_0 方向等效天线口径面尺寸等于天线口径面在等相面

上的投影（即乘以 $\cos\theta_0$），与法线方向相比，尺寸减小，波束加宽，因而天线增益下降，且随着 θ_0 的增大而加剧。所以波束扫描的角范围通常限制在 $\pm 60°$ 或 $\pm 45°$ 之内。若要覆盖半球，至少要三个面天线阵。

必须指出，前面讨论方向性函数时，都是假定每个阵元是无方向性的，当考虑单个阵元的方向性时，总的方向性函数应为上述结果与阵元方向性函数之积。设阵元方向性函数为 $F_e(\theta)$，阵列方向性函数为 $F(\theta)$，则 N 阵元线性阵总的方向性函数 $F_N(\theta)$ 为：$F_N(\theta) = F_e(\theta) \cdot F(\theta)$。当阵元的方向性较差时，在波束扫描范围不大的情况下，对总方向性函数的影响较小，故上述波束宽度和天线增益的公式仍可近似应用。

另外，等间距和等幅馈电的阵列天线副瓣较大（第一副瓣电平为 $-13\mathrm{dB}$），为了降低副瓣，可以采用"加权"的办法。一种是振幅加权，使得馈给中间阵元的功率大些，馈给周围阵元的功率小些。另一种叫密度加权，即天线阵中心处阵元的数目多些，周围的阵元数少些。

（四）相扫天线的带宽

相扫天线的工作频带取决于馈源设计和天线阵的扫描角度。这里着重研究阵面带宽。

相扫天线扫描角为 θ_0 时，同相波前距天线相邻阵元的距离不同而产生波程差 $d\sin\theta_0$，如果用改变相邻阵元间时间迟延值的办法获得倾斜波前，则雷达工作频率改变时不会影响电扫描性能。但相扫天线阵中所需倾斜波前是靠波程差对应的相位差 $\psi = (2\pi/\lambda)d\sin\theta_0$ 获得的，相位调整是以 2π 的模而变化的，它对应于一个振荡周期的值，而且随着工作频率改变，波束的指向也会发生变化，这就限制了天线阵的带宽。

当工作频率为 f，波束指向为 θ_0 时，位于离阵参考点第 n 个阵元的移相量为

$$\psi = \frac{2\pi}{\lambda}nd\sin\theta_0$$

如工作频率变化 δf，而移相量 ψ 不变，则波束指向将变化 $\delta\theta$，$\delta\theta$ 满足以下关系式：

$$\delta\theta = -\frac{\delta f}{f}\tan\theta_0 \qquad (4-4-11)$$

频率增加时，$\delta\theta$ 为负值，表明此时波束指向朝法线方向偏移。扫描角 θ_0 增大，$\delta\theta$ 亦增加。用百分比带宽 $B_a(\%) = 2(\delta f/f) \times 100$ 表示式（4-4-11）时，则

$$\delta\theta = \pm\frac{B_a(\%)}{200}\tan\theta_0(\mathrm{rad}) = \pm 0.29 B_a(\%)\tan\theta_0(°) \qquad (4-4-12)$$

波束扫描随频率变化所允许的增量和波束宽度有关。扫描时的波束宽度 $\theta_B(s) = \theta_B/\cos\theta_0$，$\theta_B$ 为法线方向波束宽度。将式（4-4-12）变换为

$$\frac{\delta\theta}{\theta_B(s)} = \pm 0.29\frac{B_a(\%)}{\theta_B}\sin\theta_0 = \pm 0.29 k\sin\theta_0 \qquad (4-4-13)$$

式（4-4-13）中带宽因子 $k = B_a(\%)/\theta_B(°)$。如果允许 $|\delta\theta/\theta_B(s)| \leqslant 1/4$，则由式（4-4-13）可求得

$$k \leqslant \frac{0.87}{\sin\theta_0} \qquad (4-4-14)$$

当扫描角 θ_0 增大时,允许的带宽变小。如 $\theta_0 = 60°$,则得此时 $k = 1$,即百分比带宽为

$$60°B_a(\%) = \theta_B(°)$$

上面分析了单频工作时(相当于连续波)指向与频率变化的关系。然而大多数雷达工作于脉冲状态,其辐射信号占有一个频带,当天线扫描偏离法线方向时,频谱中的每一分量分别扫向一个有微小偏差的方向,已经有人分析研究了此时各频率分量在远场区的合成情况。很明显,在脉冲工作时,天线增益将低于单频工作时的最大增益,如果允许辐射到目标上的能量可以减少 0.8dB,则当波束扫描角 $\theta_0 = 60°$ 时,可得到 $B_a(\%) = 2\theta_B$(个脉冲)。天线阵面孔径增大时,波束 θ_B 减小,则允许的带宽 $B_a(\%)$ 也相应减小。

相扫天线的带宽也可从时域上用孔径充填时间或等效脉冲宽度来表示。当天线扫描角为 θ_0 时,由于存在波程差,将能量充填整个孔径面所需时间为

$$T = \frac{D}{c}\sin\theta_0 \qquad\qquad (4-4-15)$$

式中:D 为天线孔径尺寸,c 为光速。

能有效通过天线系统的脉冲宽度 τ 应满足 $\tau \geqslant T$。其对应的频带为 $B = 1/\tau$。将孔径尺寸 D 与波束宽度 θ_B 的关系引入,且知道百分比带宽 $B_a(\%)$ 为 $B/f \times 100$,则可得到,当取最小可用脉宽即 $\tau = T$ 时,有

$$B_a(\%) = \frac{2\theta_B}{\sin\theta_0}(°) \qquad\qquad (4-4-16)$$

扫描角 θ_0 越大,$B_a(\%)$ 越小。当 90° 扫描时可得 $B_a(\%) = 2\theta_B(°)$。当脉宽等于孔径充填时间时,将产生 0.8dB 的损失,脉宽增加,则损失减少。

为了在空间获得一个不随频率变化的稳定扫描波束,就需要用迟延线而不是移相器来实现波束扫描,在每一阵元上均用时间迟延网络是不实用的,因为它耗费很大,且损耗及误差也较大。一种明显改善带宽的办法是用子阵技术(图 4-4-5),即数个阵元组合为子阵,而在子阵之间加入时间迟延单元,天线可视为由子阵组成的阵面。子阵的方向图形成"阵元"因子,它们用移相器控制扫描到指定方向,每个子阵均工作于同一模式,当频率改变时其波束将有偏移,子阵间的扫描通过调节与频率无关的迟延元件实现。

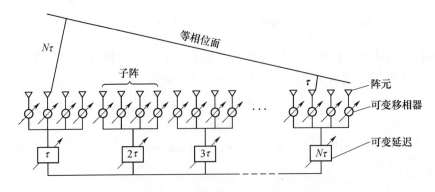

图 4-4-5　用子阵和时间延迟的相扫阵列

总的天线方向性函数由阵列方向性函数和阵元(子阵)方向性函数相乘得到。频率改变时,将引起栅瓣的增高而不是波束位置的偏移,如图4-4-6所示,图中所画的偏移量是夸大的。

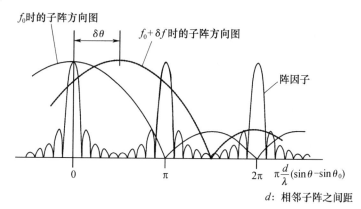

图4-4-6 频率变化时子阵相控阵方向图

二、相位扫描平面阵

大多数三坐标相控阵雷达均采用平面相控阵天线。这里讨论的平面相控阵天线是指天线单元分布在平面上,天线波束在方位和俯仰角两个方向上均可进行相控扫描的阵列天线。

(一)平面相控阵天线方向图

设天线单元按等间距矩形格阵排列,如图4-4-7所示。图中,阵列在 zOy 平面上共有 $M \times N$ 个天线单元,单元间距分别为 d_y 与 d_z。设目标所在方向以方向余弦表示为 $(\cos\alpha_x, \cos\alpha_y, \cos\alpha_z)$,则相邻单元之间的"空间相位差"沿 y 轴(水平)和 z 轴(垂直)方向分别为

$$\Delta\phi_1 = \frac{2\pi}{\lambda}d_y\cos\alpha_y, \Delta\phi_2 = \frac{2\pi}{\lambda}d_z\cos\alpha_z \tag{4-4-17}$$

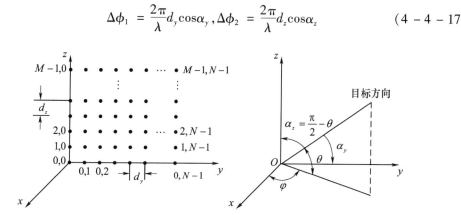

图4-4-7 平面相控阵天线阵元排列示意图

第 (i,k) 单元与第 $(0,0)$ 参考单元之间的"空间相位差"为 $\Delta\phi_{ik} = i\Delta\phi_1 + k\Delta\phi_2$。若天线阵内由移相器提供的相邻阵元之间的"阵内相位差",沿 y 轴和 z 轴方向分别为

$$\Delta\phi_{B\alpha} = \frac{2\pi}{\lambda}d_y\cos\alpha_{y_0}, \Delta\phi_{B\beta} = \frac{2\pi}{\lambda}d_z\cos\alpha_{z_0} \qquad (4-4-18)$$

式中:$\cos\alpha_{y_0}$、$\cos\alpha_{z_0}$ 为波束最大值指向的方向余弦。

第 (i,k) 单元与第 $(0,0)$ 参考单元之间的"阵内相位差"为 $\Delta\phi_{Bik} = i\Delta\phi_{B\alpha} + k\Delta\phi_{B\beta}$。若第 (i,k) 单元的幅度加权系数为 a_{ik},则图 4-4-7 所示平面相控阵天线的方向性函数在忽略阵元方向图影响的条件下,可表示为

$$F(\cos\alpha_y, \cos\alpha_z) = \sum_{i=0}^{N-1}\sum_{k=0}^{M-1} a_{ik}\exp[\mathrm{j}(\Delta\phi_{ik} - \Delta\phi_{Bik})]$$

$$= \sum_{i=0}^{N-1}\sum_{k=0}^{M-1} a_{ik}\exp\left\{\mathrm{j}\left[i\left(\frac{2\pi}{\lambda}d_y\cos\alpha_y - \Delta\phi_{B\alpha}\right) - k\left(\frac{2\pi}{\lambda}d_z\cos\alpha_z - \Delta\phi_{B\beta}\right)\right]\right\}$$

$$(4-4-19)$$

考虑到 $\cos\alpha_z = \sin\theta, \cos\alpha_y = \cos\theta\sin\varphi$,则平面相控阵天线的方向性函数又可表示为

$$F(\theta,\varphi) = \sum_{i=0}^{N-1}\sum_{k=0}^{M-1} a_{ik}\exp\left\{\mathrm{j}\left[i\left(\frac{2\pi}{\lambda}d_y\cos\theta\sin\varphi - \Delta\phi_{B\alpha}\right) - k\left(\frac{2\pi}{\lambda}d_z\sin\theta - \Delta\phi_{B\beta}\right)\right]\right\}$$

$$(4-4-20)$$

式中:θ 为偏离阵面法线的俯仰面扫描角;φ 为以 x 轴算起的水平面扫描角。

由此可见,改变相邻阵元之间的相位差,即 $\Delta\phi_{B\alpha}$ 和 $\Delta\phi_{B\beta}$,则可实现天线波束的相控扫描。

二维阵列天线可以看做按行或列分布的子阵构成,若每一列的所有天线阵元作为一个子阵,将其看成行线阵中的一个在仰角上具有窄波束的天线阵元。此时,面阵天线方向图可表示为

$$F(\theta,\varphi) = \sum_{i=0}^{N-1} \boldsymbol{F}_{ik}(\theta)\exp\left[\mathrm{j}i\left(\frac{2\pi}{\lambda}d_y\cos\theta\sin\varphi - \Delta\phi_{B\alpha}\right)\right]$$

$$(4-4-21)$$

式中:$\boldsymbol{F}_{ik}(\theta) = \sum_{k=0}^{M-1} a_{ik}\exp\left[\mathrm{j}k\left(\frac{2\pi}{\lambda}d_z\sin\theta - \Delta\phi_{B\beta}\right)\right]$。

$\boldsymbol{F}_{ik}(\theta)$ 是由 $i=i, k=0,1,\cdots,M-1$ 的所有阵元构成的列线阵方向图。因此,将平面相控阵雷达天线看成一个行线阵,此行线阵中每一个等效天线单元的方向图为 $\boldsymbol{F}_{ik}(\theta)$。$\boldsymbol{F}_{ik}(\theta)$ 求和符号内的 a_{ik} 为阵列的幅度加权系数。

(二) 波束特性

1. 主瓣、增益和副瓣

工程中常用下列关于平面阵特性的计算公式。

按间距 $\lambda/2$ 排列的笔形波束,其辐射单元数与波束宽度的关系为

$$N \approx \frac{10000}{(\theta_B)^2} \text{ 或 } \theta_B = \frac{100}{\sqrt{N}} \qquad (4-4-22)$$

式中:θ_B 为以度为单位的 3dB 波束宽度。

当波束指向孔径法线方向时,相应的天线增益为

$$G_0 \approx \pi N \eta \approx \pi N \eta_{\mathrm{L}} \eta_{\mathrm{a}} \qquad (4-4-23)$$

式中:η 为计入由天线损耗 η_{L} 和由单元不等幅加权引起的增益下降 η_{a} 的因子。

当扫描到 θ_0 方向时,平面阵增益下降到与投影孔径相应的值。

当波束扫描偏离法线方向时,天线阵的主瓣宽度将变宽,增益下降,副瓣增大。这是因为波阵面总是垂直于波束方向,波阵面倾斜后,天线的有效面积将减小,其值为天线实际面积在波阵面上的投影。主瓣宽度与阵列尺寸成反比,所以,可以得出在扫描方向变化后的主瓣宽度与法向主瓣宽度的关系式为

$$(2\theta_{0.5})_\theta = \frac{(2\theta_{0.5})_0}{\cos\theta} \qquad (4-4-24)$$

式中:$(2\theta_{0.5})_0$ 为法线方向主瓣宽度。

在扫描角 $\theta < 45°$ 范围内,式(4-4-24)正确。当 θ 趋近 $90°$ 时不适用,这时的主瓣宽度由端射阵列公式计算。

增益随扫描角的余弦变化,即 $G(\theta) = G_0 \cos\theta$。式中,$G_0$ 为法向时天线阵的增益。波束主瓣方向上的场强相应下降,其归一化值为 $E(\theta) = \sqrt{\cos\theta}$。

虽然天线副瓣本身没有增加,但是最大方向上的场强降低了,因而相对副瓣电平增大了。

2. 盲点效应

当单元数很大的相控阵天线扫描时,在某些特定的扫描角上,方向图的主瓣会变得很小甚至完全消失,而且在阵列单元的馈线中反射系数达到1。这就表示在这些扫描角上,天线阵既不向外辐射功率,也不接收功率,沿馈线系统传送的全部功率实际上返回到馈源。这些特定的角度称为相控阵天线的盲点。盲点往往出现在栅瓣之前,即有时波束扫描刚偏离法线方向不大角度时便出现盲点。这样就大大缩小了扫描区域,影响相控阵天线的性能和正常工作。

盲点产生的主要原因简单说来是互耦影响,从实验中得知,不同形式排列的阵,盲点出现的位置也不同。

抑制和消除盲点的主要方法是改变阵列的环境参数,使阵列在所要求的扫描空域内,不具备产生盲点的条件。可以合理选择单元口径尺寸和阵格尺寸;合理选择天线阵面前的介质层厚度;破坏排列的均匀性和对称性;单元间距作一定的随机分布。这些对抑制和消除盲点效应有一定的效果。

三、辐射阵元

相控阵天线最常用的辐射器是偶极子、缝隙、开口波导(或小喇叭)和印制电路片(最初以其发明者命名,称为"collings"辐射器)。要求单元足够小以适应阵列的几何尺寸,因此,通常把单元限制在比 $\lambda^2/4$ 略大的面积中。此外,由于单元的需求量很大,所以,辐射单元应是廉价的、可靠的,并且所有单元性能是一致的。

由于阵列中辐射器的阻抗和方向图主要由阵列的几何形状决定,所以,应当选择辐射单元来满足馈电系统和天线的机械要求。例如,如果辐射器由带状线移相器馈电,那么选择带状偶极子单元是合理的;如果用波导移相器,那么,选择开口波导或缝隙则是方便的。

121

接地面通常放在偶极子阵列后面大约 $\lambda/4$ 处,以使天线只在半空间形成波束。

必须选择辐射单元以获得所需极化,通常是水平极化或垂直极化。

四、移相器

相控阵的关键器件之一是移相器,通常用它来实现电子波束控制。移相器可以分为两类,即可逆的和不可逆的。可逆移相器对方向不敏感。也就是说,在某一方向上(如发射)的移相和相反方向(如接收)上的移相量相同。如果使用可逆移相器,则在发射和接收之间不必切换相位状态。若采用不可逆移相器,则在发射和接收之间必须有移相器的切换(即改变相位状态)。通常,切换不可逆铁氧体移相器要花几微秒的时间,在此期间,雷达无法检测目标。对于低脉冲重复频率(LPRF)的雷达,如 200Hz ~ 500Hz,这不会有问题。如果 PRF 为 2000Hz,则脉冲重复周期(PRI)为 500μs;如果移相器切换时间是 10μs,那么,仅浪费 2% 的探测目标时间影响也不大,如果 PRF 为 50kHz,PRI 为 20μs,则移相器有 10μs 的切换时间是决不允许的。

目前,有三种基本移相器类型常用于相控阵中。它们是二极管移相器、不可逆铁氧体移相器和可逆(双模)铁氧体移相器。二极管移相器都是可逆的。每种移相器都有其各自的长处,可以根据雷达的需要来选用。

(一) PIN 二极管移相器

PIN 二极管移相器以 PIN 二极管为控制元件,它利用了 PIN 管在正偏和反偏时的两种不同状态,外接调谐元件 L_T 和 C_T,构成理想的射频开关,如图 4 - 4 - 8 所示。正偏压时,C_T 与引线电感 L_s 发生串联谐振,使射频短路;反偏时,C_i 和 C_T 一起与 L_T 发生并联谐振而呈现很大的阻抗。这时可把 PIN 管看成一个单刀单掷开关。用两个互补偏置的 PIN 管可构成单刀双掷射频开关。

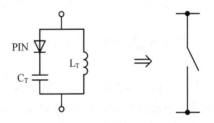

图 4 - 4 - 8   PIN 二极管开关

利用 PIN 二极管在正偏和反偏状态具有不同的阻抗或其开关特性,可构成多种形式的移相器。图 4 - 4 - 9 画出了两种开关线型移相器,其中环行器用来提供匹配的输入和输出。开关在不同位置时,有一个传输路径差 Δl,从而得到一个差相移 $\Delta\phi = 2\pi\Delta l/\lambda_g$。这种移相器较简单,但带宽较窄。也可以利用 PIN 二极管正反向偏置时不同的阻抗值做成加载线移相器,或将 PIN 二极管与定向耦合器结合构成移相器,它们都有较大的工作带宽。

PIN 二极管移相器的优点是体积小,重量轻,便于安装在集成固体微波电路中,开关时间短(50ns ~ 2μs),性能几乎不受温度的影响,激励功率小(1.0W ~ 2.5W),目前能承受峰值功率约为 10kW,平均功率约 200W,所以是有前途的器件。缺点是频带较窄和插入

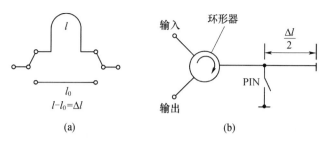

图 4 – 4 – 9　两种开关线型移相器

(a) 换接线型；(b) 环形器。

损耗大。

（二）铁氧体移相器

铁氧体移相器的基本原理是利用外加直流磁场改变波导内铁氧体的导磁系数,从而改变电磁波的相速,得到不同的相移量。

图 4 – 4 – 10 所示为常用的一种铁氧体移相器,在矩形波导宽边中央有一条截面为环形的铁氧体环,环中央穿有一根磁化导线。根据铁氧体的磁滞特性(图 4 – 4 – 10(a)),当磁化导线中通过足够大的脉冲电流时,所产生的外加磁场也足够强(它与磁化电流强度成正比),铁氧体磁化达到饱和,脉冲结束后,铁氧体内便会有一个剩磁感应(其强度为 B_r)。当所加脉冲极性改变时,剩磁感应的方向也相应改变(其强度为 $-B_r$)。这两个方向不同的剩磁感应对波导内传输的 TE_{10} 波来说,对应两个不同的导磁系数,也就是两种不同极性的脉冲在该段铁氧体内对应有两个不同的相移量,这对二进制数控很有利。铁氧体产生的总的相移量为这两个相移量之差(称差相移)。只要铁氧体环在每次磁化时都达到饱和,其剩磁感应大小就保持不变,这样,差相移的值便取决于铁氧体环的长度。

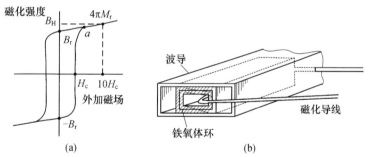

图 4 – 4 – 10　铁氧体移相器

(a) 铁氧体磁滞回线；(b) 移相器结构。

这种移相器的特点是:铁氧体环的两个不同数值的导磁系数分别由两个方向相反的剩磁感应来维持,磁化导线中不必加维持电流,因此所需激励功率比其他铁氧体移相器小。

铁氧体移相器的主要优点是:承受功率较高,插入损耗较小,带宽较宽。其缺点是:所需激励功率比 PIN 二极管移相器大,开关时间比 PIN 二极管移相器长,较笨重。

为了便于波束控制,通常采用数字式移相器。图 4 – 4 – 11 为四位数字移相器示意图。如果要构成 n 位数字移相器,可用 n 个相移数值不同的移相器(PIN 管的或铁氧体的)作为子移相器串联而成。每个子移相器应有相移和不相移两个状态,且前一个的相

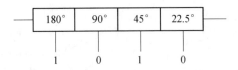

图 4-4-11 四位数字移相器示意图

移量应为后一个的两倍。处在最小位的子相移器的相移量为 $\Delta\varphi = 360°/2^n$，故 n 位数字移相器可得到 2^n 个不同相移值。

例如四位数字移相器，最小位的相移量为 $\Delta\varphi = 360°/2^4 = 22.5°$，故可由相移值分别为 $22.5°$、$45°$、$90°$、$180°$ 的四个子相移器串联而成，如图 4-4-11 所示，每个子移相器受二进制数字信号中的一位控制，其中"0"对应该子移相器不移相，"1"对应移相。例如，控制信号为 1010，则四位数字移相器产生的相移量为

$$\varphi = 1 \times 180° + 0 \times 90° + 1 \times 45° + 0 \times 22.5° = 225°$$

四位数字移相器可从 $0°$ 到 $337.5°$，每隔 $22.5°$ 取一个值，可取 $2^4 = 16$ 个值。图 4-4-12 为四位铁氧体数字移相器的结构原理图。

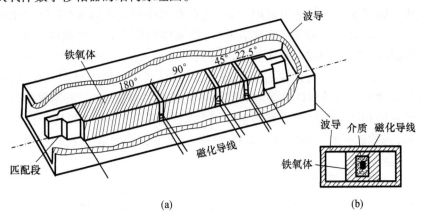

图 4-4-12 铁氧体数字移相器结构原理图
(a) 结构示意图；(b) 断面图。

数字移相器的移相量不是连续可变的，其结果将引起天线阵面激励的量化误差，从而使天线增益降低，均方副瓣电平增加，并产生寄生副瓣，同时还使天线主瓣的指向发生偏移。

设数字移相器为 B 位，则量化相位误差 δ 在 $\pm \pi/2^B$ 范围内均匀分布，误差方差值为 $\overline{\delta^2} = \pi^2/3(2^{2B})$，由此引起天线增益下降为 $G = G_0(1 - \overline{\delta^2})$。$B = 2$ 时，增益损失 1dB；$B = 4$ 时，增益损失 0.06dB，故选择 $B = 3 \sim 4$ 时，天线增益的损失均可容忍。

由相移量化误差引起的均方副瓣电平增加可表示为

$$\text{均方副瓣电平} \approx \frac{5}{2^{2B}N} \qquad\qquad (4-4-25)$$

式中：N 为天线阵的阵元数。

$B = 3$ 时，副瓣较主瓣低 47dB；$B = 4$ 时，则副瓣低于主瓣 53dB，这对一般应用是可以接受的。但由于实际的相移量化误差分布不是随机的，而是具有周期性，因而会产生寄生

124

的量化副瓣。在周期性三角形分布条件下，其峰值为 $1/2^{2B}$，此值较大，而需设法降低，一种办法就是破坏其周期性规律。

相移量化所产生的最大指向误差为

$$\frac{\Delta\theta}{\theta_B} = \frac{\pi}{4}\frac{1}{2^B} \qquad (4-4-26)$$

式中：θ_B 为波束宽度。

例如，$B=4$ 时，$\Delta\theta/\theta_B=0.049$ 为可能产生的最大指向误差。

五、相控阵天线的馈电方式

相控阵雷达天线由许多小的天线单元组成。一般情况下，约 100 个天线单元的线阵天线，数千个天线单元的平面相控阵天线，在相控阵雷达中已是屡见不鲜。要实现这样的相控阵天线，一个十分重要的问题是如何将发射机输出的雷达信号，按照一定的幅度分布和相位梯度馈送给阵面上的每一个天线单元。在接收时，同样必须将各个单元收到的信号按一定的幅度和相位要求进行加权，然后加起来馈送给接收机。相控阵天线的馈电网络，就是使阵面上众多的天线单元与雷达发射机和接收机相连接的传输线系统。各个天线单元所需要的幅度和相位加权，也是在馈线系统中实现的。对馈线系统的要求之一是降低系统的复杂性，以降低成本，包括减少移相器的使用数目。

（一）平面相控阵天线的馈相方式

馈线系统要保证每个天线单元激励电流的相位符合天线波束扫描指向的要求。通常，将馈电网络向各个阵面单元提供所需的信号相位称为馈相，馈相的方式与馈电网络的加权有关。如果把天线阵各单元的相位按其所在的阵元位置分布构成一个阵内相位矩阵，然后通过对相位矩阵按行或列分解成若干相同子阵来实现的。图 4-4-13 是平面相控阵天线的两种馈相方式。图 4-4-13(a) 是相位矩阵按列分解的方式，称为列馈方式；图 4-4-13(b) 是相位矩阵按行分解的方式，称为行馈方式。对每行或每列的线阵相位还可以进一步分解成若干子阵，图 4-4-14 是常用的一种划分方法。

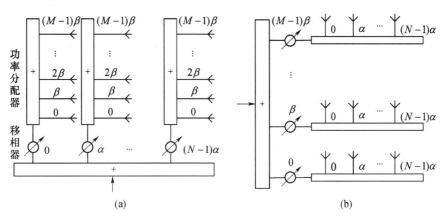

图 4-4-13 平面相控阵天线的馈相方式

(a) 列馈方式；(b) 行馈方式。

125

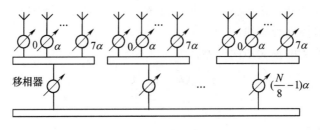

图 4 - 4 - 14　线阵的子阵划分

当然,平面相控天线阵也可以通过将相位矩阵分解为若干个正方形或矩形子阵来馈相。

(二) 相控阵天线的馈电方式

在发射天线阵中,从发射机至各天线单元之间应有一个馈线网络进行功率分配。在接收天线阵中,由各天线单元至接收机之间也有一个馈线网络进行功率相加。馈线系统在相控阵中占有特别重要的地位。低副瓣天线对馈线系统幅度和相位的精度要求是很高的。此外,承受高功率的能力、馈线系统的损耗、测试和调整的方便性,以及体积、重量等要求,也是选择馈电方式时必须考虑的因素。

平面相控阵天线的馈电方式主要有强制馈电、空间馈电或光学馈电。

1. 强制馈电

强制馈电采用波导、同轴线、板线和微带线等进行功率分配。近年来,随着光电子技术及光纤技术的发展,也有可能采用光纤作为相控阵天线馈线中的传输线,但是只能用在低功率情况。波导和同轴线用于高功率阵列,低功率部分常用板线、带线和微带线。功率分配器有隔离式与非隔离式、等功率分配器与不等功率分配器等多种形式。

强制馈电分并联馈电、串联馈电和混合馈电三种。从保证相控阵天线的带宽性能考虑,并联强制馈电方式在大部分相控阵雷达中得到了广泛应用。图 4 - 4 - 15 为包含一分32 功率分配器的并联馈电的馈线网络示意图。图中中间两层的一分二功率分配器是隔离式的,前后两层则为不隔离的功率分配器。隔离式功率分配器输出支臂之间约有 20dB 的隔离度,可以减少由于各传输元件之间的反射波引起的串扰,有利于整个馈线系统获得低的驻波。当隔离式功率分配器的一个支臂由于开路或短路而出现全反射时,因为有一半反射功率被隔离臂的吸收负载所吸收,故有利于保证馈电网络的耐功率性能。

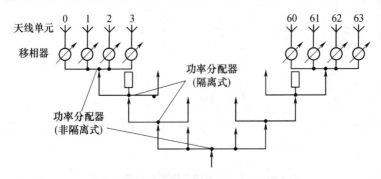

图 4 - 4 - 15　并联强制馈电的馈线网络示意图

2. 空间馈电

在相控阵雷达中,已有许多利用空间馈电的例子,如美国用于要地防御的 HAPDAR 雷达和在"爱国者"地空导弹制导系统中用的 SAM – D 雷达等,都是成功应用空间馈电方法的典型例子。空间馈电的形式如图 4 – 4 – 16 所示。

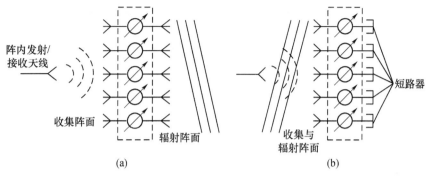

图 4 – 4 – 16　两种空间馈电方式
(a) 透镜式;(b) 反射式。

图 4 – 4 – 16(a)是透镜式空间馈电示意图。透镜式空间馈电的天线阵,包括收集阵面和辐射阵面两部分。收集阵面又称内天线阵面,它有许多天线单元,这些天线单元也称收集单元。它们既可排列在一个平面上,也可排列在一个曲面上。在天线处于发射状态时,发射机输出信号由照射天线(如波导喇叭天线)照射到内天线阵上的收集天线单元,这些收集单元接收照射信号后经过移相器,再传输到辐射阵面上的天线单元(亦称辐射单元),然后向空间辐射。对于有源相控阵天线,经过移相器后的信号,还要经过功率放大器放大,然后才送给辐射阵面上的天线单元。当天线阵处于接收状态时,辐射阵面接收从空间目标反射回来的回波信号,这些信号送移相器移相后,由收集阵面上的天线单元将其传送至阵内的接收天线。对于有源相控阵天线,每一辐射单元接收到的信号,先要经过低噪声放大后再送给移相器,最后才传输给收集单元,经空间辐射到达阵内接收天线。

图 4 – 4 – 16(b)所示为反射式空间馈电阵列。它与图 4 – 4 – 16(a)中的透镜式空间馈电阵列不同,收集阵面与辐射阵面是同一阵面。这一阵面上各天线单元收到的信号,经过移相器移相后,被短路传输线或开路传输线全反射。对于这种阵列,作为初级源的照射喇叭天线处于阵列平面的外边,即采用前馈方式对天线阵面进行空间馈电,对阵面有一定的遮挡效应,对天线的口径增益和副瓣电平性能有一定的不利影响。

空间馈电系统中,初级馈源的照射方向图为整个阵面提供了幅度加权。

六、有源相控阵天线

由有源组件(又称收/发组件或 T/R 模块)与天线阵列中的每一个辐射单元(或子阵),直接连接而组成的相控阵天线,称为有源相控阵天线。这些有源组件与其相对应的辐射单元构成了阵列的一个模块,它具有只接收、只发射或收/发双功的功能。由于有源组件直接与天线单元相连,收、发位置前置(降低了系统的损耗),且阵面有源模块间形成独立的系统,从而提高了有源相控阵雷达的信噪比和辐射功率,也提高了系统的可靠性(或称冗余度)。另外,通过控制每个有源模块的幅度和相位,可以在射频上形成自适应波束,提高有源相控阵雷达系统的抗干扰能力。有源相控阵天线在陆基、海基、空基甚至天基雷达上均已得到应用。随着单片微波集成电路(MMIC)技术的不断发展与成熟,它将逐步取代现有的无源相控阵天线。目前,由于有源组件的制造成本较高、系统较无源相控阵天线复杂,使得有源相控阵天线在实际应用中受到一定的限制。在有源相控阵天线所用的有源组件中,发射组件大多采用了固态功率器件,因此也称为固态有源相控阵天线。

固态有源相控阵雷达天线的组成原理如图4-4-17所示。

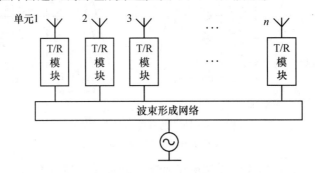

图4-4-17 有源相控阵天线原理框图

(一) T/R组件

发射/接收组件(T/R组件,又称T/R模块)是有源相控阵雷达天线的关键部件,它的性能在很大程度上决定了有源相控阵雷达的性能,且T/R组件的生产成本决定了有源相控阵雷达的推广应用前景。

1. T/R组件的组成

典型T/R组件的组成框图如图4-4-18所示。该图是收发合一的有源相控阵雷达中的T/R组件,主要包括发射支路、接收支路和收发支路的射频转换开关和移相器等。发射支路的主要功能电路是发射信号的高功率放大器(HPA),在发射支路中还有一个滤波器,用于抑制可能对其他无线电装置造成干扰的频谱分量及高次谐波。在接收支路中包含限幅器、低噪声放大器(LNA)和衰减器,必要时还设有滤波器,用于抑制外界干扰信号和在有干扰和杂波的条件下控制接收信号的动态范围。

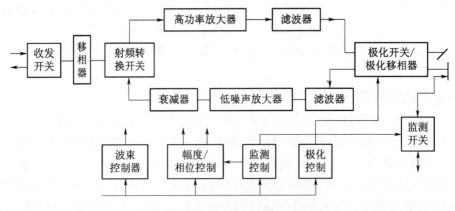

图4-4-18 典型T/R组件构成框图

128

在反射支路的输入端与接收支路的输出端有射频转换开关,用于雷达发射工作状态与接收状态之间的转换。移相器对收、发状态是公用的,故放在射频开关的输入端(发射时)或输出端(接收时)。发射信号功率放大器与接收低噪声放大器均与同一天线阵元相连接,因此必须设一收发开关。图中为双极化天线单元及变极化开关,因而收发开关以极化开关形式表示。

T/R 组件还包括监测开关,用于在 T/R 组件中对从天线阵元输入端合成的发射信号进行幅度和相位监测。而移相器、极化控制与监测控制均需要控制电路,这些电路多采用专用集成电路(ASIC)设计,使之达到降低电路体积、重量和热耗,提高 T/R 组件效率和其他工作性能的目的。

2. T/R 组件的主要功能

(1) 对发射信号进行功率放大。

(2) 接收信号的放大和变频。

(3) 实现波束扫描的相移及波束控制。

(4) 变极化的实现。

(5) T/R 组件的监测。

(二) 有源相控阵天线的工作

在图 4 - 4 - 17 中,发射时,激励源射频(RF)信号经过波束形成网络分配后,分别进入各 T/R 模块,经过移相、放大后送到与模块直接相连的天线单元上辐射出去。波束形状和指向由模块中发射支路放大器的放大倍数和移相器的移相量决定。接收时,天线单元将收到的 RF 回波信号送入 T/R 模块,经模块放大、移相后送入波束形成网络合成接收波束。接收波束的形状和指向,由模块中接收支路放大器的放大倍数和移相器的移相量决定。

在 T/R 模块中,用于单元级发射的高功率放大器通常有 30dB 或更高的增益,以补偿在波束形成网络上功率分配的损耗,而且各高功率放大器在放大过程中必须保持严格的相位同步关系。晶体管放大器能产生高的平均功率,但是只能产生相对较低的峰值功率。因此,需要高占空比的波形(10% ~ 20%),以有效地辐射足够的能量。峰值功率较低是相控阵雷达中固态模块的主要缺点。这一点可以通过采用脉冲压缩技术来补偿,不过要以增加信号处理量为代价。晶体管的优点在于,它们具有宽频带的潜力。接收支路通常需要 10dB ~ 20dB 的增益以便给出低的噪声系数,以补偿移相和波束形成造成的损耗。由于模块在单元波瓣(不仅是天线波瓣)范围内,也会接收带宽内来自各个方向的干扰信号使接收信号起伏较大,因此,低接收机增益比发射机增益低一些有利于保证动态范围。

相控阵天线工作时,为了实现全频段内的低副瓣性能,模块之间的幅度和相位容差要求很严格。所以必须对天线阵面进行幅度和相位的校准,以保证每次阵面发射/接收时的信号幅度和相位分布的稳定性。可编程增益调整对于校正模块间的变化有帮助,可以放松对模块性能指标的要求。模块移相器在低信号电平上,因为它在发射放大之前,若在接收放大之后,即使插入损耗很高也不要紧。因此,甚至在许多位数字移相器(例如,为实现低副瓣,采用 5 位、6 位或 7 位)的情况下,也完全允许使用二极管移相器。插入损耗的变化可以用增益调整来动态补偿。高功率一侧的收发开关可为功率放大器提供阻抗匹配,并足以保护接收机。

改变移相器的相移量主要依靠波束控制器来实现。T/R 模块中的波束控制器包含波束控制代码运算器、波束控制信号寄存器及驱动器,均采用大规模集成电路技术设计成专用集成电路。波束控制、衰减器控制和极化转换控制等信号均由数字控制总线传送,送到天线阵面和每个 T/R 组件接口。

如果天线单元是在空间正交放置的一对偶极子天线,它们可以分别辐射和接收水平极化与垂直极化信号。当用做圆极化天线单元时,用一个 3dB 电桥和一节 0/π 倒相的极化转换开关,即可实现发射左旋或右旋圆极化信号与接收右旋或左旋圆极化信号。

二维相控阵天线一般含有大量的 T/R 组件,因此对 T/R 组件的工作特性进行监测是保证雷达可靠、有效工作的重要条件。

(三) 有源相控阵天线的特点

有源相控阵天线具有如下特点:

(1) 由于功率源直接连在阵元后面,故馈源和移相器的损耗不影响雷达性能;接收机的噪声系数是由 T/R 组件中的低噪声放大器决定的。

(2) 降低了馈线系统承受高功率的要求。降低馈线网络即信号功率相加网络(接收时)的损耗。

(3) 每个阵元通道上均有一个 T/R 组件,重复性、可靠性、一致性好,即使有少量 T/R 组件损坏,也不会明显影响性能指标,而且能很方便地实现在线维修。

(4) 易于实现共形相控阵天线。

(5) 有利于采用单片微波集成电路(MMIC)和混合微波集成电路(HMIC),可提高相控阵天线的宽带性能,有利于实现频谱共享的多功能天线阵列,为实现综合电子信息系统(包括雷达、ESM 和通信等)提供可能条件。

(6) 采用有源相控阵天线后,有利于与光纤及光电子技术相结合,实现光控和集成度更高的相控阵天线系统。

有源相控阵天线虽有许多优点,但在具体的相控阵雷达中是否采用,要从实际需求出发,既要看雷达应完成的任务,也要分析实际条件和采用有源相控阵天线的代价,考虑技术风险及对雷达研制周期和成本的影响。

第五节　雷达的伺服系统

雷达天线伺服系统用来控制雷达天线的转动,以实现雷达全方位探测,它是机械扫描雷达搜索和跟踪目标所必须的部分。同时,伺服系统还产生方位扫描正北基准脉冲、方位扫描步进脉冲送给雷达信号处理、终端和监控分系统。

雷达天线伺服系统的种类主要分为机电式和液压式。一般天线直径较大的雷达多用液压驱动系统,天线直径较小的雷达常用电机驱动系统。

一、雷达伺服的元器件

雷达天线伺服系统一般由电磁器件、电子器件和液压器件组成,根据元器件在伺服系统中的作用可分为敏感和控制元件、变换器件、放大器件、功率放大器件、执行器件和校正器件等,其原理组成框图如图 4 - 5 - 1 所示。

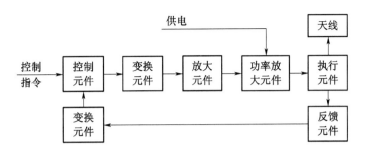

图 4-5-1 雷达天线伺服系统原理组成框图

（一）敏感和控制元件

凡用来产生有用的输入信号,使被调整量和这个输入信号具有需要的函数关系的元件,均称为控制元件。用来测量被调整量,使它所产生的信号和被调整量之间具有一定的函数关系,并反馈到系统的输入端,这种元件称为反馈元件,也叫敏感元件。在雷达伺服系统中,这两种元件常常被组成一体,称为误差敏感元件,它把对天线的转动输入控制信号和转速反馈信号进行比较,得到被调整量与给定值的偏差,并把此偏差变成控制信号作用于调整系统。这类元件包括同步机、旋转变压器、轴角编码器等。

（二）变换器件

变换器件是指将直流信号变换为交流信号,或做相反变换的器件,如调制解调器;或者是将电压信号变换为频率信号,或做相反变换的器件,如 F-V 变换器、V-F 变换器、变频调速器等。

（三）放大元件

放大元件是将误差敏感元件所产生的信号加以放大的元件,包括各种电子管、晶体管放大器等。

（四）功率放大器件

功率放大器件将放大元件输出的微小功率的信号放大成强功率信号,以满足执行机构的需要,包括液压伺服泵、可控硅整流器、电机放大器等。

（五）执行器件

执行器件是用来调整被调整对象(天线)的器件,如液压马达、直流电动机、交流电动机等。

（六）校正元件

校正元件是为改善系统的动力学特性所加入的元件。

下面简要介绍两例机载雷达天线伺服系统,旨在说明伺服系统的功用和一般工作要求,具体电路的原理可参考电机类文献资料。

二、直流电动机构成的天线伺服系统

图 4-5-2 为直流电动机驱动的某型机载雷达天线伺服系统组成框图。系统主要由伺服控制器、伺服放大器、功率放大器、直流电动机、角度传感器、电源和传动机构组成。

伺服放大电路将伺服控制计算机送来的控制电压通过校正网络进行校准放大后送给功率放大电路,功率放大电路利用大功率晶体管的开关特性来调制固定电压的直流电源,

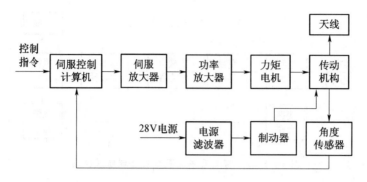

图 4-5-2　某型机载雷达天线电机驱动伺服系统组成框图

将+28V直流电压转化成电机所需的控制电压,从而控制电机的转动。

为了抑制电源扰动,保证控制性能,功率放大器中可采用电流负反馈技术来改善转矩控制的线性度,并采用实时性和频率响应特性良好的电流取样检测电路,以便实现电流截止控制和电流反馈。

当要求天线做方位扇形扫描时,天线的旋转方向必须能够改变。通过控制直流电压以两种相反的极性加至直流电动机,使直流电动机的转动方向改变,从而实现天线转动方向的控制。

角度传感器采用正、余弦旋转变压器,将天线当前的角位置送给伺服控制计算机进行系统校正和天线稳定控制。

三、液压马达构成的天线伺服系统

图4-5-3为液压马达驱动的某型机载雷达天线伺服系统组成框图。系统主要由伺服控制器、伺服放大器、伺服阀、液压马达、角度传感器、液压油路控制和传动机构组成。

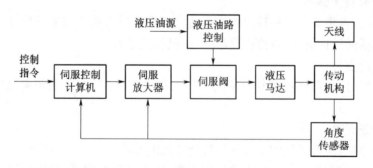

图4-5-3　某型机载雷达天线液压驱动伺服系统组成框图

液压伺服系统是有差随动系统,系统是靠偏差信号工作的,系统输出量能够自动地跟随输入量的变化规律而变化。伺服控制过程的物理本质是利用偏差信号去控制液压能源输入到系统中的能量。

液压马达根据输入的电气信号而动作,从而驱动天线输出位移量,由角度传感器反馈到伺服放大器。伺服放大器将伺服控制计算机送来的控制信号与输出端的反馈信号相比较,产生反映两者偏差大小的电压信号,即偏差信号,并将该偏差信号放大成具有一定功率输出的电流信号输入到伺服阀。伺服阀首先将输入的电流信号通过电气—机械转换装置,按比例地转换成控制阀芯的机械位移,从而改变了相应的节流口状态,输出具有一定压力和流量的压力油,即输出足够大的液压功率去驱动液压马达运转,通过传动机构带动天线扫描。

液压传动可在运行过程中方便地实现大范围的无级调速,调速范围可达1000:1。液压传动装置可在极低的速度下输出很大的力。例如,当液压马达转速为1r/min时仍具有良好的特性,这是电气传动不能实现的。在输出相同功率的情况下,液压传动装置体积小、重量轻、结构紧凑、惯性小。由于液压系统中的压力可比电枢磁场中单位面积上的磁力大30倍~40倍,其体积和质量只占相同功率电动机的12%左右。因此,易于实现快速启动、制动和频繁换向,每分钟换向次数可达500(左右摆动)、1000(往复移动)。液压伺服系统除了具有液压传动的优点外,还具有反应快、系统刚度大和控制精度高等优点,因此在机械扫描雷达天线系统中广泛应用。

四、角位置传感器

角位置传感器把雷达天线的转动角转换成数字量,供雷达信号处理、数据处理和监控分系统使用。轴角编码器是雷达伺服系统中必不可少的一种数字式角位置测量元件。在雷达中使用最多的有按光电原理工作的光电编码器和按电磁感应原理工作的感应式编码器两大类。

光电编码器具有很高的精度,分辨力达0.5″(相当于21位),但是,对于环境要求比较高,不适合海上和野外工作,因此受到限制。感应式编码器可靠性极好,能够适应比较恶劣的环境。装机后可以数十年不用维修,因此,在雷达中得到了广泛的应用。这类轴角编码器包括用正、余弦变压器的轴角编码器,用同步机构成的编码器和感应同步器几种。前两者结构简单,成本低廉,但是精度较差,角分辨力一般5′左右(相当于12位~14位);后者精度很高,分辨力可达1″~1.5″(相当于20位),但结构较复杂,成本也比较高。

(一)用正、余弦变压器构成的轴角编码器

正、余弦变压器的定子和转子都有两个空间成90°的绕组,如图4-5-4所示。

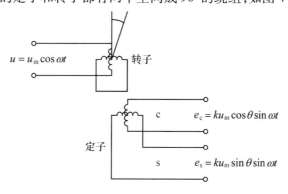

$$u = u_m \cos \omega t$$ 转子

$$e_c = k u_m \cos \theta \sin \omega t$$

$$e_s = k u_m \sin \theta \sin \omega t$$

图4-5-4 正、余弦变压器

若从转子绕组施加一个交流励磁电压

$$u = u_m \cos \omega t \qquad\qquad (4-5-1)$$

式中: ω 为励磁电压的角频率,若励磁电压的频率为 f,则 $\omega=2\pi f$;u_m 为励磁电压的幅度。

当转子从平衡位置相对于定子旋转一个角度 θ 时,就会在定子的两个绕组 c 和 s 上分别感应一个电压

$$e_c = ku_m\cos\theta\sin\omega t \qquad\qquad (4-5-2)$$

$$e_s = ku_m\sin\theta\sin\omega t \qquad\qquad (4-5-3)$$

该电压的频率和励磁电压的频率相同,幅度是转子与定子之间角位移 θ 的余弦(或正弦)函数。而且正弦绕组 s 和余弦绕组 c 之间的相位差为 90°。反之,若从定子励磁,在 s 和 c 绕组上分别施加励磁电压

$$u_s = u_m\sin\omega t \qquad\qquad (4-5-4)$$

$$u_c = u_m\cos\omega t \qquad\qquad (4-5-5)$$

则会带动转子转动,并在转子绕组上将感应电势

$$e = e_s + e_c = ku_m\sin(\omega t + \theta_m) \qquad\qquad (4-5-6)$$

该电势的相位就是转子和定子之间的相对角位移。

由式(4-5-2)、式(4-5-3)或式(4-5-6)可知,如果检测到感应电势的幅度和相位,便可得到所要测量的角位移。

(二)用同步机构成的轴角编码器

用同步机和一个斯科特变压器,同样可以构成一个轴角编码器,类似于正、余弦变压器构成的轴角编码器,如图 4-5-4 所示。同步机定子上的单项绕组接励磁电源,转子上的三相副绕组与斯科特变压器的原边相连。这种变压器是一种特殊的变压器,其原边的匝数比是一个给定的值。若转子绕组上施加励磁电压

$$u_s = u_m\sin\omega t \qquad\qquad (4-5-7)$$

则同步机的定子和转子之间,就会从平衡位置产生一个角位移 θ,这时在斯科特变压器的副边将分别输出电压

$$e_c = ku_m\cos\theta\sin\omega t$$

$$e_s = ku_m\sin\theta\sin\omega t$$

这样,就同前面所说的正、余弦变压器构成的编码器,在原理上完全一样了。

(三)感应同步器

感应同步器是由定子和转子以及信号处理装置组成。这种信号处理装置称为竖线标。定子和转子的本体为一圆盘形绝缘体(如玻璃等),在该圆盘上粘贴着铜箔,就像印制电路板一样,腐蚀成曲折形状的平面形绕组,如图 4-5-5 所示。装配时,定子上的平面形绕组面对转子上的平面形绕组,两者之间相隔一定的气隙,且能同轴自由地相对转动。如果在定子(或转子)绕组上通过交流励磁电压,则由于电磁耦合作用,将在转子(或定子)绕组上产生感应电势。该电势与前面所述的正、余弦变压器和同步机一样,随转子相对于定子的角位移而呈正弦或余弦函数变化。通过对此信号的检测和处理,便可以精确地测出转子与定子之间的角位移。因此,从原理上讲,感应同步器同正、余弦变压器及同步机所组成的编码器并没有什么区别,只是感应同步器因平面绕组的极对数较多,因此周期比较短罢了。

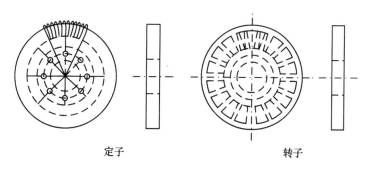

定子　　　　　　　　　　转子

图 4 - 5 - 5　感应同步器的绕组

为了从感应同步器的感应电势中检测出角位移的大小,有两种基本的处理方式:一种是根据感应电势的幅值同角位移的函数关系来检测被测角位移,称为鉴幅型处理方式;另一种是根据感应电势的相位同角位移的函数关系来检测被测角位移,称为鉴相型处理方式。除此两种基本处理方式以外,还有一种称为脉冲调宽型方式。它同鉴幅型相似,也是利用幅值同角位移的函数关系来检测的。从检测方法上说,一般采用零值法。所谓零值法,就是利用一个已知的标准电压去抵消这个交变感应电势的幅值或相位。

第六节　雷　达　罩

雷达罩也称为天线罩,是天线的电磁窗口和保护罩。它既保护天线免受环境之害,又为天线提供电磁窗口,最大限度保持天线系统的电性能。本节主要介绍机载雷达罩的功能、结构和基本性能。

一、机载雷达罩的功能

机载雷达天线通常应配备雷达罩,雷达罩不仅将天线与外界环境隔离,而且与飞行器外表面共形,从而减少了载体的飞行阻力,保证了雷达天线在高空、高速情况下的正常工作。

雷达罩使天线与周边的恶劣环境隔离,保证天线全天候工作,增加可靠性和可维护性,使天线系统平均无故障工作时间(MTBF)成倍增加。在恶劣天气条件下,天线的 MT-BF 平均只有 500h,使用雷达罩后,天线的 MTBF 可以达到 2500h,大大延长了天线系统的使用寿命。此外,一般雷达罩的使用寿命可达 20 年,它对节省能源意义重大,因为,雷达罩使天线的风载趋于 0,由此可使天线的结构简化,重量显著降低,且驱动功率也可降低为原来的 1/3。

先进的雷达罩不仅要在天线工作带宽内具有良好的特性,而且要在带外呈现隐身功能。如果在天线外加装带外隐身的雷达罩,将入射平面波均匀地扩散到各个角度,降低对来波的回波,隐身效果十分显著。实验表明,这种雷达罩能使雷达散射截面积(RCS)下降 20dB ~ 30dB。

二、机载雷达罩的结构

雷达罩的罩壁结构可分为单层、A 夹层、B 夹层和 C 夹层。

单层罩采用半波长实心壁,且为薄壁。半波长实心壁是指在设计入射角 θ_0 下,单层壁电气厚度等于介质中波长的一半,即 $\dfrac{\lambda}{2\sqrt{\varepsilon-\sin^2\theta_0}}$。从理论上讲,半波壁的表面是无反射的,除了材料的欧姆损耗外没有其他损耗。它的带宽和入射角的范围是有限的,在这个范围内,电磁能量可以以最小的反射透过。所用的材料有增强型玻璃纤维、塑料、陶瓷、人造橡胶和整体式泡沫塑料等。薄壁是指远小于介质波长的壁厚,它一般为 $\left(\dfrac{1}{10}\sim\dfrac{1}{20}\right)\dfrac{\lambda}{\sqrt{\varepsilon}}$,这类雷达罩适用于工作波长较长的雷达。

A 夹层由两层高密度蒙皮和低密度的芯层组成,具有较高的强度重量比。蒙皮通常是玻璃纤维增强型塑料层压的,且与波长相比是薄壁;夹心是低介电常数的泡沫或蜂窝状材料,厚度约为 1/4 波长。A 夹层重量轻、强度高、易于制造成曲面形状,是雷达罩最常用的截面形式之一。

B 夹层由两层低密度蒙皮和高密度的芯层组成,由于要求夹心的介电常数很高来匹配,并且比 A 夹层重,所以 B 夹层不常用。C 夹层是由两个 A 夹层背靠背组成的结构,其强度高,工作频带宽。

为满足空气动力学设计要求,机载雷达的天线罩采用刚性壳体罩,外形平滑。机头、机腹、机尾的雷达天线多用鼻锥型罩或蛋卵型罩,机背上的雷达天线则采用扁平椭球型罩。

三、机载雷达罩的工作性能

雷达罩在保护天线的同时,应最大限度地保持天线的性能。衡量雷达罩性能的主要技术指标有功率传输系数、波瓣宽度变化、指向误差或瞄准误差、副瓣抬高、反射瓣和交叉极化电平等。

(一)功率传输系数

功率传输系数是指沿天线主瓣峰值方向穿透天线罩后收到的功率与不带天线罩时的功率之比。它主要反映雷达罩的透波效率,表示雷达罩对天线辐射电磁波的单程损耗。该损耗由材料耗热、层间反射损耗和相位失配损耗等组成。微波雷达的天线罩要求有高的功率传输系数(透波率),机载 X 频段雷达鼻锥机头罩的传输系数平均值为 85%,蛋卵机头罩为 90%。

(二)波瓣展宽

波瓣展宽指加罩相对于无罩时主瓣宽度的变化。波瓣展宽的主要原因是雷达罩介入后,天线的等效口径相位分布引入了附加的平方律相差。在机背椭球雷达罩中,垂直面上的入射角范围很大(80°),雷达罩的插入相位口径上,边缘相位延迟大,中心相位延迟小,呈平方律分布,口径边缘的相移相对于口径中心滞后可达 100°,其后果是不仅展宽天线的主瓣,还可能把第一副瓣包入主瓣。机载 X 频段雷达鼻锥机头罩的波瓣展宽最大值 ≤ 10%,蛋卵机头罩为 ≤5% ~ 10%。

(三)瞄准误差

瞄准误差是指加罩后天线主瓣峰值指向(电轴)的变化值,在单脉冲体制中,定义为差波瓣零深指向角的变化。瞄准误差变化率是指瞄准误差随天线扫描角变化曲线的斜率。机载 X 频段雷达的雷达罩瞄准误差为 2mrad ~ 5mrad,瞄准误差变化率为 0.5mrad/° ~ 1mrad/°。

雷达罩的瞄准误差与罩的几何形状有关。球形的地面雷达罩对天线的指向影响很小。机载雷达罩的外形必须满足空气动力学的要求,而采用流线型雷达罩。机头雷达罩的瞄准误差变化率与雷达罩的长细比成正比,长细比定义为雷达罩长度和底部直径之比。瞄准误差 BSE 随天线扫描角而变化,另外,还与天线的极化有关。

(四)反射瓣

反射瓣是由于雷达罩壁反射产生的波瓣,它出现在雷达罩壁切向平面的镜像位置,也称为镜像瓣。反射瓣的位置随天线扫描角变化而改变,所以又称为闪烁瓣。在机载雷达罩中,由于入射角大,反射能量大,反射线指向天线的前半空间,且相干性强,所以反射瓣的能量很强。

反射瓣与天线扫描角有关。一般当天线扫描角为 0°时,反射瓣电平值最大;天线扫描角偏离 0°时,反射瓣电平值减小。机载 X 频段雷达的鼻锥机头罩的反射瓣电平典型值小于 − 28dB,蛋卵机头罩的反射瓣电平典型值小于 − 32dB。

反射瓣还与雷达罩外形有关,为减小气动阻力,超声速飞机的机头罩都采用圆锥形、共形、卡尔曼形等流线型,如图 4 − 6 − 1 所示。头部越尖,头部鼻锥角越小,阻力越小。雷达罩的长细比增加时,天线对雷达罩的入射角增大。大入射角入射的电磁波相当部分能量被罩壁吸收,同时天线加罩后的等效相位分布产生的相差,造成了指向误差。目前雷达罩的长细比选择在 2 ~ 3 之间。

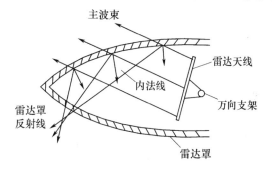

图 4 − 6 − 1 机载雷达罩中的反射瓣

由于反射瓣一般在 30° ~ 60°的宽广区域,地杂波通过反射瓣进入接收机,削弱了天线对目标的探测能力,因此,降低雷达罩造成的反射瓣十分重要。通常采用自雷达罩顶点沿母线方向一维变厚度设计,将使反射瓣降低 3dB ~ 10dB。

(五)副瓣抬高

副瓣抬高表示了雷达罩引起的副瓣电平的升高。天线副瓣越低,雷达罩对副瓣的影响相对越大。从远区看,雷达罩改变了天线口径幅度和相位分布,反射瓣改变了天线的波瓣结构,都会使副瓣的 RMS 值提高。对于不同副瓣性能的机载雷达,鼻锥机头罩的副瓣增加在 3.5dB ~ 5dB 之间,蛋卵机头罩的副瓣增加在 2.5dB ~ 5dB 之间。机载雷达罩主要采用变厚度技术降低反射瓣及雷达罩对天线口径幅度、相位的影响,使雷达罩对天线副瓣影响最小。

(六)交叉极化电平

交叉极化是指与天线主极化正交的极化分量。垂直极化天线加罩后产生的水平极化分量,右旋极化天线加罩后出现的左旋极化分量,都属于交叉极化。交叉极化一般用交叉极化瓣最大值与主极化峰值的比值来表示。雷达罩的交叉极化电平与口径照射入射角的分布有关。机载 X 频段雷达鼻锥机头罩的交叉极化电平典型值小于 − 28dB,蛋卵机头罩

的典型值小于 -30dB。

复习题与思考题

1. 推导尺寸为 D 的均匀照射线源口径的场强方向图的表达式。大致画出它的辐射功率方向图的图形(纵坐标以 dB 为单位)。如果天线的尺寸是 60 个波长,那么确定主波束的第一个零点之间的宽度是多少?半功率点波束宽度是多少?

2. 效率一般定义为输出功率和输入功率之比,讨论天线的口径效率对雷达性能的影响,说明为什么不应把它解释为功率损失的指标。

3. 为什么抛物面可以做成一个好的反射面天线?

4. 讲述平板裂缝阵列天线的结构组成和工作原理,讨论降低副瓣电平的方法。

5. 推导二维平面相控阵天线的方向性函数。

6. 证明当相控阵天线的波束扫描到角度 θ_0 时,波束宽度与 $\cos\theta_0$ 成反比例变化。

7. 证明如果扫描的相控阵中单元间距小于半个波长,就不会出现栅瓣;如果在 $\pm 30°$ 处出现栅瓣,但在更小的角度处不能出现,单元间距应是多少?

8. 为了获得具有大瞬时信号带宽的电扫相控阵天线,需要做些什么?

9. 如果在一个 100 个单元的线天线阵中允许由于误差的缘故增益可减少 1dB,那么当相位误差(以度表示)、幅度误差(以 dB 表示)和缺失单元的百分比这三个因素的每一个是引起增益减少的唯一因素时其值各是多少?

10. 在数字式移相器中,什么因素决定这个移相器该是多少位的?

11. 什么情况下可以在相扫天线中用铁氧体移相器,什么时候可以用二极管移相器?

12. 一部相控阵天线波束指向侧向时的波束宽度为 $2°$,如果要求它从侧射扫描到 $60°$,那么工作在中心频率为 3.3GHz 的相控阵雷达能够有的最大信号带宽是多少?

第五章　航空雷达终端显示器

　　雷达显示器是雷达的终端系统和人机交互设备,是操作员与雷达之间交换信息的接口。本章介绍航空雷达显示器的画面类型、显示器件的基本原理与性能特点,然后主要讲解机载雷达广泛使用的光栅扫描显示器的组成和工作原理。

　　雷达显示器是直接将雷达探测空域获得的目标信息、雷达工作状态、作战指令、飞行姿态等信息,清晰、准确、稳定地展现在操控人员面前的雷达终端分机。

　　1897 年德国 K. F. 布劳恩发明阴极射线管,首先在测量仪器上用来显示快速变化的电信号。一直到第二次世界大战期间,才被用来显示雷达信号,作为雷达的终端分机。战后,随着雷达技术的发展,以及超大规模集成电路处理芯片、微处理机的广泛应用,雷达显示技术也在迅猛发展。主要表现在由随机扫描体制发展到光栅扫描体制,由简单的信息显示发展到复杂信息显示、高度数字化的控制处理能力、高度集成化的硬件和自检测能力,还出现了平板显示器、立体信息显示和复杂的图型显示等,使雷达显示器的显示能力大大增强。

第一节　概　述

一、雷达显示器的功能

　　最初,雷达显示器的作用是将雷达接收机的输出以一种可视的形式表现出来。这样,操作员可以轻易而精确地检测目标的出现,提取目标的位置信息。接收机的输出若不做进一步的处理通常称为原始视频或一次信息。随着科学技术的发展,雷达显示系统正向着综合化、数字化、自动化、智能化、高精度、高效能、高可靠性方向发展。现代机载雷达均采用了多功能显示器,除了显示雷达的原始视频以外,还要显示经过自动检测设备及计算机加工处理后的雷达回波数据信息,如目标的高度、速度、航向、航迹、架次、机型、批次、敌我属性、空情态势、综合信息以及人工对雷达进行操作和控制的标志和数据等人机交互信息,称为雷达的二次信息显示。二次信息以数字显示形式为主。

二、雷达显示器的分类

　　雷达显示画面的坐标系通常分为极坐标和直角坐标两种方式。根据显示的坐标参数数量,可分为一维显示和二维显示。

　　雷达终端采用的显示器件有两大类:阴极射线管(Cathode Ray Tube,CRT)和平板显示器件。阴极射线管包括静电偏转 CRT 和磁偏转 CRT;平板显示器件包括液晶显示器(Liquid Crystal Display,LCD)和等离子体显示器(Plasma Display Panel,PDP)等。

　　终端显示器可以采用多种扫描方式工作。对传统雷达显示器,有直线扫描方式、径向扫描方式及圆周扫描方式;对现代雷达显示器,有随机扫描显示方式和光栅扫描显示方式。按需要显示的信息种类,可将雷达终端设备分为一次信息显示和二次信息显示。

三、机载雷达显示器的类型

机载雷达最常用的是二维平面位置显示器,根据用途的不同,又分为平面显示器(距离—方位维)和高度显示器(距离—仰角或距离—高度维)。

(一)平面显示器

平面显示器画面表现方式:用屏面上光点的位置表示目标的平面位置坐标,光点的亮度表示目标回波的强度。平面显示器属于亮度调制显示器。

平面显示器能够提供平面范围的目标分布情况,是使用最广泛的雷达显示器。人工录取目标坐标时,通常是在平面显示器上进行的。常用的平面显示器有三种类型,如图5-1-1所示。

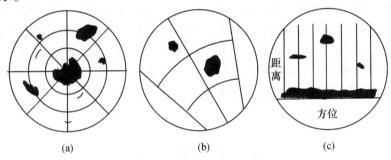

图 5-1-1　三种平面显示器画面
(a) P 显; (b) 偏心 P 显; (c) B 显。

1. PPI(Plan Position Indicator)或 P 型显示器

PPI 型显示器简称 P 显,采用径向扫描极坐标显示方式。以雷达作为圆心(零距离),以飞机机头指向作为方位角基准(零方位角)。径向扫描线方向为目标方位,沿顺时针方向度量。圆心作为距离基准,半径长度为距离量程,光点距圆心的距离为目标斜距,沿半径度量。光点大小对应目标尺寸,亮度对应目标强度。图中画面中心部分的大片亮斑是近区固定地物杂波回波所形成的,较远的小亮弧则是运动目标,大的亮点是固定目标。

P 显的画面分布情况与通用的平面地图是一致的,提供了 360°范围内平面上的全部信息,所以 P 显也称为全景显示器或环视显示器。

2. 偏心 PPI 型显示器

偏心 PPI 型显示器简称偏心 P 显。P 显在必要时可以移动原点,使其偏离荧光屏几何中心,以便在给定方向上得到最大的扫描扩展,从而构成偏心 P 显。利用偏心 P 显,可以提高人工录取时的方位和距离测量精度。

3. B 型显示器

B 型显示器简称 B 显。平面显示器也可以用直角坐标方式来显示距离和方位,用横坐标表示方位,纵坐标表示距离,即 B 型显示器。通常横坐标不取全方位,而是雷达所监视的一个较小的方位范围。若距离也不是全距离量程,则称为微 B 型显示器,用于观察某一距离范围内的目标情况。

（二）高度显示器

地形跟踪雷达中的高度显示器通称为 E 型显示器,其画面表现方式为:用平面上光点的横坐标表示距离,纵坐标表示目标仰角或高度。与 B 显配合,可实现目标的三维显示。高度显示器主要有两种形式,如图 5-1-2 所示。

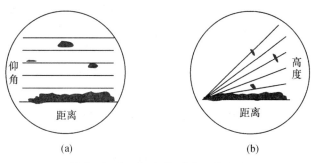

图 5-1-2 E 型、H 型显示器画面

(a) E 型; (b) H 型。

四、雷达显示器的质量指标

对显示器的指标要求主要取决于雷达的战术和技术参数。通常包括以下几点:

(1) 显示器类型。显示器类型的选择主要根据显示器的任务和显示的内容决定。例如,显示距离和方位采用 P 型;地形跟踪采用 E 型等。

(2) 显示的目标坐标数量、种类和量程。主要根据雷达的用途和战术指标来确定。

(3) 对目标坐标的分辨力。这是指显示器画面上对两个相邻目标的分辨能力。光点的直径和形状将直接影响对目标的分辨力,性能良好的示波管的光点直径一般为 0.3mm ~ 0.5mm。此外,分辨力还与目标距离远近、天线波束的半功率宽度和雷达发射脉冲宽度等参数有关。

(4) 显示器的对比度。对比度是指图像亮度和背景亮度的相对比值,定义为

$$对比度 = \frac{图像亮度 - 背景亮度}{背景亮度} \times 100\%$$

对比度的大小直接影响目标的发现和图像的显示质量,一般要求在 200% 以上。

(5) 图像重显频率。为了使图像画面不出现闪烁,要求图像刷新的频率必须达到一定数值。闪烁频率的阈值与图像的亮度、环境亮度、对比度和荧光屏的余辉时间等因素有关,一般要求大于 20 次/s ~ 30 次/s。

(6) 显示图像的失真和误差。有很多因素使图像产生失真和误差,如扫描电路的非线性失真、字符和图像位置配合不准确等。在设计中要根据产生失真和误差的原因,采取适当的补偿和改善措施。

(7) 其他指标如体积、重量、功耗、工作温度、电源电压等。

第二节　显　示　器　件

在雷达显示器分机中,把雷达探测获得的电信号转换为光信号的电光效应器件就是

显示器件。它凭借电能,激励发光物质或调制外加光,以实现直观显示雷达信息的功能。根据不同电光转换的物理原理,需要采用不同的信号驱动电路和电源控制电路,以改变光的某些特性。

　　显示器件可分主动发光型和非主动发光型两大类,主动发光型在外加电信号的作用下,器件本身产生光辐射,直接进行显示,所以又称能动型或光发射显示器件或有源器件;非主动发光型本身并不发光,而是在外加电信号的作用下,材料的光学特性发生变化,或者是能使光透过,或者是能使光反射、散射、干涉,这样就使照射在它上面的光受到调制,即通过光变换进行显示,人眼看到的是这种带有规定信息的调制光,所以又称光调制器件或无源显示器件。这两类具有代表性的显示器件如图 5 - 2 - 1 所示。

图 5 - 2 - 1　显示器件的类型

　　当前,在雷达显示器中使用的显示器件主要是阴极射线管显示器、液晶平板显示器和等离子体平板显示器。

　　由于阴极射线管显示器件使用的历史最悠久,它还具有显示质量优良、制作和驱动简单、工艺成熟等优点,又有很好的性能价格比,在雷达显示器中一直占据主导地位。但是它存在一些严重的缺点,如必须使用高压电源、有软 X 射线、体积庞大、笨重、可靠性不高等,已经无法满足现代战争的要求。

　　随着集成电路和大规模集成电路技术的迅猛发展,各种电子元器件纷纷实现了固体化及低电压、低功耗等,为了适应现代战争的要求,人们对全新的显示器件,即薄型、轻量、低驱动电压、低功耗的平面显示板型的平板显示器件给予了极大的重视,并得到了迅猛的发展。在图 5 - 2 - 1 所示的具有代表性的显示器件中,除了 CRT 之外,都属于平板显示器。目前,使用比较多的属液晶平板显示器和等离子体平板显示器。

一、阴极射线管

　　阴极射线管又称布朗(Braun)管,是 1897 年由德国的布朗博士发明的。早在 1676 年法国人在进行真空发电试验时,就观察到玻璃管壁的发光现象,人们将与此发光有关的放射线称为阴极射线。以后发现,阴极射线与各种各样的物质相互作用,可使其产生荧光,并可以使照相底片成像,进一步将阴极射线用于物质的观察等。CRT 有单色和彩色两种。机载雷达显示器从开始研制到 20 世纪 70 年代,一直是单色阴极射线管的天下。70 年代末期,法国为"幻影 2000"战斗机研制的雷达显示器采用了穿透式三色阴极射线管,成为第一种装机使用的彩色 CRT 显示器。

(一)单色 CRT 原理及构造

CRT 是一个内部抽成真空的玻璃锥体。它主要由电子枪、玻璃外壳、荧光屏,以及偏转系统等部分组成。电子枪把从阴极发射出来的电子聚集成很细的一束高速电子,经过偏转系统发生偏转,轰击荧光屏,在屏上产生光点。通过不同的偏转信号可使电子束在屏幕上描绘出各种图像。因此,它的基本工作原理是利用了两种效应:一种是一些物质在电子轰击下发射磷光的特性;另一种是电磁场对电子运动实施控制的效应。其构造如图 5-2-2所示。

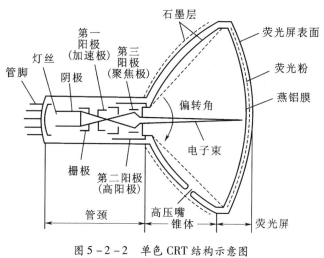

图 5-2-2 单色 CRT 结构示意图

1. 电子枪

电子枪的作用是发射电子,并使它们汇聚成电子束,以很快的速度打在荧光屏上。电子枪由灯丝、阴极、控制栅极、第一阳极(加速极)、第二阳极(高压极)和第三阳极(聚焦极)组成。

(1)灯丝。灯丝用来对阴极加热,使阴极表面产生 1000℃~3000℃的温度,为阴极发射电子创造条件。

(2)阴极。阴极是一个金属小圆筒,圆筒表面上涂有一层能受热时发射电子的钡锶钍的氧化物,当灯丝通电后,烧热阴极表面氧化物涂层,使之发射电子。

(3)控制栅极。控制栅极也称调制极,是套在阴极外面的金属圆筒,顶端开有一小孔,让电子束通过。控制栅极在 CRT 中所完成的主要任务是控制电子束的电流密度,也就是控制荧光屏上光点的亮度,实现电子束的预聚焦,使从阴极飞出的电子聚焦成能穿过控制栅极小孔的细束。控制栅极相对于阴极的电位要低,在栅极与阴极之间形成一个负电压 $U_{gk} = U_g - U_k$(U_g 表示栅极电位,U_k 表示阴极电位)。改变 U_g 或 U_k 均可以控制通过栅极的电子数量,从而改变射向屏幕的电子流(称为束电流)的强弱。如果把视频信号加到阴极或栅极,那么,电子束的强弱就会随着视频信号的强弱而变化,在荧光屏上就出现与视频信号相应的亮度图像。在实际应用中,为了提高显像管的调制灵敏度,大多数显示器都把视频信号加到显像管的阴极,而将栅极接地电位。栅极又能在阴极与加速极之间起屏蔽作用。

(4)第一阳极。第一阳极也叫加速极,它也是顶部开有小孔的金属筒,其位置紧靠栅极。通常在加速极上加有几百伏的正电压,对阴极发射的电子起加速作用。

(5)第三阳极。第三阳极也叫聚焦极,它是一个直径较大的金属圆筒。聚焦极上加有 $0V \sim 500V$ 的可调电压,调整此电压大小,就可以改变聚焦电场的形状,控制电子聚焦透镜的焦距,使阴极发射出来的电子会聚成很细的电子束。

(6)第二阳极。第二阳极也叫高压阳极,加有 10kV 到 20 多千伏的高压。它的作用是进一步加速电子,使电子束以极快的速度轰击荧光屏上的荧光粉。

2. 玻璃外壳

玻璃外壳把整个 CRT 包围在里面,从结构上看有三个部分:

(1)管颈。细长的玻璃管部分称为管颈,内部装有电子枪,电子枪中除高压阳极外,其他各极都从管颈尾端用金属管脚引出。偏转线圈就套装在管颈靠近锥体的部位。

(2)锥体。锥体的内外壁上,涂有导电的石墨层或喷镀铝膜,锥体的玻璃作为一种介质和内外石墨形成一个电容,容量约为 $500pF \sim 1000pF$,作为高压滤波电容。外壁石墨层通过弹簧片和地相接,内壁石墨层与电子枪的高压阳极相接。在锥体外部,安装有高压阳极插座(高压嘴)。

(3)屏面。屏面的玻璃成矩形,宽度与高度比一般为 4:3 或 16:9。屏幕的大小,一般用对角线尺寸来表示,单位有英寸和厘米两种。

3. 荧光屏

在屏面玻璃的内侧,涂敷了一层很薄的荧光粉,称为荧光屏。荧光屏的作用是将电子的轰击变成光信号输出。当电子枪发出的电子束高速轰击荧光屏时,荧光粉便发光。荧光粉的发光亮度除与荧光粉发光效率有关外,还与电子束电流的大小和电子轰击速度有关。电子束电流越大,发光越亮;高压越高,电子轰击速度越快,发光越亮。但是,如果电子束电流太大,电子速度太快,并长时间打在一个点上,会使荧光粉局部"灼伤",从而使发光效率降低,或永久性地丧失发光能力。

大多数荧光粉都由基本材料、活化剂与溶剂组成。基本材料是无色透明的物质,如锌、镉、镁和硅的氧化物与硫化物(ZnO、ZnS、CdS、SiO_2)等。为了提高发光效率,常在基本材料中掺入少量的银、铜、锰等金属,称为活化剂。活化剂的数量和成分决定荧光粉发光的颜色。单色显像管常选用发绿色、橙红色、乳黄色或白色的荧光粉。

在荧光粉外面还蒸发有一层很薄的铝膜,其厚度为 $0.05\mu m \sim 0.5\mu m$。它的作用有三点:一是作为高压阳极的一部分吸引电子束高速轰击荧光屏,并把电子及时吸收形成束电流的通路;二是阻挡质量大的离子,不让其通过,使荧光粉不致受离子的轰击而损坏;三是起着反射光线的作用,增大荧光屏的亮度。

(二)彩色 CBT 原理及构造

彩色显像管是彩色显示器的重要部件,是重现彩色图像的关键。彩色显像管的类型主要有三种:三枪三束荫罩管、单枪三束栅网管和自会聚管。前两种是早期产品,由于它们的会聚电路复杂,调整麻烦,维修不便等原因,目前已很少采用。自会聚彩色显像管是在单枪三束栅网管的基础上发展起来的,它利用了特殊的偏转线圈,同时对显像管内部电路进行了改进,从而使显像管不依赖会聚电路,也能使三条电子束在整个屏幕上有较好的会聚。由于自会聚管没有会聚电路、会聚调整方便、生产与维修容易等优点,所以,现在几乎所有的彩色显示器都采用这种显像管。

1. 三基色原理

彩色显示是根据色度学上的三基色原理进行的,并利用空间混色法来构成。三基色原理建立在人眼辨色的生理事实上,其主要内容是:在自然界中,常见的绝大多数彩色光,都是由三种互相独立的单色光按不同比例混合配得的;反之,绝大多数光,都可以分解成三种互相独立的单色光。这里所谓互相独立,是指其中任一种光,都不能用另外两种光配得。这三种互相独立的颜色称为三基色。三基色并不是唯一的,例如,可以用红、绿、蓝作为三基色;也可以用青、紫、黄作为三基色。在实际应用中,考虑到人眼的锥状感光细胞对红、绿、蓝三基色反映最灵敏,配色范围较广,因此,用红、绿、蓝作为三基色最为普遍。

2. 彩色显像管的结构

彩色显像管和单色显像管一样,也是由管壳、电子枪、荧光屏和偏转系统组成,其构造如图 5 – 2 – 3 所示。它的基本工作原理与单色显像管相似,不同之处是,它们的荧光屏和电子枪有很大差别。

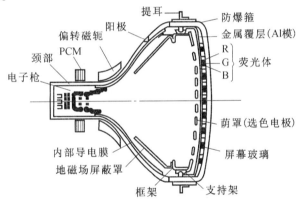

图 5 – 2 – 3　彩色 CRT 的结构示意图

彩色显像管的荧光屏上按一定规律涂有红、绿、蓝三种荧光粉,形状有条状和点状两种。这些荧光粉条(或点)按红、绿、蓝三个一组进行排列,每一组对应于一个像素,共有几十万个像素。彩色显像管有三个阴极,分别受三基色视频信号的控制,发射出的三条电子束,分别轰击与三基色相对应的荧光粉条(或点),使它们分别发出红、绿、蓝三种基色光。根据空间混色原理,在一定距离外观看每一组三基色光点,人眼看到的都是一个由三基色混合而成的一种彩色的像素。在整个屏幕上,几十万个不同彩色的像素组成一幅彩色图像。由上述可知,彩色显像管要正确地显示彩色图像,必须要求红、绿、蓝三条电子束准确无误地轰击它所对应的荧光粉。红枪的电子束只能打到红色荧光粉上,绿枪的电子束只能打在绿色的荧光粉上,蓝枪的电子束只能打到蓝色荧光粉上,不能误击,否则就会混色。

（三）电子束聚焦原理

由阴极发出的电子流,必须会聚成直径很小的电子束,在荧光屏上扫描时,才能出现高清晰度的图像。由于电子的初速度各不相同,它们分散在各不相同的方向,而且电子与电子之间有相互斥力,电子流在向荧光屏运动过程中将逐渐扩散,如不设法集中,则在最后达到荧光屏上将会散成一片,使屏幕上产生一片模糊暗淡的光,这不仅使显示的画面不清晰,而且也直接影响显示符号的定位精度。因此,电子束射出后,要对其进行聚焦。

电子束聚焦系统的作用就是使电子束轰击荧光粉时,只能限在很小的一点上发出辉光,以保证图型或符号的清晰,同时,又保证人眼可以容易地分辨出很靠近的直线或点。较高质量的电子束聚焦系统,可以使光点直径限制在0.18mm以内。电子束的聚焦分为**静电聚焦和磁聚焦**。

静电聚焦是根据电子光学的基本原理,通过改变电场等位面分布的形状,形成各种电子透镜而实现聚焦的。其物理本质是利用静电场对电子有电场力作用效应的原理,来改变电子运动的方向,使电子束产生折射或弯曲。

在CRT中,通常采用三个金属圆筒组成的透镜,来完成电子束的聚焦作用,如图5-2-4所示。阴极、控制栅极和加速阳极之间有高—低—高的静电场,形成一个短焦距的第一电子透镜组,称为预聚焦透镜,它使电子束会聚于加速阳极的管轴上。第二电子透镜组,在加速阳极和第二阳极之间,具有较长的焦距,称为主聚焦透镜。只要适当调整聚焦系统中聚焦极的电压,就可以改变电子透镜的电场分布,从而改变焦距,使主聚焦透镜的焦点正好位于荧光屏表面上,则光点就会是最小、最清晰的。

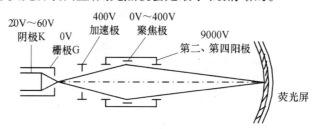

图5-2-4　CRT电子透镜中电子束聚焦示意图

电磁聚焦是利用电子在磁场中运动会受到洛伦兹力的作用而改变其运动方向的原理,来实现电子束聚焦的。由于洛伦兹力方向垂直于电子运动的速度方向,因而它只能改变电子运动的方向,使运动轨迹弯曲,而不会使运动速度绝对值改变。这种性质特别适合电子束的偏转。只要保证所有这样运动着的电子的射束弯曲成螺旋线型,并通过管子中心轴线与屏幕的交点,就可使之达到完全的聚焦。所以电磁聚焦通常比静电聚焦的效果更好。在较精密的测量仪器中,往往采用这种电磁聚焦的CRT,而通常的家用电视机和计算机图型显示都是用静电聚焦的CRT。

（四）电子束偏转原理

电子束偏转系统的作用是在电子束聚焦后,使它能打到荧光屏指定的位置上。

对屏幕而言,电子束的位置是指x方向和y方向,故它的构造总是由x方向偏转和y方向偏转系统组成。与聚焦系统类似,静电场和电磁场都可用于电子束偏转系统。

静电场偏转系统,是由安装在CRT管颈内第二阳极后的两对互相垂直的偏转板构成,如图5-2-5所示。水平放置的一对偏转板,使电子束在垂直方向偏转,它们叫做垂直偏转板;而垂直放置的一对偏转板,使电子束在水平方向偏转,相应地叫做水平偏转板。在两对极板上加上电压,形成电场,电子束沿垂直电场方向运动时,就会受到电场力的作用而偏转。由于偏转板安装在 CRT 管颈内部,其尺寸就受到管颈空间限制,偏转角度较小,一般用作示波管。

电磁偏转系统,是在管颈外面安装两对偏转线圈构成的,如图 5-2-6 所示。分析可知,当线圈结构和阳极电压确定后,电磁偏转角度只与磁感应强度有关,所以,控制加在线圈上电流的大小,就可达到控制偏转角度的目的。

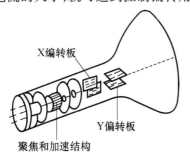

图 5-2-5　静电偏转结构

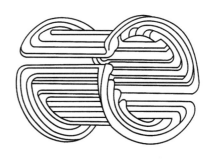

图 5-2-6　偏转线圈结构

选择静电偏转还是电磁偏转,要考虑许多因素,但主要的是保证图型显示的质量和屏幕的大小。电磁偏转可获得较大的偏转角,一般可达 70°左右,因此,它适用于管屏较大的 CRT。但是,电磁偏转方式需要较大的偏转电流,而且由于线圈的电磁会阻碍偏转电流的迅速变化,所以显示速度受到一定的限制。同时,为了增强磁场并使磁场集中,偏转线圈通常绕在铁芯上,而铁芯有磁滞,它将导致图型歪扭。对于静电偏转方式,通过极板间的电容,只流过很小的电流,所以偏转电路的输出电流和功率要求较低。但是偏转角度小,通常不超过 30°,因此它只适用于较小的管屏。

(五) 荧光屏的特性

CRT 所显示的图形信息,是通过荧光屏可见光信号显示出来的。荧光屏的特性将会直接影响显示画面的质量。表示荧光屏的特性参量有很多,主要有亮度、余辉、光谱、临界闪烁频率等。

1. 亮度特性

荧光屏是由荧光质通过沉淀方法形成的,在电子束轰击下会发光。亮度是衡量光点发光亮暗程度的一个指标。亮度单位可以用单位面积上发光强度来表示,通常用熙提或尼特。在英美制中常用英尺·朗伯。它们之间的关系如下:

1 熙提 = 1 坎德拉/平方厘米(cd/cm^2)

1 尼特 = 1 坎德拉/平方米 = 10^{-4} 熙提

1 英尺·朗伯 = $1/\pi$ 坎德拉/英尺^2 = 0.000343 熙提

电子束打在荧光屏上光点的亮度,正比于荧光屏所接收到的电子束能量,即正比于电子束的电流密度、CRT 加速电极的高压和电子束在荧光屏上的停留时间。影响荧光屏亮度特性的主要因素有荧光质的能量转换效率、电子束的能量和电子束本身的电流密度、电子束的能量积累。

2. 余辉特性

电子束轰击到荧光屏上,便立即使荧光粉发光,而在电子束停止轰击后,其光要经过一段时间才能消失,这段时间称为荧光屏的余辉时间。在工程上,常把电子束停止轰击至亮度下降到初始值10%所经历的时间定义为荧光屏的余辉时间。不同荧光质,其余辉时间不同。一般按下面的分类来大体评价余辉时间,即

极短	$1\mu s$ 以下,	作电视飞点扫描用
短	$1\mu s \sim 10\mu s$,	作低速飞点扫描用
尚短	$10\mu s \sim 1ms$,	一般电视显像用
普通	$1ms \sim 100ms$,	中速显示用
长	$100ms \sim 1s$,	低速显示用
极长	$1s$ 以上,	雷达、观测仪器用

双层荧光屏是由两种荧光粉做成的,而且具有这两种荧光粉的特性。当电子束打在荧光屏上时,首先是短余辉层被激活,然后在短余辉光的激发下,靠近玻璃屏的一层才发出长余辉的光。

3. 闪烁效应

在 CRT 显示图像或数据时,电子束必须在荧光屏上不断地重复扫描。当重复扫描频率过低时,观察者看到的是一亮一暗的图像或数据。这种现象称为闪烁效应。闪烁并不影响图像显示的信息量,但它会使观察者眼睛过分疲劳而降低工作效率。对于给定的荧光质,最低的重复扫描频率极限值,应该是图像刚好不出现闪烁的那一个频率,或者说,是刚好要出现闪烁的那个频率。这个频率称为临界停闪频率或临界闪烁频率。显然,实际所选用的图像重复扫描频率应该大于该频率。临界闪烁频率是由眼睛的视觉暂留时间、荧光质的余辉时间、亮度和颜色等因素所决定的。一般长余辉荧光屏,其临界闪烁频率较低。

通常,实际选择重复扫描频率时,采用超过指标或包含有调整余量的办法,给出富裕量。对于一般中等余辉的显像管,重复扫描频率超过 45Hz 时,所显示的图像将不会出现闪烁。重复扫描频率越高,荧光质上能量积累就越多,而光点的亮度也就越高。闪烁效应对图像显示虽有不利的一面,但有时也要利用闪烁效应。例如,在计算机终端文字显示器中,常用闪烁的游标来指示某个位置显示的文字。

4. 光谱特性

荧光屏的光谱特性是指不同荧光质,在电子束轰击下发出不同颜色的光。荧光质发出的为连续光,只有某一波长最亮,即峰值波长的光,所以人眼感觉到似乎只有某一种颜色的光。另外,有些荧光质具有两个峰值波长,这是因为它是双层荧光质或混合荧光质的缘故。

(六) CRT 的驱动电路

CRT 的驱动电路主要有辉亮控制、偏转控制、聚焦控制和高压控制。CRT 和驱动电路习惯称为管头。图 5 - 2 - 7 给出了典型的 CRT 和驱动电路(管头)的组成框图。偏转控制系统接收电子扫描数据,控制电子束按某种预定规律扫描。辉亮控制系统接收与灰度等级有关的信息,控制电子束的大小和有无,以便在屏幕某位置上形成相应的灰度和彩色的图像。聚焦控制系统接收正常和补偿的聚焦信号,控制电子束直径的粗细,使电子束聚焦在屏幕上。通常,黑白 CRT 的高压控制提供固定的加速电极高压,而在某些彩色显像管中,高压控制接收色码控制信号,送出相应的高压,以得到相应的色彩。电源系统提

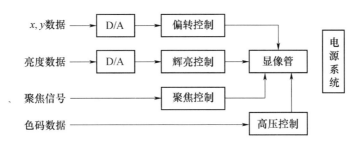

图 5 - 2 - 7　CRT 和驱动电路的组成框图

供显像管各电极所需要的直流电压。

不同类型的显示器,管头电路的结构一般也不相同。为满足技术发展的需要,管头也趋向于通用化和模块化。采用不同功能的模块和管头模块结合,可以组成不同用途的显示器。

1. 辉亮控制系统

辉亮控制系统一般由信号混合电路、辉亮放大器、辉亮信号耦合电路和 CRT 的调辉电极(阴极和栅极)组成。其基本作用是在亮度数据或色码数据的控制下,给 CRT 提供一定的辉亮信号,通过对调辉电极的作用,产生相应强度的电子束,从而在荧光屏上形成相应亮暗或不同颜色的图像。通常,对辉亮控制系统有以下要求:

(1) 能形成足够的亮度,等级层次要分明。

(2) 亮暗转换要迅速准确。

(3) 亮度改变不会影响 CRT 其他性能。

(4) 亮度可以人工调节。

(5) 有适当的过载保护措施等。

显像管的辉亮控制信号,由显示设备的功能部件产生,其特性由显像管的栅极和阴极间的调辉特性来确定。一个典型的栅极传输特性和输入信号形式如图 5 - 2 - 8 所示。这种特性所表示的栅极截止电压为 - 100V。为了保持在无辉亮信号输入时不产生电子束电流,栅极平时应设置在低于截止电压范围内,这里取 - 125V。输入正极性脉冲就从这个初始电平开始,当它超过截止电压时,就会产生电子束的电流,其大小由脉冲振幅和栅极传输特性决定。这个电子束打在荧光屏上,就产生相应的亮度。通常,不允许栅极电压高于阴极电压,否则会出现栅流而把网状栅极烧坏。输入信号也可以加到阴极上,但要变成负极性的信号。

在彩色显像管中,彩色亮度由三基色按不同的比例所确定。这时的辉亮信号实际上是具有相应振幅的 R、G、B 信号。用它分别去对三支电子枪进行调辉,在荧光屏上就可以出现相应强度的 R、G、B 颜色。

显像管辉亮的人工控制方式,一般是改变控制栅极和阴极之间的初始电平(工作点),也有通过改变辉亮放大器的放大量,来改变输入信号的幅度。人工控制的辉亮电位器通常设置在显示器的面板上。

2. 偏转控制系统

偏转控制系统主要用来控制电子束在荧光屏上的扫描,在辉亮信号的配合下,形成图像和数据。当用静电来控制电子束偏转时,偏转信号加在偏转板上。当用磁场来控制电

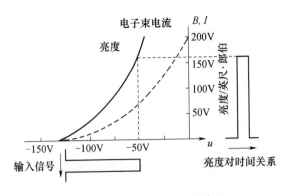

图 5 - 2 - 8　CRT 栅极控制特性

子束偏转时,偏转信号加在偏转线圈上。由于当前静电偏转显像管的亮度低、聚焦差、管身长和管面小等原因,普遍采用磁偏转。

偏转扫描的方法很多,有光栅扫描、随机扫描、径向扫描、课文扫描和圆周扫描等。

1)光栅扫描法

光栅扫描法是指电子束在显像管荧光屏上,从上到下一行一行地扫描。从荧光屏幕左端向右端扫描一次为一行。当电子束扫到右端后迅速返回下一行的左端,重新进行一行的扫描。当电子束从荧光屏幕第一行的左上角扫到荧光屏幕右下角时,为一帧,然后,又迅速返回到荧光屏幕的左上角,重新进行下一帧的扫描。通常,从左到右扫描为行正程扫描,从右端迅速返回左端为行逆程扫描;从荧光屏幕左上角扫到右下角为帧正程扫描,从荧光屏幕右下角返回左上角为帧逆程扫描。

为了不使显示图像混乱,在行逆程和帧逆程时间里要加入匿影信号,使显像管在这段时间不辉亮。这种一行紧接一行的光栅扫描方法称为逐行扫描法。图 5 - 2 - 9 为光栅逐行扫描时的 x(水平)、y(垂直)偏转信号和电子束在荧光屏上运动轨迹示意图。图中,虚线为行逆程和帧逆程的电子束轨迹,实线为行正程和帧正程的轨迹。根据输入的图像指令,增辉某些部分的水平扫描线,就可以形成图像。按照这种工作方式,只需提供不失真的水平和垂直扫描信号,频率也不高,通常,行频在 15kHz 左右,帧频在 30Hz 以上。

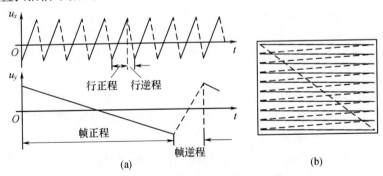

图 5 - 2 - 9　逐行扫描偏转波形和画面扫描示意图

(a)扫描波形;(b)显示光栅。

为了进一步降低显示图像闪烁,可以分成两场进行隔行扫描。第一场扫描光栅的奇数行,第二场扫描光栅的偶数行。屏幕上全部像素要两场才能扫完。若每秒显示 25 帧图像,则场频为 50Hz。这时不会出现闪烁现象。我国的电视广播中,采用的标准是每秒 25 帧,每帧分两场,每秒 50 场,每场 312.5 行,每帧 625 行。由于帧逆程需要时间,实际上画面行数少于 625 行,行周期为 64μs,其中行正程为 52.2μs,行逆程为 11.8μs,每场 20ms,每帧 40ms。

由上述可知,隔行扫描要求下一帧扫描起点与上一帧相同,以保证各帧扫描光栅重叠。此外,相邻两场扫描光栅,还必须均匀镶嵌,以获得最佳的清晰度。根据具体要求,显示系统中可以采用逐行扫描或隔行扫描。对电视来说,通常是播放连续灰度或彩色的图像,两场信息量基本相同,利用隔行扫描的方法降低了对电视信号带宽的要求,同时,又能满足不闪烁的条件,因此,我国电视系统采用隔行扫描。对于计算机产生的数字视频显示来说,两场信息量多数情况下相差较大,尤其是在显示字符时更是如此,所以,计算机显示器和雷达显示器多采用逐行扫描方式,其帧频在 60Hz ~ 85Hz,特殊用途的系统,帧频可达 180Hz。

2)随机扫描法

随机扫描法是以随机定位方式来控制电子束运动的,类似于钢笔在纸上写字,所以也称为书写方式。这时,只要给出与 (x,y) 相应的扫描电压(或电流),就可使电子束形成的光点出现在荧光屏的 (x,y) 位置上。这样,就可以把显示信息随意地显示在荧光屏的任意位置上。图 5-2-10 示出了一种随机扫描时所需的 (x,y) 偏转信号和合成的显示画面。这里,$(0,0)$ 为屏面中心,左、下为负,右、上为正。在该图中,电子束从中心开始,先画一个口字,再画一个圆,最后画出 4 个点。画完后电子束返回屏面中心。图型的数据由计算机或其他控制设备产生,经 D/A 变换后,形成图上所示的偏转波形,控制电子束作上述规律运动,再加上图中所示的辉亮信号,它不需要显示过程匿影,就可显示出清晰的图形。随机扫描特别适合于不是满屏显示,且显示容量比较低的场合。能够高质量地完成画线,线条清晰、精确。对于信息容量大、多灰级或彩色图像显示的场合不适用。

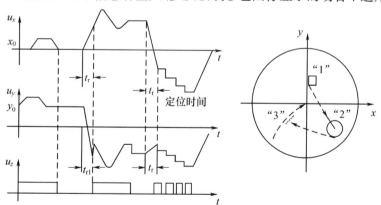

图 5-2-10 随机扫描偏转波形及画面示意图

3)径向扫描法

径向扫描法是极坐标扫描,是平面位置显示器(PPI)中要用到的一种扫描方法。通常,电子束起点在荧光屏中心(也可偏离中心而固定在某位置上),在扫描电压或电流作用下,从中心向外径方向扫描。当电子束扫到荧光屏边沿时迅速返回起点,重新形成下一次扫描。在 PPI 中,如果扫描线方向角用 θ 表示,扫描线长度表示距离 R。当 θ 慢慢变化时,一条径向扫描线将紧挨着上一条径向扫描线之后出现,并随着角度 θ 方向的变化在荧光屏上慢慢旋转。图 5-2-11 绘出了径向扫描线及所需波形示意图。

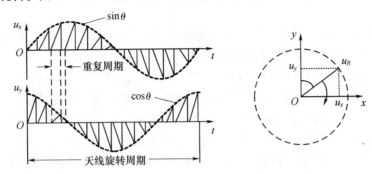

图 5-2-11　径向扫描偏转波形及画面示意图

图中,θ 为天线方位角,扫描波形的方程为

$$U_r = \begin{cases} kt, & 0 < t < t_{r\max} \quad （正程） \\ 0, & 其他 \quad\quad\quad\quad （逆程） \end{cases} \qquad (5-2-1)$$

$$U_r = \begin{cases} kt\sin\theta, & 0 < t < t_{r\max} \quad （正程） \\ 0, & 其他 \quad\quad\quad\quad\quad （逆程） \end{cases} \qquad (5-2-2)$$

$$U_r = \begin{cases} kt\cos\theta, & 0 < t < t_{r\max} \quad （正程） \\ 0, & 其他 \quad\quad\quad\quad\quad （逆程） \end{cases} \qquad (5-2-3)$$

式中:k 为与距离量程有关的常数;$t_{r\max}$ 为与最大量程相应的时间。

在模拟式 PPI 中,θ 和 t 是同时变化的,由于 θ 变化远比雷达重复周期变化缓慢,因此,在一个雷达重复周期内,$\sin\theta$ 和 $\cos\theta$ 可以近似看成一个确定数值,于是就形成某一个 θ 值的径向扫描线。在另一雷达重复周期,由于雷达天线扫描,θ 值改变了,于是就形成另一个 θ 值的径向扫描线。最终,随着雷达天线的扫描,形成模拟式 PPI 显示画面。

在数字式 PPI 中,用阶梯式锯齿波代替扫描波型,而且,在每个雷达重复周期内,θ 变化值被看做定值,因此,它所形成的是该 θ 方向的径向扫描线。

实际上,径向式扫描是随机扫描的特例,扫描线的起点固定,而终点可以通过方位角计算出来。其他的扫描方式都可以归类到光栅扫描或随机扫描中。应该指出,通常荧光屏上要同时显示各类信息,为了便于显示这些信息,可以采用不同的扫描方法。也就是说,在一种显示器中,可以有若干种扫描方法交替使用。

为了定量地描述显示在 CRT 屏幕上的图形,通常,应将屏幕有效显示面积的水平方向定为 x 坐标,垂直方向定为 y 坐标,坐标原点可取在左下角(与数学上的笛卡儿坐标系一致),也可取在左上角(与习惯上从左到右、从上往下书写一致)。这样,构成的坐标系称为显示屏幕坐标系。将坐标划分为若干个刻度,每一个刻度单位就是屏幕上一个光点所占据的位置,通常称之为光栅单位或增量点。显然,一个光栅单位,在水平方向占据的距离 Δx 和垂直方向占据的距离 Δy 有如下的关系:

$$\Delta x = W/n_{x\max}, \Delta y = H/n_{y\max} \qquad (5-2-4)$$

式中:W为显示屏幕上有效显示面积的宽度;H为显示屏幕上有效显示面积的高度;$n_{x\max}$、$n_{y\max}$分别为x方向和y方向的最大光栅单位数。

由式(5-2-4)可见,光栅单位是一个相对尺度,即使在同一个显示屏幕上,Δx和Δy也可能不相同。如果x、y方向的刻度划分得越细,即光栅单位数越大,则显示的图形也越精细,分辨力越高。目前,常见的显示系统,其屏幕坐标划分$n_{x\max} \times n_{y\max}$有$640 \times 480$、$1280 \times 1024$、$1600 \times 1280$等。

3. 动态聚焦控制系统

由CRT的聚焦原理知道,电子束的聚焦是在聚焦透镜作用下完成的。若在屏幕的中心完成聚焦,即焦点正好落在屏幕的中心点处,光点是最小的。而随着电子束偏转到屏幕的边缘,焦距也在逐渐加大,使屏幕边缘区域的光点质量变差(即散焦)。在高级图形显示设备中,应当采用动态聚焦电路来校正这种随着偏转扫描而变化的光点畸变。此外,电子束的速度、电流密度和偏转都会影响聚焦。电子束的速度决定于所加的阳极高压,高压越高速度越大,在聚焦电压或电流保持不变的情况下,高压降低会使光点变粗。增大束电流光点也会变粗。为了得到良好的聚焦,使CRT的聚焦电压或电流随亮度的变化和高压的变化而自动调节,这就是动态聚焦。图5-2-12为CRT由于偏转引起散焦的示意图。

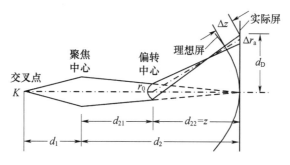

图5-2-12 磁偏转中的偏转散焦

由于显示屏幕不是理想的球面,故像距$d_2 = d_{21} + d_{22}$中,从偏转中心到显示屏幕的距离d_{22}随偏转角的改变而改变,这就是引起散焦的根本原因。对平面屏而言,从偏转中心到屏的距离的变化量Δz比较大;若是曲面屏,偏转中心到屏的距离的变化量Δz会小些,因而,偏转引起的散焦也会小一些。屏的曲率越接近于理想球面,偏转散焦也越小。由于从偏转中心到屏的距离随着偏转角而变化,可以证明,引起焦距的改变量$\Delta f = Kr^2$,r是电子束偏离屏中心距离。对于静电聚焦而言,主聚焦透镜是由聚焦极、加速阳极等共同形成的,其聚焦作用与它们的结构形状和所加的电压有关。通常,通过调节聚焦极的电压可以改变电子束的焦距。在任意偏转情况下,为了在屏上各处都得到良好的聚焦,可以得出聚焦电压与偏转量之间的关系为

$$U_f = U_s + K_e(x^2 + y^2) \qquad (5-2-5)$$

式中:U_s为电子束在屏中心时所需的聚焦电压,称为静态聚焦电压;$K_e(x^2 + y^2)$为随偏转而改变的聚焦电压,称为动态聚焦电压;K_e是与CRT参数有关的系数。

可以采用电路获得$K_e(x^2 + y^2)$信号来实现动态聚焦。

(七) CRT 显示器的特点

机载雷达显示器从开始装机一直采用阴极射线管,而且到目前为止CRT显示器仍有

使用。CRT 的主要优点如下：

（1）很低的价格。屏幕尺寸为 64cm 的 CRT，制造成本低于 25 美元。

（2）很容易调整分辨力。

（3）形状和大小变化很大，可以从 1.3cm 变化到 114cm。

（4）寻址极为简单，只有 7 根导线。

（5）好的可视性。由于是主动发光器件，辉度在 $100cd/m^2 \sim 1000cd/m^2$ 范围内；显示部位的最大亮度和非显示部位的最小亮度之比，即对比度为 $30 \sim 100$。

（6）非常高的发光效率。

（7）非常丰富的彩色和灰度能力。显示的颜色总数用每个基色的灰度等级数相乘之积来表示，主要表示对灰度等级的规定细节，而不是直接表示显示颜色的范围和鲜明度。CRT 的显示色数可以为 2^{24} 种彩色或 256 级灰度或 8bit，即全彩色。

（8）非常好的寿命特性，其连续工作寿命一般在 $10^4h \sim 10^5h$ 内。

（9）响应速度高。响应时间一般用从开始施加电压到出现显示所需要的时间，以及从切断电压到显示消失所需要的时间来表示。在通常的情况下，人的视觉一般可辨别的响应时间不会比 $50ms \sim 100ms$ 更快。因 CRT 显示原理是以电子迁移为基础的，其响应时间在 $1\mu s \sim 50\mu s$ 内。

（10）有大规模生产的基础。

由于 CRT 的质量和体积都很大，其驱动采用电子束激励发光物质，因而显示图像的电压很高，对于集成化和安全性而言是不相适应的。因此，平板显示器正逐步取代阴极射线管。CRT 的主要缺点如下：

（1）大尺寸带来的大体积和重量无法接受。

（2）屏面内有光散射。

（3）图像有闪烁和抖动。

（4）最大的直观显示尺寸限制在 114cm。

（5）无数字寻址。

（6）图像有畸变。

（7）应用电压很高。

（8）在荫罩彩管内分辨力受到限制。

二、液晶显示器

液晶显示是一种被动显示，通过改变外部光的透射率或反射率，形成显示的图像。液晶显示器的最大优点是低电压、低功率、体积小、质量小，从根本上解决了 CRT 驱动电压高、体积大、质量大的问题，成为现代机载雷达终端系统广泛采用的显示器。

（一）液晶的基础知识

1. 液晶

液晶是一种介于固态和液态之间的物质，是具有规则性分子排列的有机化合物。液晶在一定温度区间会呈现既不同于各向同性的液体，也不同于分子在三维空间完全规则排列的固态晶体，即存在两者之间的中间状态。中间状态的外观是流动的混浊液体，具有液体的流动性和连续性,在分子排列上又具有晶体的有序性。这种中间状态在光学方面具有各向异性晶体所特有的双折射性。液晶根据其分子排列的方式,可分为向列相("相"是指某种状态)、近晶相、胆甾相三种,如图 5-2-13 所示。

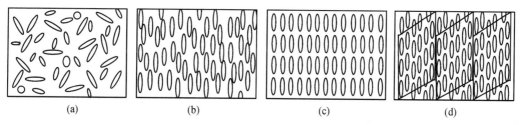

图 5-2-13 液晶相种类

(a) 液体;(b) 向列相;(c) 近晶相;(d) 胆甾相。

2. 液晶的分子取向控制与电光效应

液晶显示器的基本工作原理是基于液晶分子取向变化所带来的电光效应。借助外电场使液晶分子从特定的初始排列状态转换为其他排列状态,从而引起液晶光学特性变化。下面以向列液晶为例说明分子取向控制和电光效应。向列液晶型的显示器结构一般由两块电极基板中间夹液晶组成,液晶层的分子取向取决于它与所接触的这些基板表面状态间的相互作用。一般采用的基本分子取向形态有平行取向、垂直取向、倾斜取向三种,如图 5-2-14 所示。在外界电场作用下,液晶分子的取向会发生变化。

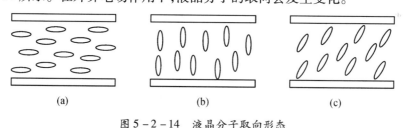

图 5-2-14 液晶分子取向形态

(a) 平行取向;(b) 垂直取向;(c) 倾斜取向。

液晶具有介电常数的各向异性,$\Delta\varepsilon = \varepsilon_{长轴} - \varepsilon_{短轴}$,当液晶分子的 $\Delta\varepsilon > 0$ 时,叫做正介电各向异性;当 $\Delta\varepsilon < 0$ 时,叫做负介电各向异性。对于正介电各向异性的液晶在外电场的作用下,液晶分子的取向变化使液晶分子长轴平行于施加电场的方向,而负介电各向异性液晶的取向变化是使长轴垂直于施加电场的方向。例如,对于初始状态如图 5-2-14(a)所示的平行取向的液晶基板,施加垂直于液晶基板的外界电场,则正介电各向异性的液晶分子变为如图 5-2-14(b)所示那样的垂直取向的状态。

同时,液晶又具有双折射性,即具有液晶分子长轴方向的(非寻常光)折射率 n_e 和垂直长轴方向的(寻常光)折射率 n_0。不同种类的液晶其光学各向异性 $\Delta n = n_e - n_0$ 不同。通常,向列相液晶和近晶相液晶 $\Delta n > 0$,称为正光学性质;胆甾液晶 $\Delta n < 0$,称为负光学性质。

(二)液晶显示器的工作模式

液晶的光电效应有多种工作模式,在实际中常见的工作模式有扭曲向列型(Twisted Nematic,TN)、超扭曲向列型(Super TN,STN)、双层超扭曲向列型(Dual Scan Tortuosity Nomograph,DSTN)、铁电液晶型(Ferroelectric Liquid Crystal,FLC)。前三种类型在名称上

155

只有细微的差别,其液晶分子都是向列相液晶,它们的显示原理具有很多共性,不同之处是液晶分子的扭曲角度各异。铁电液晶型模式是采用具有自发偏振化性能的铁电性材料构成的。

1. 扭曲向列型模式

在液晶显示器工作模式中,扭曲向列型液晶显示器是最基本的。扭曲向列液晶具有正介电各向异性。在这种工作模式中,基板玻璃上分别加上导电电极,两个透明的电极基板之间充入 $10\mu m$ 左右厚的向列液晶,在两电极外侧放置两个相互垂直的线状偏振片,如图 5-2-15 所示。扭曲向列液晶的分子长轴与基板玻璃平行取向,液晶分子在此偏光板之间排列成多层,并且排成螺旋状,其分子取向为连续的 90° 扭曲,呈现 90° 的光学旋光效应,可把偏振光扭转 90°。其光源置于显示器背后。当光源发出的随机偏振光进入显示器时,只有与偏振片同向的光线能穿过前偏振片,当光线穿过液晶进入后面的偏振片时,由于光的偏振方向旋转了 90°,刚好与另一偏振片的方向一致,因此光线能顺利通过,整个电极面呈光亮。

若在透明电极上加上电压,可在液晶层中形成一个电场。由于分子有一定的移动自由度,而且存在电偶极矩,液晶分子长轴将开始沿电场方向倾斜。当电压达到一定值时,除电极表面的液晶分子外,所有两电极之间的液晶分子都变成沿电场方向的排列方式。这时,90° 旋光的功能消失,在光学上表现为各向同性。液晶此时可传递入射光线但不再转动其偏振方向。穿过前偏振片的光线与后一个偏振片垂直,因而没有光线通过,电极面呈黑暗状态。对于液晶显示器,通过给液晶基板通电的方法使光改变其透过/遮挡状态,从而实现显示。这种显示器的像素点是由分隔开的玻璃板行列交叉点形成的,只有明暗两种显示。

扭曲向列液晶显示器(TN-LCD)采用的是电压驱动,因此电流小、功耗低、寿命较长。其缺点是相邻像素间容易串像。点亮行线和列线时,会把相邻的像素局部点亮,使相邻像素部分发光,因而降低了显示器的分辨率;另外,对异常温度非常敏感,响应时间受光学限制;再者,由于偏振片的存在大大降低了光学透射率。

另外,TN 型显示器由于随着驱动电压升高,电光响应增加缓慢,阈值特性不明显,致使多路驱动点阵显示困难。个人计算机和高清晰度电视图像都需要几百条扫描线,而 TN 型模式因其组成和驱动的关系不能有如此多的扫描线。为了解决这个问题,T. Scheffer 等人提出了超扭曲向列型模式。

2. 超扭曲向列型模式

在传统的扭曲向列液晶中,只要将液晶分子的扭曲角加大,就可以改变液晶分子的驱动特性。在 STN 型模式中,向列液晶在基板间形成了 180°～270° 扭曲的分子取向,如图 5-2-16 所示。扭曲角为 180°～270° 的液晶称为超扭曲系列液晶。

STN 型模式的工作原理是液晶盒使入射光的直线偏光轴,相对于入射光一侧电极基板面的液晶分子长轴方位依次发生小的偏移,利用由液晶双折射性而产生的光干涉现象来进行显示。在液晶盒的两侧设置偏振片,液晶盒中液晶分子呈现 180°～270° 的扭曲。若电极不施加电压,由于液晶分子扭曲成 180°～270°,入射光因液晶的双折射性而变成椭圆偏振光,显示面将显示亮。此时,出射光线不仅与材料性质有关,而且与入射波长有关,从而使液晶显示面具有特定的颜色。若电极施加电压,则液晶分子变成垂直取向。液

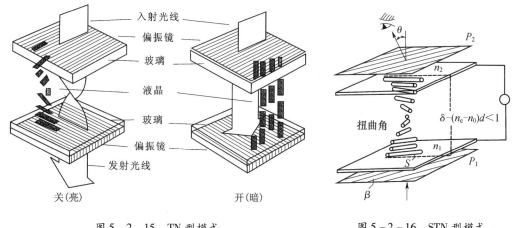

图 5-2-15　TN 型模式　　　　　　　图 5-2-16　STN 型模式

晶基本上丧失了双折射性,显示面看起来几乎无色。

(三)有源矩阵驱动

　　液晶显示器常用的主要有直接驱动和有源矩阵驱动两种驱动方式。直接驱动是指驱动电压直接施加于像素电极上,使液晶显示直接对应于所施驱动电压信号的一种驱动。它是一种最常见、应用最广泛的驱动方式,适用于 TN、STN 等多种模式的 LCD。由于液晶像素的双向导通特性所引起的串扰,以及随着扫描行数的增加,被选像素上的电压和非选像素的电压越来越接近等局限性,使得直接驱动方式很难提高扫描行数,显示信息容量不大。

　　虽然超扭曲向列型模式使扫描行数有了一定的突破,但更理想的方法是使各像素完全独立,彻底消除直接驱动方式的局限性,提高对比度和响应特性。随着大规模集成电路技术的发展,出现了有源矩阵驱动。有源矩阵液晶显示器每个像素点上制作了一套具有开关特性的器件,即有源器件。通过适当的选通信号,利用其开关或非线性特性对像素施加波形,以避免直接驱动因半选通造成的各种问题。这种方式根据有源器件种类的不同分二端型和三端型两种。二端型的有源器件主要使用金属—绝缘体—金属(MIM)结构的二极管,三端型的使用半导体薄膜晶体管(Thin Film Transistor, TFT)。根据 TFT 使用的半导体材料分为非晶硅型(a-Si)、多晶硅型(p-Si)和硒化镉等。目前,在计算机显示器和雷达显示器中使用的主要是 TFT-LCD,而 STN-LCD 主要用于手机显示。

　　图 5-2-17 为有源矩阵液晶面板结构,图 5-2-18 为有源矩阵液晶面板的电路。有源矩阵液晶面板结构与 TN 的结构基本上相同,同样是采用两夹层间填充液晶分子的设计,只不过把 TN 下部夹层的电极改为 TFT 晶体管,而上层改为共用电极。

　　图 5-2-19 为 a-Si TFT 显示单元的等效电路。图中,薄膜场效应晶体管(TFT)的源极 S 作为选择数据信号输入端,栅极 G 作为扫描信号输入端,漏极 D 作为场效应晶体管输出端,C_S 为补偿电容。液晶像素等效为一电容 C_{LC} 和电阻 R_{LC}。TFT 有源矩阵驱动工作过程是:当栅极 G 与源极 S 未被选通时,TFT 处于截止状态,近似为断路,液晶像素上没有被施加电压,因而不能显示。当扫描信号输入端栅极 G 被选通,寻址信号输入端源极 S 也被同步选通时,TFT 打开,电压信号通过补偿电容 C_S 和像素本身电容 C_{LC} 的作用加到液

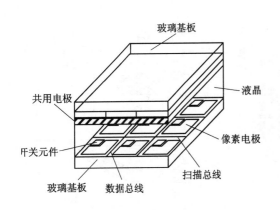

图 5－2－17　有源矩阵液晶面板结构

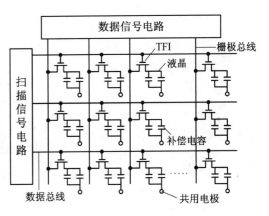

图 5－2－18　有源矩阵液晶面板的电路

晶上,该像素显示亮信号。当撤销电压信号后,由于电容的作用,该像素亮信号会保持一段时间。设定其保持时间为半帧时间。下半帧时,改变电压极性就可以保持液晶处于交流驱动状态。

这种驱动方法没有半选通电压,不受液晶电光响应速度慢的影响,可以显示视频活动图像而没有闪烁。由于 TFT 晶体管具有电容效应,能够保持电位状态,先前透光的液晶分子会一直保持这种状态,直到 TFT 电极下一次再加电改变其排列方式。

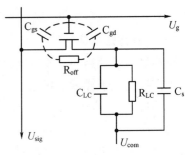

图 5－2－19　a－Si TFT 显示
单元的等效电路

（四）液晶显示器的特点

液晶显示是一种被动显示,通过改变外部光的透射率或反射率形成显示的图像,较其他平板显示器而言,其最大优点是低电压、低功率、体积小、质量小,从根本上解决了 CRT 驱动电压高、体积大、质量大的问题。

1. 液晶显示器的优点

（1）显示器件是厚度仅 2mm 的薄型器件,可以制作在塑料基板上,做成可弯曲、不怕撞击的器件,而且从较大显示屏幕(对角线长几十厘米)到小型显示屏幕(对角线长几毫米)都可以满足,非常适合于便携式电子装置的显示。

（2）低电压运行(几十伏特),可直接用集成电路驱动,电子线路可小型化。

（3）微功耗,显示板本身每平方厘米功耗仅几微瓦至几十微瓦,利用干电池即可长时间工作。

（4）依靠调制外照光工作,越是明亮的场合越清楚,甚至在阳光直射下都能清晰显示。

（5）采用彩色滤色器,易于实现彩色显示。

（6）可以进行投影显示及组合显示。

2. 液晶显示器的缺点

液晶显示也存在一些缺点:

（1）属于非主动发光型,采用反射方式进行显示时,在比较暗的场所,显示不够鲜明。

158

在需要鲜明显示及彩色显示的场合,需要背置光。

(2)一般来说,显示对比度与观察方向有关,视角较小。现在较高档次的彩色液晶显示可以达到140°,接近CRT的水平。

(3)低温工作时,响应速度较慢,需要用加热器。

(4)制作工艺比较复杂,成本较高。目前已经有明显下降。

三、等离子体显示器

等离子体显示板,是伴随着惰性气体等离子体放电,利用行、列矩阵电极交点发光的显示器件。等离子体是由大量自由电子和离子组成,在整体上表现为近似电中性的电离气体。等离子体几乎都是发光的,不仅发可见光,也发不可见的紫外光。基本的工作原理是利用气体放电引起的发光现象,直接发射可见光进行显示,为单色显示。但是,除了氖的橙色光之外,得不到效率好的可见光颜色。彩色显示并不是直接利用放电光,而是用发射真空紫外线激发荧光体,将荧光体发出的红绿蓝可见光用做显示光,形成彩色显示。

器件的构造是由分别设有行电极和列电极的两块玻璃基板,构成放电空间(空间间距约为0.1mm),其中封入以氖为主体的10^4Pa量级的混合惰性气体,在行电极加扫描电压,在列电极上加信号电压,电极交点为放电胞放电而发光。若按电极结构区分,PDP分为电极露在放电空间的DC型(直接放电型)和电极被介电质层覆盖的AC型(间接放电型)两大类。

在AC型的运行方式中,放电开始后,利用在介电质层上产生的残留壁电荷,可以在比最初的放电开始电压低的电压下,维持放电发光,同时具有存储效果。与DC型相比,可降低工作电压,在辉度不下降的前提下,可增大显示容量。另一方面,DC型的结构和扫描电路都比较简单,运行中,通过放电电流的控制可以很方便地调节灰度。AC-PDP因其光电和环境性能优异,是PDP技术的主流。

等离子体显示具有以下特点:

(1)易于实现大屏幕显示。

(2)主动发光,且具有存储功能,可实现高亮度显示。

(3)彩色PDP可以全色显示,可以实现256级灰度和1670万种颜色的显示。

(4)伏安特性非线性强,单色PDP已实现选址2048线,彩色PDP已实现选址1024线。

(5)视角宽,可以达160°,与CRT相当。

(6)响应快,为微秒级,可以实现即时显示和大型显示,易于满足计算机要求和圆扫描及螺旋扫描的要求。

(7)寿命长,可达10^5h。

(8)可以进行投影显示和组合显示。

第三节　光栅扫描显示器

光栅扫描显示器,是在第二次世界大战期间就出现的一种显示扫描体制,由于它在技术上还不够成熟,限制了它在军事上的应用。一直到战后,才得到了迅速发展。到20世纪 60 年代,出现了模拟式扫描变换器,它把雷达图像转换成电视格式显示。可是,由于结构复杂、可靠性差等原因,很快便被迅速发展的数字技术所代替。到 70 年代后期,随着微电子技术的发展,尤其是高速大容量存储器芯片的发展,才真正刺激了光栅扫描显示器的应用。以数字式扫描变换器和 CRT 为核心的光栅扫描显示器进入实用阶段。后来发展起来的平板显示器件,如液晶板、等离子板等,绝大多数都采用光栅扫描体制。到 80 年代中期,用于光栅扫描显示器的各种关键器件,如超级图形芯片、高速大容量视频存储器 VRAM、高速多功能彩色查找表等超大规模集成电路芯片,都有了突破性的进展,使光栅显示器无论是速度、分辨力,还是图形加工能力都达到了一个空前的水平。

军事领域历来是高新技术发展和应用的温床,光栅扫描技术也很快应用于指挥控制和雷达等传感器中。20 世纪 70 年代后期,加拿大的计算机设备公司,开始研制多传感器标准显示器,于 1977 年完成了雷达扫描变换器。与此同时,其他一些国家也纷纷采用光栅扫描显示技术来装备武器系统。我国也在 1988 年研制出光栅扫描图形显示器,从而开辟了光栅扫描显示技术在雷达中应用的新路子,为以后更高层次的开发与应用打下了基础。

一、光栅扫描显示器的组成与工作原理

光栅扫描显示器基本原理组成如图 5 - 3 - 1 所示,它是基于超级图形芯片、高速大容量视频存储器 VRAM、高速多功能彩色查找表等超大规模集成电路芯片,实现光栅扫描显示的原理框图。它主要由雷达接口信息处理单元、雷达显示图像存储单元、雷达显示图像彩色变换、彩色显示屏幕、光栅扫描显示控制计算机五部分组成。

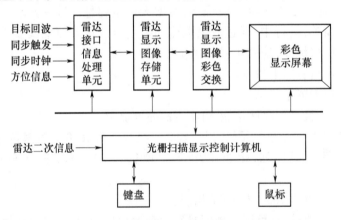

图 5 - 3 - 1　光栅扫描显示器组成原理方框图

(一) 雷达接口信息处理单元

雷达接口信息处理单元将来自雷达的目标回波视频和方位信息,按照光栅扫描显示的不同方式(B 型或 PPI 型显示等),完成数据变换产生一组像素(即一幅雷达显示图像)的幅度值,然后存入图像存储器,这个数字化变换处理过程称为扫描转换。

(二) 雷达显示图像存储单元

雷达显示图像存储单元将一幅雷达显示图像的一组像素的幅度数据,按光栅扫描每一个像素地址存储起来,如图 5 - 3 - 2 所示。每个像素数据比如是 4 位,则表示雷达显示

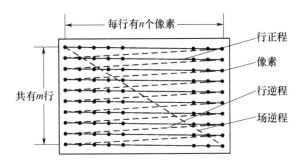

图 5-3-2　光栅扫描和图像存储示意图

图像可以分为 16 层。

图像存储单元共有 m 行,每行有 n 个像素。一幅雷达显示图像共有 $N = m \times n$ 个像素,其中,m 是光栅扫描总行数;n 是每行的像素数。

可见,雷达图像显示分辨力要求越高,则一幅雷达图像的像素数就越多,所需要的存储容量就越大。由于 CRT 控制器需要不断地访问显存,使 CRT 屏幕上显示的画面按一定的频率进行刷新。所以显存的工作速度比较高,而且随着屏幕分辨力和帧频变化。在 CRT 刷新的同时,随时又要向存储器写入新的雷达显示图像数据,因此要求图像存储器,必须是一个大容量高速度的双端口随机存取存储器。

目前,常把 VRAM 用做雷达显示图像存储器,它具有两个端口,一个端口用于存入雷达显示图像像素幅度数据,同时,另一个端口用于读出雷达显示图像像素幅度数据,进行 CRT 屏幕刷新和修改。

图像存储器存储结构可以用程序来重新组织,常见的方式有:单体连续存储结构,即每个像素的幅度数据连续存放在图像存储器中;分体存储结构,即每个像素的幅度数据的各位分散存放在不同的存储体内。

随着三维显示的应用,图像存储器中的数据交换量越来越大,因此新的图像存储器也不断涌现,有以下几类:

(1) SDRAM(Synchronous DRAM)。同步动态内存,它需要外部时钟的作用,而且在连续读写时,可以在一个时钟周期内完成,故而称同步。SDRAM 的速度为 15ns ~ 7ns,是当前图像存储器的主导产品。

(2) SGRAM(Synchronous Graphics RAM)。高速单端口存储器,专为图形显示而设计,支持双通道技术,可以并行进行数据写入和读出,提供较高的数据传输率。

(3) VRAM(Video RAM)。双端口视频存储器,雷达显示图像像素幅度数据可以从显示控制芯片一个端口传送到 VRAM,与此同时,另一个端口又可以将 VRAM 中已有的雷达显示图像像素幅度数据读出,避免了数据读写等待所浪费的时间。但是,VRAM 需要较多的硅,导致成本较高。目前,光栅扫描雷达显示器中大多采用 VRAM 作图像存储器。

(4) WRAM(Window RAM)。它是 VRAM 的一个改进产品,比 VRAM 的带宽提高了 25%,但是,制造工艺比 VRAM 简单,价格相对要低。

(5) DDR SDRAM(Double Data Rate SDRAM)。双数据速率 SDRAM,是 SDRAM 的更新产品。

（三）雷达显示图像彩色变换单元

彩色变换的基本原理,是将图像存储器中已经存储的雷达显示图像像素幅度数据,经过红、绿、蓝三基色独立变换,得到红、绿、蓝三个分量的值,最后送到显示屏实现彩色图像显示的。

彩色变换可以用查找彩色表的方法来实现,其原理框图示于图5-3-3。采用高速随机存储器构成的彩色表,它所占用的地址(或容量)由显示屏上能同时显示的颜色数量所决定,每一个地址上存放对应颜色号的彩色值(例如,如果是12位,则表示$2^{12} = 4096$种颜色;24位表示16.7M种颜色,也叫真彩)。由雷达显示图像存储器读出的像素值,作为彩色表的地址,彩色表输出的数据经D/A变换后,变换为R、G、B三基色视频信号,送显示屏幕进行雷达图像显示。所以,彩色变换也叫数—模变换器(RAMDAC),它决定了信息显示的刷新频率,也影响着显示图像质量。衡量RAMDAC性能的一个指标是RAMDAC数据带宽,它表示RAMDAC将雷达图像存储器读出的像素数据,转换成在显示器屏幕上显示像素的转换速度。带宽越大,工作速度越高,刷新频率就越高,画面质量就越好。RAMDAC数据带宽 = 显示分辨力 × 显示刷新频率 × 带宽系数,带宽系数可在1.2～1.5之间选择。例如,1600×1280分辨率、60Hz刷新频率、带宽系数取1.4,则RAMDAC数据带宽为172.032MHz。

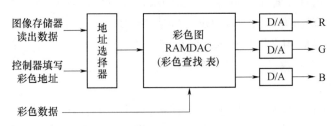

图5-3-3　彩色变换原理框图

彩色表的内容可以由控制电路装入、保存和修改,这不仅方便了颜色的使用,而且使彩色表有许多附加的控制功能,如快速消屏、高速动画、优先级控制、闪烁等。

（四）彩色显示器

彩色显示器把雷达回波信号和目标航迹参数等电信号,转变成为光信号,用具体的图形、符号和色彩显示出来。雷达中常用的彩色显示器,多采用高分辨力彩色CRT显示器或平板显示器。图5-3-4为一个典型的CRT彩色显示器原理组成框图,它由彩色显像管CRT、光栅的扫描电路(行、场振荡器)、视频放大器、高压电源等电路组成。

（五）光栅扫描显示控制计算机

光栅扫描显示控制计算机,对显示信息的传递和转换实行统一的有节奏的控制,可以完成如下功能:

（1）管理显示图像信息的存储器,如读/写/刷新控制。

（2）产生CRT同步信号,包括水平、垂直同步信号或复合同步信号。

（3）控制视频信号,如颜色、灰度等级、多重画面重叠显示。

（4）实现CRT刷新显示。

（5）完成图形显示和处理功能,如生成图形光标、分区、开窗、漫游、图形变换等。

162

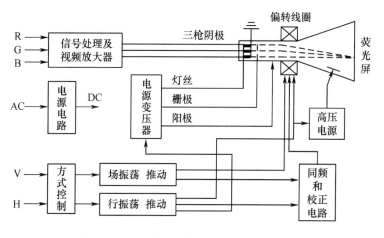

图 5 - 3 - 4   CRT 彩色显示器原理组成框图

（6）对命令的解释与加工处理等。

光栅扫描显示控制计算机,可以由通用的处理器构成,也可以使用专用处理器或超大规模集成电路的定制芯片或专用芯片完成。常用的图形显示控制器有 TEXAS 仪器公司的 TMS34010、TMS34020,HITACHI 公司的 HD63484,AMD 的 AM95C60,IN - TEL 的82786,NEC 的 μPD72120 等。这些图形显示控制器,除了进行上述的视频刷新、图像存储器管理外,还能进行画矢量、区域填充、位图数据块传送等基本的图形计算任务,把主计算机从低级任务中解放出来。

随着微电子、计算机、总线和 EDA（电子设计自动化）技术的发展,各种专用芯片和通用芯片广泛地使用,使新研制的产品体积更小、功能更全、可靠性更高、微型计算机的速度更快、能力更强、价格越来越低,能不断满足复杂环境的处理要求。在雷达显示系统中的应用,就是将工业控制计算机作为光栅显示系统的一部分,可以灵活地嵌入到整个系统中去,与雷达系统各设备有机地联系在一起。工控机在雷达光栅扫描显示系统中可以采用嵌入式和总线式两种方式。嵌入式应用是在系统设计中把板级或芯片级计算机嵌入或埋在系统板上,作为整个系统的一个模块使用;而总线式应用是以标准总线为平台来进行系统设计,可以实现多块计算机并行处理,并可以选用通用图形显示卡或图形加速卡,实现视频与图形的光栅扫描显示。目前,在终端显示中采用较多的是 PCI（Perierpheral Component Interconnect）局部总线和 Compact PCI 总线。PCI 局部总线定义了地址、数据多路复用的高性能 32 位或 64 位同步总线,解决了处理器同外部设备之间数据交换瓶颈,具有开放性、高性能、低成本、支持通用操作系统的特点。Compact PCI 的意思是"坚实的"PCI,通过改造现行 PCI 规范,使其成为无源底板总线式系统结构。另外一种专为图形控制设计的接口是 AGP（Accelerated Graphics Port）,它是一种可以自由扩展的图形总线结构,能增大图形控制器的可用带宽,并为图形控制器提供必要的性能,以便在系统内存直接进行纹理处理。

这种以工业控制计算机为光栅扫描显示控制计算机的显示系统能够得到广泛的软、硬件支持,可采用货架产品,直接利用主板上集成的显示卡,商品化程度高,易于构成系统,不仅使系统的处理能力大大加强,而且具备较强的可扩充性,软件资源丰富,软件开发可移植,调试、维护方便,是光栅扫描雷达显示系统的发展方向。

二、雷达接口信息处理工作原理

雷达接口信息处理单元主要完成对雷达目标回波视频信号的显示处理,即对距离信息进行数据采集/数据压缩/数据缓存(FIFO),以及方位数据扫描变换等。

(一) 目标回波距离信息处理

目标回波处理包括回波视频信号数据采集、数据压缩和存储。通常,雷达目标回波视频脉冲宽度都比较窄,如 $1\mu s$。为了不丢失信号,A/D 转换器数据采样速率要更高,如应当大于 20MHz。

由于 A/D 转换器送来的数据率很高,在雷达最大距离探测范围内,A/D 转换器将会送来数万组的数据,而光栅扫描显示满屏时只需要有限组数据。以 PPI 显示方式为例,假定显示屏幕为 1024×1024 的分辨率,则在满屏时只需要 512 组数据。因此,必须对 A/D 转换器送来的数据进行压缩处理。

数据压缩处理与雷达显示距离量程直接相关。例如,当量程为 60km 时,假定 A/D 转换器为 4 位、采样时钟频率为 20MHz,则 A/D 转换器大约送来 8000 组四位数据;当量程为 150km 时,则 A/D 转换器大约送来 20000 组四位数据;当量程为 300km 时,大约有 40000 组四位数据等。在进行数据压缩处理时,不管送来多少组数据,都要压缩为 512 组数据。也就是说,对 60km 距离量程,数据压缩比约为 16:1;对 150km 距离量程,数据压缩比约为 40:1;对 300km 距离量程,数据压缩比约为 80:1 等。

通常,数据压缩处理有两种算法,对较窄的目标回波脉冲信号而言,按选大进行压缩处理,即不管是新送来的数据还是旧数据,选大输出。例如,在 16:1 压缩时,在 16 次输入数据中,只要出现目标回波信号,则以后全为出现目标回波信号。对较宽的目标回波脉冲而言,按求平均进行压缩处理。因为,这时目标回波脉冲较宽,如 $1\mu s$,则按 20MHz 时钟进行 A/D 转换,可能要送来 20 组目标回波数据,通过求平均仍然有目标回波数据输出。显然,求平均压缩处理对抑制离散噪声干扰有利。最后将压缩后的雷达探测目标的数据送给数据缓存器。

当需要将雷达探测范围内的某段进行放大显示,以便更清晰地观测目标时,就要将需要放大显示区域内采集到的数据,压缩成为 512 组数据。

经数据压缩处理后的雷达探测目标的数据送给数据缓冲存储器。通常,数据缓冲存储器可以用两块 FIFO 组成。在读写控制信号的作用下,当将压缩处理的数据往一块 FIFO 写入时,另一块 FIFO 则读出已经存入的数据,两块 FIFO 的写入与读出交替进行。

最后,由数据缓冲存储器读出的雷达探测目标的数据(即像素数据),传送给光栅扫描图形存储单元。

(二) 方位数据光栅扫描变换处理

方位数据光栅扫描变换处理是将来自雷达的方位数据(可以是 12 位方位数据,也可以是正北和增量脉冲)和同步触发脉冲,按照光栅扫描显示方式变换成为光栅扫描坐标数据,即极坐标—直角坐标转换。以平面位置显示器(PPI)为例来说明方位数据变换处理的原理。

极坐标—直角坐标转换的作用,就是将雷达探测的极坐标数据转换成为光栅扫描的

X、Y 地址。根据 CRT 显示器工作原理可知,雷达天线转动作圆周扫描时,如每 10s 转一圈,它与距离扫描速度相比属慢变化过程,因为,如果雷达的 PRF 为 200Hz,则每秒产生200 次距离扫描,属快变化过程。随着雷达天线方位角 θ 的变化,距离扫描的位置也随着变化。这样,就形成了 PPI 显示画面。如果在方位 θ、距离 R 处,探测到目标,则在此时距离扫描线上,距离扫描原点 R 处出现目标回波亮点。目标在荧光屏上的坐标位置为

$$X = R\sin\theta, \quad Y = R\cos\theta \qquad (5-3-1)$$

当雷达方位角为 θ,距离扫描从 $O \sim R_{\max}$ 变化时,显示器 X 和 Y 偏转信号也随之变化,这样,才能控制 CRT 电子偏转,产生 PPI 显示画面。

在光栅扫描体制的显示器中,必须将距离扫描信号分解成 X、Y 控制信号。如图 5-3-5 所示,当雷达方位角为 θ,距离从 $O \sim R_{\max}$ 进行距离扫描时,必须将距离扫描分解成相应的行信号(Y 地址,Y_1,Y_2,Y_3,$\cdots$)和列信号(X 地址,X_1,X_2,X_3,$\cdots$),由 X_1 和 Y_1 控制距离扫描至 R_1,由 X_2 和 Y_2 控制距离扫描至 R_2。如此不断地进行行列扫描控制,只要 X 和 Y 的变化同步,就能够产生从 $O \sim R_{\max}$ 的光栅距离扫描。由此可见,在不同的方位角,行和列的变化也不同。比如,当 $\theta = 0°$ 正北时,列信号是不变的,只有行信号发生变化;而当 $\theta = 90°$ 正东时,行信号是不变的,只有列信号发生变化。最后,将变换后的直角坐标数据,即 X_1,X_2,X_3,$\cdots$,X_i;Y_1,Y_2,Y_3,$\cdots$,Y_j 送到图像存储单元。如图 5-3-6 所示,雷达天线角度扫描的同时,距离进行快速扫描,不管采用哪一种显示方式,都要随时将这一扫描过程变换成为光栅扫描 X 和 Y 地址,并且随时将雷达探测到的目标信息(经压缩处理后的像素数据),在来自光栅扫描显示控制计算机的图像存储读写控制信号的作用下,按照光栅扫描 X 和 Y 地址存入图像存储单元。

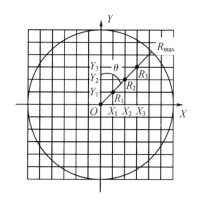

图 5-3-5　光栅扫描 PPI 显示器

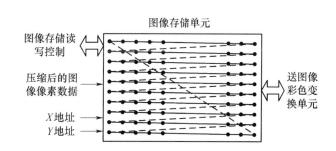

图 5-3-6　图像存储原理框图

三、雷达光栅扫描显示的若干问题

(一)远区目标分裂

随着光栅扫描显示技术的发展,显示器的分辨率超过了 2048×2048,一般常用的显示器的分辨率也达到 1600×1200。当显示分辨率大于雷达的信息流密度时,特别是远区的目标回波,会产生目标分裂问题,如图 5-3-7 所示。雷达天线的转速和作用距离决定了方位上的目标信息流密度,即单位角度内的发射脉冲数。当单位角度内的发射脉冲数

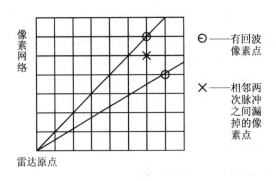

图 5-3-7　远区目标分裂

低于单位角度内的像素数目时,就产生了光栅显示上的目标分裂。本来是一个连续的目标,经过扫描变换后却成了断断续续的目标图像。

设雷达天线扫描转动周期为 T,发射脉冲重复频率为 f_r,则天线每转动一周,雷达发射脉冲数为 $N = T \times f_r$。如天线转速为 $12\mathrm{r/min}$,即 $T = 10\mathrm{s}$,$f_r = 850\mathrm{Hz}$,则 $N = 8500$。假设 PPI 显示的径向像素数为 N_p,则在 PPI 显示最外圈一周的总像素数目约为 $N_d = 2\pi N_p$。如果 $N_p = 640$,则 N_d 为 4019,$N \geqslant N_p$ 不会产生目标分裂;如果 $N < N_p$,如 $T = 5\mathrm{s}$,就会产生目标分裂现象。

可以看出,目标分裂是由于单位角度内雷达的发射脉冲数不够造成的,当存在目标分裂的情况时,只要等效地添加一些虚拟的发射脉冲,就可以解决目标分裂问题。例如,先计算相邻两个脉冲间的角度差 δ,再计算出在夹角 δ 范围内不出现目标分裂所需的发射脉冲数 $M = \delta/\alpha$,α 为 PPI 显示器最外圈上相邻两个像素所对应的夹角。显然,只要在两相邻发射脉冲之间,每次在方位上步进 α,连续添加 M 个虚拟发射脉冲,其视频数据与上次发射脉冲的真实回波相同,就可以避免目标分裂了。

(二)近区覆盖

在雷达原点附近,光栅扫描直角坐标的分辨力比极坐标的分辨力低,就会使多个极坐标对应同一直角坐标,结果造成显示近区不同重复周期间的视频数据,被写入同一视频图像存储器单元中,使近区目标一闪而过,容易造成目标信息丢失。解决近区覆盖的方法有多种,一种工程上比较容易实现的方法,是用当前的视频数据和存储器中读出的原有数据进行加权处理,再写入存储器,可以有效减轻显示近区覆盖现象。

(三)余辉效果

在随机扫描显示中,目标回波的余辉效果是依靠显像管的荧光材料自身的余辉特性来实现的,显示的目标回波亮度逐渐减弱,使操纵人员既可以掌握全面情况,又可以使显示画面不要太复杂而影响对目标的观察。然而,光栅扫描显示器都是采用短余辉的监视器,没有余辉效应。为了产生类似随机扫描显示器中的余辉效果,需要不断地修改图像存储器里存储的像素数据,按一定的间隔时间,将整个存储器的像素数据减少一个灰度等级。如果采用按地址从低到高的顺序对存储器的数据进行衰减,在灰度按地址排列整齐的情况下,人眼能够看出各灰度之间清晰的边缘,视觉效果不太好,可以采用伪随机地址,对每个地址单元内的数据进行修改。由于寻址方式排列没有规律,使得各级灰度相互交叠,不会产生明显的边缘,整个画面目标回波亮度均匀衰减,整体效果很好。余辉控制由伪随机地址产生器、余辉步长控制器、图像存储器的读写控制等电路组成。操纵人员可以通过人工干预命令,来控制余辉时间(如果不选,则由机器给出一个初值),由显示控制器产生余辉控制信号,按照地址发生器给出的随机地址,读出视频图像存储器的数据,将其减去余辉步长,其差值(最小为0)再回写到同一地址中,实现余辉模拟。为了不影响正常显示,往往采用两套相同的视频图像存储器,一套用于读出显示,另一套进行余辉控制,用帧频来控制两套存储器的交替工作。

(四)多传感器多窗口显示

在许多军事应用领域,经常需要将多种不同的传感器图像综合在一起,实现雷达情报或火控系统的集中控制与操作。例如,光电跟踪器中的电视、红外图像要与跟踪雷达的显示画面综合,实现光电雷达一体化。这就要求图像实时合成,不可延迟或丢失图像细节。因而,最好采用图像实时分区合成的方法。采用图像总线可以较好地完成图像多窗口的显示。在图像综合控制电路的统一控制下,各图形、图像生成控制模块的像素分时输出,实现图像多窗口的分区显示。

四、基于通用计算机和显示卡的光栅扫描显示器

随着计算机、多媒体技术的飞速发展,以总线为基础,直接利用工业控制计算机构成新的光栅扫描雷达显示器,摆脱了专用图形控制器芯片的束缚,这样做,不仅可以使雷达显示器具有很强的处理能力,又能使软件开发有了通用的工作平台,实现了图形显示的软件化,硬件也具备较强的可扩充和可升级性。

图 5 - 3 - 8 所示为一种基于 PCI 总线的高分辨力光栅扫描雷达显示器,主要由 PCI 总线数据采集和光栅扫描显示处理计算机组成。

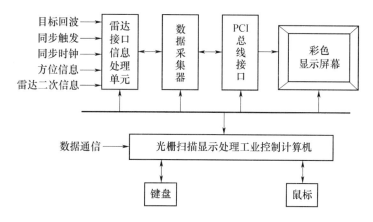

图 5 - 3 - 8　基于 PCI 总线的高分辨力光栅扫描雷达显示器原理框图

数据采集器用于雷达回波信号的实时采集、雷达方位数据的提取。雷达回波信号经过信号调理、压缩,经 PCI 总线直接存入图形加速卡的显示缓存。计算机可以利用 Windows 的软件平台,充分运用计算机图形显示技术的成果,进行雷达信号的多格式显示,并通过通信接口,与其他系统共享雷达情报信息。其主要的技术指标如下:

(1)三路模拟视频接口,两路数字视频接口(每路 12 位)。

(2)对模拟视频进行 A/D 高速采样,最高采样率为 10MHz,采样精度为 12 位。

（3）PCI 总线传输速率为 132MB。

（4）数据缓存模块深度为 64KB，宽度为 32 位。

（5）两个独立的全双工串行接口，一路支持 RS－422 异步协议，一路支持 RS－232 异步协议。

（6）显示分辨率为 1600×1200。

复习题与思考题

1. 航空雷达通常采用哪些类型的显示方式？分别说明各种显示方式的特点和主要显示信息。

2. 机载雷达显示器采用的显示器件有哪些？分别说明它们的特点。

3. CRT 显示器产生光点的原理是什么？CRT 显示器的图像显示亮度与哪些因素有关？改变阴极电位或栅极电位对亮度有何影响？

4. 液晶通常有哪几类？阐述液晶显示器的基本工作原理。

5. CRT 显示器根据偏转系统的不同分为哪几种扫描方式？机载雷达显示器中最常用的扫描方式是什么？

6. 要进行光栅扫描，偏转部件要加什么样的波形电压？

7. 简述光栅扫描显示器的系统组成和工作原理。

8. 讲述雷达显示信息处理的任务和功能实现方法。

9. 如何解决光栅扫描显示器远区目标分裂问题？

第六章　航空雷达信号处理

　　现代雷达信号处理需要面对各种应用需求和复杂的雷达工作环境,利用各种先进信号处理技术来提高雷达从回波中提取目标信息的能力。本章针对现代体制机载雷达的需求,主要介绍脉冲压缩、动目标检测、脉冲多普勒信号处理、雷达阵列信号处理、合成孔径雷达信号处理等现代雷达技术的原理及实现方法,以及目标自动检测理论,并简要介绍机载雷达采用的抗干扰信号处理技术。

　　雷达是通过发射电磁信号,再从接收信号中检测目标回波来探测目标的。在接收信号中,不但有目标回波,也会有噪声(天地噪声,接收机热噪声);地面、海面和气象环境(如云雨)等散射产生的杂波信号;以及各种干扰信号(如工业干扰、广播电磁干扰和人为干扰)等。所以,雷达探测目标是在十分复杂的信号背景下进行的,雷达需要通过信号处理来检测目标,并提取目标的各种有用信息,如距离、角度,运动速度、目标形状和性质等。

　　雷达信号处理是现代雷达系统中的重要组成部分。随着现代电子技术的不断发展,特别是数字信号处理技术、超大规模集成数字电路技术、计算机技术和通信技术的高速发展,现代雷达信号处理技术正在向着算法更先进、更快速、处理容量更大和算法硬件化方向飞速发展,可以对目标回波与各种干扰、噪声的混叠信号进行有效的加工处理,最大程度地剔除无用信号,而且在一定条件下,保证以最大发现概率发现目标和提取目标的有用信息。

　　随着雷达所面临的电磁环境日益复杂,为确保雷达的生存和作战能力,现代雷达必须具备“高灵敏、抗截获、多功能、自适应”的综合特点,由此导致了许多先进、新颖的雷达技术和雷达体制的涌现并取得进展,如相控阵雷达、多基地雷达、超视距雷达、合成孔径雷达与逆合成孔径成像雷达、宽带和超宽带雷达、冲击雷达、激光雷达、低截获概率雷达和雷达组网技术、极化捷变/分集技术、综合抗电子干扰技术、雷达目标识别技术等,其中有的已经进入实用。这些雷达新体制、新技术的设计均需借助数字技术予以实现,它们都直接或间接依赖于雷达信号处理技术,特别是雷达信号数字处理技术。从某种意义上说,没有先进、有效的雷达信号处理技术和其不断的发展,现代雷达技术的今天和未来是不可想象的。

　　雷达信号处理的首要任务是抑制干扰和检测信号,这两点有着必然的联系,只有对干扰进行了有效的抑制,才能保证对目标的正确检测。因而,如何分辨干扰和目标信号,或者说如何利用干扰和目标信号的不同特征,来区分干扰和目标信号,乃是雷达信号处理理论首先面临的课题,同时,将这些先进的雷达信号处理理论应用于实际的雷达设备,是雷达信号处理技术所要解决的问题。从原理的角度讲,雷达信号处理是建立在严密的“雷达信号统计检测理论”和“雷达波形设计理论”基础上的;从工程实现的角度讲,雷达信号处理主要是数字信号处理、计算机和超大规模数字电路技术的综合应用。

第一节　雷达信号处理基本理论

雷达信号处理所包含的内容十分广泛,其最终目的只有两个,即雷达信号的最佳检测和最佳参数估计。其中作为雷达信号处理原理的内容主要有匹配滤波及最佳检测理论,此外雷达模糊函数也是与雷达信号处理紧密相关的重要概念。

一、雷达信号形式与频谱

选择什么样的雷达波形及采用何种信号处理技术,主要取决于雷达的特定功能。雷达的距离分辨力和多普勒分辨力主要取决于雷达信号的波形。

(一) 雷达信号的表示方式

信号是指时间上连续观察一个物理过程所得到的观察值的集合或全体。如果一个信号可以用数学函数确定地描述,则它是一个确知信号,否则它是一个随机信号或随机过程。信号 $s(t)$ 是在时间域表示幅度时间变化的时间信号,该信号可以在频域分解成有限或无限多个具有特定幅度的简谐频率分量信号之和,频域信号用频谱 $S(f)$ 或 $S(\omega)$ 表示。$s(t)$ 和 $S(f)$ 之间的关系是一对傅里叶变换,其定义为

$$S(f) = \int_{-\infty}^{\infty} s(t)\,\mathrm{e}^{-\mathrm{j}2\pi ft}\mathrm{d}t, S(\omega) = \int_{-\infty}^{\infty} s(t)\,\mathrm{e}^{-\mathrm{j}\omega t}\mathrm{d}t \qquad (6-1-1)$$

$$s(t) = \int_{-\infty}^{\infty} S(f)\,\mathrm{e}^{\mathrm{j}2\pi ft}df = \int_{-\infty}^{\infty} S(\omega)\,\mathrm{e}^{\mathrm{j}\omega t}\mathrm{d}\omega \qquad (6-1-2)$$

式中:f 为频率,且有 $f = \dfrac{\omega}{2\pi}$;ω 为角频率。

信号的电压、功率和能量分别为

$$电压 = s(t), 功率 = |s(t)|^2, 能量 = \int_{-\infty}^{\infty} |s(t)|^2\mathrm{d}t$$

其中的常数因子均予以忽略,因为在雷达工程应用中,常数因子通过归一化或标定后可以被消除。

雷达采用带限信号,可以有以下几种信号表示方式:

(1) 幅度和相位表示

$$s(t) = A(t)\cos[\omega_0 t + \varphi(t)] \qquad (6-1-3)$$

式中:$A(t)$ 为信号的自然包络(Natural Enevlop),也称为信号的幅度;$\omega_0 + \varphi(t)$ 为信号的相位;$\varphi(t)$ 为信号的初始相位(初相)。

(2) 正交信号表示

$$s(t) = A_I(t)\cos\omega_0 t - A_Q(t)\sin\omega_0 t \qquad (6-1-4)$$

式中:$A_I(t) = A(t)\cos\varphi(t)$ 为同相(In-phase,简记为 I)信号分量;正交相位(Quadrature,简记为 Q)信号分量为 $A_Q(t) = A(t)\sin\varphi(t)$。$A_I(t)$ 和 $A_Q(t)$ 也即常说的 I/Q 信号分量,且有

$$A(t) = \sqrt{A_I^2(t) + A_Q^2(t)} \qquad (6-1-5)$$

$$\varphi(t) = \arctan \frac{A_Q(t)}{A_I(t)} \tag{6-1-6}$$

（3）复信号表示

$$s(t) = \mathrm{Re}[u(t)\mathrm{e}^{\mathrm{j}\omega_0 t}] \tag{6-1-7}$$

式中：$u(t) = A_I(t) + \mathrm{j}A_Q(t)$ 称为信号的复包络（Complex Enevlop），且有 $A(t) = |u(t)|$。

（4）解析信号表示

$$s(t) = \frac{1}{2}[u(t)\mathrm{e}^{\mathrm{j}\omega_0 t} + u^*(t)\mathrm{e}^{-\mathrm{j}\omega_0 t}] \tag{6-1-8}$$

式中：上标"$*$"表示取复数共轭。它反映出 I、Q 通道信号并不是完全独立的，两者之间存在 Hilbert 变换关系。

从以上各种信号表示方式可见，采用 I、Q 正交相位信号分量 $A_I(t)$ 和 $A_Q(t)$ 可以完整地表达一个雷达信号（只差一个恒定中心角频率 ω_0），而在雷达系统中，信号的 I、Q 分量可以容易地通过正交双通道接收机获得，因此这种表示方式得到广泛应用。

（二）脉冲雷达信号波形和频谱

单频脉冲波形是最简单的雷达信号，即雷达的发射信号是一个载频为 f_0 或 ω_0 的矩形脉冲串，根据单个脉冲之间相位的相参性，可分为非相干脉冲串和相干脉冲串两类波形。现代体制雷达系统均采用的是相干脉冲串。通过对雷达波形进行调频或调相可以得到宽带信号，因此，现代雷达系统经常用到线性调频脉冲串和相位编码脉冲串。

1. 射频矩形脉冲

单一频率的矩形脉冲是单频率正弦振荡信号被矩形脉冲调制后的信号。矩形函数的定义为

$$\mathrm{rect}(x) = \begin{cases} 1, & |x| < 1/2 \\ 0, & |x| \geqslant 1/2 \end{cases} \tag{6-1-9}$$

假如单频脉冲信号为

$$s(t) = u(t)\mathrm{e}^{\mathrm{j}\omega_0 t} \tag{6-1-10}$$

其中包络调制函数为

$$u(t) = \frac{1}{\sqrt{\tau}}\mathrm{rect}\left(\frac{t}{\tau}\right) \tag{6-1-11}$$

且 $\int_{-\infty}^{\infty}|u(t)|^2\mathrm{d}t = 1$，$\tau$ 为矩形脉冲的宽度，$\omega_0 = 2\pi f_0$ 为射频载频。

单频脉冲的傅里叶变换为

$$S(f) = \sqrt{\tau}\,\mathrm{sinc}(\pi f - \pi\tau f_0) \tag{6-1-12}$$

式中：$\mathrm{sinc}(x) = \dfrac{\sin x}{x}$；频谱宽度为 $1/\tau$。

单频矩形脉冲信号的时域波形及其频谱如图 6-1-1 所示。

射频脉冲的频谱是将矩形脉冲的频谱搬移到射频频率 f_0 处的连续谱线，第一个过零点在 $1/\tau$ 处。

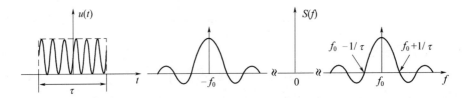

图 6 - 1 - 1　单频矩形脉冲信号的时域波形及其频谱

2. 有限长射频相干脉冲串

设单个射频矩形脉冲为 $s_1(t)$,其脉冲包络为 $u_1(t)$。则脉冲数为 N 的相干脉冲串表示为

$$s(t) = \sum_{n=0}^{N-1} s_1(t - nT) , \quad n = 0,1,2,\cdots,N-1 \qquad (6-1-13)$$

式中:T 为脉冲重复周期,则脉冲串的长度为 NT。

相干脉冲串的包络表示为

$$u(t) = \frac{1}{\sqrt{N}} \sum_{n=0}^{N-1} u_1(t - nT) \qquad (6-1-14)$$

对式(6-1-13)进行傅里叶变换,可得相干脉冲串的频谱为

$$S(f) = N\sqrt{\tau}\left[\text{sinc}(NT\pi f) * \sum_{n=-\infty}^{\infty} \text{sinc}(n\pi\tau f_r) F_n \delta(2\pi f - 2n\pi f_r) \right]$$

$$(6-1-15)$$

式中:$f_r = 1/T$ 为脉冲重复频率;符号"*"表示卷积运算。

单频相干脉冲串信号的时域波形及其频谱如图 6 - 1 - 2 所示。

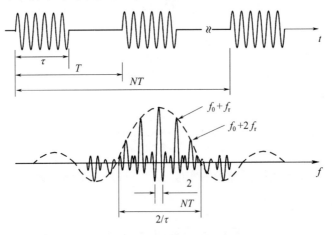

图 6 - 1 - 2　相参脉冲串信号的时域波形及其频谱

由图 6 - 1 - 2 可见,相干脉冲串信号的时域波形相当于将单个脉冲波形以周期 T 进行周期延拓,然后再截取 NT 时间长度而得到。因此,将单个射频脉冲的 $\text{sinc}(x)$ 函数形状的连续频谱,以间距 f_r 进行等间隔采样,获得周期脉冲串信号的离散频谱,其频谱包络为 $\text{sinc}(x)$ 函数,第一个过零点为 $1/\tau$。波形时域截取后,其频谱为在 $f_0 + nf_r$($n = 0, \pm 1,$

$\pm 2,\cdots,\pm\infty$)处的谱线与主瓣宽度为$\dfrac{2}{NT}$的 sinc(x)函数形状的频谱卷积后的结果。

对于相参周期脉冲串,由于频谱在离散采样时,是以f_0为中心展开采样的,因此,频谱在f_0一定有最大值的谱线,但在$f=0$处不一定有采样值,除非信号的载频f_0是脉冲重复频率f_r的整数倍。对于非相参的周期脉冲串,由于频谱采样是从$f=0$开始的,因此在$f=0$处一定有谱线,而在载频f_0处却不一定有谱线,除非f_0是f_r的整数倍。

3. 线性调频脉冲

线性调频信号是通过非线性相位调制或线性频率调制(Linear Frequency Modulation, LFM)获得大时宽带宽积的,又将这种信号称为 Chirp 信号,这是研究最早而又应用最广泛的一种脉冲压缩信号。

假如线性调频信号表示为

$$s(t) = \frac{1}{\sqrt{\tau}}\mathrm{rect}\left(\frac{t}{\tau}\right)\mathrm{e}^{\mathrm{j}(\omega_0 t + \pi\gamma t^2)} \qquad (6-1-16)$$

式中:ω_0为中心频率;τ为脉冲宽度;γ为线性调频斜率。

它的包络调制函数为

$$u(t) = \frac{1}{\sqrt{\tau}}\mathrm{rect}\left(\frac{t}{\tau}\right)\mathrm{e}^{\mathrm{j}\pi\gamma t^2} \qquad (6-1-17)$$

信号的瞬时载频是随时间线性变化的,频率变化函数为

$$f(t) = \frac{1}{2\pi}\frac{\mathrm{d}}{\mathrm{d}t}(\omega_0 t + \pi\gamma t^2) = \frac{\omega_0}{2\pi} + \gamma t \qquad (6-1-18)$$

图 6 – 1 – 3 为线性调频信号及其频率随时间的变化特性示意图。在脉冲宽度 τ 内,信号的载频由 $f_0 - \gamma\tau/2$ 变化到 $f_0 + \gamma\tau/2$,调频带宽为 $B_M = \gamma\tau$。对于这种信号,其时宽频宽乘积 D 是一个很重要的参数,表示为

$$D = B_M\tau = \gamma\tau^2 \qquad (6-1-19)$$

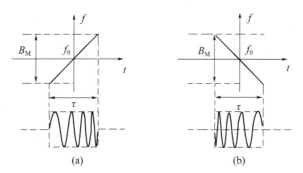

图 6 – 1 – 3　线性调频信号示意图

(a) 上调频;(b) 下调频。

线性调频信号的频谱为

$$S(f) = \tau\sqrt{\frac{1}{B_M\tau}}\mathrm{e}^{(-\mathrm{j}\omega^2/4\pi B_M)}\left\{\frac{[C(x_2) + C(x_1)] + \mathrm{j}[S(x_2) + S(x_1)]}{\sqrt{2}}\right\}$$

$$(6-1-20)$$

其中

$$x_1 = \sqrt{\frac{B_M \tau}{2}}\left(1 + \frac{f}{B_M/2}\right), x_2 = \sqrt{\frac{B_M \tau}{2}}\left(1 - \frac{f}{B_M/2}\right) \qquad (6-1-21)$$

$C(x)$、$S(x)$ 为菲涅耳(Fresnel)积分,即

$$C(x) = \int_0^x \cos\left(\frac{\pi v^2}{2}\right)\mathrm{d}v \,, S(x) = \int_0^x \sin\left(\frac{\pi v^2}{2}\right)\mathrm{d}v \qquad (6-1-22)$$

当 $x \gg 1$ 时,上述菲涅耳积分可近似为

$$C(x) \approx \frac{1}{2} + \frac{1}{\pi x}\sin\left(\frac{\pi}{2}x^2\right)\,, S(x) \approx \frac{1}{2} + \frac{1}{\pi x}\cos\left(\frac{\pi}{2}x^2\right) \qquad (6-1-23)$$

图 6-1-4 示出了菲涅耳积分取值随 x 变化的曲线。由图可见,除了奇对称特性外,菲涅耳积分还具有以下性质:

$$\lim_{x \to \pm\infty} C(x) = \lim_{x \to \pm\infty} S(x) = \pm 0.5$$

x 值越大,函数值在 ± 0.5 附近的波动越小。

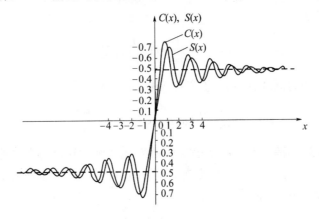

图 6-1-4　菲涅耳积分取值随 x 变化的曲线

线性调频信号频谱的数学表达式比较复杂。图 6-1-5 为典型线性调频信号及其频谱,从图中可以直观地了解线性调频信号。

4. 相位编码信号

相位编码调制(PCM)是通过信号的时域非线性调相达到扩展等效带宽的。由于相位编码采用伪随机序列,所以也称为随机编码信号。最简单的相位编码信号为相移仅限于取 0、π 两个数值的二相编码或倒相编码,如巴克(Barker)码、M 序列码、L 序列码和互补码等。

一般相位编码信号可用复数形式表示为

$$s_{PCM}(t) = u(t)\mathrm{e}^{\mathrm{j}2\pi f_0 t} = a(t)\mathrm{e}^{\mathrm{j}\varphi(t)}\mathrm{e}^{\mathrm{j}2\pi f_0 t} \qquad (6-1-24)$$

式中:f_0 为载频;$u(t) = a(t)\mathrm{e}^{\mathrm{j}\varphi(t)}$ 为其复包络;$\varphi(t)$ 为相位调制函数;$a(t)$ 为调制函数的包络。

对二相编码而言,$\varphi(t) \in \{\varphi_k = 0, \pi\}$,或者用二进制序列 $C_k = \{\mathrm{e}^{\mathrm{j}\varphi_k} = +1, -1\}$ 表示。如果 $a(t)$ 为矩形脉冲,即

174

$$a(t) = \begin{cases} 1, & 0 < t < T = N\tau \\ 0, & \text{其他} \end{cases} \qquad (6-1-25)$$

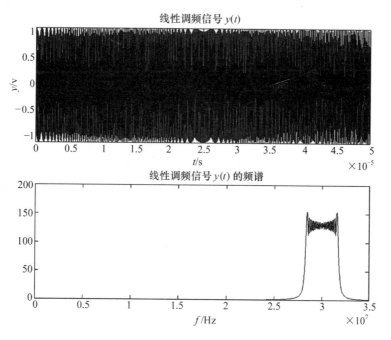

图 6 - 1 - 5　典型线性调频信号及其频谱

则二相编码的复包络可以写为

$$\begin{aligned} u(t) &= \begin{cases} \displaystyle\sum_{k=0}^{N-1} C_k v(t - k\tau), & 0 < t < T = N\tau \\ 0, & \text{其他} \end{cases} \\ &= v(t) * \sum_{k=0}^{N-1} C_k \delta(t - k\tau) \end{aligned} \qquad (6-1-26)$$

式中: $v(t)$ 称子脉冲函数; τ 为子脉冲宽度; "$*$" 为卷积运算; N 为子脉冲的个数或码长; $T = N\tau$ 为编码信号的持续期。

图 6 - 1 - 6 所示为码长为 7 位的巴克码信号的波形。

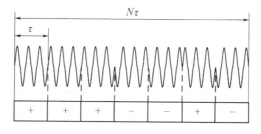

图 6 - 1 - 6　7 位巴克码信号的波形图

如果子脉冲 $v(t)$ 也是矩形脉冲,即 $v(t) = \text{rect}(t/\tau - 1/2)$,对式(6 - 1 - 26)进行傅里叶变换,并利用傅里叶变换对 $\text{rect}(t/\tau) \Leftrightarrow \tau \text{sinc}(f\tau)$ 和 $\delta(t - k\tau) \Leftrightarrow e^{-j2\pi f k\tau}$ 及傅里叶变换的

性质,可以求出二相编码的频谱为

$$S_{\text{PCM}}(f) = \tau \text{sinc}\left[(f - f_0)\tau\right] e^{-j\pi(f-f_0)\tau} \left[\sum_{k=0}^{N-1} C_k e^{-j2\pi(f-f_0)k\tau}\right] \quad (6-1-27)$$

图 6 - 1 - 7 是码长为 13 位的二相巴克码信号的频谱图。通过式(6 - 1 - 27)和图 6 - 1 - 7,可以得出以下两点结论:

(1)二相编码信号的频谱形状主要取决于子脉冲 $v(t)$ 的频谱,如果 $v(t)$ 是矩形脉冲,则其为辛克函数,频谱细节由 $\sum_{k=0}^{N-1} C_k \delta(t - k\tau)$,即采用的码制所决定。

(2)二相编码信号的时宽为码长乘以子脉冲的宽度,即 $T = N\tau$,而其等效带宽则取决于子脉冲的带宽 $B = 1/\tau$。其时宽带宽积或脉冲压缩比为

$$D = BT = N\tau \cdot \frac{1}{\tau} = N \quad (6-1-28)$$

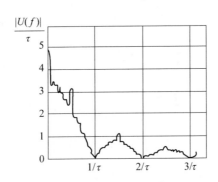

图 6 - 1 - 7 13 位巴克码信号的频谱图

除了二相编码外,还有多相编码。多相编码与二相编码相比,具有积分旁瓣电平低、主旁瓣比高、压缩比大等优点,但产生和处理相对要困难些。

二、相参信号处理原理

当机载雷达下视观察运动目标时,动目标回波可能低于地面或海面固定目标回波功率电平 40dB 甚至 80dB,这时仅从幅度上区分两类目标已经很困难了,于是雷达设计师们想到了利用运动目标回波相位中的多普勒信息。放大链发射机的出现使雷达成为了全相参雷达,雷达可以利用相参处理技术,提高动目标的检测能力。相参处理是在雷达信号处理中占有重要地位的基本理论和基本方法。

(一)全相参的概念

所谓全相参,就是雷达发射信号、本振信号和中频相参检波信号都是由一个高稳定度和高纯度的信号源同步产生,它们之间保持着严格的、固定的相位关系。当雷达发射机采用主振放大链时,每次发射脉冲的初相由主振源控制,发射信号是全相参的。

全相参雷达的组成如图 6 - 1 - 8 所示。高稳定的主振信号源产生中心频率为 f_0 的发射信号经功率放大后从天线辐射出去。目标回波信号经收发开关送到混频器,其频率为 $f_0 + f_d$(f_d 是由于运动目标引起的多普勒频移),混频器将回波信号与主振源送来的频率为 $f_0 - f_1$ 的本振信号混频后输出频率为 $f_1 + f_d$ 的中频信号。中频信号经放大后,在正交

176

相位检波器中与主振源产生的频率为 f_I 的中频相参信号进行相参检波,得到代表目标多普勒频移的输出信号送信号处理机。特别强调的是,高稳定主振源送出的四路信号(包括信号处理机中 A/D 转换器所需要的频率为 f_s 的采样信号)均需要由同一个基准信号经分频、倍频或混频产生,才能实现全相参雷达信号的处理。

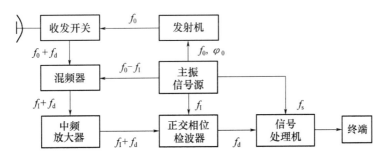

图 6 - 1 - 8　全相参雷达组成框图

(二)正交相位检波器

对于非相参雷达,中频回波的相位因为没有参考信号而失去意义,所以只能进行幅度检波。全相参雷达则不然,中频回波信号相对于主振源产生的中频相参信号的相位是有意义的。所以可以用正交相位检波器来获得中频回波的基带信号(也称零中频信号),它是中频信号的复包络,同时包含信号的幅度信息和相位信息。

相位检波是完成相参处理的基本手段,其目的在于获得回波与相参信号之间的相位差。其基本方法是将回波与相参信号同时送到相位检波器进行相乘或相加运算。正交相位检波器的工作原理如图 4 - 1 - 9 所示。

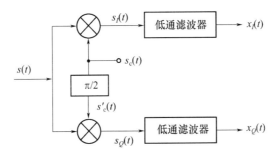

图 6 - 1 - 9　正交相位检波器

图中,$s(t)$ 为中频回波信号,$s_c(t)$ 为中频相参信号,可分别表示为

$$s(t) = a(t)\cos\left[2\pi(f_I + f_d)t + \varphi_0\right] \qquad (6 - 1 - 29)$$

$$s_c(t) = A\cos\left[2\pi f_I t + \varphi_0\right] \qquad (6 - 1 - 30)$$

式中:f_d 为多普勒频移。

f_d 的值可能是正值或负值,也可能为 0。因此

$$s_I(t) = s(t)s_c(t) = Aa(t)\cos\left[2\pi(f_I + f_d)t + \varphi_0\right]\cos\left[2\pi f_I t + \varphi_0\right]$$

$$= \frac{1}{2}Aa(t)\cos\left[2\pi(2f_I + f_d)t + 2\varphi_0\right] + \frac{1}{2}Aa(t)\cos 2\pi f_d t \qquad (6 - 1 - 31)$$

177

$$s_Q(t) = s(t)s'_c(t) = Aa(t)\cos[2\pi(f_I + f_d)t + \varphi_0]\cos[2\pi f_I t + \varphi_0 + \frac{\pi}{2}]$$

$$= -Aa(t)\cos[2\pi(f_I + f_d)t + \varphi_0]\sin[2\pi f_I t + \varphi_0]$$

$$= -\frac{1}{2}Aa(t)\cos[2\pi(2f_I + f_d)t + 2\varphi_0] + \frac{1}{2}Aa(t)\sin2\pi f_d t \quad (6-1-32)$$

由低通滤波器滤除 $2f_I$ 的高频分量,可得输出的正交双通道信号为

$$x_I(t) = \frac{1}{2}Aa(t)\cos2\pi f_d t = Ka(t)\cos2\pi f_d t \quad (6-1-33)$$

$$x_Q(t) = \frac{1}{2}Aa(t)\sin2\pi f_d t = Ka(t)\sin2\pi f_d t \quad (6-1-34)$$

令比例系数 $K=1$,则由正交双通道信号 $x_I(t)$ 和 $x_Q(t)$ 可知零中频信号的幅度 $a(t)$ 和相位 $\varphi(t)$,即

$$a(t) = \sqrt{x_I^2(t) + x_Q^2(t)}, \varphi(t) = \arctan\frac{x_Q(t)}{x_I(t)} = 2\pi f_d t \quad (6-1-35)$$

在正交相位检波器中,乘法器和低通滤波器都是由模拟电路构成的,两个通道的增益和附加相移的不一致可引起 $x_I(t)$ 和 $x_Q(t)$ 在幅度上的不一致和相位上的不正交(即相位差不等于 $90°$)。如果幅度相对误差用 ε 表示,而相位上的正交误差用 φ_e 表示,经分析表明,这两个误差将在 $x(t)$ 单边带谱的对称一侧附加一个频谱分量,称为镜频分量。镜频分量与理想频谱分量的功率之比称为镜频抑制比 IR,即

$$IR = 10\lg(\frac{\varphi_e^2 + \varepsilon^2}{4}) - 4.3\varepsilon(dB) \quad (6-1-36)$$

镜频抑制比 IR 是个负数,其分贝数越大,镜频分量越小,如

$\varepsilon = 0.05, \varphi_e = 3°$ 时,$IR \approx -29dB$;

$\varepsilon = 0.03, \varphi_e = 2°$ 时,$IR \approx -33dB$;

$\varepsilon = 0.01, \varphi_e = 1°$ 时,$IR \approx -40dB$。

这种镜频分量会严重限制雷达信号处理系统的性能。因此,必须减少镜频分量。提高镜频抑制比的办法有如下三种:

(1) 尽可能提高正交相位检波器的两通道的一致性。

(2) 采用误差校正方法,对 ε 和 φ_e 进行补偿。

(3) 采用基于数字正交变换原理的数字正交相位检波器。

(三)正交相位检波器的误差校正

正交相位检波器的误差校正是用数字电路完成的,它不但可以校正正交相位检波器引进的误差,也能校正由于两路 A/D 转换器不一致附加的误差。校正方法如图 6-1-10 所示。

在理想情况下,正交双通道信号 $x_I(t)$ 和 $x_Q(t)$ 之间无幅度误差,而且相位完全正交,则 $I_1(t)$ 和 $Q_1(t)$ 可以表示为

$$I_1(n) = A\cos(2\pi f_d n\Delta t), Q_1(n) = A\sin(2\pi f_d n\Delta t) \quad (6-1-37)$$

当两路不一致时,可表示为

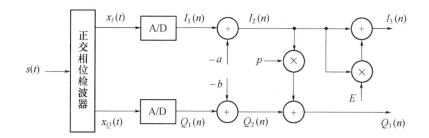

图 6-1-10　正交相位检波器误差校正方法

$$I_1(n) = (1 + \varepsilon)A\cos(2\pi f_d n\Delta t) + a$$
$$Q_1(n) = A\sin(2\pi f_d n\Delta t + \varphi_e) + b \qquad (6-1-38)$$

式(6-1-38)中,除了误差 ε 和 φ_e 外,a 表示 I 通道的直流偏移,b 表示 Q 通道的直流偏移。如图所示,从 I 和 Q 通道分别减去直流偏移后可得到 $I_2(t)$ 和 $Q_2(t)$,即

$$I_2(n) = (1 + \varepsilon)A\cos(2\pi f_d n\Delta t)$$
$$Q_2(n) = A\sin(2\pi f_d n\Delta t + \varphi_e) \qquad (6-1-39)$$

为了得到幅度相等、相位正交的输出信号 $I_3(t)$ 和 $Q_3(t)$,需要对 $I_2(t)$ 和 $Q_2(t)$ 进行类似 Gram – Schemidt 正交化处理,即令

$$\begin{bmatrix} I_3(n) \\ Q_3(n) \end{bmatrix} = \begin{bmatrix} E & 0 \\ p & 1 \end{bmatrix} \begin{bmatrix} I_2(n) \\ Q_2(n) \end{bmatrix} \qquad (6-1-40)$$

式中:E 和 p 是校正系数。

根据式(6-1-39)和式(6-1-40)可得

$$E = \cos\varphi_e(1 + \varepsilon)$$
$$p = -\sin\varphi_e/(1 + \varepsilon) \qquad (6-1-41)$$

经过校正后的输出为

$$I_3(n) = A\cos\varphi_e\cos(2\pi f_d n\Delta t)$$
$$Q_3(n) = A\cos\varphi_e\sin(2\pi f_d n\Delta t) \qquad (6-1-42)$$

式(6-1-42)说明,利用图 6-1-10 的校正方法,可以使正交双通道信号成为等幅正交的两路信号。下面的问题是如何获得 a、b、E 和 p 这四个参数。根据式(6-1-38),未加校正前的基带信号为

$$\begin{aligned} x_1(n) &= I_1(n) + jQ_1(n) \\ &= (1 + \varepsilon)A\cos(2\pi f_d n\Delta t) + a + jA\sin(2\pi f_d n\Delta t + \varphi_e) + jb \\ &= \frac{A}{2}(1 + \varepsilon + \cos\varphi_e + j\sin\varphi_e)e^{j(2\pi f_d n\Delta t)} + \\ &\quad \frac{A}{2}(1 + \varepsilon - \cos\varphi_e + j\sin\varphi_e)e^{-j(2\pi f_d n\Delta t)} + a + jb \end{aligned} \qquad (6-1-43)$$

对式(6-1-43)作离散傅里叶变换,可得 $x_1(n)$ 的信号分量 $y(f_d)$ 及其镜频分量 $y(-f_d)$ 和直流分量 $y(0)$,分别为

179

$$y(f_d) = \frac{A}{2}(1 + \varepsilon + \cos\varphi_e + j\sin\varphi_e)$$

$$y(-f_d) = \frac{A}{2}(1 + \varepsilon - \cos\varphi_e + j\sin\varphi_e) \qquad (6-1-44)$$

$$y(0) = a + jb$$

由此可得

$$a = \mathrm{Re}[y(0)], b = \mathrm{Im}[y(0)] \qquad (6-1-45)$$

式中:$\mathrm{Re}[\,\cdot\,]$、$\mathrm{Im}[\,\cdot\,]$分别表示取括号内复数的实部和虚部。

根据式(6-1-41)式(6-1-44),可得

$$E = 2\mathrm{Re}\left[\frac{y(f_d)}{y^*(f_d) + y(-f_d)}\right] - 1$$

$$p = -2\mathrm{Im}\left[\frac{y(f_d)}{y^*(f_d) + y(-f_d)}\right] \qquad (6-1-46)$$

根据上述公式,如果在图6-1-10所示的正交相位检波器的输入端输入一个频率为$f_0 +$ f_d的测试信号,并对测试信号经正交相位检波和A/D转换后的输出信号$x_1(n)$进行 DFT 处理,就可以得到$y(f_d)$、$y(-f_d)$和$y(0)$,然后根据式(6-1-45)和式(6-1-46)进行计算,得到校正参数a、b、E和p。最后去掉测试信号,加上接收机的中频信号,进入正常工作状态,同时利用计算得到的校正参数对信号进行校正。

注意,测试信号频率应满足$f_d = (M/N)f_s$,其中f_s是 A/D 采样频率,N是 DFT 的点数,M是小于$N/2$的一个整数,以保证f_s大于 2 倍的f_d。

(四) 数字正交相位检波器

从根本上解决正交相位检波器的幅度误差和正交相位误差的方法是采用数字正交相位检波器,如图6-1-11 所示。

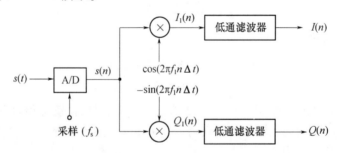

图6-1-11　数字正交相位检波器

图中,数字正交相位检波器的输入中频信号$s(t)$的中心频率为f_1,带宽为B,经 A/D 采样后,变为数字信号$s(n)$。然后经过与模拟正交相位检波类似的运算得到正交双通道信号$I(n)$和$Q(n)$。所不同的是,图6-1-11 中的乘法器和低通滤波器都是通过数字运算完成,不存在模拟乘法器和低通滤波器因电路不一致而引起的幅度误差和相位正交误差。

需要注意的是,低通滤波器必须采用具有线性相位特性的 FIR 滤波器,并且应具有陡直的截止特性,以保证大的镜频抑制比。

三、雷达信号的数字化

数字计算机和微电子技术的发展大大促进了数字信号处理技术的飞速发展,现代雷达信号处理均采用了数字信号处理技术,因此为了进行数字信号处理,首先要将模拟雷达信号转换为数字信号,这一任务是通过 A/D 转换器完成的。

A/D 转换器对输入信号 $s(t)$ 在时间上等间隔采样,并将采样得到的信号 $s(n\Delta t)$, n 为整数,在幅度上量化和编码,从而将 $s(t)$ 转换为一个数字序列 $s(n)$。图 6 – 1 – 12 显示了 A/D 转换器的工作原理,其输出信号的位数为 N。

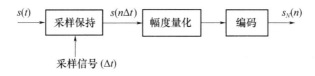

图 6 – 1 – 12　A/D 转换器工作原理图

(一)采样定理

为了能从采样后的离散信号中无失真地回复出原连续信号,采样频率 f_s 必须不小于信号最高频率 f_{cmax} 的 2 倍,即 $f_s > 2f_{cmax}$。

设原连续时间函数为 $s(t)$,其频谱记为 $S(f)$,取离散间隔为 $T_s = 1/f_s$,离散样本序列记为 $s(nT_s)$,其数字频谱记为 $S(e^{j\omega})$,$(\omega = 2\pi f T_s)$,则有下述关系式成立:

$$S(e^{j\omega})\big|_{\omega = 2\pi f T_s} = \frac{1}{T_s} \sum_{k=-\infty}^{\infty} S(f - kf_s) \qquad (6-1-47)$$

$$s(t) = \sum_{k=-\infty}^{\infty} s(nT_s) \frac{\sin\pi(t - nT_s)/T_s}{\pi(t - nT_s)/T_s} \qquad (6-1-48)$$

式(6 – 1 – 47)表明,离散信号的频谱是由原模拟信号的频谱沿频率轴正负方向以采样频率为步长作周期延拓而来。式(6 – 1 – 48)则是由离散样本 $s(nT_s)$ 恢复原连续时间信号 $s(t)$ 的信号重构公式。图 6 – 1 – 13 为信号采样前后的频谱变化。

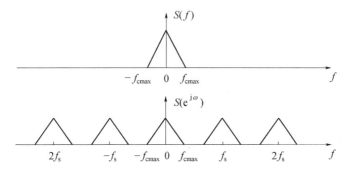

图 6 – 1 – 13　采样前后信号的频谱

(二)带通信号的采样定理

若实信号 $s(t)$ 的傅里叶变换在区间 $f_{min} \leqslant |f| \leqslant f_{max}$ 之外为 0,如图 6 – 1 – 14(a)所示,

则称 $s(t)$ 为具有带宽 $B = f_{max} - f_{min}$ 的带通信号。通常，f_{max} 很高，若以 $2f_{max}$ 为采样频率，则其数据率将很大，不利存储和实时处理。但考察离散序列的频谱形成过程，既然 $S(e^{j\omega})$ 是频谱 $S(f)$ 以 f_s 作周期延拓得到的，那么，参考图 6-1-14(b)，若 $S(f)$ 在正半轴的部分 F^+ 左移 $(m-1)$ 个 f_s 后能够落在 $S(f)$ 在负半轴的部分 F^- 之右侧，而 F^+ 左移 m 个 f_s 则可落到 F^- 之左侧，即如果满足

$$(m-1)f_s < 2f_{max} - 2B \qquad (6-1-49)$$

$$mf_s > 2f_{max} \qquad (6-1-50)$$

则显然可保证下式成立：

$$S(e^{j\omega})\mid_{\omega = 2\pi f/T_s} = \frac{1}{T_s}S(f) \qquad (6-1-51)$$

由式(6-1-49)和式(6-1-50)可求得

$$\frac{2f_{max}}{m} \leqslant f_s \leqslant \frac{2f_{max} - 2B}{m-1} \qquad (6-1-52)$$

式中：m 为 F^+ 左移至 F^- 之左侧的次数，f_s 越大，则 m 越小。

当 m 取最小值 1 时，有

$$2f_{max} \leqslant f_s < \infty \qquad (6-1-53)$$

这就是前面讨论过的采样定理。

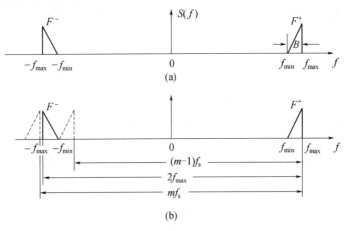

图 6-1-14　带通信号的采样定理
(a) 带通信号的频谱；(b) 当 m 取 M_{max} 时频谱的延拓。

随着 f_s 变小，m 将变大。当然希望 f_s 尽可能小些，即 m 应尽可能大些。但 m 和 f_s 均有其极限值。如图 6-1-14(b)所示，显然，为了使 F^+ 左移 m 次恰在 F^- 之右侧，而再左移一次能越过 F^- 而到达其左侧且不与 F^- 交叠，则必须满足条件：$f_s \geqslant 2B$。设此种情况下的 m 值为 M_{max}，则有

$$2B \leqslant f_{max} \leqslant \frac{2f_{max} - 2B}{M_{max} - 1} \qquad (6-1-54)$$

由式(6-1-54)解得 $M_{max} \leqslant \dfrac{f_{max}}{B}$，考虑到 M_{max} 为整数，故有

182

$$M_{\max} \leqslant \left[\frac{f_{\max}}{B} \right] \qquad (6-1-55)$$

式中：〔　〕为取整符号。

当 m 取$\left[1, \left[\frac{f_{\max}}{B} \right] \right]$内不同的值时（共计可取 $M_{\max}$ 个不同的 m 值），相应地，f_s 就可在由式（6-1-52）所确定的 $M_{\max}$ 个区间取值，如图 6-1-15 所示。

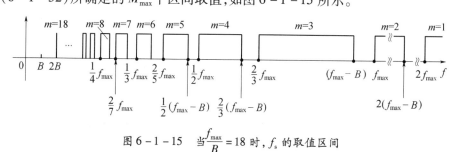

图 6-1-15　当 $\frac{f_{\max}}{B} = 18$ 时，f_s 的取值区间

（三）雷达视频信号的数字化

雷达视频信号的数字化主要有包络视频信号数字化和零中频信号数字化两种。

1. 包络视频信号的数字化

雷达包络视频信号数字化是指对接收机包络检波器的输出进行 A/D 转换。根据雷达接收原理，固定载频回波信号进入中频放大器前具有辛克函数形状的频谱，若设回波脉冲宽度为 τ，则其主瓣宽度为 $2/\tau$。其能量主要集中在主瓣内。通常中频放大器的带宽设计为 $1/\tau$，故经过中放和包络检波后的视频信号实际带宽为 $1/\tau$。按照采样定理，不致引起频谱混叠的采样频率 f_s 应大于或等于 $2/\tau$，即采样间隔 $T_s \leqslant \tau/2$。据此可知，在一个脉冲宽度内，采样至少要在两次以上。在要求不太高的场合，也可取 $f_s = 1/\tau$，即在一个脉宽 τ 内仅采样一次，这样处理的信噪比损失仅为 1.5dB。通常取 $1/\tau \leqslant f_s \leqslant 2/\tau$，一般可取 $T_s = 0.8\tau$。

2. A/D 转换的量化损失

模拟雷达信号经过等间隔采样后，还要将采样值用 N 位二进制码来表示。设模拟信号的幅值在 $[0, U_m]$ 内变化，而 N 位二进制码的量化电平数为 2^N，量化分层数为 $(2^N - 1)$，因而量化间隔为 $\Delta = U_m/(2^N - 1)$。

信号经幅度量化后，将添加一部分噪声，称为量化噪声。量化噪声就限制在 $(-\Delta/2, \Delta/2)$ 的区间内，其概率密度 $p(x)$ 在该区间一般为均匀分布，所以量化噪声的方差为

$$\sigma_\Delta^2 = \int_{-\infty}^{\infty} x^2 p(x) \mathrm{d}x = \int_{-\Delta/2}^{\Delta/2} \frac{x^2}{\Delta} \mathrm{d}x = \frac{1}{12} \Delta^2 \qquad (6-1-56)$$

量化噪声会带来一定的信噪比损失，称为量化损失。雷达接收机中频噪声一般为高斯噪声，其方差用 σ_n^2 表示，若包络检波器为线性工作，其传输系数为 1，则检波后的输出包络为瑞利分布，其方差为 $\sigma_A^2 = \left(2 - \frac{\pi}{2} \right) \sigma_n^2 \approx 0.43 \sigma_n^2$。这样，量化后的总方差为 $\sigma_\Sigma^2 = \sigma_A^2 + \sigma_\Delta^2$，则量化损失定义 L_Δ 为量化后的噪声方差与量化前噪声方差之比，即

$$L_\Delta = 10 \lg \frac{\sigma_\Sigma^2}{\sigma_A^2} = 10 \lg \left(1 + \frac{\sigma_\Sigma^2}{\sigma_A^2} \right) \approx 10 \lg \left(1 + \frac{0.194 \Delta^2}{\sigma_n^2} \right) \qquad (6-1-57)$$

式(6-1-57)表明,量化分层间隔 Δ 越小,量化损失也越小。

将 $\Delta = U_m/(2^N - 1)$ 带入式(6-1-39),得

$$L_\Delta \approx 10\lg\left(1 + \frac{0.194 U_m^2}{(2^N - 1)^2\sigma_n^2}\right) = 10\lg\left(1 + \frac{0.194}{(2^N - 1)^2}\left(\frac{U_m}{\sigma_n}\right)^2\right) \qquad (6-1-58)$$

式(6-1-58)中,U_m/σ_n 取决于接收机中频放大器的动态范围。当动态范围一定时,随着量化层数(即 A/D 转换器位数)N 的增加,量化损失逐渐减小;而若 A/D 转换器位数一定,量化损失将随着动态范围的增加而增加。例如,$10\lg(U_m^2/\sigma_n^2) = 60dB$,根据式(6-1-58)可计算出 A/D 转换器位数 $N = 8$、10、12 时,其量化损失分别为 2.41dB、0.196dB 和 0.012dB。这说明如果雷达接收机的动态范围很大,A/D 转换器位数又较小时,必须考虑 A/D 转换器量化噪声的影响。

3. 正交双路零中频信号的数字化

作为相参处理的典型例子是,雷达接收机采用了如图 6-1-9 所示的正交相位检波器代替了包络检波器。

相位检波器的输出是雷达视频复信号的同相分量 $s_I(t)$ 和正交分量 $s_Q(t)$。因 $s_I(t)$ 和 $s_Q(t)$ 的带宽和包络检波后的视频相同,故其采样频率 f_s 及编码位数 N 的选择也相同。但相位检波器的输出是双向视频信号,其 A/D 转换的幅值范围是 $[-U_m, +U_m]$;相位检波器的输出噪声分布也是高斯型的,若检波传输系数为 1,则其方差就与中频的相同(即为 σ_n^2)。考虑到这两点不同,这时的量化损失为

$$L_\Delta = 10\lg\left[1 + \frac{U_m^2}{3(2^N - 1)^2\sigma_n^2}\right] \qquad (6-1-59)$$

(四)雷达中频信号直接数字化

当前多数雷达还是采用模拟器件(乘法器、滤波器)来实现正交相位检波,由于模拟器件电特性存在差异,故 I/Q 两路的平衡性很难达到一致。目前,模拟正交相位检波的相位误差约在 2°左右。20 世纪 80 年代以来,人们开始研究对中频信号直接采样,再用数字处理方法来获取 I/Q 信号,这种技术使得相位误差达到了 0.2°左右。

雷达中频回波信号为带通信号,带宽相对于载波频率来说是比较窄的。利用带通采样的方法,可以大大降低采样频率,同时,还可以完成频谱下搬移的过程。然后,在数字域内用数字信号处理的方法进行正交相位检波,得到正交的两路基带信号。图 6-1-16 给出了中频信号直接采样及数字相参检波的原理框图。

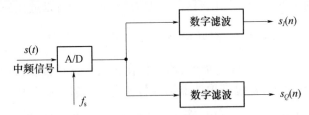

图 6-1-16 中频信号直接采样及数字相参检波原理框图

图中,$s(t)$ 代表取自中频放大器的模拟信号,若以 $T_s = 1/f_s$ 为间隔对 $s(t)$ 离散化处理,采样频率应按前面介绍的式(6-1-52)选取,由于 $2\pi f_0 T_s = 2\pi f_0(2M - 1)/4f_0 = \pi$

$(2M-1)/2$,取 $M=1$,则得到样本序列

$$
\begin{aligned}
s(nT_s) &= s(t)\big|_{t=nT_s} = a(nT_s)\cos[2\pi f_0 \cdot nT_s + \varphi(nT_s)] \\
&= a(nT_s)\cos\varphi(nT_s)\cos(n\pi/2) - a(nT_s)\sin\varphi(nT_s)\sin(n\pi/2) \\
&= s_I(n)\cos(n\pi/2) - s_Q(n)\sin(n\pi/2) \\
&= \begin{cases} (-1)^{n/2}s_I(n), & n\ \text{为偶数} \\ (-1)^{n+1/2}s_Q(n), & n\ \text{为奇数} \end{cases}
\end{aligned} \tag{6-1-60}
$$

可见,中频信号经上述采样后,可以交替得到 $s_I(n)$ 和 $s_Q(n)$ 之值,但是,在时间上相差一个采样周期 T_s,如果要得到完整的正交 I、Q 两路信号,则需后续的数字信号处理来实现,主要包括滤除负频谱分量、将正频谱中心移到零并降低采样率等步骤。后一种处理很容易,它可以由乘以移相因子或对数据进行抽取来实现;而滤除负频谱分量则比较困难,它是限制中频采样实现正交检波的主要因素。目前提出的方法有三种,即低通滤波法、希尔伯特变换法和插值滤波法。可以证明,时域的插值等于频域的滤波。插值滤波法有 sinc 函数内插法、Bessel 函数内插法以及其他专门设计的数字滤波方法,其中比较简单的是 Bessel 函数内插法。图 6-1-17 为 Bessel 函数内插原理框图。

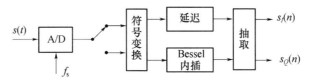

图 6-1-17　Bessel 函数内插原理框图

四、匹配滤波器

雷达所接收的目标回波信号总是混杂在背景噪声中的,当背景噪声为高斯分布时,信噪比的大小唯一决定了在噪声背景下发现目标的能力。匹配滤波器就是以输出最大信噪比为准则的最佳线性滤波器。由于在平稳高斯白噪声背景下的贝叶斯最佳检测可以由匹配滤波器来实现,因而,匹配滤波也可归结为最大信噪比准则下的线性检测问题。

(一) 白噪声背景下的匹配滤波器

雷达接收系统可以等效为一个线性非时变系统,其输入端是混合有噪声的输入信号,即

$$
x(t) = s_i(t) + n_i(t) \tag{6-1-61}
$$

式中:$s_i(t)$ 为确知的雷达信号波形;$n_i(t)$ 为噪声信号。

$s_i(t)$ 信号的能量为

$$
E = \frac{1}{2}\int_{-\infty}^{\infty} |s_i(t)|^2 \mathrm{d}t \tag{6-1-62}
$$

$n_i(t)$ 为与信号无关的零均值平稳白噪声,其双边功率谱密度为

$$
P_n(f) = \frac{N_0}{2} \tag{6-1-63}
$$

确知信号 $s_i(t)$ 的频谱用 $S(f)$ 表示,根据滤波理论,通过一个频率响应为 $H(f)$ 的滤波器后,有用信号的输出可表示为

$$S_0(f) = S_i(f) \cdot H(f) \qquad (6-1-64)$$

在最大输出信噪比准则下,滤波器输出端能够得到最大信噪比时,滤波器的频率响应函数为

$$H(f) = kS_i^*(f)e^{-j2\pi f t_0} \qquad (6-1-65)$$

此时,滤波器称为最大信噪比准则下的最佳匹配滤波器,常称为匹配滤波器。由式(6-1-65)可见,匹配滤波器的频率响应特性与输入信号的频谱成复数共轭,其中,k 为常数,t_0 为滤波器物理可实现所附加的延时。此时,滤波器输出端的信号噪声功率比最大,即

$$d_{max} = \frac{\int_{-\infty}^{\infty} |s_i(t)|^2 \mathrm{d}t}{N_0} = \frac{2E}{N_0} \qquad (6-1-66)$$

式(6-1-66)说明,匹配滤波器的输出信噪比等于输入信号能量与噪声功率谱密度的比值,而与雷达信号的波形无关。与雷达信号波形有关的只是匹配滤波器的形式,它们之间的关系如式(6-1-65)所描述。

由式(6-1-65)可以看出,匹配滤波器的脉冲响应函数可写为

$$h(t) = ks_i^*(t_0 - t) \qquad (6-1-67)$$

除了任意的复常数 k 外,匹配滤波器的脉冲响应由所欲匹配的信号唯一确定,并且是该信号的共轭镜像,如图 6-1-18 所示。

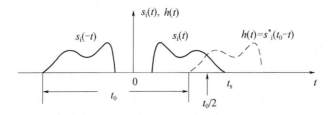

图 6-1-18　实包络信号与匹配滤波器的脉冲响应

对于一个物理上可实现的滤波器而言,其滤波器脉冲响应必须满足

$$h(t) = s_i(t_0 - t), 0 < t < t_0 \qquad (6-1-68)$$

由式(6-1-68)可见,滤波器的脉冲响应只存在于时间间隔 $(0, t_0)$ 之间。如果信号存在于 $(0, t_s)$ 内,为了能充分利用输入信号能量,应该选择 $t_0 \geq t_s$,信号在 t_0 时刻前结束,而滤波器输出达到其最大输出信噪比 $2E/N_0$ 的时刻 t_0,必然在输入信号全部结束以后,这样才能最有效利用输入信号的全部能量。

匹配滤波器的频率响应为输入信号的复共轭,因此,信号幅度大小不影响滤波器的形式。当信号结构相同时,其匹配滤波器的特性亦一样,只是输出能量随信号幅度而改变。当两信号只有时间差别时,也可用同一匹配滤波器,只是在输出端有相应的延时而已,即匹配滤波器对延时信号具有适应性。但是,对于频移 ξ 的信号,由于其信号频谱发生频移,即

$$S'_i(f) = S_i(f - \xi) \tag{6-1-69}$$

则其匹配滤波器频率特性与 $S'_i(f)$ 不同。若 $S'_i(f)$ 的信号通过 $H_i(f) = S_i^*(f)\exp(-j2\pi ft_0)$ 的滤波器,则各频率分量没有得到合适的加权,且相位也得不到应有的补偿,故在输出端得不到输出信号的峰值。这就是说,匹配滤波器对于有多普勒频移的信号是不适应的,因而当目标回波有多普勒频移时,将会产生失配问题。

(二)色噪声背景下的匹配滤波器

在实际工作中,还会遇到噪声或干扰的频谱比较窄的情况。这时,在所关心的频带范围内,不能认为干扰频谱是均匀的(或白色的),一般称这一类噪声或干扰为色噪声。在信号检测理论中,就需要将在白噪声条件下得到的结果推广到更一般的色噪声条件。这里,主要讨论零均值平稳色噪声背景下的信号检测问题,仍然约定为线性处理。

输入色噪声干扰的功率谱密度不再是均匀的,设为 $N(f) = N_i(f)N_i^*(f)$。为使输出峰值信噪比最大,最佳线性滤波器的频率响应为

$$H(f) = k\frac{S_i^*(f)}{|N_i(f)|^2}e^{-j2\pi ft_0} \tag{6-1-70}$$

这个滤波器的频率特性可以看成是由两个线性滤波器级联构成,即

$$H(f) = H_1(f) \cdot H_2(f)$$

其中

$$H_1(f) = k_1\frac{1}{N_i(f)} \tag{6-1-71}$$

$$H_2(f) = k_2\frac{S_i^*(f)}{N_i^*(f)}e^{-j2\pi ft_0} \tag{6-1-72}$$

$$k_1 \cdot k_2 = k$$

$H(f)$ 可以用图 6-1-19 所示的滤波器来实现。

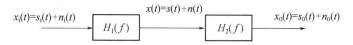

图 6-1-19　色噪声背景下的匹配滤波器

输入信号加噪声通过第一个滤波器后,其噪声功率谱密度变为了均匀的白噪声,即

$$N(f) \cdot k_1^2\frac{1}{|N_i(f)|^2} = k_1^2 \tag{6-1-73}$$

$H_1(f)$ 使色噪声"白色化"。信号通过 $H_1(f)$ 后,其频谱密度变为

$$S_i(f) \cdot k_1\frac{1}{N_i(f)} = k_1\frac{S_i(f)}{N_i(f)} = S(f) \tag{6-1-74}$$

第二个滤波器 $H_2(f)$ 的任务是对信号进行最佳滤波,因此其频率响应特性应为信号频谱的共轭,即

$$H_2(f) = k_2S^*(f)e^{-j2\pi ft_0} = k_2k_1\left(\frac{S_i(f)}{N_i(f)}\right)^* e^{-j2\pi ft_0} \tag{6-1-75}$$

可见,式(6-1-75)与式(6-1-72)是相同的,所以 $H_2(f)$ 就是白噪声背景下的匹配滤波器。

式(6-1-70)说明,色噪声背景下匹配滤波器的频率特性与色噪声功率谱成反比,而和信号频谱的共轭函数成正比,为了物理上的可实现性,还应有必需的时间延迟 t_0。

在匹配滤波理论中我们指出,在白噪声背景下,只要实现了匹配滤波,输出信噪比只决定于信号与噪声的能量比,与信号形式无关。这一结论不再适用于色噪声背景下的最优滤波。当给定 $N(f)$ 时,适当地设计信号波形,可获得更大的输出信噪比。

五、雷达信号的模糊函数

模糊函数是雷达信号分析和设计的有力工具,它不仅表示了雷达信号的固有分辨能力和模糊度,也表示了雷达采用该信号后可能达到的距离、速度测量精度和杂波抑制方面的能力。

(一)模糊函数的定义

匹配滤波器是雷达信号检测和估值时都要用到的信号处理部件,现在来分析,当雷达接收和处理一个运动的理想点目标回波信号时,匹配滤波器对目标回波信号的响应。

设雷达发射信号的复包络为 $u(t)$,动目标的回波信号相对于发射脉冲会同时出现时间延迟和多普勒频移,假设目标的时延为 t_d,多普勒频移为 f_d,在接收机处,该目标的回波信号的复包络表示为(忽略对处理无影响的载频相位项)

$$s_r(t) = u(t - t_d) e^{j2\pi f_d(t-t_d)} \qquad (6-1-76)$$

根据前面讨论的匹配滤波理论,最佳接收机的频率响应函数应取回波信号频谱的复共轭。由于回波中的多普勒频移是随机的,故实际接收机频响特性为发射信号频谱的复共轭,即接收机实际是与发射信号匹配而不是真正地与回波信号匹配,并且要加上一个为满足物理可实现性的延迟相位因子。设滤波器所需的时延为 t_0,则匹配滤波器的脉冲响应可表示为

$$h(t) = u^*(t_0 - t) \qquad (6-1-77)$$

可见,具有多普勒频移的回波信号与接收机滤波器不再匹配,这时滤波器的输出为

$$y(t) = s_r(t) * h(t) = \int_{-\infty}^{\infty} s_r(\tau) h(t - \tau) d\tau$$

$$= \int_{-\infty}^{\infty} u(\tau - t_d) u^*(\tau + t_0 - t) e^{j2\pi f_d(\tau - t_d)} d\tau \qquad (6-1-78)$$

作变量代换,令 $t' = \tau + t_0 - t$,得

$$y(t) = = \int_{-\infty}^{\infty} u[(t' + t - (t_0 + t_d)] u^*(t') e^{j2\pi f_d t'} e^{j2\pi f_d(t - t_0 - t_d)} dt' \qquad (6-1-79)$$

忽略掉与积分无关的项 $e^{j2\pi f_d(t-t_0-t_d)}$,此项不影响幅度的大小,令 $\tau = t - (t_0 + t_d)$,并用 t 代替 t',则式(6-1-79)可记为一个以 τ 和 f_d 为自变量的二维函数,即

$$y[\tau, f_d] = = \int_{-\infty}^{\infty} u(t + \tau) u^*(t) e^{j2\pi f_d t} dt \qquad (6-1-80)$$

根据匹配滤波的理论,目标回波的峰值响应应当在 $\tau = 0$(即 $t = t_0 + t_d$)和 $f_d = 0$ 处得到。如果真实目标的时延和多普勒频移与滤波器不完全匹配时,则采样是在 $\tau \neq 0$ 和 $f_d \neq 0$ 处进

行的,不能得到峰值输出,也就是说目标与接收机之间是"失配"的。

　　换言之,式(6-1-80)可以描述当目标信号实际到达时刻同接收机设定的滤波器匹配时刻(t_0+t_d)存在一个时间差τ,信号多普勒频移同设定的滤波器之间存在一个多普勒频移差f_d时,目标回波输出与匹配接收机输出之间的失配程度,把它定义为雷达的模糊函数(Ambi-guity Function),并记为$\chi(\tau,f_d)$,即

$$\chi(\tau,f_d) = \int_{-\infty}^{\infty} u(t+\tau) u^*(t) e^{j2\pi f_d t} dt \qquad (6-1-81)$$

或

$$\chi(\tau,f_d) = \int_{-\infty}^{\infty} u(t) u^*(t-\tau) e^{j2\pi f_d t} dt \qquad (6-1-82)$$

　　严格地说,传统上一般将$|\chi(\tau,f_d)|^2$定义为雷达的模糊函数。但实际使用中,通常并不对以下函数严加区分:$\chi(\tau,f_d)$、$|\chi(\tau,f_d)|$和$|\chi(\tau,f_d)|^2$。其中,$\chi(\tau,f_d)$和$|\chi(\tau,f_d)|$具有电压量纲,$|\chi(\tau,f_d)|^2$则具有功率或能量的量纲。

　　雷达的模糊函数$|\chi(\tau,f_d)|$的三维图形称为模糊函数图,有时也用$|\chi(\tau,f_d)|$在-3dB或-6dB处的截面来表示,称为模糊度图。

　　(二)模糊函数的物理意义

　　匹配于特定距离和多普勒频移的滤波器应具有以下含义:一是该滤波器正好取样在发射信号到达目标再返回到接收机的往返时间上(不考虑滤波器的物理可实现时延t_0时);二是该滤波器的频率正好调谐到同匹配目标径向速度相对应的多普勒频移上。因此,任何雷达信号波形的模糊函数,其峰值都位于原点,它的物理意义是:当所观察的目标具有与滤波器相匹配的距离和速度时,将产生最大的输出信号。

　　雷达模糊函数是分析雷达波形的距离分辨力、多普勒频移分辨力和模糊特性的有效工具。如果设计一个雷达波形处理器,它在一个特定距离和多普勒频移上与目标相匹配,那么,通过对模糊函数的分析,可以知道雷达能够在何种程度上将两个在距离上相差$\Delta R = c\tau/2$、在径向速度上相差$\Delta V = \lambda f_d/2$的目标区分开,即雷达对目标距离和速度的分辨力和可能的模糊度有多大。

　　假设两个目标回波信号$s_1(t)$、$s_2(t)$相对于发射信号的延迟时间相差为τ,多普勒频移相差为f_d,它们的复包络分别可表示为

$$s_1(t) = u(t-t_R) e^{j2\pi f_V(t-t_R)} \qquad (6-1-83)$$
$$s_2(t) = u(t-t_R-\tau) e^{j2\pi(f_V+f_d)(t-t_R-\tau)} \qquad (6-1-84)$$

为了区分两个目标,可以求这两个目标回波信号复包络的均方差,即

$$\begin{aligned}
\varepsilon^2 &= \int_{-\infty}^{\infty} |s_1(t) - s_2(t)|^2 dt \\
&= \int_{-\infty}^{\infty} |u(t-t_R)|^2 dt + \int_{-\infty}^{\infty} |u(t-t_R-\tau)|^2 dt - \\
&\quad 2\mathrm{Re}\int_{-\infty}^{\infty} u^*(t-t_R) u(t-t_R-\tau) e^{j2\pi[f_d(t-t_R-\tau)-f_V\tau]} dt
\end{aligned} \qquad (6-1-85)$$

式中:$\int_{-\infty}^{\infty} |u(t-t_R)|^2 dt = \int_{-\infty}^{\infty} |u(t-t_R-\tau)|^2 dt = 2E$ 为信号的能量。

令 $t - t_R - \tau = t'$，则得

$$\varepsilon^2 = 2\left\{ 2E - \mathrm{Re}\left[\mathrm{e}^{-\mathrm{j}2\pi f_V \tau} \int_{-\infty}^{\infty} u^*(t' + \tau) u(t') \mathrm{e}^{\mathrm{j}2\pi f_d t'} \mathrm{d}t' \right] \right\} \qquad (6-1-86)$$

用 t 代表积分变量 t'，并用 $\chi(\tau, f_d)$ 表示积分项，则

$$\chi(\tau, f_d) = \int_{-\infty}^{\infty} u^*(t) u(t + \tau) \mathrm{e}^{\mathrm{j}2\pi f_d t} \mathrm{d}t \qquad (6-1-87)$$

可见，$\chi(\tau, f_d)$ 是两个目标回波信号复包络的时间—频率复合自相关函数。与式 $(6-1-81)$ 相比，式 $(6-1-87)$ 就是从分辨力出发定义的模糊函数。

因为在式 $(6-1-86)$ 中，有

$$\mathrm{Re}\left[\mathrm{e}^{-\mathrm{j}2\pi f_V \tau} \int_{-\infty}^{\infty} u^*(t' + \tau) u(t') \mathrm{e}^{\mathrm{j}2\pi f_d t'} \mathrm{d}t' \right] = \mathrm{Re}\left[\mathrm{e}^{-\mathrm{j}2\pi f_V \tau} \chi(\tau, f_d) \right] \leqslant \chi(\tau, f_d)$$

$$(6-1-88)$$

所以，有

$$\varepsilon^2 \geqslant 2[2E - |\chi(\tau, f_d)|] \qquad (6-1-89)$$

如果两个信号的差别越大越容易分辨，则要求 $|\chi(\tau, f_d)|$ 的值越小越容易分辨。若 $|\chi(\tau, f_d)|$ 随着 τ 和 f_d 的增加而下降得越迅速，ε^2 值越大，两个目标就越容易分辨，也就是模糊度越小。所以，模糊函数是两个相邻目标距离—速度联合分辨能力的一种量度。

（三）距离模糊函数和多普勒频移模糊函数

当两个目标的多普勒频移之差 $f_d = 0$ 时，从式 $(6-1-87)$ 可以得到信号的距离模糊函数，即

$$\chi(\tau, 0) = \int_{-\infty}^{\infty} u^*(t) u(t + \tau) \mathrm{d}t = \int_{-\infty}^{\infty} |U(f)|^2 \mathrm{e}^{-\mathrm{j}2\pi f\tau} \mathrm{d}f \qquad (6-1-90)$$

式中：$U(f)$ 为信号复包络 $u(t)$ 的频谱。

$\chi(\tau, 0)$ 可以看做是用 $f_d = 0$ 平面对模糊图的切割。距离模糊函数就是信号的自相关函数，由于信号的自相关函数与信号的功率谱密度 $|U(f)|^2$ 构成傅里叶变换对，所以式 $(6-1-90)$ 中的第二个等号成立，即信号的距离模糊函数由其功率谱密度决定。从滤波的角度看，$\chi(\tau, 0)$ 是匹配滤波器在没有多普勒频移失配时的响应。

当 $f_d \neq 0$ 而是某一常数时，相当于用偏离最大值的某一 f_d 平面去切割模糊图，这时信号处理不在最佳状态，即有多普勒失配，所以，匹配滤波器对多普勒频移信号没有自适应性。

在只考虑多普勒频移的情况时，取 $\tau = 0$，则有

$$\chi(0, f_d) = \int_{-\infty}^{\infty} |u(t)|^2 \mathrm{e}^{-\mathrm{j}2\pi f_d t} \mathrm{d}t = \int_{-\infty}^{\infty} U(f) U^*(f - f_d) \mathrm{d}f \qquad (6-1-91)$$

称为多普勒频移模糊函数，或速度模糊函数。它由信号复包络 $u(t)$ 所决定。

（四）模糊函数的性质

雷达信号的若干特性可以由它的模糊函数决定，这里不加证明地给出以下性质。

1. 原点处有极大值

当 $\tau = 0, f_d = 0$ 时，模糊函数值为 $|\chi(0,0)| = 2E$，E 是信号的能量。这样的点自然是

190

两个目标在距离上和速度上都没有差别的地方。模糊函数的最大点也是信号均方差准则的最小点,即最难分辨的点。

2. 关于原点对称

从波形设计的角度来看,$\chi(\tau,f_{\mathrm{d}})$的绝对值$|\chi(\tau,f_{\mathrm{d}})|$(即幅度特性)是比较重要的,它对坐标原点是对称的,即

$$|\chi(-\tau,-f_{\mathrm{d}})| = |\chi^*(\tau,f_{\mathrm{d}})| = |\chi(\tau,f_{\mathrm{d}})| \qquad (6-1-92)$$

3. 唯一性

唯一性定理是指:若信号$u(t)$和$v(t)$分别具有模糊函数$\chi_u(\tau,f_{\mathrm{d}})$和$\chi_v(\tau,f_{\mathrm{d}})$,则仅当$u(t)=cv(t)$,且$|c|=1$时,才有$\chi_u(\tau,f_{\mathrm{d}})=\chi_v(\tau,f_{\mathrm{d}})$。

这表明,对于一个给定的信号,它的模糊函数是唯一的,不同的信号具有不同的模糊函数,这就为利用模糊函数进行信号设计提供了充分必要条件。

4. 模糊体积不变性

所谓模糊体积不变性是指

$$\int_{-\infty}^{\infty} \int_{-\infty}^{\infty} |\chi(\tau,f_{\mathrm{d}})|^2 \mathrm{d}\tau \mathrm{d}f_{\mathrm{d}} = |\chi(0,0)|^2 = (2E)^2 \qquad (6-1-93)$$

式(6-1-93)说明,模糊函数三维图在模糊曲面下的总体积是常量,只取决于信号的能量,而与信号的形式无关,这也称为模糊原理。雷达信号波形的设计只能在模糊原理的约束下进行,但这并不是说雷达信号不需要设计了,因为虽然体积不变,但由于信号形式不同,模糊图的分布也不同,因此其潜在分辨力理论测量精度以及环境适应能力等因素也随之改变,可以通过改变雷达信号的调制特性来改变模糊曲面的形状,使之与雷达目标的环境相匹配。

(五) 模糊函数与雷达的分辨力

分辨力是指将两个临近目标区分开来的能力。两个波形能否分辨开主要取决于信噪比、信号形式和信号处理。信噪比越大,实际的可分辨能力就越好;而最佳的信号处理是匹配滤波,因为此时能够获得最大输出信噪比。剩下的问题便是信号波形了。不同的雷达信号波形具有不同的距离分辨力和多普勒分辨力,这可称为信号的固有分辨力。

1. 距离分辨力

假设两个理想的点目标(即其散射强度均为1)的目标回波信号,仅有时延差τ。根据均方差准则,由于

$$\varepsilon^2 = 2E - 2\mathrm{Re}\left[\int_{-\infty}^{\infty} u(t)u^*(t-\tau)\mathrm{d}t\right] \qquad (6-1-94)$$

因此,两个信号的距离分辨力取决于它们的自相关函数

$$A(\tau) = \int_{-\infty}^{\infty} u(t)u^*(t-\tau)\mathrm{d}t \qquad (6-1-95)$$

$A(\tau)$在除了$\tau=0$以外的值越小,两个目标就越容易分辨。因此雷达波形自相关函数的主瓣宽度越窄,则其距离分辨能力就越强。于是,可用归一化的自相关函数$|A(\tau)|^2/|A(0)|^2$来表示两目标波形在时间(距离)上的可分辨能力。当$\tau=0$时,$|A(\tau)|^2/|A(0)|^2=1$,两个目标完全重合,不能分辨;而当$|A(\tau)|^2/|A(0)|^2$很小时,则两个目标

很容易分辨。

式(6-1-95)表明,当两个目标的距离(与 τ 对应)一定时,对两个目标的分辨性完全取决于雷达波形。显然,具有理想分辨力的信号波形,其自相关函数应该是狄拉克冲击函数 $\delta(t)$,在频域应具有均匀的功率谱密度,所占带宽 $f \in (-\infty, \infty)$。虽然冲击信号不是真实存在的,但上述结果提示我们:若要具有高的距离分辨力,则所选择的信号通过匹配滤波器后的输出应有很窄的主瓣波峰。这样的信号要么是具有很短持续时间的脉冲,要么是具有很宽频谱的宽带波形。

为了进一步讨论距离分辨力与信号带宽之间的关系,来看带宽为 B、频谱形状为矩形的信号。信号的频域表示为

$$S(f) = 1, f_0 - B/2 \leqslant f \leqslant f_0 + B/2 \qquad (6-1-96)$$

对应的时域波形为

$$s(t) = \frac{\sin \pi Bt}{\pi t} e^{j2\pi f_0 t} \qquad (6-1-97)$$

这是一个受到载频 f_0 调制的 sinc 函数,它主瓣的第一个过零点出现在 $t = 1/B$ 处。根据瑞利准则,当一个相应的波峰刚好落在另一个相应的第一个过零点上,就是两个信号的可分辨点。因此,定义瑞利时间分辨力为

$$\delta_t = 1/B \qquad (6-1-98)$$

或距离分辨力为

$$\delta_r = c/2B \qquad (6-1-99)$$

式中:c 为传播速度;B 为雷达信号的带宽。

比较式(6-1-90)与式(6-1-95),可以看出雷达距离模糊函数为

$$\chi(\tau, 0) = \int_{-\infty}^{\infty} u^*(t) u(t+\tau) \mathrm{d}t = A(\tau) \qquad (6-1-100)$$

因此

$$\frac{|A(\tau)|^2}{|A(0)|^2} = |\chi(\tau, 0)|^2 \qquad (6-1-101)$$

2. 多普勒频移分辨力

根据时间域和频率域之间的傅里叶变换对偶关系,距离分辨力讨论的结论很容易推广到对目标多普勒频移(或径向速度)分辨力。因为区分两个距离相同、径向速度不同的回波信号频谱的难易取决于

$$\varepsilon^2(f_\mathrm{d}) = \int_{-\infty}^{\infty} |U(f) - U(f - f_\mathrm{d})|^2 \mathrm{d}f \qquad (6-1-102)$$

式中:$U(f)$ 为 $u(t)$ 的频谱;f_d 为两个目标之间的多普勒频移差。

$\varepsilon^2(f_\mathrm{d})$ 值越大越容易分辨。信号频谱的自相关函数为

$$A(f_\mathrm{d}) = \int_{-\infty}^{\infty} U(f) U^*(f - f_\mathrm{d}) \mathrm{d}f = \int_{-\infty}^{\infty} |u(t)|^2 e^{-j2\pi f_\mathrm{d} t} \mathrm{d}t \qquad (6-1-103)$$

根据均方差准则,用归一化的频谱自相关函数 $|A(f_\mathrm{d})|^2 / |A(0)|^2$ 来表示两目标波形在多普勒频移(径向速度)上的可分辨能力。它与多普勒频移模糊函数之间的关系为

$$\frac{|A(f_d)|^2}{|A(0)|^2} = |\chi(0,f_d)|^2 \qquad (6-1-104)$$

由于信号的频率分辨力 δ_f 是和信号的持续时间 T 成反比的,因此多普勒频移分辨力为

$$\delta_{f_d} = 1/T \qquad (6-1-105)$$

或径向速度分辨力为

$$\delta_v = \lambda \delta_{f_d}/2 = \lambda/2T \qquad (6-1-106)$$

式中:λ 为雷达波长。

以上式(6-1-98)、式(6-1-99)和式(6-1-105)、式(6-1-106)具有普遍意义:

(1)雷达的距离分辨力由雷达发射信号的带宽决定。这种带宽可以是瞬时带宽(如极窄的脉冲),也可以是合成的(即通过时间换取来的,如脉冲持续时间长的线性调频波)。在实际应用中,这种宽带信号可以是窄脉冲波形,及线性调频波、频率步进波形、随机或伪随机噪声波形等宽带调制信号。

(2)雷达的多普勒频移分辨力由雷达信号的持续时间决定。持续时间越长,分辨力越高。这种长时间的要求可以通过发射持续时间很长的脉冲串或连续波,或通过对多个脉冲的相参积累等来实现。

(六)典型雷达波形的模糊函数

根据以上讨论,理想的雷达波形,其模糊函数应该具有如图 6-1-20 所示的形状,即一个二维 δ 冲击函数。此时,雷达既没有时延模糊,也不存在多普勒频移模糊。但实际上没有任何现实的波形能得到这样的模糊函数,大多数雷达信号波形具有的模糊函数大致可分为三类:刀刃型、钉板型和图钉型。

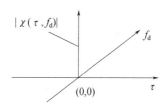

图 6-1-20 理想的雷达模糊函数

1. 单频矩形脉冲

设矩形脉冲宽度为 t_p,根据式(6-1-11)给出的单频矩形脉冲的复包络函数,其模糊函数为

$$\chi(\tau,f_d) = \int_{-\infty}^{\infty} u(t)u^*(t-\tau)e^{j2\pi f_d t}dt = \frac{1}{t_p}\int_{-\infty}^{\infty} rect(\frac{t}{t_p})rect(\frac{t-\tau}{t_p})e^{j2\pi f_d t}dt$$

$$(6-1-107)$$

取其模值为

$$|\chi(\tau,f_d)| = \begin{cases} \left(1-\frac{|\tau|}{t_p}\right)sinc\left[\pi f_d t_p(1-\frac{|\tau|}{t_p})\right], & |\tau| \leqslant t_p \\ 0, & |\tau| > t_p \end{cases} \qquad (6-1-108)$$

上述模糊函数的三维轮廓图如图 6-1-21 所示,可见,它属于"刀刃"型。一般绘制三维空间立体图形是不方便的,可以用二维图形表示,如图 6-1-22 所示。网格部分为模糊函数的强区,斜线阴影部分为弱区(但不为零),无阴影部分为零区。强区一般是以 $-6dB$ 水平切割后的轮廓线(交迹)。可见,单个脉冲模糊函数的强区为近似椭圆形。这也说明如果切割门限电平选取合适,则不会产生"额外"的多值性,该椭圆即为模糊度图。

它沿时间轴的宽度为脉冲宽度 t_p，沿频率轴的宽度为脉宽的倒数 $1/t_p$。改变脉冲宽度 t_p 可以改变椭圆的形状。例如，宽脉冲时，椭圆长轴和 τ 轴一致，而窄脉冲时其长轴和 f_d 轴一致。虽然椭圆的轴可以通过控制 t_p 使之变短或变长，但在另一个轴上则正好做相反的对应变化。原点附近不能同时沿 τ 轴和 f_d 轴都窄到任意程度。一般说，具有刀刃型模糊函数的信号不能同时兼顾距离和速度两维分辨力，因而通常被用于测量距离或速度一个参量。

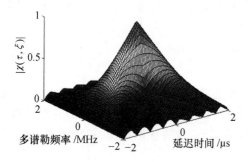

图 6-1-21　矩形脉冲的模糊函数图

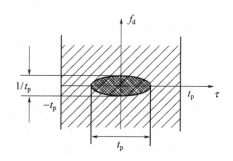

图 6-1-22　矩形脉冲的模糊度图

单频矩形脉冲的距离模糊函数为

$$|\chi(\tau,0)| = \begin{cases} 1 - \dfrac{|\tau|}{t_p}, & |\tau| \leqslant t_p \\ 0, & |\tau| > t_p \end{cases} \qquad (6-1-109)$$

可见，它是一个三角形函数，其时延分辨力为 t_p，距离分辨力为 $ct_p/2$。

单频矩形脉冲的多普勒模糊函数为

$$|\chi(0,f_d)| = \mathrm{sinc}(\pi f_d t_p) \qquad (6-1-110)$$

它是一个 sinc 函数，多普勒分辨力为 $1/t_p$，速度分辨力为 $\lambda/2t_p$。图 6-1-23 给出了单个单频脉冲的距离和多普勒频移模糊图，图中假定 $t_p = 5\mathrm{s}$。

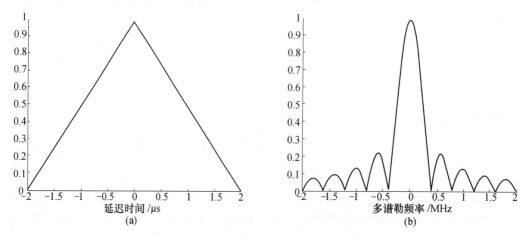

图 6-1-23　矩形脉冲的距离和多普勒频移模糊函数
(a) 矩形脉冲距离模糊函数图；(b) 矩形脉冲速度模糊函数图。

2. 线性调频脉冲

设线性调频脉冲的宽度为 t_p，根据式(6-1-17)给出的线性调频脉冲的复包络函数，其模糊函数为

$$|\chi(\tau,f_\mathrm{d})| = \begin{cases} \left(1 - \dfrac{|\tau|}{t_\mathrm{p}}\right) \mathrm{sinc}\left[\pi t_\mathrm{p}\left(1 - \dfrac{|\tau|}{t_\mathrm{p}}\right)(f_\mathrm{d} + \gamma\tau)\right], & |\tau| \leqslant t_\mathrm{p} \\ 0, & |\tau| > t_\mathrm{p} \end{cases}$$

$$(6-1-111)$$

按式(6-1-111)绘出的三维模糊函数图如图6-1-24所示。以 -6dB 水平切割成的模糊度图如图6-1-25所示。

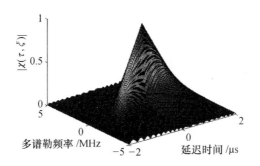

图 6-1-24　线性调频脉冲的模糊函数图

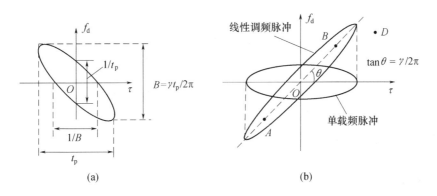

图 6-1-25　线性调频信号的模糊度图
(a) γ 为负值；(b) γ 为正值。

由图6-1-25可见，线性调频信号的模糊度图也近似椭圆形，不过其长轴偏离 τ、f_d 轴而倾斜一个角度。这样，坐标原点附近沿两个坐标轴的宽度可以分别由信号带宽和信号时宽加以控制，这无疑对分辨力的设计是有利的。线性调频脉冲的距离模糊函数为

$$|\chi(\tau,0)| = \left(1 - \frac{|\tau|}{t_\mathrm{p}}\right)\mathrm{sinc}[\pi\gamma\tau(t_\mathrm{p} - |\tau|)], \quad |\tau| \leqslant t_\mathrm{p} \quad (6-1-112)$$

如果令 $\alpha = \tau/t_\mathrm{p}$，且 $|\alpha| \leqslant 1$（此假设意味着 LFM 脉冲宽度 t_p 远大于所测量目标以时延 τ 表示的尺度大小）；$\beta = \gamma t_\mathrm{p}^2 = Bt_\mathrm{p}$，$B$ 为 LFM 信号带宽，且 β 远大于1（此假设意味着信

195

号的时宽带宽积远大于1)。因此,有$\beta\alpha = B\tau$,则式(6-1-112)变为

$$|\chi(\tau,0)| = (1 - |\alpha|)\text{sinc}[\pi\beta\alpha(1 - |\alpha|)] \approx \text{sinc}(\pi\beta\alpha) = \text{sinc}(B\tau)$$

$$(6-1-113)$$

可见,在$|\alpha| \leq 1$的假设条件下,LFM信号的距离模糊函数近似为sinc函数,其时延分辨力取决于信号带宽,为$1/B$,距离分辨力为$c/2B$。

线性调频脉冲的多普勒模糊函数为

$$|\chi(0,f_d)| = \text{sinc}(\pi f_d t_p) \qquad (6-1-114)$$

它是一个sinc函数,多普勒分辨力为$1/t_p$,速度分辨力为$\lambda/2t_p$。图6-1-26给出了线性调频脉冲的距离和多普勒频移模糊图。

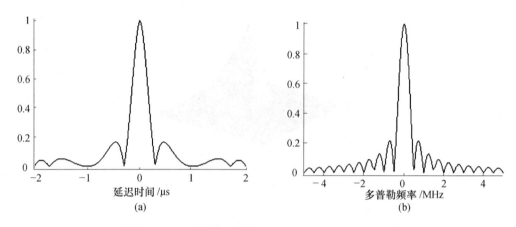

图6-1-26 线性调频信号的距离和多普勒频移模糊函数图
(a)距离模糊函数图;(b)速度模糊函数图。

线性调频斜率为γ,宽度为t_p的脉冲,通过匹配滤波器后,其时间分辨力为$1/\gamma t_p$。对于雷达接收机而言,相当于其输入脉冲的宽度为t_p,而输出脉冲宽度变为$1/\gamma t_p = 1/B$,即输入输出脉宽之比为$1/\gamma t_p^2$。可见,接收匹配滤波后的输出脉宽在时间上被压缩了,称之为脉冲压缩(Pulse Compression),将稍后进一步讨论。

同单频脉冲相比,LFM信号具有不变性,即其多普勒分辨力仍为$1/t_p$。LFM信号广泛地用做能同时提供高能量和高距离分辨力的雷达信号。

3. 相参脉冲串信号

设由N个宽度为t_p的单频脉冲组成的脉冲串,根据式(6-1-14)给出的相参脉冲串的复包络函数和模糊函数的定义,其模糊函数为

$$|\chi(\tau,f_d)| = \sum_{k=-(N-1)}^{N-1} \frac{e^{j2\pi f_d(N-1+k)T} e^{j2\pi f_d(\tau-kT)}}{Nt_p} \times \frac{\sin\pi f_d(t_p - |\tau - kT|)}{\pi f_d} \frac{\sin\pi f_d(N - |k|)T}{\sin\pi f_d T}$$

$$(6-1-115)$$

按式(6-1-115)绘出的三维模糊函数图和模糊度图如图6-1-27所示。

从图6-1-27可以看出,模糊度图的长、短轴(与τ、f_d轴重合)分别由t_p和$NT = T_d$的选择来控制,在整个模糊图中存在多个可能的距离和速度(多普勒)模糊,模糊是由于

196

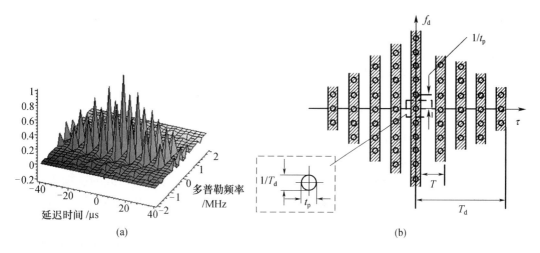

图 6 - 1 - 27　相参脉冲串的模糊函数图和模糊度图
（a）相参脉冲串的模糊函数图；（b）相参脉冲串的模糊度图。

波形不连续导致的,这类模糊图称为钉板状模糊图。脉冲串信号广泛用于脉冲多普勒
（PD）和 MTI 雷达,其距离和速度的模糊（多值性）可经过适当方法予以解决。

如图 6 - 1 - 27 所示,每个"钉板"的距离宽度为 t_p,由单个脉冲宽度决定,而其速度宽
度为 $1/T_d$,T_d 为总的信号持续时间,$1/T_d$ 决定速度测量的精度和分辨力。因此脉冲串测
速的精度和分辨力较单个脉冲提高 NT/t_p 倍。钉板状模糊图的主要问题是每隔 T 或 $1/T$
将分别在时间或速度轴上重复出现"钉板"而引起模糊,这是在使用时必须而且可以加以
解决的。图 6 - 1 - 28 给出了相参脉冲串信号的距离和多普勒频移模糊度图。

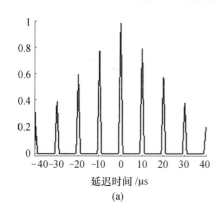

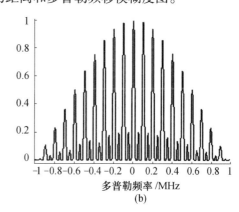

图 6 - 1 - 28　相参脉冲串的距离和多普勒频移模糊函数图
（a）距离模糊函数图；（b）速度模糊函数图。

令 $f_d = 0$,得到相参脉冲串的距离模糊函数为

$$|\chi(\tau,0)| = \sum_{k=-(N-1)}^{N-1} \left(\frac{N-|k|}{N} \right) \times \left(\frac{t_p - |\tau - kT|}{t_p} \right) \quad (6 - 1 - 116)$$

式（6 - 1 - 116）说明,$|\chi(\tau,0)|$ 相当于单个脉冲距离模糊函数按脉冲串的时间间隔

197

T 重复出现,但每个模糊带的中心高度随着 k 的增加而按 $\dfrac{N-|k|}{N}$ 的规律减小。因此,其时延分辨力与单个脉冲时相同。

令 $\tau = 0$,得到相参脉冲串的多普勒频移模糊函数为

$$|\chi(0,f_d)| = \frac{\sin(\pi f_d t_p)}{\pi f_d t_p} \times \frac{\sin(\pi f_d NT)}{N\sin(\pi f_d T)} \qquad (6-1-117)$$

可见,其多普勒频移模糊函数是单个脉冲频谱的包络与 N 个脉冲串所产生的部分相乘后的乘积。其多普勒分辨力为 $1/T_d$,速度分辨力为 $\lambda/2T_d$。

相参脉冲串的大部分模糊体积移至远离原点的“模糊瓣”内,原点处的主瓣尖而窄,具有较高的距离和速度分辨力。但缺点是当距离和速度分布范围超出清晰区时,存在距离和速度模糊。

克服上述缺点的办法,一是保证其中一维,牺牲另一维,如加大脉冲重复周期,可消除距离模糊,而速度模糊加重;反之,减小脉冲重复周期,可消除速度模糊而距离模糊加重。另一种是通过重复周期参差、脉间相位编码或频率编码等办法来抑制距离副瓣,或通过对脉冲信号的幅度、相位和脉宽进行调制以抑制多普勒副瓣。

4. 相位编码信号

设由 N 个宽度为 t_p 的子脉冲 $v(t)$ 构成的二相编码信号,$T = Nt_p$ 是编码信号的持续期。根据式(6-1-26)给出的二相编码信号的复包络函数和模糊函数的定义,其模糊函数为

$$|\chi(\tau,f_d)| = \sum_{m=-(N-1)}^{N-1} \chi_1(\tau - mt_p, f_d)\chi_2(mt_p, f_d) \qquad (6-1-118)$$

式中:$\chi_1(\tau,f_d)$ 为矩形脉冲 $v(t)$ 的模糊函数;$\chi_2(mt_p,f_d)$ 为二相编码 $\sum_{k=0}^{N-1} C_k\delta(t-kt_p)$ 的模糊函数。它们分别是

$$\chi_1(\tau,f_d) = e^{j\pi f_d(t_p-\tau)}\frac{\sin\pi f_d(t_p-|\tau|)}{\pi f_d(t_p-|\tau|)}(t_p-|\tau|), |\tau| < t_p \qquad (6-1-119)$$

$$\chi_2(mt_p,f_d) = \begin{cases} \sum_{k=0}^{N-1-m} C_k C_{k+m}e^{j2\pi f_d kt_p}, 0 \leqslant m \leqslant N-1 \\ \sum_{k=-m}^{N-1} C_k C_{k+m}e^{j2\pi f_d kt_p}, -(N-1) \leqslant m \leqslant 0 \end{cases} \qquad (6-1-120)$$

图6-1-29(a)所示为码长为13、持续周期为 T 的巴克码信号的模糊函数图,呈近似“图钉”型。在 $f_d = 0$ 时,该信号具有较好的主旁瓣比特性,而随着 f_d 的增加,将会出现较大的距离旁瓣。这就是所谓的多普勒容限(灵敏度)。这一灵敏度限制了普通相位编码信号的应用。

如果将其作为一种脉冲压缩信号,且用在目标多普勒变化范围较窄的或已知的场合(如目标跟踪),则在其脉冲压缩响应时,仅需讨论其距离模糊特性。令 $f_d = 0$,得

$$|\chi(\tau,0)| = \sum_{m=-(N-1)}^{N-1} \chi_1(\tau - mt_p, 0)\chi_2(mt_p, 0) \qquad (6-1-121)$$

式中:$\chi_1(\tau,0)$、$\chi_2(mt_p,0)$ 分别为矩形脉冲 $v(t)$ 和二相编码序列的自相关函数。

13 位巴克码的模糊度图如图 6 - 1 - 29(b)所示,图中,T_e 和 B_e 分别是信号的等效时宽和等效带宽,主峰决定的分辨单元为 T_e,说明这类信号只要选用大的 T_e 和 B_e 值,就会有很高的时延和多普勒分辨力。

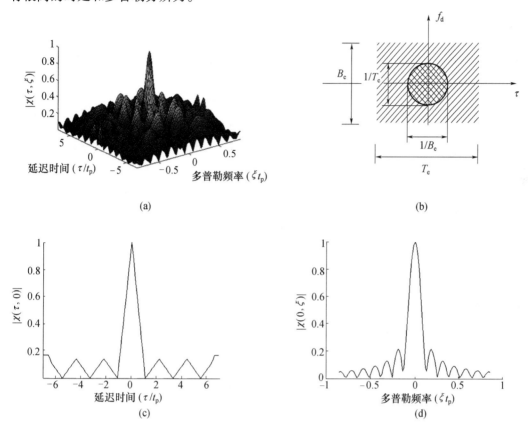

图 6 - 1 - 29 13 位巴克码的模糊函数图和模糊度图
(a) 模糊函数图;(b) 模糊度图;(c) 距离模糊函数图;(d) 速度模糊函数图。

六、雷达信号的最佳检测理论

前面讨论了信号的最佳滤波理论,其采用了输出最大信噪比准则,为线性处理。这一处理虽然尽量利用了信号与噪声的差别来抑制噪声,但实际上,只利用了噪声特性的一、二阶矩,而没有有效利用噪声的全部信息,也就无法证明匹配滤波处理是在更一般情况下的最佳处理方式。当能够充分利用噪声统计特性,并允许在处理中包含非线性环节时,可以预计能得到更好的信号处理结果。当然,当系统中包含非线性处理环节时,叠加原理不再适用,输出端信噪比的概念不明确,因而,输出最大信噪比准则便不再适用。

下面从最大似然比检测的概念入手,讨论在高斯噪声背景下单次信号、相参和非相参脉冲串信号的似然比检测方法,以及奈曼—皮尔逊最佳检测准则及其应用。

(一)似然比检测的概念

当雷达回波信号中混杂有噪声时,根据回波的电压值来判断有无目标是难以做出肯定回答的,特别是与噪声相比,目标回波信号很小时尤其如此,这就给我们提出了一个问题,应该建立一个怎样的准则来判断有无目标回波信号存在。

由于噪声是随机的,接收电平也是随机的,但是,不外乎两种情况:一是没有目标信号,只存在单一的噪声;二是既有目标回波信号又有噪声信号。实际中,虽然不能断言属于哪一种情况,但是可以根据大量实验的结果,推定属于某种情况的概率(即所谓后验概率)是可能的,属于这两种情况的概率分别用 $P(/0/v)$ 和 $P(s/v)$ 表示。可以想见,根据这两种后验概率的比较结果,来判决目标的存在与否是合理的。这种判决准则称为后验概率比准则。该准则可表示为

$$\frac{P(s/v)}{P(0/v)}\begin{cases}\geqslant 1,判决为有目标\\ < 1,判决为无目标\end{cases} \qquad (6-1-122)$$

在雷达系统中,直接应用后验概率比准则有一定的困难,但是可以将其略加演变。设 $P(s)$ 和 $P(0)$ 为有目标和无目标信号时的概率,它们在信号被接收到之前就已经确定,称其为先验概率,通常记 $P(s)$ 为 P_1,$P(0)$ 为 P_0($P_0 = 1 - P_1$)。设 $P(v/s)$ 和 $P(v/0)$ 分别为有、无目标信号存在时,接收到的信号电压 v 的条件概率密度,统称为两种情况下的似然函数。再设 $p(v)$ 为接收电压为 v 的概率密度,则根据概率乘法定理(贝叶斯公式)可得

$$\begin{cases}P(s/v)p(v) = p(v/s)P(s)\\ P(0/v)p(v) = p(v/0)P(0)\end{cases} \qquad (6-1-123)$$

将式(6-1-123)中的两式相除,可得

$$\frac{P(s/v)}{P(0/v)} = \frac{P(s)}{P(0)}\frac{p(v/s)}{p(v/0)} \qquad (6-1-124)$$

通常,将比值 $p(v/s)/p(v/0)$ 称为似然比,并用符号 $\Lambda(v)$ 表示。联系式(6-1-122)和式(6-1-124)并考虑到 $P(s)$ 和 $P(0)$ 为确定值,似然比与后验概率比有着一定的关系,则判决有无目标信号的准则可改写为

$$\Lambda(v) = \frac{p(v/s)}{p(v/0)}\begin{cases}\geqslant \Lambda_0,判决为有目标\\ < \Lambda_0,判决为无目标\end{cases} \qquad (6-1-125)$$

式中:Λ_0 称为判决门限。

这种判决准则称为似然比准则。

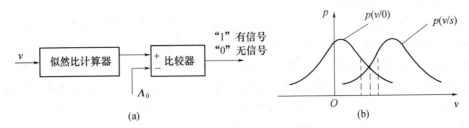

图 6-1-30　似然比检测系统示意图

比较式(6-1-125)和式(6-1-122)可以看出,当 $\Lambda_0 = P(0)/P(s) = P_0/P_1$ 时,似然比准则和后验概率比准则是相同的。

似然比检测系统的示意图如图 6-1-30(a)所示。在高斯噪声情况下,似然比的计

算并不复杂。用计算所得的似然比与门限 Λ_0 经比较器作比较,其输出即为判决结果。图 6-1-30(b)所示为高斯噪声时有无信号的 $P(s/v)$ 和 $P(0/v)$ 的曲线。在同一 v 值时两曲线纵坐标的比值就是似然比在该 v 值时的数值。实际上,雷达有、无目标信号的先验概率是不能预测的,门限 Λ_0 要由其他因素确定,这将在后面说明。下面暂且假设 Λ_0 已知,这时用似然比准则所得的检测结果是最佳的。

（二）单次信号的似然比检测

结合雷达的实际情况,首先研究检测在单次扫掠中一个距离单元的情况。前面已指出,雷达的中频信号(包括目标回波和噪声)属于窄带信号,其振幅和相位都是缓变的,可以用复调制信号表示为

$$v(t) = s(t) + n(t) \tag{6-1-126}$$

而

$$s(t) = \mathrm{Re}[\tilde{s}(t)\mathrm{e}^{\mathrm{j}\omega_0 t}], \quad n(t) = \mathrm{Re}[\tilde{n}(t)\mathrm{e}^{\mathrm{j}\omega_0 t}], \quad v(t) = \mathrm{Re}[\tilde{v}(t)\mathrm{e}^{\mathrm{j}\omega_0 t}] \tag{6-1-127}$$

式中:$\tilde{s}(t)$、$\tilde{n}(t)$ 和 $\tilde{v}(t)$ 均为复调制包络;ω_0 为中心角频率。

在用数字方法处理时,某一距离单元的信号值是该时刻的采样值,以 s_1、n_1、v_1 表示,则可写为

$$s_1 = A_1\mathrm{e}^{-\mathrm{j}\varphi_{s1}}, \quad n_1 = N_1\mathrm{e}^{-\mathrm{j}\varphi_{n1}}, \quad v_1 = V_1\mathrm{e}^{-\mathrm{j}\varphi_{v1}} \tag{6-1-128}$$

高斯噪声的复包络值可写为 $n_1 = n_I + \mathrm{j}n_Q$。$n_I$ 和 n_Q 都服从均值为 0、方差为 σ^2 的高斯分布,且相互独立。因而它的复包络值 n_1 的概率密度分布为

$$
\begin{aligned}
p(n_1) &= p(n_I, n_Q) = p(n_I)p(n_Q) \\
&= \left(\frac{1}{\sqrt{2\pi}\sigma}\right)^2 \exp\left[-\frac{1}{2\sigma^2}(n_I^2 + n_Q^2)\right] \\
&= \frac{1}{2\pi\sigma^2}\exp\left(-\frac{1}{2\sigma^2}|n_1|^2\right) = \frac{1}{2\pi\sigma^2}\exp\left(-\frac{1}{2\sigma^2}N_1^2\right)
\end{aligned} \tag{6-1-129}
$$

根据式(6-1-129),可写出所述情况下的似然函数为

$$p(v_1/0) = \frac{1}{2\pi\sigma^2}\exp\left(-\frac{1}{2\sigma^2}|v_1|^2\right) \tag{6-1-130}$$

$$
\begin{aligned}
p(v_1/s_1) &= \frac{1}{2\pi\sigma^2}\exp\left(-\frac{1}{2\sigma^2}|v_1 - s_1|^2\right) \\
&= \frac{1}{2\pi\sigma^2}\exp\left[-\frac{1}{2\sigma^2}(v_1 - s_1)(v_1^* - s_1^*)\right] \\
&= \frac{1}{2\pi\sigma^2}\exp\left\{-\frac{1}{2\sigma^2}[|v_1|^2 + |s_1|^2 - 2\mathrm{Re}(v_1 s_1^*)]\right\}
\end{aligned} \tag{6-1-131}
$$

由此,可写出似然比判决表达式为

$$\Lambda(v_1) = \frac{p(v_1/s_1)}{p(v_1/0)} = \exp\left[\frac{-|s_1|^2 + 2\mathrm{Re}(v_1 s_1^*)}{2\sigma^2}\right]\begin{cases} \geq \Lambda_0, & \text{判决为有目标} \\ < \Lambda_0, & \text{判决为无目标} \end{cases}$$

$$\tag{6-1-132}$$

对式(6-1-132)取对数,得

$$\frac{\mathrm{Re}(v_1 s_1^*)}{\sigma^2} - \frac{|s_1|^2}{2\sigma^2} \begin{cases} \geqslant \ln\Lambda_0 \text{,判决为有目标} \\ < \ln\Lambda_0 \text{,判决为无目标} \end{cases} \quad (6-1-133)$$

若目标信号振幅为已知,则$\dfrac{|s_1|^2}{2\sigma^2}$可归在检测门限内,则式(6-1-133)变为

$$\frac{\mathrm{Re}(v_1 s_1^*)}{\sigma^2} \begin{cases} \geqslant \Lambda_1 \text{,判决为有目标} \\ < \Lambda_1 \text{,判决为无目标} \end{cases} \quad (6-1-134)$$

式中:$\Lambda_1 = \ln\Lambda_0 + \dfrac{|s_1|^2}{2\sigma^2}$。

式(6-1-134)即为经演变后所得似然比判决表达式。它表明,判决过程是将接收到的电压复包络,乘以目标回波信号的复共轭值,然后按式(6-1-134)作判决处理。但是实际上,目标回波信号的相角是不能确定的,它是一个随机变量,记为φ_{s_1},以$s_1 = A_1 \mathrm{e}^{-j\varphi_{s_1}}$代入式(6-1-132),得到目标回波信号相角未知情况下的似然比为

$$\Lambda\left(\frac{v_1}{\varphi_{s_1}}\right) = \exp\left[\frac{-|s_1|^2 + 2\mathrm{Re}(v_1 A_1 \mathrm{e}^{j\varphi_{s_1}})}{2\sigma^2}\right] \quad (6-1-135)$$

设φ_{s1}在$[0,2\pi]$范围内均匀分布,将上式对φ_{s1}取概率平均,可得

$$\overline{\Lambda(v_1/\varphi_{s_1})_{\varphi_{s_1}}} = \frac{1}{2\pi}\int_0^{2\pi}\exp\left[\frac{-|s_1|^2 + 2\mathrm{Re}(v_1 A_1 \mathrm{e}^{j\varphi_{s_1}})}{2\sigma^2}\right]\mathrm{d}\varphi_{s1}$$

$$= \left[\exp\left(-\frac{A_1^2}{2\sigma^2}\right)\right] I_0\left(\frac{A_1 V_1}{\sigma^2}\right) \quad (6-1-136)$$

式中:$I_0(\cdot)$为零阶虚宗量贝塞尔函数;$A_1 = |s_1|$,$V_1 = |v_1|$。

将式(6-1-136)与门限Λ_0作比较,可列出似然比判决式。该判决式看上去比较复杂,但对变量V_1来说,$I_0(A_1 V_1/2\sigma^2)$为单调函数,判决式意味着V_1超过某一门限值时,应判决为有目标信号,反之为无目标信号。也就是可采用振幅检波器的输出作为门限检测。

（三）相参脉冲串的似然比检测

下面将一个距离单元单次扫掠的情况推广到N次扫掠的相参脉冲串。假设这时的接收电压和目标与噪声的复调制值分别为$v(v_1, v_2, \cdots, v_N)$,$s(s_1, s_2, \cdots, s_N)$和$n(n_1, n_2, \cdots, n_N)$,与单次扫掠检测相同,检测结果只有目标信号存在和不存在两种情况。对同一距离单元,跨扫描周期的噪声可认为是统计独立的,它们都服从式(6-1-129)所描述的分布。相参脉冲串中各目标信号分量分别为$s_1 = A_1 \mathrm{e}^{-j\varphi_{s1}}$,$s_2 = A_2 \mathrm{e}^{-j\varphi_{s2}}$,$\cdots$,虽然初始相位$\varphi$不是确知的,但当目标信号的多普勒频移$f_\mathrm{d}$和重复周期$T_\mathrm{r}$一定时,相邻两个重复周期的信号分量的相位差为$\Delta\varphi_s = 2\pi f_\mathrm{d} T$。于是可将上述信号写为$s = s' \mathrm{e}^{-j\varphi_{s1}}$。$s'$的各分量为$s'_1, s'_2, \cdots, s'_N$;其中$s'_1$的相角为0,相邻两分量的相位差为$2\pi f_\mathrm{d} T_\mathrm{r}$。

通过式(6-1-130)和式(6-1-131)可计算出相参脉冲串的似然函数,它们分别等于单次扫掠似然函数的乘积,也就是

$$p(v/0) = \frac{1}{(2N\sigma^2)^N}\exp\left(-\frac{1}{2\sigma^2}\sum_{k=1}^{N}|v_k|^2\right) \quad (6-1-137)$$

$$p(v/s) = \frac{1}{(2N\sigma^2)^N}\exp\left(-\frac{1}{2\sigma^2}\sum_{k=1}^{N}|v_k - s'_k \mathrm{e}^{-\mathrm{j}\varphi_{s_1}}|^2\right) \qquad (6-1-138)$$

考虑到 φ_{s1} 是随机变量,其似然比为

$$\Lambda(v/\varphi_{s_1}) = \exp\left\{\sum_{k=1}^{N}\left[\frac{\mathrm{Re}(v_k s'^*_k \mathrm{e}^{\mathrm{j}\varphi_{s_1}})}{\sigma^2} - \frac{|s'_k|^2}{2\sigma^2}\right]\right\} \qquad (6-1-139)$$

设 φ_{s1} 在 $[0,2\pi]$ 范围内均匀分布,将上式对 φ_{s1} 取概率平均,得

$$\overline{\Lambda(v/\varphi_{s_1})} = \frac{1}{2\pi}\int_0^{2\pi}\exp\left\{\sum_{k=1}^{N}\left[\frac{\mathrm{Re}(v_k s'^*_k \mathrm{e}^{\mathrm{j}\varphi_{s_1}})}{\sigma^2} - \frac{|s'_k|^2}{2\sigma^2}\right]\right\}\mathrm{d}\varphi_{s_1} = \exp\left[-\sum_{k=1}^{N}\frac{|s'_k|^2}{2\sigma^2}\right]I_0(r)$$

$$(6-1-140)$$

式中

$$r = \left|\sum_{k=1}^{N}\frac{v_k s'^*_k}{\sigma^2}\right| \qquad (6-1-141)$$

式(6-1-141)表明,对相参脉冲串作似然比检测时,应当将接收信号的复包络以目标信号的共轭值作加权并求加权和。实际上,作这样的复数加权相当于将脉冲串各个脉冲的相位调整成一致,然后作同相相加,这就是所谓的相参积累,也就是脉冲串最佳滤波。式(6-1-141)中绝对值的内部相当于输入信号与滤波器暂态响应的卷积和,滤波器暂态响应为 s'^* 的镜像序列。相参积累后通过振幅检波,然后再与一定的门限值进行比较,做出有无目标信号的判决。

设式 6-1-141 中电压的复数包络 $v_k = v_{kI} + \mathrm{j}v_{kQ}$,目标回波信号 $s'_k = s'_{kI} + \mathrm{j}s'_{kQ}$,则式(6-1-141)可写成

$$r = \frac{1}{\sigma^2}\left|\sum_{k=1}^{N}\left[(s'_{kI}v_{kI} + s'_{kQ}v_{kQ}) + \mathrm{j}(s'_{kI}v_{kQ} - s'_{kQ}v_{kI})\right]\right| \qquad (6-1-142)$$

根据式(6-1-142),相参脉冲串变换到零中频后,进行似然比检测的原理框图如图 6-1-31 所示。

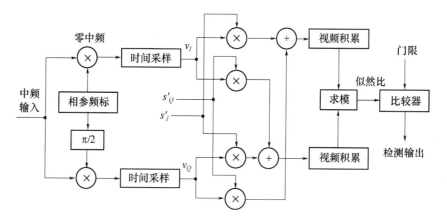

图 6-1-31 相参脉冲串的似然比检测

（四）非相参脉冲串的似然比检测

非相参脉冲串的似然比检测,仍然可以借助于式(6-1-139)完成,只是应将其中的 φ_{s1} 变为 $\varphi_{sk}(k=1,2,\cdots,N)$。并且因为这些相位彼此独立且随机变化,所以在求脉冲串的似然比时,应对所有 φ_{sk} 分别求概率平均,即

$$\overline{\Lambda(v/\varphi_s)_{\varphi_s}} = \prod_{k=1}^{N} \overline{\Lambda(v_k/\varphi_{sk})_{\varphi_{sk}}} \qquad (6-1-143)$$

利用式(6-1-140)的结果,式(6-1-143)可改写为

$$\Lambda(v/\varphi_s)_{\varphi_s} = \prod_{k=1}^{N} \exp\left(-\frac{A_k^2}{2\sigma^2}\right) I_0\left(\frac{A_k v_k}{\sigma^2}\right) = \exp\left(-\frac{1}{2\sigma^2}\sum_{k=1}^{N} A_k^2\right) \prod_{k=1}^{N} I_0\left(\frac{A_k v_k}{\sigma^2}\right) \qquad (6-1-144)$$

由于 $\exp\left(\left(\frac{1}{2\sigma^2}\right)\sum_{k=1}^{N} A_k^2\right)$ 是确定值,可归结在门限内,则从式(6-1-144)可以写出似然比判别式为

$$\prod_{k=1}^{N} I_0\left(\frac{A_k v_k}{\sigma^2}\right) \begin{cases} \geq \Lambda_0, \text{判决为有目标} \\ < \Lambda_0, \text{判决为无目标} \end{cases} \qquad (6-1-145)$$

对式(6-1-145)两边取对数,可得

$$\sum_{k=1}^{N} \ln I_0\left(\frac{A_k v_k}{\sigma^2}\right) \begin{cases} \geq \ln\Lambda_0, \text{判决为有目标} \\ < \ln\Lambda_0, \text{判决为无目标} \end{cases} \qquad (6-1-146)$$

式中:A_k 为信号幅值;v_k 为接收电压值,也就是振幅检波后的电压采样值。

式(6-1-146)表明,当非相参脉冲串作似然比检测时,应先对中频信号作振幅检波和采样,得到 $u_k = v_k/\sigma$,然后再作 $\ln[I_0(A_k/u_k\sigma)] = \ln[I_0(a_k u_k)]$ 运算,并对 N 个脉冲求和,也就是跨周期视频积累,最后再与门限进行比较,作出有无目标的判决。实现非相参脉冲串似然比检测的原理框图如图6-1-32所示。

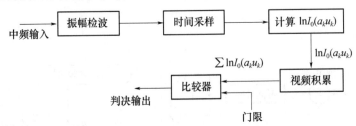

图6-1-32　非相参脉冲串的似然比检测

根据以上原理,可将雷达全程信号分割成许多距离单元,而且用移位寄存器存储 N 次扫掠所有距离单元的数据,这样,不仅可以对某一距离单元进行检测,而且能对全程所有距离单元进行检测。

（五）奈曼—皮尔逊准则

前面讨论的后验概率比准则,是一种比较合理的检测准则,因为它的错误概率最小。所谓错误应有两种:一种是在没有目标信号存在时错判为有目标信号,这就是"虚警";另一种是有目标信号存在而误判为无目标信号,这称为"漏警"。这两种错误所造成的后果

是不一样的。因此,在衡量两种错误的危害时,不能同等对待,而应当以不同的"代价系数"加权,使总危害最小。

这种把错误危害减至最小的检测准则称为贝叶斯(Bayes)准则,后验概率比准则是贝叶斯准则的一个特例。

但是,雷达信号的先验概率和代价系数一般不能确知,因而无法直接应用贝叶斯准则。可是,在雷达里,对虚警概率是做了规定的,并且虚警概率不能定得过高,否则在自动检测时,会有许多并非由真目标形成的假目标信号出现,造成计算机饱和而无法工作。根据这一要求,通常把雷达的最佳检测定义为:在虚警概率 P_F 为一定值 P_{F0} 的条件下,使漏警概率 P_M 最小或发现概率 $P_D = 1 - P_M$ 最大。这就是奈曼—皮尔逊(Neyman – Pearson)最佳检测准则。

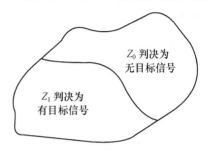

图 6 – 1 – 33　判决区域的确定

参阅图 6 – 1 – 33,可以设想雷达接收信号总是落在一定的判决区域里,这一区域可以分成两部分,落在 Z_1 区域里判决为有目标信号,落在 Z_0 区域里判决为无目标信号。于是,虚警概率和漏警概率分别为

$$P_F = \int_{Z_1} p(v/0) \, \mathrm{d}v \qquad (6 – 1 – 147)$$

$$P_M = \int_{Z_0} p(v/s) \, \mathrm{d}v \qquad (6 – 1 – 148)$$

再设想一个函数

$$F = P_M + \lambda P_F \qquad (6 – 1 – 149)$$

它反映由于差错造成的损失,λ 不妨看做是代价系数。显然希望 F 最小,而如果 $P_F = P_{F0}$,那么使 F 最小也就是使 P_M 最小或 $P_D = 1 - P_M$ 最大。

将式(6 – 1 – 147)和式(6 – 1 – 148)代入式(6 – 1 – 149),得到

$$F = \int_{Z_0} p(v/s) \, \mathrm{d}v + \lambda \int_{Z_1} p(v/0) \, \mathrm{d}v \qquad (6 – 1 – 150)$$

若考虑到 $P_M + P_F = 1$,则式(6 – 1 – 150)可改写为

$$F = \lambda + \int_{Z_0} \left[p(v/s) - \lambda p(v/0) \right] \mathrm{d}v \qquad (6 – 1 – 151)$$

由于 F 恒为正值,要使 F 最小,就应该把式(6 – 1 – 151)右边第二项中被积函数 $[p(v/s) - \lambda p(v/0)]$ 为负值的区域划定为 Z_0,这使得该项积分值最负,因而 F 最小。即当

$$\frac{p(v/s)}{p(v/0)} < \lambda \qquad (6 – 1 – 152)$$

时,判决为无目标信号。

实际上,式(6 – 1 – 152)的左边就是似然比。于是判决准则就成为

$$\Lambda(v) = \frac{p(v/s)}{p(v/0)} \begin{cases} \geqslant \lambda, \text{有目标信号} \\ < \lambda, \text{无目标信号} \end{cases} \qquad (6 – 1 – 153)$$

判决门限 λ 应当根据虚警概率要求,即选定 $\lambda = \lambda_0$,由此确定 $Z_1 = Z_1(\lambda_0)$,使之满足

$$P_F = P_{F0} = \int_{Z_1(\lambda_0)} p(v/0)\,\mathrm{d}v \qquad (6-1-154)$$

由以上讨论可以看出,奈曼—皮尔逊最佳准则也是用似然比做出判决的,只是判决门限由给定的虚警概率确定而已。

还应该指出,只要根据给定的 P_{F0} 来确定门限,前面讨论的对各种信号的似然比,包括单次扫掠信号的、相参脉冲串的和非相参脉冲串的,从理论上说都属于最佳检测。这就为对各种信号的最佳检测明确了方向。当为了简化设备而采用一些简易方法时,也可以分析出它们与理论最佳值之间的差距,从而确定这些方法的应用价值。

但是,从式(6-1-154)确定门限是比较复杂的,不便于应用。在雷达的实际应用中,常常不是直接去计算似然比,而是根据似然比判决式,经过整理简化而得出最佳检测原理图。例如,对于相参脉冲串采用正交双路相参检波和加权积累;对非相参脉冲串,在大的信噪比时,应采用线性检波后加权积累;在小的信噪比时,应采用平方律检波后加权积累。在具体原理图确定后,就可以按规定的虚警概率确定检测门限,并由此算出发现概率及其与其他因素的关系。这样做较为简便和直观。下面以非相参脉冲串在大信噪比时的检测为例,加以具体的分析说明。

先从研究单次扫掠信号的检测着手。为了便于用信噪比说明问题,下面采用以中频噪声的标准偏差 σ 对检波后的电压 v 取归一化,使 $u = v/\sigma$。由此得到检波输出在无目标信号和有目标信号时的概率密度分布分别为

$$p(u/0) = u\exp\left(-\frac{u^2}{2}\right), u > 0 \qquad (6-1-155)$$

$$p(u/s) = u\exp\left(-\frac{u^2 + a^2}{2}\right)I_0(au), u > 0 \qquad (6-1-156)$$

式中:$a = A/\sigma$ 为峰值信噪比,它与功率信噪比 S/N 的关系是 $S/N = a^2/\sigma$。

以归一化电压 u 为横坐标,画出式(6-1-155)和式(6-1-156)的分布曲线,如图 6-1-34 所示。式(6-1-155)表示的 $p(u/0)$ 通常称为瑞利分布。

如图 6-1-34 所示,当以 U_0 作为检测门限时,单次虚警概率 P_{F1} 应等于 U_0 右边曲线下面的面积,即

$$P_{F1} = \int_{U_0}^{\infty} u\exp\left(-\frac{u^2}{2}\right)\mathrm{d}u \text{ 或 } U_0 = \sqrt{2\ln\left(\frac{1}{P_{F1}}\right)} \qquad (6-1-157)$$

式(6-1-157)说明了可根据给定的 P_{F1} 决定门限 U_0。根据 U_0 就能从 $p(u/s)$ 算出单次信号的发现概率为

$$P_{D1} = \int_{U_0}^{\infty} p(u/s)\,\mathrm{d}u = \int_{U_0}^{\infty}\left(-\frac{u^2 + a^2}{2}\right)I_0(au)\,\mathrm{d}u$$

$$= \exp\left(\frac{-U^2 + a^2}{2}\right)\sum_{n=0}^{\infty}\left(\frac{U_0}{a}\right)^n \ln(aU_0) \qquad (6-1-158)$$

当虚警概率 P_{F1} 给定时,在一定信噪比的条件下,从式(6-1-158)可算出发现概率 P_{D1}。反之,若对发现概率 P_{D1} 提出要求,也可算出所需的信噪比 a。

上面分析的是单次扫掠信号的情况,如果是等幅脉冲串,则应在线性检波后将它们积累。计算出积累后的有、无目标信号时的概率密度分布,再用和上面所述相同的方法,求出虚警概率 P_F 给定时,信噪比 a 与发现概率 P_D 的关系式,它们是串内脉冲数 N 的函数。由于计算过程很繁琐,这里不作推导,许多参考资料都附有计算结果的图表,在图 6-1-35 中给出了 $P_F = 10^{-10}$、$P_D = 0.5$ 和 0.9 时,积累脉冲数和所需信噪比的关系曲线。当 P_F 和 P_D 为别的数值时,也有类似的曲线。

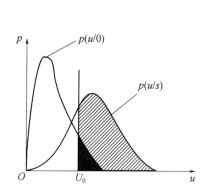

图 6-1-34 单次信号的概率密度分布

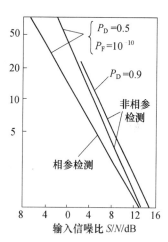

图 6-1-35 积累检测特性

在图 6-1-35 中,还给出了相参检测的特性。前面的分析结果(式(6-1-141))表明,对等幅脉冲串作检波前积累(复数加权相当于把各信号脉冲的相位调整成一致),这样积累的结果是使功率信噪比的改善与积累脉冲数 N 成正比。图中曲线表明,当 N 从 1 增加到 100 时,在同样的检测条件下,所需的功率信噪比 S/N 减少到 $1/N$(即 $1/100$ 或 20dB)。图中可见,非相参检测的积累效果要差一些,特别是在信噪比很小的时候,这是由于强噪声在检波过程中对弱信号的抑制作用较为明显,它和相参脉冲检测的差距显著增大。

第二节　脉冲压缩处理

随着各种飞行器技术的发展,对雷达的作用距离、分辨力和测量精度等性能指标提出了越来越高的要求。当噪声功率谱密度一定时,雷达的检测能力取决于信号的能量 E。然而对于简单的恒定载频矩形脉冲信号,其信号能量为峰值功率与脉冲宽度的乘积,即 $E = P_t \tau$。于是,通过加大信号能量以增加雷达的作用距离可以考虑两条途径,即提高峰值功率 P_t 或增大脉冲宽度 τ。但是,P_t 的提高受到发射管最大允许峰值功率和传输线功率容量等因素的限制。另一途径是在发射机最大允许平均功率的范围内,增大脉冲宽度 τ。对恒定载频单脉冲信号,τ 的增大等效为信号带宽的减小,这将有利于测速精度和速度分辨力的提高,但是,却使得距离分辨力及测距精度变差。

按雷达信号的分辨理论,在实现最佳处理并保证一定信噪比的前提下,测量精度和分辨力对信号形式的要求完全一致。测距精度和距离分辨力主要取决于信号的频率结构,它要求信号具有大的带宽。而测速精度和速度分辨力取决于信号的时间结构,它要求信号具有大的时宽。所以,理想的雷达信号应具有大的时宽带宽积。大时宽不仅保证了速度分辨力,也是提高探测距离的手段,大带宽则是距离高分辨的前提。单频脉冲信号的时宽带宽积近似为1,即同时的大时宽和大带宽不可兼得。也就是说,若使用这种信号,测距精度和距离分辨力同作用距离以及测速精度和速度分辨力之间存在着不可调和的矛盾。

为了解决这一矛盾,必须采用具有大时宽带宽积的复杂信号形式。在匹配滤波器理论的指导下,首先提出并得到应用的是线性调频脉冲(LFM)及其匹配处理。LFM 信号是在宽脉冲内附加载波线性调频,以在大时宽的前提下扩展信号的带宽。为了保证线性调频所获得的大带宽所对应的距离高分辨力,必须对接收的宽脉冲回波进行处理,使其变成窄脉冲。图 6 - 2 - 1 给出了线性调频脉冲压缩的基本概念示意图。图 6 - 2 - 1(a)和图 6 - 2 - 1(b)表示接收机输入的信号(与发射信号相对应)是一个脉冲宽度 τ 很宽的 LFM 信号,并假定其载频在脉内按恒速(线性)增加,或者说具有正的调频斜率。图 6 - 2 - 1(e)中的输入信号即为此信号的示意图,它通过脉冲压缩滤波器,该滤波器具有

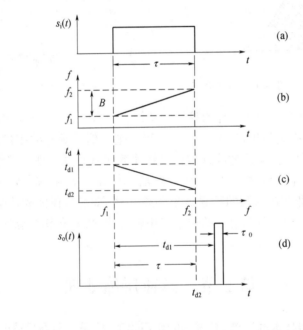

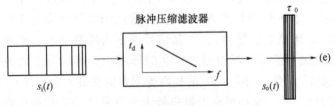

图 6 - 2 - 1 线性调频信号脉冲压缩示意图

(a) 输入信号包络;(b) 输入信号的载频调制特性;(c) 压缩滤波器延时—频率特性;

(d) 压缩滤波器输出信号包络;(e) 脉冲压缩示意图。

图 6-2-1(c)所示的延时频率特性,即其延迟时间 t_d 随频率线性减小,且减小速率与回波的脉内频率增加速率一致。于是就使得回波脉冲的低频先到部分比高频后到部分时间滞后要长,所以脉冲内的各频率分量在时域被积叠(或者说压缩)在一起,形成了幅度增大、宽度变窄的滤波器输出脉冲信号,其理想包络如图 6-2-1(d)所示。

脉冲压缩的程度用脉冲压缩系数 D 表示,它定义为

$$D = \frac{\tau}{\tau_0}$$

即压缩后的脉冲宽度 τ_0 比发射脉冲宽度 τ 缩小的倍数,亦称脉压比。它是衡量脉压处理的主要技术指标之一。

除了线性调频信号可以用于脉冲压缩处理外,相位编码信号也可用于脉冲压缩处理,下面分别介绍这两类信号的脉冲压缩处理。

一、线性调频信号的脉冲压缩处理

脉冲压缩是大时宽带宽积信号通过一个脉冲压缩滤波器实现的,这时雷达发射信号是载频按一定规律变化的宽脉冲,即非线性相位谱的宽脉冲。而脉冲压缩滤波器具有与发射信号变化规律相反的延迟频率特性,即脉压滤波器的相频特性应该与发射信号共轭匹配。所以,理想的脉冲压缩滤波器就是匹配滤波器。脉冲压缩匹配滤波器可以采用模拟滤波器,也可以用数字滤波器实现,滤波处理计算可以在时域进行,也可以在频域进行。

(一)脉冲压缩匹配滤波器

依据式(6-1-17),线性调频脉冲 $s_i(t)$ 的复包络表示为

$$u(t) = \frac{1}{\sqrt{\tau}}\text{rect}\left(\frac{t}{\tau}\right)e^{j\pi\gamma t^2}, 0 < t < \tau \qquad (6-2-1)$$

根据式(6-1-20),当线性调频脉冲的时宽带宽积 $D = B\tau$ 远大于 1 时,则其频谱可近似表示为

$$S_i(f) = \sqrt{\frac{2\pi}{\gamma}}\exp\left\{j\left[-2\pi^2(f-f_0)^2/\gamma\right] + \frac{\pi}{4}\right\}, |f-f_0| \leqslant \frac{B}{2} \quad (6-2-2)$$

对于经过雷达接收机正交相位检波器输出的零中频信号,中心频率 $f_0 = 0$,所以

$$S_i(f) = \sqrt{\frac{2\pi}{\gamma}}\exp\left\{j\left[-2\pi^2 f^2/\gamma\right] + \frac{\pi}{4}\right\}, -\frac{B}{2} \leqslant f \leqslant \frac{B}{2} \qquad (6-2-3)$$

式中: $\gamma = 2\pi B/\tau$ 为调频斜率; B 为信号带宽; τ 为信号时宽。

根据匹配滤波理论,脉冲压缩滤波器的频率响应应为

$$H(f) = K|S_i(f)|e^{-j\varphi_i(f)}e^{-j2\pi f t_d} \qquad (6-2-4)$$

式中: $|S_i(f)|$、$\varphi_i(f)$ 分别为线性调频信号的幅度谱和相位谱,它们分别为

$$|S_i(f)| = \sqrt{\frac{2\pi}{\gamma}}, -\frac{B}{2} \leqslant f \leqslant \frac{B}{2} \qquad (6-2-5)$$

$$\varphi_i(f) = -\frac{2\pi^2 f^2}{\gamma} + \frac{\pi}{4} \qquad (6-2-6)$$

因此,脉冲压缩滤波器的幅频特性 $|H(f)|$ 和相频特性 $\varphi_H(f)$ 分别为

$$|H(f)| = K|S_i(f)| = K\sqrt{\frac{2\pi}{\gamma}}, \quad -\frac{B}{2} \leqslant f \leqslant \frac{B}{2} \qquad (6-2-7)$$

$$\varphi_H(f) = -\varphi_t(f) - 2\pi f t_d = \frac{-2\pi^2 f^2}{\gamma} - \frac{\pi}{4} - 2\pi f t_d \qquad (6-2-8)$$

为了讨论方便,令 $K = \sqrt{\gamma/2\pi}$,所以

$$|H(f)| = 1, \quad -\frac{B}{2} \leqslant f \leqslant \frac{B}{2} \qquad (6-2-9)$$

脉压滤波器的群延迟 $t_d(f)$ 表示了压缩滤波器对输入信号各频率分量的延迟特性,即

$$t_d(f) = -\frac{d\varphi_H(2\pi f)}{d(2\pi f)} \qquad (6-2-10)$$

根据式 $(6-2-8)$ 和式 $(6-2-10)$,可得线性调频脉压滤波器的群延迟特性为

$$t_d(f) = \frac{-2\pi f}{\gamma} + t_d = -\frac{f\tau}{B} + t_d \qquad (6-2-11)$$

从式 $(6-2-11)$ 可见,脉冲压缩匹配滤波器的延迟特性是随频率线性变化的,这说明滤波器具有色散特性。

输出信号的频谱为

$$S_o(f) = S_i(f)H(f) = \sqrt{\frac{2\pi}{\gamma}} e^{-j2\pi f t_d} \qquad (6-2-12)$$

则时域输出信号为

$$s_o(t) = \int_{-\infty}^{\infty} S_o(f) e^{j2\pi ft} df = \int_{-B/2}^{B/2} \sqrt{\frac{2\pi}{\gamma}} e^{-j2\pi f(t-t_d)} df$$

$$= \sqrt{B\tau} \frac{\sin[\pi B(t-t_d)]}{\pi B(t-t_d)} = \sqrt{D} \frac{\sin[\pi B(t-t_d)]}{\pi B(t-t_d)} \qquad (6-2-13)$$

式中:线性调频信号的时宽带宽积 $D = B\tau$,也称为压缩比。

图 $6-2-2$ 所示为线性调频信号的脉冲压缩输出信号 $s_o(t)$ 的波形。

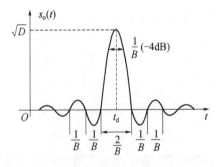

图 6 - 2 - 2　线性调频信号的脉冲压缩输出信号波形图

从图 $6-2-2$ 中可见,线性调频信号的脉冲压缩输出信号为 sinc 函数,由此可以得到表征脉冲压缩性能的三个指标。

1. 脉压输出信号的宽度 $\tau_。$

辛克函数在峰值以下 -4dB 处的脉宽等于信号的有效带宽 B 的倒数,所以线性调频脉压输出信号的脉宽为

$$\tau_。 = \frac{1}{B} \qquad (6-2-14)$$

根据式 $D = B\tau$,可得

$$\tau_。 = \frac{1}{B} = \frac{\tau}{D} \qquad (6-2-15)$$

从式(6-2-15)可知,脉压输出信号的时宽 $\tau_。$ 与输入信号时宽 τ 相比被压缩至 $1/D$。

2. 脉压输出信号的峰值功率与输入信号功率之比 $p_。/p_\text{i}$

输入信号的幅度为 1,从式(6-2-13)可知,输出信号的峰值为 $\sqrt{D}$,增大了 $\sqrt{D}$ 倍。所以,脉压输出信号的峰值功率相对于输入信号功率增大至 D 倍,即

$$\frac{p_。}{p_\text{i}} = D = B\tau \qquad (6-2-16)$$

3. 脉压输出信号的主瓣与第一副瓣之比 MSR

从图 6-2-2 中可见,脉压输出信号主瓣两侧存在一系列副瓣,其第一副瓣比主瓣低 13.2dB,其余副瓣依次减小 4dB。定义线性调频脉压输出信号的主副瓣比 MSR 为其主瓣电平 A_0 与第一副瓣电平 A_1 之比,即

$$\text{MSR} = 10\lg\left(\frac{A_0}{A_1}\right) \qquad (6-2-17)$$

线性调频信号经过匹配滤波器直接得到的脉压输出信号效果并不理想,特别是其 MSR 只有 13.2dB,在许多情况下是不能满足使用要求的。因为大的副瓣(也可称为距离副瓣)会在主瓣周围形成虚假目标,而且大目标的距离副瓣也会掩盖其邻近距离上的小目标,造成小目标的丢失,所以必须研究必要的措施,以降低脉压输出信号的副瓣。

(二)数字脉冲压缩的实现方法

早期线性调频脉冲压缩采用的匹配滤波器,主要是用声表面波器件做成的色散滤波器,由于它具有体积小、工作可靠、器件制作的重复性好等优点,使其成为脉冲压缩模拟滤波器的代表。随着数字器件和数字信号处理技术的迅猛发展,数字脉冲压缩与模拟脉冲压缩相比,具有自适应能力强、易于实现大时宽的脉冲压缩等诸多优点,因此,现代雷达系统中模拟脉冲压缩已经被数字脉冲压缩所取代了。下面重点讨论数字脉冲压缩的实现方法。

线性调频信号的数字脉冲压缩可以采用非递归(FIR)数字滤波器,在时域利用卷积运算实现滤波,也可以用正—反离散傅里叶变换(DFT)计算实现,后者属于频域处理。同时域卷积法相比,频域方法一般具有占用内存少、运算量小、速度快等优点,为了实时处理的需要,实际雷达系统中通常用频域处理方法实现 LFM 信号的数字脉冲压缩。

脉冲压缩用数字滤波器实现时,需要将输入信号 $s_\text{i}(t)$ 通过 A/D 转换器转换为数字序列 $s_\text{i}(n)$,假设被压缩信号的脉宽 τ 内共有 N 个采样值,则脉冲压缩滤波器的脉冲响应为

$$h(n) = s_i^*(N-1-n) \quad n = 1,2,\cdots,N-1 \qquad (6-2-18)$$

则数字脉压滤波器的输出为

$$s_o(n) = s_i(n) \otimes h(n) = \sum_{k=0}^{N-1} s_i(n-k)h(k) \qquad (6-2-19)$$

这时的数字脉压滤波器就是图$6-2-3$所示的有限长脉冲响应(FIR)滤波器。该图中T_s表示 A/D 采样间隔,为采样频率f_s的倒数。信号$s_i(n)$输入到一个由$N-1$个延迟单元构成的抽头延迟线中,每个延迟单元的延迟时间均为T_s。当$s_i(n)$的N个采样数据全部进入延迟线时,输出$s_o(n)$将达到最大。

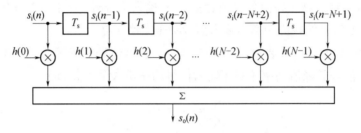

图$6-2-3$　有限长脉冲响应(FIR)滤波器

根据数字信号处理理论,式($6-2-19$)所示的时域卷积运算也可以利用离散傅里叶变换将它们变换到频域进行相乘运算。所以,有

$$S_o(k) = S_i(k) \cdot H(k) \qquad (6-2-20)$$

式中:$S_i(k)$、$H(k)$分别为$s_i(n)$、$h(n)$的离散频谱,即

$$S_i(k) = \mathrm{DFT}[s_i(n)] = \sum_{n=0}^{N-1} s_i(n)e^{-j2\pi nk/N}, k = 0,1,2,\cdots,N-1$$

$$(6-2-21)$$

$$H(k) = \mathrm{DFT}[h(n)] = \sum_{n=0}^{N-1} h(n)e^{-j2\pi nk/N}, k = 0,1,2,\cdots,N-1$$

$$(6-2-22)$$

按式($6-2-20$)计算得到输出信号的离散频谱$S_o(k)$,然后对$S_o(k)$作离散傅里叶反变换就可以得到脉压滤波器的输出$s_o(n)$,即

$$s_o(n) = \mathrm{DFT}^{-1}[S_o(k)] = \frac{1}{N}\sum_{k=0}^{N-1} S_o(k)e^{j2\pi nk/N}, n = 0,1,2,\cdots,N-1$$

$$(6-2-23)$$

为减少计算量,上述离散傅里叶变换一般用快速离散傅里叶变换(FFT)算法来执行。在整个流程中被处理和传输的数据均是复数,即系统必须包括I、Q两个通道。

图$6-2-4$就是用 FFT 实现数字脉冲压缩的原理图。如果后续处理只需要利用包络信息,则可进行包络检波,这里的包络检波就是将离散傅里叶反变换得出的实部和虚部求模

$$|s_o(n)| = \sqrt{s_{oI}^2(n) + s_{oQ}^2(n)} \qquad (6-2-24)$$

否则,直接输出$s_{oI}(n)$和$s_{oQ}(n)$即可。

212

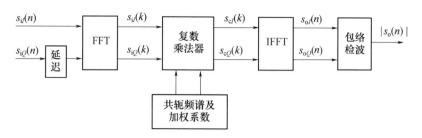

图 6-2-4 用 FFT 实现数字脉冲压缩的原理图

（三）降低副瓣的加权处理

根据前面的分析已知,脉冲压缩匹配滤波器在某一时间位置上将 LFM 信号压缩成一个窄脉冲,取得了最大信噪比。但是不可避免地在主瓣两侧存在着以辛克函数为包络的逐渐递减的旁瓣。旁瓣的存在将明显降低多目标分辨能力,使得比较接近的多个目标分辨不清。如果不存在多目标,则一个大目标的距离旁瓣也可能超过检测门限造成虚警。所以,必须采用专门的措施抑制距离旁瓣。衡量一个脉冲压缩处理系统性能的指标除压缩比、多普勒容限外,第三条就是其输出信号的副瓣电平。抑制旁瓣的有效方法是加权技术。

所谓加权,就是将匹配滤波器的频率响应乘上某些适当的锥削窗函数,如汉宁函数、海明函数、泰勒函数等。在时域中,这相当于一系列加权 δ 函数组成的滤波器和匹配滤波器相级联。此时,级联滤波器的冲激响应采样总数等于 N(匹配滤波器冲激响应采样总数)加上 δ 函数的数目后再减 1。例如,海明函数为三个 δ 函数,这虽然增加了一些运算量,但却可以把旁瓣压低到主瓣的 -40dB 以下。

图 6-2-5(a)就是这种时域加权处理的原理框图。图 6-2-5(b)是频域加权处理的原理框图,这种方法不必添加什么设备,只需在只读存储器中存储加权后的匹配滤波器的频谱函数就可以了。这个函数在各点的值,可以事先计算确定,然后存入只读存储器。这种方法在发射多种雷达波形时是很适宜的。如上所述,在需要改变发射波形和加权函数时,可事先在只读存储器中存储多套加权后的匹配滤波器的频谱函数,在处理时,读出与雷达信号相应的一套频谱函数就行了。图 6-2-5(c)给出的第三种方法,将模拟的加权滤波器置于采样、量化处理之前,也可达到抑制脉压旁瓣的目的。表 6-2-1 给出了一些常见加权函数及其主要指标。需要指出的是,加权处理实质上是一种失配处理,它是以主瓣加宽即信噪比降低为代价的。

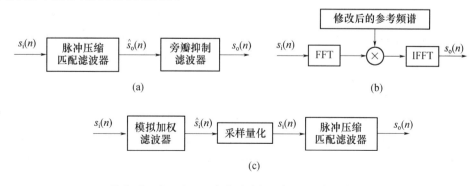

图 6-2-5 用匹配滤波器进行加权处理的三种方法

表 6 - 2 - 1　几种加权函数性能及其主要指标

加权函数	表达式	主副瓣比/dB	信噪比损失/dB	-3dB 处主瓣展宽系数	副瓣衰减速率/(dB/倍频程)
矩形函数（未加权）	$\text{rect}(\frac{f}{B})$	13.26	0	1.0	4
泰勒 $\bar{n} = 8$	$1 + 2\sum\limits_{m=1}^{\bar{n}-1} F_m\cos(\frac{2\pi mf}{B})$	40	1.14	1.41	6
汉明加权	$0.08 + 0.92\cos^2(\frac{\pi f}{B})$	42.56	1.34	1.47	6
3:1 锥比	$0.33 + 0.67\cos^2(\frac{\pi f}{B})$	26.7	0.52	1.21	6
两个汉明加权串联	$\left[0.08 + 0.92\cos^2(\frac{\pi f}{B})\right]^2$	46	2.5	2.036	18
两个 3:1 锥比串联	$\left[0.33 + 0.67\cos^2(\frac{\pi f}{B})\right]^2$	32.8	1.46	1.45	6
余弦函数	$\cos(\frac{\pi f}{B})$	23.6	1.0	1.56	12
余弦平方	$\cos^2(\frac{\pi f}{B})$	31.7	1.76	1.62	18
余弦立方	$\cos^3(\frac{\pi f}{B})$	39	2.38	1.87	24
余弦四次方	$\cos^4(\frac{\pi f}{B})$	47	2.88	2.20	30

二、相位编码信号的脉冲压缩处理

以上讨论的线性调频信号有比较大的时宽频宽积,可以用来解决雷达检测能力和距离分辨力的矛盾。线性调频信号是连续型的信号,为了满足雷达性能的上述要求,还可以采用离散型的编码信号。

这类信号与线性调频脉冲信号不同,当回波信号与匹配滤波器间有多普勒失谐时,滤波器输出信噪比下降,故有时称为多普勒灵敏信号。它常用于目标多普勒频移变化范围较窄的场合。在多普勒频移变化范围较大时,要对多普勒频移予以补偿,或用多路并联处理不同的多普勒频移信号。

(一) 相位编码信号的特性

相位编码信号,也是通过信号的时域非线性调相达到扩展等效频宽的目的。但是与 LFM 信号的不同点是,LFM 的调制函数在某一有限域内为连续函数,而相位编码脉冲的调制函数是离散的有限状态。根据相位调制函数的取值数可分为二相编码信号和多相编码信号。

1. 二相编码信号

二相编码信号的基本形式如图 $6-2-6$ 所示。一个载波宽脉冲信号由 N 个宽度为 τ 的子脉冲组成,每个子脉冲被用"$+$"或"$-$"编码。其中正号表示正常的载波相位,而负号相应为 $180°$ 相移。

二相编码信号的时宽为码长乘以子脉冲的宽度,即 $T = N\tau$,而其等效带宽则取决于子脉冲的带宽 $B = 1/\tau$。其时宽带宽积或脉冲压缩比 D 等于码长 N,即

$$D = BT = N\tau \cdot \frac{1}{\tau} = N$$

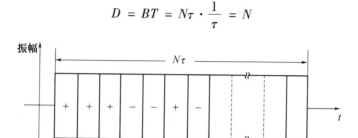

图 $6-2-6$　二相编码信号的基本形式

1）巴克码

由匹配滤波器理论可知,信号通过匹配滤波器的输出就是信号的自相关函数,即相位编码信号脉压匹配滤波输出的旁瓣特性和主副瓣比完全取决于编码序列的相关函数。因此,雷达系统所用的二相编码信号,应要求其自相关函数具有高的主峰和低的副瓣,即主副瓣比 MSR 高。巴克码自相关函数的主副瓣比等于压缩比 D,即等于码长 N,而且其副瓣电平十分均匀,这一点对多目标环境分辨十分重要。因此,巴克码是一种比较理想的编码脉冲压缩信号。图 $6-2-7$ 所示为 13 位巴克码信号的自相关函数。

但可惜目前存在的已知巴克码仅有数种,且长度有限。已经证明,对于奇数长度,$N \leqslant 13$;对于偶数长度,N 为一完全平方数,但已证明 N 在 $4 \sim 11664$ 之间不存在。表 $6-2-2$ 列出了存在的巴克码信号及其特性。

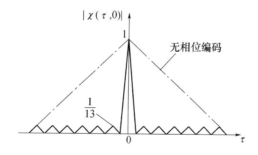

图 $6-2-7$　13 位巴克码信号的自相关函数

为了充分利用巴克码的优良特性,有人提出了用一组长度为 K 的巴克码作为另一组长度为 L 的巴克码的码元,从而构成长度为 KL 的组合巴克码,其性能虽次于巴克码,但延长了码长,因而有利于提高雷达信号的占空比,从而增加发射信号的平均功率。

表 6 - 2 - 2　巴克码信号及其特性

码长 N	编码规律	主副瓣比/dB
2	+ −	7.0
3	+ + −	9.5
4	+ + − + 或 + + + −	12.0
5	+ + + − +	14.0
7	+ + + − − + −	17.9
11	+ + + − − − + − − + −	20.8
13	+ + + + + − − + + − + − +	22.3

2）M 序列码

M 序列是最大长度序列,它可以用线性逻辑反馈移位寄存器来产生。M 序列的结构类似于二元随机序列,因而具有期望的自相关函数。M 序列常被称为伪随机(PR)或伪噪声(PN)序列。一个典型的用移位寄存器产生 PN 码的方法如图 6 - 2 - 8 所示。n 级移位寄存器初始均设置为 1 或 0 与 1 的组合。

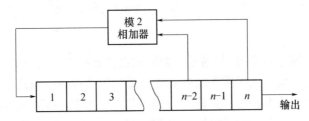

图 6 - 2 - 8　用移位寄存器产生 M 序列码

移位寄存器按时钟频率脉动,任一级的输出均是二进制序列。当合适地选择反馈连接时,输出是一个最大长度序列,之后重复输出。

最大序列的长度为 $2^n - 1$,n 为移位寄存器的级数。从 n 级移位寄存器所能获得的最大长度序列总数为

$$M = \frac{N}{n} \prod_i \left(1 - \frac{1}{p_i} \right) \qquad (6 - 2 - 25)$$

式中:p_i 是 N 的质数。

对于应用来讲,知道同样长度序列有多少种不同形式是很重要的。

最大长度序列的子脉冲数 N 也等于雷达信号的时宽带宽积。系统的带宽取决于时钟频率。改变时钟频率、反馈连接,就可产生不同时宽、频宽的波形。

M 序列码可以用于连续波(CW)雷达中,也可将产生器的输出切断后用于脉冲雷达中。在这两种情况下,其自相关函数的副瓣是不同的,如图 6 - 2 - 9 所示。周期使用(CW)时,副瓣电平固定为 −1,峰值为 N(子脉冲数)。非周期使用时副瓣电平被破坏,当 N 值很大时,主副瓣电平比近似为 $N^{-1/2}$。

2. 多相编码信号

多相编码信号是指相位调制函数 $\varphi(t)$ 的取值范围超出 0 和 π 两种可能的编码信号。如 M 相码 $\varphi(t) \in \{\varphi_k, k = 0, 1, \cdots, M - 1\}$ 及其对应的序列 $\{C_n, n = 0, 1, \cdots, N - 1\} \in C_k =$

216

$\{e^{j\varphi_k} = C_0, C_1, \cdots, C_{M-1}\}$ 为 N 位 M 元复数伪随机序列。多相码有泰勒四相码、Frank 多相码等,这里仅介绍泰勒(Taylor)四相码。

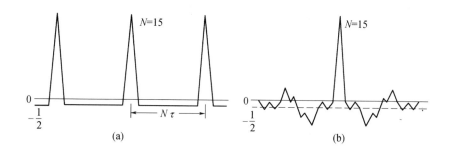

图 6-2-9 M 序列的自相关函数

(a) 周期使用;(b) 非周期使用。

泰勒四相码由泰勒(J. W. Taylor)等提出的,其子脉冲包络具有半余弦形状,相邻子脉冲间的相位变化限制在 ±90° 之间,其相位调制函数 $\varphi(t) \in \left\{\varphi_k = 0, \dfrac{\pi}{2}, \pi, \dfrac{3\pi}{2}\right\}$。泰勒四相码由所选择的二相码,经二相至四相变换得到。

由二相码 $W_k \in (1, -1), k \in (0, 1, \cdots, N-1)$ 按下式变换即可得到泰勒四相码复包络的一般表达式,即

$$u(t) = \sum_{k=0}^{N-1} V_k P[t - (k+1)\tau] = \sum_{k=0}^{N-1} j^{sk} W_k P[t - (k+1)\tau] \qquad (6-2-26)$$

式中

$$V_k = j^{sk} W_k, s = +1 \text{ 或 } -1 \qquad (6-2-27)$$

是由 W_k 变换所得第 k 位泰勒四相码序列,而子脉冲 $P(t)$ 为

$$P(t) = \cos(\pi t/2\tau), \ -\tau \leqslant t \leqslant \tau \qquad (6-2-28)$$

泰勒四相码质量的优劣,很大程度上依赖于其二相原型码。最佳二相码的选择准则是基于自相关函数分析最大主副瓣比。某些可供选用的最佳二相码见表 6-2-3。表中子脉冲的相位函数采用十六进制数表示,其相应的泰勒四相码相位序列见表 6-2-4。

表 6-2-3 可供选用的几种二相码

码长	十六进制数表示	最大副瓣	主副瓣比/dB
13	1F35	1	22.3
25	1CE0549	2	21.9
27	5A44478	3	19.1
28(A)	DA44478	2	22.9
28(B)	E702A49	2	22.9

表 6-2-4　源于表 6-2-3 中二相码的泰勒四相码

码长	四相码子脉冲相位
13	+1 +j -1 -j +1 -j +1 -j +1 -j -1 +j +1
25	+1 +j -1 +j -1 +j -1 +j -1 -j +1 +j -1
	-j -1 +j +1 -j -1 +j -1 -j +1 +j +1
27	+1 -j -1 -j -1 +j +j +1 -j +1 +j +1 -j
	+1 +j -1 +j +1 +j -1 +1 -1 -j +1
28(A)	+1 +j +1 -1 +1 -1 -j -1 +1 +j -1 +j
	+1 +1 -1 +1 -1 -1 +j -1 +j +1
28(B)	+1 +j -1 +j -1 +1 -1 +j -1 -j -1 -j
	-1 +j +1 -1 +1 +j +1 -j +1 -j

图 6-2-10 以 13 位巴克码为原型,描述了对应的四相码的波形。图中 $W(t)$ 为子脉冲初相。可见,这类多相码信号的幅度恒定(除前后沿外),相位分段线性连续,适于雷达脉压处理的实现。

与二相码相比,多相码具有主副瓣比高,压缩比大的优点,但产生和处理一般比较复杂。在实际选择多相码实现脉压处理时,必须全面考虑性能与实现的代价。由于泰勒四相码相对容易产生及具有的上述特殊性质,使其在雷达中得到了成功的运用。

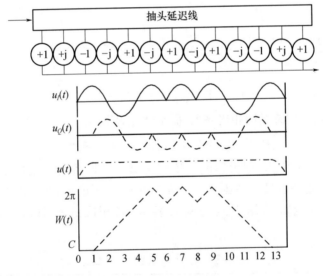

图 6-2-10　源于 13 位巴克码的泰勒四相码的波形

(二) 数字脉冲压缩的实现方法

相位编码信号也通过数字脉冲压缩,将编码的一串脉冲压缩成窄脉冲。虽然巴克码的码长有限,一般不能直接用作解决作用距离和距离分辨力矛盾的大时宽带宽积信号,但理解巴克码的相关匹配处理对于全面理解相位编码信号的脉压过程是十分有益的。下面以 7 位巴克码的匹配滤波过程,说明相位编码信号数字脉冲压缩的实现方法。

图 6-2-11 和图 6-2-12 分别画出了 $N=7$ 巴克码的压缩滤波器的信号滤波处理

过程。图6－2－11的压缩滤波器实际上就是图6－2－3中的非递归数字滤波器,这里它由具有抽头延迟线功能的延时移位寄存器、系数加权器、求和器及子脉冲匹配滤波器所组成。按匹配滤波器理论,加权系数序列为信号相位编码的倒置(镜像),如对应 $N=7$ 的巴克码"＋＋＋－－＋－",则加权系数序列(从左至右)为"－＋－－＋＋＋"。加权后将各点输出信号相加,最后经子脉冲匹配滤波便得到了压缩后的窄脉冲。

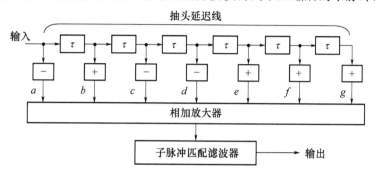

图6－2－11　7位巴克码压缩滤波器结构

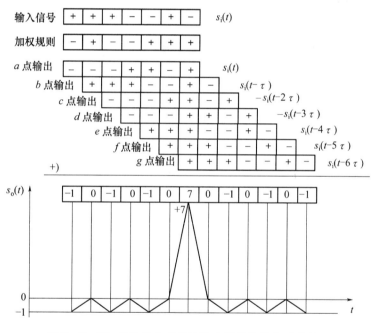

图6－2－12　7位巴克码压缩滤波器的信号处理过程

（三）二相巴克码信号的加权处理

巴克码是一种最优二相码,其周期自相关函数为 N,非周期自相关函数也比较理想,等于0或±1。但由于巴克码的码长最大为13,则巴克码脉压输出信号的主副瓣比最大只能是 $N=13$,这就限制了巴克码的应用。M 序列、L 序列码周期自相关函数都很理想,但其非周期自相关函数并不理想,因此造成距离副瓣较高。当 N 很大时,M 序列、L 序列等二相码信号脉压输出信号的主副瓣比趋近于 $\sqrt{N}$,在许多情况下是不能满足应用需要的。所以,需要对相位编码信号的脉压输出做进一步的副瓣抑制。

二相巴克码编码信号自相关函数的主瓣和副瓣具有几何上的相似特点,均为底宽2τ的三角形,利用这一特性可以抑制巴克码编码脉冲压缩后的副瓣。下面以$N=13$的巴克码信号为例,说明加权网络抑制旁瓣的原理,如图$6-2-13$所示。

加权网络由12节延时线、13个加权单元和相加器组成。每节延时线的延迟时间为2τ(τ为子脉冲的宽度),加权单元的加权系数分别为$\beta_0,\beta_1,\cdots,\beta_6,\beta_{-1},\beta_{-2},\cdots,\beta_{-6}$。如果要求加权输出波形对称,则取$\beta_{-k}=\beta_k$。加权网络的输入是巴克码编码信号的脉压输出信号(自相关函数)$s_o(t)$,假设要求输出波形为$g(t)$,则有

$$g(t) = \int_{-\infty}^{\infty} s_o(t-y)h(y)\mathrm{d}y \qquad (6-2-29)$$

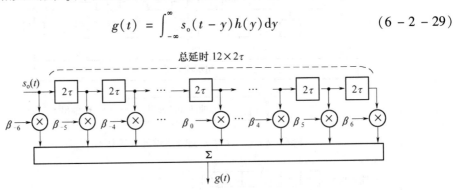

图$6-2-13$ 13位巴克码副瓣抑制脉冲压缩滤波器

式中:$h(t)$为加权网络的脉冲响应,可以写成

$$h(t) = \sum_{K=-(N-1)/2}^{(N-1)/2} \beta_k \delta(t-k2\tau) \qquad (6-2-30)$$

代入式($6-2-29$)可得

$$g(t) = \sum_{K=-(N-1)/2}^{(N-1)/2} \beta_k \int_{-\infty}^{\infty} s_o(t-y)\delta(y-k2\tau)\mathrm{d}y = \sum_{K=-(N-1)/2}^{(N-1)/2} \beta_k s_o(t-k2\tau)$$

$$= \sum_{K=-6}^{6} \beta_k s_o(t-k2\tau), N=13 \qquad (6-2-31)$$

如果要求输出波形主瓣不变(高度为13),在$-12\tau < t < 12\tau$范围内旁瓣为0(增加延时线的节数,可扩展旁瓣抑制范围)。由式($6-2-31$),令$t=K'2\tau,K'=0,1,2,\cdots,6$,可得一组方程

$$\begin{cases} 13\beta_0 + 2\beta_1 + 2\beta_2 + 2\beta_3 + 2\beta_4 + 2\beta_5 + 2\beta_6 = 13 & K'=0, t=0 \\ \beta_0 + 14\beta_1 + 2\beta_2 + 2\beta_3 + 2\beta_4 + 2\beta_5 + 2\beta_6 = 0 & K'=1, t=2\tau \\ \beta_0 + 2\beta_1 + 14\beta_2 + 2\beta_3 + 2\beta_4 + \beta_5 + \beta_6 = 0 & K'=2, t=4\tau \\ \beta_0 + 2\beta_1 + 2\beta_2 + 14\beta_3 + \beta_4 + \beta_5 + \beta_6 = 0 & K'=3, t=6\tau \\ \beta_0 + 2\beta_1 + 2\beta_2 + \beta_3 + 13\beta_4 + \beta_5 + \beta_6 = 0 & K'=4, t=8\tau \\ \beta_0 + 2\beta_1 + \beta_2 + \beta_3 + \beta_4 + 13\beta_5 + 2\beta_6 = 0 & K'=5, t=10\tau \\ \beta_0 + \beta_1 + \beta_2 + \beta_3 + \beta_4 + \beta_5 + \beta_6 = 0 & K'=6, t=12\tau \end{cases}$$

$$(6-2-32)$$

求解联立方程组($6-2-32$),可得加权系数为

$$\begin{cases} \beta_0 = 1.0477722182 \\ \beta_1 = -0.0407328662 \\ \beta_2 = -0.0455717223 \\ \beta_3 = -0.0500941064 \\ \beta_4 = -0.0542686157 \\ \beta_5 = -0.0580662589 \\ \beta_6 = -0.0614606642 \end{cases} \qquad (6-2-33)$$

图 6-2-14 示出加权网络输入/输出及各加权单元输出波形,它有助于了解旁瓣抑制原理。

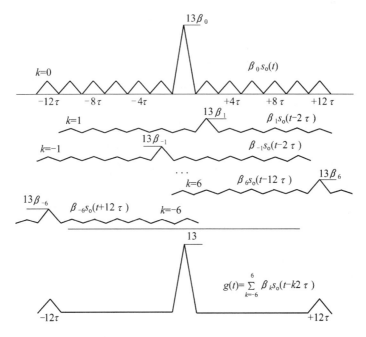

图 6-2-14　加权网络输入/输出及各加权单元输出波形示意图

通过上述加权网络后,输出波形在 $-12\tau < t < 12\tau$ 范围内旁瓣为 0,但在这个范围以外将产生新的旁瓣(当然,如果需要的话,可以增加延时线节数,把旁瓣的位置继续往外推)。主副瓣比由原来的 13(22.3dB)提高至 42(32.4dB),也就是说主副瓣比提高了10dB。由于引入加权网络,整个信号处理系统将变成失配系统,这将带来一定的信噪比损失。以 13 位巴克码加权为例,信噪比损失约为 0.25dB。

第三节　机载动目标显示

机载雷达需要探测飞机、导弹、船舶、车辆等运动目标,但当机载雷达天线下视时,雷达接收信号中不但含有来自运动目标的回波信号,也有从地物、云雨以及人为施放的箔条等物体散射产生的回波信号,这种回波信号称为杂波。由于杂波往往比目标信号强得多,杂波的存在会严重影响雷达对运动目标的检测能力。此时,普通脉冲体制的雷达已无法

221

在时域检测目标,必须寻找其他解决的办法。动目标检测技术基于频域处理,利用运动目标回波信号的多普勒频移来消除固定背景杂波的干扰,使运动目标得以检测和显示,是进一步研究机载脉冲多普勒雷达的基础。

一、脉冲雷达的多普勒效应

区分运动目标和固定杂波的基础是它们在速度上的差别。由于运动速度不同而引起回波信号频率产生的多普勒频移不相等,因此可以从频率上区分不同速度目标的回波。利用多普勒效应所产生的频率偏移,不仅大大改善了雷达在杂波背景下检测运动目标的能力,提高了雷达的抗干扰能力,而且也能达到准确测速的目的。

(一)多普勒效应

多普勒效应是指当辐射源和接收者之间有相对径向运动时,接收到的信号频率将发生变化。这一物理现象首先在声学上由物理学家克里斯顿·多普勒于 1842 年发现,1930年左右开始将这一规律运用到电磁波范围。

为方便起见,设目标为理想"点"目标,即目标尺寸远小于雷达分辨单元。当雷达与目标之间有相对运动时,雷达接收的目标回波将产生多普勒频移。这个多普勒频移可以直观地解释如下:振荡源发射的电磁波以恒速 c 传播,如果接收机相对于振荡源是不动的,则其在单位时间内收到的振荡数目与振荡源发出的相同,即二者频率相等。如果振荡源与接收机之间有相对接近的运动,则接收机在单位时间内收到的振荡数目要比它不动时多一些,也就是接收频率增高;当二者作背向运动时,结果则相反。

也可以用图 6 - 3 - 1 中的等相位波阵面的"压缩"或"扩展"来解释。雷达发射波形为波长为 λ 的等相位波阵面,一个向雷达接近的目标能导致反射的等相位波阵面产生压缩,即波阵面之间更加接近(波长变短,即频率升高),如图 6 - 3 - 1(a)所示。相反,一个相对于雷达后退的目标能导致反射的等相位波阵面的扩展,也即反射波的波长变长(频率降低),如图 6 - 3 - 1(b)所示。

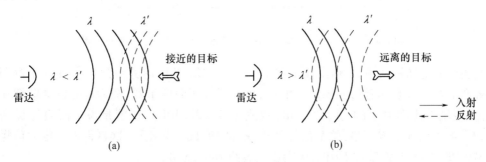

图 6 - 3 - 1 运动目标反射等相位波阵面的变化

(二)雷达回波的多普勒频移

如果发射信号可表示为 $s(t) = Au(t)e^{j(\omega_0 t + \varphi_0)}$,其中,$u(t)$ 为调制信号复包络,ω_0 为发射信号角频率,φ_0 为初相,A 为振幅。在雷达发射处接收到由目标反射的回波信号为

$$s_r(t) = ks(t - t_r) = kAu(t - t_r)e^{j[\omega_0(t - t_r) + \varphi_0]} \qquad (6 - 3 - 1)$$

式中:$t_r = 2R/c$ 为回波滞后于发射信号的时间,其中 R 为目标和雷达之间的距离;c 为电

磁波传播速度,在自由空间传播时它等于光速;k 为回波的衰减系数。

如果目标固定不动,则距离 R 为常数。回波与发射信号之间具有固定的相位差 $\omega_0 t_r = 2\pi f_0 \cdot 2R/c = (2\pi/\lambda) 2R$,它是电磁波往返于雷达与目标之间所产生的相位滞后。

当目标与雷达之间有相对运动时,距离只随时间变化。设目标以匀速相对雷达运动,则在时间 t 时刻,目标与雷达之间的距离为

$$R(t) = R_0 - v_r t \qquad (6-3-2)$$

式中:R_0 为 $t=0$ 时的距离;v_r 为目标相对雷达的径向运动速度。

式(6-3-2)说明,在 t 时刻接收到的波形 $s_r(t)$ 上的某点,是在 $t-t_r$ 时刻发射的。由于通常雷达和目标间的相对运动速度 v_t 远小于电磁波速度 c,故时延 t_r 可近似写为

$$t_r = \frac{2R(t)}{c} = \frac{2}{c}(R_0 - v_r t) \qquad (6-3-3)$$

回波信号比起发射信号来,高频相位差

$$\varphi(t) = -\omega_0 t_r = -\omega_0 \frac{2}{c}(R_0 - v_r t) = -2\pi \frac{2}{\lambda}(R_0 - v_r t)$$

是时间 t 的函数,在径向速度 v_r 为常数时,产生频率差为

$$f_d = \frac{1}{2\pi}\frac{\mathrm{d}\varphi}{\mathrm{d}t} = \frac{2}{\lambda}v_r \qquad (6-3-4)$$

式中:f_d 为多普勒频移,它正比于相对运动速度而反比于工作波长 λ。

当目标飞向雷达时,多普勒频移为正值,接收信号频率高于发射信号频率;而当目标背离雷达飞行时,多普勒频移为负值,接收信号频率低于发射信号频率。

(三)脉冲雷达回波的多普勒信息提取

回波信号的多普勒频移 f_d 正比于径向速度 v_r,而反比于雷达工作波长 λ。多普勒频移的相对值(f_d/f_0)正比于目标速度与光速之比,f_d 的正负值取决于目标运动的方向。在多数情况下,多普勒频移处于音频范围。例如,当 $\lambda = 10\mathrm{cm}$,$v_r = 300\mathrm{m/s}$ 时,求得 $f_d = 6\mathrm{kHz}$。而此时雷达工作频率 $f_0 = 3000\mathrm{MHz}$,目标回波信号频率为 $f_r = 3000\mathrm{MHz} \pm 6\mathrm{kHz}$,两者相差的百分比是很小的。因此要从接收信号中提取多普勒频移需要采用差拍的方法,即设法取出 f_0 和 f_r 的差值 f_d。

在多普勒接收机中需要一个参考频率信号,即相参基准信号,通过相位检波器提取目标的多普勒信息。常用的乘性相检模型就是将目标回波信号与相参信号同时加到一个模拟乘法器,乘法器的输出再经一个模拟低通滤波器滤波,即可提取运动目标的多普勒信息。其原理示意图如图 6-3-2 所示。

图 6-3-2 乘性相检模型示意图

记相参基准信号为

$$s_c(t) = U_c \cos(\omega_0 t + \varphi_0)$$

目标回波表示为

$$s_r(t) = U_r \cos(\omega_0 t - \omega_0 t_r + \varphi_0)$$

结合乘法原理，输入低通滤波器的信号可表示为

$$s_r(t)s_c(t) = U_c U_r \cos(\omega_0 t - \omega_0 t_r + \varphi_0)\cos(\omega_0 t + \varphi_0)$$

$$= \frac{U_c U_r}{2}\left[\cos(\omega_0 t_r) + \cos(2\omega_0 t - \omega_0 t_r + 2\varphi_0)\right] \quad (6-3-5)$$

假设低通滤波器的传输系数为 K，则低通滤波器的输出为

$$s_d(t) = \frac{K}{2}U_c U_r \cos(\omega_0 t_r) = \frac{K}{2}U_c U_r \cos\left(\frac{2R_0 \omega_0}{c} + 2\pi f_d t\right) \quad (6-3-6)$$

在脉冲雷达中，由于回波信号为按一定重复周期出现的脉冲，因此 $s_d(t)$ 表示相位检波器输出回波信号的包络。对于固定目标，$f_d = 0$，检波可得到一串等幅脉冲输出；对于运动目标回波，$f_d \neq 0$，输出信号是幅度受调制的脉冲串，包络调制的频率为多普勒频移。现代体制全相参雷达普遍采用的为正交双通道相位检波处理，脉冲雷达回波经过正交相位检波后的输出波形如图 6-3-3 所示。图 6-3-3(a) 为固定目标相参检波输出的等幅脉冲，图 6-3-3(b) 为运动目标相参检波输出的调幅脉冲。因此，如果用距离显示器观察，则其波形如图 6-3-3(c) 所示，固定目标回波信号为稳定的"钟形"脉冲，而运动目标的幅度和极性均是变化的，是一个上下跳动的波形，这就是通常所说的运动目标产生的"蝴蝶效应"。

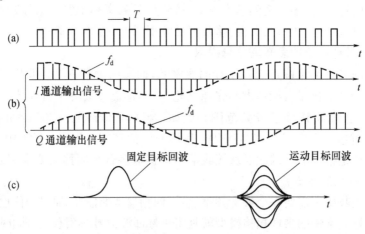

图 6-3-3　脉冲雷达回波相参检波输出波

脉冲工作时，相邻重复周期 T 运动目标回波与基准电压之间的相位差是变化的，其变化量为

$$\Delta\varphi = \omega_d T = \omega_0 \frac{2v_r}{c} T = \omega_0 \Delta t_r \quad (6-3-7)$$

式中：Δt_r 为相邻周期由于雷达和目标间距离的改变而引起两次信号延迟时间的差别。距离的变化是由雷达和目标之间的相对运动产生的。

相邻重复周期延迟时间的变化量 $\Delta t_r = 2\Delta R/c = 2v_r T/c$ 是很小的数量,但当它反映到高频相位上时,$\Delta\varphi = \omega_0\Delta t_r$ 就会产生很灵敏的反应。相参脉冲雷达利用了相邻重复周期回波信号与基准信号之间相位差的变化来检测运动目标回波,相位检波器将高频的相位差转化为输出信号的幅度变化。脉冲工作时,单个回波脉冲的中心频率亦有相应的多普勒频移,但在 $f_d \ll 1/\tau$ 的条件下(这是常遇到的情况),这个多普勒频移只使相位检波器输出脉冲的顶部产生畸变。这就表明要检测出多普勒频移需要多个脉冲信号。只有当 $f_d > 1/\tau$ 时,才有可能利用单个脉冲测出多普勒频移。对运动目标回波,其重复周期的微小变化 $\Delta T = (2v_r/c)T$ 通常均可忽略。

实际上,中频回波经中频直接采样后即可得到 I、Q 数字正交信号,由此可直接提取运动目标的多普勒信息,而无需利用相参信号。采样的过程实质上是将中频回波信号与采样函数 $\sum\delta(t-nT)$ 相乘,因而,中频直接采样实质上可归为乘性相位检波模型,只是因为采样频率 f_s 的灵活选择,使得采样结果中不再含有中频成分而仅含运动目标的多普勒信息。同时,只要采样频率足够稳定,就能够保证相参信号的初相与发射信号初相具有固定不变的关系,这是相位检波的必要条件。

二、雷达的杂波

雷达的杂波,表示雷达接收到的不需要的回波。杂波的存在,严重影响了雷达对有用目标的检测。研究杂波特性,有助于研究抑制杂波的方法,以提高雷达在杂波区检测目标的能力。雷达杂波可分为两类,面杂波和体杂波。面杂波是由不规则的表面引起的,如地杂波、海杂波。体杂波是由空间分布的散射体引起的,如云、雨等气象杂波和箔条杂波等。

(一)地杂波

雷达发射信号照射到地面后,从地面的山丘、树林、农田、沙漠、城市建筑等散射形成的回波信号通称为地杂波。地杂波是一种面杂波,它的强度与雷达天线波束照射的杂波区面积以及杂波的后向散射系数的大小有关。杂波的平均回波功率可表示为

$$\bar{P}_r = \frac{1}{(4\pi)^2}\int_A \frac{P_t G_t A_t \sigma_0 A}{R^4} \qquad (6-3-8)$$

式中:P_t、G_t 和 A_t 分别表示发射功率、发射天线增益和接收天线面积;R 为距离;A 为雷达天线波束的照射区域;σ_0 为天线波束的照射区内地面的散射系数(也称单位面积的雷达散射截面积),它是天线波束的照射区内所有散射单元散射截面积的均值。

σ_0 的大小还与天线波束的入射角(也称擦地角)ϕ 有关,如图 6-3-4 所示,dA 表示天线波束投影面积,$\sigma_0 A$ 与 dA 的关系可表示为

$$\sigma_0 A = \gamma \cdot dA = \gamma(\cos\theta)A \qquad (6-3-9)$$
$$\sigma_0 = \gamma\cos\theta \qquad (6-3-10)$$

式中:θ 为入射角 ϕ 的余角;γ 是对于投影面积 dA 定义的散射系数。在实际应用中应注意与 σ_0 的区分。

天线波束照射的杂波区面积越大和后向散射系数越大,则地杂波越强。根据实际测量,地杂波的强度最大可比接收机噪声大 70dB 以上。地物表面生长的草、木、庄稼等会随风摆动,造成地杂波大小的起伏变化。地杂波的这种随机起伏特性可用概率密度分布

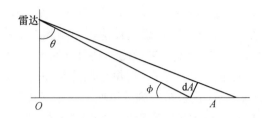

图 6 - 3 - 4 雷达波束照射面积和投影面积

函数和功率谱来表示。因为地杂波是由天线波束照射区内大量散射单元回波合成的结果,所以地杂波的起伏特性一般符合高斯分布。当雷达信号用复信号表示时,可以认为地杂波的实部和虚部信号分别为独立同分布的高斯随机过程,而地杂波的幅度(即复信号的模值)符合瑞利分布。

地杂波是一种随机过程,除了其概率密度分布特性外,还必须研究其相关特性。从滤波器的角度看,用功率谱来表示地杂波的相关特性更为直观。通常,地杂波的功率谱可采用高斯模型表示,称为高斯谱,表达式为

$$S(f) = S_0 \exp\left[-\frac{(f - f_\mathrm{d})^2}{2\sigma_f^2}\right] \qquad (6 - 3 - 11)$$

式中:S_0 为杂波平均功率;f_d 为地杂波的多普勒频移;σ_f 为地杂波功率谱的标准离差,即 $\sigma_\mathrm{f} = 2\sigma_\mathrm{v}/\lambda$,$\sigma_\mathrm{v}$ 被称为杂波的标准离差,它是与地杂波区植被类型和风速有关的一个量,如表 6 - 3 - 1 所列。

表 6 - 3 - 1 地杂波的标准离差

类 型	风速/km	$\sigma_\mathrm{v}/(\mathrm{m/s})$
稀疏树林	无风	0.017
有树林的小山	10	0.04
有树林的小山	20	0.22
有树林的小山	25	0.12
有树林的小山	40	0.32

(二)海杂波

海杂波是指从海面散射的回波,由于海洋表面状态不但与海面的风速、风向有关,还受到洋流、涌波和海表面温度等各种因素的影响,所以海杂波不但与雷达的工作波长、极化方式和电波入射角有关,还与海面状态有关。海杂波的动态范围可达 40dB 以上。海杂波概率分布也可以用高斯分布来表示,其幅度概率密度分布符合瑞利分布。但是随着雷达分辨力的提高,人们发现海浪杂波的概率分布出现了更长的拖尾,其概率分布偏离高斯分布,其幅度概率密度函数需要采用对数正态(Log - Normal)分布、韦布尔(Weibull)分布和 K 分布等非高斯模型。

海杂波的功率谱与多种因素有关,短时谱的峰值频率与海浪的轨迹有关。逆风时,峰值频率为正;顺风时,峰值频率为负;侧风时,峰值频率降为 0。其谱中心随着风向在零频率附近左右摇摆,其平均多普勒频移可以认为是 0。海杂波的功率谱也可以用均值为 0

的高斯型功率谱表示,其标准离差 σ_v 在 0.46m/s ~ 1.1m/s 之间。

(三) 气象杂波和箔条杂波

云、雨和雪的散射回波称为气象杂波,它是一种体杂波,它的强度与雷达天线波束照射的体积、信号的距离分辨力,以及散射体的性质有关。从散射体性质来说,非降雨的云强度最小,从小雨、中雨到大雨,气象杂波强度逐渐增大。因为气象杂波是由大量微粒的散射形成的,所以杂波幅度分布一般符合高斯分布。气象杂波的功率谱也符合高斯分布模型,但由于风的作用,其功率谱中含有一个与风向、风速有关的平均多普勒频移,其标准离差 σ_v 在 1m/s ~ 4m/s 之间。

人工施放的箔条云在高空会停留一段时间,其对应的箔条杂波的特性与雨杂波类似,箔条杂波的标准离差 σ_v 在 0.4m/s ~ 1.2m/s 之间。

三、动目标显示处理的基本原理

动目标显示(Moving Target Indication,MTI)的基本含义:基于运动目标回波多普勒信息提取,从而来区分运动目标和固定目标,抑制杂波,检测运动目标。

(一) 杂波对消处理原理

根据前面的分析,相参检波器输出的回波信号时域波形如图 6 – 3 – 5 所示,频谱示意图如图 6 – 3 – 6 所示。

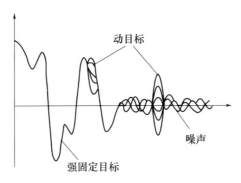

图 6 – 3 – 5　相参检波器输出回波信号时域波形

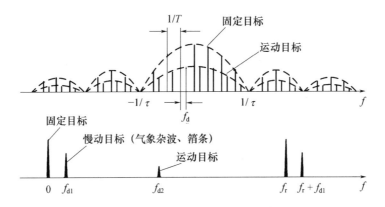

图 6 – 3 – 6　相参检波器输出回波信号频谱示意图

因为固定目标回波的多普勒频移为 0,慢速运动杂波中所含的多普勒频移也多集中在零频附近,它们的回波经相位检波后,信号的相位将不随时间变化或随时间缓慢变化,反映在幅度上则为其幅度不随时间变化或随时间缓慢变化。相反,运动目标回波经相位检波后,由于其相位随时间快速变化,反映在幅度上也是随时间快速变化。因此,动目标显示最直观的想法就是采用对消器,若将同一距离单元在相邻重复周期内的相位检波输出作相减运算,则固定目标回波由于其幅度和相位没有变化而被完全互相对消,慢速杂波也将得到很大程度的衰减,只有运动目标回波,由于其幅度和相位随时间的快速变化,因此作相减运算后仍可得以保留。这就是 MTI 对消处理的基本原理。MTI 一次对消器原理图如图 6 - 3 - 7 所示。

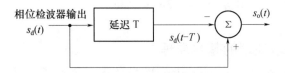

图 6 - 3 - 7 MTI 一次对消器原理图

下面从数学上分析 MTI 的基本原理。对乘性相位检波模型,由式(6 - 3 - 6),相邻重复周期的相位检波输出相减后得

$$
\begin{aligned}
s_{\mathrm{o}}(t) &= s_{\mathrm{d}}(t) - s_{\mathrm{d}}(t - T) \\
&= \frac{K}{2} U_{\mathrm{c}} U_{\mathrm{r}} \cos\left(\frac{2R_0\omega_0}{c} + 2\pi f_{\mathrm{d}} t\right) - \frac{K}{2} U_{\mathrm{c}} U_{\mathrm{r}} \cos\left[\frac{2R_0\omega_0}{c} + 2\pi f_{\mathrm{d}}(t - T)\right] \\
&= K U_{\mathrm{c}} U_{\mathrm{r}} \sin\frac{\omega_{\mathrm{d}} T}{2} \sin\left[\omega_{\mathrm{d}}\left(t - \frac{T}{2}\right) + \frac{2R_0\omega_0}{c}\right]
\end{aligned}
$$

$$(6 - 3 - 12)$$

式中:$\omega_{\mathrm{d}} = 2\pi f_{\mathrm{d}}$ 为多普勒角频率。

由于脉冲串仅在 $nT + t_{\mathrm{r}} \leqslant t \leqslant nT + t_{\mathrm{r}} + \tau$ 范围内存在,t_{r} 为开始那个周期内,回波脉冲相对发射起始的时延,τ 为脉冲宽度。由于脉冲宽度 τ 很小,实际上可以认为式 (6 - 3 - 13) 中的 $s_{\mathrm{o}}(t)$ 是一个仅仅在 $t = nT + t_{\mathrm{r}}$ 时刻取值的离散信号,即

$$
\begin{aligned}
s_{\mathrm{o}}(t) &= K U_{\mathrm{c}} U_{\mathrm{r}} \sin\frac{\omega_{\mathrm{d}} T}{2} \sin\left[\omega_{\mathrm{d}}(nT + t_{\mathrm{r}}) - \frac{\omega_{\mathrm{d}} T}{2} + \frac{2R_0\omega_0}{c}\right] \\
&= K U_{\mathrm{c}} U_{\mathrm{r}} \sin\frac{\omega_{\mathrm{d}} T}{2} \sin\left[\omega_{\mathrm{d}}\left(n - \frac{1}{2}\right)T + \omega_{\mathrm{d}} t_{\mathrm{r}} + \frac{2R_0\omega_0}{c}\right] \quad (6 - 3 - 13) \\
&= K U_{\mathrm{c}} U_{\mathrm{r}} \sin\frac{\omega_{\mathrm{d}} T}{2} \sin\left[\omega_{\mathrm{d}}\left(n - \frac{1}{2}\right)T + \varphi_0\right]
\end{aligned}
$$

式中:$\varphi_0 = \omega_{\mathrm{d}} t_{\mathrm{r}} + (2R_0\omega_0)/c$ 为一固定相位。

由式(6 - 3 - 13)可见,一次对消器输出为一频率为 ω_{d} 的正弦信号,振幅中含有 $\sin(\omega_{\mathrm{d}} T/2)$ 因子。因此,若 $\omega_{\mathrm{d}} = 0$,则对消器无输出;ω_{d} 小,则输出正弦波幅度也小;ω_{d} 大,其输出振幅也就大。

相消设备也可以从频率域滤波器的观点来说明,而且为了得到更好的杂波抑制性能,常从频率域设计较好的滤波器来达到。下面求出相消设备的频率响应特性。根据图

$6-3-7$,滤波器的输入输出关系 $s_o(t) = s_d(t) - s_d(t-T)$,式子两边进行傅里叶变换,有

$$s_o(f) = s_d(f)(1 - e^{-j2\pi fT}) \qquad (6-3-14)$$

则网络的频率响应特性为

$$|H(f)| = \left|\frac{S_o(f)}{S_d(f)}\right| = |1 - e^{-j2\pi fT}| = 2|\sin\pi fT| \qquad (6-3-15)$$

如图 $6-3-8$ 所示,相消设备等效于一个梳齿形滤波器,其频率特性在 $f = nf_r$ 各点均为 0。固定目标频谱的特点是,谱线位于 nf_r 点上,因而在理想情况下,通过梳齿滤波器后输出为 0。当目标的多普勒频移为重复频率整数倍时,其频谱结构也有相同的特点,故通过上述梳状滤波器后无输出。

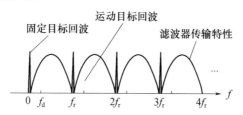

图 $6-3-8$ 频域杂波抑制原理图

在实际工作中,雷达所面临的杂波均属于分布杂波,海浪和树林包含内部运动,云雨和箔条具有慢速的运动。这样就带来两个问题,一是杂波功率谱不是单根谱线,存在一定频谱宽度;二是杂波功率谱不完全位于零频率处,而是具有一个小的多普勒频移。

解决第一个问题需要多级对消,将杂波抑制滤波器的"凹口"加宽。例如,图 $6-3-9$ 所示的二次相消杂波抑制滤波器,其梳齿滤波特性阻带变宽了,对提高杂波抑制性能是有利的。

解决第二个问题需要利用慢动杂波抑制滤波器。其基本方法是,设法通过试探或者实际测量,寻找到慢动杂波谱线的位置,然后采用混频的方法进行频谱搬移,将慢动杂波移到零频率处,此时再用固定杂波抑制滤波器即可。

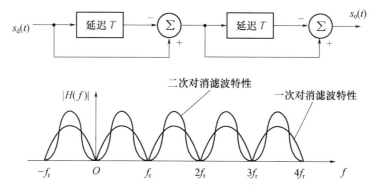

图 $6-3-9$ 二次对消杂波抑制滤波器及其幅频特性

(二) 盲相、盲速及消除

1. 盲相

在对消输出表达式(6-3-13)中,如果在某些点的相位满足

$$\omega_{\mathrm{d}}\left(n - \frac{1}{2}\right)T + \varphi_0 = m\pi \ (m \text{ 为整数}) \qquad (6-3-16)$$

这时,即使 ω_{d} 不为0,对消滤波器的输出也为0,雷达无法发现目标,这种情况称为盲相。当杂波较弱时,式(6-3-16)中的 n 值为离散孤立点,这种盲相称为点盲相;若杂波较强或其他原因,可能使 n 值不再是离散孤立点,而形成连续点,从而造成连续的盲相。连续盲相出现原因可能有以下两种:一是有较强杂波,且 MTI 接收机限幅,使运动目标回波的合成矢量变成端点在限幅电平圆的一小段弧上来回摆动的矢量。同样,杂波合成矢量也在限幅电平圆上摆动,当固定杂波的相位不同时,所占弧的位置不同,造成差矢量在任何时候都差不多垂直于水平轴,对消器输出几乎为0,从而形成连续盲相。二是运动目标这时正以最佳速度运动,即 $f_{\mathrm{d}} = \dfrac{f_{\mathrm{r}}}{2}$,且固定目标矢量与基准相位方向接近正交,这时即发生连续盲相。

2. 盲相的消除

在 MTI 系统中,消除盲相的有效方法是采用正交双通道处理技术,即采用正交相位检波,分别输出两路正交信号,并对两路正交信号分别进行对消处理,最后对两路正交信号进行求模计算,得到对消输出视频信号。

经过正交相位检波后,两路输出信号分别为

$$s_{\mathrm{d}I}(t) = U\cos(2\pi f_{\mathrm{d}}t - \varphi_0), s_{\mathrm{d}Q}(t) = U\sin(2\pi f_{\mathrm{d}}t - \varphi_0) \qquad (6-3-17)$$

对 I、Q 双通道经过一次对消后的输出分别为

$$s_{oI}(t) = 2U\sin(\pi f_{\mathrm{d}}T)\sin\left[2\pi f_{\mathrm{d}}\left(t - \frac{T}{2}\right) - \varphi_0\right]$$

$$s_{oQ}(t) = 2U\sin(\pi f_{\mathrm{d}}T)\cos\left[2\pi f_{\mathrm{d}}\left(t - \frac{T}{2}\right) - \varphi_0\right] \qquad (6-3-18)$$

对两通道输出进行求模运算后,对消器的视频输出为

$$s_o(t) = \sqrt{s_{oI}^2(t) + s_{oQ}^2(t)} = 2\sqrt{2}\,U\sin(\pi f_{\mathrm{d}}T) \qquad (6-3-19)$$

这样,输出就与相位没有关系,从而解决了盲相问题。同时,因为输出视频信号不随时间作余弦变化,因此,输出信号平均能量也有所增大。单通道与双通道处理相比,在性能上将有 3dB 的损失。

3. 盲速

在对消输出表达式(6-3-13)中,如果在某些点满足 $f_{\mathrm{d}} = n/T$,而 $n = 0,1,2,\cdots$,时,运动目标在对消器输出端没有信号输出。当 $n = 0$ 时,$f_{\mathrm{d}} = 0$,对应固定目标,对消器无输出是所希望的。与此同时,径向速度为0的运动目标回波也被抑制,这是不可避免的,但在 $n = 1,2,\cdots$ 时,具有这些多普勒频移($f_{\mathrm{d}} = nf_{\mathrm{r}}$)的目标,在对消器输出端也没有输出,因而,称对应这些多普勒频移的目标径向运动速度为盲速,记为 $v_{\mathrm{r}0}$,即

$$v_{\mathrm{r}0} = \frac{\lambda}{2} \cdot \frac{n}{T} = \frac{\lambda}{2}nf_{\mathrm{r}} \qquad (6-3-20)$$

可见,盲速是目标在一个重复周期的位移恰好等于 $\lambda/2$(或其整数倍)的速度。这时相邻重复周期的回波初相的相位差 $\Delta\varphi$ 是 2π(或其整数倍),所以从 MTI 雷达相位检波器输出的视频脉冲幅度相等,对消后 $s_o(t)=0$。

通常,解决盲速问题的基本方法是设法提高第一盲速的值,使目标范围内无盲速,由于 $v_{r0}=\lambda f_r/2$,可见提高第一盲速意味着加大波长 λ 或提高 f_r,但提高 λ 或 f_r 还要受到一系列因素的限制,不能随意加大。例如,$\lambda=0.1\mathrm{m}$,$v_{rmax}=700\mathrm{m/s}$,则 $f_{dmax}=2v_{rmax}/\lambda=14$(kHz)。显然,选择 $f_r>f_{dmax}$ 将使不模糊探测距离小于 12km,这对警戒雷达来说是不允许的。一般可以采用多种重复频率参差,把第一盲速提高到某一范围之外。如果第一盲速已经高于实际目标的最高速度,则盲速问题可算解决了。假设采用最简单的两种重复频率参差,根据式(6-3-13),在使用两种重复频率 f_{r1} 和 f_{r2} 时,一次对消器的输出脉冲包络的振幅分别为

$$2U_r\sin\left(\pi\frac{f_d}{f_{r1}}\right) \text{ 及 } 2U_r\sin\left(\pi\frac{f_d}{f_{r2}}\right)$$

经过多个重复周期平均后,合成信号包络振幅的均方值为

$$2U_r\sqrt{\sin^2(\pi f_d/f_{r1})+\sin^2(\pi f_d/f_{r2})}$$

当合成输出为 0 时,相应的速度等效于参差后的“盲速”。假定 $T_1+T_2=T_p$,平均周期 $T_p/2$ 对应的第一盲速为

$$v_{r0}=\frac{\lambda/2}{T_p/2}=\frac{\lambda}{T_p} \qquad (6-3-21)$$

合成的输出信号均方值变为

$$2U_r\sqrt{\sin^2\left(2\pi\frac{v_r}{v_{r0}}\cdot\frac{T_1}{T_p}\right)+\sin^2\left(2\pi\frac{v_r}{v_{r0}}\cdot\frac{T_2}{T_p}\right)}$$

当 $T_1/T_2=m/n$ 时,则 $T_1/T_p=m/(m+n)$,$T_2/T_p=n/(m+n)$,这时要使合成的输出信号为 0,必须根号内的两项同时为 0,条件为

$$2\pi\frac{v_r}{v_{r0}}\cdot\frac{T_1}{T_p}=Km\pi,2\pi\frac{v_r}{v_{r0}}\cdot\frac{T_2}{T_p}=Kn\pi$$

则

$$\frac{v_r}{v_{r0}}=\frac{KmT_p}{2T_{r1}}=\frac{KnT_p}{2T_{r2}}=\frac{K(m+n)}{2}$$

满足此条件的目标运动速度对两个重复频率都是盲速,记此速度为 v'_{r0},则

$$v'_{r0}=v_{r0}\cdot\frac{K}{2}(m+n)=\frac{\lambda}{T_p}\cdot\frac{m+n}{2}\cdot K=m\frac{K\lambda}{2T_1}=n\frac{K\lambda}{2T_2} \qquad (6-3-22)$$

在 $K=1$ 时,第一公共盲速就将为只采用 f_{r1} 时的 m 倍、只采用 f_{r2} 时的 n 倍,这样就把系统的盲速向后推迟了一个范围。推迟的大小取决于 m 和 n 的比值,该比值称为参差比。从上所述,参差比必须为整数,并且不可约。

采用同样的分析方法,可以分析多脉冲参差的情况。假设多脉冲参差比为 $r_1:r_2:\cdots:r_N$,则系统的第一盲速提高的倍数为

$$k = \frac{v'_{r0}}{v_{r0}} = \frac{r_1 + r_2 + \cdots + r_N}{N} \qquad (6-3-23)$$

式中:N 为参差脉冲数;v_{r0} 为系统平均周期对应的盲速。

(三)杂波抑制性能

评价 MTI 杂波抑制性能的指标,通常有以下几种。

1. 改善因子(I)

改善因子的定义是,动目标显示系统输出的信号杂波功率比(S_o/C_o)和输入信号杂波功率比(S_i/C_i)之比值。即

$$I = \frac{S_o/C_o}{S_i/C_i} = \bar{G}\frac{C_i}{C_o} = \frac{N_o}{N_i}\frac{C_i}{C_o} = \frac{C_i/N_i}{C_o/N_o} \qquad (6-3-24)$$

式中:$\bar{G} = S_o/S_i$,S_o 与 S_i 应为在所有可能的径向速度上取平均的信号功率;$\bar{G}$ 为系统对信号的平均功率增益。

因为,系统对不同的多普勒频移响应不同,而目标的多普勒频移将在很大范围内分布,故 $\bar{G}$ 应是对系统的整个频带平均的功率增益。

系统的平均功率增益也等于系统输出噪声功率 N_o 与输入噪声功率 N_i 之比,即系统噪声增益,故改善因子的定义考虑了杂波衰减和噪声增益两方面的影响。

2. 杂波中可见度(SCV)

SCV 定义为在给定检测概率和虚警概率条件下,检测到重叠于杂波上的运动目标时,杂波功率和目标回波功率的比值。杂波中的可见度用来衡量雷达对于重叠在杂波上运动目标的检测能力。一个雷达的杂波中可见度越大,则雷达从杂波中检测运动目标的能力越强。例如,杂波中可见度为 20dB 时,说明在杂波比目标回波强 20dB(功率大至100 倍)的情况下,雷达可以检测出杂波中运动的目标来。

用分贝表示时,杂波可见度比改善因子小一个可见度系数 V_0,即

$$\mathrm{SCV(dB)} = I(\mathrm{dB}) - V_0(\mathrm{dB}) \qquad (6-3-25)$$

因为 SCV 是当雷达输出端的功率信杂比等于可见度系数 V_0 时,雷达输入端的功率信杂比的数值。例如,当 $V_0 = 6\mathrm{dB}$ 时,如果改善因子 $I = 23\mathrm{dB}$,则杂波中可见度为 SCV $= 23\mathrm{dB} - 6\mathrm{dB} = 17\mathrm{dB}$。

杂波中可见度和改善因子都可用来说明雷达信号处理的杂波抑制能力。但是,两部杂波可见度相同的雷达在相同的杂波环境中其工作性能可能差别较大。因为,除了信号处理能力外,雷达在杂波中检测目标的能力还与其分辨单元大小有关。雷达工作时的分辨单元为 $R^2\theta_\alpha\theta_\beta(1/2)c\tau$,其中 θ_α 和 θ_β 为方位角和仰角波束宽度,τ 为脉冲宽度,R 为体分布杂波距雷达的距离。分辨单元越大,也就是雷达分辨力越低,这时进入雷达接收机的杂波功率越强,为了达到分辨目标所需的信杂比,就要求雷达的改善因子或杂波中可见度进一步提高。

四、机载动目标显示(AMTI)

机载预警雷达在通过合成孔径成像方式获得地面静止目标的高分辨力图像的同时,还需要检测地面慢速运动的目标。慢速运动目标的信息对军事侦察有着非常重要的意

义,通过它可以了解敌方军事部署和军事调动情况。但合成孔径成像处理仅与静止目标的回波匹配,而对慢速运动目标是失配的。也就是说,只采用SAR处理不能有效地检测运动目标,因此必须要有专门的处理方法来检测和定位运动目标,并将其显示在SAR地图上。在侦察机或战术歼击机、轰炸机上用来检测地面慢速运动的车辆。

机载动目标检测处理遇到的主要问题是,雷达平台的快速运动引起杂波频谱的多普勒频移和严重展宽。杂波的多普勒频移需要通过多普勒频移补偿技术来克服。普通脉冲多普勒雷达采用低副瓣天线,只能检测落在无杂波区或副瓣杂波区的快速目标,而对落入主杂波区的地面慢速运动目标却无能为力。慢速运动目标的回波与主杂波混叠在一起,不容易被检测和定位。

目前已有偏置相位中心天线DPCA(Displaced Phase Center Antenna)技术和空时自适应处理技术STAP(Space Time Adaptive Processing)可用来检测慢速运动目标。但是前者要求雷达的重复频率、平台速度等参数之间有一固定的关系,这不利于雷达系统的设计;后者虽然具有良好的性能潜力,但硬件系统复杂,另外由于平台的运动,雷达的环境在不断变化,从而很难收敛到最优权值。

20世纪90年代前后,出现了一种干涉对消处理技术,它采用两个子孔径天线,子孔径天线的输出可根据雷达的工作状态实时调整,较好地解决慢速运动目标的检测问题。该方法所需要的硬件设备较小,信号处理形式基本上是开环处理,没有迭代的过程,因而工程容易实现,环境适应性强。美国对地攻击能力最强的机载火控雷达APG-79已采用了这一技术。

下面主要介绍已经得到实际应用的干涉动目标检测技术和DPCA技术的基本原理。

(一) 干涉动目标检测技术

假设雷达平台的运动速度为 V,目标的径向速度为 V_t,雷达天线的方位指向与平台运动方向的夹角为 α,天线俯仰角为 β;雷达天线为平板裂缝天线,发射时采用整个天线,接收时分为两个子天线,子天线相位中心间距为 d;目标偏离天线的方位指向角为 α_t,与目标处在同一距离门、多普勒门的杂波偏离天线的方位指向角为 α_c,并且满足 $|\alpha_t| \ll 1\text{rad}$,$|\alpha_c| \ll 1\text{rad}$;目标和杂波均有相同的俯仰角 β。雷达脉冲重复频率满足主杂波在距离维和多普勒频移维不重叠。目标、杂波和雷达波束的几何关系如图6-3-10所示。

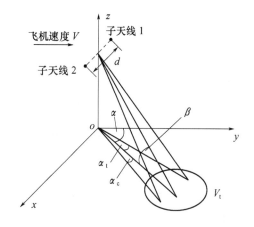

图6-3-10 目标、杂波和雷达波束的几何关系

令 f_{dc} 为杂波多普勒频移,f_{dt} 为目标多普勒频移,那么经过主杂波归一化后的杂波多普勒频移为

$$f_{dc} = \frac{2}{\lambda}V\cos(\alpha + \alpha_c)\cos\beta - \frac{2}{\lambda}V\cos\alpha\cos\beta \approx -\frac{2}{\lambda}V\sin\alpha\cos\beta \quad (6-3-26)$$

经过主杂波归一化后的目标多普勒频移为

$$f_{dt} = \frac{2}{\lambda}V\cos(\alpha + \alpha_t)\cos\beta + \frac{2}{\lambda}V_t - \frac{2}{\lambda}V\cos\alpha\cos\beta$$

$$\approx -\frac{2}{\lambda}V\alpha_t\sin\alpha\cos\beta + \frac{2}{\lambda}V_t \tag{6-3-27}$$

由 $f_{dc} = f_{dt}$ 得

$$\alpha_c = \alpha_t - \frac{V_t}{V\sin\alpha\cos\beta} \tag{6-3-28}$$

而杂波和目标的回波信号到两个子天线的相位差分别为

$$\varphi_c = \frac{2\pi}{\lambda}d\sin\alpha_c \approx \frac{2\pi}{\lambda}d\alpha_c \tag{6-3-29}$$

$$\varphi_t = \frac{2\pi}{\lambda}d\sin\alpha_t \approx \frac{2\pi}{\lambda}d\alpha_t \tag{6-3-30}$$

在 t 时刻,两个子天线接收到的多普勒频移为 f_{dc}、f_{dt} 的回波信号分别为

$$x_1(t) = \left[A_t e^{j\phi_t}e^{j2\pi f_{dt}t} + A_c e^{j\phi_c}e^{j2\pi f_{ct}t} + n_1(t) \right](1 + \Delta A_1)e^{j\Delta\phi_1} \tag{6-3-31}$$

$$x_2(t) = \left[A_t e^{j\phi_t}e^{j2\pi f_{dt}t}e^{j\phi_t} + A_c e^{j\phi_c}e^{j2\pi f_{ct}t}e^{j\phi_c} + n_2(t) \right](1 + \Delta A_2)e^{j\Delta\phi_2} \tag{6-3-32}$$

式中:A_t、ϕ_t、A_c、ϕ_c 分别为目标和杂波的幅度和初始相位;n_1、n_2 为两通道的噪声;ΔA_1、$\Delta\phi_1$、ΔA_2、$\Delta\phi_2$ 分别为两通道的幅度和相位偏离标准的程度。

干涉处理技术的原理是,接收天线 1 的输出信号与经过加权后的接收天线 2 的输出信号相消,则最后的输出信号为

$$x = x_1 - Wx_2 \tag{6-3-33}$$

W 是加权值,表示为

$$W = e^{-j\varphi_c} = \exp\left(j\frac{\pi df_{dc}}{V\sin\alpha\cos\beta} \right) \tag{6-3-34}$$

式中:子天线的间距 d 可认为是确知的;杂波多普勒频移 f_{dc}、平台运动速度 V、波束方位角 α 和俯仰角 β 是通过估计得到的。

因此,式(6-3-34)估计 W 时存在误差,这样可以令

$$W = \exp\left(j\frac{\pi df_{dc}}{V\sin\alpha\cos\beta} \right)\exp(-j\Delta\varphi_c) \tag{6-3-35}$$

$\Delta\varphi_c$ 为估计误差,其均方误差用 $\sigma_{\Delta\varphi_c}$ 表示,它与主杂波多普勒频移的估计误差、天线指向与平台运动方向方位夹角和俯仰夹角的估计误差、以及平台运动速度估计误差有关。

这里的干涉对消处理只在主杂波附近实施,对副瓣杂波区不进行干涉对消,因此,最大的单边 f_{dc} 可取为主杂波宽度,即

$$\text{Max}(f_{dc}) = \left| \frac{2}{\lambda}V\sin\alpha\cos\beta\Delta\theta_{3dB} \right| \tag{6-3-36}$$

式中:$\Delta\theta_{3dB}$ 为对应于每个接收子天线的方位波束宽度。

式(6-3-31)、式(6-3-32)、式(6-3-33)、式(6-3-35)经过整理,可得相消处理后的输出信号为

$$x \approx A_t e^{j\varphi_t} e^{j2\pi f_{dt} t} \left[1 - e^{j(\varphi_t - \varphi_c)} \right] + A_c e^{j\varphi_c} e^{j2\pi f_{ct} t} \tag{6-3-37}$$
$$\times (\Delta A_1 + j\Delta\phi_1 - \Delta A_2 - j\Delta\phi_2 + j\Delta\varphi_c) + n_1(t) + n_2(t)$$

输出信号与杂波加噪声之比为

$$\left(\frac{S}{C+N}\right)_{干涉对消} = \frac{4(S/N)\sin^2\left(\frac{\pi d V_t}{\lambda V \sin\alpha\cos\beta}\right)}{(C/N)(2\Delta A^2 + 2\Delta\varphi^2 + \sigma_{\Delta\varphi_c}^2) + 2} \tag{6-3-38}$$

式中:ΔA、$\Delta\phi$、$\sigma_{\Delta\varphi_c}$分别为ΔA_i、$\Delta\phi_i$、$\Delta\varphi_c$的均方差。可见,当ΔA、$\Delta\phi$、$\sigma_{\Delta\varphi_c}$较小时,杂波可以得到很大程度的对消。

(二) DPCA 技术

DPCA 技术的原理是,子天线 1 的输出经过延迟后与子天线 2 的输出相消,相消后的输出为$x = x_1(t-T) - x_2(t)$,其中,T是脉冲重复周期。为达到对消杂波的目的,需要满足

$$\varphi_c + 2\pi f_{dc} T = 0 \tag{6-3-39}$$

于是可得

$$T = \frac{d}{2V \sin\alpha\cos\beta} \tag{6-3-40}$$

由于d和V是固定的,所以T必须随扫描角变化。当$|\alpha| \to 0°$时,$T \to \infty$,这在实际工作中是难以满足的。同时,根据式(6-3-40)估计脉冲重复周期T也存在误差ΔT,由此产生的相位差为$2\pi f_{dc}\Delta T$。可见,相消处理后的输出信号为

$$x \approx A_t e^{j\varphi_t} e^{j2\pi f_{dt} t} \left[e^{j\varphi_c} - e^{j\varphi_t} \right] + A_c e^{j\varphi_c} e^{j2\pi f_{ct} t} \tag{6-3-41}$$
$$\times (\Delta A_1 + j\Delta\varphi_1 + j2\pi f_{dc}\Delta T - \Delta A_2 - j\Delta\phi_2) + n_1(t) + n_2(t)$$

输出信号与杂波加噪声之比为

$$\left(\frac{S}{C+N}\right)_{DPCA} = \frac{4(S/N)\sin^2\left(\frac{\pi d V_t}{\lambda V \sin\alpha\cos\beta}\right)}{(C/N)\left[2\Delta A^2 + 2\Delta\varphi^2 + (2\pi f_{dc}\sigma_T)^2\right] + 2} \tag{6-3-42}$$

比较式(6-3-42)和式(6-3-38)可以看出,两者基本是一致的,唯一差别是参数估计误差所导致的相位差不同,可以证明它们实际上是很接近的。

上述结论同样适用于采用相控阵天线的雷达系统。与 DPCA 相比,干涉对消最大的优点是雷达使用的波形设计比较自由,不像 DPCA 那样受到严格控制,因此,采用干涉对消处理的雷达系统更多一些。

第四节　脉冲多普勒信号处理

20 世纪 60 年代以来,为了解决机载雷达的下视强地物杂波抑制难题,在动目标显示雷达的基础上发展起来了一种新型雷达体制,即脉冲多普勒(Pulse Doppler,PD)雷达。这种雷达具有脉冲雷达的距离分辨力和连续波雷达的速度分辨力,能进行频域的滤波和检测,有更强的抑制杂波的能力,能在较强的杂波背景中分辨出运动目标回波,尤其适用于机载、星载和弹载等运动平台。

一、机载脉冲多普勒雷达基本概念

PD 雷达是利用多普勒效应检测目标信息的脉冲雷达。关于 PD 雷达的定义,1970 年 M. I. Skolnik 在《雷达手册》中有如下的描述。

PD 雷达应具有如下三点特征:

(1) 具有足够高的脉冲重复频率(PRF),以致不论杂波或所观测的目标都没有多普勒模糊。

(2) 能够实现对脉冲串频谱单根谱线的频域滤波。

(3) 由于脉冲重复频率很高,对观测的目标产生距离模糊。

近年来,关于 PD 雷达的概念有所延伸,上述定义描述仅适用于高 PRF 的 PD 雷达。20 世纪 70 年代中期,中 PRF 的 PD 雷达研制成功并迅速得到广泛应用。这种雷达的 PRF 虽比普通雷达高,但不足以消除速度模糊;其 PRF 虽比高 PRF 的 PD 雷达要低,但又不足以消除距离模糊。它是距离和速度都产生模糊的 PD 雷达。

动目标检测(MTD)雷达是由线性动目标显示对消电路加窄带多普勒滤波器组所组成,通常用低 PRF 工作,因而没有距离模糊,但又在频域上进行滤波,具有速度选择能力,因而也可以认为其属于低 PRF 的 PD 雷达。

显然无论中 PRF,还是低 PRF 的 PD 雷达都不能满足 Scolnik 对 PD 雷达所规定的全部三个条件,但都能满足其中的第二个条件,即实现频域滤波。因此,可以说能够实现对脉冲串频谱的单根谱线滤波,并对目标具有速度分辨能力的雷达均称为 PD 雷达。

二、PD 雷达的地杂波频谱

脉冲多普勒雷达实质上是根据运动目标回波与杂波背景在频域中的频谱差别,在频域—时域分布相当宽广,且功率相当强的背景杂波中检测有用目标的。从原理上讲脉冲多普勒雷达相当于一种高精度、高灵敏度和多个距离通道的频谱分析仪,杂波频谱的形状和强度决定着雷达对不同多普勒频移目标的检测能力,因此,研究脉冲多普勒雷达的杂波频谱特性具有十分重要的意义。

(一) PD 雷达的信号和杂波频谱

图 6-4-1 示出了机载下视 PD 雷达的典型情形。图中,v_R 为载机地速,φ 为地速矢

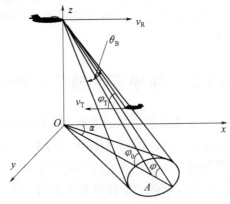

图 6-4-1　机载 PD 雷达下视工作示意图

量与地面一小块杂波区 A 之间的夹角,φ_0 为地速矢量与主波束方向之间的夹角,α 为波束视线与飞机速度矢量之间的方位角,v_T 为目标飞行速度,φ_T 为目标飞行方向与雷达和目标间视线夹角。

通常,机载 PD 雷达可以观测到飞机、汽车、坦克、轮船等离散目标和地物、海浪、云雨等连续目标。假若雷达发射信号形式为均匀的矩形射频相参脉冲串信号,则该矩形脉冲串信号的频谱是由它的载频频率 f_0 和边频频率 $f_0 \pm n f_r$(n 是整数)上的若干条离散谱线所组成,其频谱包络为 sinc 函数形式,如图 6-4-2 所示。

由于机载雷达装设在运动的平台上,即随载机的运动而运动,即使固定的反射物,也因反射点相对速度不同而产生不同的多普勒频移。机载下视 PD 雷达与地面之间存在相对运动,再加上雷达天线方向图的影响,使 PD 雷达地面杂波的频谱被这种相对运动的速度所展宽,而且频谱形状也发生了显著的的变化,这种显著的变化,就是地面杂波被分为主瓣杂波区、旁瓣杂波区和高度线杂波区。

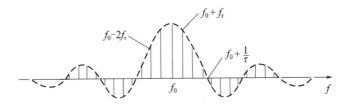

图 6-4-2　由 N 个脉冲构成的相参脉冲串频谱

由于一个孤立的目标对雷达发射信号的散射(调制)作用所产生的回波信号的多普勒频移,正比于雷达与运动目标之间的径向速度 v,所以当雷达的地速为 v_R,地速矢量与地面一小块地面(面积为 A)之间的夹角为 φ 时,其多普勒频移为

$$f_d = \frac{2v_R}{\lambda}\cos\alpha\cos\varphi$$

显然,随着地块位置的不同,φ 角的不同,多普勒频移也不相同,且多普勒频移有一个范围,理论上,$f_{dA} \in [-2v_R/\lambda, 2v_R/\lambda]$。

图 6-4-3 即表示一个水平运动的机载雷达所产生的地面杂波和动目标回波的无折叠频谱分布。PD 雷达一般只利用回波频谱中的一根谱线,通常是图 6-4-3 中所示载频 f_0 附近信号能量最强的那根,即利用回波信号通过接收机单边带滤波后的频谱,如图 6-4-4所示。

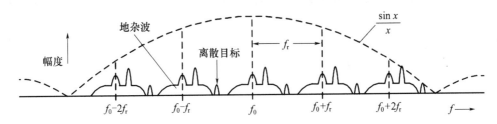

图 6-4-3　机载 PD 雷达回波频谱

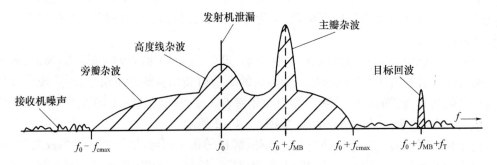

图 6-4-4　机载 PD 雷达回波在载频附近的频谱分量

（二）主瓣杂波

PD 雷达天线方向图采用针状波束时,天线的主波束在某一时刻照射地面时是照射一个地面区域,在此区域内各同心圆距离环带地面相对载机有着不同的方向 φ。因此,那些不同的环带地面相对载机具有不同的径向速度,并分别相应地产生杂波,这些杂波的总和就构成了主瓣杂波。其多普勒中心频率(即主波束中心 φ_0 处对应的多普勒频移)为

$$f_{MB} = f_d(\varphi_0) = \frac{2v_R}{\lambda}\cos\alpha\cos\varphi_0 \qquad (6-4-1)$$

假设天线主波束的宽度为 θ_B,则主瓣杂波的边沿位置间的最大多普勒频移差值为

$$\Delta f_{MB} = f_d\left(\varphi_0 - \frac{\theta_B}{2}\right) - f_d\left(\varphi_0 - \frac{\theta_B}{2}\right) = \left|\frac{\partial f_d}{\partial\alpha}\right|\Delta\alpha = \left|\frac{2v_R}{\lambda}\sin\alpha\cos\varphi_0\right|\theta_B$$

$$(6-4-2)$$

Δf_{MB} 就是由波束主瓣宽度 θ_B 引起的多普勒频带宽度。式(6-4-2)表明由 θ_B 引起的主瓣杂波多普勒频带随着天线扫描位置的不同而改变。当天线波束照射正前方,$\alpha = 0°$ 时,主杂波频宽 Δf_{MB} 趋于 0。而当 $\alpha = 90°$ 时,频谱宽度最宽,可用 $\Delta f_{MB} = (2v_R/\lambda)\theta_B$ 来估计最坏情况下的主杂波频谱宽度。频带的包络取决于天线波束的形状,波束中心所对应的杂波强度最大。在用高 PRF 工作时,主杂波频带展宽后占 PRF 的一小部分,故在滤波前不需要特别补偿。

主瓣杂波的强度与发射机功率、天线主波束的增益、地物对电磁波的反射能力、载机与地面之间的高度等因素有关,其强度可以比雷达接收机的噪声强 70dB ~ 90dB。机载PD 雷达的主瓣杂波的频谱与天线主波束的宽度 θ_B、方向角 φ_0、载机速度 v_R、发射信号波长 λ、发射脉冲重复频率 f_r 及回波脉冲串的长度、天线扫描的周期变化、地物的变化等因素有关。例如,由于天线波束扫描地面时,方位角 α 通常处在不断变化的状态,并且受 $|\cos\varphi_0| \leqslant 1$ 的限制,所以,主瓣杂波的多普勒中心频率 f_{MB} 也在不断变化,变化范围在 $\pm 2v_R/\lambda$ 之内。当方位角在 $\pm 70°$ 范围内变化时,主瓣杂波频谱随方位角扫描的变化规律如图 6-4-5 所示。

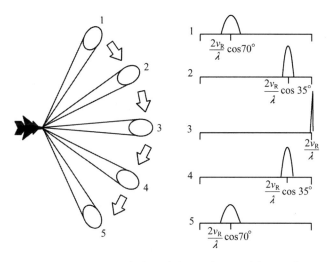

图 6 - 4 - 5　主瓣杂波频谱随方位角扫描的变化规律

（三）旁瓣杂波

天线的若干个旁瓣波束照射到地面上时产生的回波,就构成旁瓣杂波。如图6 - 4 - 4 所示,旁瓣杂波不像主瓣杂波功率那么集中,而是覆盖很宽的频带。原因在于,天线的旁瓣几乎覆盖了所有的空间立体角,所以无论天线的视角如何,几乎前向和后向所有角度（φ 的范围为 $0° \sim 180°$）都存在天线旁瓣的照射。设旁瓣波束照射到的地面某点与地速 v_R 的夹角为 φ,其多普勒频移则为 $f_d = \dfrac{2v_R}{\lambda}\cos\varphi（\alpha = 0°$时）,由于 φ 的变化范围大,若设旁瓣杂波区的多普勒频移范围为 $\pm f_{cmax}$,则

$$f_{cmax} = \frac{2v_R}{\lambda} \qquad (6 - 4 - 3)$$

因此,旁瓣杂波的多普勒频谱以载频 f_0 为中心,在 $f_0 \pm \dfrac{2v_R}{\lambda}$ 范围分布。雷达天线的旁瓣波束增益通常要比它的主波束增益低得多,旁瓣杂波的强度也与载机的高度、地物的反射特性、载机的速度、天线的参数等有关,因此旁瓣杂波的增益明显小于主瓣杂波增益,而且在其分布范围内也不完全均匀,一般远离载频处的杂波较弱。

当 PD 雷达不运动时,旁瓣杂波与主瓣杂波在频域上相重合;当 PD 雷达运动时,旁瓣杂波与主瓣杂波就分布在不同的频率上。也就是说,用多普勒频移 f_{cmax} 来描述机载 PD 雷达的地面杂波时,因为主波束的方向角与旁瓣波束的方向角是不等值的,所以在频域上的主瓣杂波与旁瓣杂波是不同的。此外,因为在某一时刻主波束的方向角与旁瓣波束的方向角数值不相等,往往使它们所探测到的地物也不相同,回波也就不相同;即使地物相同,由于主波束增益与旁瓣波束增益不相同,它们的回波强度也有显著的差别。

（四）高度线杂波

当天线方向图中的某个旁瓣垂直照射地面时,即 $\varphi = 90°$,旁瓣杂波的多普勒频移 $f_d = 0$。通常,把机载下视 PD 雷达的地面杂波中 $f_d = 0$ 位置上的杂波叫做高度线杂波。由于副瓣有一定的宽度,故高度线杂波也占有相应的频宽。高度线杂波与发射机泄漏相重

合(发射机泄漏不存在多普勒频移),且高度线杂波虽由副瓣产生,但距离近,加之垂直反射强,所以在任何时候,在零多普勒频移处总有一个较强的杂波。

(五) 无杂波区

通过适当选择雷达发射信号的脉冲重复频率 f_r,使得其地面杂波既不重叠也不连接,从而出现了无杂波区。也就是,在无杂波区中,其频谱中不可能有地面杂波,只有接收机内部热噪声的部分。

在图 6-4-1 中,当目标处于主波束照射之下,具有速度 v_T, v_T 与雷达和目标间视线的夹角为 φ_T,则其回波多普勒频移为

$$f_{MB} + f_T = f_{MB} + \frac{2v_T}{\lambda}\cos\varphi_T$$

是否出现无杂波区,不但取决于脉冲重复频率 f_r,而且与载机速度 v_T 和发射信号的波长 λ 有关。通常,PD 雷达的发射信号总是矩形脉冲,回波脉冲串信号总是受到天线方向图的调制,地物回波形成的杂波在频率轴上总是以 sinc 函数为包络,以发射脉冲重复频率为间隔而重复出现的离散谱线系列所构成。其中每一条谱线的形状受天线照射时间(与脉冲重复频率一起决定回波脉冲串长度)及天线方向图扫描两者双重调制,并与地面上物体的反射特征有关。考虑地面杂波的随机性,在通常情况下,会使每条谱线的形状展宽为高斯曲线形状。PD 雷达回波信号的频谱中既有目标的多普勒信号频谱,又有目标环境中产生的脉冲多普勒杂波频谱,它们两者均与相应的多普勒频移及其距离因素有关。

图 6-4-6 给出了无杂波区随天线方位角变化的情况。方位角是指目标视线与速度矢量夹角的水平投影。该图以主瓣杂波为基准,即主瓣照射点相对速度为 0。横坐标表示天线扫描方位角,纵坐标表示目标径向速度与载机地速之比,接近速度表示目标向雷达站飞行,离去速度表示目标背离雷达站飞行,φ_T 表示目标速度矢量与雷达视线之间的夹角。可从图 6-4-6 中根据天线波束扫描角和目标的相对径向速度确定目标谱线处于副瓣杂波区还是无杂波区。例如,若天线方位角为 0°,则任一迎头目标($v_T\cos\varphi_T > 0$)都能避开旁瓣杂波;反之,若雷达尾追目标($\varphi_T = 180°$ 和 $\varphi_T = 0°$),则目标的径向速度必须大于雷达速度的 2 倍方能避开旁瓣杂波。

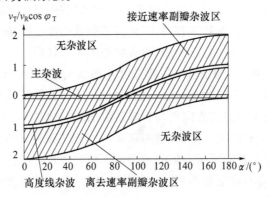

图 6-4-6 杂波区、无杂波区与目标速度和方位角的关系

为了更好地理解载机同目标之间相对速度所造成的多普勒影响,下面进一步分析不同情况下,机载 PD 雷达的目标回波。机载雷达探测的目标大多是低空飞行的飞机或巡

240

航导弹,图 6 - 4 - 7 示出了五种飞行状态的目标回波与杂波谱之间相对位置关系示意图。

目标 1 以 v_{T1} 的速度从飞机的前半球迎面飞来,其回波的多普勒频移为 $\{[2(|v_R| + |v_{T1}|)]/\lambda\}\cos\varphi_T$。通常情况下 φ_T 很小,所以目标 1 的回波频移大于旁瓣杂波的最大频移 $2|v_R|/\lambda$。因此,从频域上看,目标 1 出现在无杂波区。

目标 2 以 v_{T2} 的速度从与载机垂直的方向飞过,由于目标同载机之间的径向速度为 0,其回波的多普勒频移为 $(2|v_R|/\lambda)\cos\varphi_T$。因此,从频域上看,目标 2 正好出现在主杂波区内。

目标 3 以 v_{T3} 的速度与载机同向飞行,且 $|v_R| > |v_{T3}|$,即载机尾追目标且与目标的距离逐渐减小。这时目标 3 回波的多普勒频移为 $\{[2(|v_R| - |v_{T3}|)]/\lambda\}\cos\varphi_T$,其值小于主杂波的多普勒频移 f_{MB},但大于零。因此,目标 3 的谱线位于主杂波和高度线杂波的谱线之间。

目标 4 以 v_{T4} 的速度与载机同向飞行,且 $|v_R| = |v_{T4}|$,即雷达载机与目标的相对速度为 0。因此,目标 4 的谱线与高度线杂波的谱线重合。

目标 5 以 v_{T5} 的速度与载机同向飞行,且 $|v_R| < |v_{T3}|$,即载机尾追目标且与目标的距离逐渐增大。这时目标 5 回波的多普勒频移 $\{[2(|v_R| - |v_{T5}|)]/\lambda\}\cos\varphi_T < 0$,因此,目标 5 的谱线位于高度线杂波的谱线左侧。

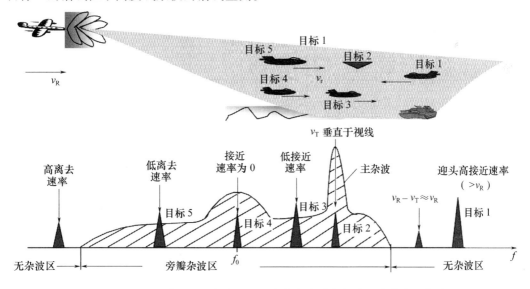

图 6 - 4 - 7　五种飞行状态的目标回波在杂波谱中相对位置关系示意图

三、PD 雷达的组成与工作原理

典型脉冲多普勒雷达的原理框图如图 6 - 4 - 8 所示,在图中包括搜索和跟踪两种状态。搜索状态在单边带滤波器以前用距离门放大器将接收机分成 N 个距离通道,每一个距离通道分别处理来自不同距离分辨单元的目标回波信号。距离选通波门的宽度一般与脉冲宽度相等,因此,距离通道的数目应为 $T_{min}/\tau = N$, T_{min} 为最小重复周期(考虑采用多重复频率判距离模糊时重复频率的变化),τ 为距离分辨单元对应的时宽(通常是发射脉冲的宽度)。每一距离门放大器依次由毗邻的距离波门分别控制。每一距离通道的信号

241

处理包括单边带滤波器、主杂波跟踪滤波器、窄带滤波器组、检波和非相参积累及转换门限检测装置等。搜索状态的系统组成,可以不包括图6-4-8中右下方的速度跟踪环、角跟踪环和距离跟踪环。跟踪状态的系统组成,在圆锥扫描角跟踪情况下对应每一种重复频率只需要一个距离通道,这时距离门放大器的距离波门是距离自动跟踪系统中产生的距离跟踪波门。在单脉冲跟踪时,为了提取角误差信息需要采用和差通道,因此考虑到多脉冲重复频率和采用单脉冲跟踪时跟踪状态的接收机实际上也是多路的,而跟踪通道的接收机在主杂波跟踪滤波以后只包括速度跟踪环、距离跟踪环和角跟踪环,可以不包括窄带滤波器组、检波和非相参积累、转换门限等搜索通道中的设备。图6-4-8中为简便起见,将跟踪通道和搜索通道混合画在一起,应注意识别。

PD雷达中放之前的部分与普通雷达的差别在于:它必须是相参系统,且一般均采用主振放大式发射机。稳定本振必须满足PD要求。采用同一本振作发射机的激励源,这就保证了回波的相参性。下面就图6-4-8中的主要部分加以简要说明。

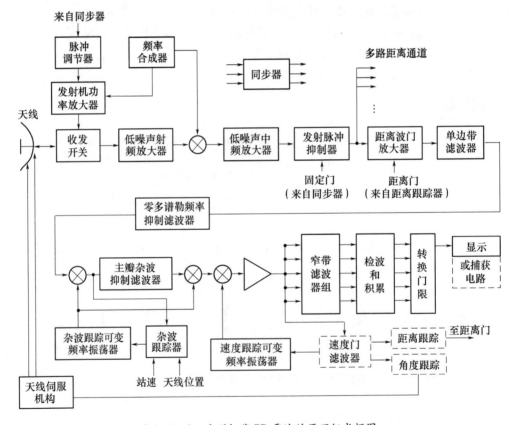

图6-4-8 典型机载PD雷达的原理组成框图

1. 发射脉冲抑制器

发射脉冲抑制器的作用是在发射脉冲期间关掉后面的处理系统,以克服发射机泄漏的影响。

由于收发转换开关通断比有限,发射脉冲仍有泄漏。为降低发射机泄漏功率,使发射机边带噪声不致降低接收机的性能,可采用射频与中频组合消隐的方法,即采用附加时间

242

波门抑制的方法。这时为防止波门谐波处于多普勒带通滤波器(单边带滤波器)中,需采用平衡波门电路,同时使中频通带和脉冲重复频率同步,从而使脉冲重复频率的谐波全部落在通带的有用部分以外。

例如,中频为30MHz,脉冲重复频率为110kHz,则由于波门产生的第272次谐波是29.92MHz,而273次谐波是30.03MHz,处在单边带滤波器的有用通带以内,如图6-4-9所示,这样就会形成干扰。适当选择重复频率和中频可以使波门谐波处在通带以外。

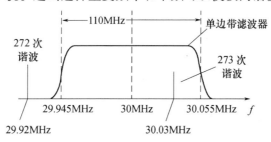

图6-4-9 波门谐波与单边带滤波器

2. 距离波门放大器

距离波门放大器将得到的信号分为若干个支路,每个支路内由对应的距离波门套住,取出相应距离上的回波信号。

由于PD雷达采用了单边带滤波器,它的带宽大约等于重复频率f_r。回波信号通过单边带滤波器以后接近为单一频率的连续波,实际上由于窄带滤波器有一定的带宽,输出信号的时宽接近谱线宽度的倒数,因而破坏了原来脉冲信号的距离信息。为了测距的需要,必须在单边带滤波器以前(即在中频宽带部分)加距离选通,根据距离选通来识别目标的距离。此外,距离选通还可以抑制距离门选通距离以外的接收机超额噪声。由于雷达重复频率很高,每一发射脉冲的杂乱回波要相继持续在几个重复周期内出现,这样就产生了杂波重叠。杂波在时间上几乎是均匀的,加有距离选择以后,可以抑制距离门以外的干扰。距离门的宽度根据鉴别力和系统要求来确定,一般与发射脉冲的宽度为同一数量级。

距离门的数量根据雷达应完成的功能而定,对于搜索雷达,若距离量程为20km,每一距离门的宽度相当于400m,则距离门数应为50,即需要距离通道为50路。对于跟踪雷达,为了消除距离模糊,要采用多个脉冲重复频率或为了对多目标进行边扫描边跟踪,距离通道也需要多路,至少是所需跟踪目标的数目,但比搜索雷达还是要少许多。

3. 单边带滤波器

单边带滤波器的作用是将图6-4-3所示的频谱滤成图6-4-4所示的频谱。这在时间关系上来看,也就是把中频脉冲信号变成了中频连续波信号。这里还应注意,在实际的PD雷达中,在距离波门放大器和单边带滤波器之间,往往还有一些变频及滤波过程,以降低其中频,但这些变频通带较宽,对频谱没有本质的影响。

单边带滤波器的中心处于中频中心频率附近,其带宽大致等于雷达的重复频率。单边带滤波器使信号与杂波谱单值化,以便对主杂波进行单根谱线的滤波。若无单边带滤波器,则主杂波滤波器必须是频域中的周期滤波器。此外,采用单边带滤波器便于主杂波滤波等信号处理在中频进行,避免视频处理时检波器引起的频谱折叠,这样可使信噪比或信杂比提高3dB。

4. 零多普勒频移滤波器

零多普勒频移滤波器的作用是去除位于频谱中心的高度线杂波和进一步去除发射机泄漏。由于高度线杂波处于杂散的副瓣杂波之中,幅度可能比副瓣杂波大许多,其频带比较窄,可用单独的抑制滤波器将其消除。因为这个杂波在频率上是比较固定的,故滤波器不需对杂波进行跟踪。

如果在滤波器组之前动态范围足够大,那么也可以不用专门的零频滤波器,而只需要在安排多普勒滤波器组时空开这一段范围即可。

5. 混频器2、杂波跟踪可变频率振荡器和杂波跟踪器

混频器2、杂波跟踪可变频率振荡器和杂波跟踪器组成频率跟踪环路,使杂波跟踪可变频率振荡器始终对准主波束杂波,从而保证将最强的杂波,即主瓣杂波滤除。

6. 混频器4、放大器、速度门滤波器、速度跟踪可变频率振荡器

混频器4、放大器、速度门滤波器、速度跟踪可变频率振荡器组成速度跟踪环路,主要用于跟踪系统中。

7. 窄带滤波器组

窄带滤波器组是速度分辨的基本环节,由一系列中心频率不同(对应于不同速度)的窄带滤波器并联组成,其带宽取决于要求的速度分辨力(由于天线扫描,使照射目标的脉冲数有限)和主振信号的频率稳定度。带宽越窄,分辨力越高。假设主振是理想稳定的,分析由于照射目标的个数为有限时的情况。这时若设天线扫描过目标得到 N 个回波脉冲,则此 N 个脉冲串包络的傅里叶变换决定了每根谱线的形状和宽度。通常谱线宽度可近似地表示为

$$\frac{1}{NT} = \frac{f_r}{N} \qquad\qquad (6-4-4)$$

所以在一个重复频率间隔 f_r 之内(单边带滤波器的带宽内),可分辨的谱线个数为

$$\frac{f_r}{f_r/N} = N \qquad\qquad (6-4-5)$$

这就是窄带滤波器组中滤波器的个数。

窄带滤波器组有两种实现方案:模拟的和数字的。早期 PD 信号处理系统均用模拟滤波器,如美国 F-14 装载的 AWG-9 机载火控雷达就采用 512 个晶体滤波器组。当 N 很大时,其调整、维护存在很大困难,且体积、质量一般都大。随着大规模集成电路数字技术的发展,逐渐采用数字滤波器代替之。

数字滤波器又可分为时域实现与频域实现两种。前者是指采用运算器、控制器、存储器等数字部件及 A/D、D/A 部件来完成差分方程规定的滤波运算。后者则是基于频谱分析的原理,将回波信号进行频谱分析,如用 FFT 算出其回波谱线结构,其作用也等效于完成 N 个滤波器的功能。

8. 转换门限

转换门限的作用是对 N 个距离通道中每一距离通道所含的 M 个频率通道(多普勒滤波器组含 M 个窄带滤波器)的输出进行顺序检测(讯问),并建立自动恒虚警门限。通常以被讯问通道的邻近频率通道的平均输出作为恒虚警的自动门限。

综上所述,脉冲多普勒雷达对回波信号的接收需要一种复杂的信号处理系统,在这一系统中包括对发射机泄漏和高度线杂波的抑制、单边带滤波和主杂波抑制、窄带滤波器组、视频积累和恒虚警检测,而且接收机是多路的,从而更增加了其复杂性。

四、PD 雷达信号处理

PD 雷达同常规脉冲雷达的主要区别在于 PD 雷达利用了目标回波中携带的多普勒信息,在频域实现目标和杂波的分离,它可从很强的地物杂波背景中检测出运动目标回波,并能精确地测速。

PD 雷达可以把位于特定距离上、具有特定多普勒频移的目标回波检测出来,而把其他的杂波和干扰滤除。PD 雷达的主要滤波方法是采用邻接的窄带滤波器组或窄带跟踪滤波器,把所关心的运动目标过滤出来。并且窄带滤波器的频率响应应当设计为尽量与目标回波谱相匹配以使接收机工作在最佳状态。因此,PD 雷达信号处理部分比常规脉冲雷达和动目标显示雷达的信号处理要复杂得多。

PD 雷达信号处理框图图 6 - 4 - 10 所示。图中主杂波谱中心跟踪电路根据载机速度 v_R 和天线指向角 α,计算出主杂波谱中心频率 f_{MB}(式(6 - 4 - 1)),并利用 f_{MB} 对输入信号作补偿,将输入信号的主瓣杂波中心平移到零频附近。然后利用 MTI 滤波器将主瓣杂波对消,这种 MTI 滤波器常称为主杂波滤波器。经过主杂波滤波器滤波后的信号经离散傅里叶变换(FFT),相当于窄带多普勒滤波器组滤波,这种处理与地面雷达的 MTD 处理是非常相似的。

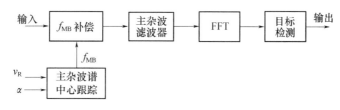

图 6 - 4 - 10　PD 雷达信号处理框图

(一)主瓣杂波抑制滤波

主瓣杂波的干扰最强,常常比目标回波能量要高出 60dB ~ 80dB。为了减轻后面多普勒滤波器的负担,尤其是采用数字滤波器技术时,为了减少数字部分的动态范围,同时保证对主瓣杂波有足够的抑制能力,必须采用主瓣杂波抑制滤波器先对主瓣杂波进行抑制。由于主瓣杂波的位置是随着天线指向和载机速度的不同而变化的,抑制主瓣杂波常用的方法是首先确定它的频率 f_{MB},用一个混频器先消除变化的 f_{MB} 后,就可以用一个固定频率的 MTI 滤波器将其滤除,如图 6 - 4 - 11(a)所示。

确定主瓣杂波中心频率 f_{MB} 有两种方法:一种方法是采用闭环频率跟踪,将杂波跟踪器中鉴频器的零点和主瓣杂波滤波器阻带中心频率都固定在 f_0 频率上,f_0 是中频频谱中对应于发射中心谱线的频率。经过闭环调整,用鉴频器产生的误差电压 u_{MB} 控制压控振荡器的振荡频率跟随 f_{MB} 变化,使混频后主瓣杂波中心频率轴向左移动 f_{MB},正好落在抑制滤波器的阻带中心 f_0 处。输出端第二个混频器的作用是将滤除了主瓣杂波后的回波频谱再恢复到原来的频率位置,以便不影响后面的多普勒滤波。另一种方法是采用开环频率跟踪,由主杂波跟踪器根据天线指向和载机飞行速度计算出主瓣杂波应有的多普勒频移 f_{MB} ,直接控制压控振荡器产生相应的振荡频率。

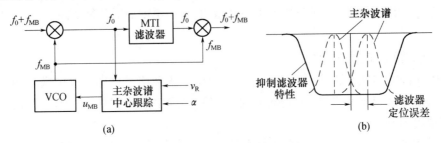

(a)

(b)

图 6 - 4 - 11　主瓣杂波滤除概念图

(a) 主杂波抑制滤波器原理组成;(b) 主杂波抑制滤波器的频响特性。

　　主瓣杂波抑制器的幅频特性应是主瓣杂波频谱包络的倒数,以使通过滤波器后输出的杂波频谱可近似为平坦的特性。考虑到抑制滤波器总会有一定的定位误差,因此抑制带应取的稍宽一些。从匹配滤波器理论的角度看,由于主瓣杂波是色噪声,因此主瓣杂波抑制滤波器相当于一个白化滤波器,经过主瓣杂波抑制之后,后面的多普勒滤波器可以按照白噪声中的匹配滤波器理论来进行设计。

　　在有些 PD 雷达中,往往同时采用高、中两种脉冲重复频率。高重复频率主要用于检测无杂波区中的目标,而当目标处于旁瓣杂波区时,则采用中重复频率。这样的 PD 雷达,当它工作于高重复频率时,可将单边带滤波器和主瓣抑制滤波器的作用合并,而用一个无杂波区滤波器来完成,其频率响应如图 6 - 4 - 12 所示。而当此 PD 雷达工作于中重复频率时,由于存在速度模糊,不能使用单边带滤波器,在这种情况下,一般利用上面提到的后一种方法计算出主瓣杂波中心频率 f_{MB} ,然后采用类似 MTI 雷达中杂波对消的方法来抑制主瓣杂波。

图 6 - 4 - 12　无杂波区滤波器频率特性示意图

(二) 多普勒窄带滤波

　　PD 雷达信号处理的基本方式是在杂波抑制滤波后,串接与信号谱线相匹配的窄带滤波器组进行匹配滤波。因此,多普勒滤波器组是脉冲多普勒雷达的关键组成部分。它的作用不仅是为了测速,而且是为了提高杂波下能见度和噪声背景下的检测能力。它是一种白噪声下的匹配滤波器,相当于对 N 个脉冲的相参积累。

　　1. 多普勒滤波器组

　　多普勒滤波器组是覆盖预期的目标多普勒频移范围的一组邻接的窄带滤波器。当目标相对雷达的径向速度不同,即多普勒频移不同时,它将落入不同的窄带滤波器。因此,窄带多普勒滤波器组起到了实现速度分辨和精确测量的作用。

多普勒滤波器组可以设在中频,也可以设在视频。由于视频滤波比较简单,尤其是采用数字技术,在视频进行处理可以大大降低对采样率的要求,因此多普勒滤波器组一般多设在视频。根据匹配滤波理论,为使接收机工作在最佳状态,每个滤波器的带宽应设计得尽量与回波信号的谱线宽度匹配。这个带宽同时确定了 PD 雷达的速度分辨能力和测速精度。

输入信号和杂波经过各种杂波滤波以后,相当于对色噪声进行了白化处理,对信号的最佳检测就成为白噪声背景下的匹配滤波。匹配滤波器的频率响应 $H_k(f)$ 为回波信号频谱的复数共轭,即

$$H_k(f) = S^*(f)\mathrm{e}^{-\mathrm{j}2\pi f t_\mathrm{d}} \tag{6-4-6}$$

式中:$S(f)$ 为目标信号的功率谱;t_d 表示匹配滤波器输出达到最大的时刻。

由 N 个相参脉冲串所形成的目标回波单根谱线的匹配滤波器应是窄带滤波器。考虑被天线高斯方向图双程调制的 N 个脉冲的相参脉冲串的谱线宽度约为 $0.265f_\mathrm{r}/N$,因此 N 个相参脉冲串的单根谱线的匹配滤波器的带宽也应约为 $0.265f_\mathrm{r}/N$。由于信号的谱线位置是未知的,为了检测任何速度的目标谱线,需要采用毗邻的窄带滤波器组,它们覆盖目标可能出现的整个频率范围。设单边带滤波器的带宽为 f_r,窄带滤波器的带宽取 f_r/N,则多普勒滤波器组的滤波器数目为 N,即每一距离通道应有 N 个窄带滤波器组成的滤波器组。

图 6-4-13 为多普勒滤波器组的示意图。可见,在没有模糊的情况下,目标的多普勒谱线可以通过滤波器组中的某一个滤波器的输出来确定。当目标出现在两个窄带滤波器的邻接处时,可通过两个滤波器的输出差异,在两个滤波器的中心频率之间插值来确定目标的多普勒频移。

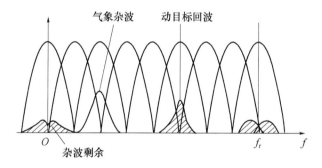

图 6-4-13　多普勒滤波器组示意图

2. 多普勒滤波的 FFT 实现

1) FIR 数字滤波器

窄带滤波器组可以用具有 N 个抽头的 FIR 横向数字滤波器(N 个脉冲和 $N-1$ 条延迟线)实现,各脉冲经不同的复数加权,即同时对回波的幅度加权和相位补偿,如图 6-4-14 所示。

横向滤波器的每个抽头之间的延时为 $T=1/f_\mathrm{r}$,f_r 为雷达的重复频率。图 6-4-14 所示的横向滤波器的简图上,没有画出每个抽头的 N 个并行输出,N 个输出中每一个都对应一个滤波器。N 个抽头中每一个抽头的第 k 个输出权重为

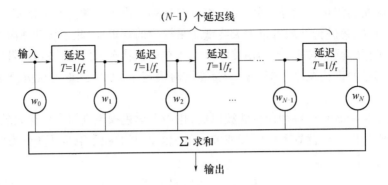

图 6-4-14　FIR 横向多普勒滤波器组

$$w_{nk} = e^{j2\pi nk/N} \tag{6-4-7}$$

式中:$n = 0,1,2,\cdots,N-1$;N 表示 N 个抽头;k 为 $0 \sim N-1$ 间对应不同权重集的指数,每个指数对应于不同的滤波器。

权重为式(6-4-7)的第 k 个滤波器的冲击响应为

$$h_k = \sum_{n=0}^{N-1} \delta(t - nT) e^{j2\pi nk/N} \tag{6-4-8}$$

式中:$\delta(t)$ 为单位冲击响应函数。

系统冲击响应的傅里叶变换即为滤波器的频率响应函数,因此

$$H_k(f) = \sum_{n=0}^{N-1} e^{j2\pi n(fT-k/N)} \tag{6-4-9}$$

则滤波器的幅频特性为

$$|H_k(f)| = |e^{j2\pi n(fT-k/N)}| = \left| \frac{\sin[\pi N(fT - k/N)]}{\sin[\pi(fT - k/N)]} \right| \tag{6-4-10}$$

图 6-4-15(a)示出了八个窄带滤波器邻接而成的多普勒滤波器组的幅频特性,注意这里没有表示出单个滤波器幅频特性的旁瓣特性,各单个多普勒滤波器的幅频特性如图 6-4-15(b)所示。

2) FFT 频域滤波

目前使用的计算方法是快速傅里叶变换(FFT),FFT 是数字序列离散傅里叶变换(DFT)的快速算法。FFT 的出现和实现使雷达信号的实时处理变为了现实,它不仅提高了信号分析和处理的速度,扩大了信号处理的应用范围,而且还起着沟通时域分析和频域分析的桥梁作用。

对雷达回波信号进行 N 点 FFT,就可以形成 N 个均匀分布在 $0 \sim f_r$ 频率区间、相邻且部分重叠的窄带滤波器组,从而完成对多普勒频移不同目标的近似匹配滤波。N 点 FFT 运算可以表示为

$$S(k) = \sum_{n=0}^{N-1} s(n) e^{-j\frac{2\pi nk}{N}} = \sum_{n=0}^{N-1} s(n) W_{nk}, \quad k = 0,1,2,\cdots,N-1 \tag{6-4-11}$$

$$W_{nk} = e^{-j\frac{2\pi nk}{N}}, \quad k = 0,1,2,\cdots,N-1 \tag{6-4-12}$$

248

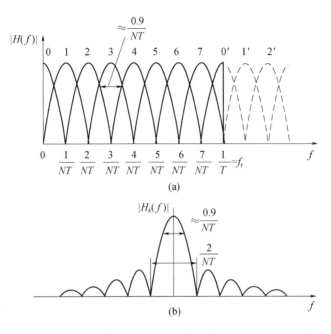

图 6 - 4 - 15   多普勒滤波器组及单个窄带滤波器的幅频特性

$S(0),S(1),\cdots,S(N-1)$就相当于 N 个 FIR 滤波器的输出。各 FIR 窄带滤波器的频率响应为

$$H_k(f) = \sum_{n=0}^{N-1} \mathrm{e}^{-\mathrm{j}2\pi n\frac{k}{N}} \mathrm{e}^{-\mathrm{j}2\pi n f/T} = \sum_{n=0}^{N-1} \mathrm{e}^{-\mathrm{j}2\pi n(\frac{k}{N}+fT)} \qquad (6-4-13)$$

从式(6-4-10)可见,每个多普勒滤波器的幅频特性都是 sinc 函数,其主副瓣比只有 13.2dB,限制了对杂波的抑制性能,实际应用中需要设计更低副瓣的多普勒滤波器。

五、PD 雷达低重频方式信号处理

在 MTI 雷达杂波对消的基础上,增加多普勒滤波器组和自适应门限处理(即恒虚警)模块,可进一步地提高雷达抑制各种杂波干扰的能力。由于采用了多普勒滤波器组,可对杂波的多普勒频谱进行较细致的滤除,这是 PD 雷达的低重频工作方式。这种雷达也叫做动目标检测(MTD)雷达,也有称为多普勒 MTI 滤波雷达或 MTD/PD 雷达。无论怎样称谓,它的工作原理是一样的。

PD 雷达低重频工作方式常用于空—地目标探测。

(一) 低重频 PD 雷达的回波

根据前面的分析可知,PD 雷达回波在时域和频域的分布与雷达的重复工作频率有关,这里对 PD 雷达低重频(LPRF)方式的回波信号进行更详细的分析。图 6-4-16 为 PD 雷达低重频方式回波的距离剖面,图 6-4-16(a)为雷达照射与目标空间示意图,图 6-4-16(b)为真实的距离剖面,图 6-4-16(c)为雷达观测到的距离剖面。目标 A、B、C 在雷达的最大不模糊距离之内。目标 A、B 的回波只受较弱的旁瓣杂波的影响,不利用多普勒效应,通过雷达回波的幅度就可探测出来。目标 C 淹没在主瓣杂波之中,不通过多普勒效应无法检测。目标 D 在感兴趣的最大距离之外,超出了雷达的最大不模糊距离,

249

回波信号应予以剔除。

（二）低重频 PD 雷达的目标检测

低重频 PD 雷达的不模糊作用距离很大,在不同的距离范围内其回波的多普勒剖面可能相差很大。图 6 – 4 – 16 中不同距离范围内回波的多普勒剖面示意图如图 6 – 4 – 17 所示。

目标 C 雷达回波的多普勒剖面在图 6 – 4 – 17 的右下方。目标 C 所在的距离范围有主瓣杂波,这个距离上多普勒剖面的最大特点是主杂波谱以脉冲重复频率 f_r 为周期重复。主杂波谱显然有一定的宽度。但由于其以 PRF 为步长的线隔开,所以人们依然称其为"主杂波谱线"。由于目标 C 的多普勒频移与主瓣杂波的多普勒频移不同,可以在相邻的 PRF 线之间,进行杂波对消处理,将目标 C 从热噪声背景中提取出来。此时的旁瓣杂波很弱,其幅度小于热噪声,从图中可以看出,如果目标 C 的多普勒频移再小一点,它就可能淹没在主杂波中。

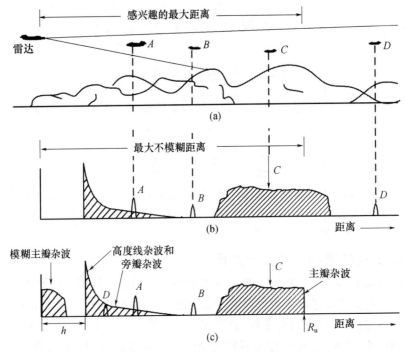

图 6 – 4 – 16 PD 雷达 LPRF 方式回波的距离剖面

(a) 雷达照射与目标空间示意图;(b) 真实的距离剖面;(c) 雷达观测到的距离剖面。

目标 A 与雷达的距离较近,旁瓣杂波的幅度比噪声的幅度高。尽管目标 A 伴随着同样距离远的杂波,但目标 A 的回波强度还是比杂波的强度高。通过对旁瓣杂波进行多普勒滤波,可增加目标 A 的信噪比。目标 A 的多普勒剖面在图 6 – 4 – 17 的中下图所示。

目标 B 与雷达的距离比目标 A 远,目标 B 所在的距离范围比主杂波的距离近,只受旁瓣杂波的影响,且旁瓣杂波的幅度小于热噪声的幅度,属于"无杂波区"。只要目标 B 的回波幅度比热噪声的幅度高就可以检测到,而不管其多普勒频移的多少。

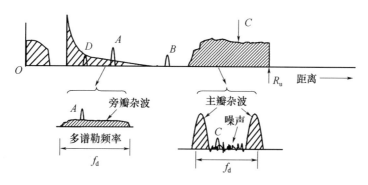

图 6 - 4 - 17　PD 雷达 LPRF 方式不同距离回波的多普勒剖面

目标 D 超出了最大不模糊距离,是在下一个脉冲间隔中才收到的回波,虽然其幅度高于旁瓣杂波的幅度,但通过解距离模糊可以算出目标 D 的真实距离而将目标 D 剔除。

高度杂波谱的宽度一般超过低重频的 PRF。从多普勒剖面,可以很明显地将高度线与相同距离范围内的其他旁瓣杂波区分开来。当使用多普勒滤波器对高度线杂波进行滤波后,强度超过剩余杂波的目标可以检测出来。图 6 - 4 - 17 的左下图为滤除高度线杂波的多普勒剖面。

图 6 - 4 - 18 是某一距离范围主杂波的多普勒剖面。为了消除主杂波,不仅要将中央主杂波谱消除,而且要将整个接收机中放(IF)通带内所有的主杂波消除。这些主杂波与中央主杂波具有同样的频宽、以重频 f_r 为频率间隔分布在整个 IF 通带内(在消除主杂波时,也有可能消除一些目标的回波)。只留下旁瓣杂波、噪声和大部分目标回波。根据目标回波的幅度或多普勒频移与旁瓣杂波和噪声的差异,将目标从旁瓣杂波和噪声中分离出来。

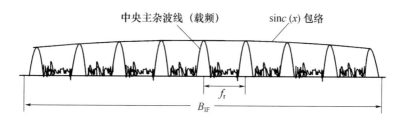

图 6 - 4 - 18　中放带宽内的主杂波谱

(三) PD 雷达 LPRF 方式的信号处理

图 6 - 4 - 19 为 PD 雷达低重频方式的简化框图。

为了保证线性匹配滤波的最佳接收,整个通道必须工作在线性状态,因此采用动态范围宽的中频放大器。中频信号经相参检测变成零中频信号,通过 I/Q 通道进行信号处理。当用数字式信号处理时,应先通过模/数转换,将 I/Q 双通道的零中频的信号变成数字视频信号。采用多个距离门可以将不同距离范围的雷达回波分开处理,提高雷达的探测性能。对每一距离门的信号经由杂波对消器组成的 MTI 滤波后,地物杂波得到一定的抑制。通过窄带多普勒滤波器组,不仅可以进一步地抑制地物杂波,而且对气象杂波、人为

251

施放的各种消极干扰都有很好的抑制作用。对于具有均匀频谱的杂乱分量只有很小一部分能通过多普勒滤波器组。因此,PD 雷达 LPRF 方式与 MTI 雷达相比,信噪比得到很大的改善。

每个多普勒滤波器组的输出信号,再经过幅度检测(Magnitude Detection,MD),如果滤波器的积累时间小于雷达照射目标的时间,还须对信号进行检波后积累(Post Detection Integration,PDI)。最后经门限检测,如果输出信号的幅度超过检测门限(Threshold Detection,TD)则说明有目标存在。

窄带滤波器组通常由 FFT 实现。由于 PD 雷达低重频方式的 PRF 低(数百赫兹至数千赫兹),所以滤波器组包含的滤波器数目不多,通常取 8 个 ~ 16 个,但也有多到 32 个,少到 4 个的。

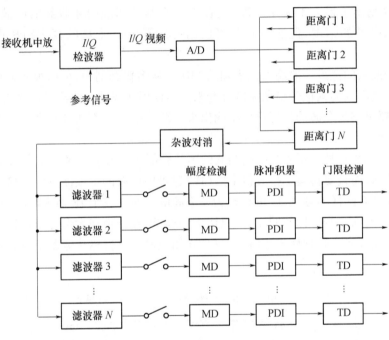

图 6 - 4 - 19　PD 雷达 LPRF 方式信号处理简化框图

六、PD 雷达中重频方式信号处理

PD 雷达中重频(MPRF)方式,既具有 PD 雷达 LPRF 方式空—地工作时,对运动目标的检测功能,又能满足 PD 雷达高重频方式空—空探测的需求。选择比 PD 雷达低重频方式高的 PRF,是为了改善主杂波滤波和地面运动目标检测(Ground Moving Target Detection,GMTD)的能力。选择比 PD 雷达高重频方式低的 PRF,是为了满足空—空情形下,尾追目标时的旁瓣杂波抑制功能。

(一)中重频 PD 雷达的回波

图 6 - 4 - 20 为 PD 雷达 MPRF 方式探测目标的空间示意图和距离剖面图。由于雷达的最大不模糊距离小于雷达的作用距离,因此有距离模糊的现象。在图 6 - 4 - 20 中,雷达探测的距离剖面因距离模糊而发生了三次折叠,目标回波全部淹没在杂波的回波之

中。除了遇到像舰船这样具有强散射特性的大目标,有可能从强海杂波背景中检测出来,一般的目标只能通过对回波的多普勒分辨来检测。

(二)中重频 PD 雷达的目标检测

PD 雷达中重频方式回波的多普勒剖面与 PD 雷达低重频方式相同,也由以重频 f_r 为间隔的一串主杂波谱线组成。在相邻的两个主杂波谱线之间,出现大部分的旁瓣杂波和目标回波。剩余的旁瓣杂波和目标回波与主杂波回波混杂在一起。雷达在对回波的多普勒频谱进行处理时,通常将中央主杂波谱线的频率差频到零再进行处理。

PD 雷达 MPRF 方式主杂波的多普勒剖面与 LPRF 方式时相似。它们之间最大的差距是:在其他条件相同的情况下,PD 雷达中重频方式的主杂波谱线更稀疏。由于谱线的宽度与重频无关,这样就更有利于将目标从"清晰"的底部噪声中分离出来。尽管主杂波谱线有一定的宽度,也可以根据多普勒频移的差异,消除大部分雷达杂波,将目标分离出来。

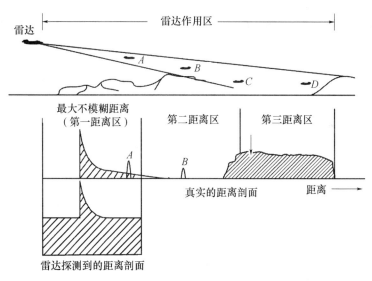

图 6 − 4 − 20　MPRF 方式时雷达探测示意图和距离剖面图

由于 PD 雷达中重频方式的距离模糊较严重,对旁瓣杂波的消除比 PD 雷达低重频方式复杂。将主杂波消除后,在第一不模糊距离区,雷达的距离剖面如图 6 − 4 − 21 所示。这里看到像锯齿样的旁瓣杂波,由于第二、第三距离区的旁瓣杂波被折叠到第一距离区,因此雷达杂波的幅度较强。只有距离较近目标 A 的回波幅度可能超过杂波,而目标 B、C、D 的回波则淹没在折叠的杂波和噪声之中。

由于不同距离的杂波单元与雷达的角度不同,因此其多普勒频移亦不同。根据不同距离旁瓣杂波多普勒频移的不同,可以充分地消除旁瓣杂波,从而将目标 B、C、D 检测出来,如图 6 − 4 − 22 所示。

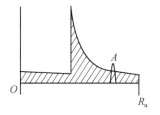

图 6 − 4 − 21　主杂波滤除的距离剖面

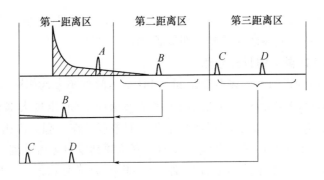

图 6 - 4 - 22   PD 雷达 MPRF 方式的杂波抑制

(三) PD 雷达 MPRF 方式的信号处理

PD 雷达 MPRF 方式的信号处理与 PD 雷达 LPRF 方式很相似,如图 6 - 4 - 23 所示。但它们还有三个主要差别:第一,由于需要解距离模糊,为了防止 A/D 转换器饱和,增加了数字自动增益控制(DAGC)模块;第二,为了进一步消除旁瓣杂波,滤波器组的多普勒滤波器的通带更窄;第三,需要有解距离模糊和速度模糊的处理模块(图中未画出)。

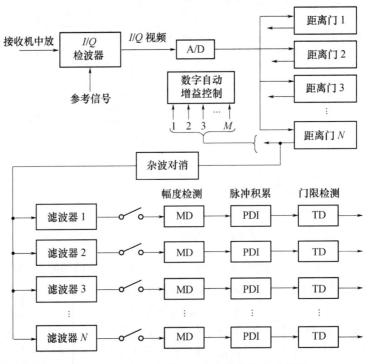

图 6 - 4 - 23   PD 雷达 MPRF 方式信号处理框图

与下一节将要讲述的 PD 雷达高重频方式相比,PD 雷达在中重频方式时,高度杂波可以用距离门或滤波方法消除,而在高重频 PD 雷达中则只能通过滤波来消除。PD 雷达中重频方式,对多普勒频移接近载频的低速目标也允许用距离门进行检测,而在高重频系统中这种目标则可能被滤掉。由于 PD 雷达中重频方式的占空比较小,PD 雷达中重频方式的多目标分辨能力和测距精度均比 PD 雷达高重频方式好。同样,PD 雷达中重频方式要求其天线旁瓣较低,以减小杂波的影响。

PD 雷达中重频方式通过多个不同的 PRF 来实现解距离模糊与速度模糊。但是,在中重频情况下,可能存在某些区域主杂波的影响太强,使得目标检测根本不可能,这样的区域称为盲区。为了保证盲区外目标的探测,通常采用多于 3 个 PRF,中重频 PD 雷达系统常采用 7 个 ~8 个参差 PRF。

与 PD 雷达高重频方式相比,由于旁瓣区的杂波电平较低,PD 雷达中重频方式具有更好的低速目标检测能力,此时的作用距离也较远。另一方面,由于 PRF 较低,使得其多普勒剖面杂波谱线之间的间距变小,不再存在无杂波区,而且,PRF 频率的进一步降低会使旁瓣杂波区域产生重叠。但一般情况下,和高重频方式相比,这一点还不至于完全抵消中重频方式杂波较小的优点。这就是工程设计中需要采用技术折中的奥妙所在。

七、PD 雷达高重频方式信号处理

PD 雷达高重频(HPRF)方式时,目标回波的多普勒频移不模糊,但目标的距离会有严重的模糊。PD 雷达 HPRF 方式有三个重要特点:第一,由于没有目标多普勒频移的模糊,且与杂波的多普勒频移不同,因此,可以很好地消除主杂波,而不损失目标的回波;第二,由于采用高 PRF,所以相邻杂波谱线的间隔较大,并且它们中间有较大的无杂波区,因此,容易区分高速接近(前半球攻击)的目标;第三,通过增加 PRF 值,而不是增加脉冲宽度来提高发射机的占空比,由此,不需要大量的脉冲压缩或很高的峰值功率,就可以提高发射机的平均功率。

我们知道,随着信杂比的增加,雷达的作用距离加大。通过增加发射机的占空比,可以增加信号的功率,并且在很强的杂波背景下,能探测到很远距离的迎头威胁目标。但是,严重的旁瓣杂波干扰,使得低速接近(后半球尾追)的目标,因距离模糊而淹没在杂波之中。

(一) 高重频 PD 雷达的回波

为了能够清晰地说明目标回波与地杂波之间的区别,以及从地杂波和杂波噪声中分离出目标,下面分析典型情况下雷达的距离剖面和多普勒剖面,如图 6 - 4 - 24 所示。

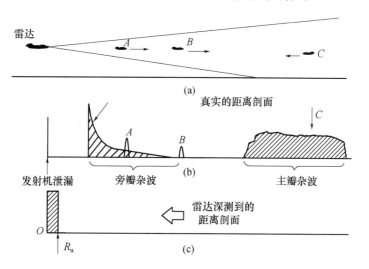

图 6 - 4 - 24   HPRF 方式时 PD 雷达探测示意图和距离剖面图

图中,PD 雷达以高重频照射到 A、B 和 C 三个目标,其中,目标 A、B 与飞机同向飞行,目标 A 的速度小于飞机的速度,相当于飞机速度的 1/2;目标 B 的速度与飞机的速度相同;目标 C 在很远的距离向飞机迎头高速逼近。图 6-4-24(b)为真实的距离剖面,图 6-4-24(c)为雷达探测到的距离剖面。从图 6-4-24(c)可以看出,由于雷达工作于 HPRF 方式,所以雷达的最大不模糊距离很小。由于 PD 雷达高重频方式时的最大不模糊距离小,所有主杂波、旁瓣杂波、高度线回波、发射机泄漏和地杂波噪声都叠加在这一小段距离上。目标 A、B 和 C 的回波都淹没在这些杂波之中。将所有目标从这些杂波中提取出来和将所有目标区分开来的唯一途径是采用多普勒频移分辨。

(二) 高重频 PD 雷达的目标检测

图 6-4-25 为 PD 雷达 HPRF 方式目标回波与杂波的多普勒剖面。与 PD 雷达 LPRF 方式和 PD 雷达 MPRF 方式一样,所有回波的多普勒谱以 PRF 为等间隔重复。但由于杂波谱的宽度小于 PRF,杂波谱之间没有重叠现象,这是它们之间的一个重要区别。另外,杂波谱两端的幅度都是降低的。这里,对图 6-4-25 中央频段的回波多普勒剖面进行了标识。旁瓣杂波区域的宽度随飞机的速度而变化,主杂波的宽度与天线下视角和飞机的速度有关。

低速尾追目标 A 高于旁瓣杂波,其位置在主杂波与高度线回波之间;高速迎头逼近目标 C 在两个回波谱之间可以清晰地分辨出来。与飞机同向同速飞行的目标 B,淹没在高度线杂波之中。

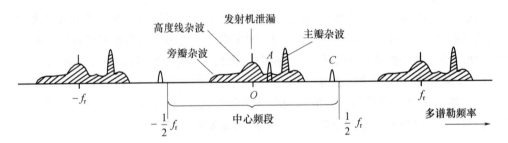

图 6-4-25 高 PRF 时目标回波与杂波的多普勒剖面

旁瓣杂波、无杂波区域、多普勒为零的高度线杂波和发射机泄漏等多普勒频移的变化较大,如果希望从这些信号中将目标分离出来,必须对主杂波进行消除。如果移除强杂波干扰,目标回波就可以像 PD 雷达 MPRF 方式那样通过多普勒滤波器组分离出来。

在分离目标 C 之类的迎头逼近目标和类似于目标 A 的尾追目标时,这些多普勒滤波器组所起的作用是不一样的。对于迎头逼近目标 C,由于处于"无杂波区",只要其幅度高于周围的噪声,就可以从所有杂波中分离出来,且信噪比越高,雷达的作用距离越远,如图 6-4-26(a)所示。对于尾追目标 A,由于部分旁瓣杂波的多普勒频移与其相同,就不可能从杂波中彻底区分出来,如图 6-4-26(b)所示。目标 A 只有在其回波幅度高于旁瓣杂波的幅度时,雷达才可以检测出来。由于尾追目标的信杂比较低,所以对尾追目标的作用距离一般较短。

256

在相同条件下,PD 雷达 HPRF 方式由于距离模糊更严重,杂波更强,所以探测尾追目标的作用距离比 PD 雷达 MPRF 方式时短。

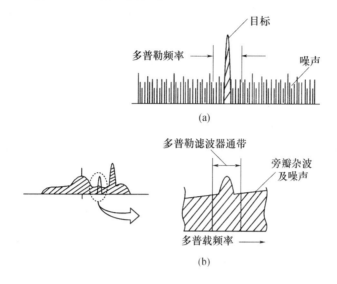

图 6 - 4 - 26　高重频 PD 雷达多普勒滤波器组检测目标
(a) 高速逼近目标的检测;(b) 低速尾追目标的检测。

(三) PD 雷达 HPRF 方式的信号处理

PD 雷达 HPRF 方式的信号处理与 PD 雷达 MPRF 方式相似。图 6 - 4 - 27 为 PD 雷达高重频方式信号处理简化框图。由于 PD 雷达高重频方式的占空比接近 50%,所以,没有必要设置很多的距离门来区别不同距离的回波。事实上,接收机盲区提供了一个距离门,没有必要再增加距离门。同时,增加距离门也是一种浪费,因为每增加一个距离门,后续的杂波对消与多普勒滤波器处理模块就随之增加。与 PD 雷达中重频方式一样,为了防止 A/D 转换器饱和,将数字自动增益控制加到 A/D 转换器前面的放大器。

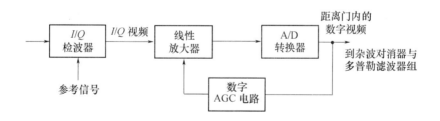

图 6 - 4 - 27　PD 雷达高重频方式信号处理简化框图

根据 Morris 的研究结果[23],在其他指标相同时,对于迎头方向的高速目标,PD 雷达高重频方式的探测距离可比中重频方式时大 50%,但 MPRF 方式对 3km 高空以下低速目标的探测性能则明显优越。在现代作战飞机中,机载雷达同时采用 HPRF 和 MPRF 两种模式交替工作的雷达并不少见,这样可以发挥各自的优点。这类雷达一般具有多种模式,例如,在雷达向上观测不受杂波影响时,采用低 LPRF 模式且无需多普勒处理;当 HPRF 和 MPRF 模式交替工作时,将耗费更多的时间,因此需要提高发射机功率和天线扫描速率以减小检测判决时间,否则就必须牺牲探测距离或延长判决时间。

PD 雷达高重频方式 PRF 的选取要高到足以避免可能的多普勒模糊和杂波谱折叠,因此,可以通过分析实际工作场景的频谱分布来确定。如果多普勒滤波器组的中心频率始终维持在主瓣杂波频率处,则最小的 PRF 为 $4v_T/\lambda$,v_T 是目标的最大地面速度。此时要求主瓣多普勒频移已知并且可调谐跟踪。如果使用固定频率多普勒滤波器组,且其中心频率固定在 f_0 处,则 PRF 要求为 $4v_T/\lambda + 2v_R/\lambda$,$v_R$ 为平台的速度。而且,后者所要求的滤波器个数更多。

高重频 PD 雷达一般使用三个不同的 PRF 来解距离模糊,这使得其功率孔径积同不需发射冗余波形的雷达相比需要提高到三倍。因此,当作用距离给定时,在其他因素相同条件下,其发射机的平均功率要比低 PRF 的 AMTI 雷达大得多。而且,高 PRF 和高占空比还使之对多目标的分辨率下降。PD 雷达高重频方式比 MTI 雷达系统更为复杂,成本也更高。从另一个角度看,由于不存在多普勒模糊和具有良好的多普勒处理能力,高重频 PD 雷达具有更好的径向速度测量精度。对于飞机目标探测,当不考虑距离模糊,仅靠多普勒信息探测目标时雷达的作用距离可以很远,这种工作模式称为速度搜索模式,在多功能机载雷达中,常用于初始阶段的远距离目标探测。

机载对空监视雷达既可以采用 AMTI 技术(如美国海军的 UHF 频段 E2 机载雷达),也可采用 PD 雷达(如美国空军的 E3 机载告警与控制系统、AWACS、S 频段雷达),两者可以达到彼此相当的性能,但 E2 的 AMTI 系统的成本则明显低于 E3 高重 PD 系统,不过 AMTI 很难在较高的微波频段实现,而高重 PD 雷达则为军用飞机、作战/攻击机等所必须。

八、PD 雷达不同重频方式的比较

PD 雷达在不同脉冲重复频率时具有显著不同的特点,且应用范围也不相同。为了对不同 PRF 方式时的性能特点及应用范围有较清晰的认识,下面通过两个表格对它们进行了总结。表 6 - 4 - 1 列出了不同 PRF 的 PD 雷达和 AMTI 雷达典型的 PRF 和占空比取值。注意,表中所给数值仅作为示例。表 6 - 4 - 2 对高、中、低 PRF 三种 PD 雷达系统的特点进行了总结和比较。

表 6 - 4 - 1　三种 PRF 的比较

雷　达	PRF	占 空 比
X 频段 PD 雷达高重频方式	100kHz ~ 300kHz	< 0.5
X 频段 PD 雷达中重频方式	10kHz ~ 30kHz	0.05
X 频段 PD 雷达低重频方式	1kHz ~ 3kHz	0.005
UHF 频段低重频 AMTI	300Hz	低

表 6 - 4 - 2　　PD 雷达三种 PRF 方式的比较

HPRF PD 雷达	MPRF PD 雷达	LPRF PD 雷达
无多普勒模糊,无盲速,距离模糊严重; 可采用三个不同的 PRF 解距离模糊; 发射机泄漏和高度线回波可用滤波器消除; 主瓣杂波用调谐滤波器消除; 在无杂波区可探测到远距离上的高速接近的飞行器; 由于近距离上旁瓣杂波折叠的影响,对低速目标的探测能力差; 通常用一个距离门和一大组多普勒滤波器组; 由于高重时天线旁瓣杂波影响严重,需要一个大得多的杂波改善因子才能使其性能同低重系统相比; 必须使用超低副瓣天线以使天线旁瓣杂波尽可能小; 测距精度和分辩不同距离上多目标的能力劣于其他雷达	有距离和多普勒模糊; 不存在无杂波区,故检测高速目标的能力不如高重系统; 较少距离模糊使得旁瓣杂波较小,因此比高重雷达探测远距离上的低速目标的能力强; 对于机载应用如果只用一个雷达系统,一般选用中重雷达以达到对高速和低速目标检测性能上的折中; 高度线回波可通过距离门来消除; 需要多个距离门,但是单个距离门内的多普勒滤波器较少; 为消除杂波盲区影响,需用7 个 ~8 个不同 PRF,以保证任何情况下至少有 3 个可用于解距离模糊; 大量冗余波形的使用意味着发射机较大; 测距精度和距离分辨力优于高重系统; 必须使用低副瓣天线以减小天线旁瓣杂波	无距离模糊,有严重多普勒模糊(盲速); 需采用 TACCAR 和 DPCA 以消除平台运动的影响; 因为地面曲率影响远距离探测时可工作在无杂波区; 旁瓣杂波不像高重雷达那样严重; 最佳工作频段为 UHF 和 L 频段,盲速和平台运动补偿困难使其难以用于更高的微波频率; 射频频率低造成较宽的天线波束; 由于没有距离模糊,不必采用冗余波形来解距离模糊; 性能相同时需要较小的功率孔径积; 系统简单,造价较低; AMTI 不能用于 X 频段雷达下视杂波中的目标检测,但当无杂波影响(如上视)时可采用低重模式

第五节　雷达目标自动检测

雷达的设计和使用者关心的首要问题是雷达对目标的发现,进一步地是雷达目标的检测问题。雷达对目标的发现能力与目标特性、雷达系统、外部环境特性等均有关系。雷达方程可以描述与雷达作用距离有关的因素,以及它们之间的关系,体现了雷达对目标的发现能力。

通常,雷达接收机检测微弱目标信号的能力,因无所不在的噪声及杂波而受到影响,噪声所占据的频谱宽度与信号所占据的频谱宽度相同。由于噪声和杂波的起伏特性,判断信号是否出现也成为一个统计问题,必须按照某种统计检测标准进行判断。自动检测就是雷达不用操作员参与而执行检测判决所要求的操作。本节主要围绕决定雷达作用距离的主要因素和目标自动检测的原理与方法展开讨论。

一、雷达方程

作用距离是雷达的重要性能指标之一,它决定了雷达能在多大的距离上发现目标。作用距离的大小取决于雷达本身的性能,其中有发射机、接收系统、天线等分机的参数,同时又和目标的性质及环境因素有关。雷达方程集中地反映了与雷达探测距离有关的因素以及它们之间的相互关系。研究雷达方程可以用它来估算雷达的作用距离,同时可以深入理解雷达工作时各分机参数的影响,对于正确地选择雷达分机参数有重要的指导作用。

(一)基本雷达方程

基本雷达方程包括两个假设条件:第一,针对单基地雷达;第二,电磁波在理想无损耗的自由空间传播。

设雷达发射功率为 P_t,雷达天线的增益为 G_t,则在自由空间工作时,距雷达天线 R 远的目标处的功率密度为

$$S_1 = \frac{P_t G_t}{4\pi R^2} \qquad (6-5-1)$$

目标受到发射电磁波的照射,因其散射特性而将产生散射回波。散射功率的大小显然和目标所在点的发射功率密度 S_1 以及目标的特性有关。用目标的散射截面积 σ(其量纲是面积)来表征其散射特性。若假定目标可将接收到的功率无损耗地辐射出来,则可得到由目标散射的功率(二次辐射功率)为

$$P_2 = \sigma S_1 = \frac{P_t G_t \sigma}{4\pi R^2} \qquad (6-5-2)$$

又假设 P_2 均匀地辐射,则在接收天线处收到的回波功率密度为

$$S_2 = \frac{P_2}{4\pi R^2} = \frac{P_t G_t \sigma}{(4\pi R^2)^2} \qquad (6-5-3)$$

如果雷达接收天线的有效接收面积为 A_r,则在雷达接收处接收回波功率为 P_r,而

$$P_r = A_r S_2 = \frac{P_t G_t \sigma A_r}{(4\pi R^2)^2} \qquad (6-5-4)$$

由天线理论知道,天线增益 G 和有效面积 A 之间有以下关系:

$$G = \frac{4\pi A}{\lambda^2} \qquad (6-5-5)$$

则接收回波功率可写成如下形式

$$P_r = \frac{P_t G_t G_r \lambda^2 \sigma}{(4\pi)^3 R^4} \qquad (6-5-6)$$

$$P_r = \frac{P_t A_t A_r \sigma}{4\pi \lambda^2 R^4} \qquad (6-5-7)$$

由式(6-5-4)~式(6-5-7)可看出,接收的回波功率 P_r 反比于目标与雷达间的距离 R 的四次方,这是因为一次雷达中,反射功率经过往返双倍的距离路程,能量衰减很大。接收到的功率 P_r 必须超过最小可检测信号功率 S_{imin},雷达才能可靠地发现目标,当 P_r 正好等于 S_{imin} 时,就可得到雷达检测该目标的最大作用距离 R_{max}。因为超过这个距离,接收的信号功率 P_r 进一步减小,就不能可靠地检测到该目标。单基地脉冲雷达通常是收发共用天线,即 $G_t = G_r = G$,$A_t = A_r$,则它们的关系式可以表达为

$$P_r = S_{imin} = \frac{P_t \sigma A_r^2}{4\pi \lambda^2 R_{max}^4} = \frac{P_t G^2 \lambda^2 \sigma}{(4\pi)^3 R_{max}^4} \qquad (6-5-8)$$

或

$$R_{max} = \left[\frac{P_t \sigma A_r^2}{4\pi\lambda^2 S_{imin}} \right]^{\frac{1}{4}} \qquad (6-5-9)$$

$$R_{max} = \left[\frac{P_t G^2 \lambda^2 \sigma}{(4\pi)^3 S_{imin}} \right]^{\frac{1}{4}} \qquad (6-5-10)$$

式(6-5-9)、式(6-5-10)是雷达距离方程的两种基本形式,它表明了作用距离 R_{max} 和雷达参数以及目标特性间的关系。

雷达方程虽然给出了作用距离和各参数间的定量关系,但因未考虑设备的实际损耗和环境因素,而且方程中还有两个不可能准确预定的量:目标有效反射面积 σ 和最小可检测信号 S_{imin},因此它常用来作为一个估算的公式,考察雷达各参数对作用距离影响的程度。

雷达总是在噪声和其他干扰背景下检测目标的,再加上复杂目标的回波信号本身也是起伏的,故接收机输出的是随机量。雷达作用距离也不是一个确定值而是统计值,对于某雷达来讲,不能简单地说它的作用距离是多少,通常只在概率意义上讲,当虚警概率(如 10^{-6})和发现概率(如90%)给定时的作用距离是多大。

(二)雷达方程的几种形式

1. 搜索雷达方程

搜索雷达的任务是在指定空域进行目标搜索。设整个搜索空域的立体角为 Ω,天线波束所张的立体角为 β,扫描整个空域的时间为 T_f,而天线波束扫过点目标的驻留时间为 T_d,则

$$\frac{T_d}{T_f} = \frac{\beta}{\Omega} \qquad (6-5-11)$$

当天线增益加大时,一方面使收发能量更集中,有利于提高作用距离,但同时天线波束 β 减小,扫过点目标的驻留时间缩短,可利用的脉冲数 N 减小,这又是不利于发现目标的。下面具体地分析各参数之间的关系。

波束张角 β 和天线增益 G 的关系为 $\beta = 4\pi/G$,代入式(6-5-11)得

$$\frac{4\pi}{G} = \frac{\Omega T_d}{T_f} \text{ 或 } G = \frac{4\pi T_f}{\Omega T_d} \qquad (6-5-12)$$

将上述关系代入雷达方程式(6-5-9),并用脉冲功率 P_t 与平均功率 P_{av} 的关系 $P_t = P_{av} T_r/\tau$ 置换后得

$$R_{max} = \left[(P_{av}G_t) \frac{T_f}{\Omega} \frac{\sigma\lambda^2}{(4\pi)^2 k T_0 F_n D_0 C_B L \cdot T_d f_r} \right]^{1/4} \qquad (6-5-13)$$

式中: $T_r = 1/f_r$ 为雷达工作的重复周期;天线驻留时间内的脉冲数 $N = T_d f_r$;天线增益 G 和有效面积 A 的关系为 $G = 4\pi A/\lambda^2$; D_0 应是积累 N 个脉冲后的检测因子。

考虑了以上关系式的搜索雷达方程为

$$R_{max} = \left[(P_{av}A) \frac{T_f}{\Omega} \frac{\sigma}{4\pi k T_0 F_n D_0 N C_B L} \right]^{1/4} \qquad (6-5-14)$$

式(6-5-14)表明当雷达处于搜索状态工作时,雷达的作用距离取决于发射机平均功率和天线有效面积的乘积,并与搜索时间 T_f 搜索空域 Ω 比值的四次方根成正比,而与工作波长无直接关系。这说明对搜索雷达而言应着重考虑 $P_{av}A$ 乘积的大小。平均功率和天线孔径乘积的数值受各种条件约束和限制,各个频段所能达到的 $P_{av}A$ 值也不相同。此外,搜索距离还和 T_f、Ω 有关,允许的搜索时间加大或搜索空域减小,均能提高作用距离。

2. 跟踪雷达方程

跟踪雷达在跟踪工作状态时,是在 t_0 时间内连续跟踪一个目标,若在距离方程式(6-5-9)引入关系式:$P_t\tau = P_{av}T_r$、$NT_r = t_0$,以及 $G = 4\pi A/\lambda^2$,则跟踪雷达方程可化简为

$$R_{max} = \left[P_{av}A_r \frac{A_t}{\lambda^2} \frac{t_0\sigma}{4\pi kT_0 F_n D_0 NC_B L} \right]^{1/4} \qquad (6-5-15)$$

式(6-5-15)是连续跟踪单个目标的雷达方程。由该式可见,要提高雷达跟踪距离,也需要增大平均功率和天线有效面积的乘积 $P_{av}A_r$,同时要加大跟踪时间 t_0(脉冲积累时间)。也可看出,在天线孔径尺寸相同时,减小工作波长 λ,也可以增大跟踪距离。选用较短波长时,同样天线孔径可得到较窄的天线波束,对跟踪雷达,天线波束越窄,跟踪精度越高,故一般跟踪雷达倾向于选择较短的工作波长。

3. 二次雷达方程

二次雷达与一次雷达不同,它不像一次雷达那样依靠目标散射的一部分能量来发现目标,而是在目标上装有应答器(或信标),当应答器收到雷达信号以后,发射一个应答信号,雷达接收机根据所收到的应答信号对目标进行检测和识别。二次雷达中,雷达发射信号或应答信号都只经过单程传输,而不像在一次雷达中,发射信号经双程传输后才能回到接收机。

设雷达发射功率为 P_t,发射天线增益为 G_t,则在距雷达 R 处的功率密度为

$$S_1 = \frac{P_t G_t}{4\pi R^2} \qquad (6-5-16)$$

若目标上应答机天线的有效面积为 A'_r,则其接收功率为

$$P_r = S_1 A'_r = \frac{P_t G_t A'_r}{4\pi R^2} \qquad (6-5-17)$$

因为 $G'_r = 4\pi A'_r/\lambda^2$,则可得

$$P_r = \frac{P_t G_t G'_r \lambda^2}{(4\pi R)^2} \qquad (6-5-18)$$

当接收功率 P_r 达到应答机的最小可检测信号时,二次雷达系统可能正常工作,亦即当 $P_r = S'_{imin}$ 时,雷达有最大作用距离 R_{max},即

$$R_{max} = \left[\frac{P'_t G_t G'_r \lambda^2}{(4\pi)^2 S'_{imin}} \right]^{1/2} \qquad (6-5-19)$$

应答机检测到雷达信号后,即发射其回答信号,此时雷达处于接收状态。设应答机的发射功率为 P'_t,天线增益为 G'_t,雷达的最小可检测信号为 S_{imin},则同样可得到应答机工

作时的最大作用距离为

$$R'_{\max} = \left[\frac{P'_tG'_tG_r\lambda^2}{(4\pi)^2 S_{i\min}}\right]^{1/2} \qquad (6-5-20)$$

因为脉冲工作时的雷达和应答机都是收发共用天线,故 $G_rG'_t = G'_rG_t$。为了保证雷达能够有效地检测到应答机的信号,必须满足以下条件:

$$R'_{\max} \geqslant R_{\max} \quad 或 \quad P'_t/S_{i\min} \geqslant P_t/S'_{i\min}$$

实际上,二次雷达系统的作用距离由 $R_{\max}$ 和 $R'_{\max}$ 二者中的较小者决定,因此设计中使二者大体相等是合理的。

二次雷达的作用距离与发射机功率、接收机灵敏度的二次方根分别成正、反比关系,所以在相同探测距离的条件下,其发射功率和天线尺寸较一次雷达明显减小。

二、雷达目标特性

雷达是通过目标的二次散射功率来发现目标的。目标的大小和性质不同,对雷达波的散射特性就不同,雷达所接收的反射能量也就不一样。目标的雷达截面积(Radar Cross Section,RCS)就是表征雷达目标对于照射电磁波散射能力的量。

(一) 目标的雷达截面积

1. 点目标的 RCS

脉冲雷达的特点是有一个"三维分辨单元",分辨单元在角度上的大小取决于天线波束宽度,在距离上的尺寸取决于脉冲宽度,此分辨单元就是瞬时照射并散射的体积 V。设雷达波束的立体角为 Ω(以主平面波束宽度的半功率点来确定),则

$$V = \frac{\Omega R^2 c\tau}{2}$$

式中:R 为雷达至特定分辨单元的距离;Ω 为立体角,单位为球面度。

如果一个目标全部包含在体积 V 中,便认为该目标属于点目标。实际上,只有明显小于体积 V 的目标才能真正算做点目标,像飞机、卫星、导弹、船只等这样一些雷达目标,当用普通雷达观测时可以算做点目标,但对极高分辨力的雷达来说,便不能算是点目标了。

不属于点目标的目标有两类,如果目标大于分辨单元且形状不规则,则它是一个实在的"大目标",如大于分辨单元的一艘大船;另一类是所谓的分布目标,它是一群统计上均匀的散射体的集合。

假设入射电磁波在目标处功率密度为 S_1,RCS 为 σ 的目标所能够散射的总功率为 P_2,式(6-5-2)定义为 $P_2 = S_1\sigma$。实际上,σ 的大小与雷达电磁波的入射角有关,此处定义主要考虑电磁波按原方向反射回去。在雷达处,目标的二次辐射功率密度为

$$P_\Delta = \frac{P_2}{4\pi} = S_1\frac{\sigma}{4\pi}$$

据此,可定义雷达截面积为

$$\sigma = 4\pi \cdot \frac{返回接收机每单位立体角内的回波功率}{入射功率密度} \qquad (6-5-21)$$

即 σ 为在远场条件(平面波照射的条件)下,目标处每单位入射功率密度在接收机处每单位立体角内产生的反射功率乘以 4π。为了进一步了解 σ 的意义,这里按照定义来考虑一个具有良好导电性能的各向同性的球体截面积。设目标处入射功率密度为 S_1,球目标的几何投影面积为 A_1,则目标所截获的功率为 S_1A_1。由于该球是导电良好且各向同性的,因而它将截获的功率全部均匀地辐射到 4π 立体角内。根据式(6-5-21),可定义

$$\sigma_i = 4\pi \frac{S_1A_1/(4\pi)}{S_1} = A_1 \qquad (6-5-22)$$

式(6-5-22)表明,导电性能良好各向同性的球体,它的截面积 σ_i 等于该球体的几何投影面积。这就是说,任何一个反射体的截面积都可以想象成一个具有各向同性的等效球体的截面积。等效的意思是指该球体在接收机方向每单位立体角所产生的功率与实际目标散射体所产生的相同,从而将雷达截面积理解为一个等效的无耗各向均匀反射体的截获面积(投影面积)。因为实际目标的外形复杂,它的后向散射特性是各部分散射的矢量合成,因而不同的照射方向有不同的雷达截面积 σ 值。

2. 点目标特性与波长的关系

目标的后向散射特性除与目标本身的性能有关外,还与视角、极化和入射波的波长有关。其中与波长的关系最大,常以相对于波长的目标尺寸来对目标进行分类。为了讨论目标后向散射特性与波长的关系,比较方便的办法是考察一个各向同性的球体。因为球有最简单的外形,而且理论上已经获得其截面积的严格解答,其截面积与视角无关,因此常用金属球来作为截面积的标准,用于校正数据和实验测定。

球体雷达截面积与波长的关系如图6-5-1所示。根据目标的尺寸与波长的关系可分为三个区。当球体周长 $2\pi r \leqslant \lambda$ 时,称为瑞利区,这时的截面积正比于 λ^{-4};当波长减小到 $2\pi r = \lambda$ 时,就进入振荡区,截面积在极限值之间振荡;$2\pi r \geqslant \lambda$ 的区域称为光学区,截面积振荡地趋于某一固定值,它就是几何光学的投影面积 πr^2。

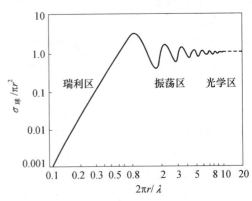

图6-5-1 球体雷达截面积与波长的关系

目标的尺寸相对于波长很小时呈现瑞利区散射特性,即 $\sigma \propto \lambda^{-4}$,绝大多数雷达目标都不处在这个区域中,但气象微粒对常用的雷达波长来说是处在这一区域的(它们的尺寸远小于波长)。处于瑞利区的目标,决定它们截面积的主要参数是体积而不是形状,形状不同的影响只作较小的修改即可。通常,雷达目标的尺寸较云雨微粒要大得多,因此降低雷达工作频率可减小云雨回波的影响而又不会明显减小正常雷达目标的截面积。

实际上大多数雷达目标都处在光学区。光学区名称的来源是因为目标尺寸比波长大得多时,如果目标表面比较光滑,那么几何光学的原理可以用来确定目标雷达截面积。按照几何光学的原理,表面最强的反射区域是对电磁波波前最突出点附近的小的区域,这个区域的大小与该点的曲率半径 ρ 成正比。曲率半径越大,反射区域越大,这一反射区域在

光学中称为"亮斑"。可以证明,当物体在"亮斑"附近为旋转对称时,其截面积为$\pi\rho^2$,故处于光学区球体的截面积为πr^2,其截面积不随波长λ变化。

在光学区和瑞利区之间是振荡区,这个区的目标尺寸与波长相近,在这个区中,截面积随波长变化而呈振荡,最大点较光学值约高5.6dB,发生在$2\pi r/\lambda=1$处,而第一个凹点的值又较光学值约低5.5dB。实际上雷达很少工作在这一区域。

3. 简单形状目标的 RCS

几何形状比较简单的目标,如球体、圆板、锥体等,它们的雷达截面积可以计算出来。其中,球是最简单的目标,在光学区,球体截面积等于其几何投影面积πr^2,与视角无关,也与波长λ无关。

对于其他形状简单的目标,当反射面的曲率半径大于波长时,也可以应用几何光学的方法来计算它们在光学区的雷达截面积。一般情况下,其反射面在"亮斑"附近不是旋转对称的,可通过"亮斑"并包含视线作互相垂直的两个平面,这两个切面上的曲率半径为ρ_1、ρ_2,则雷达截面积为$\pi\rho_1\rho_2$。

对于非球体目标,其截面积和视角有关,而且在光学区其截面积不一定趋于一个常数,但利用"亮斑"处的曲率半径可以对许多简单几何形状的目标进行分类,并说明它们对波长的依赖关系。图6-5-2给出几种简单几何形状的物体在特定视角方向上的雷达截面积。当视角改变时 RCS 一般都有很大的变化。

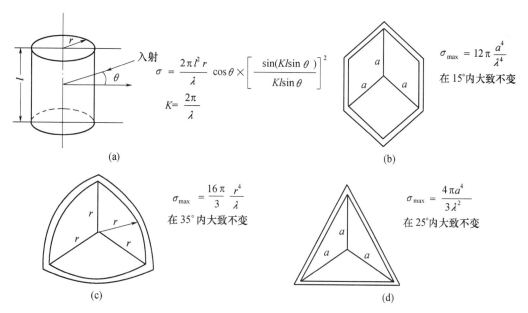

图6-5-2 几种简单形状物体的雷达截面积
(a) 圆柱;(b) 直角反射器;(c) 半角反射器;(d) 三角形反射器。

4. 复杂形状目标的 RCS

诸如飞机、舰艇、地物等复杂目标的雷达截面积,是视角和工作波长的复杂函数。尺寸大的复杂反射体常常可以近似分解成许多独立的散射体,每一个独立散射体的尺寸仍处于光学区,各部分没有相互作用,在这样的条件下,总的雷达截面积就是各部分截面积的矢量和,即

$$\sigma = \left| \sum_k \sqrt{\sigma_k} \exp\left(\frac{\mathrm{j}4\pi d_k}{\lambda}\right) \right|$$

式中：σ_k 为第 k 个散射体的截面积；d_k 为第 k 个散射体与接收机之间的距离。

各独立单元的反射回波由于其相对相位关系，可以相加而给出大的雷达截面积，也可能相减而得到小的雷达截面积。对于复杂目标，各散射单元的间隔是可以和工作波长相比的，因此，当观察方向或工作波长改变时，在接收机输入端收到的各单元散射信号间的相位也在变化，其矢量和相应改变，从而形成了起伏的回波信号。

图 6-5-3 给出了螺旋桨飞机 B-26（第二次世界大战时中程双引擎轰炸机）雷达截面积的例子，数据是飞机置于转台上由试验测得的，工作波长为 10cm。从图中可以看出，雷达截面积是视角的函数，角度改变约 $\frac{1}{3}°$，截面积就可以大约变化 15dB。最强的回波信号发生在侧视附近，在这里飞机的投影面积最大且具有比较平坦的表面。

复杂目标的雷达截面积，只要稍微变动观察角或工作频率，就会引起截面积大的起伏。飞机横截面的起伏可能达到 60dB，但通常在微波区其平均值不会随频率显著变化。不过低频率（如 VHF）时的飞机横截面积要比微波频段大。表 6-5-1、表 6-5-2 列出几种目标在微波频段时的雷达截面积作为参考例子，而这些数据不能完全反映复杂目标截面积的性质，只是截面积"平均"值的一个度量。

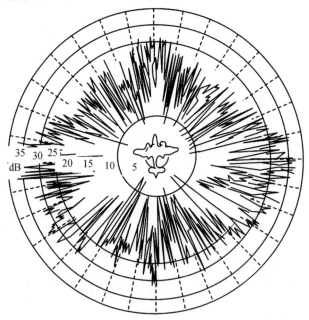

图 6-5-3　螺旋桨飞机的雷达截面积

表 6-5-1　在微波频段上的雷达截面积样本值

目　标	雷达截面积/m²	目　标	雷达截面积/m²
大型舰艇	>20000	大型歼击机	6
中型舰艇	3000~10000	小型歼击机	2
小型舰艇	50~250	小型单人发动机飞机	1

目　标	雷达截面积/m²	目　标	雷达截面积/m²
巨型客机	100	人	1
大型轰炸机或客机	40	普通有翼无人驾驶导弹	0.5
大型轰炸机或客机	20	鸟	0.01

表 6 - 5 - 2　在微波频段上的典型飞机的 RCS

目　标	雷达截面积/m²	目　标	雷达截面积/m²
FB - 111	7	B1 - B	0.75
F - 4	6	B - 2	0.1
米格 - 21	4	F - 117A	0.017
"阵风" D	2		

复杂目标的雷达截面积是视角的函数,同时也随频率和极化等变化,通常雷达工作时,精确的目标姿态及视角是不知道的,因为目标运动时视角随时间变化。因此,最好是用统计的概念来描述雷达截面积,所用统计模型应尽量和实际目标雷达截面积的分布规律相同。大量试验表明,大型飞机截面积的概率分布接近瑞利分布,当然也有例外,小型飞机和各种飞机侧面截面积的分布与瑞利分布差别较大。导弹和卫星的表面结构比飞机简单,它们的截面积处于简单几何形状与复杂目标之间,这类目标截面积的分布比较接近对数正态分布。船舶是复杂目标,它与空中目标的不同之处在于海浪对电磁波反射产生多径效应,雷达所能收到的功率与天线高度有关,因而目标截面积也和天线高度有一定的关系。在多数场合,船舶截面积的概率分布比较接近对数正态分布。

5. 目标特性与极化

决定雷达目标特性的另外一个重要因素是入射电磁波的极化。极化是描述电磁波矢量性的物理量,表征了空间给定点上电场强度矢量(大小和方向)随时间变化的特性。

目标的散射特性与极化方向有关,绝大部分目标在任意姿态角下,对不同的极化波的散射是不同的,且对于大部分目标,反射或散射电磁波的极化不同于入射电磁波的极化。当目标受到特定极化状态的入射波照射时,其散射波取值依赖于入射波的强度、极化状态和目标的极化特性。

（二）目标起伏模型

在工程计算中常把截面积视为常量,即如表 6 - 5 - 1 给出的那些平均值。实际上,处于运动状态的目标,视角一直在变化,截面积随之产生起伏。例如,某喷气战斗机向雷达飞行时记录的脉冲,起伏周期在远距离时是几秒,在近距离时大约是几十分之一秒,起伏周期与波长有关,对于飞机的不同姿态,起伏变化的范围从 26dB 到 10dB。

要正确地描述雷达截面积起伏,必须知道它的概率密度函数和相关函数。概率密度函数 $p(\sigma)$ 给出目标截面积 σ 的数值在 $\sigma \sim \sigma + d\sigma$ 之间的概率,而相关函数则描述雷达截面积在回波脉冲序列间(随时间)的相关程度。这两个参数都影响雷达对目标的检测性能。而截面积起伏的功率谱密度函数对研究跟踪雷达性能也很重要。

最早提出而且目前仍然常用的 RCS 起伏模型是斯威林(Swerling)模型。该模型把典型的目标起伏分为四种类型,包括两种不同的概率密度函数,同时又有两种不同的相关情况。一种是在天线一次扫描期间回波起伏是完全相关的,而扫描至扫描间完全不相关,称为慢起伏目标;另一种是快起伏目标,它们的回波起伏在脉冲与脉冲之间是完全不相关的。四种起伏模型区分如下。

1. 第一类称为斯威林 I 型,慢起伏,瑞利分布

接收到的目标回波在任意一次扫描期间都是恒定的(完全相关),但是从一次扫描到下一次扫描是独立的(不相关的)。假设不计天线波束形状对回波振幅的影响,截面积 σ 的概率密度函数服从以下指数分布:

$$p(\sigma) = \frac{1}{\bar{\sigma}}\exp\left(-\frac{\sigma}{\bar{\sigma}}\right), \sigma \geqslant 0 \qquad (6-5-23)$$

式中:$\bar{\sigma}$ 为目标起伏全过程的平均值。

根据雷达方程,目标 RCS 与回波功率成比例,因此根据概率论,回波振幅的分布为瑞利分布。

2. 第二类称为斯威林 II 型,快起伏,瑞利分布

目标截面积的概率分布同斯威林 I 型,但为快起伏,脉冲与脉冲间的起伏是统计独立的。

3. 第三类称为斯威林 III 型,慢起伏,优加瑞利分布

目标截面积的概率密度函数为

$$p(\sigma) = \frac{4\sigma}{\bar{\sigma}^2}\exp\left(-\frac{2\sigma}{\bar{\sigma}}\right), \sigma \geqslant 0 \qquad (6-5-24)$$

式中:$\bar{\sigma}$ 亦表示截面积起伏的平均值。

这类截面积起伏所对应的回波振幅 A 满足以下概率密度函数($A^2 = \sigma$):

$$p(A) = \frac{9A^3}{2A_0^4}\exp\left(-\frac{3A^2}{2A_0^2}\right) \qquad (6-5-25)$$

式中:$\bar{\sigma} = 4A_0^4/3$。

4. 第四类称为斯威林 IV 型,快起伏,优加瑞利分布

目标截面积的概率分布服从式(6-5-24)。

第一、第二类情况截面积的概率分布适用于复杂目标是由大量近似相等单元散射体组成的情况,虽然理论上要求独立散射体的数量很大,实际上只需四五个即可。许多复杂目标的截面积(如飞机)就属于这一类型。

第三、第四类情况截面积的概率分布适用于目标具有一个较大反射体和许多小反射体合成,或者一个大的反射体在方位上有小变化的情况。用上述四种起伏模型时,代入雷达方程中的雷达截面积是其平均值 $\bar{\sigma}$。有了以上四种目标模型,就可以计算各类起伏目标的检测性能了。为了便于比较,将不起伏的目标称为第五类。

三、最小可检测信噪比

在一般情况下,噪声是限制微弱信号检测的基本因素。假如只有信号而没有噪声,任何微弱的信号在理论上都是可以经过任意放大后被检测到,因此雷达检测能力实质上取

决于信号噪声比。为了计算最小检测信号 S_{imin}，首先必须决定雷达可靠检测时所需的信号噪声比值。

典型的雷达接收机和信号处理框图如图 6 - 5 - 4 所示，一般把检波器以前（中频放大器输出）的部分视为线性的，中频滤波器的特性近似匹配滤波器，从而使中放输出端的信号噪声比达到最大。

接收机的噪声系数 F_n 定义为

$$F_n = \frac{N}{kT_0 B_n G_a} = \frac{\text{实际接收机的噪声功率输出}}{\text{理想接收机在标准室温时的噪声功率输出}}$$

式中：N 为接收机输出的噪声功率；$G_a = S_o/S_i$ 为接收机的功率增益（有效增益）；T_0 为标准室温，一般取 290K；k 为玻尔兹曼常数。

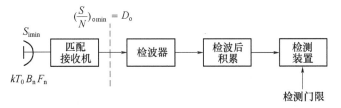

图 6 - 5 - 4　典型的雷达接收机和接收信号处理框图

输出噪声功率通常是在接收机检波器之前测量的。大多数接收机中，噪声带宽 B_n 由中放决定，其数值与中频的 3dB 带宽相接近。理想接收机的输入噪声功率为 $N_i = kT_0 B_n$，故噪声系数 F_n 亦可写成

$$F_n = \frac{(S/N)_i}{(S/N)_o} = \frac{\text{输入端信噪比}}{\text{输出端信噪比}} \tag{6 - 5 - 26}$$

即噪声系数可用来表示信号通过接收机后信噪比变化的情况。

将式(6 - 5 - 26)整理后得到输入信号功率 S_i 的表达式为

$$S_i = F_n N_i \left(\frac{S}{N}\right)_o = kT_0 B_n F_n \left(\frac{S}{N}\right)_o \tag{6 - 5 - 27}$$

根据雷达检测目标质量的要求，可确定所需的最小输出信噪比 $(S/N)_{omin}$，这时就得到最小可检测信号为

$$S_{imin} = kT_0 B_n F_n \left(\frac{S}{N}\right)_{omin} \tag{6 - 5 - 28}$$

对常用雷达波形来说，信号功率是一个容易理解和测量的参数，但现代雷达多采用复杂的信号波形，波形所包含的信号能量往往是接收信号可检测性的一个更合适的度量。例如，匹配滤波器输出端的最大信噪功率比等于 E/N_0，其中 E 为接收信号的能量，N_0 为接收机均匀噪声谱的功率谱密度，在这里以接收信号能量 E 来表示信号噪声功率比值。从一个简单的矩形脉冲波形来看，若其宽度为 τ、信号功率为 S，则接收信号能量 $E = S\tau$；噪声功率 N 和噪声功率谱密度 N_0 之间的关系为 $N = N_0 B_n$。B_n 为接收机带宽，采用简单脉冲信号时，可认为 $B_n \approx 1/\tau$。这样可得到信号噪声功率比的表达式如下：

$$\frac{S}{N} = \frac{S}{N_0 B_n} = \frac{S\tau}{N_0} = \frac{E}{N_0}$$

因此,检测信号所需的最小输出信噪比为

$$\left(\frac{S}{N}\right)_{\text{omin}} = \left(\frac{E}{N_0}\right)_{\text{omin}}$$

现代雷达采用建立在统计检测理论基础上的统计判决方法来实现信号检测,检测目标信号所需的最小输出信噪比称为检测因子(Detectability Factor)D_o,即

$$D_o = \left(\frac{S}{N}\right)_{\text{omin}} = \left(\frac{E}{N_0}\right)_{\text{omin}}$$

D_o是在接收机匹配滤波器输出端(检波器输入端)测量的信号噪声功率比,如图6-5-4所示。检测因子D_o就是满足所需检测性能时,在检波器输入端单个脉冲需要达到的最小信号噪声功率比。

将式(6-5-28)代入雷达方程式(6-5-9)和式(6-5-10),即可获得用检测因子表示的距离方程为

$$R_{\text{max}} = \left[\frac{P_t \sigma A_r^2}{4\pi\lambda^2 kT_0 B_n F_n D_o}\right]^{\frac{1}{4}} = \left[\frac{P_t G^2 \lambda^2 \sigma}{(4\pi)^3 kT_0 B_n F_n D_o}\right]^{\frac{1}{4}} \qquad (6-5-29)$$

当用信号能量$E_t = P_t\tau = \int_0^\tau P_t \mathrm{d}t$,代替脉冲功率$P_t$,此外,考虑到系统损耗,包括发射传输线、接收传输线、电波双程传输损耗、信号处理损耗等综合损耗,增加一个损耗因子L,因为它的作用是减小作用距离,所以加在分母上,即可得最常用的雷达方程

$$R_{\text{max}} = \left[\frac{P_t G^2 \lambda^2 \sigma}{(4\pi)^3 kT_0 B_n F_n D_o L}\right]^{\frac{1}{4}} = \left[\frac{E_t G^2 \lambda^2 \sigma}{(4\pi)^3 kT_0 F_n D_o L}\right]^{\frac{1}{4}} \qquad (6-5-30)$$

用检测因子D_o和能量E_t表示的雷达方程在使用时有以下优点:

(1)当雷达在检测目标之前有多个脉冲可以积累时,由于积累可改善信噪比,故此时捡波器输入端的$D_o(n)$值将下降,因此可表明雷达作用距离和脉冲积累数n之间的简明关系,可计算和绘制出标准曲线以供查用。

(2)用能量表示的雷达方程适用于当雷达使用各种复杂脉压信号时的情况。只要知道脉冲功率及发射脉宽,就可以用来估算作用距离而不必考虑具体的波形参数。

四、脉冲积累

(一)积累的效果

实际工作的雷达都是在多个脉冲观测的基础上进行检测的。对M个脉冲观测的结果就是一个积累的过程,积累可简单地理解为M个脉冲叠加起来的作用。早期雷达的积累方法是依靠显示器荧光屏的余辉,结合操作员的眼和脑的积累作用而完成的。而在自动门限检测时,则要用到专门的电子设备来完成脉冲积累,然后,对积累后的信号进行检测判决。

多个脉冲积累后可以有效地提高信噪比,从而提高雷达的检测能力。积累可以在包络检波前完成,称为检波前积累或中频积累。信号在中频积累时,要求信号间有严格的相位关系即信号是相参的,所以又称为相参积累。零中频信号可保留相位信息,可实现相参积累,是当前常用的方法。其中相参积累可以由相干脉冲串的匹配滤波器构成。此外,积累也可以在包络检波器以后完成,称为检波后积累或视频积累。由于信号在包络检波后

270

失去了相位信息而只保留幅度信息,因而检波后积累就不需要信号间有严格的相位关系,因此,又称为非相参积累。

将 M 个等幅相参中频脉冲信号进行相参积累,可以使信噪比提高为原来的 M 倍(M 为积累脉冲数)。这是因为相邻周期的中频回波信号按严格的相位关系同相相加,因此,积累相加的结果使信号电压提高为原来的 M 倍,相应的功率提高 M^2 倍,而噪声是随机的,相邻脉冲的噪声满足统计独立条件,积累的效果是平均功率相加而使总噪声功率提高为原来的 M 倍。这就是说相参积累的结果,可以使输出信噪比(功率)提高 M 倍。相参积累也可以在零中频上用数字技术实现,因为,零中频信号保存了中频信号的全部振幅和相位信息。脉冲多普勒雷达的信号处理就是实现相参积累的一个很好的实例。

M 个等幅脉冲在包络检波后进行理想积累时,信噪比的改善达不到 M 倍。这是因为包络检波的非线性作用,信号加噪声通过检波器时,还将增加信号与噪声的相互作用项而影响输出端的信号噪声比。特别当检波器输入端的信噪比较低时,在检波器输出端信噪比的损失更大。非相参积累后信噪比(功率)的改善在 M 和 $\sqrt{M}$ 之间,当积累数 M 值很大时,信噪功率比的改善趋近于 $\sqrt{M}$。

脉冲积累的效果可以用检测因子 D_o 的改变来表示。

对于理想的相参积累,M 个等幅脉冲积累后对检测因子 D_o 的影响为

$$D_o(M) = \frac{D_o(1)}{M} \tag{6-5-31}$$

式中:$D_o(M)$ 表示 M 个脉冲相参积累后的检测因子。

因为这种积累使信噪比提高为原来的 M 倍,所以在门限检测前达到相同信噪比时,检波器输入端所要求的单个脉冲信噪比 $D_o(M)$ 将减小到不积累时的 $D_o(1)$ 的 $1/M$。

对于非相参积累(视频积累)的效果分析是一件比较困难的事。Peebles[22] 给出的非相参积累信噪比改善经验公式为

$$D'_o(M) = I_M D_o(1) \tag{6-5-32}$$

式中:$D'_o(M)$ 和 $D_o(1)$ 分别表示 M 个脉冲非相参积累时的信噪比和单个脉冲检测的信噪比;I_M 为非相参积累信噪比改善因子,可以表示为

$$I_M(dB) = 6.79(1 + 0.235P_d)(1 - \frac{\lg P_f}{46.6})\lg M \times (1 - 0.14 \times \lg M + 0.01831 \times \lg^2 M)$$

$$\tag{6-5-33}$$

式中:P_d 为检测概率,P_f 为虚警概率。

同相参积累相比,非相参积累有一个信噪比损失,可以用积累效率来衡量,其定义为

$$\xi_i(M) = \frac{D_o(M)}{D'_o(M)} \tag{6-5-34}$$

式中:$D_o(M)$ 和 $D'_o(M)$ 分别表示非相参和相参积累时的信噪比。也可用积累损耗来度量,积累损耗 $L_i(M)$ 与积累效率的关系为

$$L_i(M) = 10\lg[1/\xi_i(M)]$$

可见积累效率是一个不大于 1 的数,以比率表示,而积累损耗则是一个不小于 0 的

数,后者以 dB 表示。

虽然非相参积累的效果不如相参积累,但是在许多场合还是被采用。其理由是:非相参积累的工程实现比较简单;对雷达的收发系统没有严格的相参性要求;对大多数运动目标来讲,其回波的起伏将明显破坏相邻回波信号的相位相参性,因此,就是在雷达收发系统相参性很好的条件下,起伏回波也难以获得理想的相参积累。事实上,对快起伏的目标回波来讲,视频积累还将获得更好的检测效果。

对相参脉冲串的最佳检测应是在匹配滤波后进行相参积累(中频或视频积累),然后,对积累进行振幅检波,检波输出与门限比较后便可做出有无目标的判决。许多先进雷达在做了相参积累后,还做非相参积累,以在保证足够检测概率的前提下,进一步降低虚警概率。而对非相参脉冲串的最佳检测,采用线性或平方律检波后进行非相参积累。

(二) 积累脉冲数的确定

当雷达天线机械扫描时,可积累的脉冲数(收到的回波脉冲数)取决于天线波束的扫描速度以及扫描平面上天线波束的宽度。可以用下面公式计算方位扫描雷达半功率波束宽度内接收到的脉冲数为

$$N = \frac{\theta_{\alpha,0.5} f_r}{\Omega_\alpha \cos\theta_e} = \frac{\theta_{\alpha,0.5} f_r}{6\omega_m \cos\theta_e} \qquad (6-5-35)$$

式中:$\theta_{\alpha,0.5}$ 为半功率天线方位波束宽度(°);Ω_α 为天线方位扫描速度(°/s);ω_m 为天线方位扫描速度(r/min);f_r 雷达的脉冲重复频率(Hz);θ_e 目标仰角(°)。

式(6-5-35)基于球面几何的特性,它适用于"有效"方位波束宽度 $\theta_{\alpha,0.5}/\cos\theta_e <$ 90°的范围,且波束最大值方向的倾斜角大体上等于 θ_e。当雷达天线波束在方位和仰角二维方向扫描时,也可以推导出相应的公式来计算接收到的脉冲数 N。

某些现代雷达,波束用电扫描的方法而不用天线机械运动。电扫天线常用步进扫描方式,此时天线波束指向某特定方向并在此方向上发射预置的脉冲数,然后波束指向新的方向进行辐射。用这种方法扫描时,接收到的脉冲数由预置的脉冲数决定而与波束宽度无关,且接收到的脉冲回波是等幅的(不考虑目标起伏时)。

五、雷达杂波模型

与噪声相比,雷达杂波干扰的统计特性要复杂得多。为了采取合理、有效的措施,能在不同的杂波环境中获得恒虚警率效果,必须对杂波的统计特性,主要是杂波的幅度统计特性进行研究。除了极少数孤立建筑物可认为是固定目标外,绝大多数地物、海浪杂波都是极为复杂的,它们可能既包含固定杂波成分又包含有运动杂波成分,而每一部分的回波其相位和幅度分布都是随机的。用一个较为合理的数学模型来描述杂波幅度的概率分布特性,就称为恒虚警处理所面临的杂波环境,也称为雷达杂波模型。以下讨论三种典型的杂波模型。

(一) 瑞利分布

在雷达的可分辨范围内,当散射体的数目很多时,根据散射体反射信号幅度和相位的随机特性,一般可认为它们合成的回波包络振幅是服从瑞利(Rayleigh)分布的。若以 x 表示杂波回波的包络振幅,以 σ^2 表示它的平均功率(标准差),则 x 的概率密度函数为

$$f(x) = \frac{x}{\sigma^2}\exp(-\frac{x^2}{2\sigma^2}), x \geq 0 \qquad (6-5-36)$$

瑞利分布与每个散射体的振幅分布无关,只要求散射体的数目足够多,并且所有散射体中没有一个是起主导作用的。

瑞利分布只能代表同一距离单元中杂波从这次扫描到下次扫描的变化规律,不能用来表示同一扫描过程中杂波的振幅分布,因为杂波的强度一般都是随距离的增大而减弱的。

对低分辨力雷达,在高仰角和平稳环境时,瑞利分布的杂波模型可以得到较为精确的结果。但是,随着高分辨力技术的迅速发展,对海浪杂波及地物杂波,瑞利分布模型不再给出令人满意的结果。特别是随着距离分辨力的提高,杂波的分布出现了比瑞利分布更长的"拖尾",即出现大振幅的概率相当大。因而对高分辨力雷达继续采用瑞利分布模型将出现高且非恒定的虚警概率。

海浪杂波的分布不仅是脉冲宽度的函数,而且也与雷达的极化方式、工作频率、天线视角以及海情、风向和风速等因素有关,地物杂波也受到类似因素的影响。

(二) 对数—正态分布

设 x 代表杂波回波的包络振幅,则 x 的对数—正态(log-Normal)分布为

$$f(x) = \frac{1}{\sqrt{2\pi}\sigma x}\exp\left[-\frac{\ln^2(x/x_m)}{2\sigma^2}\right], x \geq 0 \qquad (6-5-37)$$

式中: σ 为 $\ln x$ 的标准差; x_m 为 x 的中值。

对数—正态分布是一种较好的杂波模型,在一定的条件下,对数—正态分布杂波模型能较好地描述海浪杂波的变化规律。

(三) 韦布尔分布

韦布尔杂波模型比瑞利和对数—正态杂波模型常常能在更宽的环境内精确描述实际的杂波分布,适当地调整韦布尔分布的参数,能够使它成为瑞利分布或接近于对数—正态分布。通常,在使用高分辨力雷达、低入射角的情况下,海浪杂波能够用韦布尔分布精确描述,地物杂波也能够用韦布尔分布描述。

设 x 代表杂波回波的包络振幅,则 x 的韦布尔分布为

$$f(x) = \frac{nx^{n-1}}{x_m^n}\exp\left[-(\frac{x}{x_m})^n\right], x \geq 0 \qquad (6-5-38)$$

式中: x_m 为包络振幅分布的中值,它是分布的尺度(比例)参数; n 为包络分布的形状(斜度)参数, n 的取值范围一般为 $0 < n \leq 2$。

显然,韦布尔分布比瑞利分布复杂。瑞利分布只有一个表示杂波强度的尺度参数,在尺度参数一定时,分布函数也就确定了。韦布尔分布像对数—正态分布一样,也是一个双变量分布函数,除尺度参数外,还有形状参数,只有二者均确定时,分布函数才能确定。

如果把韦布尔分布的形状参数 n 固定为 2,并把 x_m^2 改写成 $2\sigma^2$,则式(6-5-38)变为

$$f(x) = \frac{x}{\sigma^2}\exp\left(-\frac{x^2}{2\sigma^2}\right), x \geq 0$$

这就是瑞利分布。所以,瑞利分布可以认为是韦布尔分布的特例。如果取 $n=1$,并把 x_m

改写为 $2\sigma^2$，则式(6-5-38)变为

$$f(x) = \frac{1}{2\sigma^2}\exp\left(-\frac{x}{2\sigma^2}\right), x \geqslant 0$$

这就是指数分布，它也是一种常见的杂波分布模型。

从雷达信号检测的角度来说，对数—正态杂波为最恶劣的杂波环境，而韦布尔杂波则是中间杂波环境，在许多情况下，它是一种比较合适的杂波分布。此外，由于雷达杂波环境的复杂性和时变随机性，上面我们所讨论的三种杂波模型并不能反映所有的实际杂波特性，如针对海杂波提出了 K 分布、对数 K 分布及海杂波分形模型等；但还有的杂波环境根本不能用确定的模型予以描述。

六、噪声中的目标检测

（一）门限检测

假定雷达的检测过程，采用包络检波、门限、检测判决三个步骤。首先在中频部分对单个脉冲信号进行匹配滤波，接着进行检波，通常是在 n 个脉冲积累后再检测，故先对检波后的 n 个脉冲进行加权积累，然后将积累输出与某一门限电压进行比较，若输出包络超过门限，则认为目标存在，否则认为没有目标，这就是门限检测。

噪声对信号检测的影响可以形象地示于图 6-5-5 中。由于噪声的随机特性，接收机输出的包络出现起伏。A、B、C 表示信号加噪声的波形上的几个点，检测时设置一个门限电平，如果包络电压超过门限值，则认为检测到一个目标。在 A 点信号比较强，要检测目标是不困难的，但在 B 点和 C 点，虽然目标回波的幅度是相同的，但叠加了噪声之后，在 B 点的总幅度刚刚达到门限值，也可以检测到目标，而在 C 点时，由于噪声的影响，其合成振幅较小而不能超过门限，这时就会丢失目标，发生漏警(Missed Alarm)现象。当然也可以用降低门限电平的办法来检测 C 点的信号或其他弱回波信号，但降低门限后，只有噪声存在时，其尖峰超过门限电平的概率也增大了。噪声超过门限电平而误认为信号的事件称为虚警(Ffalse Alarm)。

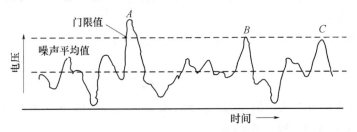

图 6-5-5 雷达接收机典型包络

门限检测是一种统计检测，由于信号叠加有噪声，因而总输出是一个随机量。在输出端根据输出振幅是否超过门限来判断有无目标存在，可能出现以下四种情况：

（1）存在目标时判为有目标，这是一种正确判断，称为发现，它的概率称为发现概率 P_d。

（2）存在目标时判为无目标，这是错误判断，称为漏警，它的概率称为漏警概率 P_1。

（3）不存在目标时判为无目标，称为正确不发现，它的概率称为正确不发现概率 P_a。

（4）不存在目标时判为有目标,称为虚警,也是一种错误判断,它的概率称为虚警概率 P_f。

显然,四种概率存在以下关系:

$$P_d + P_1 = 1, P_a + P_f = 1$$

（二）虚警概率和检测概率

1. 虚警概率和虚警时间

虚警是指没有信号而仅有噪声时,噪声电平超过门限值被误认为信号的事件。噪声超过门限的概率称虚警概率。显然,它和噪声统计特性、噪声功率以及门限电压的大小密切相关。当噪声分布函数一定时,虚警的大小完全取决于门限电平。

虚警概率本身并不能说明雷达是否会因为过多的虚警而在应用中造成问题。通常更多地采用发生虚警的间隔时间来衡量噪声对雷达性能的实际影响,如图6-5-6所示。

虚警时间 T_{fa} 定义为虚假回波（噪声超过门限）之间的平均时间间隔,即

$$T_{fa} = \lim_{N \to \infty} \frac{1}{N} \sum_{K=1}^{N} T_k \qquad (6-5-39)$$

式中: T_k 为噪声包络电压超过门限 U_T 的时间间隔。虚警概率 P_f 是指仅有噪声存在时,噪声包络电压超过门限 U_T 的概率,也可以近似用噪声包络实际超过门限的总时间与观察时间之比来求得,即

$$P_f = \frac{\sum_{k=1}^{N} t_k}{\sum_{k=1}^{N} T_k} = \frac{\langle t_k \rangle_{av}}{\langle T_k \rangle_{av}} = \frac{1}{T_{fa} B_{IF}} \qquad (6-5-40)$$

其中: t_k 为噪声电平超过 U_T 的持续时间; $\langle \rangle_{av}$ 表示求统计平均; B_{IF} 为中频放大器的带宽,通常有脉冲的平均宽度 $\langle t_k \rangle_{av}$ 近似为带宽 B_{IF} 的倒数,因此有

$$T_{fa} \approx \frac{1}{P_f B_{IF}} \qquad (6-5-41)$$

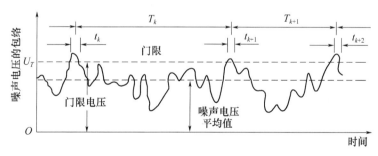

图6-5-6　虚警时间与虚警概率

实际雷达所要求的虚警概率应该是很小的,因为虚警概率 P_f 是噪声脉冲在脉冲宽度间隔时间（差不多为带宽的倒数）内超过门限的概率。例如,当接收机带宽为1MHz时,每秒钟差不多有 10^6 数量级的噪声脉冲,如果要保证虚警时间大于1s,则任一脉冲间隔的虚警概率 P_f 必须低于 10^{-6}。

275

有时还可用虚警总数 n_f 来表征虚警的大小,其定义为

$$n_f = \frac{T_{fa}}{\tau} \qquad\qquad (6-5-42)$$

它表示在平均虚警时间内所有可能出现的虚警总数。τ 为脉冲宽度,将 τ 等效为噪声的平均宽度时,又可得到关系式

$$n_f = \frac{T_{fa}}{\tau} = T_{fa}B_{IF} = \frac{1}{P_{fa}} \qquad\qquad (6-5-43)$$

式(6-5-43)表明,虚警总数就是虚警概率的倒数。

实际雷达系统中,虚警发生更可能是由于环境杂波超过门限引起的,但在雷达虚警时间指标中,几乎从未将杂波包括在内,只考虑接收机的噪声,原因是后者远比热噪声的统计特性复杂,很难用一个简单的数学表达式来描述。

2. 检测概率

信号的检测概率 P_d 是指信号加噪声的包络超过门限电平的概率,有时也称发现概率。检测概率与信号幅度、门限电平和噪声功率有关。

Albersheim[24,25] 给出了信噪比 SNR、检测概率 P_d 和虚警概率 P_f 之间的经验公式,即

$$SNR = A + 0.12AB + 1.7B$$

式中:$A = \ln(0.62/P_f)$;$B = \ln[P_d(1-P_d)]$;信噪比的数值为线性值而不是分贝数;ln 为自然对数。

这个结论是对单个脉冲检测的结果。

七、恒虚警处理

依据奈曼—皮尔逊准则,在雷达信号的检测过程中需要使虚警概率保持恒定,即恒虚警率(CFAR)处理。CFAR 检测的基本原理是,根据检测单元附近的参考单元估计背景杂波的能量并依此调整门限,从而使雷达信号检测满足奈曼—皮尔逊准则。

雷达信号的恒虚警率处理是雷达信号处理的重要内容之一,它在雷达自动检测理论中占有不可或缺的重要地位。广义地讲,CFAR 处理属于自适应门限检测,但是,在现代雷达数字处理系统中一般不直接用 CFAR 处理的输出作为检测结果,而是用其作所谓的门限调整(第一门限),然后再按具体要求使用一合适的门限(自动或固定)作过门限检测(0/1 切割),最后再对切割的结果作滑窗积累(m/n)检测(第二门限)。

通常的雷达恒虚警率处理分为两类:杂波环境的恒虚警率处理和噪声环境恒虚警率处理。杂波环境恒虚警率处理既适用于热噪声环境,也适用于杂波干扰环境。由于杂波环境的恒虚警率处理存在相对较大的恒虚警率处理损失,所以目前的雷达信号恒虚警率处理一般都采用两种处理方法,根据干扰环境的变化自动转换。通常,在全相参体制的现代雷达中,杂波恒虚警率处理一般在相参支路中使用,而噪声恒虚警率处理用在正常视频支路中。在此按照恒虚警率处理的分类方法,分别讨论杂波恒虚警处理和噪声恒虚警处理。

(一) 噪声恒虚警处理

1. 噪声环境 CFAR 处理原理

由于热噪声平均电平的变化比较缓慢,故噪声环境中的恒虚警率处理(NCFAR),可

以采用类似于接收机中自动增益控制电路的原理构成,如图6-5-7所示。为了消除目标信号、杂波等非噪声的影响,采样只在雷达的逆程时间进行。

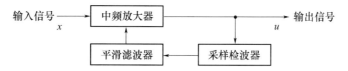

图6-5-7 噪声环境恒虚警率处理原理框图

在热噪声环境中,由于噪声在窄带线性系统输出端产生的包络的概率密度函数服从瑞利分布,如果将式(6-5-36)按 σ 取归一化,并令 $u=x/\sigma$,则

$$f_0(u) = u\exp\left(-\frac{u^2}{2}\right), u \geqslant 0 \qquad (6-5-44)$$

显然,变量 u 的分布与噪声强度 σ 无关。这样,对 u 用固定门限检测就不会因噪声强度改变而引起虚警概率变化了。设检测门限为 u_0,则虚警概率为

$$P_f = \int_{u_0}^{\infty} u\exp\left(-\frac{u^2}{2}\right)\mathrm{d}u = \exp\left(-\frac{u_0^2}{2}\right) \qquad (6-5-45)$$

所以 NCFAR 处理的关键是求出标准差 σ,并进行归一化处理。

因为瑞利分布的平均值 $\bar{x}=\sqrt{\pi/2}\,\sigma$,所以只要求出 x 的平均值就能实现归一化处理。图6-5-8中的平滑滤波器完成对 x 的求平均,得到平均值的估值 $\hat{x}$,只要平滑时间足够长,即采样样本足够多,$\bar{x}$ 与 $\hat{x}$ 的差别就能做到足够小。平滑滤波器的输出控制中放的增益,这等效于取归一化。至于 $\bar{x}$ 与 σ 之间的常系数 $\sqrt{\pi/2}$ 并不影响处理的原理与效果。有时将图6-5-7的噪声恒虚警率处理电路称为闭环式噪声电平恒定电路。如果将这种电路设计成如图6-5-8(a)所示的开环形式,则其原理更是一目了然。但是,在图6-5-8(a)中归一化的实现要用除法器,这无论是用模拟方法还是用数字方法实现均较麻烦。对数变换可将除法运算变换为减法运算,这就构成图6-5-8(b)所示的实现结构,该方案除实现起来简便外,还因为采用对数放大器而有利于扩大允许的信号动态范围。可以证明图6-5-8(b)中对数放大后的瑞利噪声的起伏方差与输入噪声强度无关,但是,其平均值则随输入噪声强度的对数值 $\lg\sigma$ 变化,所以,从对数放大后的输出中减去 $\lg\sigma$ 就能达到恒虚警率的效果。

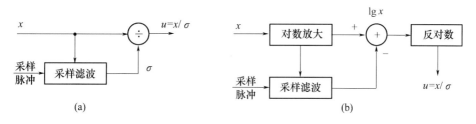

图6-5-8 开环式噪声环境恒虚警率处理原理框图

2. 噪声环境 CFAR 处理的实现方法

噪声恒虚警率处理的实现方法有模拟实现和数字实现两种,如图6-5-7和图

6-5-8所描述的是两种模拟实现电路的基本原理框图,但模拟电路的精确性、可靠性、稳定性及适应性都不如数字电路。在此结合具体的 NCFAR 实现实例研究数字噪声电平恒定电路。

如图6-5-9所示为一种闭环式数字噪声电平恒定电路,它直接检出噪声的虚警数,通过与预置的虚警数相比较,利用所得偏差对电路进行控制调整,是一种精确的 NCFAR 电路。

对噪声采样应在雷达的工作逆程,即雷达休止期进行。如图6-5-9所示,在每个休止期里对20个距离单元采样,各采样值依次与一定的门限电平相比较,超过门限的表示存在虚警,输出为"1"并将它累计下来,如此累计多个扫掠周期。若总的采样单元数为 N,累计所得"1"的个数为 N_f,那么虚警频率应为 N_f/N。

当 $N \rightarrow \infty$ 时,虚警频率就等于虚警概率。根据概率论中的伯努利大数定理,假如容许虚警频率 N_f/N 与虚警概率 P_f 之间的差小于 εP_f,则满足这一事件的概率为

$$P\left[\left|\frac{N_f}{N} - P_f\right| < \varepsilon P_f\right] \geqslant 1 - \frac{P_f(1 - P_f)}{\varepsilon^2 P_f^2 N}$$

式中:ε 为小于1的任意正值。

如果要求这一概率大于某值 P_1,则

$$1 - \frac{1 - P_f}{\varepsilon^2 P_f N} \geqslant P_1$$

或

$$N \geqslant \frac{1 - P_f}{\varepsilon^2 P_f(1 - P_f)} \qquad\qquad (6-5-46)$$

这是总的采样数应当满足的条件。例如 $P_1 = 0.9, \varepsilon = 0.5$;当 $P_f = 10^{-6}$ 时,$N \geqslant 4 \times 10^7$,这个数太大了;当 $P_f = 10^{-2}$ 时,$N \geqslant 4 \times 10^3$。$P_f$ 越小所需 N 越大,由此可见,虚警概率越小,要求的采样次数(采样数)N 越大,也就是说,平均而言只有对 N 个单元进行采样才会出现一次虚警。

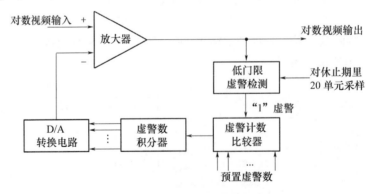

图6-5-9 数字噪声电平恒定电路原理框图

所需 N 值过大会导致控制时间很长,实际应用中通常不能容许。在图6-5-9中另用低门限进行检测,例如,使低门限的虚警概率为 10^{-2},那么 $N > 4000$ 就能满足式

(6 – 5 – 46)的要求。至于低门限检测的虚警概率与实际门限的虚警概率之间的关系,可根据瑞利分布计算得出。

如上所述,在每次扫掠的休止期里检测 20 个单元,总的检测单元数为 4000,则虚警数应每 200 个扫掠周期统计一次(因为 20 × 200 = 4000)。故图 6 – 5 – 9 中虚警检测电路检出的虚警数送到一个计数器进行计数,该计数器每 200 个扫掠周期清零一次,而在第 200 个扫掠周期之末,将计得的虚警数与预置的虚警数进行比较。当前者大于后者时,比较输出为 + 1;前者小于后者,输出为 – 1;相等时输出为 0。

比较器的输出送到虚警数积分器,它的积分值每 200 个扫掠周期变化一次,每次的变化是加 1、减 1 或不变。积分器输出的数码经 D/A 转换电路转换成为对应的模拟电压,在放大器里与对数视频输入相减。改变预置虚警数就可以改变低门限检测电路输出的虚警数(低门限并未改变),闭环控制的结果使两者相等。

该电路中的 D/A 转换器的输出实质上起门限电平调节作用,故该电路又称为自适应门限调节电路。由于它的反应速度慢(在以上举例中每 200 个扫掠周期调节一次门限,且调节量只有 ± 1 或 0),所以又称其为慢门限调节电路或慢门限电路。

还应指出,在图 6 – 5 – 9 中放大器的偏置调节需要很长时间(200 扫掠周期)才进行一次,接近于直流控制,所以这种电路基本上不造成恒虚警损失。在噪声电平较快变化的场合,这一电路的反应速度就不能适应了。这时可采用较短的归一化门限调整周期,如图 6 – 5 – 10 所示,为某雷达中基于 128 个逆程距离单元形成调整周期的开环式慢门限数字处理实现框图。由于其单元数较少,所以有一定的 CFAR 损失。

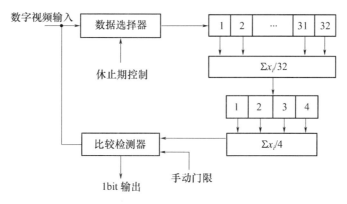

图 6 – 5 – 10   一种简化的 NCFAR 处理框图

(二)杂波恒虚警处理

对于杂波恒虚警率处理,可根据杂波的不同特性将杂波恒虚警率处理分成不同的类型。按照前面所讨论的杂波模型,首先从最简单的瑞利杂波模型开始讨论杂波环境下的恒虚警处理。

1. 瑞利杂波环境中的恒虚警率处理

对于瑞利杂波,前面所讲的噪声恒虚警率处理同样适用,但是也存在不同的地方:不同方向上的杂波强度有所不同,有的甚至差别很大;在一个扫掠周期中(不同距离),杂波强度也会有明显的变化,对这些时变而又有一定分布范围的杂波的平均值作估计就不能以多个扫掠周期为基础来进行,也不应当在一次距离扫掠的全程进行,而应当以检测点附近的若干个单元为基础来进行,因为在这些单元内,上述杂波的强度基本一致。

1) 邻近单元平均 CFAR 处理

对照图 6 - 5 - 8 的噪声恒虚警率处理方式,可构成类似的瑞利杂波恒虚警率处理电路,如图 6 - 5 - 11 所示。用延迟寄存器或随机存储器(抽头延迟线)同时得到检测点和邻近检测点单元的输出,把邻近单元称为参考单元或采样单元。对参考单元的输出加以平均,即可获得恒虚警率的效果。

邻近单元平均电路虽然可以从参考单元获得平均值的估值,但是由于所用单元数不多,通常只有几个到几十个,所以平均值的估值有较大起伏。因而邻近单元平均 CFAR 电路较之噪声电子恒定电路有一些新的问题。首先,平均值估值的起伏会使输出杂波的起伏加大,对于不同强度的平稳瑞利杂波,能否有恒虚警率的效果? 如果仍然有效,那么对目标信号的检测能力有多大影响? 其次,这种电路主要是针对平稳杂波而提出的,在杂波强度剧烈变化的过渡过程或区域里,它会在恒虚警率性能和信号检测能力方面产生什么影响? 这些问题都是下面所要研究的。

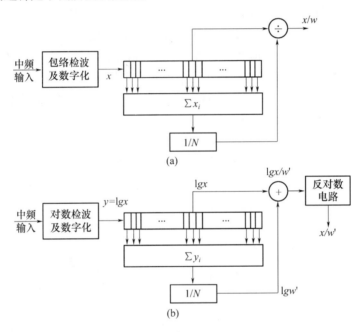

图 6 - 5 - 11　邻近单元平均恒虚警率电路

由于邻近单元平均恒虚警率电路的参考单元不多,且平均值的估值起着门限的作用,它可以(也应该)随杂波强度的变化而迅速改变,所以又称它为快门限调节电路,简称快门限电路。

2) 平稳瑞利杂波条件下的恒虚警率性能

在平稳瑞利杂波条件下,图 6 - 5 - 11(a)的电路对不同强度的杂波仍能起到恒虚警率作用。为此要证明它的输出 x/w 超过某一门限电平 K_1 的虚警率(即 $x > K_1 w$ 的概率)与输入杂波的强度无关,其中,w 为邻近单元的平均值估值,即

$$w = \frac{1}{N} \sum_{i=1}^{N} x_i$$

为了证明上述结论,首先应研究变量 w 的概率分布。概率论里的中心极限定理表明:任意分布律的相互独立的随机变量,只要数目足够大,其总和的分布近似呈正态分布。通常,认为在要求不严格的场合,求和的数目大于 $5 \sim 7$ 时,上述近似可以成立。在图 $6-5-11$ 的电路中,参考单元数通常大于 8,因而可认为变量 w 是正态分布的,其均值 m_w 和方差 σ_w^2 分别为

$$m_w = \sqrt{\pi/2}\,\sigma \tag{6-5-47}$$

$$\sigma_w^2 = \frac{1}{N}\left(2 - \frac{\pi}{2}\right)\sigma^2 = \frac{H}{N}\sigma^2 \tag{6-5-48}$$

式中:σ^2 为单个单元检波前的方差;$H = 2 - \pi/2$。

于是,变量 w 的概率密度函数可写为

$$f(w) = \frac{1}{\sqrt{2\pi}\,\sigma}\sqrt{\frac{H}{N}}\exp\left(-\frac{N(w - \sqrt{\pi/2}\,\sigma)^2}{2H\sigma^2}\right) \tag{6-5-49}$$

为了便于和 x 的归一化变量相比较,取新变量 $u' = K_1 w/\sigma$,u' 的概率密度函数为

$$f(u') = f(w)\frac{\mathrm{d}w}{\mathrm{d}u'} = \frac{1}{\sqrt{2\pi}\,K_1}\sqrt{\frac{H}{N}}\exp\left(-\frac{N(u' - \sqrt{\pi/2}\,\sigma)^2}{2HK_1^2}\right) \tag{6-5-50}$$

即新变量 u' 的分布也是正态分布,其平均值 $m_{u'} = \sqrt{\pi/2}\,K_1$,方差 $\sigma_{u'}^2 = HK_1^2/N$。

上面提到,在图 $6-5-11(a)$ 中输出发生虚警的条件是 $x > K_1 w$。将不等式的两边除以 σ,得到 $x/\sigma > K_1 w/\sigma$,即 $u > u'$。将 u 和 u' 的概率分布画在同一坐标系里,如图 $6-5-12$ 所示。利用该图计算以上概率分布函数的虚警概率是不困难的,而且不用计算就可以看出,由于 $f(u)$ 和 $f(u')$ 都和杂波强度 σ 无关,所以输出的虚警率也一定与 σ 无关,从而说明具有恒虚警率作用,但是为了得到定量结果,有必要作一定的数学分析。

如图 $6-5-12$ 所示,在横坐标 u' 上取一个小的区间 $[u', u' + \Delta u']$,则 u' 的幅度位于该区间的概率是 $f(u')\Delta u'$。由于输出产生虚警的条件是 $u > u'$,所以这时的虚警概率为

$$\Delta P_f = \left[\int_u^\infty f(u)\,\mathrm{d}u\right]f(u')\Delta u'$$

u' 为各种数值的总的虚警概率为

$$P_f = \int_{-\infty}^{\infty}\left[\int_u^\infty f_0(u)\,\mathrm{d}u\right]f(u')\,\mathrm{d}u' \tag{6-5-51}$$

将式 $(6-5-44)$ 和式 $(6-5-50)$ 代入式 $(6-5-51)$,积分后得

$$P_f = \sqrt{\frac{N/H}{(N/H) + K_1^2}}\exp\left[-\frac{N/H}{(N/H) + K_1^2}K_1^2\,\frac{\pi}{4}\right] \tag{6-5-52}$$

此结果从计算上表明图 $6-5-11$ 的虚警概率只是参考单元数 N 和门限 K_1 的函数,而与杂波强度 σ 无关。

3)平稳瑞利杂波条件下的恒虚警率损失

图 $6-5-11$ 的恒虚警率电路能够完成恒定虚警率的功能,但是,它将带来一定的信杂比损失,即恒虚警率损失 L_{CFAR}。这是由于参考单元数为不大的有限值时,平均值的估值有一定起伏所造成的。从分析中可以看出,参考单元数 N 越小,平均值估值的起伏越

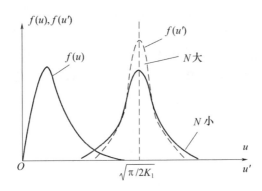

图 6 – 5 – 12 定量的 u 与 u' 概率密度分布

大,从而使输出杂波的起伏越大(注意:输出杂波起伏与输入杂波强度无关)。因而在检测门限一定时,N 值越小虚警概率就越高,这可由式(6 – 5 – 52)直观看出。但需要强调一点,虚警率的增大或减小是对不同的参考单元数 N 值而言的,并非对输入杂波强度而言。

恒虚警率损失与参考单元数之间的关系并不是一种直接的显式关系。计算这一损失的步骤是根据所取参考单元数 N 和规定的下降概率 P_F,用式(6 – 5 – 52)计算出门限 K_1,再用有目标时输出的概率密度函数和类似于式(6 – 5 – 51)的积分求得发现概率和输入信杂比的关系,从而得到一定发现概率时的信杂比损失。

2. 单元平均选大 CFAR 处理

在平稳瑞利杂波的情况下,各单元杂波具有相近的强度。对于对数邻近单元平均恒虚警率电路,检测点对数视频中的平均电平被消除,不相关部分被压低到一定的电平,即输入的强平稳瑞利杂波,通过恒虚警率电路,也会被压低到内部噪声电平。

但是,实际杂波大多是非平稳的,虽然它们仍然服从瑞利分布,但是各距离单元上的杂波强度不尽相同。若用邻近单元平均电路对不同杂波强度的单元取平均值估值,可能出现两方面的问题:当检测点位于强杂波区时,上述平均值估值偏低,虚警率会上升;当检测点位于弱杂波区时,上述平均值估值偏高,相互检测性能会降低。所以检测电路的单元数 N 值应根据杂波的实际情况适当选取,使位于各参考单元的杂波相对来说近似于平稳。也就是说,参考单元数应与杂波的"均匀性宽度"相匹配。内部噪声和有源杂波干扰的均匀性宽度最长,雨雪、海浪杂波和箔条干扰杂波的均匀性宽度次之,最短的是地物杂波。将参考单元数取得过多,以致于与杂波的均匀性宽度不相匹配时,不仅信杂比损失增大,而且输出虚警率会明显增加。在复杂地形条件下,地物杂波的均匀性宽度很短,对邻近单元平均恒虚警率电路,只能取很少的参考单元,则恒虚警率效果较差,所以,对地物杂波恒虚警率处理必须采用特殊方法。实际上,即使是平稳杂波,在杂波边缘处杂波也是不均匀的,这种边缘不均匀性同样会对 CFAR 处理性能造成影响。

1)杂波的边缘效应

当目标处在大片的气象或海浪杂波中时,由于目标周围(参考单元内)杂波的平稳性,基本的邻近单元平均 CFAR 电路是可取的。但是在成片杂波的边缘(或者是非平稳杂波剧烈变化的过渡过程期间),位于各参考单元的杂波强度有明显差别,就会出现上面所说的类似情况,即检测点位于杂波边缘内侧时,虚警率增加很多。而当检测点位于杂波边缘外侧时,虚警率减小,但是检测能力也有很大损失。为了形象地表示这两种情况,设在图6-5-11(b)电路中的输入为如图6-5-13(a)所示的幅度为20dB的方波(模拟干扰及杂波边缘),这时电路中各点波形如图6-5-13(b)、(c)、(d)所示(参考单元数为 N = 16)。其中,图6-5-13(b)为检测点输出,仍为幅度是20dB的方波,但是比输入方波延迟 $N\tau/2$(τ 为单元间隔);图6-5-13(c)是参考单元的平均值输出,为一梯形波。究其原因是,当杂波前沿已进入参考单元的前半段而未到达最后一个参考单元时,平均值的估值随着时间的推移而逐渐增大;当全部 N 个参考单元均为杂波占据后,平均值达到最大值并保持之;随着杂波后沿逐渐退出参考单元的前半段,杂波占据的参考单元数逐渐减小,直到杂波退出所有的参考单元,平均值输出为0。根据图6-5-13(b)与图6-5-13(c)即可得到相减器(即归一化)的输出图6-5-13(d),此波形中平坦段(0dB)为恒虚警率段,而两边均有突变,且内侧有较大输出,相当于虚警增加;外侧出现下凹(称为黑洞)将使位于该处的相互检测概率下降。由图6-5-13还可以看出,参考单元数越多,这样的过渡区也越宽。对于自动检测而言,虚警率高的过渡区危害更大,因为它可能造成过多的假目标而使终端系统过载。抑制杂波边缘效应内侧虚警率增加的办法就是采用所谓两侧单元平均选大 CFAR。

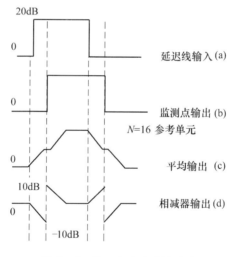

图6-5-13 杂波的边缘效应

2)单元平均选大 CFAR 基本原理

采用图6-5-14(a)的改进型电路,即两侧单元平均选大恒虚警率(GO-CFAR)电路,可以消除杂波边缘内侧虚警概率显著增大的问题。杂波边缘内侧虚警率增大是由于检测点位于强杂波中,但是参考单元一侧为弱杂波或无杂波而使杂波平均值估值偏小所致。图6-5-14(a)中将检测点两侧参考单元分别平均,且选择两个估值中的大者作为归一化门限

$$\bar{y} = \max(\bar{y}_1, \bar{y}_2) = \max\left(\frac{2}{N} \sum_{i=1}^{N/2} y_i ,\quad \frac{2}{N} \sum_{i=1}^{N/2} y_{i+N/2} \right) \qquad (6-5-53)$$

这样就不会出现杂波边缘虚警率增大的问题。但是杂波边缘外侧的"黑洞"更深了,同样

283

是 20dB 的输入方波,图 6 – 5 – 14(b)中的黑洞比图 6 – 5 – 13 的更低 10dB,这时对信号的检测更加不利。

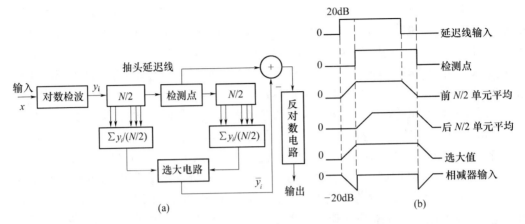

图 6 – 5 – 14　两侧单元平均选大 CFAR 电路及边缘效应

3. 非瑞利杂波恒虚警率处理

前面讨论了瑞利分布杂波的 CFAR 处理原理,实际上,在许多情况下对数—正态分布杂波和韦布尔分布杂波是较好的模型,因此有必要讨论在这两种杂波环境中 CFAR 处理方法及原理。

1) 对数—正态分布杂波环境的恒虚警率处理

前面已经讨论了对数—正态分布杂波的概率密度函数,在式(6 – 5 – 37)中,若将 x 取对数,即令 $z = \ln x$,则 z 的分布为

$$f_0(z) = \frac{1}{\sqrt{2\pi}\,\sigma}\exp\Big[-\frac{1}{2\sigma^2}(z - \ln x_{\mathrm{m}})^2\Big] \qquad (6 – 5 – 54)$$

这就是正态分布,$\ln x_{\mathrm{m}}$ 是它的平均值,σ^2 是它的方差。

对变量 z 进行归一化处理,即令

$$w = \frac{z - \ln x_{\mathrm{m}}}{\sigma} \qquad (6 – 5 – 55)$$

则有

$$f_0(w) = \frac{1}{\sqrt{2\pi}}\exp\Big(-\frac{w^2}{2}\Big) \qquad (6 – 5 – 56)$$

这是与杂波参数 x_{m}、σ^2 无关的标准正态分布,因而能够实现恒虚警率处理。通过以上分析,对数—正态分布杂波的 CFAR 处理的程序为:先对输入 x 取对数得到 z,然后求 z 的均值 $\ln x_{\mathrm{m}}$ 和方差 σ^2,最后对 z 按求得的均值和方差估计按式(6 – 5 – 55)进行归一化得到 w。如果把 w 加到门限为 w_0 的检测器上,则虚警概率为

$$P_{\mathrm{f}} = \int_{w_0}^{\infty}\frac{1}{\sqrt{2\pi}}\exp\Big(-\frac{w^2}{2}\Big)\mathrm{d}w = 1 - \int_{-\infty}^{u_0}\frac{1}{\sqrt{2\pi}}\exp\Big(-\frac{w^2}{2}\Big)\mathrm{d}w = 1 - \Phi(w_0)$$

$$(6 – 5 – 57)$$

式中：$\Phi(w_0)$ 为标准正态分布概率积分函数，可查表获得。

利用 N 个参考单元估计均值和方差实现对数—正态杂波 CFAR 处理的原理框图如图 6 – 5 – 15 所示。

在某些数字实现场合，图中的延迟寄存器还可由随机存取存储器或其他器件代替。此外，为简化起见，图中的输出为 w^2 而非 w，这时为获得按式（6 – 5 – 57）的门限 w_0 决定的 P_f，应以 w_0^2 作为比较检测器的门限。

2）韦布尔分布杂波环境的恒虚警率处理

将前面给出的韦布尔杂波的概率密度函数重写如下：

$$f_0(x) = \frac{nx^{n-1}}{x_{\mathrm{m}}^n}\exp\left[-\left(\frac{x}{x_{\mathrm{m}}}\right)^n\right], x \geqslant 0 \qquad (6-5-58)$$

对于 $x < 0, f_0(x) = 0$，式中 x_{m} 与 n 分别为该分布的尺度参数和形状参数。$n = 2$ 时即为瑞利分布。

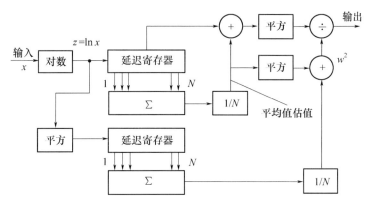

图 6 – 5 – 15　对数—正态分布杂波恒虚警率处理原理框图

对韦布尔分布杂波进行 CFAR 处理也采用先取对数，再估计均值、方差，最后进行归一化的方法。换句话说，图 6 – 5 – 15 所示的 CFAR 处理的原理框图同样适用于韦布尔分布杂波的恒虚警率处理。

按照式（6 – 5 – 58），首先令 $z = \ln x$，得

$$f_0(z) = \frac{n}{x_{\mathrm{m}}^n}\exp(zn)\left[-\frac{\exp(zn)}{x_{\mathrm{m}}^n}\right] \qquad (6-5-59)$$

其均值和方差可分别表示为

$$E(z) = \bar{z} = -\frac{1}{n}(\gamma - \ln x_{\mathrm{m}}^n) \qquad (6-5-60)$$

$$\mathrm{Var}(z) = \sigma^2 = \frac{1}{n^2}\cdot\frac{\pi^2}{6} \qquad (6-5-61)$$

式中：γ 为欧拉常数。

然后，对变量 z 进行归一化处理，即令

$$w = \frac{z - \bar{z}}{\sigma} = \frac{z + (1/n)(\gamma - \ln x_{\mathrm{m}}^n)}{(1/n)(\pi/\sqrt{6})} \qquad (6-5-62)$$

则有

$$f_0(w) = \frac{\pi}{\sqrt{6}}\exp\left(\frac{\pi}{\sqrt{6}}w - \gamma\right)\exp\left[-\exp\left(\frac{\pi}{\sqrt{6}}w - \gamma\right)\right] \qquad (6-5-63)$$

其与杂波参量无关,从而可以获得恒虚警率效果。如果把 w 加到门限为 w_0 的检测器上,其虚警概率为

$$\begin{aligned}P_f &= \int_{w_0}^{\infty}\frac{\pi}{\sqrt{6}}\exp\left(\frac{\pi}{\sqrt{6}}w - \gamma\right)\exp\left[-\exp\left(\frac{\pi}{\sqrt{6}}w - \gamma\right)\right]\mathrm{d}w \\ &= \exp\left[-\exp\left(\frac{\pi}{\sqrt{6}}w_0 - \gamma\right)\right] \qquad (6-5-64)\end{aligned}$$

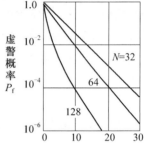

尽管对韦布尔分布杂波和对数—正态分布杂波的恒虚警率处理可以采用相同的设备,但是应当注意,为了满足一定的 P_f 要求,两种分布杂波下的门限值通常是不一样的。图 6-5-16 给出了韦布尔分布杂波的恒虚警率性能,它的 P_f 只与 N 和 w_0 有关,而与 x_m 和 n 无关。

图 6-5-16 韦布尔分布杂波的恒虚警率性能

第六节 雷达阵列信号处理

数字阵列雷达(Digital Array Radar,DAR)是一种接收波束和发射波束都采用数字波束形成(Digital Beam Forming,DBF)技术的全数字有源相控阵列雷达。数字阵列雷达是有源相控阵雷达和数字雷达的最新发展方向。

数字阵列雷达的核心部件是数字 T/R 组件(Digital T/R Module),或称数字 T/R 模块,它包括一个完整的发射通道和一个完整的接收通道。基于直接数字合成器(Direct Digital Synthesizer,DDS)的数字 T/R 组件是数字阵列雷达的关键部件。在发射通道,把输入的数字信号转换为射频信号,发射信号所需的频率、相位和幅度完全用数字方法实现;在接收通道,把接收到的每个阵元的射频回波信号通过下变频和中频 A/D 采样数字鉴相技术转换为 I、Q 正交数字信号。

全数字化的有源相控阵列雷达不仅接收波束形成以数字方式实现,而且发射波束形成同样也以数字技术实现,数字波束形成技术充分利用阵列天线各阵元所获得的空间信号信息,通过阵列信号处理技术实现波束形成、目标跟踪以及空间干扰信号的置零。数字波束形成可以形成单个或多个独立可控的波束而不损失信噪比,波束特性由权矢量控制,因而可实现编程控制,灵活多变。数字波束形成的很多优点是模拟波束形成不可能具备的,它在雷达系统、通信系统以及电子对抗系统中得到了广泛应用。

一、数字阵列雷达基本概念

(一) 主要组成

数字阵列雷达的基本结构框图如图 6-6-1 所示,主要由数字 T/R 组件、数字波束形成、信号处理器、控制处理器和基准时钟等部分组成。

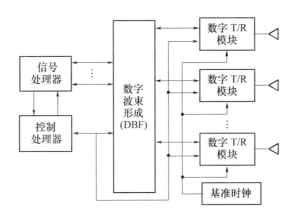

图 6-6-1　数字阵列雷达的基本结构框图

该系统在发射时,由数字处理控制器产生每个天线阵元的频率和幅/相控制字,对各个数字 T/R 组件的信号产生器进行控制,产生需要的频率、相位和幅度的射频信号,经过功率放大后输出至对应的天线阵元,最后各阵元的输出信号在空间合成所需要的发射方向图。与传统的有源相控阵雷达不同,DAR 的数字 T/R 组件中没有模拟的移相器,而是用全数字的方法来实现波束形成,因此具有很高的精度和很大的灵活性。

在接收时,每个数字 T/R 组件接收阵列天线对应阵元的射频回波信号。经过下变频形成中频信号,对中频信号进行 A/D 采样和数字鉴相后输出正交的 I/Q 数字信号。多路数字 T/R 组件输出的大量回波信号数据通过高速数据传输系统,如低压差分传输器(LVDS)或光纤传输系统,最后送至数字波束形成器和实时信号处理器。数字波束形成器完成单波束、多波束形成以及自适应波束形成,实时信号处理器完成软件化信号处理,如脉冲压缩、动目标显示、动目标检测和脉冲多普勒信号处理等。

(二) 数字 T/R 组件

数子 T/R 组件可以看成是一种视频 T/R 组件。视频 T/R 组件可分为两种,第一种 T/R 组件发射支路的输入信号为射频信号,接收支路的输出信号,即接收机输出端输出为正交双通道数字信号;第二种 T/R 组件中发射支路的输入信号和接收支路的输出信号均为数字化的视频信号。第二种视频 T/R 组件被称为数字 T/R 组件,或称为数字 T/R 模块。

第一种视频 T/R 组件可称为接收输出数字化的 T/R 组件,接收数字 T/R 组件的接收输出端是正交双通道数字信号。它主要用于以数字方式形成多个接收波束,它便于远距离传输和在远端实现多波束的形成、辐射源来波方向(DOA)检测及其他信号处理。

1. 数字 T/R 组件及其工作原理

一种比较典型的基于 DDS 的数字 T/R 组件的组成框图如图 6-6-2 所示。

数字 T/R 组件是基于直接数字频率合成器(DDS)而实现的,它的集成度较高,功能齐全,处理精度很高。图 6-6-2 所示的数字 T/R 组件具有完整的发射通道和接收通道,其中,发射通道由 DDS、上变频和功率放大器组成;接收通道包括限幅器、低噪声射频放大器(LNA)、下变频以及中频 A/D 采样和数字鉴相等部分。图中,DDS 的输入信号包括时钟信号(参考频率)及频率、相位、幅度三个控制信号,这三个控制信号均是二进制形

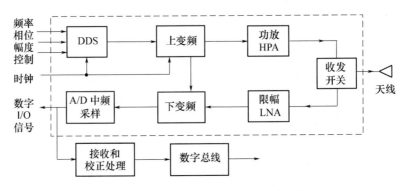

图 6 – 6 – 2 基于 DDS 的数字 T/R 组件组成框图

式的数字信号。发送时,由 DDS 产生的基带信号经上变频后产生雷达发射激励信号,经高功率放大器(HPA)放大和收发开关再传送到天线单元向空间辐射。接收时,DDS 产生本振基带信号,经上变频器后变为接收本振信号,与低噪声放大器(LNA)、带通滤波器输出的接收信号进行混频,获得中频信号,再经中频放大器、带通滤波器、A/D 转换,获得以二进制表示的 I/Q 正交数字信号。图 6 – 6 – 2 中的数字 T/R 组件的接收输出信号还可经过预处理和幅、相校正,然后经组件数据总线或光纤系统传输至后面的数字接收波束形成器。

以上的介绍表明,除 T/R 组件中发射信号与接收信号的放大部分应该工作在雷达信号工作频带之外,其余部分(包括发射激励信号和本振信号的产生)均是在视频以数字控制字方式传送到 T/R 组件的。在 T/R 组件的组成中,已没有了数字式移相器和衰减器。相应地,波束控制电路(包括逻辑运算电路和驱动电路)也就不包括在 T/R 组件之中,它们都已被替代;波束控制方式也相应改变,波束控制系统对每一个 DDS 给出与天线波束位置相对应的波束控制信号(在 DDS 中的固定相位控制码)。数字 T/R 组件的代价是在 T/R 组件中增加了 DDS、上变频器、混频器、中频放大器及其带通滤波器、A/D 转换等模拟集成电路。目前,随着集成度的提高,如数字上变频器(DUC)、用做本振的数字控制振荡器(NCO)、数字下变频(DDC)的商业化应用,这些电路也逐渐集成进基于 DDS 的 T/R 组件之中,使数字 T/R 组件的构成与功能有了新的扩展。可以预期,随着集成电路技术的进步、成本的降低,数字 T/R 组件在有源相控阵雷达天线系统中的应用前景将会越来越广阔。

2. 数字 T/R 组件的特点

在数字阵列雷达的每一个天线单元中均有一个数字 T/R 组件,数字 T/R 组件具有以下几个特点:

(1)发射激励信号与接收本振信号均以数字方式产生。由于受计算机的控制,使 DDS 不仅能产生发射激励信号脉冲,而且在发射信号脉冲产生之后,DDS 还可产生接收时需要的本振信号频率。

(2)易于产生复杂的信号波形。复杂信号波形具有复杂的调制形式,线性调频(LFM)脉冲压缩信号或相位编码信号的产生可通过改变加到 DDS 中相位累加器的随时间变化的频率、相位和幅度控制码来实现。

(3)通过改变加到 DDS 中相位累加器的数字控制码可以实现移相器和衰减器的功

288

能,因此,在 T/R 组件发射与接收支路的射频部分不再需要模拟移相器和衰减器。移相精度相当高,例如,频率控制按 16 位计算,相应的移相精度为 0.006°。

(4)可集波形变化和波束变化于一身,具有良好的可重复性和可靠性。易于实现各 T/R 组件之间发射与接收支路信号幅度与相位一致性的调整。

这种数字 T/R 组件目前存在的最大问题是系统比较复杂而且成本较高。然而,随着数字电路(特别是 DDS)的迅速发展和 MMIC 技术的日臻成熟,数字 T/R 组件将会显示出越来越强的生命力。

二、数字波束形成原理

连续孔径天线通常用一路接收机将信号接收下来,相当于对空间不同方向的传播波信号进行了波束形成;而按一定几何结构分布于空间不同位置的阵列天线的各单元将不同方向的信号接收下来,相当于用阵列天线对空间传播波信号进行了空域采样,这种空域采样信号通常称为阵列信号。它不仅可以通过固定加权求和方式进行合成来达到等效的连续孔径天线的效果,而且还可以用自适应加权求和的方式来形成更加灵活的天线方向图,其中包括天线的波束指向和在干扰方向上形成波束零点以抑制干扰。

从不同方向传播到达阵列上各阵元的信号具有不同的特征,如果是窄带信号情况,则主要表现在相位特征上的不同。对阵列信号的这些特征进行提取,还可以测量多个在空间上靠近的信号源到达阵列上的入射角度(也称为波达方向(DOA))、信号波形和极化等参数。因此,不同于连续孔径天线雷达的空域信号是标量,不可再进行空域处理的情况,阵列天线雷达的空域信号是矢量,包含丰富的空域信号特征,可对其进行信号处理,包括滤波、检测、参数估计、成像、跟踪与识别等,内容非常丰富。

阵列雷达信号处理中常用的是波束形成与干扰抑制技术,下面主要讨论波束形成的原理。

(一)空间平面波信号

阵列天线对空间传播波携带信号进行空间采样并形成阵列信号,电磁波从不同方向传播到达各阵元位置时存在不同的传输延迟,传输延迟反映在各个阵元接收信号上表示为信号有不同的延迟。显然,人们只关心各阵元的相对延迟,因而可以任选空间某位置作为参考点来计算电磁波到达各阵元的相对延迟。如图 6 - 6 - 3 所示,空间位置 $\boldsymbol{r} = (x, y, z)$ 处接收远场平面波信号,其传播方向矢量为

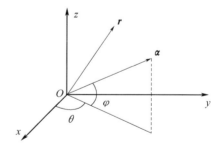

图 6 - 6 - 3 平面波信号传播模型

$$\boldsymbol{\alpha} = (\cos\theta\cos\varphi, \sin\theta\cos\varphi, \sin\varphi) \qquad (6 - 6 - 1)$$

式中:θ 为传播方向与 x 轴的夹角,通常称为方位角;φ 为传播方向与 z 轴的夹角,称为俯仰角。

由于平面波的等相位面是垂直于传播方向的,因此,采用直角坐标系表示传播方向和阵列几何位置最为方便。内积 $\boldsymbol{r}^{\mathrm{T}}\boldsymbol{\alpha}$ 表示平面波到达位置 $\boldsymbol{r}$ 处相对于其到达位置 O 处的距

离差,则对应的延迟差为 $\tau = -\boldsymbol{r}^{\mathrm{T}}\boldsymbol{\alpha}/c$,这里的负号表示电磁波到达 $\boldsymbol{r}$ 比到达 O 滞后。c 为电磁波的传播速度,传播延迟改写为

$$\tau = -\frac{x\cos\theta\cos\varphi + y\sin\theta\cos\varphi + z\sin\varphi}{c} \qquad (6-6-2)$$

由式(6-6-2)可知,电磁波到达阵列上的传播延迟是由阵列几何结构和传播波的传播方向决定的。反过来,当阵列几何结构固定且可精确测量其几何坐标时,由式(6-6-2)表示的延迟与电磁波传播方向的对应关系,可以通过测量阵列各阵元间的传播延迟来测定电磁波的传播方向。容易看到,在单个传播波信号场合,只要比较两个阵元的延迟差即可获得信号的传播方向与这两个阵元连线(称为基线)的夹角。

雷达信号通常可用复解析信号的形式表示,信号的延迟反映在复包络和载波相位的变化程度不同,将它们的变化区别对待是非常方便的。设雷达信号为 $x(t) = s(t)\mathrm{e}^{\mathrm{j}2\pi f_0 t}$,将信号延迟 τ 后,得 $x(t-\tau) = s(t-\tau)\mathrm{e}^{\mathrm{j}2\pi f_0(t-\tau)}$,其中复包络的延迟变化 $s(t-\tau)$ 取决于信号带宽的大小。在天线阵列尺寸不是很大的条件下,如 1m 量级,则电磁波在整个阵列上传播延迟在几纳秒量级,对于带宽为几兆赫兹的信号,其复包络变化可以忽略不计,即 $s(t-\tau) \approx s(t)$,这就表明各阵元信号的复包络基本相同,这样的信号称为窄带阵列信号。窄带阵列信号条件就是传播波穿越全阵列孔径的最大延迟远小于信号带宽的倒数。

纳秒量级的传播延迟在载波相位上的变化却往往是不可忽略的,这取决于载波频率。对于雷达信号来说,其载波频率一般都在几百兆赫兹以上,所以 1ns 量级的延迟乘以几百兆赫兹的载频就可能有数个 2π 弧度的变化。因此,传播延迟在载波相位上的变化是很敏感的,这就为人们利用载波相位信息测定传播波的传播延迟和传播方向,以及补偿各阵元信号在某个特定方向上的相位后进行同相相加以增加该方向的信号强度,或者反相相抵以抑制该方向的干扰信号强度奠定了物理学基础。

从上面的分析可以看到,对于窄带阵列信号,空间传播波信号的传播方向信息实际上是蕴含于载波项中而不是信号复包络上,这与通常的信息传输系统中将信息调制在复包络上,即信号波形中不同。调制在复包络上的信息即信号波形是随时间变化的,称其为时域信息,而载波项包含着空域信息。阵列信号处理可以按空域一维信号处理来进行研究,即不关心信号的波形;也可以按空域时域二维信号处理来进行研究,这时就要考虑信号的波形了。

(二)阵列信号模型

图 6-6-4 所示为由 N 个阵元构成的等距线阵(ULA),相邻阵元的间距相等,均为 d,各阵元同时对空间传播波采样的信号用矢量 $\boldsymbol{X}(t)$ 表示,以第一个阵元作为参考点。

假设一平面波以与阵列法线方向夹角为 θ 的方向传播到阵列上,则相邻单元的接收信号在空间传播中的空间相位差为

$$\psi = 2\pi f_0\tau = \frac{2\pi}{\lambda}d\sin\theta \qquad (6-6-3)$$

即平面波到达阵元 2 比到达阵元 1 相位超前 ψ,平面波到达阵元 3 比到达阵元 1 相位超前 2ψ,以此类推,平面波到达阵元 N 比到达阵元 1 相位超前 $(N-1)\psi$。在窄带条件下,阵列信号可表示为

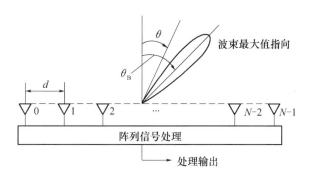

图 6 - 6 - 4 N 个阵元的等距线阵示意图

$$X(t) = \begin{bmatrix} x_0(t) \\ x_1(t) \\ \vdots \\ x_{N-1}(t) \end{bmatrix} = \begin{bmatrix} s(t)\mathrm{e}^{\mathrm{j}2\pi f_0 t} \\ s(t)\mathrm{e}^{\mathrm{j}(2\pi f_0 t + \psi)} \\ \vdots \\ s(t)\mathrm{e}^{\mathrm{j}[2\pi f_0 t + (N-1)\psi]} \end{bmatrix} = s(t)\mathrm{e}^{\mathrm{j}2\pi f_0 t} \begin{bmatrix} 1 \\ \mathrm{e}^{\mathrm{j}\psi} \\ \vdots \\ \mathrm{e}^{\mathrm{j}(N-1)\psi} \end{bmatrix} \qquad (6-6-4)$$

将 $\mathrm{e}^{\mathrm{j}2\pi f_0 t}$ 归并到 $s(t)$ 中,或者由于雷达接收机中下变频处理而使该项消失,因而阵列信号通常写为

$$X(t) = s(t)\begin{bmatrix} 1 & \mathrm{e}^{\mathrm{j}\frac{2\pi}{\lambda}d\sin\theta} \cdots \mathrm{e}^{\mathrm{j}(N-1)\frac{2\pi}{\lambda}d\sin\theta} \end{bmatrix}^{\mathrm{T}} \qquad (6-6-5)$$

需要说明的是:

(1)阵列中各阵元的一次同时采样称为快拍(Snapshot),窄带信号一次快拍各阵元信号的复包络相同,其相位差能够唯一地反映出电磁波的传播方向。

(2)波达方向信息是由载波项引入的,与信号波形无关,反映在式(6-6-5)的矢量 $\boldsymbol{a}(\theta)$ 中,记为

$$\boldsymbol{a}(\theta) = \begin{bmatrix} 1\mathrm{e}^{\mathrm{j}\frac{2\pi}{\lambda}d\sin\theta} \cdots \mathrm{e}^{\mathrm{j}(N-1)\frac{2\pi}{\lambda}d\sin\theta} \end{bmatrix}^{\mathrm{T}} \qquad (6-6-6)$$

由于波达方向信息完全包含于式(6-6-6)的矢量中,因此,称此矢量为导向矢量或方向矢量(Steering Vector),它在阵列信号处理中占据着非常重要的地位。导向矢量是由阵列几何结构和电磁波的传播方向决定的,反映了窄带信号条件下各阵元接收信号相位的相互关系。由于阵列结构通常是固定的,将所有关心的电磁波的传输方向角度对应的导向矢量构成一个集合,称为阵列流形(Array Manifold)。在很多文献中,人们会不加区分地将导向矢量与阵列流形等同。

(3)在上述推导中,将阵列中所有传感器阵元特性视为相同,因而所有阵元的幅度和相位响应(幅相响应是频率、波达方向角度的函数)都相同,可以把它们归并到信号波形中而不是在导向矢量 $\boldsymbol{a}(\theta)$ 中出现。但是在实际应用中,由于各阵元的幅相响应特性不尽相同,这时不能把它们一起从导向矢量中提出并归并到信号波形中,在导向矢量中应该将各阵元的实际幅相特性反映出来。如果把各阵元的方向性函数记为 $g_i(\theta)$,$i=0,1,\cdots$,$N-1$,则实际导向矢量应写为

$$\boldsymbol{a}(\theta) = \begin{bmatrix} g_0(\theta) & g_1(\theta)\mathrm{e}^{\mathrm{j}\frac{2\pi}{\lambda}d\sin\theta} & \cdots & g_{N-1}(\theta)\mathrm{e}^{\mathrm{j}(N-1)\frac{2\pi}{\lambda}d\sin\theta} \end{bmatrix}^{\mathrm{T}} \qquad (6-6-7)$$

通常,在实际阵列天线系统中,应对各阵元方向性函数及通道响应尽可能精确地测量出来,并在导向矢量及阵列信号处理中加以考虑。但是,在实际工程中,由于测量精度的限

制和环境的变化,阵元方向图和通道响应不可避免地存在测量误差,严重制约了理论上高性能的阵列信号处理技术的实际应用,这正是当前阵列信号处理应用与研究领域中最受关注的问题之一。

(4) 由于波动方程满足叠加原理,多个传播波信号可以在自由空间中独立传播,而阵列接收来自 P 个平面波的信号满足叠加原理。设 P 个平面波信号 $s_k(t)$, $k=1,2,\cdots,P$,分别从阵列法线方向 $\theta_1,\theta_2,\cdots,\theta_P$ 到达 N 元等距线阵上,各阵元接收机噪声记为 $n_i(t)$,$i=0,1,\cdots,N-1$。则一般的阵列信号模型为

$$\boldsymbol{X}(t) = \sum_{k=1}^{P} s_k(t)\boldsymbol{a}(\theta_k) + \boldsymbol{N}(t) \qquad (6-6-8)$$

式中: $\boldsymbol{N}(t) = [n_0(t),n_1(t),\cdots,n_{N-1}(t)]^{\mathrm{T}}$ 为阵列接收机噪声矢量,用矩阵形式改写式 $(6-6-8)$ 得

$$\boldsymbol{X}(t) = \boldsymbol{A}(\theta)\boldsymbol{S}(t) + \boldsymbol{N}(t) \qquad (6-6-9)$$

式中

$$\boldsymbol{A}(\theta) = [\boldsymbol{a}(\theta_1) \quad \boldsymbol{a}(\theta_2) \quad \cdots \quad \boldsymbol{a}(\theta_P)]_{N\times P} \qquad (6-6-10)$$

$$\boldsymbol{S}(t) = [s_1(t) \quad s_2(t) \quad \cdots \quad s_P(t)]_{1\times P} \qquad (6-6-11)$$

$N\times P$ 阶矩阵 $\boldsymbol{A}(\theta)$ 又称为方向矩阵,它包含了全部 P 个信号源的波达方向。$1\times P$ 矢量 $\boldsymbol{S}(t)$ 是 P 个信号源的复包络矢量,没有方向信息。

(三) 数字波束形成基本概念

阵列信号波束形成就是对阵列各单元信号加权求和,即用一矢量 $\boldsymbol{W}$ 与阵列信号 $\boldsymbol{X}(t)$ 作内积,即

$$y(t) = \boldsymbol{W}^{\mathrm{H}}\boldsymbol{X}(t) \qquad (6-6-12)$$

式中: H 表示共轭转置。

式 $(6-6-12)$ 的物理意义是:用复数权矢量 $\boldsymbol{W}$ 的相位对阵列信号各分量进行相位补偿,使得在期望信号方向上各个分量是同相相加,以形成天线方向图的主瓣,而在其他方向上,非同相相加而形成天线方向图的副瓣,甚至在个别方向上,反相相加以形成方向图零点。

如果能够控制权矢量 $\boldsymbol{W}$ 使零点位于干扰方向上,则可以实现对干扰信号的抑制。权矢量 $\boldsymbol{W}$ 的幅度可以控制波束形成方向图的形状,起到降低方向图副瓣的作用,经典的幅度权矢量就是在传统滤波器设计中的各种窗函数,如泰勒(Taylor)窗、切比雪夫(Chebychev)窗、汉明(Hamming)窗等。因此,式 $(6-6-12)$ 表示的波束形成可以从滤波器角度来理解,即对特定方向的信号进行相参相加,使其得以增强。对来自其他方向不需要的信号进行反相相加从而加以抑制。这种滤波器是对方向敏感的,称为空域滤波器。与传统的频率选择性的信号滤波不同,空域滤波是方向选择性的,它将波束形成(即空域滤波)与时域滤波进行对比,有利于理解波束形成的概念,并利用滤波器设计的工具进行波束形成设计,即阵列方向图综合。

三、接收数字波束形成

前面介绍的数字波束形成,实际上是在接收状态下的数字波束形成,通常简称为接收

数字波束形成。图6-6-5为数字单波束形成的原理框图。

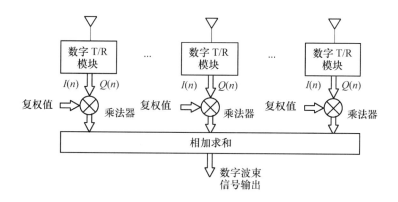

图6-6-5　数字波束形成原理框图

在数字阵列雷达中,阵列天线的每一个阵元都接有一个数字 T/R 模块,数字 T/R 模块具有独立的接收通道和发射通道。每个阵元接收的射频回波信号送至数字 T/R 模块的接收通道,经过低噪声高放、下变频转换成中频信号,对中频信号进行 A/D 采样和数字鉴相,最后输出正交的 I、Q 数字信号。对每个 T/R 模块接收通道输出的 I、Q 数字信号分别进行复加权和求和运算处理,形成所要求的波束。

设第 i 个通道接收的复信号为

$$x_i = I_i + jQ_i \qquad (6-6-13)$$

为了形成第 k 个接收波束,其接收波束的指向为 θ_{Bk},则应提供该接收波束需要的天线阵内相位补偿值,即阵内相位差 $\varphi_k = \dfrac{2\pi}{\lambda}d\sin\theta_{Bk}$。因此,需要对第 i 个单元通道的复加权系数为

$$W_{ik} = a_i\exp[-ji\varphi_k] \qquad (6-6-14)$$

式中:a_i 为第 i 个通道的幅度加权系数,则第 k 个波束的接收信号矢量的加权矢量为

$$
\begin{aligned}
\boldsymbol{W}_k &= \begin{bmatrix} W_{0k} & W_{1k} & \cdots & W_{ik} & \cdots & W_{(N-1)k} \end{bmatrix}^{\mathrm{T}} \\
&= \begin{bmatrix} a_0 & a_1\mathrm{e}^{-j\varphi_k} & \cdots & a_i\mathrm{e}^{-ji\varphi_k} & \cdots & a_{N-1}\mathrm{e}^{-j(N-1)\varphi_k} \end{bmatrix}^{\mathrm{T}}
\end{aligned} \qquad (6-6-15)
$$

令 N 单元阵列天线接收到的信号矢量为 $\boldsymbol{X} = \begin{bmatrix} x_0 & x_1 & \cdots & x_{(N-1)} \end{bmatrix}^{\mathrm{T}}$,加权后的复信号,经相加求和便得到数字波束形成网络的输出函数为

$$F_k(\theta) = \boldsymbol{W}_k^{\mathrm{H}}\boldsymbol{X} \qquad (6-6-16)$$

$|\boldsymbol{F}_k(\theta)|$ 就是第 k 个接收波束的方向图函数。

采用不同的权矢量,分别求出它们与阵列输出信号的加权和值,即可获得不同指向的波束。每一个波束有一个独立的输出通路,在数字波束形成系统中,用 N 个独立通道可以同时形成 N 个正交波束,如不受正交条件的限制,在原理上可以同时形成远多于 N 个的或少于 N 个的波束。例如,同时形成 m 个独立波束,则有相应的 m 组复加权矢量,其加权矩阵为

$$\boldsymbol{W} = \begin{bmatrix} W_{00} & W_{01} & \cdots & W_{0(N-1)} \\ W_{10} & W_{11} & \cdots & W_{1(N-1)} \\ \vdots & \vdots & \vdots & \vdots \\ W_{(m-1)0} & W_{(m-1)1} & \cdots & W_{(m-1)(N-1)} \end{bmatrix} \qquad (6-6-17)$$

m 个波束的输出为

$$\boldsymbol{F}(\theta) = \boldsymbol{W}\boldsymbol{X}$$

$$= \begin{bmatrix} W_{00} & W_{01} & \cdots & W_{0(N-1)} \\ W_{10} & W_{11} & \cdots & W_{1(N-1)} \\ \vdots & \vdots & \vdots & \vdots \\ W_{(m-1)0} & W_{(m-1)1} & \cdots & W_{(m-1)(N-1)} \end{bmatrix} \begin{bmatrix} x_0 \\ x_1 \\ \vdots \\ x_{N-1} \end{bmatrix} \qquad (6-6-18)$$

图 6-6-6 为数字多波束形成系统组成框图。图中所示每个阵元的 T/R 模块接收通道输出的 I、Q 数字信号与图 6-6-5 所示的数字单波束形成相同,或者说,每个 T/R 模块接收通道输出的 I、Q 数字信号对这些多波束形成是公用的。对应每一个波束,都有一组复数权值,例如,对第 1 个波束,复数权值为 W_{11},W_{12},$\cdots$,W_{1N};对第 k 个波束,复数权值为 W_{k1},W_{k2},$\cdots$,W_{kN};对第 n 个波束,复数权值为 W_{n1},W_{n2},$\cdots$,W_{nN} 等。

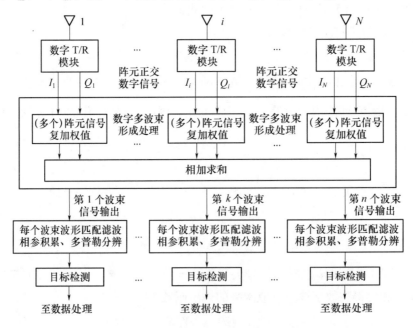

图 6-6-6 数字多波束形成系统组成方框图

为形成第 1 个、第 k 个和第 n 个波束,接收信号的加权矢量分别为

$$\boldsymbol{W}_1 = \begin{bmatrix} W_{11} & W_{12} & \cdots & W_{1i} & \cdots & W_{1N} \end{bmatrix}^{\mathrm{T}}$$

$$\boldsymbol{W}_k = \begin{bmatrix} W_{k1} & W_{k2} & \cdots & W_{ki} & \cdots & W_{kN} \end{bmatrix}^{\mathrm{T}} \qquad (6-6-19)$$

$$\boldsymbol{W}_n = \begin{bmatrix} W_{n1} & W_{n2} & \cdots & W_{ni} & \cdots & W_{nN} \end{bmatrix}^{\mathrm{T}}$$

加权后的复信号经过相加求和之后,便可以得到第 1 个、第 k 个和第 n 个波束的输出分别为

$$F_1(\theta) = W_1^T X$$
$$F_k(\theta) = W_k^T X \qquad\qquad (6-6-20)$$
$$F_n(\theta) = W_n^T X$$

数字波束形成技术较射频和中频波束形成具有很多优点:可同时产生多个独立可控的波束而不损失信噪比;波束特性由权矢量控制,灵活可变;天线具有较好的自校正和低副瓣能力等。更为重要的是,由于在基带上保留了天线阵单元信号的全部信息,因而可以采用先进的数字信号处理理论和方法,对阵列信号进行处理,以获得波束的优良性能。例如,形成自适应波束以实现空域抗干扰;采用非线性处理技术以得到改善的角分辨力等。因此,DBF 技术是一项具有吸引力的新技术,而且随着相关高新技术,诸如超大规模和超高速集成电路(VLSI/VHLSI)、DDS 和微波单片集成电路(MMIC)等技术的快速发展,DBF 在雷达及其他电子领域具有广阔的应用前景。

四、发射数字波束形成

(一)发射数字波束形成的原理

在数字阵列雷达中,发射数字波束形成是将传统的相控阵雷达发射波束形成所需的幅度加权和移相器从射频部分转移到数字部分来实现,从而形成发射波束。发射数字波束形成系统的核心部件是全数字 T/R 模块,它可以利用 DDS 技术完成发射波束所需要的幅度、相位加权以及波形产生和上变频所必需的本振信号,见图 6-6-2。

发射数字波束形成系统根据发射信号和波束指向的要求,确定 DDS 的基本频率和幅/相控制字,综合考虑到低旁瓣的幅度加权、波束扫描的方位加权以及幅/相误差校正所需的幅/相加权因子,最后形成统一的频率和幅/相控制字来控制 DDS 的工作,其输出经过上变频和高功率放大后产生所需的射频发射信号。N 个数字 T/R 模块输出的射频功率在空间合成实现所需的发射波束。

图 6-6-7 示出了采用数字 T/R 模块的数字阵列雷达发射波束形成示意图。图中,DDS 的频率控制信号为 C_f,幅度控制信号为 C_A,相位控制信号为 C_{ph},f_c 为参考频率时钟。

对于采用射频 T/R 模块的有源相控阵雷达,虽然可以降低对馈线系统耐高功率发射信号的要求和降低对馈线损耗的要求,但在发射工作状态仍然需要一个复杂的功率分配网络。在接收状态也需要一个接收功率相加网络。当采用数字 T/R 模块后,不再需要这种射频功率分配网络和接收功率相加网络,但需要用相似分配比的视频控制信号分配系统来分配二进制的数字控制信号 C_f、C_A 和 C_{ph}。采用数字 T/R 模块的有源相控阵雷达的视频控制信号分配系统示意图如 6-6-7 所示。

从图 6-6-7 可见,视频控制信号分配系统是一个数字总线系统。其信号波形的产生和波束形成的控制信号以及时钟频率分别要传送至每一个天线单元的数字 T/R 模块的 DDS 的各相关输入端。

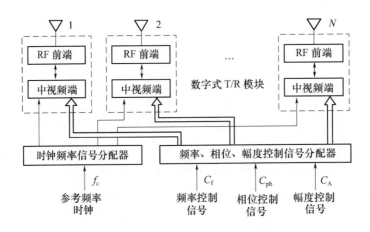

图6-6-7 采用数字T/R模块的数字阵列雷达发射波束形成示意图

（二）在子天线阵上应用数字T/R模块的发射数字波束形成

在二维相位扫描有源相控阵雷达天线中，天线单元的数目巨大，通常为几千甚至几万，因为数字T/R模块目前总的研制和生产成本较高，所以在子天线阵级别上，首先应用数字T/R模块更为现实、合理。

对于二维相扫的有源相控阵雷达天线，为了降低研制成本，通常可分解为多个子天线阵。以图6-6-8所示的有源相控阵天线为例，该有源相控阵由雷达发射天线上 m 个发射信号推动级放大器及相对应的 m 个子天线阵组成，每个子天线阵级别上的发射激励信号由数字T/R模块中的DDS产生，而每个子天线阵面上各天线单元通道上的T/R模块仍为普通的射频T/R模块或中频T/R模块。

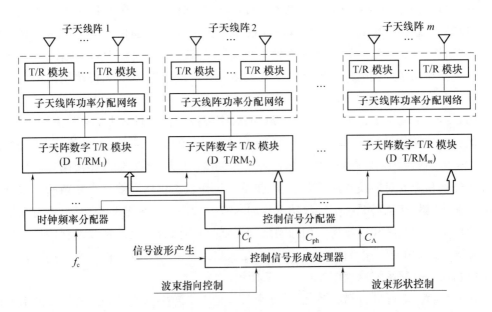

图6-6-8 在子天线阵级别上应用数字T/R模块的发射数字波束形成框图

296

在有源相控阵雷达天线分为若干子天线阵的情况下,相控阵雷达天线方向图可以看成是子天线阵综合因子方向图与天线阵方向图的乘积。子天线阵方向图因其口径较小,故其方向图较宽;而子天线阵内各单元通道中的 T/R 组件仍含有移相器与衰减器,故子天线阵方向图也同样具有相控扫描能力,其最大值指向与综合因子方向图一致。每个子天线阵作为一个单元,各个子天线阵之间形成的天线方向图称为子天线阵综合因子方向图,因天线口径为整个相控阵雷达天线的口径,故其波束宽度较子天线阵方向图窄许多。综合因子方向图与子天线阵方向图相乘获得的相控阵雷达天线方向图的形状主要取决于综合因子方向图。因此,在子天线阵级别上采用数字 T/R 组件产生的各子天线阵发射激励信号,灵活改变它们之间的相位与幅度,将使有源相控阵雷达天线发射波束的指向与形状变化更具灵活性,易于实现自适应能力。

由于数字 T/R 模块只应用于子天线阵发射激励信号的产生和子天线阵通道接收机,因此虽然有源相控阵雷达天线阵面部分的结构没有变化,但与原来采用单一发射激励信号相比,在各子天线阵之间的发射功率分配网络和接收相加网络却有了很大的改变,因此也带来了许多新的优点:

(1)各子天线阵的发射信号只受波形产生器(WFG)的控制,完全由 DDS 产生,具有产生可捷变的复杂信号波形的灵活性。

(2)可自适应形成子天线阵综合因子方向图,有利于形成多个自适应多波束。

(3)除了统一的时钟频率信号外,发射信号激励源已成为多路并行分布式结构,因此不再需要从发射信号激励源至各子天线阵的复杂的射频功率分配系统。

(4)便于精确补偿各子天线阵之间信号的幅、相误差,消除天线阵的相关幅、相误差。

(5)m 个子天线阵共需 m 个数字 T/R 模块,降低了研制费用和运行成本。

五、基本数字阵列雷达

图 6 - 6 - 9 为基本的数字阵列雷达系统组成框图,其中,图 6 - 6 - 9(a)为基本组成框图;图 6 - 6 - 9(b)为具有子天线阵的组成框图。

从图 6 - 6 - 9 中可以看出,基本数字阵列雷达主要由以下几部分组成:采用数字 T/R 模块的有源相控阵天线、数字波束形成器、波形产生控制器、光纤上/下链路等。

大容量高速数据传输系统是实现每个数字阵列单元(DAU)与数字处理(DBF 和数字信号处理器等)系统之间的数据交换所必不可少的。有多种方法来实现大容量高速数据传输,例如数据总线传输、低压差分传输(LVDS)和光纤传输等。其中数据总线传输的传输数据率较低,传输线长度也受到限制,在此不宜使用;采用低压差分传输和光纤传输,其传输速率可达几百兆甚至上千兆。

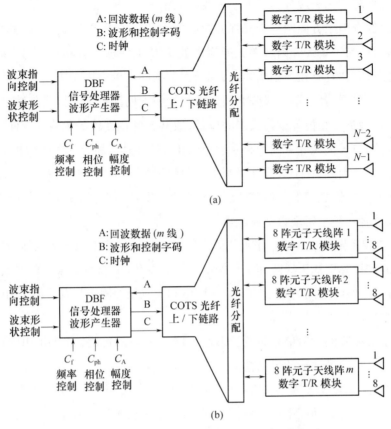

(a)

(b)

图 6-6-9 基本数字阵列雷达系统的组成框图

(a)基本组成框图;(b)具有子天线阵的组成框图。

第七节 合成孔径雷达信号处理

合成孔径雷达(Synthetic Aperture Radar,SAR)是主动式微波成像雷达,是利用信号处理技术(合成孔径和脉冲压缩)以小的真实孔径天线达到高分辨力成像的雷达系统。

雷达采用复杂调制的大时宽带宽积信号并通过脉冲压缩处理,可以获得高的距离分辨力。而雷达的角分辨力(在两坐标雷达中为方位分辨力或横向距离分辨力)经典概念的数学表达式为

$$\delta_x = \frac{\lambda}{D}R \qquad (6-7-1)$$

式中:λ 为波长;D 为天线孔径;R 为斜距。

例如,高空侦察飞机的飞行高度为 20km,用一 X 频段(λ =3cm)侧视雷达探测,如图 6-7-1 所示。设其方位向孔径 D = 4m,则在离航迹 35km 处(此处 R =40km)的方位分辨力为 300m。显然,300m 的空间分辨力不能满足军事侦察的

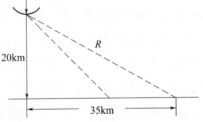

图 6-7-1 侧视雷达探测示意图

需求。

　　提高方位分辨力的常规办法只有两条技术途径:一是采用更短的波长,二是研制尺寸更大的天线。但是这两条技术途径都是有限度的,对某些应用场合是不可取的。然而,可利用雷达与被测物体之间的相对运动产生的随时间变化的多普勒频移,对之进行横向相干压缩处理(等效地增大了天线的有效孔径),从而实现方位上的高分辨力。

　　20 世纪 50 年代,人们提出采用天线合成的方法来实现合成大孔径,即让雷达沿直线移动(此时目标不动),并在不同移动位置发射信号,然后对各处回波信号进行综合处理,其效果类似于长线阵天线各阵元同时发、收。因此,只要用一个小天线沿着长线阵的轨迹等速移动并辐射相参信号,记录下接收信号并进行适当处理,就能获得一个相当于很长线阵的方位向(横向)高分辨力,称这种天线为合成孔径天线,采用这种合成孔径雷达技术的机载(空载)雷达称为合成孔径成像雷达(SAR)。不难看出,上述合成的重要条件是雷达与目标之间的相对运动。如果让雷达不动而目标移动,那么同样存在相对运动。根据这一事实,同 SAR 一样可对目标进行方位高分辨合成处理,这就是 ISAR(逆合成孔径雷达)。

　　提高横向距离分辨力所采用的合成孔径技术在原理上有三种不同的方法:多普勒波束锐化(DBS)、侧视合成孔径和利用目标转动的逆合成孔径雷达(ISAR)。本节主要讨论正侧视 SAR 和多普勒波束锐化(DBS)的基本原理及信号处理方法。

一、合成孔径雷达原理

　　正侧视 SAR 是指天线波束指向垂直于雷达平台的运动方向,如图 6 – 7 – 2 所示。

　　设机载雷达以速度 v_a 沿直线运动,并以一定的俯角向正侧方发射并接收电磁波,波束的水平宽度为 $\theta_{\alpha 3dB}$,垂直宽度为 $\theta_{\beta 3dB}$,如图 6 – 7 – 2 所示,图中阴影区即为波束与地面的交界面。随着雷达的运动,将在地面形成一条宽的测绘带,这就是雷达成像的对象,在运动中雷达以一定的重复频率发射脉冲信号,并接收和存储回波信号(包括幅度和相位)。当雷达运动一定距离后,将存储器中的信号取出来叠加合成一个大的线阵天线的输出信号。这与实际线阵天线中各天线单元信号相加合成整个线阵天线信号是等效的。

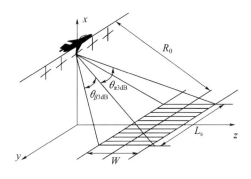

图 6 – 7 – 2　合成孔径雷达运动示意图

　　图 6 – 7 – 3 所示为图 6 – 7 – 2 在 xy 平面的投影图,图中 P 点为一点目标。当雷达天线位于 x_1 位置时,P 点恰好处于雷达波束的前沿。此时雷达发射的第一个脉冲遇到目标

P，P 就产生散射，一部分能量被天线接收，送往接收机进行处理和存储。雷达天线到达 x_2 位置时，发射第二个脉冲，同样 P 目标对此脉冲产生散射回波，并被接收进行处理和存储。如此重复，直至天线运动到 x_N 位置时为止。雷达天线在 x_N 位置时，天线波束的后沿刚好扫到目标，天线发射的第 N 个脉冲也是目标 P 所散射的最后一个脉冲信号，第 N 个散射信号同样被接收，进行处理和存储。当飞机再向前运动时，天线波束就完全离开了目标 P，这时再发射的第 $N+1$ 个脉冲就不会收到目标 P 的回波。能从目标散射回来的回波脉冲数 N 与发射脉冲的重复周期 T、飞机的速度 v_a 以及波束在目标 P 处的波束宽度 L_s 有关。由于 T 和 v_a 是固定的，则发射脉冲个数 N 由 L_s 唯一地确定。当目标 P 与飞机航线的垂直斜距为 R 时，则有下列关系式成立：

$$N = 1 + L_s/\Delta x \qquad (6-7-2)$$

式中：Δx 为一个脉冲重复周期内飞机运动的距离；N 相当于合成的大尺寸线阵天线中天线单元的个数；L_s 为合成天线的长度（即合成孔径）。

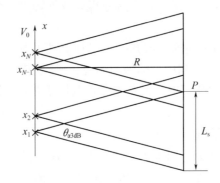

图 6-7-3 雷达天线波束与目标 P 的几何关系

SAR 有两种工作方式：一种是对回波信号作聚焦处理，另一种是非聚焦处理。对于合成阵而言，当目标处于无穷远处时，其回波可视为平面波，而实际目标的距离往往不满足平面波照射的条件。对应于不同距离，目标回波的波前是半径不同的球面波。如果在接收机信号处理时，对不同距离的球面波前分别予以相位补偿，则对应于这样的处理称为聚焦处理。如果将合成阵各点上所接收的信号进行相参积累，在积累前不改变各点接收信号间的相位关系，即不加任何相位补偿，则这种情况称为非聚焦处理。

（一）非聚焦型合成孔径技术

非聚焦型合成孔径技术是指对回波信号不进行相位调整而直接相加。在合成孔径雷达的早期，或现在某些应用场合对方位分辨力要求不特别高的情况下，常采用非聚焦型合成孔径处理。非聚焦型合成孔径虽然方位分辨力要比聚焦型合成孔径差些，但要比实孔径天线高得多，而且信号处理十分简单。

由于非聚焦型合成孔径技术不对回波信号进行相位调整，相应的合成孔径长度受到限制。设 L_{sN} 为非聚焦合成孔径长度，超过这个长度范围内的回波信号的相位差太大，如果让这些信号与 L_{sN} 范围内的回波信号相加，其结果反而会使能量减弱而不是加强。原因是如果两个回波信号的相位差超过 $\pi/2$ 后，其相加信号的幅度可能小于原来单个信号的幅度。图 6-7-4 为非聚焦合成孔径示意图。图中，BP 为天线到目标的最近距离，AP 和

CP 均大于 BP。如果电磁波由 A 到 P 的往返距离与电磁波由 B 到 P 的往返距离之差大于 $\lambda/4$ 时, A、B 两点接收到回波信号的相位差就会超过 $\pi/2$。因此, AC 就是非聚焦型合成孔径的有效长度 L_{sN}。

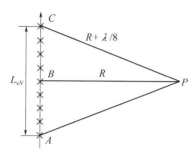

图 6-7-4 非聚焦合成孔径长度

AP 和 CP 均比 BP 大 $\lambda/8$。设 B 到 P 的距离为 R, 由图中几何关系可得

$$\left(R + \frac{\lambda}{8}\right)^2 = \left(\frac{1}{2}L_{sN}\right)^2 + R^2 \tag{6-7-3}$$

由该式变换得

$$L_{sN}^2 = \left(R + \frac{\lambda}{16}\right)\lambda$$

由于 R 很大, λ 很小, 则 $R \gg \lambda/16$, 上式可简化成

$$L_{sN} \approx (R\lambda)^{1/2} \tag{6-7-4}$$

由于合成阵列的有效辐射方向图由电磁波往返的相移所决定, 因此, 其有效半功率点波束宽度近似于相同长度的实际阵列波束宽度的 1/2。则非聚焦合成孔径天线的波束宽度为

$$\beta_{sN} \approx \frac{\lambda}{2L_{sN}} = \frac{\lambda}{2\sqrt{\lambda R}} = \frac{1}{2}\sqrt{\lambda/R} \tag{6-7-5}$$

非聚焦合成孔径雷达的方位分辨力为

$$\delta_{sN} = \beta_{sN}R = \frac{1}{2}\sqrt{\lambda R} \tag{6-7-6}$$

这个结果表明, 非聚焦合成孔径雷达的方位分辨力与波长及斜距乘积的平方根成正比, 与实际天线的孔径无关。

（二）聚焦型合成孔径技术

从天线阵列观点来看, 由于接收球面波, 天线阵列边缘收到的回波信号有附加相位项。聚焦处理时, 这些附加相位项可以在信号处理过程中予以补偿, 故此时合成孔径的长度可由实际天线波束宽度所能覆盖的长度 L_s 所决定, 如图 6-7-3 所示, 雷达天线由 x_1 向 x_N 移动, 对点目标 P 进行探测, 只有当天线波束照到 P 点时才会有回波, 阵元移到 x_1 点开始接触目标 P, 移到 x_N 点时波束离开点目标。合成孔径有效的阵列长度 L_s 是 x_1、x_N 间的距离, 即

$$L_s = R\theta_{\alpha 3dB} \tag{6-7-7}$$

式中:θ_{a3dB}为雷达天线波束宽度。

如果实际天线孔径尺寸为D,则$\theta_{a3dB}=\lambda/D$(瑞利方向图波宽),则$L_s=R\lambda/D$。

知道了合成孔径天线的长度L_s,即可求得SAR的横向分辨力为

$$\delta_s = \frac{1}{2}\frac{\lambda}{L_s}R = \frac{1}{2}D \qquad (6-7-8)$$

式(6-7-8)表明,聚焦处理时,SAR的横向分辨力与目标距离R无关而只正比于雷达实际天线的孔径D。可以看出,合成孔径天线的长度L_s是和距离R成正比增长的,而当D减小时,L_s也将相应增大。

聚焦型合成孔径需要对信号进行附加处理,就是要对SAR天线在每一位置上所接收到的信号进行相位调整,使这些信号对于一个给定的目标来说是同相的,即需要补偿由边缘波程差产生的平方相位差。

首先来分析SAR雷达工作过程中点目标回波的性质。

现将目标(地面的某一处)作为点源来分析,见图6-7-5。根据多普勒效应可知,当雷达与目标存在相对运动时,双程产生的多普勒频移为$f_d=\dfrac{2v}{\lambda}\sin\theta$。

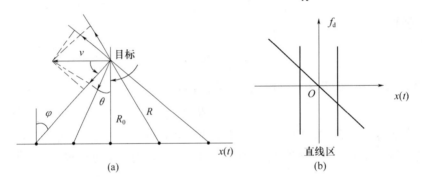

图6-7-5　动目标坐标及其多普勒频移—距离(或时间)的关系

(a)动目标坐标;(b)多普勒频移—距离关系。

目标作等速直线飞行时,垂直于其航线方向的某一目标,相对于飞机的径向速度是变化的,如图6-7-5(a)所示。在角度θ不大时,因为$\sin\theta\approx\tan\theta=x/R_0$,而$x=vt$,$v$为飞机速度,则

$$f_d = \frac{2v}{\lambda}\sin\theta = \frac{2v}{\lambda}\frac{x}{R_0} = \frac{2v^2}{\lambda R_0}t \qquad (6-7-9)$$

所以,多普勒频移f_d与x或t的关系近似为直线,见图6-7-5(b)。近场工作时,目标反射为球面波,由此出发也可求出其相位关系如图6-7-6所示,图中,雷达与目标之间的距离R_0与雷达位置x的关系为

$$R^2 = (R_0+d)^2 = R_0^2 + 2R_0d + d^2 = R_0^2 + x^2 \qquad (6-7-10)$$

当角度不大时,忽略高次项d^2,则球面波引起的波程差为

$$d \approx \frac{x^2}{2R_0} \qquad (6-7-11)$$

由波程差引起的相对相移(双程相移)为

302

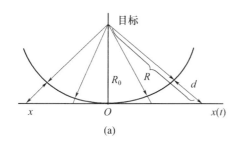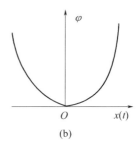

图 6 - 7 - 6　动目标坐标及其相位—距离(或时间)的关系

(a) 动目标坐标;(b) 相位—距离关系。

$$\varphi = \frac{2\pi}{\lambda}2d = \frac{2\pi x^2}{R_0 \lambda} \qquad (6-7-12)$$

由雷达运动引起的多普勒频移为

$$\omega_{\mathrm{d}} = 2\pi f_{\mathrm{d}} = \frac{\mathrm{d}\varphi}{\mathrm{d}t} = \frac{v\mathrm{d}\varphi}{\mathrm{d}x} = \frac{4\pi v^2}{R_0 \lambda}t = \frac{4\pi v}{R_0 \lambda}x \qquad (6-7-13)$$

由式(6 - 7 - 12)可见,相移 φ 与 x 呈平方关系,见图 6 - 7 - 6(b)。

这就说明,雷达接收机收到的将是一个线性调频信号,其宽度等于单个天线波束宽度所决定的能收到信号的时间。这个信号若采用一般检波取振幅显示的办法显示,则显示器画面的亮弧将与单个天线波束宽度一致,即角分辨力由单个天线决定。如前分析,这是不能满足要求的。既然接收到的信号是线性调频信号,那么,能否用线性调频信号的脉冲压缩网络使收到的信号变窄呢?当然是可以的。我们知道,线性调频信号经过匹配滤波器之后,脉冲包络受到压缩,这等效于把天线的波束宽度变窄了,从而提高了角度分辨力。不过,这时所用 x 轴(或时间 t)不是目标的斜距离,而是代表方位角 θ 的变化。所以,压缩后的信号是提高角分辨力而不是提高距离分辨力,这个信号宽度远大于信号往返于最大作用距离的时间,如果为脉冲法工作,则远大于信号重复周期。

现在进一步分析合成孔径雷达的信号及其变换情况。先研究平面某距离上一个固定目标的反射回波信号的特性。设飞机为直线等速飞行,在机上雷达波束能照射到的范围内,机上将收到该固定点的回波。

把辐射信号以复信号形式表示,当只讨论相位时,假定发射单频信号 $s_{\mathrm{t}}(t) = A\mathrm{e}^{\mathrm{j}\omega_0 t}$,它经过点目标反射后又到达雷达天线。设该点目标的点反射系数为 K(为了简化,先略去方向图的影响),则反射信号为

$$s_{\mathrm{r}}(t) = KA\mathrm{e}^{\mathrm{j}\omega_0(t-t_{\mathrm{d}})} \qquad (6-7-14)$$

通常飞机高度远小于距离,故

$$t_{\mathrm{d}} = \frac{2R}{c} = \frac{2}{c}\sqrt{R_0^2 + x^2} = \frac{2R_0}{c}\sqrt{1 + \frac{x^2}{2R_0}} \qquad (6-7-15)$$

式中: t_{d} 为双程延迟时间; R_0 相当于航路捷径的垂直距离。

通常 $x \ll R_0$,故

$$t_{\mathrm{d}} \approx \frac{2R_0}{c}\left(1 + \frac{x^2}{2R_0^2}\right) = \frac{2}{c}\left(R_0 + \frac{x^2}{2R_0}\right) \qquad (6-7-16)$$

将式(6-7-16)代入式(6-7-14),有

$$s_r(t) = KA\exp\left[j\omega_0 t - j\omega_0 \frac{2}{c}\left(R_0 + \frac{x^2}{2R_0}\right)\right]$$
$$= KA\exp\left(j\omega_0 t - j\frac{2\omega_0 R_0}{c} - j\frac{\omega_0}{cR_0}x^2\right) \tag{6-7-17}$$

式中:第二项相移是垂直距离 R_0 引起的,为一个常量;第三项相移为沿 x 轴且与接收单元天线位置有关的相移,与 x 成非线性关系。

令第三项相移为

$$\varphi(x) = -\frac{\omega_0 x^2}{cR_0} = -\frac{2\pi}{\lambda}\frac{x^2}{R_0}(x = vt) \tag{6-7-18}$$

则

$$\varphi(t) = -\frac{2\pi}{\lambda}\frac{v^2 t^2}{R_0} = -bv^2 t^2 \tag{6-7-19}$$

根据已学知识可知,相位函数随时间成平方关系的信号为线性调频信号,其角频率为

$$\omega = \omega_0 + \mu t = \omega_0 - 2bv^2 t \tag{6-7-20}$$

其中, $\mu = -2bv^2$, $b = \frac{2\pi}{\lambda}\frac{1}{R_0}$。

可见,调频信号的角频率变化速度 μ 与飞机速度的平方成正比,与垂直距离成反比。这些可以从图6-7-6中的角速度与径向速度的变化直观地看出来。

因此,飞机运动时,目标角位置的有用信息主要包含在相位函数 $\varphi(x)$ 之中,这个 $\varphi(x)$ 或多普勒频移变化情况可从相参检波器的输出端得到。这个信号也叫零中频信号,即多普勒频移信号或相参视频

$$s_c(x) = E e^{j\varphi(x)} \tag{6-7-21}$$

$\varphi(x)$ 中 x 的最大值是天线方向图主瓣照射的边界,即 $\pm(\theta_{4dB}/2)R_0$, (θ_{4dB} 为单个天线 $\pi/2$ 强度处波束宽度,即瑞利波宽)。因为

$$\omega(x) = \frac{d\varphi(x)}{dx} = 2bx$$
$$\omega(t) = 2bv^2 t$$

所以

$$\omega_{max}(t) = 2b \cdot \frac{\theta_{4dB}R_0 v}{2} = 2 \cdot \frac{2\pi}{\lambda}\frac{1}{R_0}\frac{\theta_{4dB}R_0 v}{2} = \frac{2\pi}{\lambda}\theta_{4dB} \tag{6-7-22}$$

又

$$\theta_{4dB} = \frac{\lambda}{D}$$

式中:D 为实际天线孔径。

所以

$$\omega_{max} = \frac{2\pi v}{D} \tag{6-7-23}$$

$$f_{max} = \frac{v}{D}, f_{max}(x) = \frac{1}{D} \qquad (6-7-24)$$

即最高多普勒频移 $f_{max}(x)$ 等于单个天线孔径的倒数,为一常量。因为频偏为 $2f_{max}$,所以线性调频信号的调频带宽为

$$\Delta f = 2f_{max} = \frac{2v}{D} \qquad (6-7-25)$$

在聚焦处理时,压缩脉冲宽度为

$$\tau_0 = \frac{1}{\Delta f} = \frac{D}{2v} \qquad (6-7-26)$$

它与输出波形的 $-4dB$ 宽度一致(τ_0 也是用时宽表示的方位线分辨力)。用线距 x 表示的方位线分辨力为

$$\tau_0(x) = \tau_0 \cdot v = \frac{D}{2} \qquad (6-7-27)$$

式(6-7-27)的结果与用合成阵列导出的结果(式(6-7-8))是一致的,即在聚焦合成孔径情况下,方位分辨力与波长及目标所处的距离无关,仅与实际天线的孔径有关,且是实孔径的一半。这些都与普通雷达概念相反。原因是实际天线孔径越小,目标受到的照射区间越长,合成孔径长度也越大,从而合成孔径的方位分辨力越好。

二、合成孔径雷达信号处理

信号处理是实现合成孔径技术的关键,因而信号处理器也就成为合成孔径雷达的关键部分。合成孔径雷达的发展在很大程度上和所用的信号处理器有关。

早期的合成孔径雷达是非聚焦型的,是用模拟电子电路实现信号处理,其分辨力不是很高。在聚焦型合成孔径雷达中,信号处理首先采用的是光学信号处理技术,信号存储器和处理器是感光胶片和光学处理器。早期的光学处理器是以光学相关处理作为理论基础,采用透镜系统直接完成合成孔径雷达要求的信号处理。后来,人们发现全息照相与合成孔径雷达成象具有相同的规律,从而发展了斜平面光学处理器,广泛应用于合成孔径雷达。用光学处理方法成像的第一步是把雷达回波信号记录在胶片上,形成数据胶片;第二步是利用光学处理器处理胶片上记录的数据,形成聚焦型合成孔径雷达的目标图像。光学处理方法的优点是数据存储、处理能力大,能方便地处理二维信息和形成多路并联处理设备,缺点是由于胶片冲洗过程的限制,不能做到信号的实时处理和传输。

随着数字技术和集成电路技术的发展,合成孔径雷达信号的电子式数字处理技术也迅速发展起来。合成孔径雷达信号的数字信号处理方法的主要优点是十分灵活,能方便地改变运算以满足不同的信号处理的要求。电子聚焦过程中的相位修正及振幅加权范围可灵活地改变,可以方便地接收惯性导航系统的数据实现运动补偿。另外,数字信号处理还具有精度高,处理设备可靠性高,体积小、重量轻的优点。

合成孔径数字信号处理就是将雷达回波信号变换成数字信号,用数字信号处理器或计算机对其进行处理,获得高分辨力目标图像。

合成孔径雷达为了提高距离分辨力,发射线性调频脉冲,并在接收机中采用脉冲压缩

技术。合成孔径雷达在合成孔径时间内接收的回波信号的多普勒频移是线性调制的,为了提高方位分辨力,需要对回波信号在方位上进行脉冲压缩。因此,合成孔径雷达的成像过程就成为二维脉冲压缩。信号处理器要完成二维脉冲压缩的任务,也可以将二维脉冲压缩分成二次一维脉冲压缩。既可以先进行距离向脉冲压缩,再进行方位向脉冲压缩;也可以先进行方位向脉冲压缩,后进行距离向脉冲压缩。一般是先进行距离向脉冲压缩,后进行方位向脉冲压缩。原因是方位向线性调频斜率反比于斜距,采用先距离后方位压缩的方法,便于几何失真的校正,便于距离位移的校正。合成孔径雷达数字信号处理既可以用数字电路组成的硬件系统来实现,也可以设计处理软件在计算机上实现。无论用哪种方法处理合成孔径雷达数字信号,均需要足够的数据存储容量和处理速度。

按照先距离向脉冲压缩、后方位向脉冲压缩实现二维脉冲压缩的方法,合成孔径雷达信号数字处理的步骤,如图6-7-7所示。

首先,把雷达回波的模拟信号转换为数字信号,即完成模数转换。随着数字技术的发展,越来越多的A/D转换直接在中频进行。为了保留回波信号的相位信息,一般采用正交双通道检波,也就是将中频信号分成两路,一路与本地基准中频信号进行同相检波;另一路与经过90°相移的本地基准中频信号进行正交检波,两路检波后的输出分别进行A/D转换。经过A/D转换的输出数字信号,还需要经过距离向的缓冲电路和方位向预置滤波电路再进行相关运算,以降低数字处理器的运算速度。

对于合成孔径雷达来说,测绘带回波所占据的时间只占脉冲重复周期的很小一部分。这样,可以采用缓冲电路,让回波数据高速存储进入、低速取出的方法,以降低对运算速度的要求。缓冲电路可由移位寄存器组成,数据的存入由快速的存储脉冲控制,以便使它在回波脉冲持续期内将全部数据存入寄存器。数据的取出由慢速的读出脉冲控制,以使它在脉冲重复周期的长时间内读出数据。

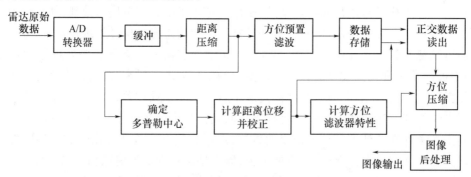

图6-7-7　合成孔径雷达信号数字处理步骤

由于合成孔径雷达的脉冲重复频率比回波在方位向的多普勒带宽高很多,这种比取样定理要求高很多的取样率是不必要的,只会引起处理速率不必要的增加。为降低方位向的取样率,采用了方位预置滤波电路。

缓冲电路的输出数据进行距离向脉冲压缩,在距离向脉冲压缩中除进行相关运算外,还进行加权处理,以降低距离旁瓣电平。距离向脉冲压缩后的数据顺序是依斜距的大小为序,不符合方位向脉冲压缩的要求。因此,在进行方位向脉冲压缩之前,须进行数据重排。

经过重排后的数据是沿方位向的,在进行方位向相关运算以前,必须进行运动补偿和距离位移的校正,以保证相位相关运算的正确。由于合成孔径雷达载机的运动与匀速直线运动有偏差,因此,需要进行运动补偿,使回波信号方位向多普勒频移的中心频率固定,并且校正多普勒频移的调频斜率。当距离位移现象不能忽略时,在完成距离向脉冲压缩后的方位信号将在距离轴向上产生弯曲。因此,需要进行距离位移校正。

方位向脉冲压缩的实质和距离向脉冲压缩完全一样,即进行相关运算。方位向脉冲压缩后的输出即为图像数据,经过图像后处理后即得到最后图像输出。图像后处理主要包括正交通道数据的合并,斜距几何畸变校正和多视非相参叠加等。由于合成孔径雷达发射的是相参电磁波,各点目标回波相互干涉,造成实际点目标回波的振幅和相位都有一定的起伏,这种起伏在图像上的反映是斑点,将使图像信噪比下降,甚至使图像模糊不清。因此,采用多视非相参叠加以平滑掉斑点。多视非相参选加就是将方位方向上的多个相邻视点上的方位压缩信号进行非相参相加,从而消除斑点效应,但这样处理是以降低图像分辨力为代价的。

图 6 - 7 - 8 所示为一个距离、方位二维压缩均采用频域匹配滤波(相关)处理的框

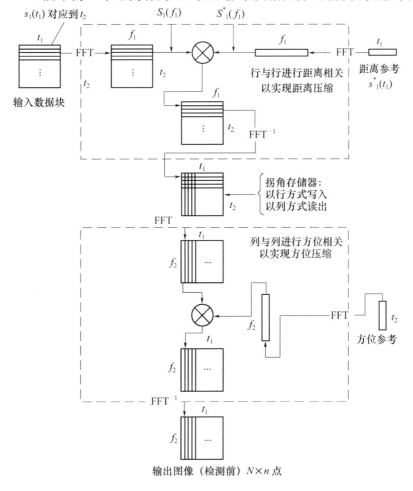

图 6 - 7 - 8   SAR 数字处理框图

图。输入数据块为各重复周期依次排列的时域回波数据，信号 $s_i(t_1)$ 在时间上扩展到 t_2，接着将每个周期的时间信号做 FFT，变为依次排列的频域信号 $S_i(f)$，频域回波和匹配滤波频谱函数 $S_i^*(f)$ 相乘后，再经 IFFT 处理，变为压缩后的时间信号，仍按重复周期依次排列存入。下面进行方位维的压缩处理。此时是按不同周期的同一距离单元的数据处理，故经拐角存储器输出获得所需组处理数据，方位处理的模式与距离上的压缩相同，只是压缩参数随距离不同而变化。最后输出数据是经过两维压缩的图像。

三、多普勒波束锐化

飞机在对地面或海面目标进行侦察或攻击时，首先需要借助雷达来获取目标的准确位置信息，进而完成精确打击。通过脉冲压缩技术我们可以较为准确地获得目标的距离信息。但是由于天线波束的方位向分辨力很低，因而通常无法准确分辨方位向目标。我们知道，合成孔径技术克服了天线尺寸与方位分辨力之间的矛盾，但是 SAR 成像是利用飞机直线运动形成航路侧向的带状地图，要求天线指向保持不变，且成像时间较长，这与机载火控雷达的实时成像要求有很大差距，目前机载火控雷达多采用多普勒波束锐化（Doppler Beam Sharpening，DBS）和聚束式地图测绘（SLM）技术来提高方位分辨力。

（一）多普勒波束锐化

多普勒波束锐化是一种可以提高方位分辨率的处理技术，它是基于多普勒分辨理论，利用雷达方位向波束宽度内不同目标回波相对雷达具有不同多普勒频移这一特性来提高方位向分辨力的，它的处理等效于非聚焦合成孔径技术。

当机载雷达工作在多普勒锐化工作状态时，观测区域将随着天线的扫描而进入并离开波束。除了位于波束边缘的少数散射体之外，大部分散射体在观测期间一直保持在天线波束照射范围之内，只是因散射体的方位不同而导致各自相应的多普勒频移有一个固定的频率差，并且同一时刻天线波束内的不同散射点具有不同的多普勒频移。若将一个天线的真实波束在方位上分割成若干子波束，由于各子波束与雷达载体的速度矢量的夹角不同，因而各子波束照射的目标相对于雷达的径向运动速度亦不同，从而导致了各子波束所照射的目标间的多普勒频移差异。于是我们便可利用这一点来提取回波中的多普勒频移信息，通过在频域设置一组适当的多普勒滤波器组对回波信号进行分割，即可利用这个多普勒频移差区分开真实天线波束宽度内各子波束对应的回波，从而达到提高方位分辨力的目的。

可见，多普勒波束锐化技术就是利用了回波中的多普勒信息，通过频域的高分辨率处理，等效地对真实天线波束进行划分，这正是将之称为多普勒波束锐化的原因。

下面利用几何关系推导 DBS 的基本定量关系。如图 6-7-9 所示，设载机沿 x 轴方向平飞，速度为 v，载机高度为 H，雷达天线主波束投射到方位角为 α、斜距为 R 的地域上。天线瞄准轴与载机速度矢量的夹角为 ϕ，方位角 α 为 ϕ 在水平面的投影，俯仰角 β

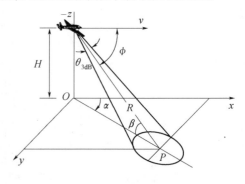

图 6-7-9 DBS 成像几何关系

308

为 ϕ 在垂直面的投影。雷达天线主波束宽度为 θ_{3dB},则天线瞄准轴方向 P 点的多普勒频移,即主瓣回波中心多普勒频移可表示为

$$f_{d0} = \frac{2v}{\lambda}\cos\phi = \frac{2v}{\lambda}\cos\alpha\cos\beta \qquad (6-7-28)$$

式中:λ 为发射波长。

对于位于同一斜距 R 处的环带内的散射体而言,β 均保持不变,当 β 较小时,$\cos\beta \approx 1$,为分析方便起见,以后略去上式中的 $\cos\beta$ 一项。而偏离 α 为 $\Delta\alpha$ 的散射体之回波的多普勒频移相对于 f_{d0} 的变化为

$$\Delta f_d = \frac{2v}{\lambda}\sin\alpha\Delta\alpha$$

因此,整个波束宽度范围内的多普勒频移变化范围为 $f_{d0} \pm f_{dM}$,其中

$$f_{dM} = \frac{v\theta_{3dB}}{\lambda}\sin\alpha \qquad (6-7-29)$$

若将主波束地面回波的多普勒频移范围 $f_{d0} \pm f_{dM}$ 同发射脉冲重复频率 f_r 对应起来,并将天线瞄准轴对应的多普勒频移 f_{d0} 定在 $f_r/2$ 处。多普勒处理机以 f_r 的速率取 N 个回波信号采样,在等于 f_r 的频率区间上用 FFT 形成 N 个等间隔的多普勒滤波器,使得每个多普勒滤波器的带宽 $\Delta f(\Delta f = f_r/N)$ 同子波束之间的多普勒频宽 Δf_d 对应起来。这样,这些滤波器的输出即代表了真实天线波束内的各个子波束所对应的回波。

相应的子波束宽度应为

$$\Delta\alpha = \frac{\lambda f_r}{2Nv\sin\alpha} \qquad (6-7-30)$$

真实的波束宽度与分割后的子波束宽度之比称为锐化比。在斜距 R 处的方位分辨力为

$$\Delta l = \frac{\lambda f_r R}{2Nv\sin\alpha} \qquad (6-7-31)$$

如图 6-7-10 所示,若主波束宽度为 1.5°,相应的回波的多普勒频移范围为 15kHz $\pm$200Hz。若在这个频率范围内用 32 点 FFT 设置 32 个滤波器,则相当于将天线主波束划分为 32 个子波束,每个子波束的宽度约为 0.05°,从而使雷达的方位分辨力获得大幅度的提高。

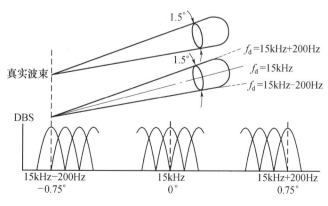

图 6-7-10　DBS 原理示意图

从式(6-7-31)中可以看出影响方位分辨力的几个因素。当方位角 α 不同时,天线主波束地面回波的频谱范围 $f_{d0} \pm f_{dM}$ 也不同。若希望在不同的方位角 α 处保持方位分辨力 Δl 为恒定值,同时,为了处理机便于实现,希望 FFT 的点数 N 也保持恒定。原理上讲,脉冲重复频率 f_r、天线扫描速度以及回波积累时间 T_P 均应当相应地变化,即当 α 减小时,天线扫描速度应减慢,f_r 亦应减小,而回波积累时间 T_P 则应当相应地增加;而当 α 增大时,天线扫描速度应增快,f_r 亦应增大,T_P 则应当相应地减小。但在一部实际的 PD 雷达中,要求上述各参数连续地变化是有一定困难的。因此,往往需采用一些简化的方法。例如,将 f_r 取为一个固定的较大的数值,以保证在不同方位角情况下均不会发生频谱的混叠。然后在此范围内用点数较多的 FFT 形成较多的多普勒滤波器。这样,当 α 不同时,天线主波束地面回波的频谱总会落在 f_r 之内的某一部分,从而相应的那些多普勒滤波器有输出。这样虽然对处理机能力的要求有所提高,并且当 α 小时,方位分辨力略有下降,但去掉了需要天线扫描速度和 f_r 连续变化这样一个苛刻的要求。

在多普勒波束锐化地图测绘状态给出一幅方位角分辨力大大改善了的大面积地图,其分辨力是恒定的,对确定水陆分界线,识别地面导航标志,分辨在方位上靠得很近且表现为一个雷达回波的目标,以及做为聚束式地图测绘区域地图状态的进入点是极为有用的。

(二)聚束式地图测绘

聚束式地图测绘能够进一步改善方位角分辨力,如图 6-7-11 所示。假定雷达以载机机速度 v 沿水平方向(x 轴)作匀速直线飞行,雷达波束 3dB 方位宽度 θ_{3dB},雷达波束视线指向与地面交点为 P,与载机速度矢量 v 的夹角(即斜视角)为 φ,方位角为 α,俯仰角为 β。在 $t=0$ 时刻,雷达位于 A 点,它与 P 点之间的斜距为 R_0,在 t 时刻雷达运动到 B 点,到 P 点的斜距为 $R(t)$。

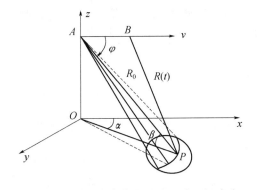

图 6-7-11 聚束式地图测绘的几何关系

根据余弦定理,可从三角形 ABP 中求出任意瞬间 t 时刻雷达到 P 点的斜距为

$$R(t) = \sqrt{R_0^2 + (vt)^2 - 2R_0 vt\cos\varphi} \qquad (6-7-32)$$

将上式在 $t=0$ 点作泰勒级数展开,可以得到

$$R(t) = R(0) + R'(0)t + \frac{1}{2}R''(0)t^2 + \cdots = R_0 - vt\cos\varphi + \frac{1}{2}\frac{v^2 t^2}{R_0}\sin^2\varphi + \cdots$$

$$(6-7-33)$$

当 $R_0 \gg vt$ 时,可略去高次项,仅取前三项,得到

$$R(t) = R_0 - vt\cos\varphi + \frac{1}{2}\frac{v^2 t^2}{R_0}\sin^2\varphi \qquad (6-7-34)$$

由双程波程引起的回波相位变化为

$$\phi(t) = 2\pi\frac{2[R_0 - R(t)]}{\lambda} = \frac{2\pi}{\lambda}(2vt\cos\varphi - \frac{v^2t^2}{R_0}\sin^2\varphi) \qquad (6-7-35)$$

式中:λ 为雷达工作波长。

对式(6-7-35)求导就可以得到 t 时刻 P 点回波的多普勒频移为

$$f_d(t) = \frac{1}{2\pi}\frac{\mathrm{d}\phi(t)}{\mathrm{d}t} = \frac{2v}{\lambda}\cos\varphi - \frac{2v^2t}{\lambda R_0}\sin^2\varphi \qquad (6-7-36)$$

由图6-7-11所示的几何关系,可以得到斜视角 φ 与方位角 α 和俯仰角 β 的关系为 $\cos\varphi = \cos\beta\cos\alpha$,将该式带入式(6-7-36),得

$$f_d(t) = \frac{2v}{\lambda}\cos\beta\cos\alpha - \frac{2v^2t}{\lambda R_0}(1 - \cos^2\beta\cos^2\alpha) \qquad (6-7-37)$$

式(6-7-37)表明,在雷达波束照射区域内,距离相同但方位 α 不同的散射体所产生的回波信号具有不同的多普勒频移 f_d;距离 R_0、方位 α 一定的散射体,其多普勒频移 f_d 又是时间 t 的线性函数,随着 t 的增大,多普勒频移 f_d 线性降低。它们之间的关系如图6-7-12所示,图中,T_P 为积累时间。

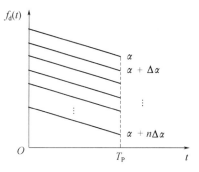

图 6-7-12 f_d 与 α 和 t 的关系曲线

若在频域内设置一个窄带滤波器组,使各个窄带滤波器的中心频率和带宽都与相应各子波束中心方位线的多普勒频移和子波束覆盖的多普勒频移——对应,就可区分天线真实波束覆盖的(方位)角度内距离相同而方位不同的各子波束照射的目标回波信号,从而达到改善方位分辨力的目的。根据目标回波多普勒频移随时间 t 变化的快慢及窄带滤波器的带宽大小,分为以下两种情况:

(1) 目标回波积累的时间比较短,不同重复周期回波的多普勒频移 f_d 随 t 的线性变化没有超出单个多普勒窄带滤波器的带宽范围,可以不进行补偿而直接相加。在这种情况下多普勒窄带滤波器的带宽比较大,于是相应的子波束的宽度也较大,因此锐化比较低。这种方式通常被称作多普勒波束锐化(DBS)。

(2) 在对不同重复周期的回波进行积累时,对随时间 t 作线性变化的多普勒频移 f_d 进行补偿(或对相位进行聚焦处理),使补偿后频率不随 t 而变化,这时相应的多普勒窄带滤波器的带宽可以做得很窄,而且积累时间也比较长,此时就可以达到很高的波束锐化比。由于积累时间长,载机可能在这段时间内偏离匀速直线运动,因此需要对载机的运动进行补偿。这种方式通常被称作聚束式地图测绘(SLM)。实际上它是多普勒波束锐化和相位聚焦处理的综合,目的在于进一步提高波束的锐化比。

可见,SLM 得到的是以 (R_0,α_0) 点为中心的一小块横向距离分辨力近乎恒定的精细地图,这是与 DBS 不同的地方。用这局部的清晰地图可对某一感兴趣的地面点周围情况进行更细微地识别,以探测密集的分散目标,并进行跟踪,从而提高了武器投放精度;也可以用来根据导航地面标志修正航向。

SLM 工作状态的设计考虑同 DBS 工作状态的设计考虑基本相同。但由于 SLM 状态

要达到更高的方位分辨力,因此,相应的多普勒滤波器的带宽更窄。这就要求积累回波时间更长,从而运动补偿便成为正确成像所必不可少的组成部分。

为了实现聚束式地图测绘,必须进行频率补偿。首先采用一个频率可变的本振同接收到的含有多普勒频移的视频回波进行混频,本振频率随时间变化的斜率应当等于散射体回波中多普勒频移变化的斜率,从而使得混频器的输出为对应于不同散射体的一组固定的频率,再通过一个多普勒滤波器组即可以将它们分辨开,如图6-7-13所示。

而当雷达工作在低锐化比状态时,由于积累和处理时间很短,在整个积累和处理期间内,同一个散射体的多普勒频移变化不会超过一个多普勒滤波器的频率范围。这样,不必进行频率补偿,采用一般的本振和适当设计的多普勒滤波器组即可实现频率分辨。

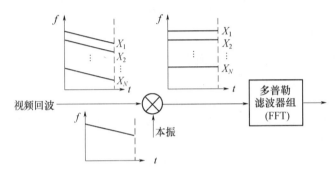

图6-7-13 聚束式地图测绘频率补偿原理

(三) DBS 信号处理

DBS 信号处理过程如图6-7-14所示。

中频回波信号由 A/D 转换成数字信号送入输入缓存区。由于采用波束锐化技术,沿方位方向的分辨率是通过对每一距离上的回波信号进行多普勒分割而获得的,因此,从输入缓存区取出的信号是落入同一距离门内且间隔为脉冲重复周期的回波信号。输入缓存区的设计主要为保证具有不同速度的存入和取出应保持正确的相对关系。

预滤波的目的在于降低对数字处理器的要求。由此可以采用缓冲电路,让回波数据高速存储进入,低速取出,只要取出周期不大于脉冲重复周期即可,这样对存储量和运算速率的要求可以降低。

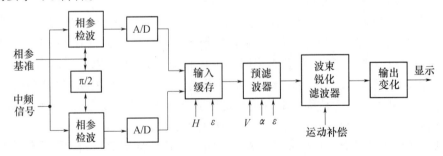

图6-7-14 DBS 的信号处理过程

波束锐化滤波器事实上就是由 FFT 所等效的一个多普勒滤波器组,它可以根据各子波束回波的多普勒频移的不同来区分开各子波束所对应的回波,从而实现波束的分割,达

312

到提高雷达方位分辨能力的目的。为了提高成像质量,在波束锐化滤波器中应采用加权和运动补偿等措施,以降低多普勒旁瓣的相互影响,以及成像期间由于载机的运动或天线的扫描运动所引起的图像退化。

输出端处理主要完成坐标变换和图像连接,以便不损失前面处理过程中所获得的高分辨力和视觉效果,并且保证相继处理的图像在积累关系上和几何关系上都能正确连接起来,以构成一幅完整图像。

在以上介绍波束锐化信号处理的过程中,仅讨论了如何在同一距离环带区域内提高方位分辨力的问题。当采用邻接的距离门进行分割之后,按以上方法对每个距离门的信号依次进行处理,即可得到二维地图。

四、合成孔径、多普勒波束锐化和聚束式地图测绘之间的区别

(一)用途不同

合成孔径技术用于侦察、监视、资源考察等不要求迅速实时处理的场合,给出的图像是飞机航线旁侧的高分辨力带状地图,如图 6 – 7 – 15(a)所示。

多普勒波束锐化用于前视攻击雷达的空/空和空/地状态,要在高速飞行的同时,改善角分辨力,识别方位上靠得很近且表现为一个雷达回波的目标、水陆分界线、导航地面标志等,以进行偏航修正,并做为聚束式地图测绘的进入点,给出一幅角分辨力恒定的、并大大改善了的大面积扇形地图,如图 6 – 7 – 15(b)所示。聚束式地图测绘可在 DBS 的基础上,更细微地识别真实天线波束内某一小块区域内的目标,进行准确的判断,它有助于探测与跟踪密集的分布目标,提高武器投放精度,根据地面导航标志修正偏航。它给出一幅横向距离分辨力近似恒定的小面积高分辨力地图,如图 6 – 7 – 15(c)所示。

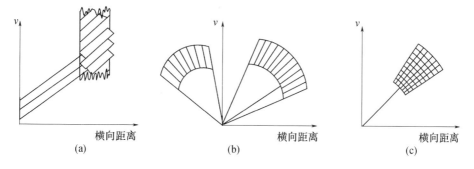

图 6 – 7 – 15　SAR、DBS、SLM 成像形状图
(a)带状地图;(b)波束锐化;(c)(聚束式)局部显微地图。

(二)信号处理方式不同

由于三者的使用场合及用途不同,其处理时间 T_P,即相参积累时间是不同的。在一般的 SAR 系统中,有充裕时间成像来达到很高的分辨力。但是在前视火控雷达中,尤其是用于低空突防,高速飞行精确发送武器时成像时间就不能那么长,要尽快实时处理,因此要在分辨力与相参积累之间折中。一般的 SAR 系统处理时间 T_P 长,由于飞机运动引起的多普勒频移变化很大,径向运动的影响不能忽视,所以要进行运动补偿和聚焦。DBS 的处理比非聚焦 SAR 需要的时间要短,飞机运动切向速度引起的多普勒频移变化很小,

使目标回波基本保持在一个多普勒滤波器里。因此一般情况下不需运动补偿和聚焦。但对每个相参处理间隔要进行方位和距离稳定。而 SLM 的处理时间介于两者之间,多普勒频移变化大于非聚焦的要求。要在每个脉冲周期内做部分聚焦,由于 T_P 大,径向运动的影响也不能忽视,因此要做运动补偿,每个脉冲间隔还要求距离稳定。

此外,在 SAR 中,被测图点顺序进入真实波束,顺序离开真实波束,因此地面各点是顺序处理的。而 DBS 和 SLM 处理时,各被测图点信号是同时进行的。

(三) 参数选择不同

一般的 SAR 系统中,斜视角 α_0 或为 90° 或为 0° ~ 90° 间的某一预定值。其角分辨力表示为

$$\Delta\alpha = \frac{\lambda}{2vT_P\sin\alpha_0} \qquad (6-7-38)$$

α_0 固定,要保持 $\Delta\alpha$ 不变,处理时间 T_P 就恒定,阵长 L 就不变。在 DBS 状态,因为天线以一定的角速率进行扫描,斜视角 α_0 在不断变化,因此,要保持 $\Delta\alpha$ 不变,处理时间 T_P 就要变化,不能为一常数,随之而来的是 PRF 要变化,它是斜视角 α_0 的函数,所以在 DBS 状态 f_r、T_P 等参数要随 α_0 的变化而相应的变化才能保持角分辨力恒定。SLM 是 SAR 或 DBS 的特殊情况。如果对某一指定点周围区域进行小面积作图,那么天线应始终对准这一区域,斜视角也要随飞机的运动变化,所以参数关系基本上与 DBS 相同,只是 PRF 随 α_0 和 R_0 两者变化。也可从另一个角度来说,即方位分辨力 $\Delta\alpha$ 是斜视角 α_0 的函数,如果其他参数不变,那么随着 α_0 的增加方位分辨力就提高,当 α_0 = 90° 时最好;随 α_0 的减小分辨力将下降。

20 世纪 70 年代后半期,高速、低功耗、大规模集成电路和可编程信号处理机的出现,使当时一些先进的前视火控雷达采用了前视合成孔径技术即多普勒波束锐化和聚束式地图测绘工作方式,大大改善了方位分辨力,提高了机载 PD 雷达空/空、空/地状态下的目标识别、威胁判断、偏航修正等能力。因而有很高的武器投放精度,倍受军方重视。

F - 18 的 APG - 65 雷达应用了高水平的前视合成孔径技术,获得了当时战术飞机雷达从未有过的高分辨地图测绘状态,多普勒波束锐化状态可使波束锐化比为 19:1,"显微式"局部地图得到了 67:1 的分辨力改善。1987 年装备 F - 15C/D 的 APG - 70 雷达,研制中特别强调空/地能力的增强,多普勒波束锐化状态可在 5° ~ 60° 扇形内的任何角度上对 37km ~ 90km 远的目标区进行实时高分辨力测绘。对密集目标的分辨能力(方位)比原来提高 12 倍,具备了袭击判断能力。袭击判断时对距离 64km 处的目标方位分辨力达 18m,16km 处的目标方位分辨力达 2.5m。

当前的前视火控雷达几乎都采用了前视合成孔径技术,因此都有能力在高速飞行的同时进行前视的实时合成孔径处理,使前视雷达的方位分辨力得到数量级的提高。距离上使用脉冲压缩,方位上用波束压缩,使地图测绘能力成百倍的提高,可以得到一幅接近于光学图像的画面。而该技术的全天候能力又是红外成像所无法达到的,是多功能火控雷达必备的关键技术之一。

第八节　雷达抗干扰信号处理

雷达电子战作为现代战争中重要的作战手段随着技术的发展愈演愈烈。雷达干扰和

抗干扰是一个矛盾的两个方面。有雷达的存在,就会有干扰;相应地,雷达自身也必然需要采用抗干扰技术和措施。一种新雷达技术的应用会引起一种新的干扰技术;而新的干扰又必然促进新的雷达抗干扰措施的产生。这样循环不止,促使雷达干扰和抗干扰技术不断向前发展。所以,雷达干扰与抗干扰是相对的,没有不能干扰的雷达,也没有不能对抗的干扰。为了保证雷达能在极为复杂的电磁环境中工作,必须采取相应的反干扰措施来消除或减弱各种干扰。

雷达抗干扰是一个系统问题,应该从雷达系统设计、雷达的部署和使用等各个层面来考虑。抗干扰信号处理是雷达抗干扰的技术措施之一。本节首先介绍雷达干扰的类型和干扰原理,讨论雷达抗干扰的基本思想和抗干扰性能的度量方法,然后重点讨论雷达抗干扰信号处理的方法与原理。

一、雷达干扰

雷达干扰泛指一切破坏或扰乱雷达探测目标能力的战术或技术措施。对雷达来说,除带有目标信息的有用信号外,其他各种无用信号都是干扰。

(一) 雷达干扰分类

雷达干扰的种类很多,一种综合性的分类方法如图 6-8-1 所示。大致可以分为有源干扰和无源干扰两大类。有源干扰是指对方故意发射或自然界天然辐射的电磁信号;无源干扰是指雷达所需探测的目标以外的其他物体对雷达发射信号产生散射后到达雷达的信号。

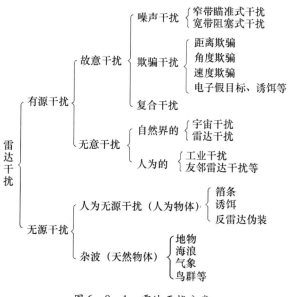

图 6-8-1 雷达干扰分类

无源干扰是从天然物体(地物、海浪、气象、鸟群等)或人为物体(箔条、诱饵、反雷达伪装)散射产生的。从地物、海浪、气象和鸟群等产生的无源干扰,统称为杂波,可以通过各种动目标显示技术来消除无源干扰的影响。

有源干扰包括故意干扰和无意干扰两类。无意干扰包括自然界的宇宙干扰、雷电干扰和人为的工业干扰、友邻雷达干扰等。故意干扰指对方故意施放的干扰,包括噪声干扰、欺骗干扰和复合干扰。从电子对抗(ECM)或电子战(EW)的角度来说,雷达抗干扰主要的对象是指对方故意施放的有源干扰。

雷达有源干扰从实施方式上还可以分为支援干扰和自卫干扰两种。支援干扰包括远距离支援干扰、随队干扰、地面支援干扰、投掷式支援干扰、无人机支援干扰等。支援干扰的特点是干扰机与被掩护的目标(飞机、舰队、重要军事目标等)是分离的。自卫干扰是指干扰机置于飞机、军舰或车辆等平台上,以保护平台不被雷达发现或准确跟踪。

随着电子对抗技术的发展,雷达有源干扰的特点也发生了变化,其主要特点包括:

(1) 工作频带宽。一部干扰机带宽可达一到几个倍频程,可以同时干扰多部雷达。

(2) 反应速度快。反应时间为 1s ~ 2s,系统延迟时间约为 0.1μs ~ 1μs。

(3) 干扰机自带电子侦察接收机,能对周围电磁环境进行监视并进行实时分析处理。

(4) 干扰机具有对环境的自适应干扰能力,且各种新型干扰技术不断出现。

所以,雷达必须采取先进的抗干扰措施才能有效地工作。

(二) 有源干扰

从信号形式上有源干扰可以分为噪声干扰、欺骗干扰和复合干扰三种。

1. 噪声干扰

噪声干扰是一种类似于接收机内部噪声的干扰信号,包括用噪声信号对微波信号进行调幅、调频和调相后发射的干扰。噪声干扰的信号频谱较窄时,可以形成窄带瞄准式干扰;当噪声干扰的频谱很宽时又会形成宽带阻塞式干扰,可以用来干扰频率捷变雷达或同一频带内的多部雷达。噪声干扰从信号形式上又可分为射频噪声干扰、噪声调幅干扰、噪声调频干扰、噪声调相干扰、噪声脉冲干扰和组合噪声干扰。

1) 射频噪声干扰

射频噪声干扰可以表示为

$$J(t) = U_n(t)\cos[\omega_0 t + \varphi(t)] \tag{6-8-1}$$

式中:$U_n(t)$ 为瑞利分布噪声;$\varphi(t)$ 为相位函数,它服从 $[0,2\pi]$ 均匀分布且与 $U_n(t)$ 独立;ω_0 为载频,它远大于 $J(t)$ 的谱宽。

所以,$J(t)$ 是一个窄带高斯随机过程。$J(t)$ 的产生通常是通过低功率噪声直接滤波和放大产生的。

2) 噪声调幅干扰

噪声调幅干扰是用噪声对射频信号调幅产生的,可表示为

$$J(t) = [U_0 + U_n(t)]\cos[\omega_0 t + \varphi] \tag{6-8-2}$$

式中:U_0、ω_0、φ 分别为射频信号的幅度、中心角频率和初始相位;调幅噪声 $U_n(t)$ 是一个均值为 0、方差为 σ_n^2、分布区间为 $[-U_0, \infty]$ 的广义平稳随机过程;φ 服从 $[0,2\pi]$ 均匀分布。

3) 噪声调频干扰

噪声调频干扰是用噪声对射频信号进行频率调制产生的,可表示为

$$J(t) = U_0\cos\left[\omega_0 t + 2\pi K_{FM}\int_0^t u(t')\mathrm{d}t' + \varphi\right] \tag{6-8-3}$$

式中:U_0、ω_0、φ 分别为射频信号的幅度、中心角频率和初始相位;调频噪声信号 $u(t')$ 为一个零均值的广义平稳随机过程;K_{FM} 为调频系数;φ 服从 $[0, 2\pi]$ 均匀分布。

4) 噪声调相干扰

噪声调相干扰是用噪声对射频信号进行相位调制产生的,可表示为

$$J(t) = U_0 \cos[\omega_0 t + K_{FM} u(t) + \varphi] \qquad (6-8-4)$$

式中:U_0、ω_0、φ 分别为射频信号的幅度、中心角频率和初始相位;噪声调相干扰信号 $u(t)$ 为零均值广义平稳随机过程;K_{FM} 为调相系数;φ 服从 $[0, 2\pi]$ 均匀分布。

5) 噪声脉冲干扰

噪声脉冲干扰是指时域离散的随机脉冲信号,其幅度、宽度和时间间隙等参数都是随机变化的。噪声脉冲干扰可以采用限幅噪声或伪随机序列对射频信号调幅的方法来产生。

6) 组合噪声干扰

噪声脉冲干扰和连续噪声调制干扰的统计特性是不同的。如果在连续噪声调频干扰的基础上随机或周期地附加噪声脉冲干扰,或交替使用噪声脉冲干扰和连续噪声调制干扰将形成组合噪声干扰。组合噪声干扰是非平稳的,会明显增加抗干扰的难度。

2. 欺骗干扰

欺骗干扰是指干扰机发射假目标信息,以迷惑和扰乱雷达的正常工作,使雷达不能正确检测真实的目标和测量目标的参数。欺骗干扰又可分为距离欺骗、速度欺骗、角度欺骗、电子假目标、诱饵等。

1) 距离欺骗干扰

距离欺骗干扰是通过对所接收雷达信号进行延迟调制和放大来实现的,它会使雷达在接收到的真实目标回波信号附近出现一个假目标信号,诱使雷达距离跟踪波门跟踪假目标信号,并随着假目标信号与真实目标信号间延迟的加大,拖引雷达距离跟踪波门离开真实目标信号,造成雷达距离跟踪系统的失效。所以,距离欺骗干扰有时也称为距离波门拖引干扰。

2) 速度欺骗干扰

速度欺骗干扰主要是针对雷达速度(多普勒频移)跟踪系统的一种欺骗干扰。干扰机侦收到雷达信号后发射一个与雷达信号频率类似的干扰信号,使雷达对干扰信号建立起稳定的速度跟踪,然后逐渐增大(或减小)干扰信号频率,拖引雷达速度跟踪波门远离目标速度位置,使雷达速度跟踪系统发生错误。

3) 角度欺骗干扰

角度欺骗干扰是针对雷达角度跟踪系统的一种欺骗干扰。

对于圆锥扫描雷达,它主要使用倒相干扰和同步挖空干扰方式。倒相干扰是指干扰机侦收到圆锥扫描雷达的信号幅度包络后,将幅度包络倒相并对干扰发射信号进行幅度调制后发射出去,使圆锥扫描雷达跟踪偏离目标;而同步挖空干扰是指,干扰机在侦收到的雷达信号幅度包络的峰值部分停发干扰一段时间,同样能使圆锥扫描雷达或线性扫描雷达偏离跟踪目标和产生错误。

对于隐蔽圆锥扫描体制雷达(指只有接收天线为圆锥扫描),干扰机侦收到的隐蔽圆锥扫描体制雷达信号无幅度调制,这时干扰机发射与隐蔽圆锥扫描周期相近的干扰脉冲

组,使隐蔽圆锥扫描雷达跟踪天线不停地摇摆,无法准确跟踪目标。这种干扰就称为角度跟踪扰乱干扰或随机挖空干扰。

对于单脉冲跟踪雷达,由于单脉冲跟踪雷达跟踪的是目标回波相位波前的等相面,前面几种欺骗方法无效,于是产生了一种交叉眼干扰。这种干扰是指,当干扰机在侦收到雷达信号后,从分离一定距离的两个发射机分别发射干扰信号而且两者相位相差180°,使得在雷达天线处形成一个扫了一定角度的相位波前,由此破坏单脉冲雷达的角度跟踪。但这种干扰方法要求干扰机的两个发射天线分开一定距离,所以只能用在较大的载机或平台上。

4)电子假目标和诱饵

电子假目标是指干扰机在不同角度和距离上产生大量假回波信号,使其与真实雷达目标回波混在一起,使雷达系统分不清真假目标。由于雷达发射信号越来越复杂,假目标信号必须具有与雷达发射信号相同的信号形式。所以干扰机不但需要侦收到雷达信号,还必须得到雷达信号的详细特征(有时也称信号指纹),才能仿制出以假乱真的干扰信号。

有源雷达诱饵是一种投放式的一次性使用的雷达干扰机,它可从飞机或军舰上发射出去。当它接收雷达信号后,将其放大后转发出来,诱使雷达或末制导雷达跟踪诱饵,以保护诱饵载体(飞机或军舰)免遭导弹杀伤。

3. 复合干扰

复合干扰是将噪声干扰和多种欺骗干扰组合后形成的干扰,它可增强有源干扰的干扰效果。

二、雷达抗干扰基本思想

由于有源干扰和无源干扰的作用机理不同,所以雷达对抗有源干扰和无源干扰的技术原理也不尽相同。雷达对抗有源干扰的技术措施可以分为两类:一类是在干扰进入接收机前采用,通过选取雷达基本参数,如输出功率、频率、脉冲重复频率、脉冲幅度、天线性能、天线方向图及扫描方式等,尽量将干扰排除在接收机之外;另一类是当干扰进入雷达接收系统后,根据目标回波和干扰各自的特性,利用信号处理技术从干扰背景中提取出目标信息。雷达对抗无源干扰的主要措施是利用目标回波与无源干扰物形成的干扰信号之间运动速度的差异,采用 MTI、MTD、PD 等技术抑制固定或缓慢运动的杂波干扰。

(一)设计理想的抗干扰雷达信号

雷达信号的设计,将直接影响雷达系统的战术技术性能,尤其是在复杂的干扰环境下,还要有利于提高雷达的抗干扰性能。通常,具有大时宽、大频宽和复杂内部结构的雷达信号是比较理想的,包括线性和非线性调频信号、编码信号、低截获概率信号、扩谱信号、冲击信号、谐波信号、噪声信号等。

(二)空域对抗

空域对抗是利用干扰源和目标空间位置的差异来选择目标回波信号的抗干扰方法,也就是使干扰尽量少进入雷达。它要求雷达窄波束、窄脉冲工作,减小雷达的空间分辨单元体积,从而降低从目标邻近方位进入雷达干扰信号的概率,以提高信噪比。通常,采用低旁瓣天线或旁瓣抑制技术,包括旁瓣消隐、旁瓣对消和自适应旁瓣对消等技术来实现。

（三）极化对抗

极化对抗是利用雷达信号和干扰信号极化的差异来抗干扰的,也是使干扰少进入雷达。从理论上讲,如果雷达信号和干扰信号的极化成正交,则可以完全将干扰信号抑制掉。例如,可以使用收发相同的圆极化天线来抑制雨滴干扰。常用的极化抗干扰措施有极化分集、极化捷变和自适应极化捷变技术等。

（四）频域对抗

频域对抗是争夺电子频谱优势的重要手段。它的基本思想是利用目标回波信号与干扰信号在频域上的差异,采用特定的滤波器滤除干扰信号并提取目标回波信号,即尽量避开干扰或使干扰少进入雷达。常用的技术措施是频率分集、捷变频、自适应频率捷变和开辟新的雷达工作频段。

（五）采用抗干扰电路

前面所述的几种抗干扰措施,其主要目的是提高雷达接收机输入端的信噪比。实际上,干扰强度总是比目标回波信号强得多,还必须依靠接收机抗干扰电路和信号处理技术,来提高雷达的抗干扰能力。

在强干扰背景条件下,通过信号处理提取目标回波信号的首要条件,是经接收处理后不能丢失信息。因此,要求雷达接收机具有足够的带宽和足够的动态范围。常见的接收机抗干扰电路有自动增益控制电路、瞬时自动增益控制电路、近程增益控制电路、对数中放、宽—限—窄电路、反宽电路、抗拖电路、噪声恒虚警处理、杂波恒虚警处理、固定杂波抑制、慢动杂波抑制、干扰源定位等。

在抗无源杂波干扰方面,全相参雷达数字信号处理有很大的潜力。它是利用动目标多普勒频移,使动目标回波信号的频谱和杂波频谱产生分离,在信号处理机中,应用相邻周期对消(MTI 雷达)可以有效地抑制杂波。目前,MTI 雷达改善因子可达 50dB。全相参脉冲多普勒雷达通过杂波抑制滤波器和窄带多普勒滤波,其改善因子可达 80dB,是目前抗无源杂波干扰最有效的技术。

（六）综合对抗

在复杂的电磁干扰环境中,仅使用某种抗干扰技术是不够的,为了保证对抗的胜利,应当研究和发展综合抗干扰手段。所谓综合抗干扰是指采用技术的和战术的方法进行抗干扰。综合抗干扰包括下列三个方面。

1. 多种抗干扰技术相结合

单一的抗干扰措施只能对付某种单一的干扰。例如,捷变频技术只能抗积极干扰,但不能抗消极干扰;单脉冲雷达只能抗角度欺骗干扰,但不能抗距离欺骗干扰等。所以,综合采用多种抗干扰措施,才能有效地提高雷达的抗干扰能力。

2. 多制式雷达组网

单一雷达的抗干扰能力总是有限的,采用多种抗干扰技术可能使雷达变得很复杂。所以,采用多制式雷达组网能获得很强的抗干扰能力。多制式雷达组网形成一个十分复杂的雷达信号空间,占据很宽频段,而且通过数据传递和情报综合联成一个有机的整体,其抗干扰能力不仅仅是各部雷达抗干扰能力的代数和,而且有质的变化。

3. 灵活的战术动作

除提高雷达抗干扰技术以外,采取灵活多变的战术动作,往往能发挥相当有效的抗干扰效果,如空/地基雷达组网、把握开关机时机、配置雷达诱饵、屏蔽、伪装和提高指挥/操作人员的素质等。

进行积极的雷达对抗,以夺取电子战主动权是十分重要的,它包括组织施放电子干扰、火炮和导弹攻击等。雷达对抗战是双方的,不能总处于防守状态,积极主动地采取有效的电子干扰和火力拦击,同样会降低对方攻击的效果。

三、雷达抗干扰性能的度量

雷达抗干扰性能是全面衡量雷达在复杂电磁环境下的工作能力和生存能力的重要指标。由于评估问题涉及到电子对抗的双方,影响因素很多,所以建立一个完整的评估准则是十分困难的。雷达抗干扰性能评估既可以针对单项抗干扰措施来评估,也可以针对雷达系统的性能进行评估。目前,国内外雷达界在雷达抗干扰性能评估方面,作了许多分析研究工作,提出了一些评估方法。

(一)抗干扰改善因子

抗干扰改善因子是 S. L. Johston 于 1974 年提出的系统抗干扰措施评估概念,抗干扰改善因子 EIF 定义为雷达采用抗干扰措施后系统输出的信干比(S/J)与不采用抗干扰措施时系统输出的信干比$(S/J)_0$的比值,即

$$\text{EIF} = \frac{(S/J)}{(S/J)_0} \qquad\qquad (6-8-5)$$

由式$(6-8-5)$可见,EIF 说明了系统采用抗干扰措施后信干比提高的倍数,体现了对雷达抗干扰性能改善程度的度量。EIF 值越大,表明雷达采取抗干扰措施后,要想有效地干扰雷达,必须付出更大的干扰信号功率,因此,雷达的抗干扰性能就好。

EIF 具有一定的通用性,适于评估雷达中采用一个或多个抗干扰措施后的性能改善,便于在电子战数学模型中,以定量参数来描述表达抗干扰措施的效能,比较抗干扰措施的性能和费效比。所以 EIF 是目前 IEEE 唯一承认的抗干扰效能评估准则。

根据上述 EIF 的概念和综合各方面的分析研究资料,雷达抗干扰性能评估方法有以下几种。

1. 压制系数 K_s

压制系数是衡量雷达抗压制性干扰能力的一种方法。它是指干扰对雷达实施有效压制所用的最小干扰功率 P_{Jmin} 和雷达发射平均功率 P_{av} 之比,即

$$K_s = \frac{P_{Jmin}}{P_{av}} \qquad\qquad (6-8-6)$$

不同类型的雷达,有效压制的含义也不同。对警戒雷达而言,在压制性干扰的作用下,雷达的检测概率 P_d 降低到某一限度值(如 $P_d < 10\%$),称为有效压制。对目标跟踪雷达而言,在压制性干扰的作用下,使跟踪误差 $\Delta\varepsilon$ 大于某一限度(如 $\Delta\varepsilon$ 增大 2 倍~3 倍),称为有效压制。对于同一种压制性干扰,压制系数越大,雷达的抗干扰性能越强。因为压制系数大,表示要能有效地干扰雷达,必须付出更大的干扰功率。反之,压制系数越小,则雷达的抗干扰能力也越差。

2. 抗干扰因子 F_J

抗干扰因子是用来度量雷达抗压制性干扰的一种常用的方法。它是指雷达采用抗干扰措施后输出信噪比与未采用抗干扰措施时输出信噪比之比。设雷达未采用抗干扰措施时输出信噪比为 P_{so}/P_{Jo}，采用抗干扰措施后输出信噪比为 P'_{so}/P'_{Jo}，则

$$F_J = \frac{P'_{so}/P'_{Jo}}{P_{so}/P_{Jo}} = \frac{P'_{so}}{P_{so}} \cdot \frac{P_{Jo}}{P'_{Jo}} \qquad (6-8-7)$$

通常,采用各种抗干扰措施后,对信号的影响总是较小的,因此 $P'_{so} = P_{so}$，则

$$F_J = \frac{P_{Jo}}{P'_{Jo}} \qquad (6-8-8)$$

可见,抗干扰因子 F_J 越大,雷达采用抗干扰措施后的抑制干扰越有效。因此,用抗干扰因子度量抗干扰性能是合适的。

3. 雷达自卫距离改善系数 K_R

雷达自卫距离改善系数是指雷达采用抗干扰措施后的自卫距离 R_J 与未采用任何抗干扰措施时的自卫距离 R_{Jo} 之比,即

$$K_R = \frac{R_J}{R_{Jo}} \qquad (6-8-9)$$

由式可知,K_R 越大,表明雷达采取抗干扰措施后,自卫距离得到的改善大,所以抗干扰能力越强。它是比较全面地反映雷达抗压制性干扰的度量标准。

（二）抗欺骗干扰概率 p_J

欺骗干扰与积极压制干扰不同,它是通过模拟雷达信号的某些特征,然后调制出各种假信息,以产生各种假目标信号,从而达到干扰或破坏雷达正常工作之目的。因此,欺骗干扰方首先要截获、分选、识别雷达信号的某些特征,然后由干扰机模拟、调制产生各种欺骗干扰;雷达则可以利用空域选择、时域处理和抗欺骗干扰电路来抗欺骗干扰。

雷达对每次假目标的检测和识别,可以看成是独立的试验,抗干扰的成功与否可以用抗欺骗干扰的概率来表示。假设欺骗干扰方截获雷达信号的概率为 p_{J1}、分选雷达信号的概率为 p_{J2}、识别雷达信号参数的概率为 p_{J3}、模拟产生雷达信号的（即欺骗干扰）概率为 p_{J4}；雷达从空域识别假目标的概率为 p_{r1}、从时域识别假目标的概率为 p_{r2}；抗欺骗干扰电路有效概率为 p_{r3}，则雷达抗欺骗干扰概率为

$$p_J = 1 - p_{J1}p_{J2}p_{J3}p_{J4}(1 - p_{r1})(1 - p_{r2})(1 - p_{r3}) \qquad (6-8-10)$$

由式(6-8-10)可见,如果干扰侦察机在截获、分选识别或模拟雷达信号的任一环节上失败,p_{J1}、p_{J2}、p_{J3} 或 p_{J4} 中就有一个为 0,因而 $p_{J1}p_{J2}p_{J3}p_{J4} = 0$，则 $p_J = 1$，所以雷达抗欺骗干扰成功。由此看来,抗欺骗干扰概率不但与雷达有关,也与干扰侦察机的性能有关。

事实上,欺骗干扰也可以扰乱或降低雷达系统测距、测角或测速的性能,并使得雷达测量误差增大。雷达受欺骗干扰,并采取抗欺骗干扰措施后,测量误差方差的变化大小也可以用来评估抗欺骗干扰的性能。

四、空域对抗

雷达空域对抗是指尽可能减少雷达在空间上遭受敌方侦察干扰的机会,或者说使雷

达天线波束工作在干扰较弱的空间的对抗措施,以便能更好地发挥雷达的性能。

雷达受干扰空间,是指在干扰条件下,雷达不能正常检测目标回波信号的空间。因为,干扰信号只能从雷达天线波束的主瓣或副瓣进入,即使在空间存在若干个干扰源,也只有雷达天线波束(包括主、副瓣)照射到的有限空域中的干扰源才能起干扰作用。这就是空域对抗的出发点和依据。

(一)空域滤波的概念

与频域信号滤波特性相比,雷达天线波束也可以看成一种空域滤波器。我们知道,目标回波信号只能从雷达天线的主瓣或旁瓣进入而被雷达接收,这就相当于频域滤波器的通带,而其他则属阻带。换句话说,分布在空间的各种信号,只有落在空间滤波器的通带中才能被雷达接收,否则被抑制。

根据干扰空间分布的特点,通常选用峰值空域滤波器(类似于带通滤波器)和零值空间滤波器(类似于带阻滤波器)两种类型,如图6-8-2所示。

对于分布式干扰来说,如箔条干扰云,见图6-8-2(a),只要雷达天线主波束宽度足够窄(类似于窄带滤波器),就会大大降低从主波束进入的杂波干扰强度,提高信噪比,如果主波束张角在目标处的线尺寸正好与目标的线尺寸相当的话,目标回波信号能被主瓣接收,而箔条干扰被有效地抑制,即分布式干扰被最大限度地抑制。这种设计被称为空域波束匹配,类似于频域的匹配滤波器。

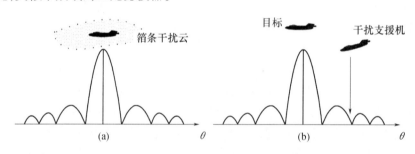

图6-8-2 两种类型空域滤波器特性

对于点式干扰来说(如伴随战斗轰炸机的干扰支援飞机,见图6-8-2(b)),假定干扰信号从雷达天线旁瓣进入,如果雷达天线旁瓣存在并占有相当宽的空间,对方可以从很宽的空间完成对雷达的干扰。如果在干扰进入方向使副瓣电平接近于0,即设计零值空域滤波器,来抑制点式干扰。当点式干扰源在空间的位置变化时,则零值空域滤波器零值位置也应作相应的变化,即自适应空域对抗。

可见,雷达的空域对抗能力与雷达天线波束参数有着密切的关系,即雷达天线主波束越窄,旁瓣电平越低,雷达的空间对抗能力越强。在实际中减小雷达天线主波束宽度和降低副瓣电平往往受到很多因素的限制,如天线主波束宽度过窄,搜索周期增大,数据率就会减小,要想在保证窄主波束的前提下,减小旁瓣干扰的影响,常常采用旁瓣对消和消隐技术。

(二)旁瓣干扰处理技术

雷达天线主瓣宽度一般比较窄,而旁瓣区是很宽的,当有源干扰信号很强时,从天线旁瓣进入的干扰信号足以影响天线主瓣对目标的探测,所以雷达更需要良好的抗副瓣干扰的能力。

1. 旁瓣对消(Side – Lobe Canceller,SLC)

抗旁瓣干扰最直接的方法是采用超低副瓣天线,但是要使雷达天线所有的副瓣都很低,不但难度大,代价也比较高。为了消除从旁瓣进入的干扰,常常采用旁瓣对消技术,它能在不影响雷达天线主波束探测性能的前提下,消除从旁瓣进入的干扰,尤其是点状干扰(如干扰支援飞机干扰)。因此,它是一种比较有效的空域对抗措施。

旁瓣对消系统原理框图如图6 – 8 – 3所示,它由一个接收通道和一个辅助接收通道组成。

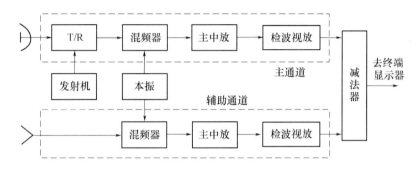

图6 – 8 – 3　旁瓣对消系统原理框图

主天线(即原雷达天线)接主接收通道,辅助天线接辅助接收通道。理想情况下,主、辅天线的方向图如图6 – 8 – 4(a)所示。辅助天线的方向图在主天线主波束方向为0,而在其他方向则与主天线的副瓣相同,即

$$F_a(\theta) = \begin{cases} 0, & |\theta| \leqslant \theta_0/2 \\ F_m(\theta), & |\theta| > \theta_0/2 \end{cases} \qquad (6-8-11)$$

式中:$F_a(\theta)$为辅助天线的方向图函数;$F_m(\theta)$为主天线方向图函数;θ_0为主天线的主波束宽度。

实际上,要做到如图6 – 8 – 4(a)所示的理想辅助天线方向图是很困难的,通常用比主天线第一副瓣电平稍高一些的全向天线作辅助天线,如图6 – 8 – 4(b)所示。在理想情况下,经主天线旁瓣进入的干扰信号和被辅助天线接收到的干扰信号,只要主、辅接收通道传输增益平衡,经减法器即能完成旁瓣对消。结果,从旁瓣进入的干扰将被有效抑制,也不会对雷达天线主波束的探测性能造成很大的影响。如果辅助天线的方向图如图

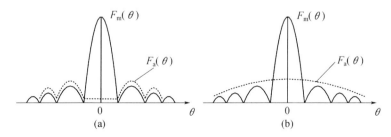

图6 – 8 – 4　旁瓣对消主/辅天线方向图

6-8-4(b)所示,只要减法器调整到只有主通道信号大于辅助通道时才有输出,那么从旁瓣进入的干扰信号被全部抑制。这种旁瓣对消方法的缺点是,当雷达主天线主波束接收到弱小目标的回波信号小于辅助通道接收到的干扰信号时,则弱目标信号将被对消掉。

2. 旁瓣消隐(Side-Lobe Blanking,SLB)

与旁瓣对消技术相类似,旁瓣消隐技术原理框图如图6-8-5所示。它也由两个独立的接收通道组成,只是信号处理的方式不同。旁瓣对消是采用主、辅通道回波信号相减的原理来消除旁瓣干扰的;而旁瓣消隐则是采用主、辅通道回波信号进行比幅,然后再选通的原理来消除干扰的。

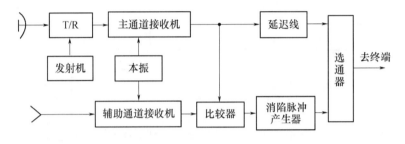

图6-8-5 旁瓣消隐技术原理框图

旁瓣消隐系统主、辅天线的方向图如图6-8-4(b)所示,辅助天线的方向图与主天线旁瓣方向图的覆盖空间相匹配。主、辅通道接收到的回波信号同时送给比较器。在比较器中,如果辅助通道输出回波信号的视频幅度超过主通道输出回波信号的视频幅度,则产生一消隐触发脉冲加到消隐脉冲产生器,并由消隐脉冲产生器产生一具有适当宽度的旁瓣消隐脉冲加到选通器,当消隐脉冲出现时,即表示雷达受到从旁瓣进入的干扰,这时选通器被关闭,则旁瓣干扰被消隐掉,否则,消隐脉冲不出现,则选通器始终被打开,主通道接收到的回波信号被送给终端显示器,进行正常的检测和显示。主通道延迟线的作用是为了补偿比较器和消隐脉冲产生器延时而接入的。

旁瓣消隐电路也存在和旁瓣对消电路同样的缺点,即当雷达主天线接收弱小回波信号的幅度可能小于辅助天线接收到的干扰信号的幅度时,则选通器被关闭,雷达丢失掉对小目标检测显示的机会。

综上所述,旁瓣消隐技术仅对低占空系数的脉冲干扰或扫频干扰才有效,高占空系数的脉冲或噪声干扰会使主通道在大部分时间内关闭,从而使雷达失效。旁瓣对消技术是用来抑制通过天线旁瓣进入的高占空比和类噪声干扰的。

旁瓣对消和旁瓣消隐都是在视频进行的处理,由于检波器的非线性作用,将会产生新的干扰成分(即干扰和目标回波信号在非线性电路的相互作用),其幅度和相位都是随机的,会直接影响旁瓣对消性能,有时还可能将目标回波对消掉。上述方法对抑制从旁瓣进入的干扰是有效的,是实现空域对抗的有效措施。据报道,美国将旁瓣对消技术在 AN/SPS-1 和 AN/SPS-12 对空监视雷达上进行了试验,以最小的灵敏度损失,换取了最大的旁瓣对消效果。但是,这些技术只能有效地抑制接收时从旁瓣进入的干扰信号,而不能抑制雷达主天线发射时的旁瓣,给敌方侦察提供了机会,因此,没有解决反侦察问题。

324

3. 自适应旁瓣相消

自适应旁瓣相消是通过高频或中频处理来消除旁瓣干扰的。自适应旁瓣相消系统也是由两个独立的主、辅接收通道组成，利用辅助天线接收的干扰信号，通过信号处理方法来对消主天线接收信号中的干扰信号。自适应旁瓣相消原理框图如图6－8－6所示。

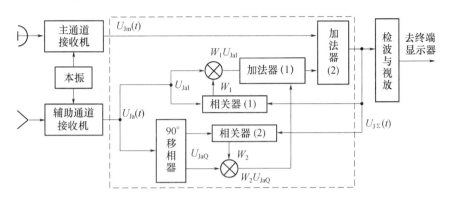

图6－8－6　自适应旁瓣相消原理框图

如图6－8－6所示，所谓自适应旁瓣相消，就是通过相关处理自动产生最佳权系数W_i，使加权合成后的辅助通道输出干扰信号与主通道输出的信号幅度相等、相位相反，最后在加法器（2）中将干扰信号消除。因为自适应旁瓣相消是在高频或中频进行，避开了检波器的非线性影响，所以可获得较好的旁瓣干扰相消性能。

主通道接收到的干扰信号$u_{Jm}(t)$被直接加到加法器2；辅助通道接收到的干扰信号被分为相互正交的两路信号$u_{JaI}(t)$和$u_{JaQ}(t)$，分别加到各自的乘法器与各自的权系数W_1和W_2相乘。加权系数W_1和W_2是根据加法器（2）的输出信号和辅助通道的正交分量分别进行相关处理而自动产生的。只要设计正确，由两个乘法器输出的两个正交分量，经加法器（1）合成，其幅度与主通道干扰信号幅度相等，相位正好相反；最后在加法器（2）中将从旁瓣进入的干扰信号相消掉。上述自适应旁瓣相消矢量关系示于图6－8－7中。

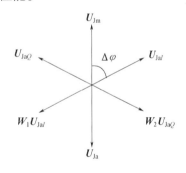

图6－8－7　自适应旁瓣相消矢量图

（三）自适应天线阵抗干扰

虽然超低副瓣天线具有良好的空域对抗性能，但是实现超低副瓣电平不仅要受主波束变宽的限制，而且还要付出昂贵的代价。实际上，对于抗有源干扰，我们并不需要在全方向（除天线主波束方向之外的）都实现超低的副瓣电平，而只需要在有源干扰出现的方向上实现极低的副瓣。例如，低于－60dB，就能有效地抑制有源干扰，而且付出的代价也是可以接受的。这就是前述的零值空域滤波器设计，将空域滤波器的"阻带"指向干扰源方向，可以采用自适应天线阵列的天线副瓣自适应置零技术实现。

实际上，干扰方向是随机出现的，雷达天线主波束在进行搜索时，不可能确定干扰出现方向和主波束指向之间的关系。自适应天线阵抗干扰却是根据有源干扰出现的方向自

325

动修正天线阵口径场分布,使天线零值始终指向干扰源的空域对抗措施。天线的方向性函数与口径场分布函数是一个傅里叶变换对,天线的主波束和零点由天线阵各馈电单元的幅度和相位来决定,也即由各单元的加权值所确定,因此,要想获得所要求的方向性函数,关键是如何选择加权值的问题。图6-8-8是自适应天线阵抗干扰原理框图。

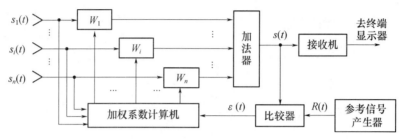

图6-8-8 自适应天线阵抗干扰原理框图

参见图6-8-8,假定自适应天线阵由 n 个馈电单元组成,而每个天线阵元接收到的回波信号 $s_i(t)$ 经过各自的加权网络 W_i (一般采用正交双路复加权)加权后,将它们求和并输出回波信号 $s(t)$。为了能够自适应,我们将回波信号 $s(t)$ 与参考信号 $R(t)$ 进行比较,并把产生的误差信号 $\varepsilon(t)$ 送给加权系数计算机,产生出各阵元新的加权系数 W_i,从而得到调整后的输出信号 $s(t)$。当误差信号 $\varepsilon(t)$ 最小时,$s(t)$ 与 $R(t)$ 趋于一致。

通常,要求参考信号 $R(t)$ 与雷达接收的有用信号的形式一致。因为雷达发射信号形式是确知的,总可以做到使 $R(t)$ 比较接近有用的回波信号,但干扰信号形式很难做到接近 $R(t)$。经过自动调整,可使 $s(t)$ 趋向于 $R(t)$,即有用回波信号被输出,干扰信号被抑制掉。总而言之,在雷达探测空域,虽然雷达将同时接收到目标回波信号和强干扰信号(从旁瓣进入的有源干扰信号),但经过自适应处理后,送至接收机的总是有用的信号,而干扰信号则被抑制了,也即目标方向为天线主波束照射方向,能有效地接收目标回波信号,而有源干扰方向却呈现为极低的副瓣电平(理想情况为零电平)。

自适应天线阵对抑制旁瓣干扰的性能是不言而喻的,它是一种行之有效的空域对抗措施。尤其是当雷达探测空域中出现的干扰源较少时,系统的反应时间、自适应能力和干扰源抑制能力都是比较令人满意的。假若空间存在很多个干扰源,则自适应能力较差,而且在非干扰源方向上,副瓣电平较高。随着数字技术的发展和应用,数字波束形成技术为自适应天线阵的应用打开了广阔的前景。

五、极化对抗

极化和振幅、相位一样,是雷达信号的特征之一。利用干扰与目标回波信号在极化特性上存在的差异,以及人为制造或扩大的差异,采取措施抑制干扰、保留信号、实现抗干扰的过程称为极化对抗或极化滤波。它是信号与干扰进入接收系统之前行之有效的抗干扰方法。

我们知道,当外界信号与雷达天馈系统极化状态匹配时,接收信号能量最大;当两者完全失配时,则接收能量为0。由于雷达目标散射回波与外界干扰是完全独立的,极化状态必然存在差异,因此,我们可以采取一定方法使天馈系统与雷达目标回波尽可能地接近极化匹配,而使其与干扰信号的极化总是接近完全失配或极化正交,从而把有源干扰抑制到最低程度,获得良好的抗干扰效果。实际上,干扰信号往往有可变的多种极化方式,因此,极化抗干扰技术的关键是天馈系统必须有多种极化快速变化的能力。

(一)变极化器

图 6-8-9 为一种双通道双差相移变极化器结构示意图。该变极化器由一 H 面折叠 T 型接头、两个差相移段、一个折叠双 T 和一矢量相加器(极化分解器)组成。这里,差相移段是一对结构完全相同但可分别控制的移相器。

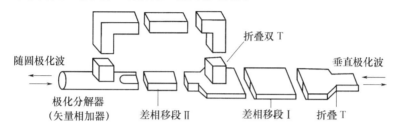

图 6-8-9 双通道双差相移变极化器结构示意图

对于如图 6-8-9 所示输入的垂直极化波,通过改变两个差相移段的相移,变极化器可以产生椭圆极化波、圆极化波、垂直极化波、水平极化波及线极化波。

当变极化器接收不同极化方式的电磁波时,通过改变两个差相移段的相移,可在矢量相加器中实现极化匹配(能量无损失)和极化失配(能量相消)的处理。例如,接收垂直极化波时,经第一差相移段不必移相,从 H 面进入折叠双 T,从两平行臂分别输出的两电场等幅同相,经第二差相移段使 $\Delta\varphi = 0$,则两电场同相相加,即为极化匹配。若选取 $\Delta\varphi = \pi$,则这时两电场在 H 面 T 型接头内相消,使输出电场为 0,为极化完全失配状态。

总之,对于变极化器,只要适当选取两差相移段的相移量,可以产生任意极化状态的场。只要适当选取两差相移段的相位差值,对接收到的任意极化状态的电波均可作到极化匹配接收或极化完全失配(即完全抑制)。由于干扰仅有接收一次经过变极化器,而信号须收发两次经变极化器,因此有可能在变极化器中实现对干扰完全失配,将干扰完全抑制,而对回波信号完全匹配,以获得最大信噪比。

(二)极化主瓣对消

若知道干扰信号的极化特性,则可采用与它正交的或旋转方向相反的极化方式接收。实际上,干扰机为了避开雷达的极化对抗措施,一般采用椭圆极化或旋转线极化。采用极化主瓣对消技术可以实现抗椭圆极化干扰,其原理框图如图 6-8-10 所示。极化主瓣对消技术的基本思想是,将此干扰信号的椭圆极化变成一种线极化,而后用负载去吸收它;把与此线极化正交的信号送至接收系统就可抑制干扰。

设干扰的表达式为

$$\varepsilon_J = E_J\sin\theta\cos(\omega t + \delta) + E_J\cos\theta\cos\omega t \qquad (6-8-12)$$

式中:θ 为一给定角;$E_J\sin\theta$ 为垂直分量;$E_J\cos\theta$ 为水平分量;δ 为两分量间的相位差。

在接收垂直极化天线通道中相移 $-\delta$,就把干扰信号变成

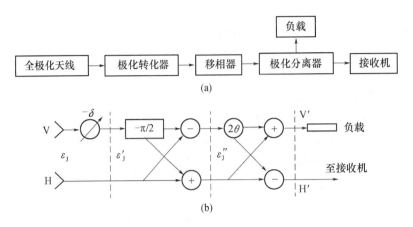

图 6 - 8 - 10　极化主瓣对消技术原理框图

$$\varepsilon'_J = (E_J\sin\theta + E_J\cos\theta)\cos\omega t \qquad (6 - 8 - 13)$$

它是一线极化波;再把垂直通道相移 $-\pi/2$,并与水平通道取和、差信号,得到的和、差通道信号振幅相等而相位差 2θ,即差通道、和通道信号分别为

$$\varepsilon_\Delta = E_J\sin\theta\sin\omega t - E_J\cos\theta\cos\omega t = E_J\cos(\omega t + \theta) \qquad (6 - 8 - 14)$$

$$\varepsilon_\Sigma = E_J\sin\theta\sin\omega t + E_J\cos\theta\cos\omega t = E_J\cos(\omega t - \theta) \qquad (6 - 8 - 15)$$

然后,将差通道 ε_Δ 相移 -2θ,并与和通道 ε_Σ 相加或相减,得到垂直通道的信号 $\varepsilon_{V'}$ 和水平通道的信号 $\varepsilon_{H'}$,即

$$\varepsilon_{V'} = E_J\cos(\omega t - \theta) + E_J\cos(\omega t - \theta) = 2E_J\cos(\omega t - \theta) \qquad (6 - 8 - 16)$$

$$\varepsilon_{H'} = E_J\cos(\omega t - \theta) - E_J\cos(\omega t - \theta) = 0 \qquad (6 - 8 - 17)$$

由此,干扰信号经极化处理后,在水平通道中被完全消除,而垂直通道中的干扰信号由假负载吸收。这个假负载可以作为对干扰信号进行侦察的接收机。

　　对于目标回波信号,由于它与干扰信号不同(θ、δ 不一样),因此在水平通道中不会完全对消,从而提高了信噪比,但提高多少决定于回波信号与干扰信号极化的失配程度。这种方法只能对付一定极化形式的干扰,若干扰信号有两种不同的极化形式,而且相互统计独立,则该方法就失去了作用。

　　(三) 自适应极化滤波

　　自适应极化滤波是适时地选择发射信号的极化形式,使之与干扰极化自始至终地正交。其理论依据是,因为运动目标回波的极化是随目标的运动姿态作随机的变化,其变化可以在脉间或几个脉冲周期内发生,而干扰信号的极化在短时间内是相对稳定的。因此,在这段时间内选择一种与干扰信号极化最接近于正交的极化信号作为发射信号,就可有效地抑制干扰信号。

　　实现雷达自适应滤波变极化抗干扰的原理框图如图 6 - 8 - 11 所示。除雷达系统正常的接收机、发射机和收发开关之外,还有变极化天线、极化识别器和变极化器。首先,通过极化识别器判定干扰的极化方式,然后,通过控制变极化,产生与干扰信号极化正交的雷达发射信号的极化方式。

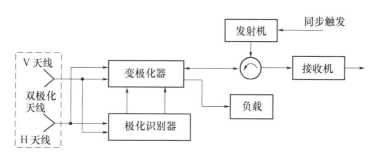

图 6 – 8 – 11　自适应极化滤波抗干扰原理框图

六、频域对抗

频域对抗是雷达抗有源干扰最有效和最重要的一个领域,所谓频域对抗就是为夺取电磁频谱优势所采取的一切技术手段。频率捷变技术是行之有效的频域对抗措施。随着雷达抗干扰技术的发展,频率捷变技术大致经历了三个阶段。

第一阶段集中表现在变频速率的对抗。早期,雷达为了避开敌方实施的瞄准式有源干扰,常采用机械调谐的方式将雷达发射机的工作频率从受干扰的频率改变到没有干扰的频率上。另一方面,敌方为了能有效地干扰这种机械调谐式雷达,干扰机的频率也必须能够改变,而且调谐速率应比雷达还要高,这就形成了变频速率的对抗。为了对付这种瞄准式有源干扰,20 世纪 60 年代初研制出频率捷变雷达。这是一种能使雷达工作频率在相邻发射脉冲之间作很大跃变的雷达,由于雷达每个发射脉冲载频均不相同,即使敌方使用电子调谐也难以对频率捷变雷达构成威胁。

第二阶段集中表现在功率密度的对抗。为了有效的干扰频率捷变雷达,迫使研究发展宽带阻塞干扰,即在相当宽的频带范围内发射一定功率的的干扰信号。显然干扰频带越宽,干扰功率谱密度就越低,对雷达的干扰效果也就越差。

第三阶段集中表现在自适应能力的对抗。对干扰来说,应根据侦察到的雷达信号,自动地把有限的干扰功率集中到威胁最大的雷达工作频率上去,以增强干扰的针对性,提高干扰效果。对频率捷变雷达来说,不再盲目地随机频率捷变,而是在每次发射信号之前,根据全频段干扰信号分析的结果,自动选择受干扰最弱的雷达工作频率。

实践证明,频率捷变技术不仅可以提高雷达的抗干扰能力,而且还可以大大改善雷达的性能,因此在军用雷达中被广泛应用。

(一)频率捷变对雷达性能的影响

采用频率捷变技术的雷达称之为频率捷变雷达。它是一种相邻发射脉冲的载波频率在一定范围内快速变化的脉冲雷达,频率的捷变方式可以按一定的规律变化,亦可随机跃变。它对雷达性能的影响主要表现在以下几个方面。

1. 抗干扰性能

频率捷变雷达是利用其载波频率快速、大范围地随机跃变来抗敌方的有源干扰,它是一种频域抗干扰的措施,是利用有用信号和干扰信号在频谱上的差别来选择有用信号。

如果敌方的干扰机是窄带瞄准式干扰机(干扰信号的带宽略大于雷达接收机带宽),瞄准式干扰机的频率引导系统即使能够在极短的时间内测出频率捷变雷达发射的每个脉冲的瞬时频率并立刻将干扰机的频率引导上去,也只能在干扰机收到雷达脉冲以后进行干扰,只能干扰从干扰机与雷达之间的距离开始直到雷达最大作用距离为止的这一段距离间隔。因为到下一个脉冲时,雷达已经改变了其发射载频频率,这一新的频率在干扰机收到雷达脉冲之前是无法知道的,因而也就无从干扰。在触发脉冲开始直到干扰机距离为止的这一距离范围内是干扰机无法干扰的,大大降低了干扰效果。因此,频率捷变雷达完全可以对付窄带瞄准式干扰。

对于宽带阻塞式干扰,其干扰信号的频带非常宽(可以在几百兆赫兹到几吉赫兹),能够覆盖频率捷变雷达的频率捷变范围。从频域看,宽带阻塞式干扰机可以有效地对频率捷变雷达进行干扰。但是,干扰机的干扰功率被分散到很宽的频带上,干扰功率密度(单位频带内的干扰功率)降低很多。而且雷达接收机中放的带宽要比干扰频带小得多,干扰机实际在雷达接收机输出端形成的干扰信号功率比不一定很高,达不到应有的压制系数,降低了干扰效果。因此,宽带阻塞式干扰机能够干扰频率捷变雷达,但不一定能达到有效的干扰效果。宽带阻塞式干扰机要有效地干扰频率捷变雷达,必须增大干扰功率。这对于自卫用的干扰机来说,比较困难。

例如,假定目标机自带干扰机,且宽带阻塞干扰从雷达天线主瓣进入。根据干扰条件下的雷达方程可知,干扰带宽越宽,信干比越大。这就表明宽带阻塞干扰的干扰效果较差。由雷达自卫距离方程可知,雷达的自卫距离与干扰机雷达接收机带宽比值的平方根成正比。假定雷达固定载频工作且受到窄带瞄准式干扰时的自卫距离为 10km,如果雷达采用了频率捷变技术,迫使干扰机采用宽带阻塞干扰,在其他条件不变的情况下,若干扰带宽增加到 100 倍,则此时雷达的自卫距离将提高到 100km。

如果想保持同样的干扰效果,对窄带瞄准式干扰来说,在 X 频段使用 5MHz 带宽、20W 的干扰功率,其功率谱密度为 4W/MHz;而对宽带阻塞式干扰来说,假定频率捷变带宽为 500MHz,想要全频段干扰并达到 4W/MHz 的干扰功率谱密度,则干扰机的输出功率必须大于 2kW。实际上,机载干扰设备的输出功率提高是有很大限制的。

另外频率捷变雷达对于友邻雷达的同频异步干扰有很强的抗干扰能力。如果友邻雷达也为频率捷变雷达,两者相互干扰的概率更小。

2. 增大探测距离

在一般情况下,雷达的目标都是很复杂的不规则体。这种不规则体可以看作是由很多小散射体组成,雷达的回波是所有这些散射体所反射的电磁波的矢量和,即所接收的目标回波强度不仅和每一散射体所反射的电磁波的强度有关,而且也和它们的相位有关。这个相位显然是和目标的各个散射体相对于雷达的相对距离有关。当雷达发射的频率变化时,由传播路径差而引起的相位差也随之变化。因此,目标回波幅度或雷达散射面积随频率变化而变化。同样,目标回波幅度随着目标相对于雷达视角的变化而起伏。引起目标视角变化的因素有:目标几何位置的变化;由于大气端流等因素的影响,使目标在飞行过程中产生偏航、俯仰以及左右滚动。这些因素会使目标相对于雷达的视角有急剧而微小的变化。所有这些由目标运动而引起的视角变化,都会使雷达所接收到的目标回波随时间而起伏。

对于固定频率的雷达,目标回波幅度的起伏往往是慢起伏的。在虚警概率一定时,要达到同样的检测概率,检测幅度起伏的目标回波要比幅度不起伏的目标回波所需的信噪比大得多,这通常由起伏损失来衡量。在实际的雷达中,往往采用脉冲积累的方法提高信噪比。脉冲积累对于回波幅度慢起伏和快起伏的情况是不同的,回波幅度快起伏情况的脉冲积累效果相当于对目标回波幅度求平均值。在脉冲积累数相同时,快起伏目标回波脉冲积累后的信噪比比慢起伏目标回波积累后的信噪比高得多。例如,二进制检测器在达到90%的检测概率时,检测快起伏目标回波所需的信噪比要比检测慢起伏目标回波低6dB。

频率捷变对目标回波起伏的影响有两个方面:一是加快了目标回波起伏的速度,使其由慢起伏(天线扫掠之间不相关)变为快速起伏(脉冲间不相关);二是改变了回波幅度的概率分布,减小了小幅度回波的概率,从而提高了接收机输出端的信噪比,改善了雷达的检测性能,增大了探测距离。

3. 提高了测角精度

影响雷达测角精度的因素很多,在此仅分析目标回波信号起伏和目标角闪烁。

对于目标回波信号起伏引起的测角误差比较容易理解,因为目标回波信号起伏难于求出波束指向中心而造成测角误差。采用频率捷变后,可以使相邻回波幅度快起伏而完全不相关,减小了起伏的低频分量,而快起伏分量可由数据处理系统加以平滑,这样就可以提高雷达的测角精度。

目标角闪烁就是雷达观测到的目标视在散射中心的闪动,由于复杂目标是由很多散射体组成,每一反射体反射一部分回波,目标回波就是所有小回波的矢量和。由于目标位置的变化,从而使每一散射体相对于雷达的视角也变化,每一小回波的路程差也随之变化,其相应的相位也变化。这就使雷达接收到的合成回波的相位波前发生畸变,形成角噪声,产生测角误差。

目标的角噪声是由各散射体回波之间的相位干涉所引起的,不仅和目标的运动有关,而且也和雷达的射频频率有关。对固定载频的雷达来说,目标视在中心的变化为慢变化,角闪烁频谱正好落在伺服带宽之内,难以消除测角误差。捷变频雷达不同的发射频率,就会引起目标视在散射中心的改变。当雷达工作于频率捷变时,目标视在散射中心就将围绕真实的散射中心以极高的速度起伏。换句话说,跳频将使目标角噪声的频谱加宽。由于雷达的角跟踪伺服系统具有有限的带宽,它跟不上这么快的视在中心的起伏跳变,只能在一定的时间内取平均。因此,频率捷变雷达可以减小角噪声的影响,提高测角精度。

4. 抑制海浪杂波的干扰

海浪杂波干扰的主要特点是杂波干扰强度大、相关性强和有多普勒频移。海浪杂波的有效反射面积和雷达的照射面积成正比,由于海浪杂波的反射面积较大,对雷达探测目标起很大的限制作用。

海浪杂波可以看成是大量散射体的集合,其频率相关性和目标的频率相关性有所不同。频率捷变可以使相邻周期的海浪杂波去相关,而变为快速起伏,去相关后的海浪杂波的统计特性完全和噪声类似,采用普通的非相参积累就可以提高信杂比。当雷达工作于固定频率时,海浪杂波有相当长的相关时间,经过十几个脉冲积累后并不能改变海浪杂波的概率密度分布,因而也不能提高检测概率。当雷达工作于频率捷变时,海浪杂波基本上是脉冲不相关的,使其概率密度分布围绕在平均值附近,方差很小。积累相当于对一些统计分布独立的采样值相加,积累后的海浪杂波为一个更为恒定的平均值。这样就可以在保持虚警概率不变的条件下,降低门限,从而提高检测概率。

(二) 频率捷变技术

1. 全相参频率捷变

频率捷变可分为非相参频率捷变和全相参频率捷变。在现代雷达中多采用全相参体制,全相参频率捷变雷达框图如图6-8-12所示。

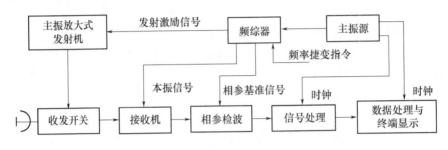

图6-8-12 全相参频率捷变雷达框图

由采取恒温、防震措施的晶体振荡器作为主振源,它产生高稳定度、高频谱纯度的基准信号,送至各个分机。在频综器中,由主振源提供的基准信号,首先经倍频器产生相参基准信号送至相参检波器,然后,再经过频率综合产生发射激励信号送至主振放大式发射机,产生本振信号送至接收机,二者之差正好等于雷达的中频。频率捷变在频综器中完成,这时,在频率捷变指令的作用下,根据变频指令实现相应的频率捷变。但不管频率如何捷变,经过频综器输出的发射激励信号频率与本振信号频率之差始终等于雷达中频。

2. 自适应频率捷变

现代雷达的一个重要特点是很多参数都可变,如雷达的工作频率、发射功率、脉冲宽度、脉冲重复频率、接收机带宽等。自适应雷达就是利用现代技术实时地对环境进行监测,并能自动地根据监测结果给出雷达最佳技术参数的雷达体制。通常,频率捷变雷达的工作频率是按某种预定的规律进行有规律或无规律地变化的,并没有考虑到实际的目标情况。实际上,在某种特定的目标环境中,雷达可能有一最佳的工作频率,雷达若以此最佳频率单频工作,雷达的探测性能反而比频率捷变时要好。因为,目标环境的千变万化使得最佳频率也是不确定的,而频率捷变雷达能提供改变雷达工作频率的可能性。所谓自适应频率捷变雷达,就是根据目标环境和干扰自动确定雷达最佳工作频率或频段的雷达。常见的自适应频率捷变雷达有干扰自适应频率捷变雷达和目标特性自适应频率捷变雷达。

1) 干扰频率自适应频率捷变技术

采用该技术的雷达可以根据干扰谱分析结果,找出干扰强度最弱的频段,然后控制雷达发射信号的载频跳变到干扰弱区所对应的频率点上去。这是目前公认的最有效的抗宽带阻塞干扰措施之一。由于种种原因,如干扰发射机的缺陷、干扰发射天线频响不均匀、电波传输路径效应、雷达天线频率特性等,将使干扰信号呈现不均匀频谱,即在某些频率点或区域上出现凹口区,而且这一凹口位置还是变化的。显然,从抗干扰的角度来说,把雷达的载频选在干扰最弱的区域可以提高雷达的自卫距离。

自适应频率捷变系统主要含有两部分:一部分控制雷达系统在下一脉冲重复周期工

作到新的指定频率上,这一部分功能只需给频率合成器提供频率代码即可;另一部分通过对雷达所处的电磁环境进行分析,然后根据给定的准则确定下一周期的工作频率。

干扰自适应频率捷变雷达的原理框图如图 6-8-13 所示。采用干扰频率自适应频率捷变技术的雷达系统包括宽频带干扰侦察接收机、干扰谱实时分析器和最佳频率代码产生器等部分,其中的关键功能模块为干扰频谱分析器。目前,干扰频谱分析器的具体构成形式有许多种,但就所采用的测频技术而言,可归为两大类。第一类是直接在频域进行的,叫做频域取样法,具体包括搜索法测频和信道化测频两种。搜索法测频是通过接收机的频扫,连续对频域进行取样,是一种顺序测频,其原理简单,设备紧凑,但测频速度相对较慢;而信道化测频设备复杂,测频速度快。第二类测频技术不是在频域上直接实现的,具体包括 FFT 和相关/卷积等。这类测频方法既能获得宽的瞬时频带,实现高截获频率,同时又能获得高的频率分辨力。第一类测频技术已在自适应频率捷变雷达中得到广泛应用,而第二类测频技术则在多普勒滤波处理,以及雷达侦察系统中得到成功应用。

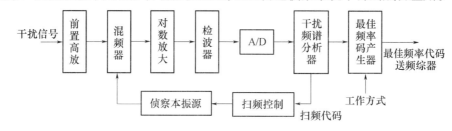

图 6-8-13　干扰自适应频率捷变雷达原理框图

2)目标特性自适应频率捷变技术

根据目标特性研究可知,目标的雷达截面积与工作频率有关,改变雷达的工作频率可获得最大的目标雷达截面积。显然,这一点对雷达的检测十分有利,但这一关系是时变的,即当目标视角变化时,对应最大目标雷达截面积的频率也不同。因此,必须根据目标特性实时地选定雷达最佳工作频率。具备这种功能的雷达称为目标特性自适应频率捷变雷达。

对天线作圆周扫描的搜索雷达来说,目标回波个数较少,没有足够的时间去寻找雷达最佳工作频率。此外,目标运动引起的视角变化和机内噪声等因素,会使目标特性自适应问题变得比较复杂。通常,采用设置门限 V_0,通过计算机程序判别来确定最佳工作频率的方法,如图 6-8-14 所示。图中,V_0 为设置的门限电平,黑点表示采用脉间随机频率捷变时的目标回波信号,圆圈表示采用固定频率时的目标回波信号。一旦某个目标回波信号幅度超过 V_0(图中第 8 个目标回波),则雷达以该频率工作,不再进行频率捷变。此时,如果连续出现的 N 个目标回波均超过门限电平 V_0,则表明该频率是最佳的,雷达就以此频率继续工作。如果不能满足上述条件,则雷达仍转为随机频率捷变工作,通过程序继续寻找。这里,V_0 和 N 可以通过实验来设定。

此外,扩展雷达工作频段、研制新频段的雷达也是频域对抗的重要手段之一。当前,雷达使用的频率范围主要包括 100MHz ~ 18GHz。在这个频带范围内,侦察干扰装备比较完善,对雷达威胁较大。如果秘密装备新频段的雷达,如毫米波雷达和更长的米频段雷达,将会给侦察干扰带来很多困难。

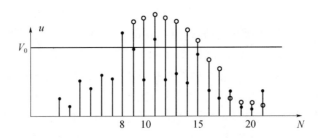

图 6 - 8 - 14 目标特性自适应最佳频率选择示意图

毫米波雷达(工作频率40GHz～200GHz)由于其被侦察距离近、被截获概率低、面分布或体分布杂波强度低(因为毫米波雷达波束窄,雷达分辨单位面积小)等优良的抗干扰性能以及其跟踪精度、分辨力和识别力高等优良的性能,受到普遍的重视,尤其是在精密跟踪雷达、导弹末制导雷达中有着广泛的应用前景。

七、常用抗干扰电路

在雷达中常使用的抗干扰电路多种多样,在此主要讨论宽—限—窄电路、抗距离门拖引电路、脉宽鉴别电路和抗异步脉冲干扰电路的基本原理和实现方法。

(一)宽—限—窄电路

噪声调频干扰的干扰频带非常宽,远大于雷达接收机带宽,而且干扰信号是等幅的,干扰功率较强,已成为当前广泛使用的一种压制性干扰方式。宽—限—窄电路就是在宽带中放后再与限幅器和窄带中放(与信号脉宽匹配)级联形成的电路,如图6－8－15所示。宽—限—窄电路是一种利用频域信号处理技术的抗干扰电路,主要用于抗噪声调频干扰和其他快速扫频干扰。图6－8－16所示为宽—限—窄电路各级波形示意图。

图 6 - 8 - 15 宽—限—窄电路组成框图

(二)抗距离波门拖引电路

抗距离波门拖引是一种抗距离欺骗干扰的技术。抗距离波门拖引(ARGPO)又称抗距离波门偷引(ARGS),有两种基本结构可以实现这种抗干扰性能。第一种是基于对真实回波的前沿跟踪;第二种是对前、后波门进行不同的加权,从而使距离跟踪回路失去平衡。

第一种结构如图6－8－17所示,接收机采用宽—限—窄电路或对数接收机。这样,接收机具有较低的输出动态特性,可避免欺骗信号过大引起对真实信号的压制,或避免干扰对AGC电路的过大调整。接收机输出信号送到一个微分电路中,该电路实际上消除了超过某一预置值的所有信号后面的部分。如果雷达的脉冲重复频率是随机的或其发射频率是捷变的,可免受距离门前拖干扰的影响,因此这里只考虑距离门后拖干扰的情况。当真实回波和欺骗信号未分开时,微分电路的输出为真实回波的前沿部分;而当真实回波和欺骗信号分开时,由于距离门仍然套在回波信号的前沿上,所以它不会被干扰信号拖走。

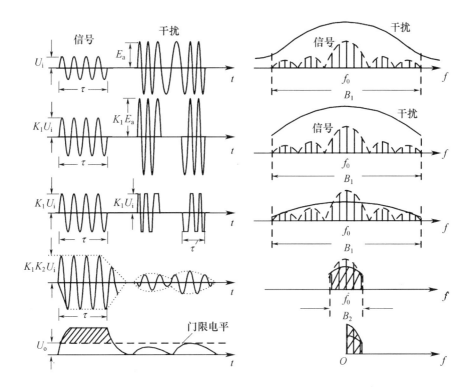

图 6 - 8 - 16   宽—限—窄电路抗噪声调频干扰波形示意图

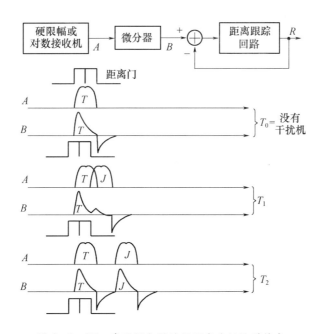

图 6 - 8 - 17   采用微分器的抗距离波门拖引技术

第二种结构如图 6 - 8 - 18 所示,接收机采用宽—限—窄电路接收机或对数接收机,以避免欺骗信号过大引起对真实信号的压制。前波门的加权值比后波门的大,这就造成距离门前移,此时根据波门中心测得的距离比实际距离近,但减小值是一个确定值,可以进行补偿。由于距离波门的前移,所以距离跟踪系统不受后拖欺骗干扰的影响。

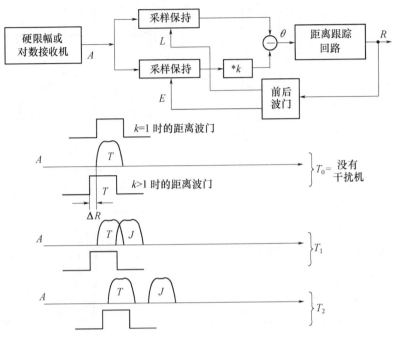

图 6-8-18 前后波门采用不同加权值的抗距离波门拖引技术

在两种结构中,跟踪回路的时间常数应适当设计,以确保波门速度不会显著改变。有时,在噪声干扰的情况下,雷达可以有意缩小跟踪回路的频带,这样就可在信号干扰比较小的情况下完成对目标距离的跟踪。

如果将频率捷变和抗距离波门拖引技术相结合,雷达将具有很强的抗距离欺骗干扰的能力。值得指出的是,对于速度欺骗干扰,可以采用类似的波门保护或多波门技术进行抗干扰。对于具有距离和速度跟踪支路的现代雷达可以采用双重跟踪处理技术对付距离或速度欺骗干扰。

(三) 脉宽鉴别电路和抗异步脉冲干扰电路

敌方施放的干扰信号和友邻雷达信号的参数与本雷达使用信号的参数总是有差别的,比如脉冲宽度和重复周期的差异。为此,采用脉宽鉴别器和抗异步脉冲干扰电路可以进行抗干扰。

1. 数字式脉宽鉴别电路

由于模拟式脉宽鉴别器的各种不稳定因素,它只能抑制和雷达发射脉冲宽度相比差异较大的宽/窄脉冲干扰。采用数字式脉宽鉴别器,则容易实现精确的脉宽鉴别,而且时钟频率越高,则精度也越高。

数字式脉宽鉴别器实际上是一个脉冲宽度读出装置。接收机输出的视频信号经限幅放大后,滤除接收机机内噪声,并使输出脉冲幅度一致,再经采样后送计数器。若计数器连续计数值等于雷达发射脉冲信号宽度,则计数器有输出,否则无输出。最后,经平滑滤波处理后,将与发射脉冲信号宽度相同的目标回波信号送显示器,而其他干扰脉冲被有效抑制。

2. 抗异步脉冲干扰电路

异步脉冲干扰指干扰脉冲重复周期与雷达发射重复周期不同的一种干扰信号。抗异步干扰就是利用这一差异来实现的。实现方法可以用模拟式,也可以用数字式。

1) 模拟式抗异步脉冲干扰电路

用跨周期重合电路,使目标回波信号积累,以获得最大的输出幅度。而异步脉冲干扰由于周期的差异不能同步积累,结果输出幅度较小。再通过门限选通电路,将异步脉冲干扰抑制掉,而提取出目标回波信号。为了不使强干扰脉冲通过门限选通电路,在处理之前先进行限幅。

跨周期重合积累抗异步脉冲干扰原理框图如图 6 – 8 – 19 所示。这里,关键是跨周期模拟延迟线。因为,延迟时间等于发射脉冲重复周期 T,时间较长,而且要求延时精度高,稳定性好,这用模拟延迟线实现相当困难,当前已很少采用,多采用数字式延时方法。

2) 数字式抗异步脉冲干扰电路

如上所述,用模拟延迟线实现长时间精确延时是困难的,而在数字系统中,用移位寄存器代替模拟延迟线就简单多了。图 6 – 8 – 20 给出数字式抗异步脉冲干扰原理框图。它是一种二进制检测器。它先将输入信号与门限电压 V_{T1} 相比较,若输入信号超过门限,则输出为"1",否则,输出为"0"。然后,经过数字积累器(加法器)、第二门限 V_{T2} 判别和 D/A 变换器,再把它变为模拟信号送给显示器。

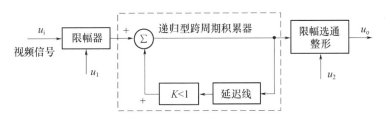

图 6 – 8 – 19　跨周期重合积累抗异步干扰原理框图

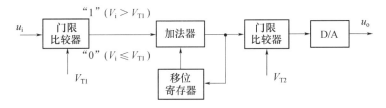

图 6 – 8 – 20　数字式抗异步脉冲干扰原理框图

对于目标回波信号来说,因为它的重复周期是确知的,可以用移位寄存器实现等周期精确延时,所以回波脉冲信号积累相加;而对异步脉冲干扰而言,则不能完全积累相加。显然,相加积累输出幅度较高,可以经第二门限判别输出,而异步脉冲干扰被抑制掉。

图 6 – 8 – 21 给出一种数字式视频相关抗异步脉冲干扰原理组成框图。当输入视频信号的重复周期与移位寄存器延迟时间相同时,经比较逻辑电路产生选通控制脉冲,再经选通电路将目标回波信号选出,送给显示器。对异步脉冲干扰来说,比较逻辑电路能产生选通控制脉冲。这时,选通电路关闭,结果异步脉冲干扰被抑制。

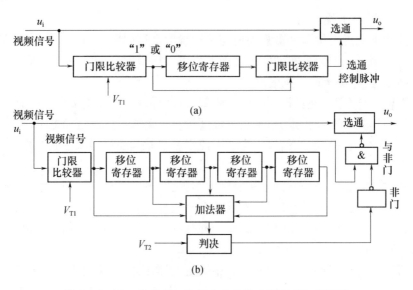

图 6-8-21 数字式相关抗异步脉冲干扰原理组成框图

由于存在噪声,输入门限电路的门限值不能选得太低,否则某些噪声峰值可能产生错误控制。但是 V_{T1} 也不能选得太高,否则会影响弱信号的检测。如图 6-8-22(b)的方法,为了消除错误控制,总希望将 V_{T1} 选高些,然后采用多次相关积累,提高弱信号的检测能力。由图可见,它与一次相关相比,多用了三个移位寄存器,若有连续五次超过第一门限 V_{T1},则加法器输出为 5,提高了弱信号的通过能力。第二门限 V_{T2} 按 3/5 准则判别,即在连续五个周期中,只要有三个超过门限,则判断为有目标回波,否则为噪声。这样就减少了错误控制的概率。

复习题与思考题

1. 雷达信号有哪几种表示法? 它们之间有什么联系?

2. 设某雷达中频频率 $f_1 = 6.25\text{MHz}$,带宽 $B = 1\text{MHz}$,试求下述问题:

(1) 按带通信号采样定理,具体求出采样频率的选取范围;

(2) 为同时得到 I、Q 两路正交信号,列出采样频率的可选取值。

3. 什么是相参处理? 相参处理有哪几种形式? 试阐述不同形式相参处理之间的区别。

4. 将信号 $s(t) = \mathrm{e}^{-a(t/\tau^2)}$ 和功率谱密度为 $N_0/2$ 的白噪声加到匹配滤波器。求证此滤波器的传输函数为 $H(f) = k\sqrt{\dfrac{\pi}{a}}\,\tau\mathrm{e}^{\frac{(2\pi f\tau)^2}{4a}}\,\mathrm{e}^{-\mathrm{j}2\pi ft_0}$

5. 已知相参均匀脉冲串的数学表达式为

$$u(t) = \frac{1}{\sqrt{N}}\sum_{n=0}^{N-1} u_1(t-nT), u_1(t) = \frac{1}{\sqrt{\tau}}, 0 \leqslant t \leqslant \tau$$

式中:T 为脉冲重复周期;N 为脉冲数;τ 为脉冲宽度,且 $T > 2\tau$。试导出其匹配滤波器的

338

传输函数,并画出可能实现的该匹配滤波器的组成框图。

6. 在色噪声背景下,匹配滤波器的最大输出信噪比是否与信号形式有关? 为什么?

7. 模糊函数的物理意义是什么? 为什么说信号处理是回波模糊函数的再现?

8. 简述奈曼—皮尔逊准则。

9. 简述雷达信号的似然比最佳检测原理。

10. 何谓大时宽带宽积信号? 信号的时宽、带宽主要决定雷达的什么指标? 现代雷达中采用大时宽带宽积信号的目的是什么?

11. 简述衡量脉冲压缩处理性能的三个指标,并定性比较线性调频信号和相位编码信号在这三个指标上的差别。

12. 有一线性调频雷达中频回波信号,中频频率 $f_1 = 35\mathrm{MHz}$,压缩前脉冲宽度 $\tau = 20\mu s$,压缩后脉冲宽度 $\tau_0 = 1\mu s$,目标回波多普勒频移 $f_d = 100\mathrm{kHz}$,试导出该信号压缩处理前后的时域、频域表达式。

13. 求线性调频高斯包络脉冲信号 $u(t) = \mathrm{e}^{-t^2}\mathrm{e}^{\mathrm{j}\pi k t^2}$ 的模糊函数,它与线性调频矩形包络脉冲信号的模糊函数有何不同?

14. 画出 11 位巴克码的自相关函数图,为什么二相巴克码一般不能直接用作搜索雷达的脉冲压缩信号的调制波形?

15. 试描述数字脉冲压缩处理的两种通用实现方法和数字波形产生的方法。

16. 试推导泰勒四相码的非周期自相关函数。

17. 讲述脉冲雷达运动目标回波的多普勒效应,以及多普勒信息的提取方法。

18. 什么是雷达杂波? 杂波对雷达工作有何影响? 地杂波、海杂波分别有什么特点?

19. 简述 MTI 雷达杂波对消处理的原理及性能改善方法。

20. 证明最大不模糊距离 R_{un} 与第一盲速 v_1 的乘积等于 $c\lambda/4$,其中 c 为传播速度,λ 为雷达波长。说明这种关系对避免盲速有何指导意义?

21. 怎样采用 RF 频率不同的 N 个恒定 PRF 雷达波形来避免盲速?

22. 一部 S 频段(3.1GHz)雷达采用四个不同 PRF 的参差波形,四个 PRF 分别是 1222Hz、1031Hz、1138Hz、1000Hz。试问,参差 PRF 波形的第一盲速是多少? 如果采用脉冲重复周期等于四个 PRF 周期均值的恒定 PRF 波形,第一盲速是多少?

23. 机载雷达动目标显示处理会遇到什么问题? 如何实现机载动目标显示?

24. 证明 DFT 多普勒滤波情况下的滤波器的幅频特性表达式。

25. 某 PD 雷达采用八点 DFT 作多普勒滤波,雷达的参数为 $f_0 = 2\mathrm{GHz}$,$T = 1.25\mathrm{ms}$。如果有一径向速度 $v_T = 40\mathrm{m/s}$ 的目标,试问其回波在哪个滤波器中有最大输出? 如果目标径向速度变成 41.25m/s,结论又如何?

26. 试分析主杂波谱与天线扫描角的关系。

27. 机载脉冲多普勒雷达具有哪些特点?

28. 分析 PD 雷达下视地杂波频谱的特点,以及不同运动速度目标的多普勒频谱与地杂波谱的关系。

29. 描述距离门 PD 雷达信号处理的工作过程。

30. 画出主杂波抑制滤波器的原理框图,讲述 PD 雷达主杂波抑制的实现方法。

31. 比较三种重频方式 PD 雷达的特点。

32. 为什么说恒虚警率处理的实质是自适应门限调整？衡量 CFAR 处理的性能指标是什么？

33. 同样服从瑞利分布的噪声环境 CFAR 与杂波环境 CFAR 的处理方法有何不同？为什么？

34. 对于瑞利分布背景(噪声或杂波)，其概率分布函数为

$$f_0(x) = \frac{x}{\sigma^2}\exp\left(-\frac{x^2}{\sigma^2}\right), x \geq 0$$

试证明在作归一化处理 $u = x/\sigma$ 后即可实现 CFAR。

35. 试画出单元平均选小 CFAR 处理的原理组成框图，并用波形图说明其与单元平均选大 CFAR 处理的不同点。

36. 某搜索脉冲雷达重复周期 $T = 3.2\text{ms}$，脉冲宽度为 $\tau = 2\mu\text{s}$，雷达作用距离 $R_{\max} = 450\text{km}$。试设计一噪声环境 CFAR 处理电路。

(1) 画出该电路的原理框图，并简要说明其工作原理；

(2) 若要求 $P_f = 4 \times 10^{-2}$，$\left|\dfrac{N_f}{N} - P_f\right| \leq 8 \times 10^{-3}$ 的概率大于 90%，求采样单元数 N；如果每个逆程的采样单元数 $N = 30$，求调整周期 T_a。

37. 非相参积累一般有哪几种方法？为什么多层加权积累具有较好的检测性能？

38. 画出用 RAM、EPROM 及移位寄存器构成的二分层滑窗检测器的原理框图，并描述其工作过程。

39. 滑窗检测与小滑窗检测的区别是什么？在回波数较多时，小滑窗检测器的检测性能为什么较差？有何改进方法？

40. 雷达信号处理在有了相参支路后，为什么还要设计正常处理支路？有哪些方法将这两条支路的输出结果合并？

41. 简述数字 T/R 组件的原理和特点。

42. 讲述数字多波束形成的工作原理。

43. 讲述合成孔径雷达成像的基本原理，及合成孔径数字信号处理过程。

44. 简述多普勒波束锐化的基本原理和信号处理方法。

45. 比较合成孔径、多普勒波束锐化和聚束式地图测绘之间的区别。

46. 简述雷达干扰的分类，以及各类干扰的干扰原理和特点。

47. 分析频率捷变雷达的性能特点。

第七章　航空雷达数据处理

雷达数据处理的基本任务是将雷达探测信息处理形成用户可以直接应用的情报信息。它的主要研究内容为雷达探测数据的形成、信息的挖掘处理、状态的控制、多种方式显示和按需分发等。本章主要围绕雷达目标数据的形成,介绍雷达目标参数测量原理和参数录取技术,重点讨论机载雷达单目标跟踪和边扫描边跟踪的原理与实现方法。

雷达数据处理是计算机在雷达中应用的一个方面,它对雷达控制的威力范围内的目标进行自动检测、目标位置与特征参数估值与录取、点迹和航迹处理、对下一时刻目标位置的预测,完成高速、大容量、精确稳定的目标跟踪,把处理的航迹数据和原始的目标回波以操作员易于理解和灵活操作的方式呈现给操作人员并直接上报指挥所或友邻部队,实现空中目标信息的探测、获取、处理、传输和显示的自动化。

雷达数据处理机利用数字计算机,对雷达接收机或信号处理机送来的目标回波由自动检测装置判决目标存在和由信息提取器录取目标有关参数后,进行航迹数据处理,以提供每个目标的位置、速度、机动情况和属性识别,其精度和可靠性比一次观测的雷达报告要高。

依据雷达种类、数目和要跟踪处理的目标数,可以将雷达数据处理分为三类:

(1)单传感器单目标跟踪(STT)。用单个传感器跟踪单个目标的运动是雷达数据处理最基本的应用,如单目标跟踪火控雷达,这种情况下,将处理集中在连续更新单个目标的状态,用预测值来调整传感器探测位置以跟踪目标运动,总是保持跟踪传感器的视线指向单个要跟踪的目标。由于假定每个检测都来自单个目标或虚警,不需要复杂的分配逻辑,从而大大简化了处理。单目标跟踪技术可以分距离跟踪、角度跟踪和速度跟踪。

(2)单传感器多目标跟踪(MTT)。随着目标数目的增加,需要把每次探测结果标识为一条已有航迹,或一条新航迹,或一个虚警,使得观测到目标的分配变得复杂。特别是当目标变得稠密,或目标交叉、分批或继续聚合一起时,分配处理将更为复杂。边扫描边跟踪(TWS)系统是多目标跟踪的一个特例,其波束在空间机械扫描,以大致固定的间隔录取目标位置的观测值;相控阵雷达数据处理系统是另一个例子,其天线波束在空间的扫描是电控的,具有灵活性和快速性,对不同的目标其点迹的录取率可以不同,也可以灵活地改变。

(3)多传感器多目标跟踪(MMTT)。该类型是最为复杂的数据处理,多个传感器具有不同的目标视角、几何测量方法、精度、分辨力和视野。尽管通过考虑空间以外的参数,使不同传感器观测中的属性数据可以辅助处理,但是这些传感器中任何不同的特性,仍然会使测量的分配问题进一步复杂化。组网雷达的数据处理和多传感器数据融合是对付现代雷达"四大威胁"的有效手段之一,可以获得更好的性能。

第一节　雷达目标参数测量与录取

随着雷达技术的发展,雷达的任务不仅是测量目标的距离、方位角和俯仰角,而且还包括测量目标的速度,以及从目标回波中获取更多有关目标的信息。目标的检测意味着发现目标,这时一般不考虑其在空间的位置和其他属性。根据检测结果,对目标的有关参数进行估计,把估计数据按一定格式送数据处理计算机建立其航迹的过程称为雷达信息的录取(也有称参数录取、数据录取或点迹录取)。

雷达探测到目标之后,最基本的目的就是要从目标回波中提取目标的有关信息,即测量目标参数。不同用途的雷达对测量目标参数的要求也不同。目标参数包括距离、方位角、俯仰角(高度)等位置参数;目标位置的变化率可由其距离和角度随时间变化的规律中得到,并由此建立对目标的跟踪;雷达测量如果能在一维或多维上有足够的分辨力,则可得到目标尺寸和形状信息;采用不同极化方式,可测量目标形状的对称性。原理上,雷达还可测定目标的表面粗糙度及介电特性等。

一、目标距离的测量

测量目标的距离是雷达的基本任务之一。电磁波在均匀介质中以固定的速度直线传播(在自由空间传播速度约等于光速 $c = 3 \times 10^5 \mathrm{km/s}$),则目标至雷达站的距离(即斜距)$R$ 可以通过测量电波往返一次所需的时间 t_R 得到,即

$$t_R = \frac{2R}{c}, \text{或} R = \frac{1}{2}ct_R \qquad (7-1-1)$$

而时间 t_R 也就是回波相对于发射信号的延迟,因此,目标距离测量就是要精确测定延迟时间 t_R。根据雷达发射信号的不同,测定延迟时间通常可以采用脉冲法、频率法和相位法。下面主要讨论脉冲法测距。

(一)脉冲法测距

1. 基本原理

在脉冲雷达中,回波信号是滞后于发射脉冲 t_R 的回波脉冲,如图 7-1-1 所示。

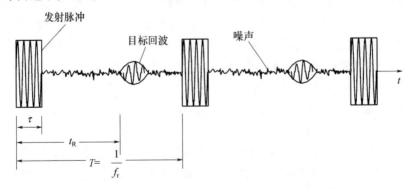

图 7-1-1　脉冲雷达测距原理示意图

由于电磁波的传播速度很快,回波信号的延迟时间通常是很短促的,雷达技术常用的

时间单位为微秒(μs),将光速$c = 3 \times 10^5 \text{km/s}$的值代入式(7-1-1)后得到

$$R = 0.15t_R \qquad\qquad (7-1-2)$$

测得的距离R,其单位为 km。

测量微秒量级的时间需要采用快速计时的方法。早期雷达均用显示器作为终端,在显示器画面上根据扫掠量程和回波位置直接测读延迟时间。现代雷达常常采用电子设备自动地测读回波到达的迟延时间。

有两种定义回波到达时间t_R的方法,一种是以目标回波脉冲的前沿作为它的到达时刻;另一种是以回波脉冲的中心(或最大值)作为它的到达时刻。对于通常碰到的点目标来讲,两种定义所得的距离数据只相差一个固定值(约为$\tau/2$),可以通过距离校零予以消除。如果要测定目标回波的前沿,由于实际的回波信号不是矩形脉冲而近似为钟形,此时可将回波信号与一比较电平相比较,把回波信号穿越比较电平的时刻作为其前沿。用电压比较器是不难实现上述要求的。用脉冲前沿作为到达时刻的缺点是容易受回波大小及噪声的影响,比较电平不稳也会引起误差。

在自动距离跟踪系统中,通常采用回波脉冲中心作为到达时刻。图7-1-2为采用这种方法的一个原理框图,来自接收机的视频回波与门限电平在比较器里作比较,输出宽度为τ的矩形脉冲,该脉冲作为和(Σ)支路的输出;另一路由微分电路和过零点检测器组成,当微分器的输出经过零值时便产生一个窄脉冲,该脉冲出现的时刻正好是回波视频脉冲的最大值,通常也是回波脉冲的中心。这一支路如框图上所标的差(Δ)支路。和支路脉冲加到过零点检测器上,选择出回波峰值所对应的窄脉冲而防止由于距离副瓣和噪声所引起的过零脉冲输出。

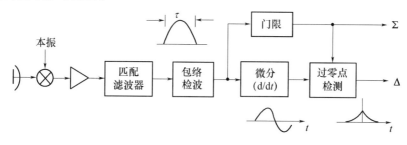

图 7-1-2 回波脉冲中心估计

对应回波中心的窄脉冲相对于等效发射脉冲的延迟时间,即为对应目标的距离。该延迟时间可以用高速计数器测得,并可转换成距离数据输出。

2. 数字式距离自动测量

现代雷达主要采用数字式自动测距,使用计数器计数的方法来自动测量回波的延迟时间,图7-1-3所示为数字式测距的原理框图及波形图。

距离计数器在雷达发射高频脉冲的同时开始对计数脉冲计数,即雷达发射信号时,启动脉冲使触发器置"1",来自计数脉冲产生器的计数脉冲经与门进入距离计数器,计数开始。经过时延t_R,目标回波脉冲到达时,触发器被置"0",与门封闭,计数器停止计数并保留所计数码。在需要读取目标距离数码时,将读数控制信号加到控制门而读出距离数据。只要记录了在此期间计数脉冲的数目n,根据计数脉冲的重复周期T_p,就可以计算出回波

343

脉冲相对于发射脉冲的延迟时间,即 $t_R = nT_p$。

T_p 为已知值,测量 t_R 实际上变成读出距离计数器的数码值 n。为了减小测读误差,通常计数脉冲产生器和雷达定时器触发脉冲在时间上是同步的。目标距离 R 与计数器读数 n 之间的关系为

$$R = \frac{1}{2}cnT_p \qquad\qquad (7-1-3)$$

如果需要读出多个目标的距离,则控制触发器置"0"的脉冲应在相应的最大作用距离以后产生,各个目标距离数据的读出依靠回波不同的延迟时间去控制读出门,读出的距离数据分别送到相应的距离寄存器中。

可见,在数字式测距中,对目标距离 R 的测定转换为测量脉冲数 n,从而把时间 t_R 这个连续量变成了离散的脉冲数。从提高测距精度,减小量化误差的观点来看,计数脉冲频率越高越好,这就需要采用高速的数字集成电路,计数器的级数应相应增加。有时也可以采用游标计数法、插值延迟线法等减小量化误差的方法。

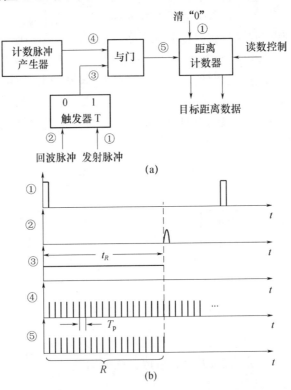

图 7-1-3 数字式测距的原理框图及波形图

(二) 测距精度

1. 影响测距精度的因素

雷达在测量目标距离时,不可避免地会产生误差,它从数量上说明了测距精度,是雷达的主要参数之一。

由测距公式可以看出影响测量精度的因素。对式(7-1-1)求全微分,得到

344

$$dR = \frac{\partial R}{\partial c}dc + \frac{\partial R}{\partial t_R}dt_R = \frac{R}{c}dc + \frac{c}{2}dt_R \qquad (7-1-4)$$

用增量代替微分,可得到测距误差为

$$\Delta R = \frac{R}{c}\Delta c + \frac{c}{2}\Delta t_R \qquad (7-1-5)$$

由式(7-1-5)可看出,测距误差由电波传播速度 c 的变化 Δc 以及测时误差 Δt_R 两部分组成。

误差按其性质可分为系统误差和随机误差两类,系统误差是指在测距时,系统各部分对信号的固定延时所造成的误差,系统误差以多次测量的平均值与被测距离真实值之差来表示。从理论上讲,系统误差在校准雷达时可以补偿掉,但实际工作中很难完善地补偿,因此在雷达的技术参数中,常给出允许的系统误差范围。

随机误差是指因某种偶然因素引起的测距误差,所以又称偶然误差。凡属设备本身工作不稳定性造成的随机误差称为设备误差,如接收时间滞后的不稳定性、各部分回路参数偶然变化、晶体振荡器频率不稳定以及读数误差等。凡属系统以外的各种偶然因素引起的误差称为外界误差,如电波传播速度的偶然变化、电波在大气中传播时产生折射以及目标反射中心的随机变化等。

随机误差一般不能补偿掉,因为它在多次测量中所得的距离值不是固定的而是随机的。因此,随机误差是衡量测距精度的主要指标。

1)电波传播速度变化产生的误差

如果大气是均匀的,则电磁波在大气中的传播是等速直线运动,此时测距公式(7-1-1)中的 c 值可认为是常数。但实际上大气层的分布是不均匀的且其参数随时间、地点而变化。大气密度、湿度、温度等参数的随机变化,导致大气传播介质的导磁系数和介电常数也发生相应的改变,因而电波传播速度 c 不是常量而是一个随机变量。由式(7-1-5)可知,由于电波传播速度的随机误差而引起的相对测距误差为

$$\frac{\Delta R}{R} = \frac{\Delta c}{c} \qquad (7-1-6)$$

随着距离 R 的增大,由电波速度的随机变化所引起的测距误差 ΔR 也增大。在昼夜间大气中温度、气压及湿度的起伏变化所引起的传播速度变化为 $\Delta c/c \approx 10^{-5}$,若用平均值 $\bar{c}$ 作为测距计算的标准常数,则所得测距精度亦为同样量级,例如 $R=60km$ 时,$\Delta R = 60 \times 10^3 \times 10^{-5} = 0.6m$ 的数量级,对常规雷达来讲可以忽略。

电波在大气中的平均传播速度和光速亦稍有差别,且随工作波长 λ 而异,因而在测距公式(7-1-1)中的 c 值亦应根据实际情况校准,否则会引起系统误差,表7-1-1列出了几组实测的电波传播速度值。

表7-1-1 在不同条件下的电磁波传播速度

传 播 条 件	$c/(km/s)$	备 注
真空	299 776 ±4	根据1941年测得的资料
利用红外频段在大气中的传播	299 773 ±10	根据1942年测得的资料

传播条件	$c/(km/s)$	备 注
$\lambda = 10cm$ 的电磁波在地面—飞机间传播，当飞机高度为	$299\ 792.4562 \pm 0.001$	根据 1972 年测得的资料
$H_1 = 3.3km$	$299\ 713$	皆为平均值,根据脉冲导航系统测得的资料
$H_2 = 6.5km$	$299\ 733$	
$H_3 = 9.8km$	$299\ 750$	

2）因大气折射引起的误差

当电波在大气中传播时,由于大气介质分布不均匀将造成电波折射,因此电波传播的路径不再是直线而是走过一个弯曲的轨迹。在正折射时电波传播途径为一向下弯曲的弧线。

由图 7 - 1 - 4 可看出,虽然目标的真实距离是 R_0,但因电波传播不是直线而是弯曲弧线,这就产生一个测距误差(同时还有测仰角的误差 $\Delta\beta$),即

$$\Delta R = R - R_0 \qquad\qquad (7 - 1 - 7)$$

ΔR 的大小和大气层对电波的折射率有直接关系。如果知道了折射率和高度的关系,就可以计算出不同高度和距离的目标由于大气折射所产生的距离误差,从而给测量值以必要的修正。当目标距离越远、高度越高时,由折射所引起的测距误差 ΔR 也越大。例如,在一般大气条件下,当目标距离为 $100km$,仰角为 $0.1rad$ 时,距离误差为 $16m$ 的量级。

上述两种误差,都是由雷达外部因素造成的,故称为外界误差。无论采用什么测距方法都无法避免这些误差,只能根据具体情况,作一些可能的校准。

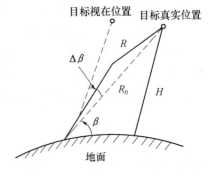

图 7 - 1 - 4 大气中电波的折射

3）测读方法误差

测距所用具体方法不同,其测距误差亦有差别。早期的脉冲雷达直接从显示器上测量目标距离,这时显示器荧光屏亮点的直径大小、所用机械或电刻度的精度、人工测读时的惯性等都将引起测距误差。当采用电子自动测距的方法时,如果测读回波脉冲中心,则回波中心的估计误差(正比于脉宽 τ 而反比于信噪比)以及计数器的量化误差等均将造成测距误差。

自动测距时的测量误差与测距系统的结构、系统传递函数、目标特性(包括其动态特性和回波起伏特性)、干扰(噪声)的强度等因素均有关系。

测距的实际精度和许多外部因素及设备的因素有关,混杂在回波信号中的噪声干扰(通常是加性噪声)则是限制测量精度的基本因素。由噪声引起的测量误差通常标为测量的理论精度或极限精度。下面讨论测距精度的理论极限值。测量距离就是对目标回波出现的时延做出估值,用最大似然法可获得参量的最佳估值。

2. 测距的理论精度(极限精度)

目标的信息包含在雷达回波信号中,在理想模型时,目标相对于雷达的距离表现在回

波相对于发射信号的时延。通常回波中混杂的噪声 $n(t)$ 为限带高斯白噪声。由于混杂的噪声将对信号的波形和参数产生随机影响,此时对测量信号时延也会产生相应的随机性误差。这样从回波信号中提取目标信息就变为一个统计参量估值问题,即观测接收机输入的一个具体实现后,应当怎样对它进行处理才能对参量做出尽可能精确的估计。这就是估值理论的任务,它解决了如何处理观测波形才是最佳以及在最佳处理时可能达到的理论精度。

参量估值的方法很多,如贝叶斯估值、最大后验、最大似然、最小均方差等。在雷达中实现最佳估值的途径常用最大似然法估值。最大似然估值在测量次数较多或测量信噪比较大时,具有无偏性和有效性,即估值的统计平均值为 0、均方误差最小。

当混杂噪声为限带高斯白噪声时,理论分析证明,回波时延的估值方差为

$$\sigma_{t_R}^2 = \frac{1}{8\pi^2 (E/N_0) B_e^2} \qquad (7-1-8)$$

式中:E 为信号能量;N_0 为噪声功率谱密度;B_e 为信号的均方根带宽。

均方根带宽与半功率带宽和噪声带宽不同,它是均值的二阶矩,频谱能量越在频段的两端,B_e 越大,时延测量精度越高,有

$$B_e^2 = \int_{-\infty}^{\infty} (f - \bar{f})^2 |S(f)|^2 \mathrm{d}f \qquad (7-1-9)$$

式中:$S(f)$ 为中心频率为 0 的视频回波频谱(包含正、负频率分量);$\bar{f} = \int_{-\infty}^{\infty} f |S(f)|^2 \mathrm{d}f$,通常满足 $\bar{f} = 0$。

若令信号有效带宽 $\beta = 2\pi B_e$,则

$$\sigma_{t_R}^2 = \frac{1}{(2E/N_0)\beta^2} \qquad (7-1-10)$$

时延测量的均方根误差满足

$$\sigma_{t_R} = \frac{1}{\beta \sqrt{2E/N_0}} \qquad (7-1-11)$$

式(7-1-11)表明,时延估值均方根误差反比于信号噪声比及信号的均方根带宽。从式(7-1-9)可得到以下结论:在保持相同信噪比的条件下,信号频谱 $S(f)$ 的能量越朝两端会聚,即其有效带宽 β 越大,则时延(距离)的测量精度就越高。

(三)距离分辨力和测距范围

距离分辨力是指同一方向上两个大小相等点目标之间最小可区分距离。对于简单的恒载频矩形脉冲信号,分辨力主要取决于回波的脉冲宽度 τ,脉冲宽度越窄,距离分辨力越好。对于复杂的脉冲压缩信号,决定距离分辨力的是雷达信号的有效带宽 B,有效带宽越宽,距离分辨力越好。距离分辨力可表示为

$$\Delta r_c = \frac{c}{2} \cdot \frac{1}{B} \qquad (7-1-12)$$

测距范围包括最小可测距离和最大单值测距范围。所谓最小可测距离,是指雷达能测量的最近目标的距离。脉冲雷达收发共用天线,在发射脉冲宽度 τ 时间内,接收机和天

线馈线系统间是"断开"的,不能正常接收目标回波,发射脉冲过去后天线收发开关恢复到接收状态,也需要一段时间 t_0,在这段时间内,由于不能正常接收回波信号,雷达是很难进行测距的。因此,雷达的最小可测距离为

$$R_{\min} = \frac{1}{2}c(\tau + t_0) \qquad (7-1-13)$$

雷达的最大单值测距范围由其脉冲重复周期 T 决定。为保证单值测距,通常应选取

$$T \geqslant 2R_{\max}/c \qquad (7-1-14)$$

式中: $R_{\max}$ 为被测目标的最大作用距离。

(四) 测距模糊与解距离模糊

1. 测距模糊

有时雷达重复频率的选择不能满足单值测距的要求,如脉冲多普勒雷达或远程雷达,雷达的脉冲重复周期小于需要测量的目标回波的延迟时间,那么回波脉冲将在发射它的那个周期里回不来,而要在若干个周期后才能回来。这样,以回波到达的那个周期的发射脉冲为起点测得的目标回波延迟时间,就不能直接用于计算目标的真实距离。由这个延迟时间计算的距离是模糊距离,并称这种脉冲重复频率信号对需要测量的目标存在距离模糊。

如图 7-1-5 所示,在有测距模糊的情况下,目标回波对应的真实距离可表示为

$$R = \frac{1}{2}c(mT + t_R) \qquad (7-1-15)$$

式中: t_R 为测得的回波信号与发射脉冲间的时延; m 称为模糊数或模糊值。

为了得到目标的真实距离 R,必须判明式(7-1-15)中的模糊值 m。

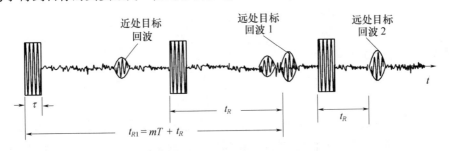

图 7-1-5　测距模糊示意图

2. 解距离模糊

对于高、中脉冲重复频率的 PD 雷达,要测量目标的真实距离,必须解距离模糊。解距离模糊就是判断式(7-1-15)中的模糊数 m。可以用几种方法来判测距模糊值 m,这里主要讨论多重脉冲重复频率法解模糊。

先讨论用双重高重复频率解距离模糊的原理。

设两个脉冲重复频率分别为 f_{r1} 和 f_{r2},它们都不能满足不模糊测距的要求。f_{r1} 和 f_{r2} 具有公约频率 f_r,即

$$f_r = \frac{f_{r1}}{N} = \frac{f_{r2}}{N+a} \qquad (7-1-16)$$

式中：N 和 a 为正整数，常选 $a = 1$，使 N 和 $N + a$ 为互质数；f_r 的选择应保证不模糊测距。

雷达以 f_{r1} 和 f_{r2} 的重复频率交替发射脉冲信号。通过记忆重合装置，将不同 f_r 的发射信号进行重合，重合后的输出是重复频率为 f_r 的脉冲串。同样也可得到重合后的接收脉冲串，二者之间的时延代表目标的真实距离，如图 7-1-6 所示。

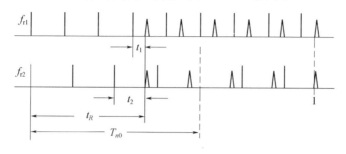

图 7-1-6　用双重高重复频率解距离模糊

由图 7-1-6 可以看出，目标的真实时延为

$$t_R = t_1 + \frac{n_1}{f_{r1}} = t_2 + \frac{n_2}{f_{r2}} \qquad (7-1-17)$$

式中：n_1、n_2 分别为用 f_{r1} 和 f_{r2} 测距时的模糊数。

当 $a = 1$ 时，n_1 和 n_2 的关系可能有两种，即 $n_1 = n_2$ 或 $n_1 = n_2 + 1$，此时可算得

$$t_R = \frac{t_1 f_{r1} - t_2 f_{r2}}{f_{r1} - f_{r2}} \quad \text{或} \quad t_R = \frac{t_1 f_{r1} - t_2 f_{r2} + 1}{f_{r1} - f_{r2}} \qquad (7-1-18)$$

如果按前式算出 t_R 为负值，则应采用后式。

如果采用多个高脉冲重复频率测距，就能给出更大的不模糊距离，同时也可兼顾跳开发射脉冲遮蚀的灵活性。20 世纪 70 年代，在 Skolnik M. I. 主编的《雷达手册》中，最早提出了在 PD 雷达中应用"中国余数定理"来解模糊。至今，解模糊的算法虽然很多变化，但基本原理仍然是中国余数定理。下面以采用三种高重复频率为例来说明多脉冲重复频率解模糊的基本原理。

取三种重复频率分别为 f_{r1}、f_{r2} 和 f_{r3}，应用中国余数定理解距离模糊的目标真实距离为

$$R_c \equiv (A_1 C_1 + A_2 C_2 + A_3 C_3) \quad \mathrm{mod}(m_1 m_2 m_3) \qquad (7-1-19)$$

式中：R_c 为括号内各项之被 $m_1 m_2 m_3$ 整除后的余数，$1 \leq R_c \leq m_1 m_2 m_3$；$A_1$、$A_2$、$A_3$ 分别为用三种重复频率测量时得到的模糊距离；m_1、m_2、m_3 分别为三个重复频率对应的重复周期 T_1、T_2、T_3 的距离量化数（距离门数）。

余数定理的条件是：m_1、m_2、m_3 是互质的正整数。式（7-1-19）中，常数 C_1、C_2、C_3 的关系为

$$C_1 = b_1 m_2 m_3 \equiv 1 \quad \mathrm{mod}(m_1)$$
$$C_2 = b_2 m_1 m_3 \equiv 1 \quad \mathrm{mod}(m_2) \qquad (7-1-20)$$
$$C_3 = b_3 m_1 m_2 \equiv 1 \quad \mathrm{mod}(m_3)$$

式中：b_1 为一个最小的正整数，它与 $m_2 m_3$ 相乘后再被 m_1 除，所得余数为 1；b_2、b_3 的含义与此类似。

当 m_1、m_2、m_3 选定后,便可以确定 C 值,并利用探测到的模糊距离直接计算真实距离 R_c。

例如,取 $f_{r1}:f_{r2}:f_{r3}=7:8:9$,设 $m_1=7$, $m_2=8$, $m_3=9$;$A_1=3$, $A_2=5$, $A_3=7$;则 $m_1m_2m_3=504$,

$$b_1=4,4\times8\times9=288\ \mathrm{mod7}\equiv1,C_1=288$$
$$b_2=7,7\times7\times9=441\ \mathrm{mod8}\equiv1,C_2=441$$
$$b_3=5,5\times7\times8=280\ \mathrm{mod9}\equiv1,C_3=280$$

按式(7-1-19),有

$$A_1C_1+A_2C_2+A_3C_3=5029$$
$$R_c\equiv5029\ \mathrm{mod}(504)=493$$

即目标真实距离(或称不模糊距离)的单元数为 $R_c=493$,不模糊距离为

$$R=R_c\frac{c\tau}{2}=\frac{493}{2}c\tau$$

式中:τ 为距离分辨单元(距离门)所对应的时宽。

由于噪声、杂波和干扰的存在,以及目标在距离门上的跨越,实际测量得到的模糊距离是有误差的,直接应用中国余数定理解出的距离可能有比较大的误差。因此在实际机载雷达中一般采用许多改进的方法。

(五)脉冲调频测距

为了判别脉冲测距法由于重复频率高而产生的测距模糊,也可以对周期发射的脉冲信号加上某些可识别的"标志",调频脉冲串是一种可用的方法。

脉冲调频时的发射信号频率如图7-1-7(a)中细实线所示,共分为 A、B、C 三段,分别采用正斜率调频、负斜率调频和发射恒定频率。由于调频周期 T 远大于雷达重复周期 T_r,故在每一个调频段中均包含多个脉冲,如图7-1-7(b)所示。回波信号频率变化的规律也在同一图上标出以便比较。虚线所示为回波信号无多普勒频移时的频率变化,它相对于发射信号有一个固定延迟 t_d,即将发射信号的调频曲线向右平移 t_d 即可。当回波信号还有多普勒频移时,其回波频率如图7-1-7(a)中粗实线所示(图中多普勒频移 f_d 为正值),即将虚线向上平移 f_d 得到。

接收机混频器中加上连续振荡的发射信号和回波脉冲串,故在混频器输出端可得到收发信号的差频信号。设发射信号的调频斜率为 μ,如图7-1-7(a)所示,$\mu=F/T$,而 A、B、C 各段收发信号间的差频分别为

$$F_A=f_d-\mu t_d=\frac{2v_r}{\lambda}-\mu\frac{2R}{c}$$

$$F_B=f_d+\mu t_d=\frac{2v_r}{\lambda}+\mu\frac{2R}{c}$$

$$F_C=f_d=\frac{2v_r}{\lambda}$$

由上面公式可得

$$F_B-F_A=4\mu\frac{R}{c}$$

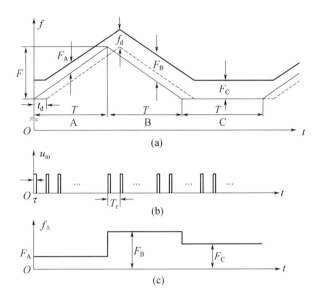

图 7 - 1 - 7　脉冲调频测距原理

（a）信号频率调制规律；（b）雷达脉冲；（c）混频器输出差频。

即

$$R = \frac{F_B - F_A}{4\mu}c \qquad (7-1-21)$$

$$v_r = \frac{\lambda Fc}{2} \qquad (7-1-22)$$

当发射信号的频率经过了 A、B、C 变化的全过程后，每一个目标的回波将是 3 串不同中心频率的脉冲。经过接收机混频后可分别得到差频 F_A、F_B、F_C，然后按式（7-1-21）和式（7-1-22）即可求得目标的距离 R 和径向速度 v_r。

在用脉冲调频法测距时，可以选择较大的调频周期 T，以保证测距的单值性。这种测距方法的缺点是测距精度较差，因为发射信号的调频线性不容易做好，而频率测量也不容易做准确。

二、目标速度的测量

有些雷达除了确定目标的位置外，还需要测定运动目标的相对速度，例如测量飞机或导弹飞行时的速度。

（一）雷达测速原理

根据多普勒效应，当目标与雷达之间存在相对运动时，雷达接收到的回波信号的载频相对于发射信号的载频产生一个多普勒频移 f_d，其值为 $f_d = 2v_r/\lambda$。其中，v_r 为雷达与目标之间的径向速度，λ 为雷达载波波长。因此，只要雷达能够测量出回波信号的多普勒频移，就可以确定目标与雷达之间的相对径向速度。

在第六章讨论 MTI 和 PD 雷达信号处理中已说明，通过窄带滤波器组可以提取动目标的多普勒信息。由于大多数脉冲雷达中的多普勒频移是高度模糊的，所以降低了其直接测量径向速度的可用性。多普勒频移除了用做测速外,更广泛地是应用于动目标显示、脉冲多普勒雷达中,以区分运动目标回波和杂波,从而实现杂波的抑制。

径向速度也可以用距离的变化率来求得,这种方法精度不高,但不会产生模糊。无论是用距离变化率,还是用多普勒频移来测量速度,都需要时间。观察时间越长,则速度测量精度越高。

(二) 测速(测频)精度

雷达测速的精度取决于雷达测量多普勒频移的精度,根据式 $f_d = 2v_r/\lambda$,测速均方根误差可表示为

$$\sigma_v = \frac{\lambda}{2}\sigma_f \qquad (7-1-23)$$

式中:σ_f 为雷达测频的均方根误差。有研究证明,多普勒测频的均方根误差为

$$\sigma_f = \frac{1}{\alpha\sqrt{2E/N_0}} \qquad (7-1-24)$$

其中,α 由下式得出:

$$\alpha^2 = \frac{1}{E}\int_{-\infty}^{\infty}(2\pi t)^2 s^2(t)\,\mathrm{d}t \qquad (7-1-25)$$

式中:$s(t)$ 为作为时间函数的输入信号;E 为信号的能量;参数 α 称为信号的有效持续时间。

注意到 σ_f 同参数 α 的关系表达式,与测距中 σ_{t_R} 同参数 β 的表达式之间是完全相似的。

关于测频精度可以得出以下结论:在保持相同信噪比的条件下,信号 $s(t)$ 在时间上能量越朝两端会聚,即其有效持续时间越长,频率(速度)的测量精度就越高。

容易证明,对于脉宽为 τ 的理想矩形脉冲,有 $\alpha^2 = \pi^2\tau^2/3$,因此

$$\sigma_f = \frac{\sqrt{3}}{\pi\tau\sqrt{2E/N_0}} \qquad (7-1-26)$$

式(7-1-26)表明,理想矩形脉冲持续时间 τ 越长,其测频(测速)精度就越高。

(三) 雷达"测不准"原理

根据式(7-1-9)和式(7-1-25)中对 β 和 α 的定义,并利用 Schwartz 不等式,可以证明有以下不等式成立,即

$$\beta\alpha \geqslant \pi \qquad (7-1-27)$$

式(7-1-27)是时间信号同其频谱之间满足傅里叶变换关系的必然结果。它表明,雷达信号频谱越宽,信号的持续时间就越短;反之亦然。所以,时间波形和它的频谱不可能同时为任意小或任意大。

在量子物理学中,有一个定理称做 Heisenberg 测不准原理,该定理指出:一个物体(如粒子)的位置和速度不可能同时被精确测量。式(7-1-27)有时也称为"雷达测不准原理",但是,其意义同 Heisenberg 测不准原理正好相反。根据式(7-1-11)和式(7-1-26),有

$$\sigma_{t_R}\sigma_f = \frac{1}{\beta\alpha(2E/N_0)} \qquad (7-1-28)$$

将不等式(7-1-27)代入式(7-1-28)得到

$$\sigma_{t_R}\sigma_f \leqslant \frac{1}{\pi(2E/N_0)} \qquad (7-1-29)$$

式(7-1-29)指出:当信噪比一定时,理论上可以通过选取 $\beta\alpha$ 值尽可能大的信号,以达到对时延和频率测量的任意高的测量精度。$\beta\alpha$ 大的信号同时具有长的持续时间和大的等效带宽。

一些简单的雷达脉冲信号,其 $\beta\alpha$ 值大多在 $(1\sim1.5)\pi$(矩形脉冲为 π,上升沿为脉宽 $1/2$ 的梯形脉冲为 1.4π)。所以,若要获得大 $\beta\alpha$ 值的信号,一般需要在单个脉冲内进行频率(相位)调制,以使其等效带宽远远大于脉冲持续时间的倒数,而这正是脉冲压缩波形所能达到的。

如果把式(7-1-29)表示成雷达测距和测速误差,则有

$$\sigma_R\sigma_v \leqslant \frac{c\lambda}{4\pi(2E/N_0)} \qquad (7-1-30)$$

式中:λ 为雷达波长;c 为雷达波传播速度。

式(7-1-30)表明:在同样信噪比条件下,雷达波长越短,可以同时达到的测距和测速精度越高。

根据式(7-1-30),在雷达同时测距和测速中,没有任何理论上的"测不准"问题,所以不要同量子物理中的"测不准"原理相混淆。在量子力学中,观测者不能对波形作任何控制。相反,雷达工程师可以通过选择信号的 $\beta\alpha$ 值、信号的能量以及在某种程度上控制噪声电平等来改善测量精度。雷达传统上的精度限制其实不是理论上的必然,而是由于受到实际系统复杂性、系统成本或现阶段的制造工艺水平等的限制。

(四) 测速模糊

当雷达的脉冲重复频率比较低时,目标回波的多普勒频移就可能超过脉冲重复频率,使回波谱线与发射信号谱线的对应关系发生混乱,如图7-1-8所示。相差 nf_r 的目标多普勒频移会被读作同样的值,测量出的一个速度可能对应几种真实速度,这种现象称为测速模糊,图7-1-8中的 v_a 称为模糊速度。因此,雷达测速的最大不模糊速度间隔为

$$v_{\max} = \frac{1}{2}f_r\lambda \qquad (7-1-31)$$

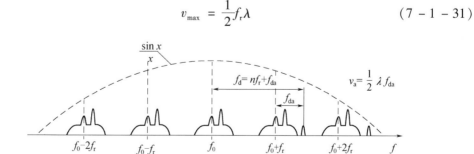

图7-1-8 测速模糊产生示意图

虽然对于给定的脉冲重复频率 f_r 来说,最大不模糊距离是独立于雷达载频的,但最大不模糊速度间隔 v_{max} 则同雷达频率有密切关系。在给定脉冲重复频率 f_r 条件下,载频频率越高(波长越短),v_{max} 变得越小,速度模糊越严重。必须注意,最大不模糊多普勒频移是与雷达载频无关的,即有 $f_{dmax} \leqslant \frac{1}{2} f_r$。

采用多个不同的脉冲重复频率也可以用来消除测速模糊。这时,利用多普勒滤波器组在每个重复频率下测出模糊速度,再根据余数定理,用与式(7-1-19)类似的公式计算目标的真实相对速度。

在某些情况下,多重 PRF 法的应用受到限制。例如,用固定点的 FFT 做多普勒滤波时,对应于不同的脉冲重复频率,FFT 的点数是不变的,因而子滤波器的带宽不同。这相当于多普勒频移的分辨单元不同,因此余数定理算法就不适用了。

另一种常用的方法是利用距离跟踪的粗略微分数据来消除测速模糊。设模糊多普勒频移 f_{da} 与真实目标的多普勒频移 f_d 相差 nf_r,因此,无模糊多普勒频移为

$$f_d = nf_r + f_{da} \qquad\qquad (7-1-32)$$

式(7-1-32)中的 n 可以用由距离跟踪回路测得的距离微分后对应的多普勒频移 f_{dr} 和模糊速度 f_{da} 算出,即

$$n = \text{int}\left[\frac{f_{dr} - f_{da}}{f_r}\right] \qquad\qquad (7-1-33)$$

式中:int[·]是取整运算。

对应目标的无模糊相对速度为 $v = \lambda f_d / 2$。

通常,由距离跟踪系统得到的 f_{dr} 的误差比较大,但只要 f_{dr} 与真实的无模糊多普勒频移 f_d 的误差小于 $f_r/2$ 就可以得到正确的结果。对式(7-1-33)进行一些修正,可以提高算法的可靠性和计算精度。

三、目标角度的测量

为了确定目标的空间位置,雷达不仅要测定目标的距离,而且还要测定目标的方向,即测定目标的角坐标,其中包括目标的方位角和俯仰角。对两坐标雷达来说,雷达天线方位波束宽度很窄,而俯仰波束宽度较宽,它只能测方位角。对三坐标雷达来说,雷达天线波束为针状波束,方位和俯仰波束宽度都很窄,它能精确测量目标的方位角和俯仰角。

雷达测角的物理基础是电波在均匀介质中传播的直线性和雷达天线的方向性。雷达天线将电磁能量汇集在窄波束内,当波束对准目标时,回波信号最强,当目标偏离天线波束轴时回波信号减弱。由于电波沿直线传播,目标散射或反射电波波前到达的方向,即为目标所在方向。

测角的方法可分为相位法和振幅法两大类。振幅法测角分为最大信号法和等信号法,对空情报雷达多采用最大信号法,等信号法多用在精确跟踪雷达中;相位法测角多在相控阵雷达中使用。下面主要讨论相位法和振幅法测角的基本原理,并分析测角性能。

（一）相位法测角

1. 测角原理

相位法测角是利用多个天线所接收回波信号之间的相位差进行测量,如图 7 - 1 - 9 所示。

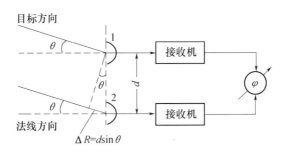

图 7 - 1 - 9　相位法测角示意图

图中有两副天线和两个接收通道,两副天线之间的间距为 d。设在与天线法线夹角为 θ 的方向有一远区目标,则到达接收点的目标所反射的电波近似为平面波。两副天线所收到的信号由于存在波程差 $\Delta R = d\sin\theta$ 而产生一相位差为

$$\varphi = \frac{2\pi}{\lambda}\Delta R = \frac{2\pi}{\lambda}d\sin\theta \qquad (7 - 1 - 34)$$

式中:λ 为雷达工作波长;d 为两天线之间的间距,是已知的。

如果用相位比较器进行比相,测出相位差 φ,根据式(7 - 1 - 34)就可以确定目标的方向 θ。由于在较低频率上容易实现比相,故通常将两天线收到的高频信号经与同一本振信号差频后,在中频进行比相。

2. 测角误差与多值性问题

相位差 φ 值测量不准将产生测角误差,将式(7 - 1 - 34)两边取微分,则它们之间的关系为

$$d\varphi = \frac{2\pi}{\lambda}d\cos\theta d\theta$$
$$d\theta = \frac{\lambda}{2\pi d\cos\theta}d\varphi \qquad (7 - 1 - 35)$$

由式(7 - 1 - 35)可看出,采用读数精度高($d\varphi$ 小)的相位计,或减小 λ/d 值(或增大 d/λ),均可提高测角精度。还注意到:当 $\theta = 0°$ 时,即目标处在天线法线方向时,测角误差 $d\theta$ 最小。当 θ 增大时,$d\theta$ 也增大,为保证一定的测角精度,θ 的范围有一定的限制。

增大 d/λ 虽然可提高测角精度,但由式(7 - 1 - 34)可知,在感兴趣的 θ 范围(测角范围)内,当 d/λ 加大到一定程度时,φ 值可能超过 2π,此时 $\varphi = 2\pi N + \psi$,其中,N 为整数;$\psi < 2\pi$,而相位比较器实际读数为 ψ 值。由于 N 值未知,因而真实的 φ 值不能确定,就出现多值性(模糊)问题。只有判定出 N 值,解决多值性问题,才能确定目标方向。比较有效的办法是利用三天线测角设备,如图 7 - 1 - 10 所示。

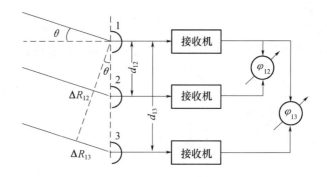

图 7-1-10　三天线相位法测角原理示意图

图中,间距大的 1、3 天线用来得到高精度测量,而间距小的 1、2 天线用来解决多值性问题。设目标在 θ 方向。天线 1、2 之间的距离为 d_{12},天线 1、3 之间的距离为 d_{13}。适当选择 d_{12},使天线 1、2 收到的信号之间的相位差在测角范围内均满足

$$\varphi_{12} = \frac{2\pi}{\lambda}d_{12}\sin\theta < 2\pi \qquad (7-1-36)$$

φ_{12} 由相位计 1 读出。

根据要求,选择较大的 d_{13},则天线 1、3 收到的信号的相位差为

$$\varphi_{13} = \frac{2\pi}{\lambda}d_{13}\sin\theta = 2\pi N + \psi \qquad (7-1-37)$$

由相位计 2 读出的是小于 2π 的 ψ 值。为了确定 N 值,可利用如下关系:

$$\frac{\varphi_{13}}{\varphi_{12}} = \frac{d_{13}}{d_{12}}, \varphi_{13} = \frac{d_{13}}{d_{12}}\varphi_{12} \qquad (7-1-38)$$

根据相位计 1 的读数 φ_{12},可算出 φ_{13},然后由式(7-1-37)确定 θ。由于 d_{13}/λ 值较大,从而保证了所要求的测角精度。

(二)振幅法测角

振幅法测角是用天线收到的回波信号幅度值来做角度测量的,该幅度值的变化规律取决于天线方向图以及天线扫描方式。

1. 最大信号法

当天线波束做圆周扫描或在一定扇形范围内做匀角速扫描时,对收发共用天线的单基地脉冲雷达而言,接收机输出的脉冲串幅度值被天线双程方向图函数所调制。当天线波束扫过目标时,波束照射目标的驻留时间内(以主波束计),可收到 N 个目标回波,即

$$N = \frac{\text{方位波束宽度}(°)}{\text{方位扫描速度}(°/\text{s})} \cdot f_{\text{r}} \qquad (7-1-39)$$

式中:f_{r} 为脉冲重复频率。

雷达回波在时间顺序上从无到有,由小变大,再由大变小,然后消失。只有当波束的轴线对准目标,也就是天线法向对准目标时,回波才能达到最大。找出脉冲串的最大值(中心值),确定该时刻波束轴线指向即为目标所在方向,如图 7-1-11(b)中①所示。

356

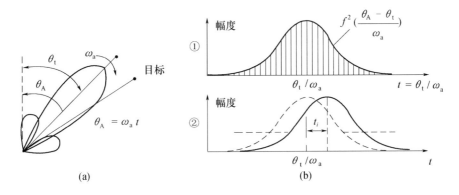

图 7 - 1 - 11 最大信号法测角原理示意图

在自动录取的雷达中,可以采用以下办法读出回波信号最大值的方向。一般情况下,天线方向图是对称的,因此回波脉冲串的中心位置就是其最大值的方向。测读时可先将回波脉冲串进行二进制量化,其振幅超过门限时取"1",否则取"0"。如果测量时没有噪声和其他干扰,就可根据出现"1"和消失"1"的时刻,方便且精确地找出回波脉冲串"开始"和"结束"时的角度,两者的中间值就是目标的方向。通常,回波信号中总是混杂着噪声和干扰,为减弱噪声的影响,脉冲串在二进制量化前先进行积累,如图 7 - 1 - 11(b)中②的实线所示,积累后的输出将产生一个固定迟延(可用补偿解决),但可提高测角精度。

最大信号法测角的优点一是简单;二是用天线方向图的最大值方向测角,此时回波最强,故信噪比最大,测角的精度也是最佳的,对检测发现目标有利。

其主要缺点是直接测量时测量精度不很高,约为波束半功率宽度的20%左右。因为方向图最大值附近比较平坦,最强点不易判别,测量方法改进后可提高精度。另一缺点是不能判别目标偏离波束轴线的方向,故不能用于自动测角。最大信号法测角广泛应用于搜索、引导雷达中。

2. 等信号法

等信号法测角采用两个相同且彼此部分重叠的波束,其方向图如图 7 - 1 - 12(a)所示。如果目标处在两波束的交叠轴 OA 方向,则由两波束收到的信号强度相等,否则一个

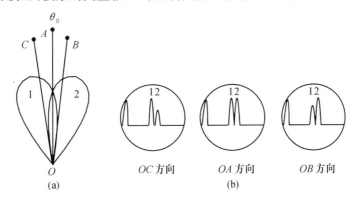

图 7 - 1 - 12 等信号法测角

波束收到的信号强度高于另一个,如图 7-1-12(b)所示。故称 OA 为等信号轴。当两个波束收到的回波信号相等时,等信号轴所指方向即为目标方向。如果目标处在 OB 方向,波束 2 的回波比波束 1 的强;处在 OC 方向时,波束 2 的回波较波束 1 的弱。因此,比较两个波束回波的强弱就可以判断目标偏离等信号轴的大小和方向。

设天线电压方向性函数为 $F(\theta)$,等信号轴 OA 的指向为 θ_0,则波束 1、2 的方向性函数可分别写成

$$F_1(\theta) = F(\theta_1) = F(\theta + \theta_k - \theta_0)$$
$$F_2(\theta) = F(\theta_2) = F(\theta - \theta_k - \theta_0)$$

式中:θ_k 为 θ_0 与波束最大值方向的偏角。

用等信号法测量时,波束 1 接收到的回波信号 $u_1 = KF_1(\theta) = KF(\theta_k - \theta_t)$,波束 2 收到的回波电压值 $u_2 = KF_2(\theta) = KF(-\theta_k - \theta_t) = KF(\theta_k + \theta_t)$,式中 θ_t 为目标方向偏离等信号轴 θ_0 的角度。对 u_1 和 u_2 信号进行处理,可以获得目标方向 θ_t 的信息。

1) 比幅法

求两信号幅度的比值

$$\frac{u_1(\theta)}{u_2(\theta)} = \frac{F(\theta_k - \theta_t)}{F(\theta_k + \theta_t)} \tag{7-1-40}$$

根据比值的大小可以判断目标偏离 θ_0 的方向,查找预先制定的表格就可估计出目标偏离 θ_0 的数值。

2) 和差法

图 7-1-13 为和差法测角原理图。由 u_1 和 u_2 可求得其差值 $\Delta(\theta_t)$ 及和值 $\Sigma(\theta_t)$,即

$$\Delta(\theta) = u_1(\theta) - u_2(\theta) = K[F(\theta_k - \theta_t) - F(\theta_k + \theta_t)]$$

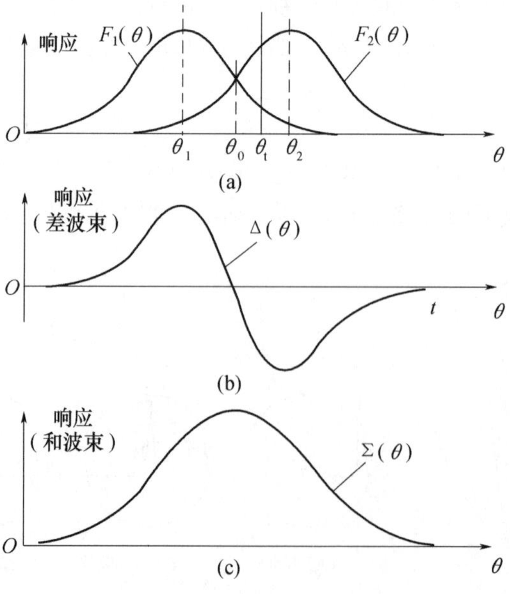

图 7-1-13　和差法测角原理图
(a) 两波束的方向图;(b) 差波束响应;(c) 和波束响应。

358

在等信号轴 $\theta = \theta_0$ 附近,差值 $\Delta(\theta_t)$ 可近似表达为

$$\Delta(\theta_t) \approx 2\theta_t \frac{\mathrm{d}F(\theta)}{\mathrm{d}\theta}\bigg|_{\theta = \theta_0} K$$

而和信号

$$\Sigma(\theta_t) = u_1(\theta) + u_2(\theta) = K[F(\theta_k - \theta_t) + F(\theta_k + \theta_t)]$$

在 $\theta = \theta_0$ 附近可近似表示为

$$\Sigma(\theta_t) \approx 2KF(\theta_0)$$

即可求得其和、差波束与 $\Delta(\theta)$,如图 7 - 1 - 13 所示。归一化的和差值为

$$\frac{\Delta}{\Sigma} = \frac{\theta_t}{F(\theta_0)} \frac{\mathrm{d}F(\theta)}{\mathrm{d}\theta}\bigg|_{\theta = \theta_0} \qquad (7 - 1 - 41)$$

因为 Δ/Σ 正比于目标偏离 θ_0 的角度 θ_t,故可用它来判读角度 θ_t 的大小及方向。

等信号法中,两个波束可以同时存在,若用两套相同的接收系统同时工作,则称同时波瓣法;两波束也可以交替出现,或只要其中一个波束,使它绕 OA 轴旋转,波束便按时间顺序在 1、2 位置交替出现,只要用一套接收系统工作,则称顺序波瓣法。

等信号法的主要优点如下:

(1) 测角精度比最大信号法高,因为等信号轴附近方向图斜率较大,目标略微偏离等信号轴时,两信号强度变化较显著。由理论分析可知,对收发共用天线的雷达,精度约为波束半功率宽度的 2%,比最大信号法高约一个量级。

(2) 根据两个波束收到信号的强弱可判别目标偏离等信号轴的方向,便于自动测角。

等信号法的主要缺点如下:

(1) 测角系统较复杂。

(2) 等信号轴方向不是方向图的最大值方向,故在发射功率相同的条件下,作用距离比最大信号法小些。若两波束交点选择在最大值的 0.7 ~ 0.8 处,则对收发共用天线的雷达,作用距离比最大信号法减小约 20% ~ 30%。

等信号法常用来进行自动测角,即应用于跟踪雷达中。

(三) 测角精度

尽管雷达测距、测速和测角的手段是各不相同的,但是它们都使用了一个相同的概念,即发现一个输出波形的最大值。在雷达测距中,该波形代表目标的时间波形;在测径向速度(多普勒频移)中,它可以被看成是可调谐滤波器的多普勒频移输出波形;而在测角中,它可以代表扫描天线方向图的扫描输出。当信号达到最大值时,该位置就确定了目标的距离、径向速度和角度。

因此,雷达测角精度理论公式可以根据前面讨论测距精度时的类似思路来讨论。因为就数学上而言,空间域(角度)和时域(距离)是相似的。

假定天线的一维电压方向图为

$$g(\theta) = \int_{-D/2}^{D/2} A(z) \mathrm{e}^{\mathrm{j}\frac{2\pi}{\lambda} z \sin\theta} \mathrm{d}z \qquad (7 - 1 - 42)$$

式中:D 为天线的尺寸(沿 z 轴);$A(z)$ 为天线孔径照度函数;λ 为雷达波长;θ 为目标偏离天线视线垂线的角度(即 $\theta = 0°$ 时与天线视线垂直)。

式(7-1-42)为一傅里叶反变换,它与时间信号同其频谱构成的傅里叶变换对相似,即

$$s(t) = \int_{-\infty}^{\infty} S(f)\, \mathrm{e}^{\mathrm{j}2\pi ft}\,\mathrm{d}f \tag{7-1-43}$$

所以,如果把天线方向图 $g(\theta)$ 同时间信号 $s(t)$、孔径照度函数 $A(z)$ 同 $S(f)$ 对应起来,则这种对应关系为

$$\sin\theta \Leftrightarrow t, z/\lambda \Leftrightarrow f$$

根据这种可比性,类似式(7-1-11)和式(7-1-24),对于测角均方根误差 σ_θ 有类似的公式,即

$$\sigma_\theta = \frac{1}{\gamma}\frac{1}{\sqrt{2E/N_0}} \tag{7-1-44}$$

式中,等效孔径宽度 γ 定义为

$$\gamma^2 = \frac{\int_{-\infty}^{\infty}(2\pi z/\lambda)^2 |A(z)|^2\,\mathrm{d}z}{\int_{-\infty}^{\infty}|A(z)|^2\,\mathrm{d}z} \tag{7-1-45}$$

当孔径照度函数为均匀(矩形函数)时,有 $\gamma = \dfrac{\pi D}{\sqrt{3}\lambda}$,故此时的理论测角误差为

$$\sigma_\theta = \frac{\sqrt{3}\lambda}{\pi D}\frac{1}{\sqrt{2E/N_0}} \tag{7-1-46}$$

若定义天线波束宽度 $\theta_B = \lambda/D$,式(7-1-46)也可表示为天线波束宽度的函数,即

$$\sigma_\theta = \frac{\sqrt{3}}{\pi}\frac{\theta_B}{\sqrt{2E/N_0}} \tag{7-1-47}$$

式(7-1-46)和式(7-1-47)表明,在给定信噪比条件下,雷达的测角精度取决于天线孔径的电尺寸 $\dfrac{D}{\lambda}$,天线电尺寸越大,测角精度越高;或者说,雷达的测角精度取决于天线波束宽度,天线波束越窄,则其测角精度越高。

四、目标数据的录取

雷达回波经信号处理和恒虚警检测后,测量通过检测门限的信号出现的空间位置、幅度值、相对速度等参数并进行录取,形成原始目标点迹数据。为了实现对威力范围内雷达数据的实时处理,一般采用手动、半自动、区域自动、全自动等录取方式,以控制点迹数据的录取区域。现代计算机速度和总线数据传输能力都有了很大的提高,数据处理系统的点迹数据传输和处理能力已达到了 10 000 点/10s 以上。

(一)点迹数据格式

点迹数据格式主要是指雷达目标的距离、方位、信号幅度及时间等参数按约定的数据格式有序录入。对某雷达来说,获取信息的要求不同,点迹数据格式也就反应这种需求,如三坐标雷达需要各波束回波幅度值,以查表计算目标的仰角并由仰角推算目标高度值。

设计点迹数据格式应考虑以下因素：

（1）数据格式应包含该雷达的任务特征和满足后续数据处理所需要的全部信息。

（2）数据格式要尽可能简化，减少数据录入、传输及处理的压力，降低系统的复杂性。

（3）数据格式一般选择为定长格式，以减少硬件设计调试和系统维护的不便。

下面主要介绍常用的两种数据格式。

1. 按回波脉冲串的起始、终止方位录入的目标参数

按目标回波脉冲串的起始、终止方位录入目标参数，其点迹数据格式的设计难点为：当波束扫过目标期间获得的一串回波脉冲，因目标的尺寸大小及距离远近不同而影响着回波脉冲的信噪比，因而通过检测门限的回波脉冲数目不确定，在定长的数据格式里安排回波脉冲幅度值的录入受到限制。

在这种情况下点迹数据的组织应服从以下约定：

（1）方位上连续的一串回波脉冲按距离量化单元来组织点迹数据。回波脉冲串在方位上的宽度由起始、终止方位的差值计算。

（2）对多波束雷达来说，各波束回波分通道检测，以最早检测到的脉冲串的起始方位作为目标起始方位，以最迟检测到的脉冲串终止方位作为目标终止方位。

（3）对通过检测门限的各波束脉冲串的回波信号进行累加并记录累加次数，将过门限脉冲串的回波累加值及累加脉冲数进行录入，由累加值和累加次数可计算出各波束脉冲串过门限的平均幅度值，用于比幅测高和求目标的质心，并解决定长数据格式里回波幅度值的录入问题。

（4）每组点迹数据的长度为 $5+n$ 个字长，其中，n 为具体雷达的波束数。当波束数为 3 时，则点迹数据的长度为 8 个字长。

按这种方式对目标点迹数据进行组织，可解决多波束点迹数据的合并问题，压缩了点迹数据的总量。表 7-1-2 给出按回波脉冲串的起始、终止方位组织数据的基本格式。实际雷达可根据需求的不同，作适当的调整。

表 7-1-2 按回波脉冲串的起始、终止方位组织数据的基本格式

序号 \ 数据位	D_{15} D_{14} D_{13} D_{12} D_{11} D_{10} D_9 D_8 D_7 D_6 D_5 D_4 D_3 D_2 D_1 D_0	
1	目标序号或标识码	
2	工作模式	目标距离
3	其他信息	目标起始方位
4		目标终止方位
4+1	波束 1：幅度累加值及累加脉冲数	
⋮	⋮	
4+n	波束 n：幅度累加值及累加脉冲数	
5+n	目标点迹数据形成时间	

表 7-1-2 中的工作模式、其他信息为数据处理系统需要的雷达工作参数；目标点迹数据形成时间为测量点迹数据时的相对时间，用于区分同一雷达不同点迹之间的时间关

系,也可以是统一要求的时间。

2. 对通过检测门限的回波信号按量化单元依次录入点迹数据

对通过检测门限的回波信号按量化单元依次录入点迹数据方法组织的点迹数据,包括过门限回波脉冲串每一量化单元的距离、方位、幅度值和时间等信息,其特点如下:

(1) 点迹数据量大,信息完整、全面。

(2) 对信号处理要求较高,具有自动控制虚警及剩余杂波的能力。

(3) 对数据的录入、传输及后续的点迹处理能力要求较高,要求数据处理设备具有较强的数据传输和实时处理能力。

这种数据格式相对简单,如表7－1－3所列。

表7－1－3　按回波信息依次录入点迹数据的格式

序号 \ 数据位	D_{15} D_{14} D_{13} D_{12} D_{11} D_{10} D_9 D_8 D_7 D_6 D_5 D_4 D_3 D_2 D_1 D_0		
1	目标序号或标识码		
2	工作模式	目标距离	
3	其他信息	目标当前方位	
$3+(1+\cdots+n)$	各波束回波幅度值(依次排列)		
$4+n$	目标点迹数据形成时间		

表7－1－3中各波束回波幅度值是按照所需要的数据位数依次排序的,n的大小受雷达波束数的影响。

(二)计算机对点迹数据的录取

雷达回波经检测以后,是否形成点迹数据并录入计算机是受录取方式控制的。录入方式分别为手动、半自动、区域自动和全自动四种,这些方式都由操作员通过键盘和鼠标结合显示界面实现。除手动录取外,半自动、区域自动及全自动录取都是自动控制点迹数据的形成和录取范围。录取方式的控制示意图如图7－1－14所示。

图7－1－14　录取控制示意图

图7－1－14中的录取方式命令由键盘或鼠标发出后,经显示计算机上报至主控计算机,主控计算机把录取方式转换成控制命令和控制码通知点迹计算机执行相应的操作程序,再通过接口电路控制点迹数据的形成和录取范围。下面解释各种录取方式完成的主要功能。

1. 手动录取

手动录取的最初含义:操作员通过观察显示器画面来发现目标,并利用显示器上的距离和方位刻度读取目标位置,估算目标的速度和航向。后来研制的手动录取设备可以手动控制光点(相当于鼠标点)与键盘配合录取光点位置,并编制目标批号,称为人工起始。以后每帧对所有人工起始的目标进行重新排队,按方位从小到大(若方位相同,按距离从小到大)的顺序决定下一帧人工录取的顺序,对人工起始的目标,人工跟踪两帧以后,从第三帧开始,光标将根据前两帧的位置跳到第三点等待录取。值得一提的是,现在生产的自动录取设备仍然具有相应的功能及控制按键。

2. 半自动录取

从显示画面上观察到目标后,需要人工干预录取首点,继而自动跟踪。操作过程为:录取设备工作于半自动录取状态,在雷达显示器上用光标对准目标,按下相应录取键;或者在使用光栅显示器、鼠标操作的场合,在半自动录取状态,使光标对准目标,单击即完成了该目标的首点录取,接下来由录取设备完成目标的自动编批、自动跟踪。半自动录取的指令控制示意图如图 7 - 1 - 14 所示,主控计算机根据显示计算机送入的目标首点坐标位置值,形成以此点为中心、距离为 $\pm\Delta R$、方位为 $\pm\Delta\alpha$ 的点迹控制区域,简称为波门。点迹计算机通过接口电路控制波门区域,仅限于波门区域内形成点迹参数并录入数据缓存区。在半自动录取状态,可以同时录取多批目标,跟踪的目标数仅受设备处理能力的限制,波门与波门之间可以交叉、重叠。半自动录取的特点如下:

(1) 波门可以起到限制进数的作用,在复杂背景的情况下,具有较大的灵活性。

(2) 录取方法操作简单,具有较高的实用价值,在实际的雷达领域应用较广泛。

(3) 由于人工干预的作用,虚假的目标起始跟踪概率可以控制得很小。

3. 区域自动及全自动录取

在雷达最小作用距离至最大作用距离的区域内,会全方位自动形成点迹参数并将这些点迹参数全部录入计算机,之后由数据处理设备自动进行目标的起始、跟踪和编批,对目标的录取和跟踪,不需要人工干预而自动完成,这就是全自动录取方式。区域自动录取是指仅在指定区域内具有自动录取的功能。全自动录取方式的优点是不言而喻的,但也存在以下不足之处:

(1) 在杂波剩余较多的复杂背景情况下,目标自动起始跟踪的虚警增大。

(2) 需要折中考虑目标自动起始的响应时间与虚警概率,就是说目标自动起始跟踪的响应时间与虚假目标自动起始概率很难被人们同时接受。

4. 多种录取方式同时工作

在半自动录取方式,通过控制命令划定目标自动起始跟踪区域、禁止跟踪区域,实现区域自动、半自动、手动三种录取方式组合工作。这种工作方式的优点是结合了自动、半自动、手工三种录取方式的长处,克服了不足。实际雷达自动录取设备常工作于这种方式。

第二节　单目标跟踪

由于雷达天线通过扫描来获得较大的侦察空域,因此,雷达观察一个目标的时间是有限的。当雷达发现目标时,对目标进行连续的序贯检测,使得天线的每一次扫描对目标的探测都相关且结果具有可融合性,这就需要对目标进行跟踪。

雷达测量目标的参数(距离、方位和速度),随着时间的推移,观测出目标的运动轨迹,同时预测出下一个时间目标会出现在什么位置,是雷达的目标跟踪功能。通过提供的目标先验信息,雷达跟踪除了改善目标的探测环境,还可以提高目标距离、速度、角度测量的质量。

机载跟踪雷达一般可有以下三种体制,即单目标跟踪(Single Target Tracker,STT)、边扫描边跟踪(Track While Scan,TWS)和相控阵雷达跟踪(Phased Array Radar Ttracking,PRT)。边扫描边跟踪雷达在快速扫描特定扇形区域的同时完成目标跟踪,在所覆盖的区域可以跟踪多个目标,具有中等数据率。使用电调向的相控阵雷达,能够以高数据率同时跟踪大批量的目标。这两种跟踪体制均可实现多目标跟踪,将在本章第三节进行讨论。

单目标跟踪雷达一般发射笔形波束,接收单个目标的回波,并以高数据率连续跟踪单个目标的方位、距离或多普勒频移。其分辨单元由天线波束宽度、发射脉冲宽度(或脉冲压缩后的脉宽)和多普勒频带宽度决定。分辨单元与搜索雷达的分辨单元相比通常很小,用来排除来自其他目标、杂波和干扰等不需要的回波信号。

由于单目标跟踪雷达的波束窄,因此,它常常依赖于搜索雷达或其他目标定位源的信息来捕获目标,即在开始跟踪之前,将它的波束对准目标或置于目标附近,如图 7 - 2 - 1 所示。在锁定目标或闭合跟踪环之前,波束可能需要在有限的角度区域内扫描,以便将目标捕获在波束之内,并使距离跟踪波门位于回波脉冲的中心。跟踪雷达由波束指向的角度和距离跟踪波门的位置,来决定目标位置。跟踪滞后是通过把来自跟踪环的跟踪滞后误差电压,转换成角度单位来度量的。为了实时校正跟踪滞后误差,通常把这个数据加到角度轴位置数据之上或从角度轴位置数据中减去此数据。

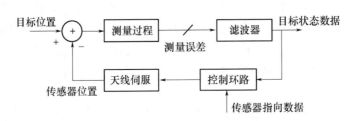

图 7 - 2 - 1 单目标跟踪系统示意图

一、距离跟踪

雷达的距离是由发射射频脉冲到目标回波信号之间的时间延迟来测定的,连续估计目标距离的过程称为距离跟踪,它是一个自动跟踪系统。

(一)距离自动跟踪系统

早期雷达都是通过模拟电路来实现距离跟踪的,在现代雷达中,已经数字化了,可以在数据处理机中完成。由于运动目标的距离随时间变化,因此在距离跟踪雷达中,不是直接测量回波脉冲滞后于发射同步脉冲的时间延迟 t_R,而是由距离自动跟踪系统产生一个可移动的距离跟踪波门脉冲(比如采用前、后波门),将它与回波信号重合,从而测出距离跟踪波门相对于发射同步脉冲的时延 t_d。在正常跟踪时,$t_R = t_d$,即可得出目标的距离 R。

图 7 - 2 - 2 所示为是距离自动跟踪系统的原理框图。目标距离自动跟踪系统主要包括时间鉴别器、控制器和跟踪脉冲产生器三部分。

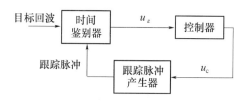

图 7 - 2 - 2　距离自动跟踪系统的原理框图

假设空间一目标已被雷达捕获,目标回波经接收机处理后成为具有一定幅度的视频脉冲加到时间鉴别器上,同时加到时间鉴别器上的还有来自跟踪脉冲产生器的跟踪脉冲。跟踪脉冲的延迟时间在测距范围内均匀可变。时间鉴别器的作用是将跟踪脉冲与回波脉冲在时间上加以比较,鉴别出它们之间的时间差 $\Delta t = t_R - t_d$,并将时间差转变成误差电压 u_ε,则

$$u_\varepsilon = K_1(t_R - t_d) = K_1\Delta t \qquad (7 - 2 - 1)$$

当跟踪脉冲与回波脉冲在时间上重合,即 $t_R = t_d$ 时,输出误差电压为 0。两者不重合时将输出误差电压 u_ε,其大小正比于时间的差值,而其正负值就看跟踪脉冲是超前还是滞后于回波脉冲而定。控制器的作用是将误差电压 u_ε 经过适当的变换,将其输出作为控制跟踪脉冲产生器工作的信号,其结果是使跟踪脉冲的延迟时间 t_d 朝着减小 Δt 的方向变化,直到 $\Delta t = 0$ 或其他稳定的工作状态。上述自动距离跟踪系统是一个闭环随动系统,输入量是回波信号的延迟时间 t_R,输出量则是跟踪脉冲延迟时间 t_d,而 t_d 随着 t_R 的改变而自动地变化。

1. 时间鉴别器

时间鉴别器用来比较回波信号与跟踪脉冲之间的延迟时间差 Δt,并将 Δt 转换为与它成比例的误差电压 u_ε(或误差电流)。

图 7 - 2 - 3 画出时间鉴别器的结构图和波形图。时间鉴别器采用了所谓的"前后波门"技术,又称为"波门分裂"技术。在波形图中几个符号的意义是:t_x 为前波门触发脉冲相对于发射脉冲的延迟时间,t_d 为前波门后沿(后波门前沿)相对于发射脉冲的延迟时间,τ 为回波脉冲宽度,τ_c 为波门宽度,通常取 $\tau_c = \tau$。

前波门触发脉冲实际上就是跟踪脉冲,其重复频率就是雷达的重复频率。跟踪脉冲触发前波门形成电路,使其产生宽度为 τ_c 的前波门并送到前选通放大器,同时经过延迟线延迟 τ_c 后,送到后波门形成电路,产生宽度为 τ_c 的后波门。后波门亦送到后选通放大器作为开关用。来自接收机的目标回波信号经过回波处理后变成一定幅度的方形脉冲,分别加至前、后选通放大器。选通放大器平时处于截止状态,只有当它的两个输入(波门和回波)在时间上相重合时才有输出。前后波门将回波信号分割为两部分,分别由前后选通放大器输出。经过积分电路平滑送到比较电路以鉴别其大小。如果回波中心延迟 t_R 和波门延迟 t_d 相等,则前后波门与回波重叠部分相等,比较器输出误差电压 $u_\varepsilon = 0$。如果 $t_R \neq t_d$,则根据回波超前或滞后波门产生不同极性的误差电压。在一定范围内,误差电压的数值正比于时间差 Δt,它可以表示时间鉴别器输出误差电压 u_ε。图 7 - 2 - 4 画出了当 $\tau_c = \tau$ 时的特性曲线图。

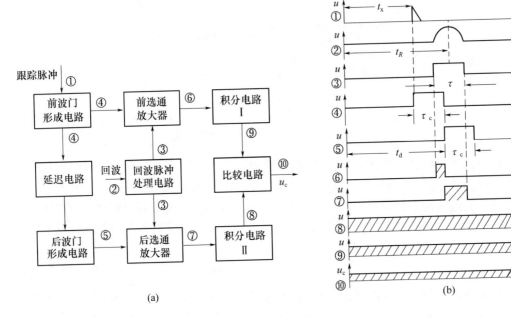

图 7-2-3 时间鉴别器结构和波形图
(a) 组成框图;(b) 各点波形图。

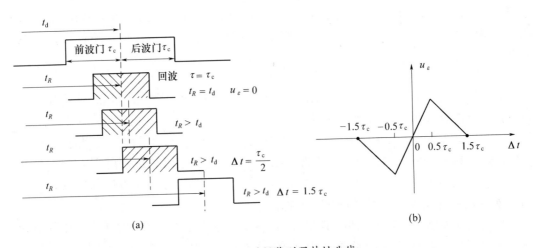

图 7-2-4 时间鉴别器特性曲线
(a) 特性曲线形成说明;(b) 特性曲线。

2. 控制器

控制器的作用是把误差信号 u_ε 进行加工变换后,将其输出去控制跟踪波门移动,即改变时延 t_d,使其朝减小 u_ε 的方向运动,也就是使 t_d 趋向于 t_R。下面具体讨论控制器应完成什么形式的加工变换。

设控制器的输出是电压信号 u_c,则其输入和输出之间可用下述一般函数关系表示,即

$$u_c = f(u_\varepsilon) \tag{7-2-2}$$

366

最简单的情况是,输入和输出间呈线性关系,即

$$u_c = K_2 u_\varepsilon = K_2 K_1 (t_R - t_d) \qquad (7-2-3)$$

控制器的输出 u_c 是用来改变跟踪脉冲的延迟时间 t_d 的,当用锯齿电压波法产生跟踪脉冲时,u_c 和跟踪脉冲的延迟时间 t_d 之间具有线性关系,即

$$t_d = K_3 u_c \qquad (7-2-4)$$

将式(7-2-3)代入后得

$$t_d = K_3 K_2 K_1 (t_R - t_d) \qquad (7-2-5)$$

由式(7-2-5)可知,当 $K_3 K_2 K_1$ 为常数时,不可能做到 $t_R = t_d$,因为这时代表距离的比较电压 u_c 是由误差电压 u_ε 放大得到的。这就是说,跟踪脉冲绝不可能无误差地对准目标回波,式(7-2-5)表示的性能是自动距离跟踪系统的位置误差,目标的距离越远(t_R较大),跟踪系统的误差 Δt 越大。这种闭环随动系统为一阶有差系统。

如果控制器采用积分元件,则可以消除位置误差。这时候的工作情况为,输出 u_c 与输入 u_ε 之间的关系可以用积分表示

$$u_c = \frac{1}{T} \int u_\varepsilon \mathrm{d}t \qquad (7-2-6)$$

综合式(7-2-1)、式(7-2-4)和式(7-2-6)三个关系式,即可写出代表由时间鉴别器、控制器和跟踪脉冲产生器三个部分组成的闭环系统性能为

$$t_d = \frac{K_1 K_3}{T} \int (t_R - t_d) \mathrm{d}t \qquad (7-2-7)$$

如果将目标距离 R 和跟踪脉冲所对应的距离 R' 代入式(7-2-7),则得

$$R' = \frac{K_1 K_3}{T} \int (R - R') \mathrm{d}t$$

即

$$\frac{\mathrm{d}R'}{\mathrm{d}t} = \frac{K_1 K_3}{T} (R - R') = \frac{K_1 K_3}{T} \Delta R \qquad (7-2-8)$$

从式(7-2-8)可以看出,对于固定目标或移动极慢的目标,$\mathrm{d}R'/\mathrm{d}t = 0$,这时跟踪脉冲可以对准回波脉冲 $R' = R$,保持跟踪状态而没有位置误差。这是因为积分器具有积累作用,当时间鉴别器输出端产生误差信号后,积分器就能将这一信号保存并积累起来,并使跟踪脉冲的位置与目标回波位置相一致,这时时间鉴别器输出误差信号虽然等于0,但由于控制器的积分作用,仍保持其输出 u_c 为一定数值。此外,由于目标反射面起伏或其他偶然因素而发生回波信号短时间消失时,虽然这时时间鉴别器输出的误差电压 $u_\varepsilon = 0$,但系统却仍然保持 $R' = R$,也就是跟踪脉冲保持在目标回波消失时所处的位置,这种作用称为"位置记忆"。当目标以恒速 v 运动时,跟踪脉冲也以同样速度移动,此时

$$\mathrm{d}R'/\mathrm{d}t = v$$

代入式(7-2-8)后得

$$\Delta R = \frac{T}{K_1 K_3} v \qquad (7-2-9)$$

这时,跟踪脉冲与回波信号之间在位置上保持一个差值 ΔR,由于 ΔR 值的大小与速度 v 成正比,故称为速度误差。

用一次积分环节做控制器时的闭环随动系统为一阶无差系统,可以消除位置误差,且具有"位置记忆"特性,但仍有速度误差。可以证明,一个二次积分环节的控制器能够消除位置误差和速度误差,并兼有位置记忆和速度记忆能力,这时只有加速度以上的高阶误差。在需要对高速度、高机动性能的目标进行精密跟踪时,常采用具有二次积分环节的控制器来改善整个系统的跟踪性能。

3. 跟踪脉冲产生器

跟踪脉冲产生器根据控制器输出控制电压 U_c,产生所需延迟时间 t_d 的跟踪脉冲。常用的产生方法是锯齿电压法,图 7-2-5 是锯齿电压法产生跟踪脉冲的原理框图和波形图。

来自定时器的触发脉冲使锯齿电压产生器产生的锯齿电压 E_t 与比较电压 U_c 一同加到比较电路上,当锯齿波上升到 $E_t = U_c$ 时,比较电路就有输出送到脉冲产生器,使之产生一窄脉冲。当锯齿电压 E_t 的上升斜率确定后,跟踪脉冲产生时间就由比较电压 U_c 决定。

锯齿电压法产生跟踪脉冲的优点是设备比较简单,移动指标活动范围大且不受频率限制,其缺点是测距精度仍显不足。

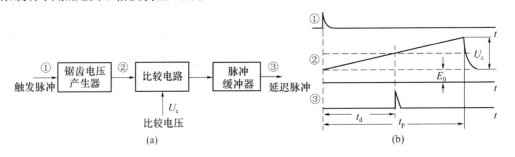

图 7-2-5 锯齿电压法产生跟踪脉冲的原理框图和波形图
(a) 原理框图;(b) 波形图。

(二) 自动搜索和截获

距离跟踪系统在进入跟踪工作状态前,必须具有搜索和捕获目标并转入跟踪的能力。以上的讨论,是在目标已被"捕获"后的跟踪状态时的情况。在系统"捕获"目标以前或因某种原因目标脱离了跟踪脉冲,这时由于时间鉴别器不再有误差信号输出,跟踪脉冲将失去跟踪作用。因此一个完备的距离跟踪系统还应具有搜索和捕获目标的能力。

搜索或捕获目标可以是自动的也可以是人工手动的。手动方式是早期使用的一种方法。当雷达天线波束照射到目标方向时,在距离显示器上将出现目标回波。操纵员摇动距离跟踪手轮,从而控制跟踪脉冲的延迟时间 t_d,显示器画面上电瞄准标志套住目标回波的时刻,就是距离跟踪脉冲和回波相一致的时候,表明已"捕获"目标,可转入跟踪状态,这时由时间鉴别器的输出来控制整个系统的工作。由于在远距离跟踪时难以产生线性度良好的锯齿电压,因而很难适应高速、高机动目标的跟踪,目前广泛采用自动搜索和截获。

系统在自动搜索工作状态时,跟踪脉冲必须能够在目标可能出现的距离范围(最小作用距离 R_{min} 到最大作用距离 R_{max})"寻找"目标回波,这就必须产生一个跟踪波门,其延迟时间在 $t_{min} (t_{min} = 2R_{min}/c)$ 和 $t_{max} (t_{max} = 2R_{max}/c)$ 范围内变化。搜索与截获的方法如图

7－2－6所示。

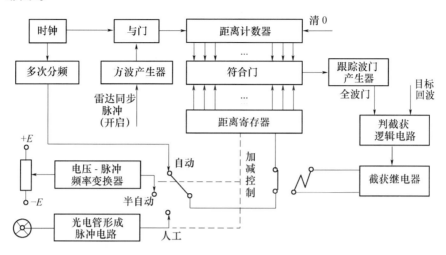

图7－2－6　搜索与截获的方法

　　跟踪波门的延迟时间由距离寄存器的数码决定,为获得在时间轴上移动的跟踪脉冲,应不断地向距离寄存器中加数(或减数)。如果送到距离寄存器的脉冲是由计数脉冲产生器产生的,称为自动搜索;如果是由人工控制一个有极性的电压,该电压用来控制脉冲的产生,即脉冲的频率(决定搜索速度)和极性(决定搜索方向)是人工控制的,称为半自动方法;搜索速度和方向均由人工控制的方法称为人工搜索。

　　自动搜索时需自动加入计数脉冲,计数脉冲的频率决定搜索速度。为了保证可靠地截获目标,搜索速度应减小到当跟踪波门与所"寻找"的目标回波相遇时,能够在连续 n 个雷达重复周期 T_r 内回波脉冲均能与跟踪波门相重合。为此,送到距离寄存器的计数脉冲频率应比较低,它可用送到距离计数器的时钟脉冲经多次分频后得到。自动搜索通常用于杂波干扰较小或搜索区只有单一目标时。如果干扰较大或有多目标需要选择,宜采用半自动或人工搜索的办法。

　　一旦搜索到目标,判截获电路即开始工作。判截获电路的输入端加有全波门(前、后半波门的和)和从接收机来的目标回波。当回波与波门的重合数超过一定数量时,才能判断它是目标回波而不是干扰信号,这时判截获电路发出指令,使截获继电器工作而系统进入跟踪状态。此时距离寄存器的数码调整由时间鉴别器输出的误差脉冲提供,系统处于闭环跟踪状态。

　　上述的搜索和截获方法由于要保证可靠地截获目标,搜索速度慢,或者说搜索距离全程所需的时间长。而当加快搜索速度时,跟踪波门与回波的重合数减小,无把握判断所截获的究竟是目标还是干扰,可能产生错误截获。为此,可先将出现回波信号所对应的距离记录下来,然后通过以后几个重复周期来考察该距离上是真实目标还是干扰。当判别为目标时就接通截获电路,系统转入跟踪状态,这种方法可提高搜索速度,称为全距离等待截获。

二、角度跟踪

在火控雷达和精密跟踪雷达中,必须快速连续地提供单个或多个目标(飞机、导弹等)坐标的精确数值,此外在靶场测量、卫星跟踪、宇宙航行等方面应用时,雷达也应观测一个或多个目标,而且必须快速精确地提供目标坐标的测量数据。

为了快速提供目标的精确坐标值,要采用自动测角的方法。自动测角时,天线能自动跟踪目标,同时将目标的坐标数据经数据传递系统送到计算机数据处理系统。

和自动测距需要一个时间鉴别器一样,自动测角也必须要有一个角误差鉴别器。当目标方向偏离天线轴线(即出现了误差角 ε)时,就能产生一个误差电压。误差电压的大小正比于误差角,其极性随偏离方向不同而改变。此误差电压经跟踪系统变换、放大、处理后,控制天线向减小误差角的方向运动,使天线轴线对准目标。

采用等信号法测角时,在一个角平面内需要两个波束。这两个波束可以交替出现(顺序波瓣法),也可以同时存在(同时波瓣法)。前一种方法以圆锥扫描雷达最为典型,后一种方法是单脉冲雷达。

单脉冲雷达通过比较由多个天线波束所收到的回波脉冲的振幅和相位来测定目标的角位置。因此,从理论上讲,单脉冲雷达可以从一个目标回波脉冲中获取目标的位置信息,并不受回波振幅起伏的影响,具有测量精度高、获取数据快、抗干扰性能好等优点,因而发展迅速,应用广泛。导弹跟踪测量雷达、机载火控雷达、地物回避及地形跟随雷达、反雷达导弹中的跟踪雷达、脉冲多普勒雷达和相控阵雷达等都大量应用单脉冲体制雷达技术。在此主要讨论振幅和差式单脉冲雷达的基本原理。

(一) 单脉冲雷达工作原理

单脉冲自动测角属于同时波瓣测角法。在一个角平面内,两个相同的波束部分重叠,其交叠方向即为等信号轴。将两个波束同时接收到的回波信号振幅进行比较,即可取得目标在该平面上的角误差信号,然后将此误差信号电压放大变换后加到驱动电机,控制天线向减小误差的方向运动。

1. 角误差信号

雷达天线在一个角平面内有两个部分重叠的波束,如图 7 - 2 - 6(a)所示,振幅和差式单脉冲雷达取得角误差信号的基本方法是将这两个波束同时收到的信号进行和、差处理,分别得到和信号与差信号。与和、差信号相应的和、差波束如图 7 - 2 - 6(b)、(c)所示,其中差信号即为该角平面内的角误差信号。

由图 7 - 2 - 6(a)可以看出,若目标处在天线轴线方向(等信号轴),误差角 $\varepsilon = 0$,则两波束收到的回波信号振幅相同,差信号等于 0。目标偏离等信号轴而有一误差角 ε 时,差信号输出振幅与 ε 成正比而其符号(相位)则由偏离的方向决定。和信号除用做目标检测和距离跟踪外,还用做角误差信号的相位基准。

2. 和差比较器与和差波束

和差比较器(和差网路)是单脉冲雷达的重要部件,由它完成回波信号的和、差处理,形成和、差波束。用得较多的是双 T 接头,如图 7 - 2 - 7(a)所示,它有 4 个端口:Σ(和)端、Δ(差)端、1 端和 2 端。假定 4 个端口都是匹配的,则从 Σ 端输入信号时,1 端、2 端便输出等幅同相信号,Δ 端无输出;若从 1 端、2 端输入同相信号,则 Δ 端输出两者的差信号,Σ 端输出和信号。

和差比较器的示意图如图 7 - 2 - 7(b)所示,它的 1 端、2 端与形成两个波束的两相邻馈源 1 和 2 相接。

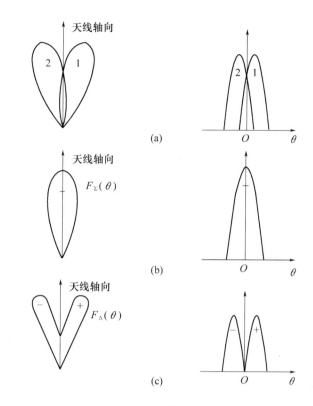

图 7-2-6 振幅和差式单脉冲雷达波束图
(a) 两馈源形成的波束;(b) 和波束;(c) 差波束。

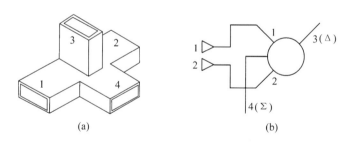

图 7-2-7 双 T 接头及和差比较器示意图
(a) 双 T 接头;(b) 和差比较器。

发射时,从发射机来的信号加到和差比较器的 Σ 端,故 1 端和 2 端输出等幅同相信号,两个馈源被同相激励并辐射相同的功率,结果两波束在空间各点产生的场强同相相加,形成发射和波束 $F_{\Sigma}(\theta)$,如图 7-2-6(b)所示。

接收时,回波脉冲同时被两个波束的馈源所接收。两波束接收到的信号振幅有差异(视目标偏离天线轴线的程度而定),但相位相同(为了实现精密跟踪,波束通常做得很窄,对处在和波束照射范围内的目标,两馈源接收到的回波的波程差可忽略不计)。这两个相位相同的信号分别加到和差比较器的 1 端和 2 端。

这时,在 Σ(和)端完成两信号同相相加,输出和信号。设和信号为 $\boldsymbol{E}_{\Sigma}$,其振幅为两信号振幅之和,相位与到达和端的两信号相位相同,且与目标偏离天线轴线的方向无关。

假定两个波束的方向性函数完全相同,设为 $F(\theta)$,两波束接收到的信号电压振幅为 E_1、E_2,并且到达和差比较器 Σ 端时保持不变,两波束相对天线轴线的偏角为 δ,则对于 θ 方向的目标,和信号的振幅为

$$E_{\Sigma} = |\boldsymbol{E}_{\Sigma}| = E_1 + E_2 = kF_{\Sigma}(\theta)F(\delta - \theta) + kF_{\Sigma}(\theta)F(\delta + \theta)$$
$$= kF_{\Sigma}(\theta)\left[F(\delta - \theta) + F(\delta + \theta)\right]$$
$$= kF_{\Sigma}^2(\theta) \tag{7-2-10}$$

式中:$F_{\Sigma}(\theta) = F(\delta - \theta) + F(\delta + \theta)$ 为接收和波束方向性函数,与发射和波束的方向性函数完全相同;k 为比例系数,它与雷达参数、目标距离、目标特性等因素有关。

在和差比较器的 Δ(差)端,两信号反相相加,输出差信号设为 $\boldsymbol{E}_{\Delta}$。若到达 Δ 端的两信号用 $\boldsymbol{E}_1$、$\boldsymbol{E}_2$ 表示,它们的振幅仍为 E_1、E_2,但相位相反,则差信号的振幅为

$$E_{\Delta} = |\boldsymbol{E}_{\Delta}| = |\boldsymbol{E}_1 - \boldsymbol{E}_2| \tag{7-2-11}$$

E_{Δ} 与方向角 θ 的关系用上述同样方法求得

$$E_{\Delta} = kF_{\Sigma}(\theta)\left[F(\delta - \theta) - F(\delta + \theta)\right] = kF_{\Sigma}(\theta)F_{\Delta}(\theta) \tag{7-2-12}$$

式中:$F_{\Delta}(\theta) = F(\delta - \theta) - F(\delta + \theta)$,即和差比较器 Δ 端对应的接收方向性函数为原来两方向性函数之差,其方向图如图 7-2-6(c)所示,称为差波束。

现假定目标的误差角为 ε,则差信号振幅为 $E_{\Delta} = kF_{\Sigma}(\varepsilon)F_{\Delta}(\varepsilon)$。在跟踪状态,$\varepsilon$ 很小,将 $F_{\Delta}(\varepsilon)$ 展开成泰勒级数并忽略高次项,则

$$E_{\Delta} = kF_{\Sigma}(\varepsilon)F'_{\Delta}(0)\varepsilon = kF_{\Sigma}(\varepsilon)F_{\Sigma}(0)\frac{F'_{\Delta}(0)}{F_{\Sigma}(0)}\varepsilon = kF_{\Sigma}^2(\varepsilon)\eta\varepsilon$$

$$\tag{7-2-13}$$

因 ε 很小,式(7-2-13)中,$F_{\Sigma}(\varepsilon) \approx F_{\Sigma}(0)$;$\eta = F'_{\Delta}(0)/F_{\Sigma}(0)$。因此,在一定的误差角范围内,差信号的振幅 E_{Δ} 与误差角 ε 成正比。

$\boldsymbol{E}_{\Delta}$ 的相位与 $\boldsymbol{E}_1$、$\boldsymbol{E}_2$ 中的强者相同。例如,若目标偏在波束 1 一侧,则 $E_1 > E_2$,此时 $\boldsymbol{E}_{\Delta}$ 与 $\boldsymbol{E}_1$ 同相,反之,则与 $\boldsymbol{E}_2$ 同相。由于在 Δ 端 $\boldsymbol{E}_1$、$\boldsymbol{E}_2$ 相位相反,故目标偏向不同,$\boldsymbol{E}_{\Delta}$ 的相位差为 $180°$。因此,Δ 端输出差信号的振幅大小表明了目标误差角 ε 的大小,其相位则表示目标偏离天线轴线的方向。

和差比较器可以做到使和信号 $\boldsymbol{E}_{\Sigma}$ 的相位与 $\boldsymbol{E}_1$、$\boldsymbol{E}_2$ 之一相同。由于 $\boldsymbol{E}_{\Sigma}$ 的相位与目标偏向无关,所以只要用和信号 $\boldsymbol{E}_{\Sigma}$ 的相位为基准,与差信号 $\boldsymbol{E}_{\Delta}$ 的相位作比较,就可以鉴别目标的偏向。

总之,振幅和差单脉冲雷达依靠和差比较器的作用得到图 7-2-6 所示的和波束、差波束,差波束用于测角,和波束用于发射、观察和测距,和波束信号还用作相位比较的基准。

3. 相位检波器和角误差信号的变换

和差比较器 Δ 端输出的高频角误差信号还不能用来控制天线跟踪目标,必须把它变换成直流误差电压,其大小应与高频角误差信号的振幅成比例,而其极性应由高频角误差信号的相位来决定。这一变换作用由相位检波器完成。为此,将和、差信号通过各自的接收通道,经变频中放后一起加到相位检波器上进行相位检波,其中和信号为基准信号。相

位检波器输出为

$$U = K_d U_\Delta \cos\varphi \qquad (7-2-14)$$

式中：$U_\Delta \propto E_\Delta$，为中频差信号振幅；$\varphi$ 为和、差信号之间的相位差，这里 $\varphi = 0$ 或 $\varphi = \pi$，因此，有

$$U = \begin{cases} K_d U_\Delta, & \varphi = 0 \\ -K_d U_\Delta, & \varphi = \pi \end{cases} \qquad (7-2-15)$$

因为加在相位检波器上的中频和、差信号均为脉冲信号，故相位检波器输出为正或负极性的视频脉冲（$\varphi = \pi$ 为负极性），其幅度与差信号的振幅即目标误差角 ε 成比例，脉冲的极性（正或负）则反映了目标偏离天线轴线的方向。把它变成相应的直流误差电压后，加到伺服系统控制天线向减小误差的方向运动。图 7 – 2 – 8 所示为相位检波器输出视频脉冲幅度 U 与目标误差角 ε 的关系曲线，通常称为角鉴别特性。工作时，通常采用中间呈线性的部分。

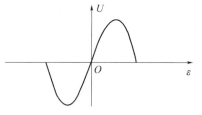

图 7 – 2 – 8　角鉴别特性

（二）振幅和差单脉冲雷达的组成

1. 单平面振幅和差单脉冲雷达

根据上述原理，可得到单平面振幅和差单脉冲雷达的基本组成框图，如图 7 – 2 – 9 所示。

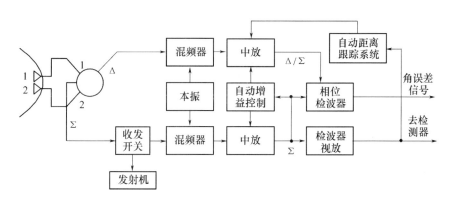

图 7 – 2 – 9　单平面振幅和差单脉冲雷达简化框图

系统的简单工作过程：发射信号加到和差比较器的 Σ 端，分别从 1 端和 2 端输出同相信号激励两个馈源。接收时，两波束的馈源接收到的信号分别加到和差比较器的 1 端和 2 端，Σ 端输出和信号，Δ 端输出差信号（高频角误差信号）。和、差两路信号分别经过各自的接收系统（称为和、差支路）中放后，差信号作为相位检波器的一个输入信号，和信号分三路，一路经检波视放后作为测距和显示用；另一路用作和、差两支路的自动增益控制；再一路作为相位检波器的基准信号。和、差两中频信号在相位检波器进行相位检波，输出就是视频角误差信号，变成相应的直流误差电压后，加到伺服系统控制天线跟踪目标。系

统在进入角跟踪之前,必须先进行距离跟踪,并由距离跟踪系统输出一距离选通波门加到差支路中放,只让被选目标的角误差信号通过。

为了消除目标回波信号振幅变化(由目标大小、距离、有效散射面积变化引起)对自动跟踪系统的影响,必须采用自动增益控制。由和支路输出的和信号产生自动增益控制电压。该电压同时控制和差支路的中放增益,这等效于用和信号对差信号进行归一化处理,同时又能保持和差通道的特性一致。可以证明,由和支路信号作为自动增益控制后,和支路输出基本保持常量,而差支路输出经归一化处理后其误差电压只与误差角 ε 有关而与回波幅度变化无关。

2. 双平面振幅和差单脉冲雷达

为了对空中目标进行自动方向跟踪,必须在方位和俯仰角两个平面上进行角跟踪,因而必须获得方位和俯仰角误差信号。为此,需要用四个馈源照射一个反射体,以形成四个对称的相互部分重叠的波束。

图 7-2-10 为典型的双平面振幅和差单脉冲雷达的组成框图。它由单脉冲天线、和信号通道、方位差信号通道、俯仰差信号通道、方位伺服系统、俯仰伺服系统、测距系统、显示器、自动增益控制电路等组成。单脉冲天线由高频部分和控制部分组成,高频部分包括反射器、辐射器两部分,辐射器又由四个横向偏焦,且偏焦距离相等的喇叭(A、B、C、D)绕天线轴组成,与四个喇叭相连的和差器又由四个波导环形桥构成。控制部分则是在方位、俯仰伺服电路作用下,使天线等信号轴向着目标运动的方向跟踪。

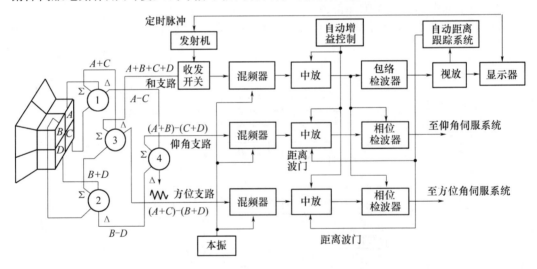

图 7-2-10 双平面振幅和差单脉冲雷达组成框图

图中 A、B、C、D 分别代表四个馈源。发射机产生的高频脉冲经收发开关送往和差比较器③的 Σ 端,发射信号从其相邻的两端口同相等分输给和差比较器①、②的 Σ 端,再次二等分之后,同相送给 A、B、C、D 四个馈源,四个馈源同相辐射,经反射器在空间形成一个发射和波束。接收时,四馈源接收信号之和($A+B+C+D$)为和信号(和差比较器③Σ 端的输出);($A+C$)$-$($B+D$)为方位角误差信号(和差比较器③的 Δ 端输出);($A+B$)$-$($C+D$)为俯仰角误差信号(和差比较器④的 Σ 端输出);而($A+D$)$-$($B+C$)为无用信号,被匹配吸收负载所吸收。

374

我们知道,雷达接收信号功率与天线轴向增益平方成正比,在单脉冲雷达中,也就是与和波束增益平方成正比。而测角灵敏度则与波束交叠处的斜率有关,通常用差波束在 $\theta = 0$ 处的斜率表示。这个斜率称为差斜率。它与差波束(因而与相互交叠产生差波束的每个独立波束)的宽度和最大辐射方向的增益有关,产生差波束的各独立波束的最大增益越大,差波束的最大增益就越大,差斜率也就越大,测角越灵敏,因而测角精度就越高。这里,希望和、差波束最大辐射方向的增益都能达到最大,使测距和测角的性能都达到最佳。

(三)单脉冲雷达通道合并技术

由于单脉冲雷达需要三个通道同时工作,这就要求三个通道工作特性严格一致,每个通道幅—相特性不一致将导致测角精度和测角灵敏度降低。为此采用通道合并技术,以减小三路不一致带来的不良后果。

1. 单脉冲雷达通道合并原则

通道合并技术的出发点是为了简化三通道接收系统,较好地解决单脉冲雷达幅—相不一致性的问题。

通常,把天线馈源、和差比较器产生的相移和电压失衡称为比前相移和比前电压失衡;把和差比较器之后产生的相移加电压失衡称为比后相移和比后电压失衡。研究表明,只有当比前相移和比后相移都不为 0 时,才会引起角跟踪误差。比前电压失衡是固定值,可以通过装机校正消除。比后电压失衡会影响角跟踪灵敏度,由于受馈源和和差器限制,减小比前相移是困难的,一般都在减小比后相移上想办法。减小比后相移的最好办法就是通道合并技术,让和、差信号经由一个通道传输。显然,合并点越靠近和差器越好,从减小比后电压失衡影响来说,也是合并点越靠前越好。

综上所述,单脉冲雷达通道合并技术的合并原则是合并点越靠近微波前端越好。

常用的通道合并技术有正交调制通道合并技术和时分割90°混合通道合并技术。

2. 正交调制通道合并技术

正交调制通道合并技术是把单脉冲体制转化为圆锥扫描体制,即把同时波瓣法转化为顺序波瓣法,故称之为隐蔽锥扫体制,又叫假单脉冲体制。

正交通道合并单脉冲雷达原理框图如图 7 - 2 - 11 所示,其中有一个类似于锥扫电机的磁调制器,这是一个具有旋转磁场的四端微波器件。两个相位差90°的激励信号分别加在两对磁极上,形成旋转磁场。四个端口中的两个在空间交叉配置,分别接收方位误差信号和俯仰误差信号,使两个差信号在空间旋转磁场内正交调制;另外两个端口,一个作为合并信号输出,另一个接吸收负载。合并后的信号可写为

$$U_\Delta(t) = \Delta_{AZ}\sin\omega_{L}t\sin\omega_0 t + \Delta_{EI}\cos\omega_{L}t\sin\omega_0 t$$
$$= \Delta A\sin(\omega_{L}t + \varphi)\sin\omega_0 t \qquad (7 - 2 - 16)$$

式中:ω_0 为射频;ω_{L} 为磁调制器旋转磁场角频率;Δ_{AZ} 为方位差信号;Δ_{EI} 是俯仰差信号;$\Delta A = \sqrt{\Delta_{AZ}^2 + \Delta_{EI}^2}$;$\varphi = \arctan\dfrac{\Delta_{EI}}{\Delta_{AZ}}$。

由式(7 - 2 - 16)可见,磁调制器的输出是一个调幅的载波信号,此信号再与由定向耦合器取出的一部分和信号相加,耦合的部分和信号为

$$U_\Sigma(t) = K_\Sigma\sin\omega_0 t \qquad (7 - 2 - 17)$$

将式(7-2-16)和式(7-2-17)相加得

$$U_c(t) = U_\Sigma(t) + U_\Delta(t) = K_\Sigma[1 + m\sin(\omega_L t + \varphi)]\sin\omega_0 t \qquad (7-2-18)$$

式中:K_Σ 为常数;$m = \Delta/K_\Sigma$ 为调幅指数。

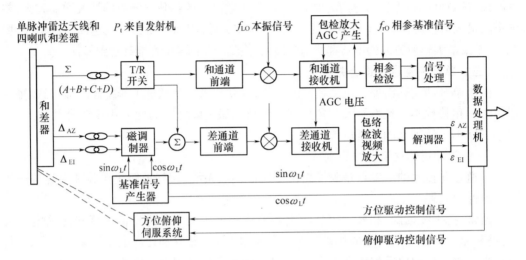

图 7-2-11　正交调制通道合并单脉冲雷达原理框图

式(7-2-18)表征的合成信号与圆锥扫描雷达目标回波信号相类似,当瞄准轴指向目标时,$m=0$,一般 m 很小。方位角误差信号、俯仰角误差信号尽含在式(7-2-18)中,所以,只需用一个通道传输式(7-2-18)所表征的信号,从而消除了混频、中放、AGC、杂波抑制等带来的比后相移和比后电压失衡的影响。该合成信号经过接收通道处理后,在调制器中用磁调制器中的两个正交激励信号作为基准解调,即可得到直流形式的方位误差信号和俯仰误差信号,即

$$\varepsilon_{AZ} = \int_0^{2\pi} (K_\Sigma + \Delta_{AZ}\sin\omega_L t + \Delta_{EI}\cos\omega_L t)\sin\omega_L t d\omega_L t = \pi\Delta_{AZ}$$
$$\varepsilon_{EI} = \int_0^{2\pi} (K_\Sigma + \Delta_{AZ}\sin\omega_L t + \Delta_{EI}\cos\omega_L t)\cos\omega_L t d\omega_L t = \pi\Delta_{EI}$$
$$(7-2-19)$$

由式(7-2-19)可见 ε_{AZ}、ε_{EI} 正比于差信号 Δ_{AZ}、Δ_{EI},它们的极性与 Δ_{AZ}、Δ_{EI} 的极性一致。用 ε_{AZ}、ε_{EI} 去控制伺服系统推动天线朝着减小误差的方向运动,实现对目标的跟踪。

这种体制雷达抗角度欺骗干扰性能差、不易与 PD 雷达相兼容,微波调制器研制难度大,跟踪精度低,系统稳定值、可靠性不好,因而限制了它们应用。

3. 时分割90°混合通道合并技术

时分割90°混合通道合并单脉冲雷达原理框图如图 7-2-12 所示。

目标回波经和差器后形成的方位差信号和俯仰差信号,经时分割 PIN 开关把方位差和俯仰差信号时分合并成一路信号传送,经0/π 调相后,与和信号在90°混合头内混合。混合头的输入为

$$U_\Sigma(t) = K_\Sigma\sin\omega_0 t, \quad U_\Delta(t) = K_\Delta\sin\omega_0 t$$

则其输出为

376

$$U_1(t) = K_\Sigma \sin\omega_0 t + K_\Delta \cos\omega_0 t = U\sin(\omega_0 t + \varphi_1)$$
$$U_2(t) = K_\Sigma \cos\omega_0 t + K_\Delta \sin\omega_0 t = U\sin(\omega_0 t + \varphi_2)$$
$$(7-2-20)$$

式中:$U_\Delta(t)$为分时传送的角误差信号。

当传送方位信号时,$U_\Delta(t) = \Delta_{AZ}\sin\omega_0 t$;当传送俯仰信号时,$U_\Delta(t) = \Delta_{EI}\sin\omega_0 t$;$U = \sqrt{K_\Sigma^2 + K_\Delta^2}$;$\varphi_1 = \arctan\dfrac{K_\Delta}{K_\Sigma}$;$\varphi_2 = \arctan\dfrac{K_\Sigma}{K_\Delta}$。

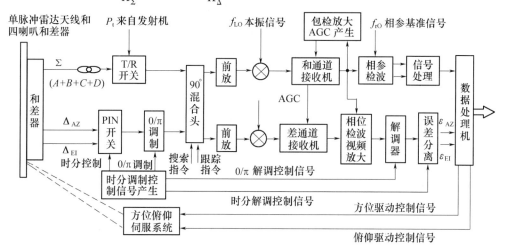

图7-2-12 时分割90°混给通道合并单脉冲雷达原理框图

两个混合信号$U_1(t)$和$U_2(t)$,经各自的接收通道处理后,最后加到相位检波器检波。相位检波器输出信号为

$$U_c(t) = \int_0^{2\pi} U_1(t)U_2(t)\,\mathrm{d}\omega_0 t = \int_0^{2\pi} U\sin(\omega_0 t + \varphi_1) \cdot U\sin(\omega_0 t + \varphi_2)\,\mathrm{d}\omega_0 t$$
$$= \pi^2 U^2 \cos(\varphi_1 - \varphi_2) = \pi^2 U^2(\cos\varphi_1\cos\varphi_2 - \sin\varphi_1\sin\varphi_2) \quad (7-2-21)$$

由于$K_\Sigma \gg K_\Delta$,所以$\varphi_1 \approx 0$,$\cos\varphi_1 = 1$,$\sin\varphi_1 = K_\Delta/K_\Sigma$,$\varphi_2 \approx 90°$,$\cos\varphi_2 = K_\Delta/K_\Sigma$,$\sin\varphi_2 = 1$。因此,有

$$U_c(t) = \pi U^2 \cdot \frac{2K_\Delta}{K_\Sigma} = K_0 \frac{K_\Delta}{K_\Sigma} \quad (7-2-22)$$

式(7-2-22)表示相敏检波器的输出还原出了角跟踪误差信号;经过0/π解调后,再用时分割控制信号即可分离出方位误差和俯仰误差信号,即

$$\varepsilon_{AZ} = K_0 \frac{\Delta_{AZ}}{E_\Sigma}, \varepsilon_{EI} = K_0 \frac{\Delta_{EI}}{E_\Sigma} \quad (7-2-23)$$

4. 单脉冲雷达相位平衡技术

单脉冲雷达采用了通道合并技术,但仍会由于不理想的相移导致角跟踪误差,因正交调制通道合并技术只采用一路传输,虽然消除了由于混频、接收电路、AGC控制、杂波抑制、数字处理系统等分系统产生的不一致性影响,但是仍然存在环行器、定向耦合器、磁调制器、旋转关节、魔T等微波器件产生的相移;时分割混合通道合并技术亦存在两个通道

传输不平衡和混合头不正交引起的两重相移。为了减小这些相移的影响，人们尝试了许多方法，在实际工作中用的比较成功的主要有调相技术和自校准技术。

1）0/π 调相技术

为了消除处理电路的直流偏移，通常采用调制—交流处理—解调技术。若采用通断式调制，会有 3dB 的信噪比损失；若采用 0/π 调制，信号调制频率正负出现，而不是通断，因此，信噪比损失不大。对于时分割加 90°混合的通道合并技术，可以在时分割后，对差信号进行 0/π 调相，角误差信号作为一个交流信号耦合到随后的接收通道。假设 90°混合头不正交度为 $\Delta\varphi_1$，和、差通道传输不平衡相移为 $\Delta\varphi_2$，则在信号传输到相位检波器时，有用信号和不希望的 $\Delta\varphi_1$、$\Delta\varphi_2$ 一起都加到了相位检波器，结果在相位检波器的输出中含有由 $\Delta\varphi_1$ 和 $\Delta\varphi_2$ 引起的直流信号，以及由雷达信号引起的交变信号。经过处理电路后，它们一起加到 0/π 解调器。0/π 解调器只响应交变的雷达信号，并把它还原成缓变的雷达角误差信号，而对 $\Delta\varphi_1$、$\Delta\varphi_2$ 引起的直流分量不响应，从而消除了由 $\Delta\varphi_1$、$\Delta\varphi_2$ 引起的角跟踪误差。下面用数学表达式加以论证。

当 $\Delta\varphi_1 = \Delta\varphi_2 = 0$ 时，90°混合头输出的两路信号如下：

0 调相时为

$$U_1(t) = K_\Sigma \sin\omega_0 t + K_\Delta \cos\omega_0 t$$
$$U_2(t) = K_\Sigma \cos\omega_0 t + K_\Delta \sin\omega_0 t$$

π 调相时为

$$U_1(t) = K_\Sigma \sin\omega_0 t - K_\Delta \cos\omega_0 t$$
$$U_2(t) = K_\Sigma \cos\omega_0 t - K_\Delta \sin\omega_0 t$$

先讨论 $\Delta\varphi_1 \neq 0$ 时，90°混合头输出的两路信号：即

0 调相时为

$$U_1(t) = K_\Sigma \sin\omega_0 t + K_\Delta \cos(\omega_0 t + \varphi_1)$$
$$U_2(t) = K_\Sigma \cos(\omega_0 t + \varphi_1) + K_\Delta \sin\omega_0 t$$

经各自的接收通道，相位检波器的输出为

$$U_{c0}(t) = K_0 \frac{K_\Delta}{K_\Sigma} - \pi(K_\Delta^2 + K_\Sigma^2)\sin\Delta\varphi_1 \qquad (7-2-24)$$

π 调相时为

$$U_1(t) = K_\Sigma \sin\omega_0 t + K_\Delta \cos(\omega_0 t + \varphi_1)$$
$$U_2(t) = K_\Sigma \cos(\omega_0 t + \varphi_1) + K_\Delta \sin\omega_0 t$$

经各自的接收通道，相位检波器的输出为

$$U_{c0}(t) = -K_0 \frac{K_\Delta}{K_\Sigma} - \pi(K_\Delta^2 + K_\Sigma^2)\sin\Delta\varphi_1 \qquad (7-2-25)$$

比较式（7-2-24）和式（7-2-25），等式右边第一项是被 0/π 调制的，第二项不论是 0 调相还是 π 调相都是一样的，是个直流项。它在随后的 0/π 解调中被隔直流掉，对雷达角跟踪不起作用。

同理，当 $\Delta\varphi_2 \neq 0$ 时，也可推导出与以上相同的结果。

378

2）雷达自校准

0/π调相放宽了对90°混合头不正交和两路不一致性的要求,但是对相位检波器以后,包括视放、A/D转换、信号和数据处理等产生的相移和增益不平衡却无能为力,而且,对于比前相移和比前电压失衡也不能克服。为此,在雷达进入工作状态之前,必须进行相位自校准。自校准的切入点一般在雷达前端,即在雷达前端可以加自动相位校准电路(APC电路)来保证通道间相位平衡。采取的方法是在天线的某一象限注入连续波调相信号,至混合桥前构成调相环路。对于I/Q通道的校准,可采用与APC类似的方法进行,给天线注入一个已知的多普勒频移自校准信号,检查I/Q平衡度;由设在A/D转换器后的自校准网络对不平衡进行补偿。

时分割合并通道的双通道体制,是经典三通道与单通道体制之间的一种折中,虽然增加了一些复杂性,但却提高了系统的裕度,增强了抗干扰能力,跟踪精度高,且易于与PD雷达等多种技术兼容,便于扩展功能,因此在PD雷达中广为采用。

三、速度(多普勒频移)跟踪

对于相参体制的脉冲多普勒雷达可以通过多普勒滤波取出目标的速度信息,当需要对单个目标测速并要求连续给出其准确速度数据时,可采用速度跟踪环路实现。速度跟踪环路根据频率敏感元件的不同可以分为锁频式和锁相式两种。

(一)锁频式速度跟踪环路

锁频式跟踪环路用鉴频器作为敏感元件,其原理框图如图7-2-13所示。一般鉴频器的中心频率不是0,而是调在f_2,被跟踪信号的频率是f_0+f_d。带通滤波器的通带由信号频率决定。在跟踪相参谱线时,带通滤波器和鉴频器的带宽对应一根谱线的宽度。压控振荡器和鉴频器的电压频率特性曲线如图7-2-14所示。

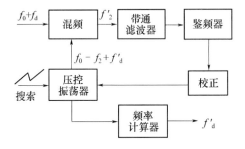

图7-2-13 锁频式频率跟踪器原理框图

跟踪环路一开始可以工作在搜索状态,在压控振荡器输入端加上一个周期变化的电压,使压控振荡器频率在预期的多普勒频移范围内变化。当搜索到目标时,目标回波频率f_0+f_d与压控振荡器频率$f_0-f_2+f'_d$差拍后,得到频率为$f'_2=f_2+f_d-f'_d$的差拍信号,该信号通过窄带滤波器后进入鉴频器。此时可用附加的截获电路控制环路断开搜索,转入跟踪状态。如果此时$f'_d>f_d$,差拍后信号谱线的中心频率$f'_2<f_2$。这时,鉴频器将输出正电压,使压控振荡器频率降低。经过这样的闭环调整,使f'_d趋近于f_d。压控振荡器频偏f'_d经过频率输出电路的变换,就可以输出目标的速度数据。当目标回波的多普勒频移发生变化时,由鉴频器判断出频率变化的大小和方向,送出控制电压,使压控振荡器的

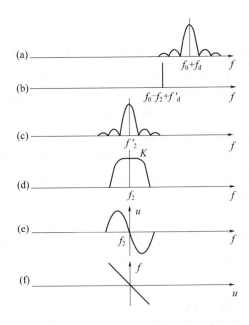

图 7 - 2 - 14　压控振荡器和鉴频器的电压频率特性曲线示意图
(a) 信号频谱;(b) 压控振荡器频谱;(c) 混频后频谱;
(d) 带通滤波器频响;(e) 鉴频特性;(f) 压控振荡器特性。

频率产生相应的变化,从而实现自动频率跟踪。

频率跟踪环路对频率而言是一个反馈跟踪系统。其中混频器是一个比较环节;窄带滤波器可近似为增益为 K' 的放大环节;鉴频器是一个变换元件,它在线性工作范围的传递函数为 $K'' = \Delta u / \Delta f$,$K''$ 即为鉴频器的灵敏度(或称鉴频斜率),它的量纲是 V/Hz;校正网络的传递函数为 $G(S)$,由系统设汁决定;压控振荡器也是放大环节,它的输入是经过校正网络的误差电压,输出是频率,K_2 是压控振荡器的电压控制斜率,量纲是 Hz/V。若用 $K_1 = K'K''$ 表示窄带滤波器与鉴频器的合成传递函数,则锁频式频率跟踪器的等效结构如图 7 - 2 - 15 所示。

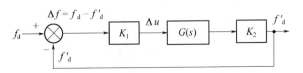

图 7 - 2 - 15　锁频式频率跟踪器等效结构图

环路的开环传递函数为

$$H_0(S) = K_1 K_2 G(S) \qquad (7 - 2 - 26)$$

闭环传递函数为

$$H(S) = \frac{H_0(S)}{1 + H_0(S)} = \frac{K_1 K_2 G(S)}{1 + K_1 K_2 G(S)} \qquad (7 - 2 - 27)$$

由式(7 - 2 - 27)可以看出,若希望环路是一阶无静差系统,则校正网络 $G(S)$ 必须包含一个积分环节。

(二)锁相式速度跟踪环路

锁相式频率跟踪器的原理框图如图 7 - 2 - 16 所示。可以看出,除了将频率变化的敏感元件换成鉴相器外,其他部分与锁频式频率跟踪器基本相同。

鉴相器的输入信号是一个固定频率为 f_2 的基准信号,另一个是经混频和滤波后的被测信号。当两个信号频率不同时,鉴相器的输出是它们的差拍信号。两个输入信号频率相同时,鉴相器输出的是直流信号,直流电压的大小与两个输入信号的相位差成比例。锁相式频率跟踪器的工作过程与锁频式频率跟踪器的工作过程很相似,因此不再重复。当 f'_d 不等于 f_d 时,混频器输出差拍频率信号,它通过低通滤波器后对压控振荡器形成正弦调制。这样混频后的 $f'_2(t)$ 也是正弦调频信号,它与基准信号 f_2 鉴相后的输出就是上下不对称的非正弦信号,该信号中的直流分量会控制压控振荡器作相应的变化,结果使 f'_d 逐渐趋近 f_d。在锁相理论中,这个过程叫做频率牵引。如果锁相环的捕捉带不够宽. 则还需要附加搜索与捕获电路,帮助环路进入跟踪状态。锁相式频率跟踪回路在稳态时可以有相位误差,但没有频率误差。此时,鉴相器的输出信号是一个缓慢变化的直流电压。

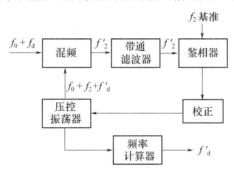

图 7 - 2 - 16 锁相式频率跟踪器原理框图

当输入和输出信号的相位差很小时,锁相环等效于一个线性负反馈系统。其中,混频器仍等效为比较元件。窄带滤波器只让中心频率处的一根谱线通过,仍可以看做是放大环节,其传递函数是 K'。鉴相器的输出电压正比于两个输入信号的相位差,即

$$u(t) = K'' \int_0^t (f'_2 - f_2) \, dt$$

因为 $f'_2 - f_2 = f_d - f'_d$,所以若设 $K_1 = K'K''$,综合考虑混频器、窄带滤波器和鉴相器,可以认为信号 f_d 和 f'_d 进行了一次相减运算和一次积分运算,即

$$u(t) = K_1 \int_0^t (f_d - f'_d) \, dt$$

校正网络和压控振荡器的传递函数仍用 $G(S)$ 和 K_2 表示。锁相式频率跟踪器的等效结构如图 7 - 2 - 17 所示。

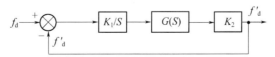

图 7 - 2 - 17 锁相式频率跟踪器等效结构图

环路的开环传递函数为

$$H_0(S) = \frac{K_1 K_2 G(S)}{S} \qquad (7-2-28)$$

闭环传递函数为

$$H(S) = \frac{K_1 K_2 G(S)}{S + K_1 K_2 G(S)} \qquad (7-2-29)$$

比较式(7-2-27)和式(7-2-29)可以看出,当校正网络的形式相同时,锁相系统比锁频系统的无差度高一阶。

由于锁相系统用鉴相器作为敏感元件来闭合跟踪环路,它使内部振荡器精确地与目标运动产生的相移同步。因为回波信号的相位相应于目标的径向距离,所以锁相系统实质上构成了一个距离跟踪系统。但是由于射频相位是高度模糊的,所以实际上很难把相位信息转换成真实的距离数据。

从以上讨论可以看出,由于锁相式频率跟踪器采用鉴相器作为敏感元件,相当于引入了一个积分环节.使锁相系统比锁频系统的无差度高一阶。因此,锁相系统是测量多普勒频移的优选装置,其理论上的稳态测速误差为 0。

为了保证锁相系统处于跟踪状态,压控振荡器的相位总得基本同步地跟随信号相位变化,它们之间的误差不能超过信号周期的几分之一。因此,对雷达设备的稳定性提出了较高的要求。其次,要使目标机动引起的相位动态滞后不超过允许范围,锁相系统的通带应足够宽,但带宽的增大会使由噪声引起的跟踪误差增加。当系统的带宽一定时,锁相系统就存在最大可跟踪目标加速度的限制,而在锁频系统中就无此限制。

以上测速系统的原理性讨论是基于模拟系统的多普勒测速技术实现,经历了从模拟系统转向模拟—数字多普勒测速系统到全数字式测速回路的发展、变化过程,且随着雷达各分系统的进一步数字化,测速功能块也将和雷达数字接收机和信息提取等单元有机地结合为一体。

四、单目标四维跟踪

有了脉冲多普勒跟踪系统,就有可能在雷达的四个跟踪回路中均用窄带滤波器。在脉冲多普勒雷达中实现单脉冲角跟踪是较困难的,这是因为单脉冲所需要的多路接收机(典型的是三路接收机),其增益和相位要求一致。由于在这些接收机通道中每一路都含有复杂的杂波抑制滤波器,它们的带宽很窄,通常是多极点的滤波器。由于这些多极点的杂波抑制滤波器具有很陡的相位频率特性,因此难以做到三路相位一致。

距离跟踪类似于典型脉冲雷达的距离跟踪,不同的是在典型的脉冲雷达中波门分裂是在视频部分完成的,因此距离跟踪系统的接收机可以不独立。而脉冲多普勒雷达由于单边带滤波器和距离门的存在,这时波门分裂必须在接收机的中频部分完成,被波门分裂的回波信号要进行单边带滤波、零多普勒滤波、主杂波跟踪滤波以及目标速度跟踪滤波等,因此为了实现距离跟踪,对于每一重复频率需要两个几乎完整的接收机通道,而且为了能通过脉间周期和在遮挡期间进行跟踪,还需要一些特别的措施,比典型脉冲雷达距离跟踪要复杂的多,脉冲多普勒雷达距离跟踪和角度跟踪是以速度跟踪为前提的,角跟踪又是以距离跟踪为前提的,只有实现了速度跟踪和距离跟踪以后才能实现角跟踪。同时能实现速度跟踪、距离跟踪、角跟踪(方位和仰角都实现跟踪)的系统称为四维分辨系统,具有四维分辨能力的系统可以在时间、空间和速度上分辨各类目标的回波信号。

综合前述的距离、速度、两个角度(方位角和俯仰角)的四个跟踪回路,就构成具有四维分辨能力的跟踪系统,它的典型组成原理框图如图7-2-18所示。

在图7-2-18中,接收机采用三个输入通道(Σ,Δ_{AZ}和Δ_{EI}),其输入信号由单脉冲天线形成,这些天线的输入信号由产生发射频率的同一频率合成器激励的本机振荡器下变频至中频。距离跟踪器工作在Σ通道上,通过在中频上加一个分裂门到Σ通道上产生ΔR信号,Σ距离门加到两个角误差通道和Σ通道。接着将包括ΔR的四个信号下频变至第二中频,其中的窄带滤波器用于在脉冲串范围里的积累。这种滤波之后,Σ通道信号进一步分成用做两个角误差检波器的参考相位输入,同时作为鉴频器的输入,鉴频器的输出经一低通滤波器(均衡器)控制VCO,该VCO是下变频至第二中频的输入之一。距离误差检波器控制加到第一中频放大器的距离门,同时距离误差检波器分别输出至图中两个AGC,角误差检波器控制天线的伺服系统。

角度上的分辨由角跟踪系统和波束宽度决定,跟踪伺服系统使天线对准目标。这样,只有在这个方向上处于波束宽度内的信号才能被接收到,进入各个通道。距离上的分辨由距离跟踪系统和距离门的宽度决定。距离门加在四个通道的宽带第一中放部分,使只有对应这个距离范围的目标才能进入各个通道。由于距离跟踪环路中也加入了速度选择—窄带的第二中放,经过它只滤出回波中心谱线,信号被大大展宽,趋向于连续波。因此,距离波门必须加到中频系统的宽频带部分。经窄带滤波后的距离误差信号由相位检波器提取。

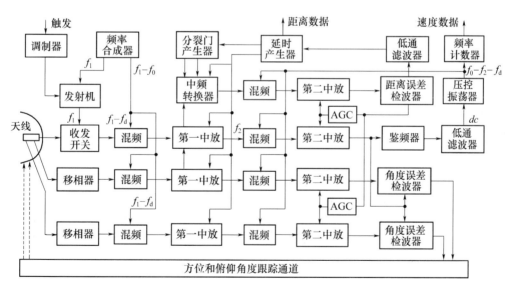

图7-2-18 四维分辨系统原理框图

这个系统的特点是在四个通道中都加入了由速度跟踪回路控制的多普勒窄带滤波器,即第二中放,使得速度在给定范围内的目标才能进入各个通道。

四维分辨系统的主要优点是能在速度坐标即多普勒频移上分辨目标。甚至在短时间内两个目标出现在同样的角度和距离上，只要速度有一定的差别，就可以分开。举个例子来看，若一个导弹与助推器分离的径向速度是 $v_r = 1\text{m/s}$，脉冲宽度是 $1\mu\text{s}$，则从距离上分开这两个目标需要 150s。而当发射频率是 $f_0 = 5600\text{MHz}$ 时，两个目标间的多普勒频移差为 $\Delta f_d = 2f_0 v_r/c \approx 37\text{Hz}$。因此，如果系统所用的窄带滤波器的带宽小于 20Hz，则可立即将这两个目标分开。

四维分辨系统的另一个重要的特性是由于加了窄带滤波器，只能通过相应的一根回波谱线，从而滤除了噪声，所以可以提高信噪比。下面进行一些简要的推导，看看在这种系统中，经过距离选通和多普勒跟踪系统窄带滤波器过滤后，功率信噪比 $(S/N)_f$ 提高了多少。

以 S 表示接收机输入端信号脉冲功率，N 表示折合到接收机输入端的噪声功率（下面的功率都表示折合到输入端的值）。接收机中频带宽为 B，脉冲宽度为 τ，重复周期 $T = 1/f_r$，并设多普勒频移跟踪系统窄带滤波器带宽为 B_f。经过窄带滤波器后只滤出中心谱线，中心谱线功率为 $S(\tau/T)^2$。经过距离门选通后噪声功率为 $N\tau/T$，再经过窄带滤波器过滤后噪声功率为 $N\tau B_f/TB$。因此，经过多普勒跟踪系统窄带滤波后，输出端功率信噪比为

$$\left(\frac{S}{N}\right)_f = \frac{S(\tau/T)^2}{N\tau B_f/TB} = \frac{S}{N}\frac{f_r}{B_f}B\tau \qquad (7-2-30)$$

式中：S/N 为单个脉冲输入的信噪比。

式 $(7-2-30)$ 也可以变换为与能量比 U 的关系。据定义

$$U = 2E/N_0 \qquad (7-2-31)$$

式中：E 为信号能量，$E = S\tau$；N_0 为噪声功率谱密度，$N_0 = N/B$。

所以

$$U = 2B\tau S/N \qquad (7-2-32)$$

将式 $(7-2-32)$ 代入式 $(7-2-33)$，可得

$$\left(\frac{S}{N}\right)_f = \frac{Uf_r}{2B_f} \qquad (7-2-33)$$

能量比 U 也意味着是与单个脉冲匹配系统输出能达到的峰值信噪此。而重复频率 f_r 要比窄带滤波器通带 B_f 大很多倍，因此经过窄带滤波后功率信噪比大大提高。它的物理意义的频域解释是：窄带滤波器只选出了信号的中心谱线（只有脉冲串才能形成线状谱）。距离门选通作用降低了噪声功率密度；窄带滤波器又只让与信号中心谱线在同样频率范围的噪声通过，排除了其他频率范围的噪声。因此功率信噪比大大提高。时域解释是：距离门排除了波门以外的噪声，窄带滤波器相当于一个长时间常数的积累器，参加积累的脉冲数目为 $f_r/2B_f$ 个。由于积累作用，信号被叠加，噪声被平滑，因此信噪比得到提高。

四维分辨系统的上述优点决定了它具有很强的抗干扰能力。它是要求能在强杂波干扰环境下工作的雷达（如机载下视雷达）所必须采用的体制。

第三节 多目标跟踪

随着雷达所对付的目标数量的增加,对多个目标同时进行跟踪已成为许多雷达不可缺少的一种工作体制。例如,机载多功能雷达在远程拦截时,要能够同时跟踪多个目标,并从中选取若干个威胁最大或攻击命中率最高的目标进行攻击。即使在攻击单个目标时,往往也需要同时监视周围的空情。机载预警雷达必须具有同时跟踪多批多个目标的能力,并自动地进行目标的辨识和编批等处理,同时将有关数据送至指挥中心。此外,诸如导弹防御系统、防空系统、水面舰只和潜艇监视和地面战情监视等都提出了多目标跟踪问题。随着数据处理理论的发展,多目标跟踪技术也日趋完善,并且成功地运用于各类实际系统。

雷达观测目标是不精确(随机测量误差)、不完全正确(假目标)和模糊(目标源的不确定,没有是哪个目标来的回波的信息)的;目标的运动状态变化是不确定的。所以,将雷达所接收到的信号及提取出的数据分解为对应于各种不确定机动信息源所产生的不同观测集合或轨迹,一旦轨迹被确定,则被跟踪的目标数目以及对应于每条运动轨迹的目标状态参数,如位置、速度、加速度等均可相应地估计出来。

边扫描边跟踪(TWS)数据处理是多目标跟踪的一种具体应用,当用于连续扫描期间得到雷达目标检测报告时要进行:

(1)识别属于同一目标的各次检测的特征,求出矩心值,形成目标的点迹数据。

(2)估计目标的运动参数(位置、速度和加速度),从而建立目标的航迹。

(3)预测目标航迹的位置。

(4)鉴别不同的目标,进而建立各个目标的航迹文件。

(5)鉴别虚假检测(由人为干扰或自然干扰所致)和真实目标。

(6)在统一进行信号处理与数据处理设计时,自适应地精确设定信号处理器的检测门限,使雷达根据扫描—扫描间不断刷新的虚假检测存储图的内容,在不同的空间方向上改变检测灵敏度。

这种处理的核心就是雷达系统为了维持对多个目标当前状态的估计而对所接收的检测信息进行处理,也就是进行多目标的跟踪。所以,雷达数据处理在不引起异议时也叫多目标跟踪(MTT)或目标航迹处理。

一、边扫描边跟踪(TWS)数据处理

TWS是指在跟踪已被检测到的目标的同时,搜索新的目标。TWS雷达是兼备搜索雷达和跟踪雷达功能的系统,可以在其波束所覆盖的扇区以中等数据率同时跟踪多个目标。跟踪目标的过程实际上是确认目标的航迹,包括它的历史和将来的趋势,对将来航迹的预测有助于提高测量精度和截获目标的概率。

(一)TWS数据处理算法

在复杂环境中对雷达回波数据的处理主要涉及三个方面的问题,即目标的检测和点迹形成;点迹至航迹的互联;航迹的更新。边扫描边跟踪算法中的一个主要问题是点迹至航迹互联的多义性。由于漏警、虚警以及未知目标源的回波,因此不可能确切地知道各个

点迹中的哪一个是所关心目标的回波;在杂波环境中跟踪机动目标的另一个主要困难是机动检测和数据互联之间的基本冲突。所以,边扫描边跟踪主要要解决下列问题:

(1)点迹录取(完成对目标回波的测量和预处理)。

(2)航迹起始(如何从点迹建立航迹)。

(3)数据关联(完成点迹与航迹的配对)。

(4)航迹更新或维持(完成对被跟踪目标的滤波和预测)。

(5)航迹终止(终止不需要或不能继续跟踪的航迹)。

(6)性能评估等。

边扫描边跟踪的数据流程如图7-3-1所示。

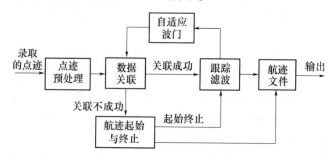

图7-3-1 边扫描边跟踪的数据流程图

雷达探测到目标后,点迹录取器提取目标的位置信息形成点迹数据,经预处理后,新的点迹与已存在的航迹进行数据关联,关联上的点迹用来更新航迹信息(跟踪滤波),并形成对目标下一位置的预测波门,没有关联上的点迹进行新航迹起始。如果已有的目标航迹连续多次没有点迹与之关联,则航迹终止,以减轻不必要的计算开销。

航迹起始是对进入雷达监视区域的新目标快速建立航迹的过程。在获得一组观测点迹后,这些点迹首先与已经存在的航迹(可靠航迹)进行关联,关联成功的点迹用来更新航迹文件,剩余的点迹存入暂时航迹文件,暂时航迹可能是由进入监视区域的新目标引起,也可能是由噪声、杂波和干扰引起的虚假目标,因此暂时航迹必须经过确认才能转为可靠航迹。

跟踪滤波的目的是根据已获得的目标观测数据对目标的状态进行精确估计。跟踪滤波的关键是对机动目标的跟踪,机动目标跟踪的主要困难在于设定的目标模型与实际的目标动力学模型的不匹配。一般目标沿匀速直线航线运动,这时采用卡尔曼滤波技术可获得最佳估计,但当目标偏离匀速直线航线而作机动飞行时,卡尔曼滤波可能会出现发散,所以需要采用自适应方法。

在多目标及杂波环境中,准确地判断点迹与目标的一一对应关系是一件很困难的事情。数据关联就是将雷达录取器送来的点迹与已经跟踪的航迹进行比较并确定正确点迹与航迹配对。最简单的数据关联方法是波门法,以已经存在的航迹预测点为中心的周围区域作为波门。当目标的波门内只有一个点迹时,关联的过程是比较简单的;但当目标比较多且相互靠近时,关联的过程就变得十分复杂,此时要么是单个点迹位于多个波门内,或是多个点迹位于单个目标波门内。目前对此类问题的解决有两种方法,第一种方法是所谓的最近邻域法;另一种方法称为全邻域法。

在多目标跟踪的过程中要充分利用点迹序列的性质,对点迹的预期特性规定得越缜密,则数据处理器区分不同目标和虚假点迹的能力就越强。相继的目标点迹的间隔决定于目标速度,当目标作各种机动的时候,其速度是不断变化的。如果目标是飞机,那么其速度值有一个上限和下限,而且飞机加速度的上限大大限制了飞机所能机动的轨迹。

1. 点迹录取

点迹录取是实现多目标跟踪的第一步,它主要由点迹获取和点迹预处理组成。点迹获取可由本地点迹录取器结合操作员的人工操作来实现,也可由远方雷达通过通信设备传输点迹数据来完成。由于同一目标会跨越多个脉冲周期,点迹预处理首先要从输入缓冲区找出分散在不同区域的同一目标数据,进行点迹凝聚处理,消除多余回波,进行多目标分辨,再求取点迹的矩心值,实现坐标变换等。

2. 航迹起始

航迹起始是多目标跟踪系统用来截获进入雷达威力区新目标的方法。它可由人工操作实现或按某种逻辑自动实现。自动航迹起始的目的是在目标进入雷达威力区后,能立即建立起目标的航迹文件;另一方面,还要防止由于存在不可避免的虚假点迹而建立起假航迹。所以航迹起始方法应该在快速起始航迹的能力与防止产生假航迹的能力之间达到最佳的折中。工程中常用的方法有以下几种:

(1)简单波门法。在每个第一批点迹周围形成起始波门,波门大小由目标可能速度、录取周期和观测精度决定,第二批点迹落入起始波门的认为是同一目标,外推形成预测波门。若起始波门内落入多个点迹,则形成分支,待后续点迹的到来再进行鉴别,错误的航迹会很快被删除。

(2)滑窗法。连续 N 个扫描周期中,波门中能有 M 次以上套住点迹,即满足 M/N 准则,则判断航迹起始,否则向后滑动一次扫捕周期,直到准则满足。此法有一定的抗虚警作用,适当选择 N、M 可以较好地解决快速航迹起始和抗虚假航迹能力的要求。

(3)序贯检验法。利用递推计算构成可能航迹各点迹似然函数与双门限比较,来提高检验航迹真伪的正确率。

(4)其他概率计算法。计算航迹的最大似然函数和后验概率来起始航迹。

3. 数据关联

数据关联是多目标跟踪技术中最重要和最困难的问题,其任务是将新的录取周期获得的一批点迹分配给各自对应的航迹。所面临的主要问题除跟踪波门大小的确定外,还有从当前的点迹和航迹中判断哪个点迹属于哪个目标航迹,哪些目标已经消失,哪些目标是新出现的等。下面研究一个监视雷达中常见的情况来看一看数据关联的复杂性。

设雷达天线匀速旋转,第一次扫描设有 m_1 个点迹,第二次扫描设有 m_2 个点迹,以此类推。这些点迹可能是真目标,也可能是假目标(干扰、虚警、杂波之类)。如何把同一目标在不同扫描周期里的点迹找出来并组成航迹?

处理这类问题的主要困难是计算量大。若第 k 次扫描点迹为 m_k 个,则可能的航迹数如下:

(1) k 个点迹组成的可行航迹有 $\prod_{j=1}^{k} m_j$。

（2）$k-1$ 个点迹组成的可行航迹有 $\sum\limits_{j=1}^{k} \dfrac{m_1 m_2 \cdots m_k}{m_j}$。

（3）$k-2$ 个点迹组成的可行航迹有 $\sum\limits_{i=1}^{k} \sum\limits_{j=1}^{k} \dfrac{m_1 m_2 \cdots m_k}{m_i m_j} (i \neq j)$。

（4）1 个点迹组成的可行航迹有 $\sum\limits_{j=1}^{k} m_j$。

例如，当 $m_1 = m_2 = m_3 = m_4 = 100$，仅 4 个点迹组成的可行航迹就有 $m_1 m_2 m_3 m_4 = 10^8$ 个。要求从 10^8 个可能航迹中找出 100 条实际航迹，犹如在大海中捞针一样困难。如何淘汰那么多假航迹找到真航迹呢？这就要找出真航迹的主要特征，以此把它们逐步从可行航迹中筛选出来。这里首先指出关联问题的两个明显的限制条件：

（1）同一次扫描的点迹互相不关联（即目标不分裂）。

（2）第 k 次和第 $k-1$ 次以前的点迹不倒联。

另一个可利用的特征是目标的动力学特性，由于目标速度和加速度的限制，一条航迹相继两次扫描的观测值间隔不会太大，这时可用波门技术来消除不可能的点迹，即航迹配对。波门是一个以目标下一次扫描可能出现的预测点为中心的区域，它作为决定一个点迹是否属于先前已经建立的航迹或是新目标的点迹与航迹关联算法的第一步，来把观测点迹粗分为两类：一类为用于航迹更新的候选点迹，即观测点迹落入一个或多个已经存在航迹的波门区域，这些点迹最后可能用于更新航迹，也可能用于起始一个新航迹；第二类是新目标航迹的初始观测点迹，即观测点迹没有落入任何已存在航迹的波门区域，它直接作为起始新目标航迹的候选点迹。

如果每个航迹的预测波门中只有一个点迹，就不用解关联问题。在目标密集、复杂杂波的环境中，就可能出现一个点迹落入多个波门或多点迹落入同一波门的情况，要么是多个航迹"争夺"单个点迹，要么是相关波门中的多个点迹与同一航迹关联。当目标通过杂波区或几个目标同处于某个邻近区域，如跟踪飞机编队时，就会发生这样的模糊情况。此时，必须能正确地解决点迹与航迹的相关互联问题，先把可供关联的点迹—航迹构成矩阵，通过解模糊，选择出那些最好的点迹—航迹配对。常用的方法有以下几种：

（1）最近邻域法（NN）。是一种最早采用的方法，简单、易于工程实现，选用落入波门内与航迹预测点统计距离最近的点迹分配给航迹。具体实现时有三种准则，即距离最近优先、唯一性优先、及总距离和最小准则。实质上最近邻域法是一种局部最优的"贪心"算法，并不能在全局意义上保持最优，在目标密度较大的情况下，多目标的波门相互交叉，最近的点迹未必由目标产生，因此，它有时会做出不正确的关联决策，甚至会导致航迹丢失。

（2）航迹分裂法。认为波门内的每个点迹都可能来源于目标，都与目标航迹构成新的航迹分支，再对每个分支航迹进行滤波、预测处理，得到新的状态估计，计算该航迹的似然函数，用来判别该航迹的真伪。随着扫描次数的增加，在密集目标环境中，可能的航迹组合越来越多，呈指数增长，会使计算机饱和过载，所以必须对似然函数值低于某门限的航迹予以删除，合并超过一定比例的重合点迹数目构成的航迹，及时删除假航迹。

（3）多假设检验法（MHT）。目前公认的理论上最完善的数据关联方法，也称最佳贝叶斯法。在接收到每个点迹数据时，考虑点迹的每种可能并形成假设，计算点迹来自先前已知的目标、新目标和假目标的假设概率,当相继扫描中收到更多点迹数据时,递归算出关联假设概率,由于假设树不断地分裂,计算量和存储量很快会使计算机饱和,所以要进行假设管理(删除、合并、聚类等)。鉴于数学处理太复杂又费时,目前只在理论上进行探讨,限制了它的应用。

(4)概率数据互联和联合概率数据互联法(PDA/JPDA)。前者适宜于单个目标情况,后者用于多目标交叠情况,它计算波门内每个点迹的后验概率,然后用概率加权得到一个新的组合点迹,再用这个等效点迹来更新目标航迹。这种算法属于"全邻域"法,是目前比较完善的数据关联方法。实际上,JPDA 是 MHT 的一种特殊情况,它既保留了MHT 的优点,又简化了 MHT 的计算量。但它还要计算所有点迹的后验概率,并且计算量随目标或点迹数目成指数增加,在实际应用场合仍受到限制。

其他方法还有高斯和法、0－1 整数规划法、神经网络概率数据关联法、多维分配法、动态规划法等。

4. 跟踪算法

对数据关联后分配给航迹的点迹数据进行处理,利用时间平均法减小观测误差、估计目标的速度和加速度、预测目标的未来位置。目标跟踪算法是利用现代动态系统理论和随机滤波理论来进行的,任何目标的运动都是以各种物理运动规律为基础,按照一定的物理规律运动的物体视为非机动的;而机动是指运动物体受随机力量或确定力量的作用而发生突然改变,由于在大多数情况下,我们对目标机动的先验知识了解不多,因此所建立的目标动力学模型很难反映实际目标的动力学特征。目标跟踪涉及到三个问题:

(1)跟踪坐标系的选择。雷达目标的运动是在大地惯性坐标系中进行的,用直角坐标系描述最方便,而雷达的观测是以雷达为原点的极坐标下得到的,所以必须选择适当的坐标系来保证模型的线性、可解耦性,从而提高状态估计的精度和减小计算量。现在常用直角坐标系来进行状态滤波,而把极坐标下的观测值进行坐标变换。

(2)机动目标模型。动态估计理论要求建立数学模型来描述与估计问题有关的物理现象。这种数学模型应把某一时刻的状态变量表示为前一时刻状态变量的函数。所定义的状态变量应是能够全面反映系统动态特性的一组维数最少的变量。在目标模型构造过程中,考虑到缺乏有关目标运动的精确数据以及存在着许多不可预测的现象,如周围环境的变化及驾驶员主观操作等知识,需要引入状态噪声的概念。当目标作匀速直线运动时,加速度常常被看作具有随机特性的扰动输入(状态噪声),并假设为服从零均值的白色高斯噪声。然而,当目标发生诸如转弯或规避等机动现象时,上述假设则不尽合理,机动加速度变为非零均值时间相关有色噪声过程,所以还要考虑加速度的这种分布特性,要求加速度分布函数尽可能地描述目标机动的实际情况。常见的机动目标模型有匀速直线运动的二阶常速白噪声模型;匀加速直线运动的三阶白噪声模型;Singer 的时间相关模型;Moose 的半马尔可夫模型;"当前"统计模型;自适应机动摸型,包括机动检测、输入加速度估计、变维、实时辨识和交互多模型(IMM)等。

(3)跟踪滤波器。在建立目标动态模型和雷达的观测模型后,就可以利用具体的滤波器来处理接收的点迹数据。根据要求的跟踪精度和现有的计算能力,可以选用两点外推、维纳滤波、$\alpha - \beta(-\gamma)$ 滤波、简化卡尔曼(Kalman)滤波、卡尔曼滤波,推广的卡尔曼滤波和非线性滤波器等。

5. 航迹终止

当数据关联错误,形成错误航迹;或目标飞离雷达威力范围;或目标强烈机动,飞出跟踪波门而丢失目标;或目标降落机场;或目标被击落等,出现这些事件时航迹都应终止。航迹终止是航迹起始的逆过程,其处理的方法与航迹起始类似。如连续几个扫描周期波门内没有点迹就令航迹终止,或者依据一定的概率准则,当航迹为真的概率低于某一门限则令航迹终止。

6. 性能评估

影响多目标跟踪算法精度的主要因素是雷达的录取精度、扫描(采样)周期和目标是否机动;影响数据关联的主要因素则有虚警、漏警和各目标航迹相接近的程度。要评价一套跟踪算法的性能,就应综合考虑这些因素对性能的影响。

涉及数据录取的性能主要有目标的检测损失、点迹处理的时延、录取精度和目标录取分辨能力。涉及单目标航迹数据处理的性能指标有航迹自动起始成功率、航迹自动起始时延、虚假航迹自动起始概率、航迹跟踪精度、目标稳定跟踪能力、航迹交叉不丢失不混批概率、航迹交叉最小角、航迹交叉最小速率差、航迹处理时延、航迹处理容量和编队目标跟踪能力。对这些指标进行考核的方法有 Monte - Carlo 法、典型环境情况测试法、协方差分析法、概率分析法和马尔可夫链法。这几种方法分别从不同的角度评估算法的性能。

(二)边扫描边跟踪的工作过程

下面举例说明雷达从探测目标到跟踪目标的基本过程。

假设在第一次扫描雷达录取到一个点迹 $P_1(R_1, \theta_1)$,它与已经建立的航迹都不相关,换句话说,它不是已有航迹的新点迹,这种点迹叫做自由点迹。自由点迹可能是假目标,也可能是新出现的真目标,是真是假,要进一步加以判断。常用的判断方法是在 P_1 的周围形成一个环形区,即它的内径、外径分别为 $V_{min}T$ 和 $V_{max}T$(V_{min}、V_{max} 分别为目标飞行的最小速度、最大速度,T 为扫描周期),这样的区域,在航迹处理中叫做波门。由于只有 P_1 这一个自由点迹,不知道目标的运动方向,所以,这时候只能产生这样的一个环形波门,把所有的方向都包括在内,如图 7 - 3 - 2 所示。

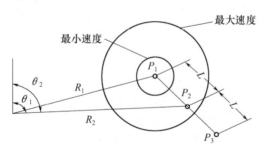

图 7 - 3 - 2 暂时航迹的建立

下次扫描时(第二次),如果在波门里面出现一个点迹 $P_2(R_2, \theta_2)$,那么,P_2 很可能与 P_1 是属于同一目标的。这样,我们就可以认为 P_1 与 P_2 的连线构成一条可能的航迹,目标的飞行方向是从 P_1 到 P_2,一个天线扫描周期所飞过的距离是 P_1P_2。从而建立起第一点暂时航迹(航迹起始),对目标初始运动状态的估值(指其位置和速度)可从这两个相继目标回波中求得。目标速度由目标位移对雷达扫描时间的比率算出。但是可能的航迹还不是真实的航迹,如果出现了假点迹,这种简单方法是不可靠的,还需要进一步的检验,以确定它是否为真实的目标航迹。因此,必须采用较长的点迹串,并把那些与预期目标特性相一致的序列作为航迹的开始。假设目标作匀速直线运动,故目标在下次扫描时的位置可以利用其当前位置和速度的估计来预测(航迹预测逻辑),利用 P_1 和 P_2 这两点提供的信息,在 P_1P_2 的延长线上取与 P_1 到 P_2 相同的距离,得到下一次扫描周期的目标可能出现的预测位置 P_3。但是,这种估计也许不准确,而且由于下次扫描时预期有点迹出现的位置上可能存在点迹噪声,也还有一个随机成分。因此,在搜索下一个目标回波时必须考虑到这些误差。为此,可以预测位置为中心而展开成一个搜索区域,在该区域内找到的点迹即认为与已经建立的航迹相关。这个搜索区域的大小由位置和速度的误差估计以及点迹噪声的数量确定。搜索区域必须足够大,以保证下一次目标回波落入该区域的可能性很大;但其尺寸又必须力求最小,因为如果存在假点迹,搜索区域过大就会平均捕获更多的假点迹。这会使相关问题变得十分复杂,因为只要搜索区域内的点迹多于一个,就不知道哪一个是所需要的目标点迹了。

第三次扫描时,搜索以 P_3 为中心的波门内的点迹,希望获得同一目标回波信号并将其与航迹联系起来(点迹—航迹相关逻辑)。如果只发现点迹 P'_3,如图 7-3-3(a) 所示,可以认为 P'_3 是 P_1 与 P_2 构成的暂时航迹的最新观测值,暂时航迹也可确认为目标的航迹了。如果在 P_3 的波门内没有出现新的点迹,如图 7-3-3(b) 所示,暂时航迹一般不立即撤销,再按原来的速度推出第四点位置 P_4,如果在 P_4 的波门内再找不到点迹,那么,建立的暂时航迹被认为是不真实的,予以撤销。如果在 P_3 的波门内出现不只一个新的点迹,出现了模糊,那么就需要高级的点迹航迹数据关联技术来解决,要么用最近邻域法选择一个离预测点 P_3 统计距离最近的点迹;要么进行航迹分裂,建立多条暂时航迹,并各自算出外推点,待后续过程来判别真伪;要么按各点迹到预测点的统计距离计算似然概率,用这个概率作加权得出个组合点迹。

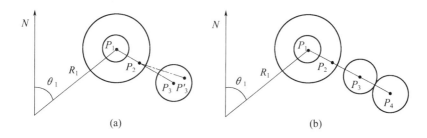

图 7-3-3 点迹和航迹相关示意图
(a) 波门内有唯一点迹;(b) 波门内没有点迹。

上述方法只适用于非机动目标。从原理上说,它可以简单地推广用于机动目标。现在假定对目标的机动能力作某些限定,最简单的是只限制目标的最大加速度。在这种情况下,目标的机动能力可以用一个围绕着预测位置的"机动波门"来表示。因此,若不考虑估计误差和点迹噪声的影响,在下次扫描时,目标应出现于该波门内的某一点。这样,在目标的预测位置和真实位置之间就存在两种偏差来源,即由于估计误差和噪声引起的偏差源以及由目标可能的机动性所产生的偏差源。计算总搜索区域应该考虑到这两种偏差源出现最坏的结果,粗略地说,把噪声波门(即非机动目标的搜索区域)和机动波门"相加",才能得到最后要找的总搜索区域。

假定下一个目标点迹与已经建立的航迹密切相关,那就要利用新获取的点迹去继续更新和改善对目标位置和速度的估计(航迹滤波逻辑)。这一工作由数字滤波器完成,它求取点迹位置实测值与预测值之间的误差值,并输出目标位置与速度的平滑值。利用比例于先前算出的预测位置误差的数值对目标的预测位置和速度进行校正,便能获得平滑航迹数据。为了初步说明上述数字滤波器执行的算法,引入所谓"$\alpha - \beta$ 算法"就极为方便。这是一种循环算法,执行的是航迹平滑和预测,因而是利用了以前的估计和本次观测来求得本次估计。滤波器的阶数由 α、β 的数值确定。如果 α 和 β 都等于1,那么滤波的位置和速度就主要取决于点迹位置的测量值;反之,如果 α 和 β 都等于0,那么滤波的位置和速度就主要决定于预测的位置了。为了使目标位置和速度的估计误差最小,可用一种完善的理论来选择合适的每次扫描用的 α、β 值。图7-3-4用图示的方法示出了前三个雷达扫描周期的预测和滤波逻辑的作用原理。前两个点迹开始了目标航迹,而估出的速度能够预测出第三次扫描时的点迹位置。第三次扫描时得到的新的点迹可用以校正目标的预测位置和速度。图7-3-5指出了延伸的点迹序列经处理后其预测误差得到减小的情况,还示出了在扫描—扫描基础上求出的相关窗。相关窗的面积与预测误差成正比,但随雷达扫描次数的增加而减小。这种窗口具有极坐标扇面形式,但也有另外的形状(如圆)。

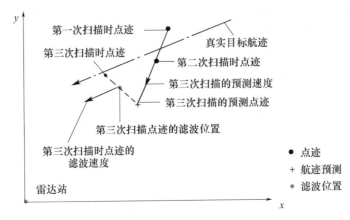

图7-3-4 前三个雷达扫描周期的预测和滤波逻辑

另外,还要研究一下点迹和现存航迹毫不相关的不测事件。有两种情况可能发生:一种是现存航迹与新进入的点迹不相关;另一种是在某次扫描时有一个或多个航迹没有收到点迹。在第一种情况下,会出现一个新的航迹,利用航迹起始方法可以验证这一假设。在第二种情况下,航迹可以外推,或者在数量足够的相继点迹丢失时,航迹被抑止掉(航迹终止逻辑)。

对雷达数据处理提供的数据进行处理所用的时间要多于完成目标跟踪功能所需的时间。事实上,跟踪功能最好地控制住目标并提取数据,因而雷达的输出数据只需平滑到航迹维持时刻;而以后对诸如报警、火力控制等问题的处理,则需要更长的记忆时间和更有效的平滑。

392

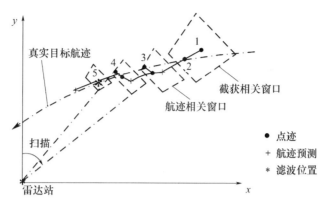

图 7 - 3 - 5　边扫描边跟踪处理示意图

二、目标状态滤波技术

边扫描边跟踪的主要任务有两个:一个是通过测得目标位置数据,用尽可能高的精度对目标的位置、速度等状态参数作出即时估值;另一个是预测下一次扫描时目标的位置,形成距离、方位波门,从而套住下一次扫描时的目标回波,以便进行数据关联。

对目标当前状态参数进行"估值"就是滤波问题,所得结果是滤波值;对目标位置坐标参数进行外推估值运算称预测,外推坐标的估计值称预测值。滤波和外推的计算是航迹跟踪的主要任务,统称为航迹跟踪计算。虽然滤波值和预测值不一定是目标当前位置和预测位置的准确值,但如果计算准则取得恰当,可使误差最小。计算准则很多,不同准则有不同的计算方法,由不同的滤波器组成。

迄今为止的各种边扫描边跟踪雷达中,主要使用的滤波跟踪算法有二点或三点外推法、$\alpha - \beta(-\gamma)$ 滤波跟踪算法、滑窗最小二乘多项式滤波器以及卡尔曼滤波跟踪算法等。著名的卡尔曼滤波器和它的推广形式,给多目标跟踪系统的跟踪滤波器提供了有效的理论基础。但是,对于在很短的天线扫描周期内,要搜索、跟踪数十批甚至数百批机动目标的边跟踪边扫描系统来说,由于它计量大,结构复杂和对模型敏感等缺点,限制了它的应用,这是经典 $\alpha - \beta$ 滤波器至今仍然十分活跃的理由。$\alpha - \beta$ 滤波器是单雷达站边跟踪边扫描系统中的一种适用的滤波器形式。如果参数选择合适,其精度可以和卡尔曼滤波器相比,而且对目标的机动运动可能有较好的适应能力。

(一) 雷达目标状态和观测模型

每一种跟踪算法都是利用目标动态行为的某种模型,尽管这种模型的复杂性变化很大,但一般它们共同遵守一种假定:除了偶然受外力扰动的时候,目标运动受物理规律(直线、圆弧、弹道等)的控制。通常,把目标运动的不可预测的变化叫做机动,它代表了跟踪系统设计中的主要难题,特别是当机动与测量源的不定性相结合时,这个问题就更为突出。

目标的动态运动模型描述目标状态随时间的演变,根据现代系统理论,在时间域上用一组一阶微分方程来表示目标模型。一般的连续时间状态空间模型可用如下数学模型表示:

$$\dot{X}(t) = f[X(t), U(t), V(t), t] \tag{7-3-1}$$

式中:t 为时间;$X(t)$ 为 n 维状态变量矢量;$U(t)$ 为 p 维已知的输入(控制)矢量(如重力、阻力、推力);$V(t)$ 为 q 维随机扰动即过程噪声。

在离散瞬间,可得观测值 Z,它包含有状态的非线性变换,而且受到附加观测噪声 W 的干扰:

$$Z(t) = h[X(t), t] + W(t) \tag{7-3-2}$$

式中:$Z(t)$ 为 m 维的观测矢量;$W(t)$ 为 r 维的观测噪声矢量。

实际上,所要研究的基本系统是线性系统,这主要是因为在实用上线性系统最有意义,还因为对线性系统,估计理论的全部结论都可以应用。对线性时变系统,式(7-3-1)的模型是一个简单的表达式,即

$$\dot{X}(t) = A(t)X(t) + B(t)U(t) + C(t)V(t) \tag{7-3-3}$$

$$Z(t) = H(t)X(t) + W(t) \tag{7-3-4}$$

式中,A、B、C 分别是 $n \times n$ 维、$n \times p$ 维和 $n \times q$ 维的已知矩阵,称为系统矩阵;H 是已知的 $m \times n$ 维已知矩阵,它把状态矢量 X 和测量矢量 Z 联系起来,称为观测矩阵。

式(7-3-3)描述了一个状态连续变化的物理系统,称为系统的状态方程。式(7-3-4)描述了动态系统的输出,称为观测方程。

在一维情况下,式(7-3-3)变为

$$\dot{X}(t) = FX(t) + Ga(t) \tag{7-3-5}$$

式中:$X(t) = \begin{bmatrix} \text{目标在 } t \text{ 时刻的位置} \\ \text{目标在 } t \text{ 时刻的速度} \end{bmatrix}$;$a(t) = $ 目标在 t 时刻的加速度;$F(2,2) = \begin{bmatrix} 0 & 1 \\ 0 & 0 \end{bmatrix}$;$G(2,1) = \begin{bmatrix} 0 \\ 1 \end{bmatrix}$。

加速度 $a(t)$ 通常是未知的,且可以作为随机噪声过程来建模。对二维(如笛卡儿坐标系中的 x, y 坐标),则式(7-3-3)为

$$\frac{\mathrm{d}}{\mathrm{d}t} \begin{bmatrix} x \\ \dot{x} \\ y \\ \dot{y} \end{bmatrix} = \begin{bmatrix} 0 & 1 & 0 & 0 \\ 0 & 0 & 0 & 0 \\ 0 & 0 & 0 & 1 \\ 0 & 0 & 0 & 0 \end{bmatrix} \begin{bmatrix} x \\ \dot{x} \\ y \\ \dot{y} \end{bmatrix} + \begin{bmatrix} 0 & 0 \\ 1 & 0 \\ 0 & 0 \\ 0 & 1 \end{bmatrix} \begin{bmatrix} a_x \\ a_y \end{bmatrix} \tag{7-3-6}$$

设雷达测得的距离 r,方位 θ,径向速度 $\dot{r}$ 均受附加观测噪声的干扰,则式(7-3-4)变为

$$z = \begin{bmatrix} r \\ \theta \\ \dot{r} \end{bmatrix} = \begin{bmatrix} \sqrt{x^2 + y^2} \\ \arctan \dfrac{y}{x} \\ \dfrac{x\dot{x} + y\dot{y}}{\sqrt{x^2 + y^2}} \end{bmatrix} + \begin{bmatrix} w_r \\ w_\theta \\ w_{\dot{r}} \end{bmatrix} \tag{7-3-7}$$

式中:w_r、w_θ、$w_{\dot{r}}$ 为相应观测值的噪声分量。

我们知道,状态是描述系统的最小维矢量,它概括系统的过去历程,在已知未来输入的情况下,足以预测系统未来的输出。根据这一模型即可用最佳滤波理论得出目标状态(位置和速度)的估计。实际上,雷达目标状态的最佳估计不是简单的事情,因为

(1)描述噪声过程(a_x,a_y)相当困难。

(2)只有在时间离散采样时才能提供观测值。

(3)观测方程(7-3-7)是非线性的。

(4)目标的观测值是由雷达以某个小于 l 的概率取得的;而且,由杂波或噪声造成的虚假观测值可能与真实观测值相抗衡。

加速度可以看成是对状态方程(一般是线性的)的扰动输入。对加速度不可预测特性的一种建模方法首先由 Singer 提出,他把加速度看成是一个非高斯相关稳态过程,假设目标以概率 P_{max} 和最大加速度 $\pm a_{max}$ 加速,无加速度概率为 P_0,而在极限 $-a_{max}$ 和 $+a_{max}$ 之间,按适当的均匀分布加速,由此得到加速度的概率密度函数,求得目标加速度的方差,自相关函数则决定于预期的机动持续时间。因为要把白色高斯随机过程作为扰动项,所以卡尔曼滤波器可直接采用这种模型。加速度的另一种更为可靠的描述方法是把它看作是一个非稳态模型,其均值和方差以某种先验的不可预知的方式与时间相关。

在雷达目标跟踪系统中,通常采用数字计算机进行处理,为此,有必要建立离散系统的数学模型,这可以在一定假设条件下,对连续系统进行采样得到,或者建立系统的差分方程。

对式(7-3-3)以离散时间集$[t_0,t_1,t_2,\cdots]$采样,假定 $U(t)$ 和 $V(t)$ 是在$[kT,(k+1)T]$期间内保持恒值,即 $U(t)=U(t_k)=U(k)=\mathrm{const}$ 及 $V(t)=V(t_k)=V(k)=\mathrm{const}$,则系统的状态方程可写成

$$X(t_{k+1})=\boldsymbol{\Phi}(t_{k+1},t_k)X(t_{k+1})+\boldsymbol{\Gamma}(t_{k+1},t_k)U(t_{k+1})+\boldsymbol{G}(t_{k+1},t_k)V(t_{k+1})$$

$$(7-3-8)$$

式中:$\boldsymbol{\Phi}$ 为系统状态方程的转移矩阵,由状态方程的基础解矩阵定义;$\boldsymbol{\Gamma}$ 为通过输入(假定采样周期上是常数)进入系统的增益;V 为分段常值的离散时间过程噪声。

对于时常系统定义:

$$\boldsymbol{\Phi}(t_{k+1},t_k)=\boldsymbol{\Phi}(t_{k+1}-t_k)=\mathrm{e}^{A(t_{k+1}-t_k)}=\boldsymbol{\Phi}(k) \qquad (7-3-9)$$

$$\boldsymbol{\Phi}(t_{k+1},t_k)=\boldsymbol{\Phi}(k)=\boldsymbol{I}+\boldsymbol{A}(t_{k+1}-t_k)+\boldsymbol{A}^2\frac{(t_{k+1}-t_k)^2}{2!}+\cdots=\sum_{n=0}\boldsymbol{A}^n\frac{(t_{k+1}-t_k)^n}{n!}$$

$$(7-3-10)$$

$$\boldsymbol{\Gamma}(t_{k+1},t_k)=\int_{t_k}^{t_{k+1}}\boldsymbol{\Phi}(t_{k+1},\tau)\boldsymbol{B}(\tau)\mathrm{d}\tau=\boldsymbol{\Gamma}(k) \qquad (7-3-11)$$

$$\boldsymbol{G}(t_{k+1},t_k)=\int_{t_k}^{t_{k+1}}\boldsymbol{\Phi}(t_{k+1},\tau)\boldsymbol{C}(\tau)\mathrm{d}\tau=\boldsymbol{G}(k) \qquad (7-3-12)$$

若假定 $V(t)$ 是零均值白噪声,简记 $t_{k+1}=k+1,t_k=k$,则

$$E[V(k)]=0;E[\boldsymbol{G}(k)V(k)V^{\mathrm{T}}(j)\boldsymbol{G}^{\mathrm{T}}(j)]=\boldsymbol{Q}(k)\delta_{kj} \qquad (7-3-13)$$

式中,δ_{kj} 为 δ 函数,并且

$$\boldsymbol{Q}(k)=E\Big[\int_{t_k}^{t_{k+1}}\mathrm{e}^{A(t_{k+1}-\tau)}V(\tau)V^{\mathrm{T}}(\tau)\mathrm{e}^{A'(t_{k+1}-\tau)}\mathrm{d}\tau\Big] \qquad (7-3-14)$$

离散时间动态模型可简记为

$$X(k+1) = \boldsymbol{\Phi}(k)X(k) + \boldsymbol{\Gamma}(k)U(k) + G(k)V(k) \qquad (7-3-15)$$

其中,假定输入 $U(k)$、$\boldsymbol{\Phi}(k)$、$\boldsymbol{\Gamma}(k)$ 和 $G(k)$ 是已知的,过程噪声是零均值白色随机序列,协方差矩阵为 $Q(k)$,且任何 V 的非零均值均可并入输入。

注意,一般情况下,式(7-3-15)表示时变系统,而显式表达式(7-3-8)~式(7-3-14)只对以任意时间间隔采样的时常连续时间系统成立。

类似地,可以写出离散时间测量方程为

$$Z(k) = H(k)X(k) + W(k) \qquad (7-3-16)$$

式中:$W(k)$ 假定为零均值的白色随机序列,其方差为

$$E[W(k)W^{\mathrm{T}}(j)] = R(k)\delta_{kj} \qquad (7-3-17)$$

若等间隔采样,则 $\boldsymbol{\Phi}$、$\boldsymbol{\Gamma}$、G 和 H 都不依赖于 k,如果 R 和 Q 也与 k 无关,则上述方程离散时间系统完全是时常的。

(二) 雷达观测的坐标变换

任何目标运动的描述和跟踪处理都是相对于特定的坐标系而言的。在雷达数据处理中,根据具体问题,有多种坐标系可供选择,针对不同的场合,常用坐标系包括惯性坐标系、平移坐标系、地理坐标系、载机坐标系、目标坐标系、雷达天线坐标系、目标视线坐标系等。对于机载雷达,最常用的坐标系为载机极坐标系和直角坐标系。

一个在直角坐标系中作匀速直线运动的目标,在极坐标系中表现出了视在加速度,而且加速度与距离和角度的关系还是非线性的,这不便于线性地描述目标运动状态。在直角坐标系中,目标的状态方程可以线性地表示,但观测量不是直接的。实际上,机载雷达通常以极坐标的形式录取目标的参数,然后转换为直角坐标;在直角坐标系中建立目标的运动方程并进行滤波与外推,外推的状态可再次转换为极坐标而作为目标在下一个时刻关联回波的中心,从而保持对目标的跟踪。

在直角坐标系中跟踪目标时,需要将目标位置从极坐标转换为直角坐标。在三维坐标的标准变换中,设雷达观测值为距离 r、方位 θ 和俯仰角 β,有

$$
\begin{aligned}
x &= r\cos\beta\sin\theta \\
y &= r\cos\beta\cos\theta \\
z &= r\sin\beta
\end{aligned}
\qquad (7-3-18)
$$

由于式(7-3-18)是非线性变换表达式,并且测量值并非目标的真值,因此,直角坐标系中的观测误差为非高斯分布,而且相应的最佳跟踪滤波器也是非线性的。为了避免"非线性"引起的困难,确定了雷达的观测误差之后,有必要估计由于 r、θ 和 β 的观测误差引起的 x、y、z 的误差,然后进行去偏变换。

(三) 卡尔曼跟踪滤波

在选定坐标系并建立目标运动模型之后,就可以探讨目标的状态估计方法,即滤波算法。状态滤波的作用就是不断地处理目标的量测值,减少目标过程噪声和雷达量测噪声的影响,保持对目标现时状态的估计。现在来研究利用卡尔曼方法设计跟踪滤波器的问题。由于目标的动态模型和观测传感器是线性的,且过程噪声和观测噪声是互相独立的高斯白噪声,故用卡尔曼方法来设计跟踪滤波器肯定是适用的。现在的问题是,要决定能

够跟踪这样目标的最佳滤波器,这种目标具有随机的加速度,且其运动偏离直线。假设以相等的时间间隔 T 来收集到目标的观测值 $\boldsymbol{Z}^k = \{z(0),z(1),z(2),\cdots,z(k),z(k+1)\}$ (等间隔假设对卡尔曼理论并不是必须的),且每次观测均受噪声影响,来估计目标的状态,另一个问题是要确定目标位置和速度的估计精度。

1. 模型假定

用式(7-3-15)和式(7-3-16)描述的系统,其先验知识由如下信息组成:

(1)初始状态 $\boldsymbol{X}(0)$ 是随机矢量,其均值为 $\boldsymbol{\mu}(0)$,协方差矩阵为 $\boldsymbol{P}(0) > 0$。

(2)确定输入 $\boldsymbol{U}(k)$,如果有的话,它是已知的。

(3)随机扰动输入 $\boldsymbol{V}(k)$,是白噪声过程,其均值为 0,已知协方差矩阵 $E[\boldsymbol{G}(k)\boldsymbol{V}(k)\boldsymbol{V}^{\mathrm{T}}(j)\boldsymbol{G}^{\mathrm{T}}(j)] = \boldsymbol{Q}(k)\delta_{kj},\boldsymbol{Q}(k) \geqslant 0$。

(4)观测误差过程 $\boldsymbol{W}(k)$ 是零均值白噪声过程,其协方差矩阵 $E[\boldsymbol{W}(k)\boldsymbol{W}^{\mathrm{T}}(j)] = \boldsymbol{R}(k)\delta_{kj},\boldsymbol{R}(k) > 0$。

(5)假定初始状态 $\boldsymbol{X}(0)$ 与扰动 $\boldsymbol{V}(k)$、$\boldsymbol{W}(k)$ 不相关。

(6)过程噪声 $\boldsymbol{V}(k)$ 与 $\boldsymbol{W}(k)$ 互不相关,即 $E[\boldsymbol{V}(k)\boldsymbol{W}^{\mathrm{T}}(k)] = 0$。

可以按照两种方法来推导卡尔曼滤波方程。第一种方法是假定过程 $\boldsymbol{V}(k)$、$\boldsymbol{W}(k)$ 和初始状态 $\boldsymbol{X}(0)$ 都是正态分布,这样可采用均方估计准则来求得最佳滤波器。由于假设是线性模型和高斯分布,故得到线性滤波器。第二种方法是对过程的分布函数不作任何假设而采用线性均方估计。这种方法利用了估计的下列基本性质:

(1)估计误差与观测值间的正交原理。

(2)新生量序列的概念。

(3)当获得新观测值时,能够推导出对于估计的修正递推公式。

2. 卡尔曼滤波

卡尔曼滤波包括滤波和预测两大部分,下面不加推导,直接列出一个循环的公式。

状态一步预测为

$$\hat{\boldsymbol{X}}(k+1|k) = \boldsymbol{\Phi}(k)\hat{\boldsymbol{X}}(k|k) + \boldsymbol{\Gamma}(k)\boldsymbol{U}(k) \qquad (7-3-19)$$

状态一步预测误差为

$$\tilde{\boldsymbol{X}}(k+1|k) = \boldsymbol{X}(k+1) - \hat{\boldsymbol{X}}(k+1|k) = \boldsymbol{\Phi}(k)\tilde{\boldsymbol{X}}(k|k) + \boldsymbol{G}(k)\boldsymbol{V}(k)$$

$$(7-3-20)$$

注意:此式中消去控制项 $\boldsymbol{U}(k)$ 不影响估计精度。

状态一步预测协方差为

$$\boldsymbol{P}(k+1|k) = \boldsymbol{\Phi}(k)\boldsymbol{P}(k|k)\boldsymbol{\Phi}^{\mathrm{T}}(k) + \boldsymbol{Q}(k) \qquad (7-3-21)$$

量测预测值为

$$\hat{\boldsymbol{Z}}(k+1|k) = \boldsymbol{H}(k+1)\hat{\boldsymbol{X}}(k+1|k) \qquad (7-3-22)$$

新息,即量测残差为

$$\boldsymbol{v}(k+1) = \boldsymbol{Z}(k+1) - \hat{\boldsymbol{Z}}(k+1|k)$$
$$= \boldsymbol{H}(k+1)\tilde{\boldsymbol{X}}(k+1|k) + \boldsymbol{W}(k+1) \qquad (7-3-23)$$

新息或残差协方差为
$$S(k+1) = H(k+1)P(k+1|k)H^{\mathrm{T}}(k+1) + R(k+1) \qquad (7-3-24)$$

滤波增益为
$$K(k+1) = P(k+1|k)H^{\mathrm{T}}(k+1)S^{-1}(k+1) \qquad (7-3-25)$$

状态更新方程为
$$\hat{X}(k+1|k+1) = \hat{X}(k+1|k) + K(k+1)\nu(k+1) \qquad (7-3-26)$$

状态滤波误差为
$$\tilde{X}(k|k) = \hat{X}(k|k) + X(k) \qquad (7-3-27)$$

滤波协方差矩阵为
$$
\begin{aligned}
P(k+1|k+1) &= P(k+1|k) - K(k+1)S(k+1)K^{\mathrm{T}}(k+1) \\
&= P(k+1|k) - P(k+1|k)H^{\mathrm{T}}(k+1)S^{-1}(k+1)H(k+1)P(k+1|k) \\
&= [I - K(k+1)H(k+1)]P(k+1|k) \\
&= [I - K(k+1)H(k+1)]P(k+1|k)[I - K(k+1)H(k+1)]^{\mathrm{T}} + \\
&\quad K(k+1)P(k+1)K^{\mathrm{T}}(k+1)
\end{aligned}
\qquad (7-3-28)
$$

需要说明的是,在卡尔曼滤波算法中,对每一步 k,用充分统计量 $\hat{X}(k|k)$ 和相应的协方差 $P(k|k)$ 可以概括地描述系统的整个过去历程。并且,协方差更新方程中的式 $(7-3-28)$,保证 P 为对称和正定矩阵。

3. 初始条件

滤波过程的起动主要是设法提供直角坐标系中估值的起始状态和初始条件协方差。在平面内跟踪一个直线飞行目标的例子中,可以通过开始的二次测量来起动这个滤波过程。例如,在极坐标内作两次测量,可得两组观测数据为 z_1、z_2,把它变换到直角坐标系去,即得
$$\hat{x}(2|2) = \begin{bmatrix} z_2 & (z_2 - z_1)/T \end{bmatrix}^{\mathrm{T}} = \begin{bmatrix} x_2 & \dot{x}_2 & y_2 & \dot{y}_2 \end{bmatrix}^{\mathrm{T}} \qquad (7-3-29)$$

假设观测噪声 $W(k)$ 是一个具有平稳方差 σ_{W}^2 的零均值高斯分布随即变量,且与过程噪声和初始条件无关,则可以导出相应的协方差矩阵为
$$P(2|2) = \begin{bmatrix} \sigma_{\mathrm{W}}^2 & \sigma_{\mathrm{W}}/T^2 \\ \sigma_{\mathrm{W}}/T^2 & 2\sigma_{\mathrm{W}}^2/T^2 \end{bmatrix} \qquad (7-3-30)$$

4. 过程噪声协方差矩阵 $Q(k)$

一种简单的情况是目标在两个坐标方向上的随机加速度相互独立,并且有相同的方差 σ_a^2,则 $Q(k) = \sigma_a^2 I$。另外,在对系统状态模型进行离散化的时候,假定过程噪声 $V(t)$ 在 $[kT,(k+1)T]$ 期间是恒定的(这一假定不是很合理的)。如果用连续时间来描述,则匀速运动目标的运动方程可表示为
$$\ddot{x}(t) = \tilde{v}(t) \qquad (7-3-31)$$

其中,$\tilde{v}(t)$ 用来描述速度的轻微变化,且假定

$$E[\tilde{v}(t)] = 0, E[\tilde{v}(t)\tilde{v}(\tau)] = q\delta(t-\tau) \qquad (7-3-32)$$

$q > 0$ 为 $\tilde{v}(t)$ 的方差,则

$$\boldsymbol{Q}(k) = q\begin{bmatrix} \dfrac{1}{3}T^3 & \dfrac{1}{2}T^2 \\ \dfrac{1}{2}T^2 & T \end{bmatrix} \qquad (7-3-33)$$

5. 卡尔曼滤波器的基本特点

(1) 卡尔曼滤波值 $\hat{X}(k|k)$ 是过程 $X(k)$ 的最小方差估计,而当过程本身和观测误差都是高斯分布时,则 $\hat{X}(k|k)$ 达到最大似然估计意义上的最佳估计,也是有效无偏估计。当噪声不满足高斯分布时,$\hat{X}(k|k)$ 是 $\boldsymbol{Z}^k$ 的最佳线性均方估计。

(2) 由式(7-3-26)可知,滤波估计 $\hat{X}(k+1|k+1)$ 是预测值和残差的线性组合,卡尔曼增益 $\boldsymbol{K}(k+1)$ 是残差的权系数矩阵。$\boldsymbol{K}(k+1)$ 可以看作是两个协方差矩阵 $\boldsymbol{P}(k+1|k)$ 和 $\boldsymbol{S}(k+1)$ 之比,前一个矩阵用于衡量预测的不确定性,后一个矩阵则衡量残差的不确定性。当 $\boldsymbol{K}(k+1)$ 很大时,有 $\boldsymbol{P}(k+1|k)$ 大于 $\boldsymbol{S}(k+1)$,说明预测误差大,置信度应放在观测值 $\boldsymbol{Z}^k$ 上,依赖于 $\hat{X}(k+1|k)$ 的程度很小;相反,当 $\boldsymbol{P}(k+1|k)$ 小于 $\boldsymbol{S}(k+1)$ 时,残差很大,说明观测中可能有较大误差,所以应以预测值为主。

(3) 残差协方差矩阵 $\boldsymbol{S}(k)$ 为零均值白噪声过程,当 $X(0)$ 和过程 $v(k)$、$\boldsymbol{W}(k)$ 都是高斯分布时,残差过程也是高斯分布。

(4) 卡尔曼滤波方程表明,预测是滤波的基础,并暗示滤波估计值的精度优于预测估计值的精度。可以证明,预测估计值误差大于滤波估计值误差。

6. 卡尔曼滤波的算法步骤

在雷达数据处理中,卡尔曼滤波的算法步骤如下:

(1) 根据雷达获得的前两次位置观测值得到卡尔曼滤波器的状态初始值 $\hat{x}(2|2)$,然后导出相应的协方差矩阵 $\boldsymbol{P}(2|2)$。

(2) 下面按照计算顺序依次进行估计值计算,并进行循环。

首先按滤波协方差矩阵初始值,计算预测协方差矩阵(如已知 $\boldsymbol{P}(2|2)$,可计算 $\hat{\boldsymbol{P}}(3|2)$)。

$$\boldsymbol{P}(k+1|k) = \boldsymbol{\Phi}(k)\boldsymbol{P}(k|k)\boldsymbol{\Phi}^{\mathrm{T}}(k) + \boldsymbol{Q}(k)$$

计算出预测协方差矩阵,就可以计算卡尔曼滤波增益

$$\boldsymbol{K}(k+1) = \boldsymbol{P}(k+1|k)\boldsymbol{H}^{\mathrm{T}}(k+1)\boldsymbol{S}^{-1}(k+1)$$

若已知卡尔曼滤波增益、预测协方差矩阵,则可计算滤波协方差矩阵,即

$$\boldsymbol{P}(k+1|k+1) = [\boldsymbol{I} - \boldsymbol{K}(k+1)\boldsymbol{H}(k+1)]\boldsymbol{P}(k+1|k)$$

由状态滤波值(起始时为初值)和状态转移矩阵,计算状态预测值为

$$\hat{X}(k+1|k) = \boldsymbol{\Phi}(k)\hat{X}(k|k) + \boldsymbol{\Gamma}(k)\boldsymbol{U}(k)$$

由状态预测值、观测值和卡尔曼滤波增益,就可以计算卡尔曼滤波值,即

$$\hat{X}(k+1|k+1) = \hat{X}(k+1|k) + \boldsymbol{K}(k+1)[\boldsymbol{Z}(k+1) - \boldsymbol{H}(k+1)\hat{X}(k+1|k)]$$

至此,可以按上述步骤进行分析计算,通过调整参数,实现对不同种类目标的连续

跟踪。

（四）$\alpha-\beta$ 跟踪滤波器

实际上,在卡尔曼滤波理论出现之前的 20 世纪 50 年代,为了改善边扫描边跟踪雷达系统的跟踪性能而提出来了一种 $\alpha-\beta$ 滤波方法。它实质上是卡尔曼滤波器在一定条件下的稳态解形式,即是一种常增益的滤波方法。其最大的优点是增益矩阵可以离线计算,且在每次滤波循环中大约可节约 70% 的计算量,因而,在工程上得到了广泛的应用。

设目标作匀速直线运动,忽略目标在各坐标间的耦合,在单坐标轴方向上,目标的运动状态是二维矢量,即 $\boldsymbol{X} = [x \quad \dot{x}]^T$,式中,$x$、$\dot{x}$ 分别为目标的位置和速度分量。取卡尔曼滤波器的增益 $\boldsymbol{K}$ 为常数矩阵,即

$$\boldsymbol{K} = \begin{bmatrix} \alpha \\ \beta/T \end{bmatrix} \qquad (7-3-34)$$

得到 $\alpha-\beta$ 滤波器。

$\alpha-\beta$ 滤波器适用于目标位置的三个笛卡儿坐标分量 x、y 和 z。对 x 分量,下列方程成立(对 y 和 z 坐标,也有类似方程):

$$x^s(k) = x^p(k) + \alpha[x^m(k) - x^p(k)] \qquad (7-3-35)$$

$$\dot{x}^s(k) = \dot{x}^p(k) + \beta[x^m(k) - x^p(k)]/T \qquad (7-3-36)$$

$$x^p(k+1) = x^s(k) + \dot{x}^s(k)/T \qquad (7-3-37)$$

$$\dot{x}^p(k+1) = \dot{x}^s(k) \qquad (7-3-38)$$

式中:$x^m(k)$ 为第 k 次扫描的位置测量值;$x^p(k)$ 为第 $k-1$ 次扫描对第 k 次扫描的位置预测值;$\dot{x}^p(k)$ 为第 $k-1$ 次扫描对第 k 次扫描的速度预测值;$x^s(k)$ 为第 k 次扫描的滤波位置;$\dot{x}^s(k)$ 为第 k 次扫描的滤波速度;$x^p(k+1)$ 为第 k 次扫描对第 $k+1$ 次扫描的位置预测值;$\dot{x}^p(k+1)$ 为第 k 次扫描对第 $k+1$ 次扫描的速度预测值;T 为雷达扫描周期;α 为目标坐标的滤波系数;β 为目标速度的滤波系数。

式(7-3-35)和式(7-3-36)完成位置和速度的滤波,而式(7-3-37)和式(7-3-38)给出了预测逻辑。滤波器的阶数由 α、β 的数值确定。如果 α 和 β 都等于 1,那么滤波的位置和速度就主要取决于点迹位置的测量;反之,如果 α 和 β 都等于 0,那么滤波的位置和速度就主要决定于预测的位置了。一般地,$0 < \alpha < 1$,$0 < \beta < 1$。为了使目标位置和速度的估计误差最小,可用一种完善的理论来选择合适的每次扫描用的 α、β 值。滤波系数 α 和 β 的选择主要取决于两个因素,即系统的稳定性和滤波精度。在系统的输入是单位阶跃速度信号加白噪声时,一种准则是选择 α 和 β 使系统暂态误差采样的平方与系统因观测噪声而引起的误差在稳态时的方差之和最小。满足此准则的 α 和 β 在大部分范围内的关系式为

$$\beta = \frac{\alpha^2}{1-\alpha} \qquad (7-3-39)$$

通常在开始截获目标时,位置和速度误差都可能比较大。因此,采用较大的 α 和 β 值,可以较快地跟踪上目标。随着观测次数的增加,跟踪波门的移动速度与目标的速度渐趋一致,就逐渐减小 α 和 β 的值,并相应地减小跟踪波门,达到稳定跟踪的目的。如果目标产生较大机动,就会有较大的误差,甚至丢失目标。为此,目前多目标跟踪器大都采用

400

机动检测器,一旦发现目标机动,就适当增大 α 和 β 值. 同时跟踪波门也相应加大。

对于在规定航线上做直线匀速飞行的目标,跟踪时的 α 和 β 值可以按以下公式选择:

$$\alpha_k = \frac{2(2k-1)}{k(k+1)}, \beta_k = \frac{6}{k(k+1)} \qquad (7-3-40)$$

式中:k 为扫描周期的序号。

在获得目标坐标的两个观测值后就可以进行滤波和预测了。

$\alpha-\beta$ 跟踪滤波器比较简单,计算量不大,但精度也不高,并且没有误差的统计量。对飞机类目标的航迹处理,采用 $\alpha-\beta$ 跟踪滤波器是合适的。

当目标作匀加速运动时,忽略目标在各坐标间的耦合,在单坐标轴方向上,目标的运动状态是三维矢量,即 $X = [x \quad \dot{x} \quad \ddot{x}]^T$,这里,$x$、$\dot{x}$ 和 $\ddot{x}$ 分别是目标的位置、速度和加速度分量。取卡尔曼滤波器的增益 K 为常数矩阵,即

$$K = \begin{bmatrix} \alpha \\ \beta/T \\ \gamma/T^2 \end{bmatrix} \qquad (7-3-41)$$

得到 $\alpha-\beta-\gamma$ 滤波器。

(五)自适应跟踪滤波器

前面在建立目标的动态模型时,假设目标是沿着直线轨迹运动,而把由于大气湍流、转弯、躲避机动等引起的直线轨迹的偏离用 $[a_x(k), a_y(k)]$ 或 $\tilde{v}(t)$ 来描述。很显然,它们只能描述一些变化较小的扰动因素,而对大的和持续时间长的机动,其动态模型是不准确的,由此带来的滤波误差是相当大的,以致于可能使滤波器出现发散现象。因此对机动目标的跟踪需要寻找更为有效的自适应滤波方法。

自适应跟踪算法很多,概括起来可以分为三类:机动检测自适应滤波、实时辨识自适应滤波和"全面"自适应滤波。

另外,实际雷达中除目标的观测数据(距离、方位、径向速度)与目标动态参数间的关系是非线性外,目标的动态方程本身就是非线性的。例如,在空空导弹跟踪问题中,如果假设导弹的运动状态已处于被动段,它与雷达载机的相对运动只发生在水平面,并且认为导弹的探测和引导装置是准确的,那么描述空空导弹与雷达载机之间相对运动的状态方程是一组非线性微分方程。在雷达测量再入体的高度问题中,目标的动力学参数与大气密度衰减系数、弹道系数等参数间存在非线性关系,同时在动态方程中还有一项待定的未知的弹道系数,所以是一个包含参量估计的非线性滤波问题。即使目标动态方程和测量模型都是线性的,如果在非高斯统计假设下求状态的最小均方误差估计,设计滤波器需要全概率分布,则仍然导致非线性滤波问题。所以,非线性滤波是雷达目标跟踪系统的固有特性,深入研究非线性滤波理论要用到随机微分方程、鞅论、李群和李代数等相当深难的数学方法。为了解决实际问题,人们提出了许多适于工程应用的简化处理方法。其中使用最多的是推广卡尔曼滤波算法。这种算法首先将非线性的动态模型和测量模型在状态的最佳估计点处线性化,如果得到的是连续时间模型,还需要进一步进行离散化处理,对经过以上处理后的模型再使用卡尔曼滤波方程组,就可以得到在一阶近似意义下的最佳状态估计。推广卡尔曼滤波具有与卡尔曼滤波相同的形式,并且只须增加很少的运算量,

但是它的数学性质发生了很大的变化。推广卡尔曼滤波在很多实际应用问题上取得了令人满意的结果。

研究非线性滤波问题,是为了寻求系统性能可能达到的理论界限,并以此来指导实际系统的设计和评价系统的性能。另一方面,随着武器性能的不断提高和计算机技术的迅速发展,在雷达中采用精度更高的非线性滤波算法的可能性也在日益增长。

三、数据关联技术

数据关联是将当前扫描周期的一些或全部新的测量值与前面已建立的目标航迹建立联系,确定正确的配对。当配对实现之后,就利用新的观测值由跟踪滤波器产生精确的目标状态参数估计,更新航迹信息,给出下一个时刻其目标状态参数的预测,为下一次关联做好准备。数据关联是多目标跟踪技术中最重要和最困难的问题。例如,如何从当前扫描周期录取的 N 个点迹与上次扫描录取的 M 个点迹及已经跟踪的 L 个航迹中判断哪个点迹属于哪个目标?哪些目标已经丢失?哪些目标是新出现的?哪些点迹是干扰造成的?当一个目标的点迹同时落入两个以上目标的波门内,或几个目标的点迹同时落入一个目标的波门内时,或目标和杂波的数目增加时,都使数据关联变得更复杂。数据关联效果的好坏直接影响着多目标跟踪的能力和性能。

实现点迹与航迹之间关联主要有以下步骤。首先,利用雷达对目标观测所获取的点迹序列的性质,即相继两次观测到的目标点迹间隔取决于目标速度,当目标作各种机动的时候,其速度是不断变化的,如果目标是飞机,那么其速度值有一个上限和下限,而且飞机加速度的上限大大地限制了飞机所能机动的轨迹,相继的目标点迹间隔不会太远。为此,可以目标的预测位置为中心而展开一个搜索区域(相关波门,简称波门),在该波门内找到的点迹即认为是目标航迹的候选点迹,实现粗联。如果波门内只有一个点迹,就完成点迹与航迹之间的正常配对。否则,如果一个波门内有多个点迹或一个点迹落入交叉波门,出现模糊情况,需要进行下一步的细联。其次,结合回波的幅度、回波方位宽度、多普勒频移等特征信息,对单个波门或交叉波门内的多个点迹进行进一步的分析与判决,用简单规则(如最近邻域,即最小的点迹与航迹预测位置的统计距离)做出决策,或用航迹分裂法由下一次检测进行延迟判决,或采用全邻域的概率加权来形成一个等效点迹作为目标航迹的关联点迹。最后,对落在波门外的点迹进行航迹起始并进行进一步的确认;对没有点迹落入波门的航迹进行机动判决,考虑目标机动的可能,用机动波门进行检测;对没有收到点迹的航迹进行外推,或者在足够数量的点迹丢失的情况下,进行航迹终止判决。

(一)相关波门控制

相关波门曾经有两个主要功能:一是控制雷达原始点迹数据进入数据处理计算机,以降低对数据传输、存储和处理等设备的要求。目前这项功能正在弱化,许多新研制的系统已不需要这种控制功能了。二是以预测值为中心确定相关点迹的空间区域,使落入波门中的真实观测(如果检测到的话)点迹具有很高的概率,而同时又不允许波门内有过多的无关点迹。因此波门控制的关键是如何恰到好处地确定波门的尺寸。

相关处理的基本原则是把位置相似的点迹和航迹互相配对。为此,必须对位置接近度加以定义,它与雷达测量精度、航迹预测精度和目标机动能力一起配合使用。由于这些数值的随机特性,因而要用统计判决理论来推导相关处理。

判决某个点迹是否应与某个航迹相关联,可以看作是对下列两个对立假设的检验,即

H_0:点迹和预测航迹不属于同一目标

H_1:点迹和预测航迹属于同一个目标

实现上述检验就是把 H_0 和 H_1 的相对似然比值与某个判决门限进行比较。为此目的,特规定点迹和航迹间有适当的间隔 $\boldsymbol{\nu}$,计算这两个假设中每一个假设出现 $\boldsymbol{\nu}$ 值的似然函数,把它们分别记为 $p_0(\boldsymbol{\nu})$ 和 $p_1(\boldsymbol{\nu})$。这样,最有效的检验为

$$L(\boldsymbol{\nu}) = p_1(\boldsymbol{\nu})/p_0(\boldsymbol{\nu}) \tag{7-3-42}$$

为了得到式(7-3-42)的显式表达式,现在来研究在给出第 k 次雷达扫描时所有以前的观测值的情况下,第 $k+1$ 次雷达扫描中具有二维观测矢量 $\boldsymbol{Z}(k+1)$ 的点迹与同一次雷达扫描中具有预测位置 $\hat{\boldsymbol{Z}}(k+1|k)$ 的航迹相配对。二维矢量 $\boldsymbol{\nu}$ 可定义为

$$\boldsymbol{\nu} = \boldsymbol{Z}(k+1) - \hat{\boldsymbol{Z}}(k+1|k) \tag{7-3-43}$$

由于一系列原因(雷达观测误差、航迹预测逻辑误差和目标机动的可能性),差值 $\boldsymbol{\nu}$ 不为 0。假定 $\boldsymbol{Z}(k+1)$ 和 $\hat{\boldsymbol{Z}}(k+1|k)$ 为高斯随机过程,其协方差矩阵分别为 $\boldsymbol{P}(k+1)$ 和 $\hat{\boldsymbol{P}}(k+1|k)$。另再假定目标加速度是协方差矩阵为 $\boldsymbol{Q}$ 的高斯随机过程。那么,点迹与航迹的位置差就是一个具有如下协方差矩阵的高斯分布随机矢量 $\boldsymbol{\nu}$,即

$$\boldsymbol{S}_\nu = \boldsymbol{R}(k+1) + \boldsymbol{P}(k+1|k) + \boldsymbol{Q}T^4/4 \tag{7-3-44}$$

在 H_1 假设中,$\boldsymbol{\nu}$ 的均值为 0,而在 H_0 假设中,$\boldsymbol{\nu}$ 的均值为某个不为 0 的值。此时,其概率密度为

$$p_1(\boldsymbol{\nu}) = \frac{1}{2\boldsymbol{\pi}|\boldsymbol{S}_\nu|^{1/2}}\exp\left(-\frac{1}{2}\boldsymbol{\nu}^{\mathrm{T}}\boldsymbol{S}_\nu^{-1}\boldsymbol{\nu}\right) \tag{7-3-45}$$

若对来自其他目标或虚假点迹的概率分布没有先验信息可用,则 $p_0(\boldsymbol{\nu})$ 假定是在监视空域均匀分布的,$p_0(\boldsymbol{\nu}) = 1/V$,$V$ 为监视空域体积。因此,执行这个检验就是要计算统计间隔 d,并把它与门限 K_{G}^2 相比较,则

$$d = \boldsymbol{\nu}^{\mathrm{T}}\boldsymbol{S}_\nu^{-1}\boldsymbol{\nu} \leqslant K_{\mathrm{G}}^2 \tag{7-3-46}$$

这里的 d 就是波门方程。如果测量值是 M 维的,则 d 服从自由度为 M 的 χ_M^2 概率分布。门限 K_{G}^2 是一个可供选择的参数,用以获得正确关联概率和虚假关联概率的赋值。应该强调,在此必须运用统计间隔而不是用欧几里得间隔,因为目标坐标通常有不同的精度。Blackman 给出了最优的极大似然门限 K_{G}^2,以使得位于波门内的正确回波最大可能来自被跟踪的目标,而不是虚假点迹,最优门限表达式为

$$K_{\mathrm{G}}^2 = 2\ln\left[\frac{P_{\mathrm{D}}}{(1-P_{\mathrm{D}})(2\pi)^{M/2}\beta|S_\nu|^{1/2}}\right] \tag{7-3-47}$$

式中:P_{D} 为检测概率;M 为测量维数;新源密度 $\beta = \beta_{\mathrm{NT}} + \beta_{\mathrm{FT}} = \beta_{\mathrm{NT}} + P_{\mathrm{FA}}/V_{\mathrm{c}}$,其中,$\beta_{\mathrm{NT}}$ 为新目标密度;β_{FT} 是虚假目标密度;P_{FA} 是虚警概率,V_{c} 是分辨单元体积。

若相关是在距离和方位二维极坐标系中进行的,则式(7-3-44)的协方差矩阵为

$$\boldsymbol{S}_\nu = \begin{bmatrix} \sigma_r^2 & 0 \\ 0 & \sigma_\theta^2 \end{bmatrix} + \begin{bmatrix} \hat{\boldsymbol{P}}_r(k+1|k) & 0 \\ 0 & \hat{\boldsymbol{P}}_\theta(k+1|k) \end{bmatrix} + \frac{T^4}{4}\begin{bmatrix} \sigma_{ar}^2 & 0 \\ 0 & \sigma_{a\theta}^2 \end{bmatrix}$$

$$\tag{7-3-48}$$

式中:σ_r^2、σ_θ^2 为极坐标(r,θ)观测误差的方差;$P_r(k+1|k)$、$P_\theta(k+1|k)$为预测值的方差;σ_{ar}^2、$\sigma_{a\theta}^2$为目标加速度分量的方差。

为简单起见,设加速度分量互不相关。将式(7-3-48)代入波门方程式(7-3-46)便得标量方程

$$\begin{cases} |r(k+1) - \hat{r}(k+1|k)| \leq K_r \\ |\theta(k+1) - \hat{\theta}(k+1|k)| \leq K_\theta \end{cases} \qquad (7-3-49)$$

式中:$[r(k+1) - \theta(k+1)]$为由雷达提供的点迹观测值;$[\hat{r}(k+1|k) - \hat{\theta}(k+1|k)]$为滤波器提供的预测值。

这样,极坐标相关波门的参数表达式为

$$\begin{cases} K_r = K_G[\sigma_r^2 + P_r(k+1|k) + T^4\sigma_{ar}^2/4]^{1/2} = K_G\sigma_{rs} \\ K_\theta = K_G[\sigma_\theta^2 + P_\theta(k+1|k) + T^4\sigma_{a\theta}^2/4]^{1/2} = K_G\sigma_{\theta s} \end{cases} \qquad (7-3-50)$$

图7-3-6(a)表示相关区域的形状,其尺寸取决于滤波器的预测精度、雷达的测量精度、目标机动、扫描时间间隔和正确关联的概率(门限)。

在直角坐标系中,则式(7-3-44)的协方差矩阵为

$$S_\nu = \begin{bmatrix} \sigma_x^2 & \sigma_{xy} \\ \sigma_{xy} & \sigma_y^2 \end{bmatrix} + \begin{bmatrix} P_x(k+1|k) & P_{xy}(k+1|k) \\ P_{xy}(k+1|k) & P_y(k+1|k) \end{bmatrix} + \frac{T^4}{4}\begin{bmatrix} \sigma_{ax}^2 & 0 \\ 0 & \sigma_{ay}^2 \end{bmatrix}$$

$$(7-3-51)$$

代入波门方程式(7-3-46),得椭圆波门方程

$$a[x(k+1) - \hat{x}(k+1|k)]^2 + b[x(k+1) - \hat{x}(k+1|k)][y(k+1) - \hat{y}(k+1|k)]$$
$$+ c[y(k+1) - \hat{y}(k+1|k)]^2 \leq K_G^2 \qquad (7-3-52)$$

式中:$[x(k+1) - y(k+1)]$为点迹的直角坐标;$[\hat{x}(k+1|k) - \hat{y}(k+1|k)]$是相应的预测值;系数 a、b、c 决定于式(7-3-51)的方差和协方差。

图7-3-6(b)示出了相应的椭圆波门形状。为了减少直角坐标系中实现相关波门的计算量,忽略坐标间的耦合,可得矩形波门。

$$\begin{cases} |x(k+1) - \hat{x}(k+1|k)| \leq K_G\sigma_{xs} = \Delta x \\ |y(k+1) - \hat{y}(k+1|k)| \leq K_G\sigma_{ys} = \Delta y \end{cases} \qquad (7-3-53)$$

正确回波落入 M 维波门的概率为

$$P_G(M) = \int_{V_c}\cdots\int p_1(\nu)\,\mathrm{d}\nu_1\cdots\mathrm{d}\nu_M \qquad (7-3-54)$$

对椭圆波门,经过变换,可推导出

$$P_G(M) = \int_0^{K_G} f(z)\,\mathrm{d}z = \int_0^{K_G} \frac{z^{\frac{M}{2}-1}\mathrm{e}^{-\frac{z}{2}}}{2^{\frac{M}{2}}\Gamma(M/2)}\,\mathrm{d}z \qquad (7-3-55)$$

正确回波落入 M 维矩形波门的概率为

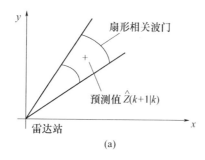 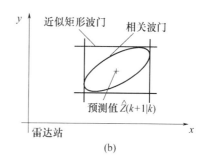

$$(a) \qquad\qquad\qquad\qquad (b)$$

图 7 - 3 - 6　相关波门形状示意图

(a) 极坐标系中的相关波门;(b) 直角坐标系中的相关波门。

$$\boldsymbol{P}_{G}(M) = \int_{-K_G}^{K_G} \frac{1}{\sqrt{2\pi}} \exp\left(-\frac{u_1^2}{2}\right) du_1 \cdots \int_{-K_G}^{K_G} \frac{1}{\sqrt{2\pi}} \exp\left(-\frac{u_M^2}{2}\right) du_M$$

$$= \left[P_r(\mid t \mid \leqslant K_G) \right]^M = \left[1 - P_r(\mid t \mid > K_G) \right]^M \qquad (7-3-56)$$

M 维椭圆波门的体积为

$$V_e(M) = C_M \sqrt{\mid S_\nu(k) \mid} K_G^M \qquad (7-3-57)$$

式中:C_M 为 M 维单位超体的体积,即

$$C_M = \frac{\pi^{M/2}}{\Gamma\left(\frac{M}{2}+1\right)}, C_1 = 2, C_2 = \pi, C_3 = \frac{4\pi}{3}, \cdots$$

(二) 相关扇区的划分

为了减少点迹与航迹的关联次数,雷达数据处理机可按扇区顺序进行数据处理。实际上,由于飞行目标的速度限制,相隔超过目标一个扫描周期所飞行的最大距离的点迹和航迹之间不存在相关,即进来的点迹不需要与雷达整个威力范围内形成的所有航迹都相关一遍,从而减少相关次数,为点迹的后续处理留出更多的时间。一种方法是把雷达威力范围划分成多个大小基本相同的小相关区域。如方位 360°分成 32 个扇区,距离划分成 8 个距离段。这样某一小相关区域点迹只与点迹所在周边 9 个小相关区域内的航迹进行关联。

当接收到一个点迹时,要与相关区域内的航迹进行相关运算,如何找到相关区呢? 我们知道,因为接收到的点迹位置是用方位 θ 和距离 r 来表示的,如前所述,相关区也是按照方位和距离划分的,用方位的高 5 位和距离的高 3 位二进制数来表示,所以也可用点迹坐标的方位高 5 位和距离的高 3 位来确定相关区。随着雷达天线的旋转,目标也在运动,所以有可能一个相关区内的目标点迹会与相邻相关区域内航迹关联。为此在相关处理时还需考虑邻近的相关区,为了节省计算时间,只需把相关区域在方位和距离上相互偏置半个区域,用方位和距离的次高位(如方位的第 6 位和距离的第 4 位)来确定。

从前述的相关区域的划分可以看出,远距离区的相关区比近距离的大。在近距离区运动的目标在一个周期内可能会跨过多个相关区域,这给确定相邻相关区带来了新的困难。为了使所分的每个相关区域大小差不多相等,则将靠近雷达中心的一些区并在一起,如图 7 - 3 - 7 所示。

在目标航迹处理时主要用到三种文件:点迹文件、暂时航迹文件和确认航迹文件。点迹文件用于存储录取器随天线扫描次序送来的回波数据,和经预处理后产生的数据和标志。每个点迹占用多个固定字节的存储单元,其结构是顺序组织的。

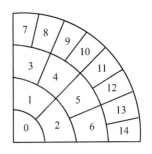

图 7-3-7　近距离相关区划分

对应相关区域的划分,每个相关区域的暂时航迹文件和确认航迹文件由链表连接在一起。暂时航迹和确认航迹文件享用同一相关区变换表,但它们有各自的航迹链头表和航迹文件表。相关区变换表对距离和方位高位进行变换,查找到每个相关区航迹文件的第一个航迹表链头地址;航迹链头表存储本相关区中第一条航迹表的地址,若本相关区没有航迹,则赋一特殊值(如0);航迹表用于存储一条航迹的有关信息,其中用一个链头指向下一条航迹地址,若是最后一条航迹则连接地址为0,另一个链头指向上一条航迹地址,方便航迹文件的查找。其示意图如图 7-3-8 所示。

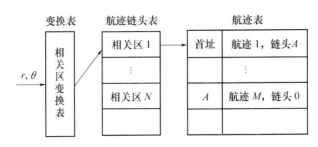

图 7-3-8　链式组织的航迹表

航迹表的基本操作有航迹表的搜索、增加一条航迹、删除一条航迹和航迹从一个相关区域移到另一相关区域。这些操作可以结合其他的表,如点迹航迹关联表、航迹数量和地址表等链表,可以只对链接地址进行简单的操作。

(三)杂波环境的点迹-航迹关联技术

已经跟踪的航迹按航迹表分扇区进行存储,接收的点迹信息也按点迹表分扇区进行存储,再考察紧靠航迹扇区的几个方位和距离扇区的点迹,接着以航迹预测位置为中心的某个波门来限制能够更新航迹的点迹数目,产生点迹和航迹配对表,其过程如图 7-3-9 所示。

对点迹—航迹配对表进行搜索,如果一个点迹只落入一个波门或一个波门内只有一个点迹,则该点迹与对应波门的航迹相关,而不考虑其他。但实际情况没有这么简单,如目标通过杂波区或几个目标同处于某个邻近区域,就会发现一个波门内可能有多个点迹,或一个点迹落入多个波门。在这种情况下,先把可供关联的点迹—航迹构成矩阵,用点迹到航迹之间的统计距离作元素形成一个分配矩阵。如果不能利用点迹幅度、方位长度和多普勒频移等特征信息来鉴别点迹,就用最近邻域法或概率数据关联滤波法解除模糊,选择出那些最好的点迹与航迹配对。

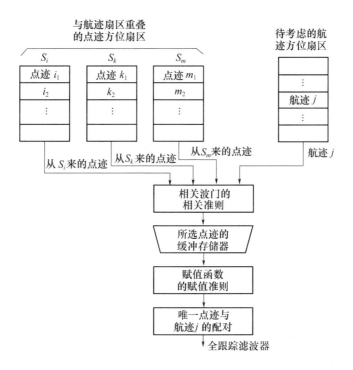

与航迹扇区重叠的点迹方位扇区

待考虑的航迹方位扇区

从 S_i 来的点迹　从 S_k 来的点迹　从 S_m 来的点迹　　航迹 j

相关波门的相关准则

所选点迹的缓冲存储器

赋值函数的赋值准则

唯一点迹与航迹 j 的配对

全跟踪滤波器

图 7 – 3 – 9　点迹——航迹配对逻辑

1. 最近邻域法

一种最简单而应用最广泛的解模糊方法,它首先由波门限制点迹数目,然后以统计距离为基础,选择最接近航迹预测位置的点迹来更新航迹状态参数。

在图 7 – 3 – 10 的例子中,1 号、2 号和 3 号波门内都有两个点迹,而 1 号点迹落入两个波门内,2 号点迹落入三个波门,而 3 号点迹只落入单个波门,出现了复杂的模糊情况。

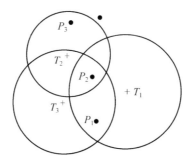

图 7 – 3 – 10　多个目标和多个点迹关联冲突问题示例

P_1、P_2、P—回波测量点迹;T_1、T_2、T_3—目标预测位置。

现在定义一个统计距离

$$d_{Gij} = d_{ij} + \ln\left[\,|S_{ij}|\,\right] \qquad (7 - 3 - 58)$$

式中:d_{ij} 为由式(7 – 3 – 46)给出的点迹 i 和航迹 j 的统计距离;$\ln\left[\,|S_{ij}|\,\right]$ 为残差协方差矩阵行列式的对数,它基于高斯似然函数,用来"惩罚"航迹预测的不确定性,对丢失观测点

迹的航迹有个大的协方差矩阵行列式,使之不从高质量航迹中"争夺"点迹。

具体地,二维极坐标的统计距离表示为(忽略对数项)

$$d = \frac{(r_p - r_m)^2}{\sigma_r^2} + \frac{(\theta_p - \theta_m)^2}{\sigma_\theta^2} \qquad (7-3-59)$$

式中:(r_p, θ_p) 为航迹的预测位置;(r_m, θ_m) 为测量的位置;σ_r^2 为 $r_p - r_m$ 的方差;σ_θ^2 为 $\theta_p - \theta_m$ 的方差。这些可以由卡尔曼滤波器得到。

图 7-3-11 给出了示例中的点迹和航迹之间统计距离的分配矩阵。

		观测点迹		
		P_1	P_2	P_3
航迹	T_1	9	7	×
	T_2	×	6	10
	T_3	12	8	×

×——表示点迹落在波门外

图 7-3-11　示例中点迹和航迹间隔矩阵

具体解分配矩阵的准则有三种:

(1)距离最近优先准则。首先将分配矩阵中点迹与航迹最近的先挑出来,然后去掉此行此列,再继续在剩余矩阵中找最小元。此例中,P_2 分配给 T_2,P_1 分配给 T_1,T_3 分配不到点迹,而 P_3 作为自由点迹去起始新的航迹。

(2)唯一性优先准则。一个点迹仅被一个波门套住的则优先分配给此航迹,然后去掉此行此列,再继续按此准则分配,最后按最近距离优先准则分配。此例中,P_3 分配给 T_2,P_2 分配给 T_1,P_1 分配给 T_3,总距离和等于29。

(3)总距离和最小准则。寻找点迹和航迹间的距离和最小的分配方案。示例中,P_3 分配给 T_2,P_2 分配给 T_3,P_1 分配给 T_1,总距离和等于27。

显然,最近邻域法是个顾首不顾尾的方法,因为离目标预测位置最近的观测点迹并不一定就是目标的实际观测,特别在杂波环境中或发生航迹交叉时更是如此。因此,最近邻域法在实际中常会发生错误跟踪或丢失目标的现象,并且不正确的配对将使下一步的跟踪产生进一步的误差。

2. 航迹分枝法

航迹分枝法解决互联模糊的思路是,用波门对本次扫描录取到的点迹进行粗选,如果波门内有多个点迹,就将航迹与所有的点迹进行关联,分裂出多条航迹进行航迹更新,得到新的状态估计和协方差估计,然后计算每条航迹的似然函数,对似然函数低于某一门限的航迹进行删除,对超过一定数目的重合点迹的航迹进行合并。随着扫描次数的增加,在密集目标和杂波环境下,可能的航迹组合呈指数增加,将使存储量和计算量越来越大,会使计算机饱和过载。工程中可以结合最近邻域法,对离航迹预测位置最近的两个点迹采用分枝方法,来限制可能的航迹数目。

3. 概率数据互联(PDA)法

概率数据互联法主要针对杂波环境的单目标跟踪,即没有波门交叉的情况,在一个波

408

门内有多个点迹时,合并波门内的所有点迹,形成一个等效点迹,作为航迹的最新测量值,来更新航迹状态和协方差。

设用 $\boldsymbol{\Omega}_i(k+1)$ 表示第 $k+1$ 次扫描的第 i 个点迹的观测值是属于目标这一事件, $i=0$ 表示没有一个观测值是真实目标的事件(目标没有检测到),并假设状态估计误差和残差在每一时间步都是高斯分布,则等效点迹的残差是各点迹残差的由加权,即

$$\nu(k+1) = \sum_{i=0}^{m_{k+1}} \beta_i(k+1)\nu_i(k+1) \qquad (7-3-60)$$

式中: $\beta_i(k+1) = P\{\boldsymbol{\Omega}_i(k+1)\,|\,\boldsymbol{Z}^{k+1}\}$ ($i=1,2,\cdots,m_{k+1}$),为第 i 个观测值为真的后验概率。

应用贝叶斯定理可得到这些概率为

$$\beta_i(k+1) = \begin{cases} \dfrac{e_i}{b + \sum_{j=1}^{m_{k+1}} e_i}, & i = 1,2,\cdots,m_{k+1} \\[4mm] \dfrac{b}{b + \sum_{j=1}^{m_{k+1}} e_i}, & i = 0 \end{cases} \qquad (7-3-61)$$

$$e_i = \exp\left[-\frac{1}{2}\nu_i(k+1)^{\mathrm{T}}S^{-1}(k+1)\nu_i(k+1)\right] \qquad (7-3-62)$$

$$b = \left(\frac{2\pi}{K_{\mathrm{G}}^2}\right)^{M/2} m_{k+1} C_M^{-1} \frac{1-P_{\mathrm{D}}P_{\mathrm{G}}}{P_{\mathrm{D}}} = \lambda\,|2\pi S(k+1)|^{1/2}\frac{1-P_{\mathrm{D}}P_{\mathrm{G}}}{P_{\mathrm{D}}} \qquad (7-3-63)$$

PDA 滤波器的状态方程为

$$\hat{\boldsymbol{X}}(k+1\,|\,k+1) = \hat{\boldsymbol{X}}(k+1\,|\,k) + \boldsymbol{K}(k+1)\boldsymbol{\nu}(k+1) \qquad (7-3-64)$$

$$\hat{\boldsymbol{P}}(k+1\,|\,k+1) = \boldsymbol{P}(k+1\,|\,k) - [1-\beta_0(k+1)]$$
$$\boldsymbol{K}(k+1)\boldsymbol{S}(k+1)\boldsymbol{K}(k+1)^{\mathrm{T}} + \tilde{\boldsymbol{P}}(k+1) \qquad (7-3-65)$$

式(7-3-64)中的组合残差扩散为

$$\tilde{\boldsymbol{P}}(k+1) = \boldsymbol{K}(k+1)\left\{\sum_{i=1}^{m_{k+1}} \beta_i(k+1)\nu_i(k+1)\nu_i(k+1)^{\mathrm{T}}\right.$$
$$\left. -\,\boldsymbol{\nu}_i(k+1)\boldsymbol{\nu}_i(k+1)^{\mathrm{T}}\right\}\boldsymbol{K}(k+1)^{\mathrm{T}}$$

4. 联合概率数据互联(JPDA)法

把概率数据互联(PDA)法扩展到多目标情况,利用全部点迹和全部航迹信息,成为联合概率数据互联(JPDA)法。1974 年,Bar-Shalom 推广了他的概率数据互联滤波方法,以便可以对多个目标进行处理而不需要关于目标和杂波的任何先验信息。

显然,如果被跟踪的多个目标的跟踪波门不相交,或者没有回波位于相交区域内,则多目标跟踪问题可以简化为多回波环境中的单目标跟踪问题进行处理。如果情况相反,则问题就要复杂得多。

在联合概率数据互联滤波算法中,首先引进了"聚"的概念。聚被定义为彼此相交的跟踪波门的最大集合,目标则按不同的聚分为不同的群。对于每一个这样的群,总有一个二进制元素的聚矩阵与其关联,从聚矩阵中得到目标回波和杂波点的全排列和所有的联合事件,进而通过联合似然函数来求解关联概率。JPDA 方法因其优良的相关性能而引起

人们的高度重视。然而,由于 JPDA 的联合事件数是所有候选回波数的指数函数,并随回波密度的增加而急剧增大,计算负荷会出现组合爆炸现象。

四、航迹质量管理技术

航迹质量管理技术可以及时、准确地起始航迹以建立新目标档案文件,也可以及时而准确地撤销航迹以消除多余目标的档案文件。

(一) 航迹起始

杂波点和与航迹不相关的点迹可起始一条暂时航迹,并开始新航迹的确证过程。航迹起始可由人工或数据处理器按航迹逻辑自动实现,一般包括航迹形成、航迹初始化和航迹确定三个方面。

任何航迹自动起始方法的目的,是在目标进入雷达威力区之后能立即建立起真实目标的航迹。另一方面,还要防止由于存在不可避免的假点迹而形成假航迹。因此,为了确认录取的点迹为有效航迹的新观测值,必须花费一定的时间确认航迹,即保证航迹的可靠性。换句话说,航迹起始方法应该在航迹起始的快速能力与航迹可靠性之间折中考虑。从目标进入雷达威力区到建立该目标航迹之间的延迟时间称为航迹自动起始逻辑的响应时间,该时间用来评价航迹起始逻辑性能和结构。由于真假点迹是随机发生的,所以航迹起始逻辑的响应时间是一个随机变量,可以用航迹起始累积概率描述,或简单地用航迹起始所需的天线扫描数的平均值和标准偏差来衡量,还可以用计算机仿真或解析方法来评价不同航迹起始方法的性能。

航迹起始的方法主要有滑窗法和序贯检验法。序贯检验法适用于相控阵雷达的数据处理,使用一个序贯假设检验方案。当第 i 次扫描相关时,计数函数加上一增量 Δ_i,当不相关时,计数函数减去 Δ'_i。增量 Δ_i 和 Δ'_i 是跟踪系统状态、关联靠近度、虚警数、目标先验概率值及目标检测概率的函数。当计数器的值超过规定值时,就形成可靠航迹。虽然这种方法在密集的检测环境中抑制了虚假轨迹的产生,但是这种方法也不一定会必然地建立正确的航迹。

1. 滑窗法

滑窗法用来处理相继雷达扫描期间接收到的点迹序列,这些点迹不与现有航迹和杂波点关联,它们属某一个有限的控制空域,该空域由航迹起始过程所用的相关区序列构成,该方法如图 7 - 3 - 12 所示。

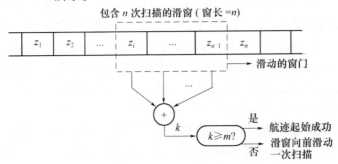

图 7 - 3 - 12 滑窗法航迹起始示意图

序列$(z_1,z_2,\cdots,z_i,\cdots,z_n)$表示含$n$次雷达扫描的时间窗的输入,如果在第$i$次扫描时相关波门内含有点迹,则$z_i=1$,反之$z_i=0$。当时间窗内的检测数达到某一特定值$m$时,航迹起始便告成功;否则滑窗右移,继续下一次扫描。即增大窗口时间,航迹起始告成的检测数m和滑窗中的相继事件数n一起构成了航迹起始逻辑,即m/n逻辑。

一种工程上常用的$(2,2/4)$航迹起始逻辑. 它表示开始必须有两次连续的检测,再用"2/4"滑窗逻辑进行确认,其有限状态和恒定转移概率的离散马尔可夫过程的时间演变如图7-3-13所示。马尔可夫过程共有9个状态,用小圆表示,用箭头表示从一种状态到另一种状态的各种可能的转移,并标以相应的转移概率。这里每个事件成功的概率为p,不成功为$q(q=1-p)$,且所有事件均为独立。在真目标航迹起始的情况下,参数p就是雷达的检测概率P_D;对虚警杂波,参数p就是波门起始时发现杂波的概率P_C。

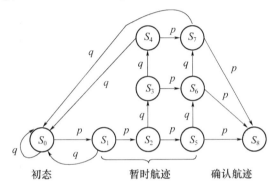

图7-3-13 $(2,2/4)$滑窗起始逻辑的状态转换模型

从应用角度出发,"滑窗法"是一种较简单实用的航迹起始方法,若选用适当的窗长n,在清洁区中,此法一般能得到较快且质量较好的输出响应,如"3/3"逻辑在$P_D=0.8$时,航迹起始成功的平均扫描数为4.8次,而$P_C=0.1$时,假航迹起始成功的平均扫描数为84.3次。"滑窗法"航迹起始所需要的扫描数的平均值N和标准偏差σ_N,见表7-3-1。但实际雷达工作环境却要复杂得多,在非清洁环境中,滑窗法很难在快速起始能力与高虚假航迹概率之间得到平衡,因为在这种情况下,虽然虚警检测的帧间(不同扫描周期之间)相关概率很小,但是它们却常会被暂时航迹的预测所检测到,从而触发错误关联,并产生虚假航迹。

表7-3-1 航迹起始所需要的扫描数的平均值和标准偏差

航迹起始逻辑	P	0.1	0.2	0.3	0.4	0.5	0.6	0.7	0.8	0.9
2/2	N	103.8	30.4	14.3	8.7	6.0	4.5	3.5	2.8	2.3
	σ_N	96.1	28.4	13.0	7.5	4.6	3.1	2.1	1.4	0.8
2/3	N	62.4	18.9	9.8	6.3	4.7	3.7	3.0	2.6	2.2
	σ_N	60.3	17.0	8.3	5.0	3.2	2.1	1.5	1.0	0.5
3/3	N	84.3	58.1	51.4	24.9	14.0	9.1	6.4	4.8	3.7
	σ_N	141.2	59.4	49.1	24.4	11.0	6.8	4.4	2.7	1.5
3/4	N	141.1	56.0	25.7	13.6	8.7	6.4	4.9	4.0	3.4
	σ_N	149.0	47.5	23.2	11.4	6.2	4.0	2.5	1.6	0.6

2. 自适应修正滑窗法

在工程中对滑窗法所产生的大量航迹(真实的与虚假的)进行了充分的统计分析后,可以看到目标航迹在速度、特征模型、运动特性等方面的规律,设计一组滤波器用以逐步消除虚假航迹,并可根据这组滤波器的输出,实时修正滑窗的起始逻辑,以达到滑窗自适应调整的目的。图7-3-14为这种自适应航迹起始的示意图,从中可以看出级联滤波器组的作用。

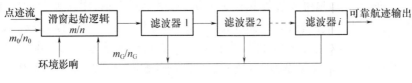

图7-3-14 自适应航迹起始示意图

实际上,以上多级滤波器包括:

(1)速度滤波器。根据典型目标的运动参数设置多段速度置信区间,并把置信度信息反馈给滑窗以作自适应调整,如增加或减小窗长或相关帧等。

(2)目标特征模型匹配。目标特征模型由目标回波幅度、脉冲数、回波形状、置信度或环境等参数描述。对这些信息进行加权统计,可以求出一个点迹的置信度信息,这个信息对加速航迹起始有着重要作用。

(3)方向滤波器。当有多普勒信息可用时,可对目标的方向性加以验证。

(二)航迹撤销

对于飞机来说,如果在航迹的几次扫描中(对应40个~60个回波),目标没有被更新,通常这些航迹就撤销。在一些系统中,航迹撤销前,航迹将闪烁,这表示该航迹将要撤销。这样操纵员可用人工检测的方法对这个将要撤销的航迹进行更新。

(三)航迹质量记分

选择出最优起始、撤销准则后,可以将准则制定成相应的航迹质量管理系统。例如,对于起始用2/2、删除用3/3准则的航迹质量管理系统可用记分法表述。考虑到冲突关联以及大(机动)、小波门等给出航迹质量记分如下:

初始关联波门每关联一次加1分,最低分为1分(即录取到一个自由点迹后作为航迹头,即给1分),丢失一个点迹,减3分。航迹成为确定性航迹后(确定航迹最低分为2分),小波门加3分,大波门加2分,冲突关联情形时加1分,丢失一次点迹扣3分,系统最高得分为8分。航迹得分低于1分将被撤消。这套航迹质量管理的特点是中等得分的航迹升级快。

五、相控阵雷达有源跟踪技术

近20年来,相控阵雷达系统由于其工作能力强而成为越来越引人注目的研究和发展课题。与机械扫描雷达系统相比,相控阵雷达可以实现一种以上的功能(如搜索、多目标跟踪、数据传输和导弹制导)。这样,可以确保为指挥和控制系统提供更加可靠的数据。多功能相控阵雷达的一个最主要的特点在于,它在对付多目标时不容易饱和,这是因为它能同时跟踪多个目标,而在一般雷达系统中,随着目标数目的增加,要求有好多个连续跟踪装置同搜索雷达一起工作。

在相控阵雷达系统的数据处理中,边扫描边跟踪方法已被一种新的叫做"有源多目标跟踪"的计算机控制方法所代替。实际上它是利用航迹的不断更新来控制天线波束,按照目标优先级表使天线波束指向下次观测时刻的预测位置,而且下一次观测时刻也由计算机算出。

在相控阵雷达系统中,可以按照特定的要求选择驻留时间(就是波束照射某目标的时间),而一般机械扫描雷达都是以相同方式来处理所有目标。首先,根据目标特性和战场环境而收集可变的脉冲数,就可以对目标发现概率加以控制。其次,系统的能量平衡是根据某个具有平均特性的指标来设计的,而机械扫描雷达则必需按最坏条件下的目标设计。此外,由于在需进行目标确认的方向上能够作第二次"观测",所以检测新目标的虚警概率便会大大降低。

相控阵雷达在很短时间内在任意方向上安排波束的能力,使雷达能同时跟踪多个目标。它的这种波束控制能力,使得它能把搜索功能和跟踪功能分开,而机械扫描雷达则不同,其搜索和跟踪具有相同的数据率。而在相控阵雷达系统中,不再限于采用固定的数据率,可以按照某种规定的最优准则对目标航迹进行采样。这就意味着,对机动目标的采样率要高于直线飞行的目标,因而能降低滤波和预测的跟踪滤波器的误差。如果有某种信息量严重缺乏,例如航迹初始条件不满足,那就可以在很短时间内获得一个新的点迹。因此,航迹起始时间便可大大缩短。更重要的是在点迹丢失与雷达重复观测的时间之间,不需要明显地增大相关波门的尺寸。这样就限制了相应区域内出现虚假点迹的数目。相反,在机械扫描雷达中,尤其是在低数据率情况下,为了一个丢失的检验点迹,其波门尺寸将显著加宽,虚假点迹也相应增多。

为了对波束指向、驻留时间和发射功率按环境自适应方式进行管理,必须有灵活的信号和数据处理单元。实际上,与机械扫描雷达相反,其滤波算法、信号处理和数据处理的参数均可根据以前处理的数据动态地加以改变。很显然,这种复杂雷达的核心便是使系统资源对动态演变的工作环境进行适当匹配的控制器。

(一)控制器

相控阵雷达中的控制器要执行的主要任务如下:

(1)决定雷达在一定时间内必须执行的工作方式。

(2)对不同雷达单元准备指令以完成计划中的雷达"观测"。

(3)与操作人员接口。

雷达控制器一般是一套程序,与雷达数据处理程序一起在通用数字计算机上完成。图7-3-15是这种计算机与雷达硬件(信号处理器、波形产生器、波束扫描产生器等)和其他外部设备(如键盘、显示器)的接口。由于工作速率不同,计算机用缓存器和数据总线与外围设备接口。

每种雷达工作方式(如搜索、目标确定、航迹起始和航迹维持)都需要消耗雷达和计算机资源,都用优先度指数作好标记。雷达资源就是时间(在一定方向上的驻留时间)和发射能量,而计算机资源却是处理时间和存储能力。按照优先度排定雷达工作方式,这样可以避免雷达和计算机的饱和。换句话说,雷达工作方式的安排,以对雷达和计算机资源的需求不超过这两个系统的能力为限。每当要求执行高优先度任务时,控制器就把部分未完成的低优先度工作方式暂停下来,待时间允许时再继续完成。在有大量任务要求而出现饱和时,控制器可以取消一些优先度较低的任务要求,允许系统工作性能适当降低。

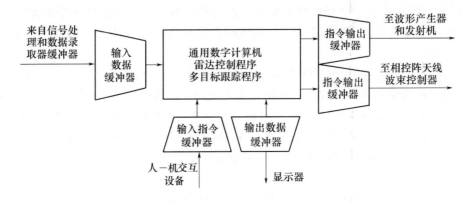

图 7 - 3 - 15 相控阵雷达控制和数据处理计算机与接口

搜索是一种消耗雷达时间的工作方式,在干扰作用下的搜索是一种消耗雷达时间和功率的工作方式,而跟踪则是消耗计算机时间的工作方式。如果每单位时间内要求进行多次远距离搜索,雷达就会达到饱和极限;而如果在每单位时间内需要更新的航迹太多,计算机就会饱和。对近距离目标,计算机更有可能发生饱和,因为近距离目标通常要求有比远距离目标更高的数据率。值得注意的是,雷达和计算机的饱和工作状态是不同的。然而,控制器能够对高优先级雷达工作方式的需求作出响应而又不丢掉那些部分完成的优先度较低的任务。

图 7 - 3 - 16 给出了控制器、雷达硬件撨据处理器和外部设备之间的功能关系,可以容易地理解控制器在相控阵雷达中的工作流程。在雷达控制器中有以下三个分系统:管理装置、时间编排器、实时控制器。

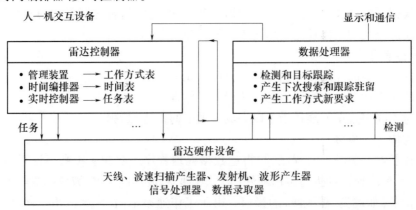

图 7 - 3 - 16 相控阵雷达控制环

管理装置按规定工作模式或操作人员的要求接收来自键盘和鼠标的对雷达工作方式的要求。根据任务要求的重要性,产生一张按先后排列的一览表供雷达按顺序执行。该表被送往时间编排器,以便在规定的时间周期内完成全部工作要求。考虑到雷达和计算机资源有限,时间编排器要建立一张专门的雷达事件时间表,再根据这张时间表编出雷达硬件指令表,再由实时控制器分配给各个雷达单元。

雷达执行任务的结果是对目标作出的检测。根据这些检测结果可以产生杂波地图和干扰地图,并获得有用目标的坐标。这些检测信息被存入缓存器,并通过总线向控制器送去新的雷达工作方式指令,来修改已定的雷达正常工作模式,是总线把雷达控制器、雷达硬件设备和数据处理器的控制环闭合起来。新的雷达工作方式,有"杂波中的搜索模式"(其方向在杂波图范围内的被控空域内),对有用目标检测的"目标确认"和"航迹起始"模式以及对已有航迹进行的"航迹更新"模式。检测缓存器和航迹缓存器的内容周期性地显示在显示器上或通过通信线路传输给指挥和控制系统。

(二)多目标跟踪工作逻辑

图7-3-17为相控阵雷达有源跟踪的工作流程图。

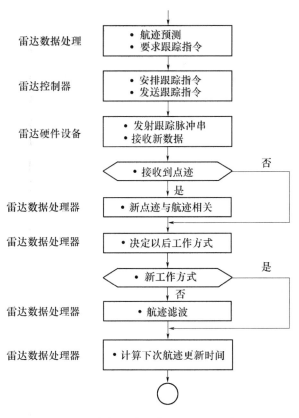

图7-3-17 相控阵雷达有源跟踪的工作流程图

前两步由雷达数据处理器完成,操作集中于根据跟踪指令和跟踪算法去预测航迹位置。后两步操作由控制器完成,它让雷达发射一个"跟踪驻留"(即在某个方向上发射脉冲序列)并接收相应的数据。若获得新点迹,则要在该点迹与航迹间进行相关处理。如果相关成功,就要依据跟踪算法对航迹作滤波;滤波后的航迹数据接着去更新航迹缓存器的内容。利用相同的跟踪算法能够估计出下一次更新的时间,其估计准则是要在此期间保持滤波误差不变。这种数据也存入同一个航迹缓存器中。图中还说明了没收到点迹或点迹—航迹相关被漏失的情况,这时需要进行新的"跟踪驻留",这将在前面估定的时间上进行。

六、信息融合技术

随着科学技术和武器装备的飞速发展,在军事上对原有的防御系统提出了许多新的要求,如预警时间的缩短,空地一体化的协同作战以及瞬息万变的战场态势等,迫切需要改进原有的防御系统,建立完整的、多层次的、多功能防御系统,而且战场范围扩展到陆、海、空、天、电磁的五维空间。随着隐身技术、反辐射导弹及电子对抗技术的迅速发展,单部雷达(或单个传感器)的工作和生存能力越来越受到威胁。因此,需要把微波、毫米波、红外、侦察装置、光电,以及卫星等不同类型的探测器与大容量信息处理系统结合起来,进行综合处理和分析,从而在最短的时间内做出最优决策,这就是多传感器信息融合问题。C^4ISR 系统是未来高技术战争的制高点和神经中枢,它的发展必然牵引着信息融合技术的研究。实际上信息融合是 C^4ISR 系统的核心软件,它的研制水平直接决定了整个 C^4ISR 系统性能指标的好坏。在多传感器系统中,传感器可分为有源传感器或者叫做主动传感器(如雷达、合成孔径雷达、声纳等)和无源传感器或者叫做被动传感器(如电视图像、红外探测器、航空声学传感器、电子情报收集器等)两大类。在多目标多传感器系统中,这些传感器分布在不同位置、不同平台上,按各自的虚警和发现概率、坐标系、时间、采样率、精度向指挥中心提供各自观测空间的信息。例如,雷达可提供距离、速度、方位、高度、尺寸和形状特征等;电子侦察器可提供对方发射机位置、有关发射机的参数(如扫描方式、调制方式、主要功能以及型号);图像传感器可提供地理特征、定位等。对于一个 C^4ISR 系统来说,它至少包括信息采集、数据处理、信息显示、指挥监督、通信网络以及中央数据处理等六个方面。图 7-3-18 表示了典型的军事多传感器信息融合系统。

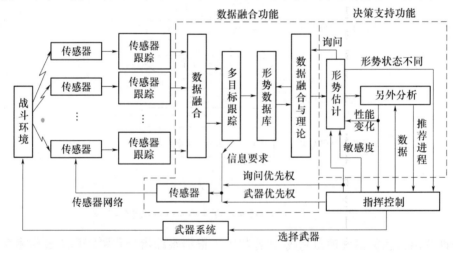

图 7-3-18　军事多传感器信息融合系统

多目标多传感器跟踪系统在威力空间、系统可靠性、系统性能改善等方面具有许多优点,主要包括:

(1)增加了系统的生存能力。在有若干传感器不能利用或受到干扰,或某个目标不在覆盖范围时,总还有一部分传感器可以提供信息,使系统能够不受干扰连续运行、弱化故障。

416

（2）可扩展系统的空间覆盖范围，对覆盖范围补盲，更可靠地发现目标。多传感器信息融合系统可有效地对覆盖区补盲，充分地利用隐身目标的前向、侧向、上、下反射的隐身缺口，以及空间能量的分集。

（3）可以扩大时间覆盖，并在共同覆盖区内获得比单站更多的数据。通常目标航迹的滤波误差是随两个测量值之间的时间平方而增加的，因此高数据率有利于提高跟踪精度。

（4）增加了信息的可信度。一部或多部传感器确认同一目标或事件。

（5）可扩大频率覆盖范围。它能覆盖整个电磁辐射频谱，而且充分利用隐身目标的频率缺口，实现频率分集。

（6）提高目标的检测与识别性能。多部雷达同时检测同一目标，从而提高检测的可靠性，可提前反应时间和航迹起始，保证航迹的连续性。

（7）提高系统精度。通过组网提高空间分辨力，增加空间维数，即利用两部或三部两坐标雷达可获得高度信息，并对干扰交叉定位。

（8）系统内优势互补，资源共享，可提高资源的利用率。

多传感器信息融合的基本原理就像人脑综合处理信息的过程一样，它充分地利用多传感器资源，通过对各种传感器及其观测信息的合理支配与使用，将各种传感器在空间和时间上的互补与冗余信息，依据某种优化准则组合起来，产生对观测环境的一致性解释和描述。

根据信息融合的功能，融合可分为五个层次，即检测级、位置级、属性级、态势评估和威胁估计。检测级融合是直接在多传感器分布检测系统中检测判决或信号层上进行的融合；位置级融合是直接在多传感器的观测报告或测量点迹和传感器的状态估计上进行的融合，它包括时间和空间上的融合，是跟踪级的融合，属于中间层次，也是最重要的融合；目标识别级的融合亦称属性分类或身份估计，其目的是对观测实体进行定位、表征和识别，有三种方法，即决策级、特征级和数据级融合；态势评估是对战场上战斗力量分配情况的评价过程；威胁估计是通过将敌方的威胁能力，以及敌人的企图进行量化来实现。

依据信息融合的体系结构，信息融合可分为集中式、分布式、混合式和多级式等多种体系结构。集中式结构将传感器录取的检测报告直接传递到融合中心进行数据对准、点迹相关、数据关联、航迹滤波与更新、航迹文件与综合跟踪；分布式结构是每个传感器的检测报告在送到融合中心之前，先由它自己的数据处理器产生局部多目标跟踪航迹，然后把处理过的信息送至融合中心，中心站根据各节点的航迹数据完成航迹关联与融合；混合式结构同时传输探测报告和经过局部节点处理过的航迹信息，它保留了前两类系统的优点，但在通信和计算上要付出昂贵的代价；多级式结构中，各局部节点可以同时或分别是集中式、分布式或混合式的融合中心，它们将接收和处理来自多传感器的数据或来自多个跟踪器的航迹，而系统的融合节点要再次对各局部融合节点传送来的航迹数据进行关联和合成，也就是说，目标的检测报告要经过两级以上的位置融合处理，因而叫多级式系统。

信息融合的基本算法大致可归类为：概率统计数学类，如最大似然法、贝叶斯法等；不确定性数学类，如 Dempster – Shafer 方法；模糊数学类；基于智能理论类，如人工智能、专家系统、人工神经网络、人工生命及其综合；基于随机集合与关系代数类。

复习题与思考题

1. 简述数字式测距器的工作原理。

2. 影响脉冲雷达测距精度的因素有哪些? 如何提高测距精度?

3. 考虑由高斯函数描述的脉冲 $s(t) = \exp(-1.38t^2/\tau^2)$，$\tau$ 是指半功率脉冲宽度，试推导其测量时延的均方根误差。

4. 什么是测距模糊? 解释多种重复频率解模糊的基本原理。

5. X 频段的雷达在 $2E/N_0 = 23\mathrm{dB}$ 时，要达到 $10\mathrm{km}$ 的径向速度精度（在单个脉冲测多普勒频移的基础上），对矩形脉冲所要求的最小脉宽 τ 是多大? 该脉宽对应的最小距离是多少公里? 如果脉冲宽度不能超过 $10\mu\mathrm{s}$，那么要达到 $10\mathrm{km}$ 的径向速度精度，$2E/N_0$ 应为多少分贝?

6. 雷达的"测不准原理"是指什么?

7. 在脉冲峰值功率保持不变的情况下，将一个脉冲的宽度增加 4 倍，对频率测量的影响有多大?

8. 讨论有哪些方法可以保证雷达在时延和频率测量上均有较高的精度?

9. 什么是测速模糊? 如何解速度模糊?

10. 比较相位法测角和振幅法测角的原理及测量性能。

11. 讲述距离跟踪系统的组成和工作原理，分析对高速度、高机动性目标进行精密跟踪的方法。

12. 解释单脉冲雷达的组成和工作原理。如何提高双平面振幅和差单脉冲雷达的侧角性能?

13. 分析脉冲多普勒雷达如何实现四维跟踪。

14. 简述边扫描边跟踪雷达的数据处理流程。

15. 讲述雷达边扫描边跟踪的工作过程。

参 考 文 献

[1] 丁鹭飞,耿富录. 雷达原理(第四版). 北京:电子工业出版社,2009.

[2] 承德宝. 雷达原理. 北京:国防工业出版社,2008.

[3] 张明友,汪学刚. 雷达系统(第二版). 北京:电子工业出版社,2006.

[4] [美]Geroge W Stimson. 机载雷达导论. 吴汉平译. 北京:电子工业出版社,2005.

[5] 王雪松. 雷达技术与系统. 北京:电子工业出版社,2009.

[6] 许小剑,黄培康. 雷达系统及其信息处理. 北京:电子工业出版社,2010.

[7] 吴顺君,梅晓春. 雷达信号处理和数据处理技术. 北京:电子工业出版社,2008.

[8] 郑新,李文辉,等. 雷达发射机技术. 北京:电子工业出版社,2006.

[9] 弋稳. 雷达接收机技术. 北京:电子工业出版社,2005.

[10] 贲德,韦传安,等. 机载雷达技术. 北京:电子工业出版社,2006.

[11] [美]Merrill I Skolnik. 雷达系统导论(第三版). 左群声,等译. 北京:电子工业出版社,2006.

[12] [美]Merrill I Skolnik. 雷达手册. 北京:电子工业出版社,2003.

[13] 张永顺,童宁宁,等. 雷达电子战原理. 北京:国防工业出版社,2006.

[14] 张祖稷,金林,等. 雷达天线技术. 北京:电子工业出版社,2005.

[15] [美]John D Kraus,Ronald J Marhefka. 天线(第三版). 章文勋译. 北京:电子工业出版社,2004.

[16] 赵国庆. 雷达对抗原理. 西安:西安电子科技大学出版社,1999.

[17] 张光义,赵玉洁. 相控阵雷达技术. 北京:电子工业出版社,2007.

[18] 张光义. 相控阵雷达原理. 北京:国防工业出版社,2009.

[19] [法]Henri Maitre. 合成孔径雷达图像处理. 孙洪译. 北京:电子工业出版社,2005.

[20] 马晓岩,向家彬,等. 雷达信号处理. 长沙:湖南科学技术出版社,1999.

[21] 范天慈. 机载综合显示系统. 北京:国防工业出版社,2008.

[22] Peebles P Z,Jr. Radar Principle,Jonh Wiley & Sons,Inc. ,1998.

[23] Morris G V. Airborne Pulsed Doppler Radar,Norwood MA:Artech House,1989.

[24] Albersheim W J. A closed – form approximation to Robertson's detection characteristics,Proc. IEEE,Vol. 69,July 1981.

[25] Tufts D W,Cann A J. On Albersheim's detection equation,IEEE Trans. On Aerospace and Electronic Systems,Vol. 19,July 1984.